«Für alle Fälle, Stände und Altersklassen», wie es das Buch versprach, wollte diese Sammlung dem Prediger am Grab (oder auch unter dem Galgen) das rechte Wort in den Mund legen. Noch in der Mitte des 19. Jahrhunderts fand die ursprüngliche barocke Vorlage eine Neubearbeitung, die hier im Nachdruck zugänglich gemacht wird.

Das universelle Hilfsmittel geistlicher Beredsamkeit erscheint dem heutigen Leser als schwarze Skurrilität, zu lesen als ein Dokument der Kulturgeschichte und Zeugnis gesellschaftlicher Zustände. Originalformat 14×21 cm. Mit einem Nachwort von Johannes Székely.

Matthias Heimbach

Schaubühne des Todes

Leichenreden

Nachdruck der Bearbeitung
von G. M. Schuler aus dem Jahre 1865

Nachwort von Johannes Székely

Harenberg

Die bibliophilen Taschenbücher Nr. 233

Gesamtherstellung: Druckerei Hitzegrad, Dortmund
Printed in Germany

Inhalt

Schaubühne des Todes.

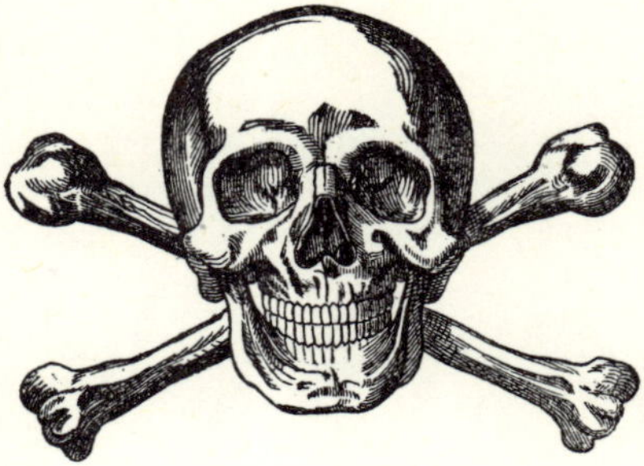

Leichenreden

für

alle Fälle, Stände und Altersklassen

von

P. Heimbach, S. J.

Neu bearbeitet

von

G. M. Schuler,
Priester der Diöcese Würzburg.

Augsburg 1865.
B. Schmid'sche Verlagsbuchhandlung.
(A. Manz.)

Schaubühne des Todes.

Eine

reichhaltige Sammlung

auserlesener Grabreden

auf die

verschiedensten Alter, Stände und Anläſſe des menſchlichen Lebens

von

P. Matthias Heimbach,

Prieſter der Geſellſchaft Jeſu.

Neu bearbeitet

von

G. M. Schuler,

Prieſter der Diöceſe Würzburg.

Erſte Lieferung.

Augsburg 1864.

B. Schmid'ſche Verlagsbuchhandlung (A. Manz.)

Vorbericht.

Aufgefordert von der sehr verehrlichen Verlagsbuchhandlung, die ebenso in ihrer Art einzig dastehenden als rhethorisch praktischen **Leichenreden** des P. **Matthias Heimbach** aus der Gesellschaft Jesu unserer Zeit ebenso mundgerecht und brauchbar vorzulegen, als, nur in anderer Gestalt, sie es ihrer Zeit gewesen, habe ich nicht länger anstehen zu dürfen geglaubt, diesem so gerechtfertigten und gewiß auch allgemeineren Wunsche nachzukommen, und überreiche nun einem hochwürdigen Curat-Klerus die neu, wo möglich, treu, wo nöthig, frei bearbeiteten **Trauerreden** des gefeierten Jesuiten und Hofpredigers weiland Sr. Maj. des Königs August von Polen. Erschienen ist das Werk P. M. Heimbachs zum ersten Male zu Köln im Jahre 1716, und enthält dasselbe 190 Grabreden. Die Absicht, welche den beredten Trauerredner bei Abfassung des Werkes leitete, war eine mehrfache. Sein Buch sollte hingehen und nicht ablassen zu **lehren**: Es ist dem Menschen gesetzt, daß er sterbe. Diese Wahrheit Allen in die Ohren zu rufen, den stärksten Männern wie den blühenden Jünglingen, den Knaben wie den Greisen, den Sündern aller Art, den Weltleuten und den Geistlichen, den Hohen wie den Niederen, allen Ständen und bei den verschiedenartigsten Anlässen, war die Aufgabe dieses Werkes, an welches der Verfasser im königl. polnischen Hauptquartier zu Stralsund während und nach der Eroberung genannter Stadt durch die Truppen seines Herrn und Königs die letzte Hand gelegt hatte. Sodann sollte es auch **trösten**: es sollte die Betrübten ermuntern, dem Trauern nicht zu viel nachzugeben; es sollte die Gebeugten durch religiöse Gründe aufrichten und stark machen. Endlich sollte es **ermahnen** die Erben, dankbar zu sein gegen die verstorbenen Eltern und Wohlthäter, überhaupt sollte es die Christen erinnern, der im Herrn Entschlafenen nicht zu vergessen und ihnen durch Gebet und Genugthuungswerke zu Hilfe zu eilen.

Diese Aufgabe hat denn nun unser Autor würdig gelös't. Keine Lehre ist unterlassen, die uns das Grab und der Tod nicht einschärft. Alle Trostgründe, deren die Trauernden und Leidtragenden so sehr bedürfen, sind in den einzelnen Grabreden je nach Bedürfniß angeführt, und keine Ermahnung ist unterblieben, die nicht dem Redner durch das Grab in den Mund gelegt wird. So haben wir in den vorliegenden Leichenreden die erschöpfendsten Lehr-, Trost- und Ermahnungsreden, welche sich für einen Prediger ziemen, dessen Kanzel ein Grabeshügel ist, und wie sie sich ihm bei derlei Anlässen naturgemäß darbieten. Also nicht blos Lob- und Ehren-Predigten sollten die Anreden P. M. Heimbachs sein, obwohl auch dieses Moment geeignet berücksichtigt wurde, und seine gehörige Stelle und Grenze angewiesen erhalten hat. Es ist bekannt, daß die Leichenreden an verschiedenen Orten abgeschafft wurden und vornehmlich deswegen, weil am Grabe weder heilig gesprochen, noch zur Hölle verdammt werden soll. Wir haben das, was an den Todten rühmenswerth und nachahmungswürdig gefunden werden könnte, geeignet hervorgehoben, dabei aber den lobredenden Theil auf das rechte Maß zurückgeführt. Die übrigen Momente einer Grabrede, der lehrende, tröstende und ermahnende Theil sind rhethorisch und sachgemäß geordnet und auf die einzelnen Anlässe und Gelegenheiten vertheilt worden. Daß die Leichenansprachen ganz wegfallen möchten, war P. M. Heimbachs Wunsch nie; vielmehr hoffte er das Ersprießlichste von derlei kurzen Anreden, welche bei offenem Grabe gehalten gewiß wirksam und erschütternd, mit einem Worte, ganz anders die Menschenseele in ihrem Innersten bewegen müßten; wie denn auch bei den ersten Christen nichts gewöhnlicher war, als die Todten mit einer Ansprache an die Lebenden zu beehren. Man lese nur Gretser (de fun. Christ. l. 2. c. 13.): „Defuncti, maxime viri sancti et praeclari oratione funebri laudabantur, uti testatur Dionysius, Theodoretus et alii. Sed laudabatur ibi virtus tantum, non forma, non divitiae, non uxorum et liberorum multiplicitas."

Da nun auch heutzutage noch an vielen Orten Deutschlands Leichenreden gehalten werden, die Sterbefälle oft so wichtig als seltsam und erschütternd sind, und in solchen Fällen keine Rednerstätte zweckmäßiger sein könnte, indem hier die Lebenden, zur Theilnahme gestimmt, für ernste Gedanken zugänglicher, gerührter und vorbereiteter sind, als unter der sonntägigen Kanzel, dieß aber ein Vortheil ist, den der Redner nun und nimmer darf vorübergehen lassen, da sodann die Klage vieler Seelsorger, es mangle ihnen ob der oft rasch hinsterbenden Pfarrkinder an Zeit, eine gegründete ist, indem zwei oder drei Tage leicht vom Beichtstuhle, von der Predigt oder Catechisation aufgebraucht werden, in dieser Zeit also keine Trauerrede hergestellt werden kann, da schließlich zur Abhaltung von Leichenpredigten eine nicht unbedeutende Gewandtheit erforderlich erscheint, so geben wir uns der Hoffnung hin, diese neue Bearbeitung der **Leichenreden** P. **M. Heimbachs** werde um so willkommener sein, als an Werken dieser Art das Gegentheil von Ueberfluß vorhanden ist, die Trauerreden unseres Autors aber sehr gediegen, leichtfaßlich und gut memorirbar, und überdieß so kurz sind, daß die ganze Ansprache an die am Grabe Versammelten kaum die Zeit von 10—15 Minuten beanspruchen dürfte, wobei die Anrede selbst aber ein abgerundetes, vollkommenes, rhethorisch gegliedertes Ganze bildet.

Möge das Werkchen, welches in sechs Lieferungen zu je fünf Bogen rasch erscheinen wird, recht Vielen von Nutzen sein

Eltmann, im Mai 1864.

M. S.

Am Grabe eines Kindes.

Text: „Denen entzieht er seine Güter nicht, die in Unschuld wandeln.“ Ps. 83, 13.

Eingang.

Dieser Spruch der hl. Schrift, Andächtige, stimmt völlig auch mit jenem überein, den später Christus, der Sohn Gottes, selbst gethan: „Lasset die Kleinen zu mir kommen, denn für solche ist das Himmelreich“ (Matth. 19, 14.). Die Worte des königlichen Sängers David aber wollen besagen: Der gütige Gott ist davon, daß er die Unschuldigen seiner himmlischen Freuden beraube, so weit entfernt, daß er sie vielmehr schon frühzeitig mit denselben bedenkt und überhäuft. Was für eine noch größere Wohlthat könnte deßhalb einem kleinen Kinde widerfahren, als der Tod, und nach dem Tode der Himmel? Ist ja doch in den himmlischen Gütern keine Bitterkeit, keine Beschwerde, keine Gefahr, keine Traurigkeit, kurz nicht der kleinste Tropfen Herbes mehr, sondern pure Freude und Wonne. Was für ein Gut ist nicht die entzückende Anschauung Gottes? O dagegen sind unsere irdischen Güter eitel Schattenwerk, eitel Jammer und Elend!

Dieß erkennen die Greise, die sich lange genug in der Welt herumgeschlagen haben, nur zu gut. Ach, seufzen sie, wie glücklich wäre ich gewesen, wenn mich Gott in meiner frühesten Jugend und Unschuld zu sich abgefordert hätte! Dann würde ich meinen Gott nicht so vielfach beleidigt und ihm zuwidergehandelt haben; dann wäre ferne geblieben alle Sinneslust, Unmäßigkeit und Ungerechtigkeit, der man sich vor aller Welt beim letzten Gerichte so unendlich schämen muß! Von Mund auf wären wir in den Himmel eingegangen.

Dem zufolge, theuere Eltern, sage ich heute bei der Beerdigung dieses kleinen Kindes:

1) **Jung und in der Unschuld sterben ist ein Zeichen der Auserwählung durch Gottes Gnade.**

2) **Viele Jahre haben dagegen meist viele Sünden im Gefolge.**

I.

Das natürliche Klagen und Leidtragen kann man zwar den liebevollen Müttern, wenn der herbe Tod ihnen ihre lieben Kinder von der Brust oder aus dem Schooße hinweg nimmt, nicht verwehren, denn es ist dieses gar sehr empfindlich und zwingt sie die Natur selbst zum Weinen; allein wenn man sich die Sache genauer ansieht und beim rechten Lichte des Glaubens betrachtet, alsdann wird man allerdings finden, daß sie keine Ursache zu Klagen haben, wohl aber, um getröstet zu sein.

Zur Sache! Die Gottesgelehrten geben manchfache Kennzeichen der Gnadenwahl, der Auserwähltheit eines Menschen an; keines aber ist so gewiß, als die Unschuld, in der ein Kind stirbt. Sie ist das gewissseste Kennzeichen, ob Jemand von Gott auserwählt sei oder nicht. Wer wollte auch an der Seligkeit der kleinen Kinder zweifeln? Sind sie nicht in der hl. Taufe Kinder Gottes geworden, und es geblieben? Sind sie nicht wirkliche Glieder der wahren Kirche geworden und haben Jesum Christum als ihren Erlöser zur Seite? Was Bosheit war, wußten sie nicht. Denn was thut ein Kind, auch wenn es noch größer wird, als das hier verhüllte? Wie kindlich lebt ein solches nicht dahin! Es baut Häuschen, Gärtchen aus Sand und Zweigen, reitet auf Stöcken, spielt mit Puppen und betet mit der Mutter gleich den lieben Engelein. Wer will solchen Kleinen absprechen die Güter des Herrn im Lande der Lebendigen? „Ich glaube fest, daß ich die Güter des Herrn im Lande der Lebendigen schauen werde," sprach vorzeit König David (Ps. 26, 13); um wie viel mehr können wir das von den dahingeschiedenen kleinen Kindern sagen? Denn was ist, das uns selig macht? Ist es nicht ein unschuldiger Wandel? Ist es nicht Meidung der Sünde, Lob und Liebe Gottes, eines Jeden nach den Kräften seiner Jahre und seiner Seele? Nun aber wer ist unschuldiger, reiner, wer ist weiter entfernt von Sünde und Fehl, wer lobt und liebt Gott mehr, als die kleinen Kinder? Hat sich nicht Gott sein Lob bereitet aus dem Munde der Kinder und Säuglinge? Ein im Schiffe, das zu scheitern drohte, zum Himmel aufgehobenes Kind, bei dessen Unschuld die Mutter den Himmel um Rettung anflehte, hat, wie P. Segneri bezeugt, wirklich einst Seefahrer vor dem Untergange gerettet. So sehr liebt Gott die Kinder. Und wenn nun ein solches Kind stirbt, ist es nicht glücklich zu preisen? Gewiß, es verläßt ja die Welt in aller Unschuld.

Darum trauert nicht zu sehr, betrübte Eltern! Ein solcher Tod in der kindlichen Unschuld ist ein großes Glück, das ihr eurem Kinde gönnen müßt. Viel mehr, als ihr verloren habt an Freude, hat euer Kind gewonnen. Denn es ist ein solcher Tod ein sicheres Merkmal, ja das sicherste Kennzeichen der Auserwählung und Himmelsseligkeit.

II.

Wie denn auch, wenn euer Kleines eine hohe Altersstufe erreicht hätte? Viele und alte Jahre haben meist viele und alte, eingewurzelte und schwer auszurottende Sünden im Geleite. Zwar kennen wir viele Heilige und Gottselige, die ein hohes Alter erreicht haben und gleichfalls im Himmel wohnen; so ein Antonius oder Paulus oder Hilarion. Aber was mußten sie thun, um sich vom Bösen frei zu erhalten? Eremiten waren es; absterben mußten auch sie, absterben der Welt, flüchten in die Einöden, sich verkriechen in die Wüste. Von Hieronymus wissen wir, wie er am Hofe des Kaisers Theodosius hoch in Ansehen stand; gleichwohl traute er der Welt und sich selbst nicht: obschon hundertmal zu Hofe geladen, blieb er dennoch in seiner Einsiedelei, verließ er seine Höhle, darin er sich gewöhnlich aufhielt, nicht und wünschte weiter keine Gesellschaft als die seines Cruzifixes und eines Todtenschädels, der ihn an sein Ende gemahnen sollte. Dieser Gedanke bevölkerte die Wüsten und Klöster. Wie Viele gibt es dagegen, die ihre Unschuld sich erhalten bis in ihr Alter, ja was sage ich, bis in ihr 20. oder 30. Jahr nur? Schützet doch selbst das Alter nicht vor Thorheit und Sünde, wie wir ein Beispiel haben an den beiden Alten, welche der Susanna nachstellten. Und lesen wir denn nicht, wohin selbst David und Salomon in ihren Mannesjahren sich verirrt haben! Ja, Geliebte, Gelegenheit macht Sünder! Dieß erkennen wir an dem großen Könige David, von dem der Dichter singt:

„Nimmer besiegt' ihn das Thier, doch es bezwang ihn ein Weib.“

Man durchgehe die Welt und frage die Erwachsenen, man begebe sich an die Sterbebetten der Alten und frage, wo ihre schuldlosen Tage seien, wie bald und wie oft sie Gott beleidigt haben, man wird wahre Meister der Rechnungskunst vonnöthen haben, um alle die vielen und langjährigen Sünden zusammenzuzählen, deren sich die Meisten im Laufe der Zeit schuldig gemacht haben. Viele Jahre — viele Sünden ist deßhalb ein meist richtiger Satz, so daß man wohl noch die Jahre zählen kann, die man verlebt, nicht aber die Sünden, die man begangen hat, und welche die Zahl der Haare unseres Hauptes oft übersteigen.

Ei denn, wäre es da nicht viel besser gewesen, in der Kindesunschuld und Engelsreinheit gestorben zu sein? Ohne Frage! Seid deßhalb getrosten

Muthes, traurige Eltern. Euer Kleines ist glückselig bei Gott seinem Vater. Wäre es groß geworden, wie viele Gefahren würden sich ihm nicht da in den Weg gestellt haben, darin es zu Grunde gegangen wäre. Kleines Kind — kleines Leid; große Kinder — großes Leid, ist ein bewährtes Sprüchwort. Wünschet euch deßhalb nicht selbst ein größeres Leid! — —

Alt werden ist **nur dann** ein Segen, wenn man in Ehren und im tugendsamen Wandel alt wird. Wo dieses nicht der Fall, ist es ein Zeichen des Fluches und der Verdammung. Zählet deßhalb nicht die Jahre des Lebens, sondern die Jahre des unschuldigen Lebens oder der Bekehrung zu Gott! Beweinet auch nicht unmäßig eure Kinder; **ihr größtes Glück ist, früh von dieser Erde geschieden zu sein.** Die Bosheit der Welt würde sie sicherlich früher oder später verderbt und zu Grunde gerichtet haben.

Lasset uns von diesem Grabe nicht anders hinweggehen, als getröstet, lächelnd durch Thränen, und im Gefühle der Freude und Lobpreisung Gottes. Es ist sicherer und vorzüglicher, den nächsten und geraden Weg zu Gott zu gehen, als den weiten, krummen und beschwerlichen durch ein langes, mühseliges Leben. Der gerade Weg ist der beste, heißt es schon im Sprichworte, denn er ist der nächste und müheloseste. Dieser Weg in's Himmelreich aber ist — **ein früher Tod**, das beste Kennzeichen der Auserwählung Gottes.

Doch bevor wir uns trennen, wollen wir in christlichem Gebete noch der Verwandten dieses Kindes und aller derjenigen, die hier in diesem Acker Gottes eingesäet liegen, gedenken und nicht von diesem geweihten Orte der Ruhe scheiden, ohne denen, welche im Reinigungsorte nach unserem Gebete schmachten, zu Hilfe gekommen zu sein mit einem andächtigen Vaterunser und Ave Maria! Amen.

Am Grabe eines Knaben.

Text: „Es ist beschlossen, daß alle Menschen einmal sterben müssen.“ Hebr. 9, 27.

Eingang.

Wenn am Aschermittwoch die Kirche den gläubigen Christen das Haupt mit Asche bestreut, so erinnert sie denselben mit den eindringlichen Worten: „Gedenke, o Mensch, daß du von Staub bist und zum Staube wiederum zurückkehren wirst" an das allgemeine Loos aller Menschen. In gleicher Weise erschütternd malet auch der Apostel Paulus uns des Menschen endliches Loos vor, indem er sagt: „Einmal, ist beschlossen, muß der Mensch sterben", es sei ihm nun lieb oder leid. Das Sterben haben die Menschen verdient, lehrt uns die hl. Schrift; denn sie wollten — unsterbliche Götter sein.

Es unterliegt nun allerdings keinem Zweifel, daß es einem jungen Blut hart ankommen muß, wenn Leib und Seele sich schon so frühzeitig scheiden; allein Gott hat es nun einmal so beschlossen, daß wir Alle sterben müssen. Junge und Alte müssen sich fügen, wann der Herr es haben will. Deßhalb sagt schon der Dichter Horaz: „Einmal müssen wir den Pfad des Todes betreten."

Da dieses Müssen Alle betrifft, so wollet auch ihr, betrübte Eltern des so eben der Erde zurückgegebenen Knaben, euch über dasselbe nicht beschweren, noch murren. Es ist eine allgemeine Nothwendigkeit, die keine Ausnahme gestattet. Bedenket und erwäget also das Folgende mit mir:

1) **Wir Alle müssen den Pfad des Todes beschreiten, der Eine früher, der Andere später,** wie es eben Gottes hl. Wille ist.
2) **Insbesondere aber ist es sicherer und besser, früh und jung, als spät und alt zu sterben.**

Dieß sei zu euerem Troste gesagt.

I.

Weder Gott noch der Tod macht eine Ausnahme der Person; Gott wegen seiner Vollkommenheit, die nicht zuläßt, daß er unordentliche Neigungen habe; der Tod, weil er als Vollzieher des göttlichen Willens thun muß, was Gott ihm befiehlt. Keine Person nimmt der Tod aus, noch nimmt er auf irgend etwas anderes Rücksicht; sonst möchte wohl ein junges Menschenblümlein sagen und klagen: O du so frühzeitiger und mir in meinen jungen Lenzestagen so herber Tod! schone mein! denn siehe, ich blühe noch; was willst du deine Rache an mir schon ausüben, da ich noch nicht zu meinen Mannesjahren gekommen bin! Schone mein! Siehe, es sind ja doch noch so viele alte Stämme in der Welt, die zu nichts mehr nütze! Schone mein! Nicht die Sichel nimm, nimm das Beil! — Aber der Tod nimmt keine Person aus. Sonst möchte auch der Reiche sagen: Tausende geb' ich für mein Leben, ja Alles, was ich besitze will ich daran setzen, um meine Jahre zu vermehren. — Nein, Andächtige! Das geht nicht an: die Gesetze des Todes sind unwiderruflich; er trifft Junge, er trifft Alte; er schlägt den Reichen wie den Armen; er tödtet den Herrn wie den Knecht, wie es eben dem höchsten Gott und Herrn über Leben und Tod gefällt. Gott hat es beschlossen, daß Alle sterben, und Gott der Herr ändert sich nicht.

Weltliche Gesetze werden oft überschritten, geändert oder zerrissen, insbesondere von den Großen und Mächtigen, weßhalb Valerius Maximus (l. 7. c. 2.) von denselben schreibt, sie seien gleich dem Spinnengewebe, in welchem schwache Thiere sich verwickeln und hangen bleiben, die von den stärkeren dagegen durchbrochen werden. So halten auch menschliche Satzungen zuweilen nur den geringen Mann fest, während der Reiche und Vornehme sie nach Belieben zerreißt. Nicht also die göttlichen Gesetze! Die betreffen und halten alle Himmel. Himmel und Erde werden vergehen, das Wort Gottes aber wird nicht vergehen. So macht sich denn der Tod an Alle, Alle, Arm oder Reich, Jung oder Alt, gleichviel! Der weise Prediger bestätiget es, indem er ausruft (2, 16.): „Es stirbt der Gelehrte wie der Ungelehrte." Mag auch Jener des Himmels Lauf, alle Sprachen der Welt, die Natur aller Thiere verstehen und kennen, mag er alle Künste der Erde inne haben: vom Tode kann er sich doch nicht befreien. O wie viele grundgelehrte Männer liegen in den Gräbern umher, Männer, von denen die Welt sagte, es sei ewig schade, daß sie der Welt müßten absterben; der Tod hat sich an nichts gekehrt, als die Reihe sie traf; ohne Scheu, ohne Ansehen der Person vollzog er den Befehl Gottes, der sie abrief.

Das muß auch euer Trost sein, ihr Eltern, die ihr heute eueren Sohn hier an seinem offenen Grabe beweinet. Es ist ihm nichts Ungewöhnliches widerfahren, oder wußtet ihr nicht, daß ihr einem Sterblichen das Leben gegeben habet? Unzählige junge Menschenpflanzen in ihrer schönsten Blüthe hat des Todes Sichel vor ihm hinweggerafft, unzähligen wird es auch nach ihm noch begegnen. Das ist das allgemeine Loos, daß wir Alle sterben müssen, der Eine — früher, der Andere — später.

II.

Aber auch darüber, daß es schon so früh eueren Knaben betroffen hat, dürfet ihr nicht murren, denn es ist sicherer und besser, jung und früh, als alt und spät zu sterben. Auch dieser Gedanke muß euch trösten und aufrichten. Denn wer weiß, wie es euerem lieben

Kinde hätte ergehen können, wenn es wäre aufgewachsen. Wie manche Blume ist von einer bösen Spinne vergiftet worden! Wie mancher Jüngling wurde nicht von schlechter Gesellschaft in Grund und Boden verführt! Wie viele unschuldige Seelen sind nicht durch die Sünde in's Verderben gebracht worden und sind verloren gegangen, weil sie nicht frühzeitig hinweggestorben! Einen großen Vortheil hat sohin euer Sohn vor Vielen voraus: er ist gestorben in den besten Jahren, wo man seines ewigen Seelenheiles am ehesten versichert ist, er starb in den Jahren, wo man vom Bösen noch nicht viel weiß und die schlimme Welt noch wenig kennt. Er starb in den Jahren, wo ein Jeder sein Wohlgefallen hatte an seinem Thun und Lassen: man hörte ihn mit Freuden in der Schule wie in der Kirche seinen Katechismus aufsagen, seinen Glauben bekennen und beten, die Gebote Gottes oder die hl. Sakramente aufzählen, welch' letztere er denn auch in seiner Krankheit, insoweit sie ihm nothwendig waren, mit großer Andacht empfing. Er ist gestorben in den Jahren, in welchen er noch keine Feinde hatte, und das wegen seiner unschuldigen Aufführung. Er ist ein Engel Gottes nun im Himmel, denn er lebte ohne schwere Sünden; daher sprach denn auch der göttliche Kinderfreund Jesus zu ihm: Lasset den Kleinen zu mir kommen, denn sein ist das Himmelreich. (Näheres über den Verstorbenen.)

Es besteht ein Sprichwort, welches sagt: Kleines Kind kleines Leid, großes Kind großes Leid. Ich sage: Kleines Kind kleine Fehler; großes Kind große Fehler, grobe, schändliche Laster. Wenn gleich nicht alle Kinder in der Jugend wohl gerathen, so muß man es doch insgemein der Jugend lassen, daß sie unschuldig, gottesfürchtig, dem Gebet und den Geboten Gottes ergeben ist und sich frei erhält von groben Vergehen und Lastern. Dieß können wir auch dem verstorbenen N. nachrühmen. Der Knabe war rein und unschuldig in seinen Gebärden und Benehmen, gottesfürchtig zu Haus und in der Kirche; das Gebet unterließ er nie, weder am Morgen noch am Abende, weder vor noch nach Tische. (Näheres.) Darum nun hat ihm der Herr unser Gott die Gnade angethan, ihn frühzeitig und noch jung in sein Reich abzurufen, also in den Jahren, wo es sich am sichersten sterben läßt, was die Erlangung der ewigen Himmelsseligkeit anbetrifft. —•—

Wir aber wollen aus dem Gesagten das lernen, daß der Tod seine Asche auf jede Stirne, auf jedes Haupt streut, daß er ohne Ansehen der Person sich an alle Altersklassen oder Stände macht, und Keiner von ihm verschont oder übergangen wird. Niemand ist also vor dem

Tode sicher, aber am sichersten und besten ist es, frühzeitig und jung zu sterben, als spät und alt. Darum betrübte Eltern trauert nicht zu sehr, denn ihr habt einen großen Trost, so hart auch der Schlag ist, der euch traf. Euer Söhnchen weilet nun bei Gott.

An uns aber ist es, daß wir, die wir in den Jahren leben, wo man nicht so gut und seiner Seligkeit versichert stirbt, Asche auf unser Haupt streuen, d. h. Buße üben und uns vor dem Herrn verdemüthigen, wie die Bewohner von Ninive thaten, als das Gericht ihnen nahte, oder wie Judith, ehe sie in das Lager des Holofernes sich begab. Können wir auch die von Gott über uns Alle verhängte Todesstrafe nicht abwenden und seinen Richterspruch rückgängig machen, so vermögen wir doch der Höllenstrafe und jener im Reinigungsorte zu entgehen; denn es heißt: Züchtige dich selbst, so wird dich Gott nicht züchtigen. Dieß allein ist es, dem wir durch Buße und Abtödtung ausbeugen können. Im Uebrigen gilt der Wille Gottes; deßhalb sagt schon der edle Dulder Job (1, 21.): „Wie es dem Herrn gefällt, also geschieht es." Lernen wir also den Verhängnissen Gottes nicht widerstehen; will er uns heimsuchen in der ersten Stunde unserer Jugend durch den Tod, oder in der zweiten, d. h. des reiferen Alters, am Morgen oder am Mittag, früh oder spät, es gilt gleich; er ist der Herr, er hat zu ordnen, zu befehlen, wir zu gehorchen. Ach Herr, laß uns nur den Weg deiner Gesetze wandern, denn hier machen wir die sichersten Schritte! Im Uebrigen komme, wann es dir gefällt; nicht unser, sondern dein Wille geschehe wie im Himmel, so auch auf Erden. Zum Schlusse lasset uns beten für den Verstorbenen, oder denjenigen, der unseres Gebetes am meisten nöthig hat: Vater unser.... Ave Maria.... Amen.

Am Grabe eines Verwais'ten.

Text: „Wir haben hier keine bleibende Statt, sondern suchen die künftige." Hebr. 13, 14.

Eingang.

Wir haben soeben die Hülle eines armen Verwais'ten zu Grabe gelegt, dessen Tage wenige und harte waren. Von dürftigen Eltern geboren verlor er auch noch diese, d. h. all' seinen Reichthum in frühester Kindheit. (Näheres.)

O wie oft, Andächtige, mag unsere arme Doppelwaise wohl Heimweh und Sehnsucht nach einem vollkommenen Leben, nach dem himmlischen Vater überkommen haben; wie tröstend mußte ihr des Christen Hoffnung in's Ohr tönen: „Wir haben hier keine bleibende Statt, sondern suchen die künftige!" Ach ja, so ist es! Wir Alle sind hier gleichsam verwais't, denn unser Vater ist oben im Himmel. Die Erde ist nicht unser Vaterhaus, unser Wohnsitz; wir verweilen hier nur eine Zeitlang; und ob wir gleich hier Häuser bauen von festem Quader und bestem Mörtel, so daß sie bis zum jüngsten Tage auszudauern scheinen, so müssen wir dennoch aus denselben heraus, Stadt, Haus, Güter, Freunde, Verwandte, kurz, Alles verlassen und auseinandergehen, wie die Menschen, welche mit dem babylonischen Thurme Gott trotzen zu können glaubten.

Dieses vorausgestellt lasset uns, Andächtige, erwägen:

1) **wo wir am besten unsere bleibende Stätte suchen sollen;** sodann aber auch:
2) **wie wir uns bei diesem Suchen zu verhalten haben.**

I.

Wenn es uns Menschen frei stünde, uns einen beständigen Wohnsitz auszuersehen, so würde der mehrste Theil die volkreichen, an großen Strömen und Meeren liegenden, durch Handel und Verkehr blühenden Städte dazu auswählen; denn die Augen haben dort beständig eine angenehme Weide, das Gemüth, der Leib seine Erlustigungen. Dagegen, Geliebte, sind in den großen Städten auch die großen Laster zu Hause, die den Menschen zu Grunde richten; verwegene Gesellen, böse Menschen, ja der Auswurf der Menschheit hält sich gleichfalls in solchen Städten auf und lebt auf Kosten der anderen. Viele tausend Seelen verspielen dort ihre Seligkeit und auch Reichthum und Vermögen sind dort weniger sicher als anderswo. Diese Wahl eines bleibenden Wohnsitzes muß demnach eine sehr gefährliche genannt werden.

Wenn wir deßhalb recht wissen wollen, wo eine beständige Wohnung anzutreffen, so müssen wir es machen wie die Jünger des Johannes. Sie fragten Christum, wo er wohne; worauf ihnen die Antwort ward, daß sein Reich nicht von dieser Welt sei. Aber wo denn, lieber Heiland, ist dein Reich? Das wenn wir wissen, wollen wir keinen Fleiß sparen, keine Mühe scheuen, es zu suchen und zu erwerben. O wir wissen es: Strebet nur nach Oben, Brüder, nach der Stätte, die ober uns ist, wo Christus zur Rechten Gottes thronet; nicht nach dem aber strebet, was auf Erden ist; denn hier ist Alles Koth, Unbeständigkeit, Bitterkeit, Sünde und Laster. Dort dagegen ist Zierde, Glanz und Herrlichkeit, Beständigkeit und selige Freude.

Wo war in der Welt eine vornehmere Stadt, als Jerusalem vor Zeiten? Wo ist es jetzt? Ein Steinhaufen ist mehr als das alte Jerusalem. Die schönsten Häuser, Paläste, Lustgärten, der herrliche Tempel, Alles liegt darnieder und ist verschwunden. Das ist die Beständigkeit der irdischen Städte! Ein Gleiches finden wir an Athen, Troja, Tyrus und andern. — Wo gab es vorzeiten eine gewaltigere Stadt, als Rom, die Beherrscherin der Welt, welche der Apostel Petrus ein zweites Babel nennt, wobei er an die Greuel der Heiden und Götzendiener denkt, welche einst in dieser Stadt haus'ten. Wo ist nun dieses waffenstarke und heidnische Rom? Es ist verschwunden, es ist ein ganz anderes geworden. Nunmehr ist es die hl. Stadt und herrscht durch die Waffen des Geistes. Also auch das alte Rom ist dahin. Es bleibt eben Nichts auf der Welt beständig; Alles ist vergänglich, betrüglich, eitel und ohne Verlaß.

Ein nach wahrer Seligkeit begieriger Christ muß auf das himmlische Jerusalem sehen; allda findet er, was sein Herz vergnügt. Hören wir den königlichen Sänger David; wie schön redet er von dieser Stadt: „Was hab' ich denn im Himmel und was verlange außer dir ich auf Erden?" (Ps. 72, 25). „Du bist der Gott meines Herzens, mein Theil und mein Gott in Ewigkeit" (ibid. 26). — Ach, wer eine andere Stätte suchet, als diese, der ist betrogen, und wird am Ende klagen und seufzen, daß er so viele Schritte und Tritte — umsonst gethan, daß er gesorgt, gearbeitet, sich im Schweiße abgemüht habe, und nun in seinen leeren Händen nichts finde.

„Jerusalem kann hier auf Erden
Nimmer erbaut noch geschauet werden;
Vertilgt ist es durch Gottes Fluch,
Daß man fortan das himmlische such'."

(Altdeutscher Spruch.)

II.

Allein, mein Gott, wie und auf welche Art soll man dieses Suchen bewerkstelligen, um mit dem Weibe im Evangelium sagen zu können: „Wünschet mir Glück, denn ich habe gefunden, was ich gesucht!"

Christliche Zuhörer! Wer in die Fußtapfen Christi eintreten will, dem kann es nicht fehlen, daß er findet, was er sucht. Die Weise Jesu Christi, um seiner Menschheit nach in den Himmel einzugehen, war das Leiden, das schwere Kreuz. „Mußte denn nicht Christus alles dieses leiden, um zu seiner Herrlichkeit zu gelangen?“ (Luk. 24, 26.)

Und die Heiligen Gottes — mit wie viel schmerzlichen Schritten sind sie nicht eingegangen in die hl. Stadt Sion! Sprach ja doch selbst Paulus, der von Gott Erkorene: „Hier brenne, hier schneide, wenn du nur meiner schonest in der Ewigkeit.“ Wer kennt sodann nicht die Leiden und Qualen, die ein Stephanus, ein Laurentius, ein Andreas erdulden mußten, um durch die enge Pforte mit Gewalt, Anstrengung und Kampf einzudringen.

Und so darf ich denn, bei diesem Punkte angelangt, auch das Lob unseres armen Verwais'ten nicht vorübergehen; denn er hat es wohl verdient. (Lebenslauf.) So hatte derselbe die beste Gelegenheit, durch Kreuz und Leiden und Verlassenheit, das Vergängliche dieser Welt einsehend, in die ewigen Wohnungen einzudringen und seinem Heilande nachzuarten. Nicht viele Jahre hat unsere Waise erlebt, und schon einsehen gelernt, daß man sich nicht auf die Welt verlassen dürfe, sondern daß unsere wahren Güter und Freuden im Himmel seien. Und so war und blieb denn unser verwais'ter N. ein geduldiger Kreuzträger durch sein ganzes kurzes Leben hindurch, und ist sein Hingang mehr ein Eingang in sein wirkliches Vaterhaus. Dieß wissend starb denn auch unsere Waise gern und freudig, entgegentrachtend ihren in Gott ruhenden Eltern und dem himmlischen Vater. Von der Welt versprach sich diese unsere Doppelwaise nichts und hatte Recht darin. So sei denn ihr Ruheort im Frieden und in Sion ihre Wohnstätte! — —

Uns aber, die wir die Waise überlebt haben, erübrigt, noch dieses zu beherzigen: Wir Alle reisen von unserer Geburt an nach dem Grabe. Dort werden wir einst lange wohnen, aber auch dort nicht ewig. Ewig, beständig wohnen werden wir nur jenseits. Streben wir daher, dort nach einer nicht bloß beständigen, sondern auch glückseligen Wohnung, nach der Stadt Sion, wie sie der hl. Johannes so herrlich beschreibt.

Was wir hier auf Erden haben, vergnügt unser Herz nicht sattsam; das thut überhaupt keine Creatur, kein Gold und kein Silber, keine irdische Schönheit, auch nicht die allerschönste Stadt der Welt; das kann Gott allein und sein Reich.

Lasset uns streben nach der herrlichen Sionsstadt; ob sie gleich auf einem hohen Berge ruht, läßt sie sich dennoch ersteigen und erreichen, wenn man nur Ernst und Ausdauer daran setzt. — Einst fragte der große Eroberer, König Alexander, einen Botschafter der Stadt Athen, ob diese

Stadt wohl recht schön, groß und fest sei. Der Gefragte, welcher des Malens kundig war, zeichnete ihm die Stadt mit all ihren Palästen und Herrlichkeiten vor Augen, worauf der entzückte König ausrief: Ha, diese Stadt muß mein werden, sei es nun durch freundschaftliches Bündniß, oder durch Gold und Bestechung, oder durch Blut und Krieg. Hierin, Andächtige, lasset uns dem großen Alexander nachstreben! Ja, Geliebte, diese Stadt soll unser sein durch Freundschaft mit Gott, durch die Macht des Geldes, das wir den Armen als Almosen um Gottes Willen mittheilen, durch Kampf und Blut, durch Leiden und Kreuz, das wir im Namen Jesu gerne und geduldig tragen wollen. Diese Stadt soll unser sein: das gebe der allerhöchste Gott uns und dem, den wir soeben der Erde ausgeantwortet haben, zu welchem Ende wir den Verstorbenen der Gnade Gottes empfehlen wollen im gewöhnlichen Gebete, das wir für die Todten verrichten. Vater unser und Ave Maria. Amen.

Am Grabe eines Studenten.

Text: „So also scheidet der bittere Tod!"
1. Kön. 15, 32.

Eingang.

Wir wissen Alle, unter welchen Umständen der noch frische und blühende Agag, der König der Amalekiter, diesen Herzensseufzer ausgestoßen habe. Nachdem nämlich Saul, der König von Israel, des Agag geschont hatte, und zwar gegen den Befehl des Herrn, ergriff Samuel das Schwert und hieb den Agag in Galgala in Stücke. Kurz zuvor, als dieser sah, wie Alles zu seinem Tode veranstaltet sei, wurde ihm das Herz ganz besonders weich und schwer, und wehmüthig brach er in die traurigen Worte aus: „So also scheidet der bittere Tod!"

Dieser von der Natur selbst ausgepreßte schmerzliche Seufzer dünket mich auch heute vielfach in dem Trauerhause ausgestoßen worden zu sein; denn es ward in demselben ein herzlieber Jüngling, eine Blume der Jugend, eine Zierde der gelehrten Schulen, eine Freude der Eltern frühzeitig der Welt und dem Leben entrissen. O bitterer Tod, also scheidest du? sprach der Vater, die Mutter, die Schwester, der Bruder, der Sterbende selbst. So scheidest du? In den besten Jahren? im Lenze des Lebens? O bitterer Tod, muß ich so geschwind bewahrheiten den Spruch: Kaum entstehen wir, so vergehen wir? So bitter scheidest du — von meinen lieben Eltern mich, die mein Sterbelager mit ihren Thränen baden, von meinen lieben Brüdern und Schwestern, von meinen Gespielen, die mich alle wie ihren Augapfel liebten!

Also scheidet der Tod. — Und nur zu oft wählt er sich die uns Liebsten, die Jüngsten. Denn:

1) **Vom Tode muß man nicht fragen: Wann? — denn er hält keine Zeit ein.** Wir wissen von ihm nur so viel:

2) **Die Alten müssen sterben; aber die Jugend bleibt nicht immer bis in's Alter verschont.**

I.

Leidtragende Christen! Es bleibt eine ganz gute und löbliche Gewohnheit, sich an die letzten Dinge des Menschen zu erinnern, und den Gedanken, daß man nicht unsterblich ist, sich öfters zu vergegenwärtigen; würde es uns ja sonst ergehen wie den Menschen zur Zeit des Noe, welche aßen, tranken und guter Dinge waren. Da kam plötzlich der Tod wie ein rauschender Strom heran und riß sie fort, ohne daß sie nur des Todes gewärtig waren, denn sie hatten sein ganz vergessen. In ähnlicher Weise erging es auch dem Könige Balthasar von Medien und seinen Leuten, die, ehe sie sich dessen versahen, von Cyrus überwunden und von der Sense des Todes umgemäht wurden. Es ist sonach eine ganz nützliche, wenn auch leicht zu beantwortende Frage: Werde ich sterben? Werde auch ich sterben? Die Antwort ist klar wie das Licht der Sonne. Ja, ich werde sterben, wie auch meine Väter gestorben sind. Denn wo ist der Mensch und wer ist er, der da lebt und den Tod nicht kosten wird?

Wann werde ich sterben? das ist dagegen eine unnöthige, vergebliche Frage, welche Niemand beantworten kann. Und nicht nur überflüssig und müssig, sondern auch gefährlich und sündhaft scheinet mir diese Frage; denn sie verführet Manchen in großen Irrthum. Wenn sich ein blühender Jüngling die Frage, wann er sterben werde, vorlegt, so antwortet er sich meistens darauf: Ach, du bist noch jung, du wirst eben auch so in circa sechzig Jahren sterben; zur Zeit ist dazu keine Aussicht oder Gefahr vorhanden. Also fort mit den Todesgedanken, bis so beiläufig weitere sechzig Jahre vorüber sind! — Ach, geliebte Jünglinge, dadurch hat sich schon mancher junge Mensch schwer betrogen und bitter getäuscht; der Tod, meine jungen Freunde, hält keine

Zeit ein, bindet sich an kein Alter, kehrt sich an keinen Tag, an keine Stunde. Eine jede Minute kann unsere letzte sein. Lebe also so, als wenn sie es wirklich wäre! Also nichts ist gewisser, als das Sterben; nichts ungewisser, als wann man sterben wird. Das stehet bei Gott allein: „Der Menschensohn wird kommen zu einer Stunde, da ihr es nicht vermeinet" (Luk. 12, 40.).

Dieß hat an sich erfahren auch der studirende Jüngling, an dessen Grabe wir stehen. Gedenken wir, Andächtige, wie viele Jahre versprachen wir ihm, wenn wir ihn sahen, wenn wir betrachteten sein fröhliches Gesicht, seine blühend-rothen Wangen, die lebhaften Augen, den gesunden Leib, die starken Glieder! Wir haben uns Alle betrogen: da liegt er im Sarge ein Leichnam, und nach kurzer Zeit wird er sein, als wäre er nie gewesen. Da liegt er, und wir singen ihm traurig nach: Herr, gib ihm die ewige Ruhe und das ewige Licht leuchte ihm! Also bitter scheidet der Tod! Kurz war des Verblichenen Lebenslauf. Er sah das Licht der Welt im Jahre 18.. zu X., besuchte die Volksschule mit großem Fleiße und zeigte schon da große Anlagen. Der gelehrten Schule zu X. übergeben .... (Spezielles.) So war er eine Freude seiner Eltern und Lehrer, ein Liebling Gottes und der Menschen. Er starb am .... an einer .... Krankheit. (Seine letzten Tage.) So also macht es der Tod, so bitter scheidet er!

Das gilt nun aber besonders dir, du blühende Jugend, die du grünest, blühest und prahlest mit dem Frühlinge deines Lebens! O ihr, die ihr nichts mehr wünschet und glaubet, als eure Lebenszeit bis zum hohen Alter fortzusetzen, sehet zu, daß ihr euch nicht täuschet, und versprechet euch doch keine Zeit des Lebens, denn das Sterben bleibt weder aus, noch weiß irgend ein Mensch, wann er sterben, und wie lange er leben werde. Dieß gehört unter die Geheimnisse und Rathschlüsse Gottes.

II.

Sagen zu wollen: Ich bin jung, oder: Ich bin alt, — das gilt Alles gleich. Die Alten müssen, die Jungen können sterben. Zwischen diesem Müssen und Können besteht aber eine außerordentliche Gleichheit: es liegen so Viele, die sterben mußten, hier, als von jenen, die sterben konnten. Die Zahl der Alten und der Jungen, die sterben, oder gestorben sind und hier liegen, ist so ziemlich gleich. Ja es sterben sogar mehr junge als alte Leute! Beider Häuser sind die Gräber, und ihre

Zahl ist gleich auf beiden Seiten. Diese Wahrheit scheint dem Menschengeschlechte bereits schon von Natur aus eingepflanzt zu sein; so haben wir nicht wenige Verträge, die von dem Tode der Kinder reden, noch bevor sie geboren sind. „Nach dem Tode des Erstgeborenen — heißt es im alten bürgerlichen Rechte c. de majoratu — soll der andere Sohn der Erbe sein und nach diesem der dritte.“ Wie, noch ist der Erste nicht geboren und schon redet man von seinem denkbaren Tode? Ja, so ist es! „Nicht allein die, welche leben, sondern auch die, welche noch nicht geboren sind, werden vom Tode getroffen,“ sagt der hl. Chrysostomus (hom. de fid. et sp.). Dieß ist sonach eine unumstößliche Gewißheit: Kein Alter schützt vor dem Tode; die Einen müssen, die Andern können sterben, und die Zahl derer, die sterben können, ist gleich, ja übersteigt sogar die Zahl jener, die in Folge Alters demnächst sterben müssen. Dagegen hilft nichts, weder Klagen und Jammern, noch sonst etwas. Wir eilen Alle Einem Ziele entgegen, sei es nun früher oder später. — Der Verblichene wußte dieß nicht nur, es stand ihm auch täglich vor Augen, deßhalb war er so trefflich auf den Tod vorbereitet, gleichsam als hätte er darauf studirt. — —

So wollte ich denn, wenn ich einen Rath zu ertheilen angegangen würde, einem Jeden rathen, sich doch ja kein langes Leben zu versprechen. Lasset, geliebte studirende Jünglinge, dieses euch eingeschärft sein: Verlasset euch nicht auf eure jungen Jahre, auf eure Kräfte, auf Arzt und Arzneien, sondern greifet schon in der Jugend zu Bußwerken und führt ein Leben, wie es eines guten katholischen Christen würdig ist. Nehmet euch ein Beispiel an euerem hingegangenen Mitschüler, sowohl was das frühe Sterben betrifft, indem ihr euch selbst kein langes Leben verheißet und vorspiegelt, wie auch was die tugendhafte Lebensweise betrifft, der euer Mitschüler so besonders zugethan war (locus amplif.). Das Aufschieben, meine Freunde, hat Viele, Viele betrogen. Wir lesen beim Könige David (Ps. 77, 47.), daß es heißt: „Er vernichtete ihre Maulbeerbäume durch den Reif.“ Der Maulbeerbaum ist, wie wir wissen, unter den Bäumen, wenn ich so sagen darf, der Verständigste; denn er knospet und blühet sehr spät, so daß, wenn andere Bäume durch Frost und Nebel an ihren Früchten zu Schanden werden, indem die Knospen und Blüthen gar oft erfrieren, der Maulbeerbaum an seinem Blühen nicht den mindesten Schaden leidet, indem er erst, wenn es wärmer geworden ist, seine Knospen erschließt. Dieß ist eine Eigenschaft der Verständigen, welche in ihren Geschäften die rechte Zeit ausfindig zu machen verstehen. Allein geneigte Zuhörer! gegen Gott gibt es keine Klugheit, gibt es keinen Verstand oder Rath. Er vernichtet auch die vorsichtigen Maulbeerbäume mittelst des Reifes. Auch die Klügstseinwollenden, sie, welche sich vor Frost, Kälte und Regen ängstlich schützen und hüten, erhascht er. —

Ich schließe mit dem gewöhnlichen Ersuchen, daß Alle ein andächtiges Vater unser und Ave Maria sprechen wollen zum Troste der etwa noch in zeitlicher Strafe zurückgehaltenen Seele, damit sie durch die Verdienste Jesu, unseres einzigen Mittlers, wie auch auf die Fürbitte Mariens hin möge zur ewigen Anschauung Gottes gelangen. In dieser Zuversicht sprechet mit mir: Vater unser .... Ave Maria .... Amen.

Am Grabe eines braven Jünglings.

Text: „Herr, wärest du hier gewesen, mein Bruder würde nicht gestorben sein.“ Joh. 11, 21.

Eingang.

Wiederum stehen wir voll Wehmuth an einem Grabe. Wir haben den Leichnam des ehr- und tugendsamen Jünglings N. N. zur Grabesruhe eingesegnet, der in der schönsten Blüthe der Jahre starb, denn er brachte sein Alter nicht höher als auf — Jahre. (Lebenslauf.) Wahrlich ein herber Schlag für alle Verwandten und Freunde des Verblichenen!

So betrübt muß es ohne Zweifel auch im Hause der Martha und Maria ausgesehen haben, als sie ihren viellieben Bruder Lazarus zu Grabe brachten, denn wir lesen, daß sich viele Israeliten aus dessen nächster Verwandtschaft eingefunden hatten, um die klagenden Schwestern zu trösten. Aber dieß nützte Alles nichts. Wahren Trost empfingen sie erst, als nach einigen Tagen Christus ankam, und sprach: „Dein Bruder wird wieder auferstehen“ (Joh. 11, 23.).

Geliebte Eltern des Verblichenen! Was Jesus der gottseligen Martha gesagt, ist ein Wort, womit auch ihr euch trösten müßt; denn obschon nicht Alle die Gnade erfahren, daß ihr Sohn oder Bruder nach drei Tagen aus dem Grabe wird hervorgehen, seid ihr doch dessen versichert, daß ihr den Todten nicht auf ewig verloren habt, sondern daß auch er sich aus der Grabesruhe heben und zum Lichte auferstehen wird. Einst wird uns Allen das Glück widerfahren, welches auf Marthas Bitte dem Lazarus begegnet ist.

Dieses Geheimniß wollte zwar den Heiden nicht recht in den Sinn, vielmehr hielten sie daran fest, zu glauben, was einmal vernichtet sei, komme nimmer wieder; weßhalb sie denn auch des Paulus spotteten, welcher auf dem Areopag die Auferstehung der Todten verkündete (Apostelgesch. 17.). Anders dachte Job, der da sprach: „Ich weiß es, daß mein Erlöser lebt, und daß ich am jüngsten Tage aus dem Staube auferstehen werde" (Job 19, 25.).

Diese tröstliche Glaubenslehre wollen wir ein wenig näher betrachten und sehen:

1) **was die Auferstehung der Todten für einen Grund habe in der Natur wie im Worte Gottes**; sodann:

2) **wozu dieser Glaubensartikel uns dienen solle.**

I.

Nicht allein Job, sondern auch andere Väter des alten Bundes hatten in ihren Reden und Schriften von diesem Glaubenspunkte klare Meldung gethan. Dennoch war dieser Artikel Vielen dunkel, ja sogar unbekannt, so daß sie es bezüglich der Auferstehung des Fleisches fast mit den Heiden hielten, bis zu den Zeiten Jesu hin, welche von diesem Glaubenssatz so klare Proben gaben, daß man die Wahrheit nun, wenn ich so sagen soll, mit den Händen greifen kann, indem er zu verschiedenen Zeiten seines Lebens unterschiedliche Todte zum Lichte wieder erweckt hat. Nach seiner eigenen Auferstehung aber wollte er ausdrücklich, daß ihn der ungläubige Thomas berühren sollte, um uns Allen Gewißheit zu geben. So haben den auferstandenen Heiland auch in der That nicht wenige Menschen gesehen, ihn berührt, mit ihm gesprochen, gegessen und Umgang gehabt, derart, daß nichts handgreiflicher ist. Mit diesen Wunderwerken war denn auch der festeste Grund dieses Glaubenssatzes gelegt, und der Weltapostel sagt hierauf Bezug nehmend: „In Hinsicht der Entschlafenen, Brüder! kann ich euch nicht ohne Belehrung lassen, damit ihr euch nicht betrübet, wie jene Anderen, die keine Hoffnung haben. Wenn wir nämlich glauben, daß Jesus gestorben und auferstanden, so wird Gott auch die in Jesu Entschlafenen mit ihm hervorführen" (1 Thess. 4, 13. 14.). Und: „Dieß Verwesliche muß die Unverweslichkeit, und dieses Sterbliche die Unsterblichkeit anziehen" (1. Cor. 15, 53.).

Seht, Andächtige, diese und noch viele anderen Proben gibt uns die hl. Schrift zum Troste derer, die da in das offene Grab schauen. Also nichts geht verloren, wir werden Alle auferstehen und Alle auferstehen sehen!

Saget dieses doch, Geliebte, euerem Leibe, wenn er in diesem Jammerthale von Arbeit, Mühe und Noth gequält und gebeugt zu murren oder zu verzweifeln Willens ist, oder wenn der Tod ihm droht! Frisch auf, mein Leib! ertrage dieses Ungemach um der Seligkeit willen! Alsbald wirst du ja wieder vom Tode auferstehen und zwar in großer Herrlichkeit! — O welch' herrliche, welch' glänzende Leiber werden wir erhalten, wenn wir zur ewigen Glorie auferstehen, d. h. wenn wir Gott hier zeitlebens gedient haben! Jetzt sind unsere Leiber der Sterblichkeit unterworfen, alsdann wird kein Tod mehr sein; jetzt werden wir müde und matt vor Arbeit, Sorge, Elend, Krankheit und Kummer, alsdann wird alles das aufhören; jetzt sind wir den Würmern unterthan, alsdann werden wir allezeit das Gewand der höchsten Verklärung tragen. Die hl. Väter schreiben den verklärten Leibern vornehmlich vier Eigenschaften zu: die Leidensunfähigkeit, welche macht, daß von uns kein Weh, kein Leid und Schmerz mehr empfunden wird; die Klarheit, in Folge der wir leuchten und strahlen werden wie die Sonne, wie Christus bei seiner Verklärung erschien; die Behendigkeit und Schnelligkeit, welche bewirken wird, daß wir rasch wie unsere Seele und ihre Gedanken an einem beliebigen Orte sein können, endlich die Durchdringlichkeit und Feinheit, welche unseren Leib, ich möchte sagen, so vergeistigt, daß keine Thüre, keine auch noch so feste Mauer ihm ein Hinderniß in den Weg legt. Alle diese Gaben und Eigenschaften besaß auch, wie wir in der hl. Schrift lesen, der vom Tode erstandene Leib Jesu Christi.

Diesem Glaubenssatze pflichten Natur und Vernunft bereitwilligst bei. Denn es liegt schon in der Seele die Neigung, sich mit dem Leibe zu vereinen und stets mit ihm vereint zu sein, eine Neigung, die zu nichts diente und zwecklos in uns lebte, wenn keine Auferstehung der Todten wäre. Auch die Natur gibt uns ein Beispiel an die Hand. So schlafen nämlich die Samenkörnlein zwar eine Zeit lang im Erdboden, gleich als wäre alles Leben in ihnen erloschen. Aber kaum ist der Winter vorüber, so kommen sie fröhlich in herrlichen Halmen zum Vorschein. Auch die Bäume machen es so mit ihrem Laube, ihren Blüthen und Früchten, wenn der liebe Frühling in's Land kommt.

Und deßwegen, glaube ich auch, hat man hier auf die Gräber Blumen gepflanzt, um das Wiedergrünen und Auferstehen der Leiber sinnbildlich anzudeuten und darzustellen. Ja, es widerstrebet einigermaßen der Gerechtigkeit Gottes, wollte er den Leibern keinen Lohn in der Ewigkeit geben, nachdem dieselben auf Erden sich so Vieles mußten gefallen und versagen lassen. Unser Gott aber ist ein gerechter. Auf ihn hat sich auch der Verewigte verlassen; denn er schonte seinen Leib im Dienste Gottes niemals, stets hielt er ihn zur Arbeit an, er zierte und schmückte und verweichlichte ihn nicht, nein, seine Seele wohnte in einem demüthigen, nüchternen, arbeitsamen, keuschen Leibe, zu dem die gläubige Seele stets, wenn er unterliegen oder nachlassen wollte, sprach: Lieber Bruder, du wirst auferstehen (locus amplif.). Solche Tugenden wirkte bei unserem hingegangenen Freunde der Glaube an die Auferstehung.

II.

Ich habe bereits angedeutet, wozu die Lehre von der zukünftigen Auferstehung, die in Vernunft, Natur und Offenbarung begründet ist, diene. Der Verlebte kannte deren heilsame Wirkung.

Aber auch wir müssen das Unsrige daraus entnehmen und dürfen den Glaubenssatz von der Auferstehung der Leiber nicht ohne Aufmerksamkeit in den Wind schlagen. Vielmehr muß diese Gewißheit uns zu einem hl. Wandel anspornen. Wenn ein Jeder seinen Lohn oder seine Strafe zu gewärtigen hat, je nachdem er in seinem Leibe gelebt und gewirkt, wie beschämt muß derselbe alsdann nicht am jüngsten Tage, wo Alles vor aller Welt wird offenbar werden, dastehen, wie muß er nicht erröthen, wenn er sich in der Gesellschaft der größten Heiligen, in Gesellschaft seiner Eltern, Verwandten und Freunde dastehen sieht — beladen, bedeckt mit so vielen und so schändlichen Sünden, die er bisher so geheim zu halten verstanden!

Zwar an Alle, an euch, ihr Jünglinge, aber ergeht die Mahnung, eueren Leib in Ehren zu halten, am dringendsten. Lasset euch ja zu nichts Ungebührlichem herbei, das euch noch beim jüngsten Gerichte schändet! Haltet vielmehr eueren Körper streng und in Zucht und Zaum, da wir wissen, wie es den fleischlich Gesinnten, den Bauchdienern, den Weichlingen dort ergehen wird, wo auch der Leib seinen Lohn erhält. Deßhalb beherziget, was der Apostel Paulus den Römern einprägt (14, 17.): „Das Reich Gottes besteht nicht im Essen und Trinken, sondern .... im hl. Geiste.“ Und den Galatern schreibt er (5, 24): „Die mit Christus Verbundenen kreuzigen ihr Fleisch.“

Der Himmel, Geliebte, ist ein Ort der Tugend, wo nur Mäßigkeit, Zucht, Ehrbarkeit, Liebe Gottes und des Nächsten belohnt werden.

Das nun lernet aus dem an diesem frischen Grabe Gesprochenen. Wir wissen nun, wozu die Offenbarung von der Auferstehung der Leiber gut ist und dienet. Sie spornt uns an, alle Werke des Fleisches ernstlichst zu fliehen. — —

Und nun zum Schlusse hätte ich noch ein kurzes Wort von dem Staube, von der Asche, von den Ueberresten der Heiligen an euch zu richten. Dort und da fliegen Reden umher, welche die Reliquienverehrung der Katholiken lächerlich zu machen die Absicht haben. Ihr sehet indessen aus dem Vorausgegangenen wohl ein, wie gut und recht man daran thue, die irdischen Ueberbleibsel, die Gebeine und hl. Asche der Freunde Gottes zu verehren, da diese zur Zeit der Auferstehung wiederum in großer Herrlichkeit erscheinen und nach dem Maße ihre Verdienste im Himmel leuchten und strahlen werden; denn der Apostel macht selbst diesen Vergleich; er sagt (1. Cor. 15, 41. 42.): „Die Sonne hat einen anderen Glanz, einen anderen der Mond, einen anderen die Sterne; ein Stern ist sogar vom anderen an Glanz verschieden. So verhält es sich auch mit der Auferstehung der Todten.“ Dieß also allein schon macht uns den hl. Staub der Seligen verehrungswürdig. —

Indem ich nun mit dem allgemeinen Wunsche, daß uns Allen Gott eine glorreiche Auferstehung geben möge, schließe, lasset uns noch gedenken der Seele des dahingeschiedenen Jünglings und dieselbe dem ewigen Richter angelegentlichst empfehlen, indem wir für sie bitten um einen gnädigen Urtheilsspruch durch das Gebet des Herrn: Vater unser.... Ave Maria.... Amen.

Am Grabe einer braven Jungfrau.

Text: „Den Weg der Gerechten kennet der Herr!“
Ps. 1, 6.

Eingang.

Geliebte im Herrn!

Wenn der Psalmist sagt, der Herr kenne den Weg der Gerechten, so heißt das so viel, als: er gibt Acht auf den Lebenswandel der Gerechten und hat sein Wohlgefallen daran, denn ein solcher Pfad ist der Weg der Weisheit, welchen billig Alle, die klug sind, einschlagen sollten.

Darum sagt der weise Salomon von einer frommen Seele, daß ihre Wege schön und lieblich seien.

Einen solchen Weg ist auch die ehr- und tugendreiche Jungfrau N. N. gewandelt, die in den blühenden Jahren ihrer besten Jugend, d. h. in ihrem — Jahre das Zeitliche gesegnet und mit dem Ewigen vertauscht hat. Sie ist hingegangen zu ihrem himmlischen Bräutigam, denn dahin führte der Weg, den sie von frühester Jugend an gewandelt. Und so ist sie denn angelangt bei ihm und hat Hochzeit gehalten mit dem Bräutigam ihrer Seele auf immer und ewig.

Lasset uns zum Ruhme der Verblichenen erforschen:

1) **welche Wege sie am meisten geliebt habe,** sodann:

2) **was wir, die wir noch am Leben sind, von ihr lernen können.**

I.

Was für schlüpfrige und gefährliche Wege heut zu Tage unsere zuweilen mehr heidnisch als christlich erzogene Jugend wandle, das müssen manche Eltern mit weinenden Augen ansehen. Hoffart, Leichtfertigkeit, Frechheit, Sinnlichkeit und Ungehorsam wachsen mit vielen Kindern auf und gehen mit denselben auch wieder in's Grab. Hat ein Gefäß einmal einen üblen Geruch angenommen, so ist derselbe nur äußerst schwer zu beseitigen. So ist auch die Mühewaltung an Jenen fast immer verloren, welche auf schlimme Pfade und Abwege, sei es nun durch Schuld der Eltern oder durch eigene Bosheit, gerathen sind und schon in früher Jugend schlechte Sitten angenommen haben. Solche haben Gott nie vor Augen und ihre Wege sind jederzeit beschmutzt. Indem sie ohne Gott, d. h. ohne Licht und in der Finsterniß fortschreiten, gehen sie immer im Kothe der Sünde und gerathen in den Pfuhl der Lasterhaftigkeit. Also geht es heutiges Tags viel mit den jungen Töchtern und Söhnen und ganz gut paßt auf dieselben, was Jeremias sagt: „Ihr Weg ist schlüpfrig und im Dunkeln; da werden sie denn auf demselben fortgestoßen, bis sie zusammenstürzen" (23, 12.) Darum muß es Tag und Nacht die angelegentlichste Sorge der Eltern sein, ihre Kinder, ihre heranwachsenden Töchter und Söhne vor solchen Wegen zu hüten und gleich das erste Mal zu bewahren, damit ihnen aus ihren Nachkommen keine Schande erwachse. —

Eine christlich erzogene Tochter aber ist die Zierde ihrer Mutter, ein Trost des Vaters, eine Freude Gottes und seiner heiligen Engel.

Was ich da sage, Geliebte! das hat die viel ehr- und tugendsame Jungfrau N. N. in ihrem kurzen Leben zur Genüge wahr gemacht. Ihre Wege waren friedlich und schön, Gott und den Menschen angenehm. (Lebensabriß.) So paßt denn auch auf die Hingeschiedene das Lob: Herrlich waren ihre Schritte, friedlich waren sie, denn die Verblichene hat niemals Jemanden auch nur mit einem Wort beleidigt; friedsam, denn sie reinigte alle .... Tage ihr Gewissen, um mit Gott Frieden zu haben. Schön waren ihre Schritte und Tritte, denn sie waren keusch und eingezogen; keine unzulässige Weltmiene konnte man an ihr gewahren; dieß Zeugniß geben ihr Alle, die sie gekannt haben. Täglich, wenn sie konnte, war ihr Schritt auf dem Wege zur Kirche, allwo sie mit inniger Andacht betete. Ganz besonders angenehm war aber der Wandel der Verewigten Gott deßwegen, weil sie stets eine reine Jungfrau blieb, wodurch sie würdig ward, eine Tochter Gottes im allerschönsten Sinne zu heißen, indem sie sich mit Christus vermählt hatte, als dem Bräutigam aller reinen Seelen.

Kein Wunder also, wenn Gott Acht hatte auf die Wege, welche unsere N. N. gewandelt; waren diese doch die sichersten zur Seligkeit, wie sie Christus selbst vorgezeichnet und alle hl. Jungfrauen zurückgelegt haben. So waren denn auch ihre Wege stets hell und heiter, da Christus ihr auf all' ihren Pfaden voranleuchtete. So kann man hier ganz füglich die Worte anwenden: „Der Weg der Gerechten ist wie strahlend Licht, es kommt hervor und wächst bis zum vollen Tage." (Sprüchw. 4, 18.)

II.

Uns aber, die wir noch am Leben sind, lasset in die Schule gehen bei den Todten, insbesondere bei ihr, der wir soeben die letzte Ehre erwiesen haben! Lernen wir von dieser im Herrn entschlafenen Jungfrau die Ermahnung des weisen Predigers beherzigen, welcher uns zuruft: „Gehe nicht den Weg des Verderbens und du wirst nicht an Steinen anstoßen." (Sir. 32, 25.)

Doch ach, wie Viele gehen nicht heut zu Tage eben diesen Weg des Verderbens! Man lehret die christliche Jugend eher das Schwören und Fluchen, als Gott kennen; eher das Tanzen und Springen, Putzen und Spazierenlaufen, als den Katechismus und seine christlichen Pflichten. Statt die Kirche, Predigt und Christenlehre besucht man die Wirthshäuser und fängt schlechten Umgang an. Statt in den Beichtspiegel sieht man nunmehr in den Putzspiegel; man betrachtet sein Gesicht und vergißt darüber sein Gewissen; man zieht stets neue Kleider an und läßt die Seele im alten Unrathe. (Locus amplif.)

Viele sehen auch den Todten heraustragen und gedenken nicht an sich selbst und daß vielleicht schon morgen die Reihe an sie kommt. „Mancher Weg scheinet dem Menschen der rechte zu sein, aber sein Ende führt zum Tode." (Sprichw. 16, 25.) Wandlet daher als Kinder des Lichtes und wirket dahin, daß dieses auch der Lebenswandel der euch anvertrauten Jugend sei, damit nicht von ihnen gesagt werden möge, was im Buche der Sprichwörter (2, 13.) zu lesen: „Sie verlassen die rechte Bahn und tappen in der Finsterniß." Denn es ist eine bekannte Sache, wohin man geräth, wenn man im Finstern forttappt: gemeiniglich verunglückt man. Das thun aber die Gottlosen, denn die Leuchte der Gottlosen wird ausgelöscht werden, und der Allwissende wird nicht allein zu den thörichten Jungfrauen, welchen das Oel in ihrer Lampe fehlt, sondern auch zu den Christen, welche die Wege der Finsterniß geliebt und sich vor ihrem Gott gleichsam verkrochen haben, sagen: „Ich kenne euch nicht." — —

Was nun die selig Vollendete betrifft, an deren letzter Ruhestätte wir stehen, so bleibt uns der Trost, daß sie den Herrn gekannt, und daß also auch der Herr sie kennet; es bleibt uns der süße Trost: Sie war eine fromme, tugendreiche Jungfrau, bei Gott wie bei den Menschen beliebt, und ihr Weg war der rechte; und so wird sie denn auch ihr Ziel nicht verfehlt haben und nun beim Vater im Himmel sein.

Wir aber wollen uns die Wege der Dahingegangenen zur Darnachachtung nehmen und niemals von der rechten Bahn abweichen. Und jetzt wollen wir am Grabe der Verewigten, so theuer sie uns auch gewesen, nicht übermäßig weinen, sondern, falls sie noch einige unabgebüßte Fehler mit hinübergenommen hat, für sie beten das Gebet, das uns der Heiland selbst gelehrt hat: Vater unser und Ave Maria. Amen.

Am Grabe eines jungen Bürgers.

Text: „Mein Saitenspiel hat sich in Traurigkeit verwandelt." Job 30, 31.

Eingang.

Das gehört zum Wechsel des so veränderlichen Menschenlebens: bald ist man fröhlich, bald traurig, bald weint, bald lacht man; mit unserem

Gemüthe geht es wie mit einer Zither, welche bald lustig erklingt, bald Klagetöne hervorbringt. In diesem Sinne sagt Job: „Mein Saitenspiel hat sich in Traurigkeit verwandelt."

Andächtige! Es ist mir nicht unbekannt, wie die Zither des Herzens gestimmt ist, wenn man aus dem Trauerhause die Leiche einer geliebten Person zu ihrer letzten Ruhestätte begleitet. Ach, da weinet Alles, was Thränen in den Augen hat und Niemand ist zu stillen, was man auch für Trosteswortte den Leidtragenden zuspricht.

Aber, ihr Trauernde! laßt euch fragen: Was beweinet ihr denn? Ach, sagt ihr, mein Gatte, mein Sohn, mein Bruder ist todt, hat die Welt verlassen, und mich, seine Gattin, seinen Vater, seine Mutter, seinen Bruder, seine Schwester .... Ich frage abermals: Und wie ist er denn gestorben, war er ergeben in Gottes Willen und ausgesöhnt mit dem Herrn? O ja, antwortet man mir, er empfing die hl. Sakramente, die den Sterbenden verordnet sind, mit aller Andacht. Er beichtete, bereute alle seine Fehltritte und empfing die hl. Wegzehrung. Auch die hl. Oelung stärkte ihn noch schließlich im harten Todeskampfe.

Nun denn, dann habt ihr keine andere Ursache zu weinen, als die, daß der Verlebte nicht mehr — bei euch ist, nicht mehr auf Erden. Er ist also nicht zu beweinen, denn ihm ist gut und wohl. Euretwegen also weinet Ihr? Euretwegen beneidet ihr ihm die ewige Seligkeit? Ist das auch Recht, nur an sich zu denken! Und — saget mir um Gotteswillen, was ist denn die Welt, daß ihr den Verblichenen so gerne in der Welt hättet?

Was die Welt sei?

Ein stürmisches Meer; eine betrügliche Zauberin; ein Glücksspiel; ein Irrgarten; eine leer gehende Mühle.

Ist es da nicht thöricht, zu verlangen, die Sterbenden möchten bei uns in der Welt verbleiben?

Was ist die Welt, daß man das Abscheiden von derselben so hoch empfinde, so lang beweine, so tief betraure, so schwer beklage? Ich kann nicht anders antworten, als mit den hl. Vätern, mit den klugen und verständigen Männern: Die Welt ist ein Thal der Zähren, wo Anlässe und Beweggründe zum Trauern nie fehlen, wo sich immer etwas findet, das uns Leid bringt, jetzt ein Todesfall, dann eine unglückliche Geburt, jetzt ein großer zeitlicher Schaden, sodann eine Unbild, eine Verfolgung, eine Verleumdung, eine Krankheit .... Gesetzt auch die Zither unseres Herzens lasse eine Zeitlang eine fröhliche, heitere Weise erklingen, zuletzt und bald heißt es doch: Der Ausgang der Freuden ist Leid. Wollte Gott, es wäre dieses ein Leid über unsere Sünden, es würde dieses Leid doch noch einen Werth und Nutzen haben, und die Quelle endloser Freuden werden!

Also was ist die Welt, daß man sich nicht trösten will, wenn ein guter Freund sie verläßt? Ach, ein unruhiges, ungestümes, unsicheres Meer, welches die darauf Befindlichen bald hoch bis an die Wolken erhebt, bald abgrundtief versenkt, welches mit seinen Wellen und Wogen so lange schlägt, stößt und tobt, bis der Untergang des Schiffes erfolgt. Fragt den König Darius, fraget den großen Feldherrn Belisar, was die Welt sei, sie werden mit dem Psalmisten ausrufen: „Wir sind gekommen auf die Höhe des Meeres, aber der Sturm hat uns versenkt" (cfr. Ps. 68, 3.). So kommen nicht Wenige auf die höchste Spitze des Glücksrades, um im nächsten Augenblicke desto tiefer zu stürzen.

Ich frage abermals, was denn an der Welt sei, daß man die Freunde die man liebt, so gerne bei sich behalten möchte! Sie ist nichts mehr und nichts weniger als eine betrügliche Zauberin, gleich jenen Sirenen, welche die Schiffenden mit ihrem Gesange und lockenden Antlitze in die Strudel, an die Klippen und Sandbänke heranlockt, um dort zu zerschellen. Glücklich, wer diesen Schmeichelgesängen sein Ohr verstopft und im Hafen anlangt, ohne Schiffbruch gelitten zu haben.

Und wiederum frage ich: Was ist denn die Welt, daß man so sehr bedauert, wenn ein Freund von ihr wird abgerufen? Ich antworte: Ein Glücksspiel, bei welchem man bald gewinnt, bald wieder Alles verliert.

Sie ist ein Irrgarten, dessen Eingang leicht zu finden und angenehm, dessen Ausgang dagegen schwer, voll Dornen und Gestrüppe ist. Der Umwege und Fallstricke, welche darin sind, gibt es so viele, daß der Wanderer nicht weiß, wie er sich derselben entledige und glücklich sich aus dem Garten hinausmache. Daher hört man so oft sich das Ende und den Ausgang des Lebens herbeiwünschen. Die äußere Gestalt, die uns in die Augen fällt, täuscht leider nur zu oft, so daß wir denen nur sehr schwer und Viele auch gar nicht den Erfahrenen glauben, welche uns die Welt in ihrer wahren Gestalt zeigen.

Eine leer gehende Mühle ist die Welt, in welcher man arbeitet, läuft u. s. w. und wobei nichts herauskommt. Deßhalb sagt der weise Salomon in seinen späteren Jahren (Pred. 2, 11.): „Als ich mich wandte zu all den Werken, welche meine Hände vollbracht hatten, und zu den Mühen, in denen ich fruchtlos mich abgearbeitet habe, sah ich in Allem —

Eitelkeit und Geistesqual, und wie nichts Bleibendes sei unter der Sonne." Salomon hatte, wie wir wissen, sich bemüht, stolze Paläste aufzuführen, Weinberge anzulegen, Lustanlagen herzustellen, Geld und Gut zu erwerben, sich zahlreiche Diener, Sänger und Sängerinnen zu halten; was seine Augen begehrten und sein Herz verlangte, das hatte er ihnen gegeben. Und dennoch hatte er keine Befriedigung gefunden, sondern erfahren, daß Alles — Eitelkeit und Bitterkeit sei.

So sei es denn genug von der Welt. Unser in Gott ruhender Mitbürger, der achtbare Herr N. N. hat sie gekannt. Am . . . des J. . . . . hat er das Licht der Welt erblickt. (Lebenslauf, Krankengeschichte u. s. f.) Dem Alter nach hätte der Verlebte noch länger unter uns weilen können. Aber er wollte sich nicht länger der Gefahr des Schiffbruches ausgesetzt sehen, sondern zeitig am Gestade der Ewigkeit anlanden, wo kein Ungewitter, keine hochgehende Welle, kein Schiffbruch mehr zu befürchten ist. Und wie, ihr theueren Hinterbliebenen, heißt das nicht ein schöner Tausch, wenn man ein Thal verläßt, wo die Zähren wie Bächlein rinnen, um in ein Land zu kommen, welches voll Milch und Honig fließt? Soll man da dem Verblichenen nicht zurufen: Glück zu diesem Lande wünschen wir dir Alle von ganzem Herzen! — —

Darum hinweg die übermäßigen Klagen und Thränen! Der Charakter und der Tod des Verewigten waren von der Art, daß wir der Hoffnung leben dürfen, er befinde sich nun in einem ohne Vergleich besseren Zustande als der war, den er verlassen. Gönnen wir ihm diesen glücklichen Tausch! Seien auch wir nicht, wie der Verlebte, gegen den göttlichen Willen, der es immer am Besten für uns ordnet und richtet! Wenn Gott einen Freund uns nimmt, so hat er seine weisen Absichten dabei; sie zu erforschen, kommt uns nicht zu; vielmehr wollen wir mit Job uns trösten und sprechen (1, 21.): „Der Herr hat es gegeben, der Herr hat es genommen; wie es dem Herrn gefiel, also geschah es; es sei gepriesen der Name des Herrn!"

Nimm, o Herr, diese liebe Seele, die uns verlassen hat, um bei dir zu wohnen, auf in deine ewige Ruhe, wo sie so unaussprechlich besser weilet, als hier an unserer Seite, wo sie nun einsammelt die Früchte ihrer Geduld, Frömmigkeit, Arbeitsamkeit, Güte . . . . . und vor allen Dingen jene ihres Glaubens, dem sie nachlebte.

Für uns aber wollen wir das auf den Weg mit nach Hause nehmen: Weil die Welt weiter nichts ist, als ein stürmisches, gefahrbringendes Meer, eine betrügliche Zauberin, ein Glücksspiel, ein Irrgarten, eine leer gehende Mühle, so wollen wir auf unserer Hut sein, auf daß wir in diesen so ungestümen Wasserfluthen nicht zerscheitern und ertrinken, in diesem Glücksspiele unsere Seele nicht verlieren, von dieser betrüglichen Zauberin nicht überlistet, verlockt und ins Verderben gezogen werden; deßgleichen wollen wir behutsam sein, um in diesem Irrgarten uns nicht zu verirren, um in dieser leer gehenden Mühle uns nicht abzuarbeiten, ohne dabei etwas zu Stande zu bringen oder zu gewinnen. Dazu gebe uns Gott seine Gnade! Dem Abgestorbenen verleihe er die ewige Ruhe, zu welchem Ende wir nicht unterlassen wollen, zum Troste seiner Seele das gewöhnliche Gebet für die Todten zu verrichten. Vater unser und Ave Maria. Amen.

Am Grabe einer jungen Frau.

Text: „Weine nicht!" Luk. 7, 13.

Eingang.

Geliebte im Herrn!

Mäßig betrübt sein, oder über einen geliebten Todten zu weinen, scheinet nicht wider die hl. Schrift zu streiten, denn wir lesen in derselben den klaren Spruch: „Ueber einen Verstorbenen vergieße Thränen und beginne, als hättest du Hartes erlitten, zu weinen" (Sir. 38, 16.). Daß aber Christus sagt: „Weine nicht!" und der Apostel schreibt: „Seid nicht betrübt, liebe Brüder, wegen der Schlafenden, wie jene Anderen, welche keine Hoffnung haben" (1. Theſſ. 4, 13.); so ist das von dem unmäßigen Weinen und Wehklagen, von dem schädlichen Weinen zu verstehen. Auch der weise Solon wünschte beweint zu werden; und die Römer hielten neun Tage an mit Trauern für ihre Verstorbenen. Auch Christus weinte am Grabe des Lazarus. Wenn er heute sagt: „Weine nicht!" so geschah es, weil er den Verstorbenen wiederum zum Leben zu wecken vorhatte.

Ein Gleiches haben wir Christen kraft unseres Glaubens zu gewärtigen: auch wir werden erstehen zu einem neuen, besseren, glückseligen Leben. „Glaubest du das?" fragte er Martha, die Schwester des Lazarus, den er vom Tode erweckte. Auch ich wiederhole die Frage: Glaubet ihr das? — Warum dann versenket ihr euch in so übermäßige Traurigkeit? Ach, betrübter Gatte, weine nicht! Du darfst nicht weinen über den Verlust, den du erhalten, sondern sollst dich trösten wegen des

Gewinnes, den die Entschlafene gemacht, indem sie den Himmel mit der Erde vertauschen durfte. Zu übermäßiges Trauern wäre Selbstsucht. Seid darum getrost und haltet euere Thränen und Klagen in Schranken. **Denn sich gar zu sehr in's Trauern zu verlieren und in übermäßigen Schmerz zu versinken, ist**

1) nicht christlich, und

2) auch nicht männlich genug.

I.

Alle unsere Gemüthsbewegungen und Affekte kommen von einer starken Phantasie oder Einbildungskraft her; wenn diese sich vorstellt, man sei mit einem schweren Kreuze beladen, so sind sogleich das Gemüth und die Augen da und beklagen und beweinen das auferlegte Kreuz, ohne dem Troste zugänglich zu sein, bis die Phantasie oder Einbildungskraft wieder corrigirt, d. h. berichtigt ist und ihre Vorstellungen auf das rechte und wahre Maß zurückgeführt sind. So macht sich z. B. ein Vater oder eine Mutter eine große Einbildung darüber: ach, ich habe meinen Sohn, meine Tochter verloren. Es malen sich die Eltern bei einem solchen Verluste die vereitelte Zukunft gar rosig aus und klagen: Ach, mein Kind hätte mir seiner Zeit mit hilfreicher Hand beispringen, mich trösten, mich nähren und unterhalten können. Als wenn dem auch nur so wäre! Als wenn Gott uns Unrecht gethan! Als wenn das Gott nicht besser verstünde! Wie aber, wenn Gott vorausgesehen, ein solcher Sohn, eine solche Tochter werde der Todtennagel am Sarge seiner Eltern sein? er werde seine Andacht, seine Tugend, seinen Glauben verlieren? Wie, wenn Gott deßwegen ein Kind von der Welt hinwegnimmt in sein Reich, wo der Mensch keine Veränderung mehr erleidet?

Dieß also wäre schon eine Ursache, das unmäßige Trauern aus der menschlichen Gesellschaft zu verbannen. Aber Christen müssen weiter gehen. Wir sind keine Heiden, die sich nur aus ihrer Vernunft Trostgründe holen können, die ihre Gemüthserregungen stillen; Christus hat uns noch ein anderes, weit helleres, zuverlässigeres Licht angezündet, wir besitzen den Glauben, der uns klar zeigt, was die Heiden in der finsteren Nacht der Unwissenheit nicht erkannt haben, nämlich: daß der Todte nicht immer schlafen wird, daß es eine Unsterblichkeit, einen Himmel, eine Auferstehung des Fleisches gebe. Ist das nun so betrübens-, so beweinenswerth? Welcher Mann hat je geweint, wenn er aus einem Briefe ersehen, daß seine Gattin glücklich am Orte ihrer Bestimmung angekommen ist, von woher sie dann alsbald wieder in die Heimath zu kommen gedenkt? Deßhalb weinet nicht, wie Leute, die keine Hoffnung haben, sonst seid ihr Heiden. Uebermäßiger Schmerz ist nicht christlich. Wie eines Christen würdig man sich zu Zeiten des hl. Chrysostomus betragen, entnehmen wir seinen Schriften selbst, denn er schreibt über die Epistel des Apostels Paulus (1. Thess. 4.): „Die Heiden sehen den Himmel an und beten ihn an, des Glaubens, der Himmel sei ihr Gott. Sie betrachten die Erde und verehren sie, denn sie bringt ihnen reiche Früchte hervor. Wir dagegen schauen den Himmel an und verwundern uns über dessen Baumeister, denn wir glauben nicht, daß der Himmel Gott, sondern nur Gottes Werk sei. Also machen wir es auch mit dem Tode. Der Heide sieht einen Leichnam und vermeint, derselbe werde es allezeit bleiben. Ich aber sage, ich glaube fest, daß es nur ein Schlaf ist. Gedenke doch nur, wohin sich die Seele begeben hat und tröste dich; denn sie ist bei Petrus und Paulus, bei der Schaar aller Heiligen." Andächtige! Wir trauern und weinen über den Hintritt der entschlafenen jungen Gattin. Aber wo ist ihre Seele? Ich zweifle nicht, sie weilet nun bei ihrem allerhöchsten Gute, das sie hier auf Erden so fleißig gesucht, so innig geliebt, dem sie so treulich gedient hat. (Lebenslauf und Spezielles.) So ruht denn nun die Verblichene in den Armen ihres Schöpfers.

II.

Wenn wir das Wort des hl. Chrysostomus beherzigen, der den Tod nur einen Schlaf nennt, so erscheint es uns in der That unmännlich, in allzu großes und untröstliches Weinen und Jammern auszubrechen. Wer etwas verloren hat ohne Hoffnung, es wiederzufinden, ja, der hat Ursache, sich zu betrüben; wer aber etwas verliert mit der Gewißheit, es wieder zu sehen, und zwar in einem besseren Stande, als er es verlassen mußte, o der hat keine Ursache. Also tröstet euch heute auch ihr, die ihr in das Grab dieser jungen Frau sehet, die wir zur letzten friedlichen Ruhe hier eingesegnet haben. Sie ist nicht auf ewig uns verloren, wir werden sie wiedersehen im Himmel, wenn wir uns nicht selbst den Weg zur Seligkeit versperren. Wir haben die Gute verloren hier unter den Menschen, wir werden sie wiederfinden dort unter den Engeln, denn sie war ein Engel in ihren Sitten und in ihrem Benehmen. Wer nach Erwägung dieser Glaubensgewißheit, die Hingegangene wieder zu sehen in einem besseren Lande und Stande, noch übermäßig trauern kann, der handelt weibisch, der kehrt sich nicht an Gründe, der weiß nicht, was er thut; denn Alles dieß ist unmännlich.

Hören wir auch den hl. Ambrosius; er sagt (orat. 2. de morte Satyri.): „Das ist man wohl an den Frauen gewohnt, daß sie öffentlich ihren Schmerz kund geben, und sich fürchten, es möchten es Andere etwa nicht wissen; deßhalb zerreissen sie ihre Hauptzierde, ihre Gewänder und entstellen und benetzen mit Thränen das Angesicht." Dieß heißt aber nichts anderes, Geliebte, als an den Tag geben eine überzarte Natur, ein zu empfindliches Gemüth, eine zügellose Einbildungskraft, die aus der Vernunft wie aus dem Glauben keinen Trost schöpft, mithin eine schlechte Probe des Christenthums, christlichen Denkens und Fühlens ablegt.

Nicht also lasset uns thun! Lasset uns bei Jesum unserem Lehrmeister in die Schule gehen: es weinten beide Schwestern, Martha und Maria, über den Tod ihres Bruders Lazarus. Jesus aber hielt an sich, und gab seinem gleichfalls großen Schmerz nicht vielen Raum.

So wissen wir auch von David, wie starkmüthig er war, als er den Tod seines Söhnchens erfuhr, indem er sagte: „Kann ich es wohl zurück rufen? Ich werde wohl zu ihm kommen, da es zu mir nicht zurückkehren wird" (2. Kön. 12, 23.). Eine schöne Bekräftigung unseres Glaubens! „Ich werde zu ihm kommen", so können wir von allen lieben Todten sagen und uns trösten. Alles unmännliche Wehklagen, alles übermäßige Jammern und Weinen, alles heftige Leid wird bei dieser Hoffnung in die gehörigen Schranken zurückkehren, und unsere Trauer eine christliche und männliche sein. Dieß wolle denn auch der Gatte beherzigen, der heute seine jugendliche Gattin zu Grabe tragen sieht, daß sie selig und bei Gott ist, daß sie gewonnen hat und nichts verlor, daß ihr Leichnam einst wieder auferstehen wird, und es unchristlich und unmännlich hieße, die Entschlafene durch allzu unmäßigen Schmerz zu beunruhigen, gleich als gäbe es kein Wiederfinden. —

Lasset uns vielmehr der Entschlafenen, falls sie dessen noch bedürfen sollte, ein demüthiges, inniges Gebet nachsenden und sprechen: Sei gnädig, o Gott, den Seelen deiner Diener und Dienerinnen, und sollten sie wegen ihrer Vergehen und nicht genug abgebüßter zeitlicher Strafe noch abgehalten sein von deiner Anschauung, so siehe an dieses Opfer und dieß unser Gebet, erlasse ihnen barmherzigst ihre Schuld, damit sie dich, o Gott, mit deinen Engeln loben mögen! Das bitten wir durch unsern Herrn Jesum Christum. Vater unser.... Ave Maria.... Amen.

Am Grabe eines Vaters.

Text: „Mein Geist wird kraftlos, meine Tage werden abgekürzt, und ist mir nichts übrig, als allein das Grab."
Job. 17, 1.

Eingang.

Andächtige, von Trauer und Schmerz Ergriffene!

Der selig Vollendete, an dessen Grabe wir uns zu einer traurigen Pflicht eingefunden haben, war ein Mann in des Lebens besten Jahren, der müde schon am Mittage seines Daseins den Wanderstab niederlegte und mit dem gottergebenen Dulder Job sprach: „Mein Geist wird kraftlos, meine Tage werden abgekürzt, und ist mir nichts übrig, als allein das Grab." D. h. Leib und Seele streiten sich miteinander und schon weichet die Seele vor der Krankheit des Leibes. Ich sehe wohl, Leib und Seele werden sich bald scheiden, es wird ein Ende sein mit meines Lebens Tagen. Und was dann? Darauf wird folgen, was wir wirklich zu thun im Werke sind. Man wird mich berauben meiner Kleider, meiner zeitlichen Güter, man wird mich meiner Gattin, meinen Kindern nehmen und hinaustragen aus meinem eigenen Hause. In einem engen Grabe werde ich beigesetzt liegen und mit Erde bedeckt sein. Deßhalb will ich mein Haus bestellen, denn ich werde sterben und nimmer länger leben. — Eine weise Rede, die ein jeder Hausvater sich merken und befolgen soll. Der Verblichene that aber auch, wie er gesprochen.

Ein weiser Hausvater richtet vor seinem Hinscheiden Alles klug, verständig und christlich ein.

1) So that der Vollendete.

2) So sollen auch wir thun.

I.

Einfältige, thörichte, unachtsame und leichtsinnige Christen sind es, die sich den Tod unvorhergesehen, unvorbereitet, ohne Testament gemacht, ohne Buße gethan zu haben, auf den Hals kommen lassen. Ja, ich sage noch mehr: gottlose Leute sind es; Unchristen, welche Hausväter sind und nicht bei Zeiten für ihr Haus und als Väter für Weib und Kinder sorgen und ihr Zeitliches und Ewiges stets geregelt und geordnet haben, bereit, jeden Augenblick Rechnung zu legen. Gewissenlose Menschen sind es, welche in so wichtiger Sache, wo Seele und Seligkeit auf dem Spiele stehen, nicht auf ihrer Hut sind, wachen, beten und ihre Sünden beweinen. Und gleichwohl, wie Viele gibt es nicht von dieser Art? So starb Antiochus, Pharao mit seinem Heere, die Sodomiter, Judas. Und heutzutage erst, wie Viele sterben, ohne ihre Sache in Ordnung gebracht zu haben; denn an den Tod zu denken, ist nicht mehr Sache der jetzigen Menschen.

David nennt derlei Leute: Menschen, welche auf dem Stuhle der Pest sitzen, d. i. welche fest, unbeweglich und steif bei ihrer Gottlosigkeit verharren, auf ihrer Unbußfertigkeit bestehen und gar nicht glauben wollen, daß es mit ihnen zu Ende geht. Der hl. Chrysologus gibt drei Stufen dieses Peststuhles an: auf der ersten steht, wer das Böse gut heißt; auf der zweiten, wer es thut; auf der dritten, wer es liebt. Bernardus macht deren vier namhaft: die erste Stufe ist die Bosheit, die zweite der Mangel an Furcht Gottes, die dritte die Verachtung Gottes, die vierte die Listigkeit der Kinder der Nacht. Erst findet man Geschmack am Bösen, sodann hegt man es, dann scheut man weder Gott noch Menschen und schließlich glaubt man Alle betrügen zu können und betrüget am Meisten nur sich selbst. Denn in einem Augenblicke fährt ein solcher zur Hölle.

Klüger, verständiger, christlicher und vorsichtiger hat der Hausvater gehandelt, der von uns gehend dessenungeachtet sich ein bleibendes Andenken durch seinen Wandel unter uns hinterlassen hat. (Lebensabriß des Verstorbenen, seine Eigenschaften, Tugenden, sein Tod 2c.)

So sehen wir, Geliebte, wie bereit sich der Verewigte hielt, vor dem ewigen Richter zu erscheinen. Die Klugheit sagte ihm, als er sich krank fühlte: Das kann gefährlich werden; die Ewigkeit hängt an einem einzigen kostbaren Augenblicke. Die Stunden meines Lebens sind bereits gezählt.... Da machte er denn seine Rechnung mit der Welt als ein verständiger, und mit Gott als ein christlicher Hausvater und versöhnte sich mit dem Ewigen als ein vorsichtiger Mann zu einer Zeit, da er noch bei vollkommenem Vernunftgebrauche war. In der gleichen geistigen Verfassung sorgte er auch für alles Zeitliche; Alles ward in schönster Ordnung vollbracht, so daß die Umstehenden vor Rührung und Andacht, als sie diese Vorsichtigkeit bemerkten, in stilles Weinen ausbrachen.

II.

So muß man dem Feinde vorbeugen, wenn er in der Nähe ist, so ihm den Weg abschneiden, so die Brücke hinter sich abbrechen. Hättet ihr das gethan, ihr Bürger von Troja, wäret ihr klug und verständig gewesen, die Stadt Troja wäre nicht überfallen worden. Hättet ihr das gethan, ihr Bewohner von Sodoma, so wäret ihr nicht in euerer Unbußfertigkeit verbrannt worden.

Aber, Geliebte, die Bewohner beider Städte waren thörichte, weil im großen Werke ihres Heiles leichtsinnige, unvorsichtige Leute.

Wir aber, Andächtige, wollen stets vor Augen haben den Ausspruch des Herrn: „Heute noch wird man deine Seele von dir fordern" (Luk. 12, 20.). Lasset uns stets auf unserer Hut sein und uns vom Tode nicht überraschen, der wie der böse Feind gleichfalls umhergeht und sucht, wen er verschlinge. O was können wir Klügeres, Vorsichtigeres, Verständigeres, Christlicheres thun, als unserer Seele zu Gefallen etwas wachen, gemäß der Ermahnung Christi: „Wachet und betet, denn ihr wisset die Stunde nicht, wann der Herr kommen wird" (Matth. 25, 13.). Was können wir denn auch weniger thun unserer Seele zu Liebe, als an hohen Festtagen zur Beichte und zum Tische des Herrn gehen? Was weniger, als täglich etwas für die Ewigkeit arbeiten, zumal wenn wir bedenken, wie wir mit jedem Tage dem Grabe näher rücken, bei vielen der Odem schwerer wird, die Lebensgeister mit den zunehmenden Jahren abnehmen und die Schwachheit sich vermehrt?

Wer in dieser Zeit die Gnadenmittel nicht ergreift, die Verdienste Jesu Christi sich nicht aneignet, seine Sünden nicht in die hl. fünf Wunden unseres Mittlers verbirgt, der ist nicht werth, daß er den Namen eines Christen führe.

Deßhalb wollen wir wenigstens klug sein in dem wichtigen Geschäfte unserer Seele, klug wie die Schlangen, welche vor Allem das Haupt schützen und verwahren, worin ja das Leben seinen vornehmsten Sitz hat; einfältig wie die Tauben aber sollen wir sein, d. h. wie diese ein Bild der Sanftmuth, der Demuth, der Liebe.

O Andächtige, ihr möget Alles verloren, Alles euch zu Grunde gehen sehen ohne Beben und Entsetzen; aber verwahret um Alles in der Welt euere Seele! Vereiniget sie durch standesmäßige Tugenden mit Gott, durch die Liebe geschieht dieß am Ehesten. Euere Seele ist ja der vornehmere Theil euerer Seele. Habt ihr sie gut verwahrt und gehütet, so könnet ihr, wenn des Todes Stunde schlagen wird, getrost und vertrauensvoll mit dem Könige David sagen: „Mein Herz ist bereit, o Gott, mein Herz ist bereit" (Ps. 56, 8.). Dieß konnte auch der Verewigte von sich sagen und ist solches der höchste Trost im Sterben, den ich uns Allen wünsche. — —

Doch bevor wir hingehen und für den Verstorbenen das hl. Meßopfer auf den Altar des Herrn legen, lasset uns, falls die Seele wegen noch nicht völlig abgebüßter Fehler und noch nicht ganz makelloser Reinheit und Heiligkeit von ihrem höchsten Gute noch zurückgehalten werden sollte, das gewöhnliche Gebet sprechen: Vater unser .... Ave Maria .... Amen.

Am Grabe einer Mutter.

Text: „Betrüglich ist die Lieblichkeit, und eitel ist die Schönheit; ein Weib, das Gott fürchtet, das wird gerühmt werden." Sprichw. 31, 30.

Eingang.

Andächtige, in Trauer Versammelte!

Abermals stehen wir hier in Kummer und Weh am Grabe einer Mitschwester, welcher ein liebender Gatte und — Kinder in's Grab nachweinen. Es ist in der That etwas Ergreifendes, eine Gattin, eine Mutter zu Grabe zu tragen, deren der Gatte, deren die Kinder noch so sehr bedurft hätten. Gewiß, es ist ein Fall, wie der vorliegende für fühlende Herzen etwas Schmerzliches. Anmuth und Liebenswürdigkeit haben uns wenige Tage geraubt; darum hat der Weise Recht, wenn er sagt: „Betrüglich ist die Lieblichkeit, und eitel ist die Schönheit; ein Weib, das Gott fürchtet, das wird gerühmt werden." Ein wahres Wort dieß! Trügerisch bleibt äußere Zierlichkeit und Anmuth, wenn sie nicht vergesellschaftet ist mit der Tugend, und gezieret wird von der Gottesfurcht. Damit, Geliebte, will ich durchaus nicht sagen, äußere Schönheit und Zierde sei niemals ein Zeichen und Merkmal innerer Schönheit und Sittlichkeit, sowie eines großen Seelenadels; denn wir lesen in der hl. Schrift klar, was für ein edles Gemüth verborgen war unter der anmuthigen Wohlgestalt der so heldenmüthigen Judith.

Aeußerliche Zierde ist also nicht verwerflich, aber ungleich besser und lobwürdiger ist die innerliche Schönheit der Seele. Beide zusammen bilden etwas Unvergleichliches.

Die Verlebte selbst aber war eine Frau, welche vor Allem auf die innere Zierde der Seele hielt und deßhalb stets in der Furcht Gottes wandelte. Sie wußte, daß alle Schönheit des Leibes mit dem Grabe, vielfach schon lange zuvor schließt. Nicht so die Tugend.

Dieser Ueberzeugung lebte die Verblichene bis an ihr seliges Ende.

Wenn man bedenkt, Andächtige, wie viele Menschen beiderlei Geschlechts durch ihre Schönheit verloren gehen, so möchte man die Schönheit selbst verwünschen, da sie so oft die Ursache des Verderbens ist. Städte und Reiche sind dadurch gefallen und zu Grunde gegangen. Ich erinnere nur an Helena, welche von Trojas Fall die Ursache war.

Bei der so großen Gefahr leiblicher Schönheit sieht ein Jeder wohl ein, wie nothwendig es ist, die größte Sorge darauf zu verwenden, daß die Seele sich durch Tugenden ziere und verschöne. Die Leibes-Schönheit vergeht, und zwar unglaublich schnell, die innere Schönheit bleibet dagegen ewig; jene macht sich durch viele Sünden und Laster verächtlich, diese ist jederzeit ruhmwürdig; jene verführt viele, viele Menschen, diese beschädigt Niemanden, und stiftet allwärts Segen.

Unsere Verewigte hielt deßhalb auf ihre äußere Wohlgestalt nicht mehr, als man auf derlei Dinge geben darf. Als größten Seelenschmuck aber sah sie die Furcht Gottes an; deßhalb hütete sie sich ängstlich, Gott zu beleidigen, und befliß sich der Liebe, Geduld, Demuth, Sanftmuth und überhaupt der christlichen und häuslichen Tugenden. Ihre ganze Sorge war: Wie gefalle ich Gott, dem allerliebsten Bräutigam meiner Seele? Findet sich irgendwo einen Flecken in meinem Gewissen? Zeige ich etwas Ungeziemendes in meinem Benehmen? Ist etwas Unchristliches in meinem Umgange, etwas Verlockendes in meinen Gebärden? Lastet eine Sünde auf meinem Herzen, die mich Gott unangenehm macht? Diene ich meinem Schöpfer nach Gebühr, fürchte ich ihn auch, wie es einer treuen Dienerin zukommt? Wie gefalle ich Gott? Befindet sich etwas in meinem Hause, was ich bessern sollte oder könnte? Ermahne, strafe, lehre, erziehe ich meine Kinder, wie es sich gehört für eine christliche und gewissenhafte Mutter? Halte ich über mein Gesinde auch die nöthige Aufsicht?

So fragte sich die verlebte Frau N. N. täglich, deßhalb muß sie ob ihres musterhaften Wandels als ein gottesfürchtiges Weib gelobt werden, das diese innere Schönheit der Seele so demüthig in ihrem Leben zu erwerben und zu verbergen wußte, und die Lebenstage in steter Pflichterfüllung verbrachte. Ein Blick auf ihr Leben bestätigt diese Worte. (Lebenslauf und Ende.)

Die Aegyptier lobten vorzeiten die Frau des Abraham wegen ihrer — äußeren Schönheit, die bereits längst, längst verwest ist. Ein rechtes, ja das einzige Lob, das ein Weib verdient, ist dagegen jenes, welches den Herrn fürchtet. —

Gott fürchten heißt nun aber nicht einen Schrecken haben vor dem majestätischen Gotte, denn es wäre dieses eine allzu knechtische, eine sklavische Furcht. Gott fürchten heißt, demselben in standesgemäßer Pflichterfüllung treuherzig dienen, die Sünde meiden und die Werke christlicher Gerechtigkeit ausüben.

Hier nehme ich nun Alle, welche die Verlebte gekannt und ihr im Leben nahe gestanden, zu Zeugen, wie so ganz ich die Wahrheit rede, wenn ich sage: die Beigesetzte war in des Wortes voller Bedeutung eine gottesfürchtige Frau. Redet, ihr Kinder, und gebet euerer Mutter das Zeugniß, wie christlich sie euch erzog; redet, ihr Hausgenossen, wie erbaulich sie euch vorgestanden; saget, ihr Armen, wie sie keinen ohne Gabe von sich entließ, wie manchen Bissen und Trost sie euch gespendet; sprechet, ihr Kranken, wie liebevoll und theilnehmend sie euch besucht und getröstet hat; ihr Kirchen, wie demüthig, innig und gerne sie in euch gebetet; ihr Beichtstühle, wie oft und wie echt sie ihre Sünden beweint habe!

Ihr Sterbelager sodann, wie war es ein Zeuge der Geduld und Ergebung, eine Schule wo man lernen konnte, wie ein wahrer Christ stirbt. (Näheres.)

Dieß beweist uns deutlich: die Verewigte war ein gottesfürchtiges Weib, ein Weib, welches gelobt zu werden verdient wegen der Schönheit vorzugsweise ihrer Seele. —

Der Schmerz und die Trauer, von der wir die Hinterbliebenen, Gatte sowohl wie Kinder, befallen sehen, ist demnach ein gerechtfertigter. Mit Recht betrübt sich der Gemahl der Verewigten, denn er hat eine treue Ehegattin verloren; mit Grund beweinen die Kinder den Tod ihrer Mutter, denn sie haben mit ihr Unersetzliches hinwegnehmen sehen. Auch die Verwandten, die Freunde, die Nachbarn verloren in ihr eine liebe Freundin, die Armen eine freigebige Spenderin: und wer will hier das Trauern verbieten? Man vermißt ja das, was man sehr liebt, auch nur sehr schmerzlich. Weinte ja auch Christus, als er am Grabe des Lazarus stand. Der Thränen Lauf ist deßhalb ein natürlicher, und steht auch die heilige Schrift nicht dagegen; denn sie sagt: „Weine immerhin ein wenig über einen Todten, da er zur Ruhe gegangen" (Sir. 22, 11.). Aber mäßiget alsdann auch euere Thränen, denn ihr wisset, daß kein Todter im Grabe bleiben, sondern Jeder auferstehen wird, wie ja auch Christus auferstanden ist. Trauert nicht wie die Heiden und Ungläubigen, welche keine Hoffnung haben auf Jesum, der da ist unser Leben und die Auferstehung. Auch der Umstand mag euch trösten, daß die Heimgegange auf ihre ernste Reise sich vollkommen gut vorbereitet hat, für Alles sorgte, daß es ihr im Jenseits wohlergehe, derart, daß wir mit Grund annehmen dürfen, die nun in ihrem Gott ruhende Frau sei wohlbehalten und glücklich angelangt im Lande der Lebendigen, wo sie ihren Gott mit allen Engeln, Heiligen und Seligen ohn' Unterlaß preisen, auch wohl stets für ihre lieben hinterlassenen Angehörigen bitten wird. Wir aber wollen unseres Theiles nicht ermangeln, das Gebet des Herrn wie gebräuchlich zu verrichten. Vater unser und Ave Maria. Amen.

Am Grabe eines Wittwers.

Text: „Ich warte, bis meine Umwandlung kommt.
Job 14, 14.

Eingang.

Andächtige!

Eine ganz besondere Weisheit finde ich in den Worten liegen: „Ich warte bis meine Umwandlung kommt." Wie ein Diener auf seinen Herrn wartet, sagt Job, so warte ich auf meinen Gott, und auf die Stunde, da er dem Tod gebieten wird, daß er mich aus der Zahl der Lebendigen hinwegraffe. Ich stehe auf der Wacht und traue keinem einzigen Augenblicke, damit, wenn mein Gott herannahet, ich bereit gefunden werde. Diese Rede Jobs stimmt außerordentlich gut mit den evangelischen Worten: „Ihr seid den Knechten ähnlich, die auf ihren Herren warten, damit sie ihm, wann er kommt und anklopft, sogleich öffnen." (Luk. 12,36.). Wenn also gewacht und gewartet hätten die Trojaner, ihre Stadt wäre kein Schutthaufen geworden. Wenn also gewacht und gewartet hätten die Assyrier, die Chaldäer, die Meder mit ihrem Könige Balthasar an der Spitze, nicht so viele Thränen wären geflossen.

Der sehr ehrenwerthe Wittwer N. N., dessen Staub wir soeben dem Staube übergeben haben, verstand dieses Warten gleich Job. Er wußte:

1) **daß es nothwendig ist, auf den Tod im Geiste Christi zu warten;** sodann auch:
2) **wie man im Geiste Christi wartet und wachet.**

I.

Ich habe schon mit einem Worte berührt, wie ganze Kriegsheere, Städte, Länder und vornehme Helden durch Unachtsamkeit untergegangen sind. Die Stadt Amiklas, erzählt Erasmus, ist durch Schweigen zu Grunde gegangen. Der Hergang war dieser. Amiklas, eine Stadt in Welschland, ward durch den falschen Alarm: Der Feind ist im Anzug! so oft in leeren Schrecken versetzt, daß die Vorsteher der Stadt, des Wartens und Fürchtens endlich müde, durch einen Edikt kund machen ließen, Niemand dürfe mehr nur von dem Feinde ein Wort verlieren. Was geschah? Alsbald nach dem Verbote war der Feind wirklich und unversehens da, überstieg die Mauern und bemächtigte sich der Stadt sammt ihrer Einwohner. So ist Amiklas durch Schweigen übergegangen. Wie nun, Andächtige! Wäre es nicht besser gewesen, tausendmal besser, man hätte öfters, wiewohl ohne daß die Gefahr so nahe gestanden nnd ohne dringenden Grund, von der Gefahr und der Nähe des Feindes gesprochen und so auf den Feind gewartet? Gewiß, die Stadt wäre dann nicht in die Hände ihrer Feinde gefallen.

Nun zu unserer Sache! Wir beten unter anderem in der Litanei: Vor einem jähen und unvorgesehenen Tode erlöse uns, o Herr! Hiermit will die Kirche sagen: Ein jäher Tod schadet nicht so gar sehr, wenn er nur vorgesehen ist, wenn man nur an denselben gedacht hat, wie es wachsamen Christen zusteht. Ohne dieses Warten, Wachen, Fürchten ist es unmöglich, sicher zu leben und christlich zu sterben; denn der Tod überfällt die in ihren Lastern schlummernden Menschen wie der Feind die Stadt Troja. Freche, unbehutsame Menschen, welche da wähnen, es könne ihnen an der Zeit und Gnade, Buße zu wirken, gar nicht fehlen, sind dieser Gefahr am Meisten ausgesetzt. Deßhalb fordere ich heute von euch Allen: Wachet, wie Christus es haben will! Wartet, harret doch ja auf den Tod in Gebet und Buße und anderen Tugendwerken! Ahmet die Klugheit der Welt nach! Wenn ein Mann weiß, sein Feind stelle ihm Tag und Nacht nach und passe ihm auf, wie hütet er sich nicht, wie sieht er sich nicht um auf allen Wegen, die er zu wandeln hat? Wie wartet er nicht auf ihn mit Waffen, um sein Leben nicht durch die List des Feindes, der ihm auflauert, zu verlieren.

Größer, gefährlicher und geschwinder, Andächtige, ist inzwischen der Feind aller Menschen, der eilende Tod. „Du weißt nicht, an welchem Orte der Tod dich erwartet," sagt Seneka. Ei, so warte denn du auf ihn, gleich Job, der da sagt: „Ich warte, bis meine Umwandlung kommt."

Unter diese sorgsame Wacher und Warter gehörte auch der Verlebte. Er wartete sein ganzes Leben auf den Tod, besonders, nachdem derselbe ihm seine Gattin entrissen hatte. Mit David kann er nun sprechen: „Mit Verlangen habe ich des Herrn geharret, und er ist mir zu Theil geworden" (Ps. 39, 2.). Letzteres wäre sicherlich nicht geschehen, wenn Ersteres unterblieben. Der Verewigte zählte — Jahre, und alle verbrachte er mit Warten auf den Ruf des Herrn. (Lebenslauf, Spezielles, mit Hinblick auf das Thema und die Verwais'ten.) Nicht in den Wirthshäusern wartete er auf den Herrn, wie Viele sogar während des Sonntagsgottesdienstes thun, sondern im Hause Gottes. Stets war er wachsam auf sich, auf Gottes Gebote, auf den Tod. (Locus amplif. Der Tod des Verlebten.) So war er denn mit solchen Tugenden geziert, daß wir billig hoffen dürfen, er erfreue sich nunmehr der Anschauung unseres Gottes.

II.

Und nun, Andächtige, zu uns! Auch wir wünschen, wachsam zu sein und auf den Tod zu warten; auch wir wollen nicht von ihm überrascht sein. Indessen wissen Viele nicht, wie dieß geschieht, wie man auf den Tod wartet. Dieß geschieht, Geliebte, erstlich dadurch, daß man sich das Sterben öfters vorstellt, gerne an den Tod und die letzten Dinge des Menschen denkt. Diese Vorstellung kann am Füglichsten geschehen, wenn die Schiedungs- und Todtenglocke läutet, wenn man am Gottesacker vorübergeht, wenn man einem Sterbenden Beistand leistet oder einen Todten zu Grabe geleitet. Da nun soll man sich erinnern: Ich bin nicht mehr als eben dieser auch, der da mit dem Tode ringt, oder als die, welche hier in den Gräbern ruhen. Ich schließe ihnen die Augen, ich bete für sie, ich trete auf ihren Staub, ich gehe über ihre Gräber, und bin selbst Staub und Asche, verfalle selbst bald dem Grabe. Darum ist es Zeit, an meiner vollständigen Bekehrung, Besserung und Heiligung zu arbeiten, daß ich Hand anlege und mich zum Tode vorbereite. — Sodann wartet man auf den Tod mittelst Uebung der christlichen Tugenden, welche die brennenden Lampen sind, die wir bereit halten, um leichter wachen und dem ankommenden Bräutigam entgegengehen zu können. Die Tugenden sind jene feuerige Liebe, welche den, der sie in sich fühlt, auf den Herrn sehnlichst harren machen. Diese Tugendübungen bestehen in der Uebung des Glaubens an Gott und seinen Sohn Jesus Christus, im öfteren Empfang der hl. Sakramente. — Drittens wartet man auf den Tod, wenn man frühzeitig seine zeitlichen Angelegenheiten ordnet, damit, wenn der Tod rasch eintritt, man nicht verwirrt werde dadurch, daß noch nicht alle irdischen Geschäfte geregelt und bereinigt sind. Viele schieben dabei Dinge, wie die Niedersetzung ihres letzten Willens, in abergläubischer Furcht, bald sterben zu müssen, auf die lange Bank; wenn es dann zum Sterben kommt, sind sie verstört, verwirrt und für das Geschäft ihres Heiles unbrauchbar.

O wie gut stünde es, wenn Alle so warteten und wachten, wie es sein sollte! Wie wohl stünde es um viele, viele Seelen, die lediglich durch ihre Unachtsamkeit zu Grunde gegangen sind! Wie Viele stehen aber noch heute in ähnlicher Gefahr, schlummern und schlafen in ihren Sünden, und gedenken des Todes, den sie immer gewärtigen sollten, gar nie, obgleich sie Gott täglich daran erinnert durch die Sterbenden, und obgleich der Apostel uns dringend zuruft: „Jetzt ist die Stunde da, vom Schlafe aufzustehen" (Röm. 13, 11.). O wie Wenige lassen sich indessen hierdurch von ihrer Schlafsucht aufstören! — —

Geliebte, wenn wir uns zum Sterben anschicken, da ist die Zeit da, uns zum Schlafe im Grabe niederzulegen; so lange wir leben aber, ist keine Schlafenszeit. Deßhalb erwachet doch jetzt einmal, erwachet und gedenket des Todes! „Unerbittlich ist der Tod," sagten die Heiden, welche ihn für einen Gott hielten. Ob seiner Unerbittlichkeit aber bauten sie ihm auch keine Altäre, schmückten seine Bildsäulen nicht, brachten ihm keinen Weihrauch, keine Opfer dar, denn, sagten sie, was braucht es dieser Dinge? der Tod läßt sich ja nicht erweichen oder erbitten. Andächtige! An der Wahrheit dieser Sätze haftet nicht der mindeste Zweifel. Deßhalb können wir diesem unerbittlichen Feinde gegenüber nichts thun, als wachen und warten bis dieser unbarmherzige, unzubesänftigende, listige Feind uns naht, um ihm würdig zu begegnen! Lasset uns daher oft an ihn denken, von ihm reden, damit nicht auch wir durch Stillschweigen vom Tode unvorhergesehen, urplötzlich und unvorbereitet überfallen und niedergemacht werden, und es von uns nicht heißt: Diese Christen sind wegen ihrer Vergessenheit des Todes umgekommen; was von uns in Gnaden abwenden wolle derjenige, welcher ein Herr ist des Lebens und des Todes!

Und nun lasset uns das gewöhnliche Gebet verrichten für den Abgeschiedenen, auf daß Gott ihm, der im Leben sich so wachsam erwiesen hat, die ewige Ruhe schenken möge! Vater unser.... Ave Maria.... Amen.

Am Grabe einer Wittwe.

Text: „Wer bis an's Ende verharret, der wird selig."
Matth. 10, 22.

Eingang.

Die selig Vollendete, an deren irdischer Hülle wir uns versammelt haben, wurde am — — des Jahres — geboren und erreichte sonach ein Alter von — Jahren. (Lebenslauf und Erlebnisse. Besonderes. Todeskrankheit. Ihr Sterben. Kinder und Enkel ꝛc.) Aus Alledem geht hervor, einen wie großen Schatz von Erfahrungen und Erlebnissen die Verewigte sich gesammelt haben mußte; der schönste und reichste Schatz aber, den sie sich aufgespeichert, das waren ihre Tugenden und guten Werke, denen sie in Freud und Leid treu blieb bis an's Ende. (Nähere Darlegung des Charakters derselben u. s. f.) So schien sie denn jene hochbetagte Wittwe Anna, die den Tempel nie verließ und Gott mit Fasten und Beten Tag und Nacht diente, zu ihrem Vorbilde genommen zu haben, um gleich ihr gewürdiget zu werden, das Heil der Welt zu schauen, auf das sie so lange gehofft hatte. Und so ist ihr nun auch, wie wir hoffen dürfen, jene Seligkeit zu Theil geworden.

Wenn wir die hl. Blätter der göttlichen Schrift durchsehen, so finden wir, daß das Heil und die Seligkeit an unterschiedliche Tugenden geknüpft wird. Bei Markus (16, 16.) lesen wir: „Wer glaubt und sich taufen läßt, wird selig werden." Bei Matthäus (19, 17.) heißt es: „Willst du zum Leben gelangen, so halte die Gebote." Ferner wissen wir auch, daß Armuth im Geiste, ein friedsames Gemüth, Ertragung von Betrübniß und Verfolgung um der Gerechtigkeit willen, selig machen. Nichts aber gehet über den angeführten Spruch meiner Trauerrede: „Wer ausharret bis an's Ende, der wird selig werden. Alle die obigen Seligsprechungen muß erst das Ausharren bis an's Ende wahr machen. Ohne das Ausharren hilft kein Glaube, keine Taufe, weder Armuth, noch Verfolgung, weder ein reines, noch ein betrübtes, noch ein friedfertiges Herz. Daher heißt es mit Recht: Ende gut — Alles gut! Und: Das Ende krönt das Werk.

Wir wollen bei diesem Gedanken, dem die Verewigte hier nachlebte, stehen bleiben, und betrachten:

1) **nichts ist zur ewigen Seligkeit zureichend, wenn wir nicht darin bis an's Ende verharren;** sodann:
2) **was diesen Satz begründet und uns zur Ausdauer anspornet.**

I.

Daß der Ausdauer, dem Beharren im Guten bis an das Ende des Lebens allein die Siegeskrone gebühre, mag und kann wohl Niemand in Zweifel ziehen; die Ausdauer ist es, welche den anderen Tugenden erst zu ihrer Belohnung verhilft. Eine vortreffliche Tugend ist der Glaube, allein wie mancher hat ihn verlassen vor dem Ende seiner Tage und ist dem Zweifel, dem Irrthum, dem Unglauben verfallen! Auch die Hoffnung und Liebe nennen wir, wenn wir von jenen Tugenden reden, die man die göttlichen heißt. Nichts desto weniger werden Leute gefunden, die da der Verzweiflung sich haben anheimgegeben, oder deren Liebe gänzlich erkaltet und ertödtet ist. Auf diese Weise hat Mancher sein Heil verspielt, weil er nicht — ausharrte bis an's Ende.

Unter den sittlichen Tugenden ist die Jungfräulichkeit eine der größten und wird ihr allerwärts das schönste Lob gespendet. Von ihr sagt der hl. Ambrosius, sie ziere die Menschen mehr als die Engel, indem diese ohne Körper seien, jene dagegen im Fleische wandelten, und doch sich Gewalt anthuend als reine Geister leb'ten. So ist doch gewiß der Schnee rühmenswerther, der in der Nähe des Unrathes sich rein erhält und seine blendendweiße Farbe unbefleckt bewahrt, als wenn er noch in der Luft schwebt und mit nichts Irdischem in Berührung kommt. So verhält es sich auch mit der jungfräulichen Reinheit; sie ist eine englische Tugend. Und doch, was ist sie ohne Ausdauer, ohne Verharren? Also nur der wird selig werden, der in seinem Tugendleben ausdauert. — Alles Andere ohne die Tugend der Beharrlichkeit ist nichts. Wer die Füße zurückzieht, wer die Hand an den Pflug gelegt hat, aber umsieht, der ist, wie die göttliche Urkunde bezeugt, nicht für das Reich Gottes.

Darum dürfen wir die Verewigte selig preisen und rühmen: sie hat ausgeharrt bis an's Ende bei ihrem Erlöser und Seligmacher, sie ist ihm getreu geblieben, sie war geduldig in ihren Leiden, die einer Wittwe niemals fehlen, in ihren Schmerzen, die dem Alter niemals ausbleiben, in ihren Qualen, die fast eine jede Krankheit mit sich bringt. Sie verharrte im Glauben, in der Hoffnung und Liebe, im Gebet und der Andacht, in der Barmherzigkeit gegen Arme, in der Gerechtigkeit und den guten Werken überhaupt. (Spezielles hierüber.) So war ihr denn jene Gnade und Tugend der Beharrlichkeit eigenthümlich, die allein das Werk und Leben eines Christen krönt und glücklich zu Ende führt.

II.

Daß alle Tugenden ohne die Zähigkeit und den kraftvollen Muth der Beharrlichkeit eitel sind, zeigt uns das Beispiel eines Soldaten, dessen Streiten und Kämpfen, dessen Ringen und Streben auf halbem Wege stehen bleibt. Nur der Ausdauernde erringt den Sieg, der also, der nicht eher nachläßt, auf den Feind loszugehen, bis dieser vollends überwunden darniederliegt. In dieser Beziehung müssen wir vor Augen haben das Bild eines echten Pilgers, der, so rauh und uneben, so stein-, dorn- oder distelnreich der Weg auch immer sein mag, sich durch derlei Beschwerlichkeiten nicht im Geringsten aufhalten läßt, sondern rüstig fortschreitet, bis er zum Ziele gelangt. So darf man ja auch nur jenem Schiffe Glück wünschen, welches mit vollen Segeln in den Hafen eingelaufen ist.

O wie viele Menschen nehmen zu Anfang ihres Streites und Kampfes mit der Welt, dem Fleische und dem bösen Geiste ihre Pflicht wohl in Acht, lassen aber, ach, schon in der Mitte den Muth sinken und bleiben auf halbem Wege stehen, wenn sie nicht gar immer weiter zurückweichen! Wie Viele gehen, so lange der Weg noch eben ist, eine Zeitlang fort, bleiben aber liegen, sobald die Sonne etwas drückender wird, oder ein etwas steiler Berg sich ihrem Pfade entgegenstellt! Wie viele Schiffe laufen stolz und herrlich aus, kommen aber nie an ihrem Bestimmungsorte an! Darum ist es ein wahres Wort: Ende gut — Alles gut!

Nehmen wir uns ein warnendes Beispiel an den fünf thörichten Jungfrauen! Warum mußten sie vor der Thüre stehen bleiben und wurden nicht mehr eingelassen? Weil sie unbeständig, schläfrig waren, und alsbald von ihrem Wachen und Warten abgelassen hatten, indeß ihre beharrlichen Genossinnen ausdauerten und mit ihren brennenden Lampen den Bräutigam erwarteten. Also Beständigkeit ist die Krone der Tugend, Ausdauer bis an's Ende. Gleich dem keuschen Joseph, gleich der reinen Susanna müssen wir unsere Tugenden nicht bloß ein Mal zeigen, sondern dieselben bis zum Schlusse unseres Erdenwallens erhalten und bewahren. Warum ist Magdalena eine so große Heilige geworden? Weil sie in ihrer Buße bis zu ihrem Tode verharrte.

Hören wir noch, was der hl. Bernhardus von der Beharrlichkeit hält. Er spricht: „An ein Ding, o Christ, will ich dich erinnern; das soll nie mehr aus deinem Gedächtnisse entschwinden: Beharre, beharre, beharre! denn es wird Keiner gekrönt werden, der nicht ritterlich gestritten; ritterlich aber streitet, wer bis an's Ende verharret in seinem guten Vorsatze." Bei den guten Christen sieht man weniger auf den Anfang als auf das Ende. Paulus hat schlimm begonnen, aber tapfer geendet. Deßhalb ermahnt uns der Heiland: „Wer auf dem Felde ist, der gehe ja nicht zurück nach Hause. Erinnert euch an Lots Frau!" (Luk. 17, 31. 32.) — —

Wohlan, Andächtige! beherzigen wir die Worte des hl. Augustinus (ad P. P. in Eremo): „Lasset euch, liebe Brüder, nicht gereuen, daß ihr eine gute Sache angefangen, viel weniger lasset euch verdrießen, dieselbe zu vollziehen, denn ihr müßt wissen, daß die Beharrlichkeit den Streitenden krönet und zum Gestade des Heiles führt. Sie ist das lange Kleid des Job, das bis an das Ende reicht, sie ist das lange Gewand des Priesters, das bis an die Füße geht; die Tugend der Beständigkeit ist es, welche den Blutzeugen und Jungfrauen ihre Krone verschaffte und durch welche die Priester und Bekenner erhöhet wurden."

Diese Tugend und Gnade, die unsere Verewigte besaß, indem sie im Guten ausharrte bis an das Ende ihres vielgeprüften Lebens, wünsche ich uns Allen; den Todten aber das ewige Licht. Zu diesem Ende betet mit mir das übliche Gebet für die Seelenruhe der Dahingeschiedenen: Vater unser.... Ave Maria.... Amen.

Am Grabe eines Greises.

Text: „Nun, o Herr, lasse deinen Diener in Frieden ziehen!" Luk. 2, 29.

Eingang.

Indem wir unseren christlichen Mitbruder, den sehr ehrenwerthen Greis N. N., der sein Leben so hoch gebracht hat, daß eine zahlreiche Nachkommenschaft und Verwandtschaft sein Grab umsteht, der Erde, aus der er genommen ist, zurückgeben, erinnern wir uns unwillkürlich der Worte jenes anderen Greises, Namens Simeon, der, als er das Heil erblickte, in die sehnenden Worte ausbrach: „Nun, o Herr, lasse deinen Diener in Frieden ziehen!" Wahrlich, ein heiliges, ein nachahmungswürdiges Verlangen! Diesen Schwanengesang des greisen Simeon stimmte auch unser zur Ruhe Eingegangene an. Lange wartete er auf den Zeitpunkt, da ihn Gott abberufen würde, denn der Verlebte brachte sein Alter auf — Jahre.

(Lebenslauf, Erlebnisse, Beruf, Wirken, Kinder, Enkel, Charakter, dessen Krankheit und Tod.) Viel Erlebtes, ein reiches Wirken, ein namhafter Schatz von Tugenden liegt sonach hinter dem Verewigten. Deßhalb lasset uns den Todten nicht übermäßig bedauern, daß sein Wunsch, sein ernsthaftes Verlangen, in Frieden zu scheiden, nunmehr erfüllt ist! Vielmehr wollen wir zu unserem Seelennutzen betrachten:

Was der Vollendete für Ursachen gehabt hatte, dieß zu wünschen.

Christliche Zuhörer! Es ist bekannt, welch' ein erbauliches Leben Simeon geführt habe: die meiste Zeit brachte er im Tempel zu, opferte bei den Gott dargebrachten Schlachtopfern täglich, wie David that, auch sein Herz mit auf, sprechend: „Ein zerknirschtes und demüthiges Herz wirst du, o Gott, nicht verschmähen" (Ps. 50, 19.). Weil überdieß mit dem hohen Alter auch so mancherlei Gebrechen verbunden sind, und Simeon sich sehnte, von den Banden dieses Leibes befreit zu werden, deßhalb rief er, dem Ziele nahe, die Worte meines Trauerspruches aus, nun sei es Zeit, entlassen und abberufen zu werden, da er der Beschwerden genug durchgemacht habe, und nun zu rasten sich sehne.

Gleiche Ursachen könnte auch der seligvollendete Greis N. N. anführen, wenn er uns noch zu antworten im Stande wäre, was ihn bewogen, von uns sich hinweggesehnt zu haben. Er könnte uns antworten: Ich habe nun lange genug täglich im Gotteshause dem hl. Opfer beigewohnt und mein Herz Gott aufgeopfert (locus amplif.), daher ist nun mein heißester Wunsch, aufgelöst zu sein, und in Frieden von der Welt zu meinem Schöpfer abzuscheiden.

Andächtige! Das Gegentheil sieht man an jungen, kranken Leuten, die niemals sterben möchten, gar zu vielmals. Sie möchten nie des Simeon Schwanengesang anstimmen: „Nun, o Herr, lasse deinen Diener in Frieden scheiden!" Ach, sie kleben auch gar zu stark an der Welt und ihrer Lust. Wenn man ihnen vom Tode redet, befällt sie ein Grauen, und Niemand mag sich oft erkühnen, ihnen die Gefährlichkeit ihrer Lage klar zu machen. O diese Weltkinder! O eines solchen Todes! Weiß man denn nicht, daß das Sprüchwort: Die Alten müssen, die Jungen können sterben, sich täglich bewahrheitet! Hinweg mit der großen und ungeordneten Liebe zur Welt und ihren Freuden, damit unser Tod ein leichter sei! Verschaffet euch ein gutes Gewissen, damit ihr freudig zu jeder Stunde, ganz besonders aber in der letzten Stunde mit Simeon ausrufen könnet: „Nun, o Herr, lasse deinen Diener in Frieden ziehen!"

Lernen wir, die wir noch jung sind, von dem Greisenalter das fröhliche Sterben. Die alten Leute sehen nur zu wohl ein, wie die Welt ein Kerker ist, aus dem man sich hinwegwünscht; deßhalb sprechen sie mit Paulus: „Ich begehre aufgelöst und bei Christus zu sein." Sie erkennen, daß die Welt ein Krankenhaus sei, darin nur Winseln und Wehklagen vernommen wird und der Schmerzen alle Arten sind. Darum begehren sie nach dem Orte, wo all' dieses ein Ende nimmt. — Anders denket die Jugend und wer in den Jahren steht, welche man die kräftigsten nennt. Hier meint man, die Welt sei ein Lustgarten, wo man sich alle Ergötzlichkeiten verschaffen könne; ein irdischer Himmel, der allzeit dauere. Aber dieß ist alles Blendwerk, Betrug und Eitelkeit; denn ehe ihr euch verseht, steht der Tod vor euch. „Seid bereit, denn der Menschensohn wird zu einer Stunde kommen, wo ihr es nicht glaubet" (Luk. 12, 40.). Haltet euch daher an das verständige Alter, welches die Welt und was an ihr ist, kennt! Sehet die Aehren, die vollen, zeitigen Aehren! Wie beugen sie sich von selbst zur Erde, und erwarten die Sichel! Sehet die Aepfel, die reifen Früchte! Wie beugen sie sich von selbst zur Erde und erwarten die Hand, die sie pflückt! Wehe, wenn sie müssen mit Gewalt dem Baume entrissen werden; wie zerschmettert liegen sie alsdann da, wie unbrauchbar!

Lerne demnach Jeder, zu jeder Zeit gerne und freudig zu sterben und dem Tode ohne Grauen in's Auge zu sehen! Streben wir darnach, daß jedes Alter, in welchem wir abberufen werden könnten, ein gutes Alter, d. h. ein reiches, tugend- und thatenreiches Alter sei, damit auch uns gilt, was Gott einst dem Abraham gesagt, die Worte nämlich: „Du wirst gehen zu deinen Vätern in Frieden, begraben in gutem Alter" (1. Mos. 15, 15.).

Ein gutes Alter besteht indessen nicht in vielen, sondern in rechtschaffen verlebten Jahren; ein einziger Tag, in Tugend verbracht, ist besser, wie der Prophet sagt, als tausend Jahre im Schatten des Todes, d. h. in der Sünde und im Laster verlebt. Darum konnte der Verewigte mit dem Priestergreise Simeon ganz einhällig bitten, der Herr wolle ihn nun in Frieden ziehen lassen. War sein Alter doch ein gutes, nicht sowohl an Jahren als an Tugenden und Thaten. — —

Thuen wir, Geliebte, deßgleichen! Wohnet mit Simeon gerne im Tempel dem hl. Opfer an, opfert dabei auch euer Herz dem Herrn auf! Empfanget gerne und oft die hl. Sakramente, versenket euch fleißig in's Gebet und in die Betrachtung ewiger Wahrheiten; lernet überhaupt den

Tod nicht fürchten, sondern ihm freudig entgegensehen, so wird es euch alsdann nicht fehlen, wenn die Stunde kommt, da ihr scheiden müßt. Wer so wandelt, wie ein Simeon, wer so furchtlos dem Tode entgegensieht, wie der Greis, den wir der Erde wiedergegeben haben, wer schon hienieden Gott angehörte, dem wird es unschwer fallen, sich von der Erde loszureißen, dem wird es Labsal sein, die Welt und diesen Leib zu verlassen, der wird freudigst rufen: „Nun, o Herr, lasse deinen Diener in Frieden ziehen nach deinem Worte, denn meine Augen haben deinen Heiland gesehen!" Einem so Vollendeten darf man Glück wünschen, denn sein Hingang ist ein seliger, ein beneidenswerther. Denn der Christ stirbt nicht, der Christ geht zum Vater. Dieß verleihe Gott uns Allen! Wir aber wollen eingedenk sein der Ermahnung, für die Verstorbenen zu beten, und das gewöhnliche Gebet verrichten: Vater unser.... Ave Maria.... Amen.

Am Grabe einer Greisin.

Text: „Suchet den Herrn und lebet." Amos 5, 6.

Eingang.

Ein Sterbender ist jederzeit ein Prediger der Lebenden, weßwegen die Hausgenossen, die Nachbarn und Freunde nie ohne einigen Nutzen für ihre Seele am Sterbelager eines Scheidenden sich versammeln. Hier haben sie die beste Gelegenheit, augenscheinlich wahrzunehmen, wie bald es mit dem sterblichen Menschen zu Ende gehe und was er sei. Auch wie übel man daran thue, die Gnadenzeit verstreichen zu lassen, und die Buße auf jene Zeit aufzusparen, wo der Tod, wie man zu sagen pflegt, auf der Zunge sitzt.

Ein Sterbender ist ein Prediger der Lebenden, deßwegen trägt man die Leichen öffentlich über die Straße, damit ein Jeder, der sie vorüber tragen sieht, des Todes sich erinnere; deßwegen läutet man die Schiedungsglocke, deßwegen stellt man ein Leichenbegängniß an, deßhalb das Gepränge; Weihrauch und Weihwasser gemahnen uns, gleich eindringlichen Predigern, an ernste Wahrheiten; deßgleichen das dumpfe Rollen der Erdschollen, die der Priester auf den Sarg wirft unter den Worten: Von Erde hast du mich gemacht, mit Fleisch mich bekleidet, o mein Erlöser, erwecke mich am jüngsten Tage! — Das ist auch der Grund, weßhalb man in

Gegenwart des todten Körpers Leichenpredigten hält, denn diese helfen dem Verstorbenen sehr wenig, mit Ausnahme des Gebetes, das am Ende verrichtet wird. Was soll es auch dem Todten nützen, gelobt zu werden, wenn er dessen nicht werth ist? Ist er nicht schon gerichtet von Gott, ehe wir seine irdische Hülle zu Grabe begleiten?

Darauf aber ist es bei derlei Grabreden abgesehen, daß die Lebenden ermahnt und gebessert werden. Suchet den Herrn, da er noch gefunden werden kann, da ihr noch lebet! „Suchet den Herrn und lebet!" Das predigt uns das Grab mit Donnerworten. Suchet ihn jetzt, da ihr noch lebet, jetzt, wo ihr ihn noch finden könnt; denn es ist zu spät, ihn suchen und finden zu wollen, wenn beim Sterben Verstand, Gedächtniß, Wille und Kraft geschwunden sind.

Dieß predigt uns besonders die Vollendete, die wir soeben zur Ruhe eingesegnet haben; denn sie suchte den Herrn Zeitlebens, also da er noch zu finden war. Ich sage zu unserer Belehrung und Erbauung:

Wer den Herrn Zeitlebens nicht sucht, ist in Sachen seines Seelenheiles blind.

Es bleibt ein Zeichen und auch eine Wirkung der Vorsicht, die rechte Zeit zu gebrauchen wissen; darum sagt man: Die Ameise ist klüger als die Grille, denn diese singt im Sommer und verhungert im Winter, während jene zur Sommerzeit Proviant einsammelt, davon sie im Winter sich nähret. Ja, ich gehe noch weiter und sage: Die Ameise ist auch klüger als viele Menschen; denn anstatt viele gute Werke zu sammeln für jene Stunde, wo die Kälte und die Oede des Todes eintritt, faulenzen sie mit der Grille, lassen es auf die letzte Stunde ankommen und gehen zu Grunde.

Auf derlei Leute wendet der hl. Bernard die Stelle an, wo es im (5. Mos. 32, 28.) heißt: „Das ist ein Volk ohne Verstand und Einsicht." Und (l. c. 29 v.): „O daß sie doch Einsicht und Erkenntniß hätten und ihres Endes gedächten!" Sie gedenken nicht weiter als an das Gegenwärtige, dagegen lassen sie dahingestellt sein den Tod und das Ewige. Wenn sie verstünden, was Gott angeht, sie würden erschrecken vor der Hölle, die Welt verachten und dem höchsten Gut allein anhangen. Wenn sie verstünden, was Gott angehöret, sie würden die Hindernisse eines guten Todes aus dem Wege räumen, die Sünde meiden und verständigerweise und ernsthaft lernen, wohl zu sterben.

Derlei Reden aber sind heutiges Tags vielfach in den Wind gesprochen. Es wird, ich möchte sagen, täglich den Lebenden der Tod, das letzte Gericht, die Zeit der Buße vor Augen gestellt, und dessen ungeachtet achtet man darauf soviel wie nicht. Wie ein Blinder tappt man fort, den Schmeichelworten der Welt, Satans oder des Fleisches gibt man Gehör, trauet ihnen, folget ihnen, und aber die Lehre der Frommen, die Predigt der Sterbenden und Todten schlägt man sich aus dem Sinne. Deßhalb nenne ich derlei Leute mit Fug und Recht blind, und zwar nicht etwa in einer geringen und unwichtigen Sache, sondern in einer Angelegenheit, von der Seele und Seligkeit der Seele abhangen. Was wäre billiger, als daß man bei Ansehung einer Leiche auf seine Brust schlüge und reumüthig betete: Herr, sei mir armen Sünder gnädig! O Gott, gib mir eine glückliche Sterbestunde! Das sind aber jenen Leuten die letzten und geringsten Gedanken und Sorgen. Man zecht und prasset, man putzt sich, scherzt und lacht, während man den Todten begräbt.

O die Blindheit! Wenn anderen Leuten die Augen zugehen, dann sollten sie euch aufgehen. Alles Lob verdient deßhalb der hl. Franziskus Borgias, ehemals Herzog von Gandia, der, als er die Leiche der Königin Isabella so ganz entstellt sah, in sich ging und Gott suchte alle Zeit und wie er nur konnte. Ist der Mensch sonst weiter nichts, als solch ein Nest von Würmern, so will ich nimmer den Fürsten, die ebenfalls nur Menschen sind, sondern Gott allein dienen, so will ich sterben lernen, da ich noch Zeit habe, mich auf die Todesstunde wohl vorzubereiten.

Eine christliche Rede! Dagegen nichts Unchristlicheres und Wahnsinnigeres, als dem Rufe des Todes: Auch du mußt sterben, bereite dich auch vor! den Rücken kehren und sich die Ohren verstopfen! O wie blind handelt, wer nur den Stimmen der Welt folgt, und seinen Lebenslauf in Essen, Trinken, Buhlen, Müssiggehen und irdische Lüste setzt!

Auch betrüget die Welt den Menschen niemals mehr, als wenn sie ihm noch eine lange Zeit verspricht, da er Buße thun kann. Wie diejenigen, welche an der Lunge leiden, sich in der letzten Zeit ihres Lebens am wohlsten fühlen, so ergeht es auch den Weltlingen, die, je näher ihnen der Tod steht, desto ferner ihn wähnen. Gott finden ist nicht Sache der Jugend, der Gesundheit, der Kraft, des langen Lebens, sondern Sache der Gnade. Wer nun diese nicht sucht, der hat keine Ursache, sich dieselbe im hohen Alter oder auf dem Sterbebette zu versprechen. —

Andächtige! Nehmet euch, was die Vorbereitung auf den Tod und das Gott-Suchen anbelangt, die Verlebte zum Muster. Viele Jahre hatte die Verlebte Gelegenheit, Gott zu suchen und zu finden; diese Gelegenheit, ließ sie denn auch nicht unbenutzt vorbeistreichen. Jedes Jahr ihres langen Lebens ist davon ein Zeuge. Durchgehen wir noch kurz der Verewigten Lebenslauf. (Darstellung ihres Lebens bis zu ihrem Tode und Hervorhebung der hierher geeigneten Momente, sowie des ganz Individuellen aus dem Charakter oder den Reden der Verlebten rc.) So suchte sie mit jedem Tage reicher zu werden an guten Werken und wie an Jahren so auch an Gnade bei Gott zuzunehmen, bis der Tod dieses Leben mit dem ewigen zu vertauschen gebot. — —

Lassen wir es von der Vollendeten hier gepredigt sein! Suchet den Herrn, da ihr ihn noch findet! Suchet ihn, da ihr noch lebet, damit ihr fortlebet! Nach dem Tode ist keine Zeit mehr zum Suchen. Ein Todter befindet sich nicht mehr auf dem Wege, sondern in der Heimath, wenn er selig ist. Ist er aber verdammt, so ist er ebenfalls aus dem Wege, und sieht sich außer Stand, etwas Gutes mehr zu wirken, wie wir an dem reichen Prasser sehen. Die Gnadensonne leuchtet uns nur so lange, als unsere Augen offen stehen. Durch einen unglückseligen Tod geschlossen, ist es für uns mit dem belebenden Lichte der Gnade aus. Ich habe einstmals eine Sonnenuhr betrachtet, an der mir besonders der Spruch gefiel: Ich vergehe im Schatten und leuchte mit der Sonne. Diese Sonne ist das Gnadenlicht, das von Gott kommt und auf den Sünder strahlt. Leuchtet das nicht, so kann der Sünder Gott auch nicht finden. Im Tode aber, da sitzen wir im Schatten und das Wirken hat aufgehört.

Lasset uns deßhalb, wie der Apostel anräth, Gutes thun, so lange wir Zeit haben! Schließlich aber wollen wir beten zum Troste und für die Seelenruhe der Verlebten, auf daß Gott ihr ihre Fehler vergeben möge, die zu begehen nicht ausbleiben konnten, da selbst der Gerechteste siebenmal des Tages fällt, und die Hingeschiedene ein so hohes Alter erreicht hat. Vater unser .... Ave Maria .... Amen.

Am Grabe eines Verunglückten.

Text: „Ueber ein Kleines werdet ihr mich nicht mehr sehen.“ Joh. 16, 19.

Eingang.

Andächtige im Herrn!

Wir stehen am Grabe eines Verunglückten, eines vom Tode Ueberraschten. Der nun der Erde Uebergebene starb (Erzählung der Todesart). So konnte er denn, als er von seinen Angehörigen an jenem Tage schied, sagen gleich dem Herrn: „Ueber ein Kleines werdet ihr mich nicht mehr sehen.“ Ach, seine Lieben .... haben ihn nimmer bei Leben getroffen. Doch wenn auch Niemand ahnte, daß der Tod dem in der Blüthe der Jahre stehenden N. N. so nahe weile, wenn wir auf das Leben des Verlebten zurückschauen, finden wir, daß er den Tod zu jeder Stunde erwarten konnte. Ein jäher Tod ist noch nicht das größte Unglück, wohl aber ein unvorbereiteter. Betrachten wir das Leben des nunmehr im Grabe ruhenden N. N. (Lebenslauf ꝛc.) Sein Leben war sonach ein kleines, seine Jahre erfüllten sich nicht. Aber ist denn nicht das Leben eines Jeden aus uns ein kurzes, ein kleines? Geliebte!

1) **Es ist keine Wahrheit, die mehr in die Augen leuchtet, wie diese: das menschliche Leben ist nur ein kleines.**
2) **Aber es gibt auch keine Wahrheit, die weniger betrachtet wird, als diese.**

I.

Wer seine fünf Sinne und seinen natürlichen Verstand nur ein wenig gebrauchen mag, dem leuchtet die Kürze dieses Lebens in die Augen, der fasset sie mit den Händen. Fraget euere Augen, was sie täglich gewahren, so werden sie euch antworten: Ach, wir sehen täglich Todte zu Grabe tragen, Gebeine aus den Gräbern herausschaufeln und im Beinhause aufbewahren. Das Alles ruft uns zu: Das Hier ist nur ein kleines. — Fraget euere Ohren. Täglich hören sie das Requiem aeternam singen, das Winseln und Weinen armer verlassener Kinder und Waisen, das Jammern von Gatten und Gattinnen, welchen die Hälfte ihrer Seele entrissen worden, täglich vernehmen sie das Anziehen des Sterbeglöckchens, das Einschlagen der Todtennägel; das Alles jammert: das Hier ist nur ein kleines. — Ist es nicht so, ihr Hände? Wie oft gebt ihr den Sterbenden die Kerze in die Hand, drückt ihnen die Augen zu, gebet ihnen Weihwasser, leget sie in den Sarg? Das Alles lehrt: das Hier ist nur ein kleines. So predigt euch Alles die Kürze des menschlichen Lebens, die Fäulniß des in Verwesung Uebergehenden, welche sich dem Geruchsinne so widrig macht, wie der stille Leichentrunk, den ihr haltet, um euere von fern hergekommenen Gäste zu laben und euer Gemüth durch Arbeit und Beschäftigung zu zerstreuen, Alles erinnert den Menschen an das kurze Hier. Seine fünf Sinne sind ebenso viele Redner, welche dem Menschen das kurze Leben vorstellen.

Noch deutlicher macht uns diese Wahrheit der Verstand, wenn er nur recht gebraucht wird. Wie lange noch, redet er den Willen an, wie lange noch, böser Wille, willst du das schlimme Leben fortsetzen? Siehst du nicht, wie kurz das Leben ist? Wie hier ein Mensch in der Jugend schon hinwelkt? Wie da ein junger Mann plötzlich verunglückt? Wie dort ein Nachbar am Schlagflusse unvorhergesehen endet? Wie rasch es mit Vielen zu Ende geht? — So ermahnt uns auch der Verstand, der die Kürze des Lebens täglich einsieht, und erkennt, wie bald die Sanduhr unseres Daseins abgelaufen ist, wie Alles nur ein Kleines ist.

II.

So sehr uns aber diese Wahrheit in die Augen springt, so wenig wird sie betrachtet. Was richtet diese so einleuchtende Wahrheit denn aus? Nichts, eitel nichts! Der Lüstling fährt fort, Lüstling zu sein, der Ungerechte beharrt bei seinem Wucher, der Ehrgeizige, der Hoffärtige, der Neidige, der Zornige, sie alle haften an ihren Leidenschaften wie die Fliegen am Leim. Die Unbußfertigkeit ist das sicherste Kennzeichen, wie wenig der Tod und die Kürze des Lebens betrachtet wird. Beherzigt müßte diese Wahrheit mit ihrem furchtbaren Ernste ganz andere Wirkung zur Folge haben. Aber da denket Keiner an das Kurze, das Spannenlange des irdischen Daseins und Wirkens. Der Tod, der Keinen vergißt, er wird am Liebsten vergessen; man lebt, als wäre man unsterblich. Wer das sich recht zu Herzen nimmt und vor Augen führt, wie die Freuden, Ehren und Lüste nur augenblicklich seien, wie lange dagegen das Trauern und Wehklagen währet, das der Sünder für ein schlecht angewendetes Leben ärntet, wie auf die Schein-Ehren ewige Beschämung, auf alle Prahlerei ewige Verdemüthigung in der Hölle folgt, der würde ganz anders fühlen und empfinden, ganz anders leben, als man heutzutage lebt, wo die Lebsucht und Vergnügungsjagd eine so entsetzliche

Ausdehnung angenommen. O, daß man bedächte: meine schönen Kleider, wie bald werden sie verwaschen, zerfetzt und von den Motten verzehrt nimmer zu kennen sein? wie werden die Würmer schon in nächster Zeit dieses Antlitz entstellen, das ich jetzt so selbstgefällig im Spiegel beschaue? wie bald werde ich dieses Haus, dieses Geld, dieß Alles, woran mein Herz haftet, Anderen zurücklassen müssen? Das wenn erwogen würde, gewiß, es müßte auf Erden alsbald ganz anders aussehen, eine heilige und heilsame Veränderung würde in der Christenheit vor sich gehen. O wie viele Büßer und Heilige trüge alsdann die Erde. Statt dessen aber ist bei den Meisten die Kürze des Lebens deren letzter Gedanke, deren geringste Sorge. Soweit hat es Satan mit seinen Blendwerken gebracht.

So lasset doch wenigstens ihr, Andächtige, nicht zu, daß der Tod und die Kürze des menschlichen Lebens bei euch in Vergessenheit gerathe. Erwäget oft: Ich werde sterben, ich werde nur kurz leben, und selbst wenn ich mein Leben auf viele Jahre bringen sollte. —

Aus diesem Gedanken, Geliebte, wachsen die schönsten Tugenden: die Tugend der Abtödtung, der Selbstverleugnung, der Gerechtigkeit, der Enthaltsamkeit, der Demuth, der Wachsamkeit, der Vorbereitung auf den Tod, der Beharrlichkeit; diesem Gedanken entwächst, um es kurz zu sagen, das Heil und die Seligkeit.

Diesen Gedanken von der Kürze des Lebens trug auch der Verlebte in sich. Mag er auch plötzlich gestorben sein, getödtet durch das furchtbare Unglück, dem er zum Opfer fiel, mochte er auch keine Anstalten zu einem christlichen Tode haben treffen können, empfing er auch die letzten Tröstungen seiner Kirche nicht in der Stunde seines Todes, so ist derselbe doch nicht unvorbereitet gestorben, da sein Leben eine stäte Vorbereitung auf den Tod enthielt, indem er der Tugend nachstrebte, wie er nur konnte. (Sachgemäße Darstellung des Charakters und Lebenswandels des Verlebten.) So sprach er auch gerne, oft und andächtig die Worte: Hl. Maria, Mutter Gottes, bitte für uns arme Sünder jetzt und in der Stunde unseres Todes. Amen. Dieses wollen wir denn hoffen, daß Maria in der Stunde seines Todes ihn nicht verlassen. (Trostgründe.) —

Wir aber wollen von unseren fünf Sinnen und von unserem Verstande die Kürze des menschlichen Lebens uns täglich predigen lassen, damit wir schließlich ein seliges Ende nehmen, es mag nun der Tod jählings uns überfallen oder lange auflauern. Nur nicht unvorbereitet sterben! Rasch oder langsam der Welt genommen werden, beides hat wenig auf sich. Wohl aber, wenn es an der Vorbereitung gebricht.

Diese aber, meine Christen, ist in der letzten Stunde von nur geringem Werthe; die wichtigste Vorbereitung auf den Tod ist im Leben zu machen, in den Tagen, da wir gesund umherwandeln, da wir wirken und schaffen.

Und nun lasset uns beten nach christlichem Gebrauche jenes Gebet, welches uns der Heiland selbst gelehrt hat und das er am Liebsten hört und erhört: Vater unser.... Ave Maria.... Amen.

Am Grabe eines plötzlich Hinweggestorbenen.

Text: „Schone meiner, o Herr, denn meine Tage sind wie ein Nichts!" Job 7, 16.

Eingang.

Andächtige, in Trauer Versammelte!

Gar sehr betrügt sich, wer aus seines Lebens Tagen ein großes Wesen macht; denn Einer nach dem Andern gehen sie unvermerkt dahin, und da man noch glaubt, Viele übrig zu haben, ist bereits der Letzte da, und sind die Weltfreuden und Lüste vorübergegangen wie ein Nichts. Wer kennt nicht die eitlen Träume, die uns oft viel Geld verheißen und in die Hand geben, die aber, wenn wir erwachen, uns leer ausgehen lassen? So ein Traum ist auch des Menschen Leben, er scheinet in der Finsterniß, in der wir leben, etwas zu sein, ist aber in der That pure Gaukelei, reines Nichts. Als ein solches betrachtete auch Job sein Leben und hatte deßwegen die Tage seiner Welt Gott vor Augen, den er bat, er möge ihn verschonen, wenn in seines Lebens Tagen nichts Gutes zu finden wäre.

Der Verlebte, dem wir die letzte Ehre zu erweisen uns vereinigt haben, zeigt uns gleichfalls diese Wahrheit. Könnte er antworten, so würde er nichts anderes aussagen, als: Mein Leben ist hingeschwunden wie ein leerer Schatten, was die Ergötzlichkeiten und Freuden des Weltlebens betrifft. Nur jene Tage sind etwas, welche ich im Dienste Gottes angewendet habe.

Wenn nun, Andächtige, dieses sich so verhält, sind die in Vergessenheit unseres Heils zugebrachten Tage wie ein Nichts, und ist man so unvermerkt rasch am Ende des Lebens, so muß man

1) täglich an's Sterben denken, indem

2) nur dieser Gedanke die Tage zu etwas macht, die sonst nichts sind.

I.

Die Römer haben ein Sprichwort, welches sagt: „Ein vorhergesehener Pfeil trifft nicht." Nichts ist so wahr, wie dieses. Ein Schlag, ein Unglück, das man vorhersieht, trifft nicht, oder doch wenigstens nicht so hart, denn man kann ihm vorbeugen, man kann ihm ausweichen. Den Tod nehme ich jedoch aus, denn er trifft Alle. Aber kann man ihm auch nicht entgehen, so kann man ihn doch so ziemlich unschädlich machen, indem man ihn stäts in's Auge faßt. Diejenigen, welche fortfahren in ihrer schädlichen Vergessenheit, ohne in ihrem Leichtsinne des Todes zu gedenken, werden, wenn sie sich am Ende ihrer Tage sehen, finden, wie sie ein eitles Nichts sind, da nur jene Tage zählen, welche mit Gutesthun vollbracht wurden. Deßhalb ist nichts rathsamer, als täglich des Todes zu gedenken. „Sei eingedenk, daß der Tod nicht zögert," sagt der weise Sirach (14, 12.). Der Tod ist ein heimlicher Schleicher: er kommt ehe man es denkt, da man es am Wenigsten vermuthet. Er ist ein Schnitter, er mähet Alles ab, nur daß er nicht, wie dieser, wartet, bis die Früchte reif sind, er hält keine Zeit. Er ist ein Fischer und hält sein Netz für Große und Kleine allezeit ausgespannt. Er ist ein Räuber und fällt die Reisenden auf dem Wege an, um sie auszuplündern. Also: „Denke daran, daß der Tod nicht säumet." Wird ja doch diesem Gedanken als herrliche Frucht entkeimen die gewissenhafte Anwendung der kostbaren Lebenszeit, wodurch das Nichts der vergeblich gelebten Tage verhindert wird. Möge immerhin der Gedanke an den Tod herb und bitter sein, noch herber und bitterer wäre ein verlorenes Leben, ein Leben, das ein Nichts ist. Aus dieser Bitterkeit also wird uns die beste Arznei bereitet, wie aus den bittersten Kräutern der beste und gesündeste Saft gepreßt wird. Mag auch der weise Sirach ausrufen: „O Tod, wie bitter ist dein Gedächtniß!" (41, 1.), auf der anderen Seite ist es auch wiederum sehr heilsam.

II.

Warum dieß? Weil dieser Gedanke an den Tod die Lebenstage, die sonst nichts wären, zu etwas macht. Dieser Gedanke erleuchtet vor Allem den Verstand, daß er mehr auf das zukünftige als auf das gegenwärtige Leben sehe, nicht auf die irdischen, sondern auf das himmlische Gut. Dieser Gedanke entzündet und befeuert den Willen, daß er sich täglich zueigne die Verdienste Jesu Christi, daß er Gott über alles Vergängliche liebe, seine Sünden, die er außer den Tugenden allein mitnimmt, durch eine wahre Reue vertilge, seinen Feinden verzeihe u. s. w. Dieser Gedanke dämpfet die unkeuschen Begierden, mäßigt den Zorn, vernichtet die Hoffart, entfernt von der Hölle und nähert uns dem Himmelreiche. Daß alles dieß und noch mehr der öftere Gedanke an den Tod hervorbringt, lehrt die tägliche Erfahrung. Warum diese große Heiligkeit eines Hieronymus? Weil er täglich an den Tod dachte, zu diesem Ende einen Todtenkopf vor sich hatte, den er betrachtete und umarmte. Woher die vielen Heiligen, die der Orden des hl. Franziskus aufzuweisen hat, oder die Camalduenser und Carthäuser? Weil das Memento mori (Gedenke an das Sterben) ihnen vor Augen stand, dieser Spruch überall ihnen in die Ohren tönte. Auch dem Oberhaupte der Christenheit, dem Papste wird, damit er in der Demuth verharre, das Wort entgegengerufen: „So (wie verbrennendes Werg) vergeht der Ruhm der Welt.“ In Spanien waren die Bilder, welche den Mantel des neugewählten Königs zierten, Todtenschädel und Todtengebeine. Und die Aegyptier gingen sogar soweit, daß sie bei ihren Gastmählern aus Todtenschädeln tranken. Beide Gebräuche zielten dahin, den Tod nie außer Acht zu lassen, weder am Tage der höchsten Ehren, noch in der Stunde, da man sich der Freude hingibt. Denn der Tod kommt oft plötzlich und unvermuthet. Dieß sehen wir an dem verlebten N. N. (Lebenslauf. Religiöser Charakter des Verlebten. Dessen Ende. Spezielles. Lob desselben, wenn er es verdient. Trost der Angehörigen ob des raschen Hinscheidens 2c.) Wir können also der frohen Hoffnung leben, daß der Tod den verlebten N. N. zwar jäh, aber nicht unvorgesehen und unvorbereitet gefunden hat, und waren die Tage des Hingeschiedenen nicht leer, da er den Tod täglich vor Augen hatte, ein Gedächtniß, welches unsere Lebenstage, die sonst nichts wären, erst zu etwas macht. Der Gedanke an den Tod gibt unserem Leben erst die rechte Weihe und stempelt unsere Werke für den Himmel. — —

Sollten wir indessen in unserer Meinung fehlen, sollte wider Verhoffen der so rasch Verblichene noch einen oder den andern Flecken nicht getilgt an sich tragen, so haben wir einen Gott, der reich ist an Erbarmung, der unser Gebet zu erhören versprochen hat; diesem wollen wir am Schlusse die Seele des Verewigten anempfehlen.

Für unseren Gebrauch aber nach Hause tragen wollen wir die Frucht unserer kurzen Todesbetrachtung: — Eitle, müssige, verschwenderische Tage sind, wie wir vernommen haben, in den Augen Gottes nichts, werthlos. Demüthige, arbeitsame, zum Dienste Gottes und des Nächsten angewandte Tage aber gelten soviel bei dem Ewigen, daß er für dieselben sich selbst zum Lohn gibt. Wohlan, Geliebte, leget zeitig Hand an das Werk, benützet die Tage, die Stunden, die ihr noch habet, stehet nicht müssig den ganzen Tag, arbeitet für das Heil des Morgens, den Tag über, am Abende, ja auch zur Nachtzeit! Büßet und betet mit David, damit ihr einholet, was etwa von eueren Tagen verloren gegangen und zu Nichts geworden ist! Ein Tag ohne gutes Werk für den Himmel ist ein verlorener Tag.

Für den Hingeschiedenen, so rasch Verbliebenen, aber lasset uns das gewöhnliche Gebet verrichten: Vater unser.... Ave Maria.... Amen.

Am Grabe eines großen Dulders.

Text: „Erlöse mich, o Herr, und nimm mich zu dir!"
Job 17, 3.

Eingang.

Der Verstorbene brachte sein Leben auf — Jahre. (Lebenslauf, Krankengeschichte, Spezielles.) Wir sehen, wie schmerzlich und langwierig die Heimsuchungen waren, die der Verewigte zu ertragen hatte. Ein Anderer wäre derlei Verhältnissen vielleicht kleinmüthig unterlegen. Nicht so der verlebte Dulder (locus amplif.). Er wandelte den königlichen Weg des Kreuzes, den Gott denen vorschreibt, die er lieb hat. Allerdings ein schwerer Weg, ein harter Gang! Stark der Dulder, der auf demselben nicht erlahmt und erliegt! Hat doch selbst ein Paulus gewünscht, endlich aufgelöst und bei Christus zu sein. Auch der verlebte Dulder wünschte dieß zuweilen in seinen Qualen und sprach mit Job die sehnlichen Worte: „Erlöse mich, o Herr, und nimm mich zu dir!" Darum dürfen wir dem Abgeschiedenen nicht allzuheftig nachweinen, ihm vielmehr Glückwünsche darbringen, daß der Himmel sein langes Sehnen erfüllt, sein Seufzen erhört hat, seinem Wunsche nach Erlösung von dem Elende dieser Welt nachgekommen ist, und er nun singen darf dem Ewigen das dreimal Heilig.

Also nicht trauern, sondern Glück dürfen wir dem Vollendeten wünschen; denn

1) es ist ein guter Tausch dieses Zeitlichen mit dem Ewigen;
dazu kommt noch:
2) fromme Christen haben bei diesem Wechsel nichts zu fürchten.

I.

Was haben wir denn auch auf Erden? Hader und Zank, Mißgunst und Neid, Verleumdung und Verfolgung, Hitze, Kälte, Reichthum und Armuth, Glück und Schaden, Geborenwerden und Sterben, das ist der Inhalt unseres Lebens! Eitelkeit, Hoffart, Ehre, Verachtung, Freude und Schmerz, Gesundheit und Krankheit, Nichts ist beständig! Streit und Zank unter Geschwistern, Hader und Zorn unter Eheleuten, die sich doch am Meisten lieben sollten. Diejenige, die den frommen Job am Grausamsten behandelte, war dessen eigene Frau. Wie den Joseph sodann seine leiblichen Brüder verriethen und verkauften, wissen wir gleichfalls. So herrschen Mißgunst, Lug, Betrug und wie das ganze Heer von Uebeln heißt, auf der Welt zu allen Zeiten und überall, wo Menschen ihren Fuß hinsetzen. Falschheit und Hinterlist, Unredlichkeit und Bosheit lassen Niemanden volles Glück genießen. Unvollkommenheit an allen Enden! Plagen an allen Orten! Alles hilft hier zusammen! Bald steht uns die Sonne zu nahe, dann klagen wir über zu gräßliche Hitze; bald rückt sie uns zu ferne, dann seufzen wir über zu grimmige Kälte. Der Reichthum selbst dauert nur kurze Zeit und begleitet uns über das Grab hinaus gar nicht. Keiner, der längere Zeit unausgesetzt glücklich war; dagegen die Meisten, welche der Jammer der Welt lange, lange verfolgt hat.

Kaum geboren naht sich uns schon die Noth und die Mühsal; die Zahl der Leiden ist so groß, daß wenigstens eines derselben uns findet und drückt; viele Menschen werden sogar von mehreren niedergebeugt. So lebt Niemand auf der Welt, der nicht mindestens ein Kreuz zu schleppen hat.

Wie tief unser verlebter N. N. vom Leiden niedergebeugt wurde und wie geduldig er sich in seiner Kreuztragung uns zeigte, haben wir gehört und gesehen. Der Tod hat nun diesem Zustande ein Ende gemacht. Deßwegen sag' ich wiederholt, es sei ein guter Tausch, den der Mensch eingeht, wenn er das Zeitliche für das Ewige hingibt. Vor allem aber war es ein guter Tausch, welchen unser nun in Gott ruhender Dulder einging; denn des Lebens Wucht lastete auf ihm besonders schwer. Nunmehr frohlocket er, daß es vorüber und ausgestanden ist, und seine Stärke erprobt und als tüchtig befunden worden. Der Verlebte hat den besten Theil: die ewigen Freuden erwählt, indeß wir noch in diesem Jammerthale sitzen. Ach, es ist nirgends so sicher, so ruhig, so glücklich als bei dir, o Gott; der Tod deßhalb bleibt der beste Tausch.

II.

Am Wenigsten aber, ja gar nichts haben von diesem Tausche und Uebergange die frommen Christen zu fürchten. Warum auch sollte ein rechtschaffener Christ Bedenken tragen, diesen Tausch mit der Ewigkeit einzugehen? Warum besonders dann, wenn Gott ruft und sein Wille es ist, daß man diese Reise antrete? Fromme Christen können furchtlos und getrost sagen: „Erlöse mich, o Herr, und nimm mich zu dir!“ Wenn ich bei dir bin, o Herr und Gott, an den ich geglaubt, auf den ich früh und spät gehofft, den ich mein Leben lang liebend im Herzen getragen, dem ich als ein treuer Knecht gedient habe, wenn ich bei dir bin, so mögen alle Feinde kommen und stürmen, ich bin versichert, daß mir kein Uebel mehr begegnen kann. Gegen die Hölle und die Geister der Hölle bist du mein Panzer und Schild, mein Helfer und Retter, meine Ring- und Schutzmauer. Weiß ich ja (Ps. 90, 10.): „Dein Gezelt trifft keine Geißel.“

Andächtige! Es ist eine nicht abzuleugnende Thatsache: die ganze Natur des Menschen streitet gegen den Tod und sträubt sich, sprechend: Es ist besser, zu leben, als nicht zu leben. Und das Sprüchwort sagt: Besser ist ein lebendiges Hündlein als ein todter Löwe. Selbst brave und wackere Helden, starke und streitbare Männer sind aufgeregt, wenn es in den Kampf und Tod geht. Ganz besonders schrecklich aber ist der Tod nur dann, wenn man Sünden auf sich lasten hat. Nur denen flößt er Angst und Furcht ein, die ein verwirrtes, ein böses Gewissen haben, die, wenn sie aus dem Leben scheiden, voraussichtlich einem schlimmeren Zustande entgegengehen. Dieß macht den Tod so entsetzlich, daß Manche in ihrer Gottlosigkeit, Verstocktheit und Ungläubigkeit vom Tode überrascht werden, da sie am Wenigsten an ihn gedacht haben. Derlei Leute machen allerdings einen schlechten Tausch und ist der Tod für sie ein Greuel und Schrecken. Sie haben gesucht, sich aus den Lüsten und Gütern dieser Welt einen Himmel ohne Gott aufzubauen, und gewahren, nun es mit ihnen zum Sterben kommt, daß, was sie aufgeführt haben, ein Gebäude war auf Sand.

Das schreckt, das macht den Tod bitter und grausam. Ein **rechter, ein wahrer** Christ dagegen sagt bei sich ganz anders. Er weiß, daß er aus diesen Widerwärtigkeiten und Heimsuchungen zu den ewigen Freuden, aus dem Kranken- und Armenspitale dieser Welt in die himmlischen Wohnungen einziehen werde. Ei, was soll ihn dann noch schrecken, ängstigen oder betrüben? Jauchzend zieht er ein im Hause seines Herrn. Von diesem Glauben beseelt und getragen scherzte ein hl. Laurentius, obwohl auf glühendem Roste getragen, ein hl. Bartholomäus, obgleich ihm die Haut abgeschunden ward, ein hl. Matthias, obschon er mit dem Beile vom Leben zum Tode gebracht wurde. Tausend zarte Jungfrauen und Kinder gingen freudig in den Tod, und unzählbar ist die Menge der Blutzeugen überhaupt, die ungebeugt und fröhlich ihr Leben für Christus hingaben. Fahre wohl, Welt, Geld, Freund' und Feinde, Armuth und Reichthum, Haß und Neid, Gesundheit und Krankheit! riefen sie. Fahret wohl ihr Eitelkelten, wir ziehen ein in das Haus Gottes zu den dauernden Freuden! Woher diese seltsame Erscheinung in der Nähe des Todes, der selbst beherzten Männern ein Zittern abnöthigt? Daher, Geliebte! **Fromme Christen haben bei dem Tausche des Zeitlichen mit dem Ewigen gar nichts zu fürchten, denn er ist der beste Tausch, den man nur machen kann.** — —

Dieses Bewußtsein war auch die unversiegbare Quelle des Trostes, welcher den verlebten N. N. in seinen vielen und langen Heimsuchungen stärkte. Dieser Gedanke muß auch die Hinterlassenen des zur Erde getragenen großen Dulders trösten. Euer N. ist bei Gott und ruhet aus von den Qualen und Drangsalen, die ihm sein langes Leiden (**welches?**) verursacht hat. Er trinket nunmehr in langen, in ewigen Zügen aus dem unerschöpflichen Bache himmlischer, unvergänglicher Wonnen. Die Anschauung Gottes erquicket ihn über die Maßen in unaussprechlicher Weise.

Lernet nun auch ihr, die ihr lebet, gerne sterben, gerne dieses Zeitliche mit dem Ewigen vertauschen; lernet den Tod nicht fürchten, denn er hat seine Kraft durch Christus verloren, sein Stachel ist ihm genommen. Und stoßet euch in dieser Zeitlichkeit etwas Beschwerliches oder Widerwärtiges zu, lasset doch ja den Muth nicht sinken, sondern Gott walten; nehmet von seiner Hand, wie der Dulder hier, den wir zur Ruhe eingesegnet haben, Alles geduldig an, traget es ohne Murren und mit zäher Ausdauer, übet euch in der christlichen Ergebenheit in Gottes unergründliche Rathschläge und sprechet in euch selbst: Der Herr, welcher den großen Dulder Job endlich doch von seiner Armseligkeit befreite und nach Verdienst ihm vergalt, der wird auch es mit mir am Besten machen, am Allerbesten, wenn er mich das Zeitliche mit dem Ewigen vertauschen läßt und mich zu sich nimmt an jenen Ort, wo keine Thräne mehr geweint wird.

Im Uebrigen sollte vielleicht gegen unsere Hoffnung dem Hingeschiedenen noch eine zeitliche Strafe abzubüßen obliegen, so rufet mit mir den barmherzigen Gott an, in Andacht sprechend: Vater unser.... Ave Maria.... Amen.

Am Grabe eines nicht im besten Rufe Stehenden.

„Text: „Zum wenigsten ihr, meine Freunde, erbarmet euch mein!" Job 19, 21.

Eingang.

Andächtige im Herrn!

Der stets geschäftige Tod hat wiederum ein Opfer abgefordert und ist als Bote Gottes unter uns erschienen, den verlebten N. N. vor Gottes Richterstuhl zu rufen. Wir, Geliebte, sollen nicht richten, damit auch wir nicht gerichtet werden, wir sollen nicht urtheilen, da den Menschen nichts leichter trügt als der Schein. Der Mensch ist nur das, was er vor Gott ist, nicht was er in den Augen der Menschen gilt. Deshalb soll sich Niemand über den Lebenswandel eines Verstorbenen ein Urtheil erlauben, wie es ja ein uraltes Sprichwort gibt, welches sagt, man solle von den Todten nichts als nur Gutes reden. Welchen Urtheilsspruch der Mensch, wenn er todt ist, von Gott zu gewärtigen hat, wissen wir ja nicht, da wir ihm nicht in der Todesstunde in's Herz sehen konnten, ebensowenig als in den Tagen, da er noch lebte. Was nun unseren Verewigten angeht, so ließ er mich am ..ten dieses Monats rufen und empfing alle den Sterbenden verordneten hl. Sakramente mit der größten Andacht. (Näheres, was lobwürdig sein könnte.) So starb er mit dem unbedingtesten Vertrauen auf Gott, den Allbarmherzigen. Doch bevor wir von dieser Stätte gehen, zeigen wir, daß, wenn wir Freunde der Verstorbenen sein wollen, wir ihnen ihre liebsten Wünsche nicht versagen dürfen. Nichts thut weher, als wenn ein Freund dem anderen etwas abschlägt. Deshalb klagt Job so an's Herz dringend: „Wenigstens ihr, meine

Freunde, erbarmet euch mein!" Ein Gleiches rufen uns auch die armen Seelen im Reinigungsorte zu. Wir aber wollen diese Bitte unserer Freunde nicht überhören, und, uns über sie erbarmend, ihnen zu Hülfe kommen. Denn es ist

unsere Schuldigkeit, unseren hingegangenen Freunden zu Hülfe zu eilen, und ist die Ursache, warum wir solches schuldig sind, Jedem einleuchtend.

Niemand steht auf der Welt so ganz verlassen, daß er nicht wenigstens einen Verwandten, einen Freund sein Eigen nennt. Auch unser verlebter N. N. zählt deren mehrere (locus amplif. Dessen Eltern Kinder, Kameraden 2c.) An diesen ist es nun vor Allen, für den Verstorbenen, falls er noch unserer Hülfe bedürftig wäre, zu beten und beizutragen, daß Gott ihm seine Fehler nachlasse und ihn befreie, wenn er noch von Gottes Anschauung sollte zurückgehalten werden. Von diesen rede ich indessen nicht, denn ich bin überzeugt, sie werden für den Verewigten Alles thun.

Aber im Allgemeinen findet man es oft, daß der Spruch sich bewahrheitet: Aus den Augen, aus dem Sinne. Und das ist unverantwortlich, daß ein Freund dem anderen nicht beispringt in der Noth. Ein guter Freund ist in der Welt unser anderes Ich, unser Rathgeber, unser Wohlthäter, unser Beschützer und Helfer, er ist dem anderen das, was die Sonne der Erde ist. Ohne Freund ist alles Wirken eine schwere Arbeit, alles Leben eine Qual. Das war für Job das Aergste, daß er erfahren mußte, wie selbst seine Freunde ihn in der Noth sitzen ließen. Daher er sagt, wenigstens sie sollten als seine Freunde ihre Schuldigkeit thun.

Indessen hat nicht Job allein Ursache, zu klagen, auch viele Seelen im Reinigungsorte führen mit Recht diese alte Klage, wie sie von ihren Freunden im Stiche gelassen würden. Sie bitten täglich, sie rufen stündlich: „Wenigstens ihr, meine Freunde, erbarmt euch mein!" Zahlet wenigstens ihr für uns, euere nächsten Freunde, zahlet wenigstens ihr, unsere Erben, Brüder, Schwestern, Schulkameraden 2c. für uns, was wir noch schuldig sind. Dieser Ruf ertönt ununterbrochen aus jener Welt herüber und verhallt ungehört. Ein Bruder verläßt den anderen, eine Schwester vergißt die andere, Eheleute, die sich ewige Liebe und Treue zugeschworen, wie vergeßlich erweisen sie sich zuweilen!

Als Cäsar ermordet wurde, betheiligten sich vielerlei Leute an dem blutigen Werke. Aber nichts schmerzte denselben mehr, als daß Brutus, sein Freund, sein Schütz- und Pflegling, gleichfalls den Dolch gegen ihn erhoben hatte, er, dem er unendlich viel Gutes gethan hatte. Schon lag Cäsar in seinem Blute da, als er die brechenden Augen nochmals auf Brutus heftete und die letzte Kraft anwendend sprach: „Auch du mein Sohn Brutus!" Bist auch du unter den undankbaren, treulosen Freunden! Du hättest mir wenigstens beispringen sollen, der du mein Freund warest.

Diesem Cäsar gleicht so manche arme Seele im Fegfeuer; sie seufzet, ächzet und jammert, sie fleht und bittet um Hülfe, um Rettung, um Barmherzigkeit und Trost. Da geht ein undankbarer Sohn oder eine Tochter am Grabe des Vaters oder der Mutter vorbei und spricht nicht einmal das: Herr, gib ihm die ewige Ruhe u. s. f. Wie? Hörest du nicht die Stimme des Todten: Auch du, mein Sohn! Auch du meine Tochter! Noch ist das Haus, noch das Vermögen, das ihr von mir geerbt habt, in eueren Händen, und mein Gedächtniß aus euerem Herzen! Wahrlich, es trifft zu, was der Dichter sagt:

„Viele Befreundete sind's, die du zählest, so lange du glücklich;
Einsam stehst du indeß, trübet der Himmel sich zu."

So lange das Glück anhält, magst du überflüssig Freunde haben; wenn sich dagegen der Himmel deines Glückes bewölkt, alsdann wirst du bald allein stehen. Kein Satz ist wahrer als dieser. Klagt ja schon David: „Meine Freunde und meine Nächsten haben sich gegen mich aufgelehnt und stellten sich; und entfernt halten sich, die mir zunächst waren" (Ps. 37, 12.). Unter diesen Verwandten und Nächsten war aber, wie wir wissen, Absolom, Davids eigener Sohn, der boshafter und hinterlistiger Weise den Achitophel, Davids vorzüglichsten Rathgeber, nebst den edelsten Verwandten, Schwägern, Hausgenossen, Kriegsobersten und Bürgern auf seine Seite gezogen hatte. Daß diese ihm abwendig werden könnten, hätte David wohl nie vermuthet: deshalb konnte er auch mit vollem Rechte rufen: Auch du, mein Sohn Absolom! — —

Geliebte im Herrn! Wenn in euch ein guter Blutstropfen ächter Freundschaft ist, lasset nie und nimmermehr zu, daß euere Freunde aus der anderen Welt euch zurufen, ohne daß ihr sie erhöret! Ach, es ist hart, wenn eine arme Seele gewahren muß, wie ihre nächsten Freunde über dem Schwelgen und Prassen, über dem Spielen und Tanzen ihrer vergessen. Lasset euch dieses, Geliebte, nicht nachsagen, sondern zeiget gegen euere Todten, daß ihr erkenntlich seid, befehlet ihre Seelen täglich Gott in eueren Gebeten an. Er ist der Herr, der sich ihrer erbarmen kann und will, sofern er nur demüthig von uns um Barmherzigkeit und Gnade angefleht wird.

Nicht richten sollen wir die Todten, sondern beten, beten um so inniger, je mehr etliche Vorlaute Grund zum Richten und Verdammen zu haben glauben; beten um so anhaltender, je weniger Freunde ein Verblichener auf Erden hat. Nicht strafen, sondern verzeihen soll unser Mund, damit auch Gott verzeihe; denn er will gerne vergeben, deshalb hat er uns das herrliche Gebet gelehrt, in welchem wir ihn Vater nennen dürfen, auf daß wir als Kinder mit vollster Zuversicht uns ihm nahen im Gebete. Thun wir dieses auch jetzt und sprechen wir insgesammt für alle verlassenen Seelen, vorzüglich aber für die Seelenruhe des soeben Bestatteten, das übliche Gebet des Herrn aus ganzer Seele: Vater unser.... Ave Maria.... Amen.

Vor der Hinrichtung eines armen Sünders,

im Gefängnisse zu sprechen.

Text: „Ich will mich aufmachen und zu meinem Vater gehen.“ Luc. 15, 18.

Eingang.

Lieber Bruder in Christus Jesus, unserem gnädigen Herrn und Erlöser! Lieber N. N.!

Der Tag ist da, wo du aus dieser Jammerwelt in die ewige Herrlichkeit Gottes eingehen sollst. Noch wenige Stunden der Bitterkeit, und du bist angelangt im Meere unendlicher Freude.

Der heutige Tag ist mehr ein Fest- als ein Trauertag. Heute noch sollst du jene Wonnen genießen, die ewig und unbeschreiblich sind, wenn du ausdauerst bei deinem Vorsatze, dich als den verlorenen Sohn anzusehen, der heimkehrt ins herrliche Heimathhaus, wo des Jubels über den Wiedergefundenen kein Ende ist.

Zwar hast du dich weit entfernt vom himmlischen Vater; aber seine Gnade hat dich nun doch gefunden und holt dich nun heim. So sprich denn: „Ich will mich aufmachen und zu meinem Vater heimgehen.“ Was thu' ich länger hier in der öden, traurigen Fremde, wo ich mein himmlisches Erbtheil verspielt habe durch meine Sünden, wo nur Jammer, Elend, Unruhe, Gewissensbisse meine Speise und mein Trank sind. Ja, ich will mich aufmachen zu meinem Vater, den ich so schändlich verlassen habe, und der doch nichts anderes will, als daß ich heimkehre zu ihm und in seine liebevollen, nach mir verlangenden Arme. Zu meinem Vater, der auch denen ein Vater sein will, denen er Schulden zu vergeben hat, wie uns das Gebet lehrt, das uns Christus gegeben hat. O wie viele Arme haben im Hause meines lieben Vaters Ueberfluß an Brod, und ich sterbe hier fast Hungers.

So gehe denn auch getrost zum Vater, lieber Freund und Bruder! Ja, getrost! Denn

1) **du weißt, daß dieser Vater durch den Herrn Jesus Christus, unseren Mittler, wirklich mit dir versöhnt worden ist;** sodann
2) **glaubst du auch fest, daß er dir anlegen wird das wunderherrliche Kleid der ewigen Himmelsglorie.**

I.

O welch' gnädigen Gott haben wir doch, welchen barmherzigen Vater! Er hat viele tausend rebellische Kinder, die ihn täglich mehr oder minder beleidigen, die Güter des Leibes oder der Seele verprassen und in dem garstigen Pfuhle der Laster herumwälzen, die den Menschen doch niemals befriedigen. Dessen ungeachtet ist und bleibt er doch unser Vater, verlangt nichts inniger, als daß die verlorenen Söhne wieder kommen und um Verzeihung bitten, wo er sie denn umhalset, küsset und herzet, wo er ihnen ein Gastmahl bereitet, ihnen ein neues Gewand anlegt und sie mit der Unsterblichkeit bekleidet.

Welch' gnädiger Vater! Andere Kinder bleiben bei ihm, bleiben fromm und gehorsam, dienen ihm, wie es Kindern zusteht, da indessen die verlorenen Söhne in der Fremde herumwandeln, das väterliche Erbtheil verschleudern. Und gleichwohl kann das Vaterherz sie nicht ausschließen, aus dem Herzen weder, noch aus dem Hause. Vielmehr ist, wenn der verlorene Sohn zurückkehrt, Reue fühlt und Abbitte leistet, mehr Freude über diesen Einen Sünder, wie über neunundneunzig gerechte und fromme Kinder. Was ist denn wohl die Ursache dieser so überschwänglichen Güte? Soll ich's sagen? Die Vertretung, die Mittlerschaft, die Fürbitte des eingeborenen Sohnes Gottes Jesu Christi ist es; das für unsere Sünden vergossene, unendlich kostbare Blut unseres Erlösers und Seligmachers schreit zum Himmel, aber nicht um Rache, sondern um — Gnade und Barmherzigkeit. Christus bittet für uns und übernimmt jegliche Vermittlung, die denn auch unfehlbar stets zu unseren Gunsten ausfällt.

Das, geliebter N., weißt du nur zu gut; deshalb hast du die ganze Zeit deines Hierseins dem beseligenden Gedanken zur Reife gebracht: „Ich will mich aufmachen und heimkehren zu meinem Vater!" Heim zum Vater will ich, den ich beleidigt habe, und der sich sehnt, mich wieder zu sehen und an sein Herz zu drücken auf ewig. Aufmachen will ich mich und mit Hintansetzung der nichtigen Eitelkeit der Welt, die reinen und vollkommenen Freuden der Ewigkeit genießen, die uns nie zum Ueberdrusse werden. Fahre hin, du Welt, mit deinem falschen Glücke, das Niemanden sättiget, wohl aber Millionen Schmerzen in seinem Gefolge hat. Fahre hin, du ekles Treiben! Von nun an geht's mit jedem Schritte näher zum Vater, den ich so oft beleidigt, so gröblich verletzt habe! Verflucht sei von nun an alle Sünde, denn ich liebe meinen Gott aus ganzem Herzen und ohne Rückhalt. Ich weiß es, er wird mir gnädig sein, er wird mich auf- und annehmen, denn ich habe Jesum zum Mittler, der mich bereits versöhnt hat. Denn er ist gekommen, wie Paulus (1. Tim. 1, 15.) spricht, „um die Sünder selig zu machen, von denen ich selbst der erste bin." Denn sagt der Apostel (1. Tim. 1, 13.): „Ich war ein Lästerer, ein Verfolger und Verräther — Jesu —, aber ich fand Gnade," und aus Gnade habe ich Barmherzigkeit erlangt. So verstoße denn auch mich nicht an diesem Tage, da ich meine Sünden beweine und zum Vater eile!

Nimm an, lieber Jesu, den Tod, den ich so verdient erleide, und die kurze Beschämung, und vereinige diese meine Genugthuung mit deinen Verdiensten, als ein Versöhnungsopfer für meine Missethaten! Du bist ja der Trost aller Betrübten, der Schutz aller Nothleidenden, die Zuflucht aller Beladenen, der Beistand aller Sterbenden. Nun denn, lasse deinen Diener in Frieden ziehen; denn meine Augen haben den Herrn gesehen!

II.

Siehe, o Jesu, ich sitze hier auf meinen Knien, halte dein Kreuzbild in den Händen und benetze es mit meinen Bußthränen. Von dieser Stelle will ich aufstehen und zum Vater eilen. Ich lebe der Hoffnung, der festen, zuversichtlichen, unverbrüchlichen Hoffnung, daß er auch mich, wie den reuigen Mörder am Kreuze, bekleiden wird mit dem versprochenen Kleide der zukünftigen Herrlichkeit und Glorie. Ich will aufstehen, aber du, o Jesu, bleibe bei mir, denn es wird Nacht und man wird mir die Augen verbinden, daß ich des Tages Licht nimmer sehe, von dem beschienen zu werden ich nicht würdig bin. Bleibe, bleibe nur du, o Herr, bei mir, dann leuchtet mir das ewige Licht der Himmelsherrlichkeit; dann schadet mir kein Feind mehr; sei du mein Gefährte und Geleitsmann, dann werd' ich nimmer fallen, dann lange ich sicher und wohlbehalten im Hause meines verzeihenden himmlischen Vaters an.

Bisher bin ich gelaufen mit den Bösen auf Irrwegen dieser Welt, nun soll es gehen nach der himmlischen, wahren Heimath. „Wie lieblich sind deine Wohnungen, o Herr der Heerschaaren! Es sehnt sich und schmachtet meine Seele nach den Vorhöfen des Herrn. Mein Herz und mein Fleisch frohlocken in Gott, dem lebendigen" (Ps. 83, 2. 3.). Du, o Jesus, bist es, der es uns verheißen hat: „Was ihr den Vater bitten werdet in meinem Namen, das wird er euch geben" (Joh. 16, 23.). Siehe, o barmherziger Jesu! nun bitte ich und halte an um ein seliges Sterbestündlein und die darauf folgende himmlische Glorie. Versage mir meine Bitte nicht! Herr, erhöre mein Gebet und lasse mein Rufen zu dir kommen! Ich bitte dich, ich beschwöre dich bei jenen Schritten und Tritten, die du selbst gemacht hast, um den Calvarienberg zu ersteigen; erhöre mich um deines bitteren Leidens und schweren Kreuzestodes willen! Lasse deinen blutigen Schweiß, deine letzte Todesangst, dein Leben und Sterben an mir, o ewiger Mittler, nicht verloren sein! — —

O, geliebter Freund und Bruder, lasse nicht ab, so zu beten, bis du in den Armen Gottes ruhest! Kein himmlischerer Trost, als der Trost, den uns der versöhnte Gott gewährt. Gewiß, es wird dir nicht fehlen, wenn du auf den Herrn zu bauen fortfährst, bis es überstanden ist.

In diesem Vertrauen, in dieser festen Hoffnung auf Gottes Verzeihung und seine Verheißung, den Reuigen in das Paradies einzuführen, in diesem festen Glauben an die unendlichen Verdienste Jesu wollen wir denn die Reise, die Heimkehr zum Vater antreten. Sprich es aus, das frohe Wort: „Ich will mich aufmachen und zu meinem Vater gehen!" —

(Das Nachfolgende kann auf dem Wege zum Schaffotte dem Delinquenten zugesprochen werden.)

Geliebter N.! Bereue nochmals in der Bitterkeit deines Herzens alle Sünden deines ganzen Lebens. — Bald nun wird deine Seele, deine mit Gott ausgesöhnte Seele anlangen im Hause des geliebten Vaters; allda werden dir Glück wünschen alle hl. Engel, es werden dir entgegen eilen die hl. Märtyrer und Bekenner, alle seligen Geister werden dich bewillkommnen und deiner Seele anlegen das Gewand der Glorie. Geschwind, wird es heißen, geschwind, das beste Kleid her! denn dieser Sohn war todt und ist wieder lebendig geworden durch seine Bußthränen und die Gnade, die ihn zurückgeführt hat in die Wohnungen seines Vaters. Er ist wieder lebendig geworden durch seine Zuversicht auf Jesum, den ewigen Mittler zwischen Gott und den Menschen. Lebendig ist er geworden durch seinen lebendigen Glauben und die Liebe zu Gott, seinen Vater und Lebendigmacher. — Wohlan denn, alsbald wird dieses Alles wahr werden! — —

Die Seele Christi heilige mich! Das Blut Christi tränke mich! Das Wasser aus der Seite Christi wasche mich! Das Leiden Christi stärke mich! O gütiger Jesu, erhöre mich! In deine hl. Wunden verberge mich! Vor dem bösen Feind beschütze mich! Von dir laß' nimmer scheiden mich! In der Stunde meines Todes rufe mich! Damit ich mit allen Heiligen im Hause meines himmlischen Vaters dich lobe immer und ewiglich!

Jesus, dir lebe ich! Jesus, dir sterbe ich! Dein, o Jesu, bin ich im Leben und Tode! — Amen.

Auf dem Schaffote.

Text: „Du vergabst einst Magdalenen,
Dir gefiel des Schächers Sehnen,
Und so hoff' auch ich, gleich Jenen!“
Kirchenlied. Dies irae.

Eingang.

Geliebte im Herrn!

Der Mensch weiß nicht, wann oder wo er sterbe: ob zu Hause oder in der Fremde, auf dem Bette oder im Felde der Ehre, ob eines natürlichen oder eines gewaltsamen Todes. Das aber weiß er sicher und gewiß, überall in aller Welt kann er, wenn er nur will, einen barmherzigen Gott finden, und wäre es selbst auf dem Schaffote. Nirgendwo ist der Zutritt zu Gottes Gnadenthron verschlossen, man sterbe nun weit, weit von der Heimat, in fernen Landen, oder zu Hause. Allenthalben, selbst auf der Richtstätte, sind die Arme Jesu ausgespannt, den armen Sünder zu umfangen. Seht, auch hier ist das Kreuz Jesu, der für uns gestorben ist, und ist hier ebenso wirksam als anderswo; Jesus verläßt Keinen. Auch hier ist die hl. Wunde der Seite unseres Erlösers offen, um den reuigen Missethäter darin zu verbergen. Auch hier sind die Schultern des guten Hirten bereit, das verlorene Schäflein heimzutragen zu der auserwählten Heerde des himmlischen Vaters.

In diesem Sinne spricht die Kirche den barmherzigen Gott im Namen aller Sünder um Gnade an mit den nachdrücklichen, Mark und Bein erschütternden Worten:

„Du vergabst einst Magdalenen,
Dir gefiel des Schächers Sehnen,
Und so hoff' auch ich, gleich Jenen!"

O allergnädigster Jesu, du hast Maria Magdalena die Büßerin in Freundschaft aufgenommen, du hast dem reuigen Schächer am Kreuze deine Gnade nicht versagt: warum soll ein armer Sünder verzagen, der seine Sünden bereut hat, wie Magdalena, und für dieselben gebüßt, wie jener Mörder am Kreuze? Hoffnung also auch ihm!

Zwar hat er viel verschuldet. (Lebenslauf.) Doch die Barmherzigkeit Gottes ist ohne Grenzen. Ganz besonderen Trost gewährte unserem armen Sünder, der soeben seinen letzten Tag vollendet und der menschlichen Gerechtigkeit Genüge geleistet hat, der Gedanke an jene beiden von Christus so liebreich und nachsichtig Begnadigten. Denn siehe da!

1) **Magdalene, eine offenkundige Sünderin, wird selig;** und
2) **der reuige Mörder am Kreuze wird vom Herrn in sein Reich aufgenommen.**

Welch' reiche Quelle des Trostes für einen noch so großen Sünder, wenn er nur zerknirschten Herzens sich zu Gott wendet! Gott will wahrhaftig, daß alle Menschen selig werden!

I.

Dich, Maria Magdalena, die du nach den Worten des hl. Evangelium eine so offenkundige Sünderin warest, dich vor Allen will ich staunend fragen: Wie kommt es, daß wir dich als eine Heilige verehren? Wie war es doch möglich, daß dir der gerechte, heilige und die Sünden und Laster bis in's dritte und vierte Geschlecht strafende Gott deine schweren Aergernisse und Vergehungen verzieh? Antiochus, der gottlose König, starb ohne Buß' und Gnade. Judas, der schlimme Verräther, endete ohne Buß' und Gnade. Julian, der abtrünnige Kaiser, vollendete gleichfalls ohne Buß' und Gnade. Wie ist es möglich, daß dich Gott auf eine so barmherzige, freundliche, gütige Weise angenommen und losgesprochen hat? Es waren ja deine Sünden durch die Gewohnheit schon allzufest eingewurzelt. Kann auch wohl ein Mohr seine Haut ändern und weiß werden? Das scheint doch wohl unmöglich! Und noch viel unmöglicher ist es, daß ein das Sündigen gewohnter Mensch seinen verkehrten Willen ändere. Heißt es ja schon bei Job (20, 11.) von dergleichen Gottlosen: „Sein Gebein ist voll von den Sünden seiner Jugend und die legen sich mit ihm schlafen — erst — im Boden.“ Dies nun gewahren wir alle Tage. Wie ist es nun anders gekommen bei Maria Magdalena?

Gehet hin, Geliebte, in das Haus des Pharisäers Simon. Allda werdet ihr ein Frauenbild finden, das aufgelöst in Zähren und verzehrt von Schmerz, die Füße Jesu mit ihren Thränen benetzt, überfluthet, und mit den Locken ihres Haares abtrocknet. Wer ist dieses Frauenbild? Magdalena ist es, die alle Kräfte ihrer nunmehr keuschen Liebe aufbietet, um Jesus allein anzuhangen und ihre Laster zu verfluchen. Deshalb vernahm sie denn auch die Worte: „Vergeben sind ihr ihre vielen Sünden, weil groß — nun — ist ihre Liebe“ (Luk. 7, 47.). Deshalb also hat Christus ihr ihre vielen Sünden erlassen, weil ihre Liebe gegen ihn nachgehends so groß war, indem sie ihn liebte aus ganzem Herzen und aus allen ihren Kräften.

Wahrlich, Geliebte, Gott ist wunderbar! Wenn er nur durch ein Tröpflein Blutes, das Christus für uns vergossen hat, gebeten, oder der Sünder auch nur ein wenig von Gottes wirksamer Gnade berührt wird, tritt Sinnesänderung ein. Das hoffärtige Herz wird demüthig, das wohllüstige wird keusch, das rachgierige sanftmüthig, das widerspenstige gehorsam, das sündige heilig. — Dieß war die Ursache, die auch unseren armen Sünder Muth fassen ließ in seinem letzten Kampfe; er wußte: der alte Gott lebet noch. Der aus der Schlange einen Stab gemacht hat, der aus dem Felsen Wasser gelockt, der den Blinden mittelst feuchten Staubes sehend gemacht hat: der alte Gott lebet noch. Eben dieser Gott hat auch das Herz dessen, dessen Haupt so eben der menschlichen Gerechtigkeit zum Opfer gefallen ist, dergestalt verändert und an sich gezogen, daß er sich ihm ganz zu Eigen gab, daß, wäre ihm auch das Leben geschenkt worden, er dennoch den Lastern zuwider würde gelebt und lieber tausendmal das Leben gelassen haben, als neuerdings Gott beleidigen wollen. Und so muß jede Besserung beschaffen sein. So that auch Magdalena, als sie die Füße des Erlösers mit ihren Zähren begoß; darum ward sie denn auch zu Gnaden aufgenommen.

Und so sollen auch wir niemals kleinmüthig werden oder verzweifeln, vielmehr festhalten an der trostreichen Wahrheit, daß wir in jeder Stunde, die wir noch besitzen, die Gnade und Seligkeit in unseren Händen haben, oder wenigstens erwerben können. Wie viele Stunden wir indessen besitzen werden, das steht dahin. Verzweifle deshalb Niemand! Was sind die Sünden, wenn sie gehalten werden gegen Gottes Barmherzigkeit? Wolken, welche vor der göttlichen Sonne zurückweichen. Wachs, welches bei dem Feuer der Liebe Jesu schmilzet. Spinnengewebe, welches der Hauch des göttlichen Geistes zerreißt.

Groß sind die Sünden nur, wenn man sie der Gerechtigkeit Gottes gegenüberstellt. Aber ihr kann ausgewichen werden, indem man die Barmherzigkeit des Ewigen anruft, Buße thut, den Leib des Herrn würdig empfängt und mit Christus im Kahne muthig über den Strom setzt, welcher Zeit und Ewigkeit scheidet.

O wie leicht ist es, mit Christus zu sterben, selbst wenn man auf dem Schaffote sterben muß. Auch Christus starb am Kreuze, und ward öffentlich auf einem hohen Berge, Calvaria, vor einem Volke hingerichtet, welches ihn nur verhöhnte und kein Erbarmen kannte. Anders hier, die wir Mitleid empfinden mit dem der menschlichen Gerechtigkeit Verfallenen, wo wir angeloben, für ihn zu beten, und wo der Sünder, nicht wie Christus, schuldlos, sondern als Schuldiger stirbt, also seine Schuld bezahlt.

Nicht geringen Trost, Geliebte, schöpfte der soeben Hingeschiedene auch aus dieser letzten Betrachtung, daß er seine Schuld nun bei Heller und Pfennig bezahle, und daß ihr für ihn beten würdet.

II.

Dazu kam noch das Beispiel des reuigen Schächers am Kreuze. Seht, er besaß, als er den Kalvarienberg bestieg, noch nicht den rechten Glauben an Christus, den Seligmacher, auch hatte er noch keine übernatürliche Reue erweckt, in dieser Unbußfertigkeit ließ er sich an's Kreuz heften. Armer Sünder! Was soll das geben? Ohne Buße in die Ewigkeit reisen, wie verdammlich! Aber höret, was geschah! Als er aus dem Benehmen und den Worten Jesu, aus den Wunderzeichen, die sich beim Tode Jesu zutrugen, den rechten Glauben geschöpft hatte, da wandte er seine fast gebrochenen Augen Jesus zu und rief aus zerknirschtem Herzen: „Ach Herr!" Merken wir wohl, wie weit sein Glaube zugenommen! Jesum, den von der Welt verspotteten und hingerichteten Jesum nannte er einen Herrn! „Ach Herr Jesu, das bitte ich dich, gedenke doch meiner, wann du in dein Reich kommest.“ So erkannte er schließlich doch in Jesus den Messias, der im Jenseits König eines Reiches sei. „Gedenke meiner! ruft er; also: Verstoße mich nicht! Vergib mir meine Sünden! Siehe, ich werde von Allen verflucht und als ein Mörder verdammt; Hände und Füße sind mir angeheftet; nichts ist mir frei, als die Zunge und das Herz: diese aber schenke ich dir; die Zunge bekennt dich, das Herz hofft auf dich, ja es liebt dich über alle Dinge.

Diesen Schächer nahm sich unser N. N. zum Muster; darum wollen wir hoffen, daß auch er die Worte Jesu vernahm: „Heute noch wirst du mit mir im Paradiese sein.“ — —

Wir, Geliebte, wollen von dem armen Sünder am Kreuze, wie von jenem hier auf dem Schaffote, nicht das lernen, wie spät wir uns bekehren wollen, sondern das, wie ernstlich wir es mit unserer Bekehrung meinen müssen; denn es ist höchst ungewiß, ob wir die Gnade Gottes noch in unserer letzten Stunde erlangen werden. Zwei hingen mit Jesus am Kreuze, und nur Einer erhielt die Gnade der Bekehrung. Jede Stunde müssen wir daher als unsere letzte betrachten. Ganz besonders aber wollen wir in unserer letzten Stunde, wenn sie uns, ich möchte sagen: greifbar vor Augen steht, sprechen: O Jesu, verlasse mich nicht: du bist ja der Heiland, der Magdalena, die Sünderin, losgesprochen von ihren Lastern, du bist der gnädige und huldreiche Gott, der den Mörder am Kreuze noch erhöret; o so sei denn auch mir armen Sünder gnädig und barmherzig!

„Du vergabst einst Magdalenen,
Dir gefiel des Schächers Sehnen,
Und so hoff' auch ich, gleich Jenen!“

In dieser Hoffnung wollen wir leben und sterben. —

Für den Vollendeten hier aber lasset uns die üblichen und vielleicht auch noch nöthigen Gebete zum Himmel emporsenden, auf daß Gott ihn ganz reinige und den Reinen an sein Herz drücke! Vater unser.... Ave Maria.... Amen.

Am Grabe eines Armen.

Text: „Selig, den du erwählt und aufgenommen hast; er wird wohnen in deinen Vorhöfen."

Ps. 64, 5.

Eingang.

Andächtige im Herrn!

Wir haben die irdische Hülle eines jener Menschen zur Grabesruhe niedergelegt, von denen man sagen kann, sie stehen bei Gott besonders in Gunst: ich meine die Armen. Der Verstorbene war nicht reich, nicht vornehm, nicht hoch geehrt und bei allen Menschen im Ansehen. Er machte überhaupt in der Welt nicht viel Geräusch und von sich reden. Aber er besaß dafür andere Eigenschaften: er war ehrlich, arbeitsam, aufrichtig, rechtschaffen und stand deshalb bei Gott in um so größerem Ansehen. Von den Menschen wenig gekannt, kannte Gott um so besser seine stillen und verborgenen Tugenden. (Näheres hierüber. Es folgt sodann sein Lebenslauf, Geburt, Alter, Handwerk, Erlebnisse, Besonderes, Krankheit, Tod ꝛc.) Das Gesagte mag uns beweisen, wie lieb dieser Arme, dieser Würdige Gott sein mußte, der ihm vergolten haben wird wie einst dem armen Lazarus; denn Gott sieht nicht auf die Person, sondern auf das Herz.

Deshalb dürfen wir unseren verlebten Mitbruder glücklich preisen, denn er ruhet nun aus von seinem harten Tagewerke, er ist

1) **befreit aus dem schweren Gefängnisse dieses Leibes und ruhet bei Gott;**
2) **dabei besitzt er die himmlischen Güter, die er eingetauscht hat gegen den schlechten Koth der Erde.**

I.

Ihr Alle, Geliebte, wisset, was für ein schweres Gefängniß, was für ein dunkler Kerker unser Leib sei. Schwer ist er, denn der Leib beschweret die Seele und hält sie darnieder, abscheulich und dunkel ist er, denn er besteht aus Lehm und Staub, und kehrt zum Staube wieder, mit jedem Tage mehr zerfallend. Des Menschen Seele kann dieses Gefängniß noch überdies nicht verlassen, wann es ihr beliebt, sondern liegt gefesselt und gebunden, wartend bis Gott sie ruft. Dieser

Sklaverei macht nun der Tod ein Ende. Mit Gewalt wird beim Sterben die eiserne Thür geöffnet, die Seele entlassend, um zu ihrer ewigen Wohnung zu wallen. O welch' ein Trost, welch' ein Glück für eine arme gefangene Seele, die sehnsüchtigst begehrt, mit Christus vereinigt zu sein!

Sueno, König von Dänemark, war so unglücklich, dreimal gefangen zu werden. Immer wieder aus der Gefangenschaft erlöst, wurde er endlich vom Könige von Schweden aus seinem Reiche völlig verjagt. Vom Herzoge Olaus, zu dem er sich nach Norwegen geflüchtet, verlacht und hülflos gelassen, begab er sich nach England und Schottland, woselbst er vom Könige für den christlichen Glauben gewonnen und bekehrt wurde. Doch mit der Andacht wuchs auch Sueno's Glück. König Erich von Schweden starb und Sueno erhielt sein Reich wieder. In diesem predigte nun Pappo, ein heiliger Mann, das Evangelium und bekehrte durch unterschiedliche Wunder und die Macht des Wortes das Land zum katholischen Glauben. Sueno selbst schlug nun auch die Schweden, wird ihr König, zieht nach England und zwingt daselbst den König, ihm zu schwören, daß nach dessen Tod das Königreich gleichfalls an ihn übergehe.

Wir sehen, was für ein Glück auf die Gefangenschaft, die Verfolgung und das Elend dieses Königs im Auslande noch gefolgt sei Ungleich größer ist das Glück und die Seligkeit indessen, die Jene genießen, welche befreit aus dem irdischen Gefängnisse dieser Fremde, nach aufgelösten Lebensbanden einziehen in die himmlische Heimath, wo sie ein Reich besitzen werden, das ewig währet. Deshalb sagt Christus: „Wo ich bin da wird auch mein Diener sein" (Joh. 12, 26.). Welche Wonne für die treuen Diener Gottes, zu wohnen in den Hallen des Herrn! Sie waren auf Erden Fremdlinge, in der Verbannung, denn sie haben die Erde niemals als ihre Heimath angesehen und sich darin festzusetzen gesucht, dafür erhielten sie unverzüglich nach ihrem Tode das Bürgerrecht im Himmel, wo sie eine Seligkeit genießen, die kein Auge gesehen, kein Ohr gehört und in keines Menschen Herz gedrungen ist.

II.

Der Verlebte war, so lange er in dem irdischen Kerker des Leibes gefangen saß, arm und entblößt. Andere Reichere mögen sich in dem Kerker bequemer und behaglicher einrichten können. Dem Armen bleibt dieß versagt. Aber was ist auch das, was ein Armer entbehren muß? Ach, nur Unbedeutendes! Ein wenig Erdenkoth. Dafür besitzt er nun die Reichthümer der Ewigkeit. Die Seligen werden erfüllt mit den Gütern des göttlichen Hauses. Diese Fülle schließt allen Mangel für alle Zeiten aus, so daß weder Verstand noch Gedächtniß noch Wille etwas mehr erlangen oder aussinnen können, was den Herrn veranlaßt zu sagen: „Ein gutes, ein gedrückt volles, eingerütteltes und aufgehäuftes Maß wird euch in den Schooß gegeben werden" (Luk. 6, 38.). Wer sollte nicht ersättiget werden, wenn der unendliche Gott sich selbst mittheilt! Wer sollte nicht vergnügt werden, wenn ihm alle Schätze eröffnet werden! wenn er ißt vom Baume des Lebens, welchen Gott einst im Paradiese gepflanzt hat! wenn er trinkt am Tische Gottes in seinem Reiche! Der Wohlduft der besten Spezereien, die Schönheit des Palastes, die Musik und der Lobgesang des himmlischen Hofes, die kostbaren Straßen, die herrliche Stadt, das unbeschreiblich schöne Reich des himmlischen All's, die namenlosen Reichthümer und Güter, und vor Allem die Schönheit des göttlichen Angesichtes, die Vollkommenheit des ewigen Wesens, des unbegreiflichen Gottes, Alles, Alles vergnüget, erfüllet, ersättiget die Auserwählten im Himmel. Nichts, aber auch gar nichts kommt der Stadt Gottes gleich, Alles, was auf Erden schön und prächtig heißt, ist Unrath, ist werthloser, ekliger Koth gegen die himmlischen Herrlichkeiten. Das ist der Tausch, den wir eingehen, wenn wir als Diener Gottes heraustreten aus dem Gefängnisse unseres Leibes. — —

Daß unser verlebter Mitbruder in Christus dem Herrn Besitz ergriffen hat von dieser herrlichen Stadt, wollen wir von Herzen wünschen und hoffen. Sind ja die Armen, wenn sie im Geiste Christi arm sind, die hervorragenden Freunde Gottes, und sagt ja der Heiland, daß es, wenn je Einem, ganz besonders den Armen leicht falle, den Himmel zu erwerben. „Wer darf hinansteigen den Berg des Herrn?" fragt David (Ps. 23, 3.). „Wer wird stehen an seiner heiligen Stätte?" Und er antwortet: „Wer schuldlos ist an Händen und rein im Herzen, wer seine Seele nicht zur Eitelkeit erhebt" (ibid. 4.). Dieses nun können wir dem Verewigten nachrühmen (locus amplif.). Mit diesen Tugenden geschmückt zog er in die Ewigkeit hinüber, heiße Gebete und Seufzer ausstoßend, heilige Begierden im Herzen, Begierden nach seinem Gott und Heilande, dem er im Leben so eifrig gedient. Arm an irdischer Habe, aber reich an Gutem schied er von uns in Demuth, Bescheidenheit und Andacht.

Was die Gemeinde an dem Dürftigen gethan, möge er ihr im Himmel vergelten. Ich selbst aber schulde ihr die öffentliche Erkenntlichkeit und den Dank des Verewigten für alles dasjenige, was er von ihr empfangen hat.

Zum Schlusse, Geliebte, lasset uns dem Hingegangenen das letzte Almosen geben, falls er dessen noch bedürfen sollte: das Gebet für die Abgestorbenen zum Troste ihrer Seele. Vater unser .... Ave Maria .... Amen.

Am Grabe eines Reichen.

Text: „Nach ihrer Tugend gebe ich ihnen Zeugniß."
2. Cor. 8, 3.

Eingang.

Hochansehnliche Trauerversammlung!

Der Apostel Paulus schreibt in seinem zweiten Briefe an die Corinthier (8, 1): „Wir müssen euch, liebe Brüder, von der Gnade Gottes benachrichtigen, die sich in den macedonischen Gemeinden erwiesen hat." Sodann fährt der Apostel fort, die Tugenden jener christlichen Kirchensprengel aufzuzählen und bezeuget endlich, daß er ihnen durchaus nichts Erdichtetes nachrühme, sondern sie nur nach der Tugend lobe, die ihnen eigen sei, ohne auf etwas Anderes Rücksicht zu nehmen. Eben dieses zu thun, ist auch meine Absicht heute. Nicht den Reichthum, die Ehre, das Ansehen, den Stand des verewigten, wohlgeborenen Herrn N. N. gedenke ich zum Gegenstande meiner kurzen Ansprache zu machen. Nein, indem ich der traurigen Pflicht nachkomme, am Grabe des ehrenwerthen Herrn N. N. einige Worte des Trostes und der Erbauung zu sprechen, werde ich, den Worten meines Vorspruches und des Weltapostels eingedenk, nur Zeugniß geben nach der Tugend des Verstorbenen. Nichts soll gerühmt werden, das nicht auch Andere bezeugen können; nichts sodann, das nicht lobenswerth wäre, und das ist ja nur die Tugend; sie allein ist unsterblich, sie allein wird mitgetragen in die Ewigkeit, weshalb Niemand wohl daran thut, der nicht bestrebt ist, der Tugend nachzustreben, die uns allein in's Land der Todten begleitet. Als der weise Bias aus seinem Vaterlande vor dem Feinde weichen mußte und seine fliehenden Landsleute ihn erinnerten, er möge doch auch seine Habe retten und mitnehmen, versetzte er: „Ich trage Alles, was mein ist, mit mir.“ Und so verhält es sich auch:

Wer seine Tugend mit in's andere Leben nimmt, der trägt Alles mit; wer diese nicht mitträgt, der trägt Nichts mit.

Was ist an einem Menschen, welcher der Tugend bar ist, lobenswerth? Etwa Reichthümer oder Glücksgüter? Gewiß nicht! denn wir wissen aus der hl. Schrift, daß sie werthlos sind, und die Männer des Reichthums, wenn sie erwachen, Nichts finden, als leere Hände. Oder sind etwa hohe Aemter und Ehren es? Hochadeliges Geblüt, Wissenschaften? Auch das ist nichts! Viele Hochgeehrte, Adelige, Gelehrte haben ihre ewige Seligkeit verspielt, indem sie ob der Ehrenstellen hoffärtig, ob ihres edlen Stammbaumes unerträglich, ob ihrer Wissenschaft unchristlich waren. Was soll man aber alsdann loben? Schönheit, Stärke, Gesundheit des Leibes? Aber sind denn diese Güter nicht alle äußerst hinfällig und vergänglich? Ergeht es ihnen nicht wie den grünen Blättern zur Winterszeit? Was aber erscheint denn nun als lobenswerth? Ich will es kurz heraussagen: die Tugend allein ist lobenswerth. Wer sie mit sich trägt in die Ewigkeit, der trägt alle Güter mit sich.

Warum sich dieß so verhält, leuchtet von selbst ein. Die Tugend allein ist es, welche uns vollkommen macht in diesem Leben, und reich vor Gott in jenem. Mit der Tugend besitzen wir den kostbarsten Schatz, und ist dieser ein solch dauerndes, festes Gut, daß uns Niemand desselben zu berauben vermag. Mit einem Worte: sie und kein anderes Gut ist es, welches uns ewig glückselig macht und der Unsterblichkeit unserer Seele einen Werth verleiht. Wegen seiner Tugend sah Stephanus den Himmel offen und Jesus zur Rechten Gottes sitzen; wegen seiner Tugend wurde der Hauptmann im Evangelium gepriesen mit den herrlichen Worten: „Einen solch festen Glauben habe ich in ganz Israel nicht gefunden“ (Matth. 8, 10.). Wegen ihrer Tugend ward auch das kananäische Weib gelobt, zu dem der Herr sprach: „O Weib, dein Glaube ist groß!“ (Matth. 15, 28.) —

Dieser Tugend nun befliß sich denn auch vor Allem der Verlebte. (Lebensabriß. Sein Beruf, seine Familienverhältnisse. Erlebnisse. Wirken. Charakter. Tugenden. Seine Krankheit, letzten Tage, sein Ende.) Also nicht wegen seiner Reichthümer, nicht wegen des Ansehens, das er genoß, nicht aus einer anderen Absicht verdient der uns und den Seinigen zu unserem so großen Leidwesen Entrissene das Lob und den Nachruhm seiner Zeitgenossen und derer, die ihn überleben, sondern einzig seiner Tugend wegen: also wegen seines Glaubens, seiner Liebe zu Gott und den Menschen, wegen seiner milden Freigebigkeit gegen die Nothleidenden, wegen seiner Leutseligkeit, Andacht u. s. f. u. s. f. (Näheres.) So konnte ihn nichts von seiner Liebe zu Gott und seinem göttlichen Sohn scheiden, auch sein Reichthum nicht, obwohl wir doch wissen, daß die Reichthümer den Weg zum Himmel am Oeftesten und Hartnäckigsten versperren. Wir Alle halten den Verblichenen mit Recht für das Muster eines Christen, und wie sich ein solcher zu betragen, falls ihn Gott mit Glücksgütern bedacht. Tugend allein ist lobwürdig und wird mitgetragen in die Ewigkeit: Tugend allein ist wahres Gut. Dieses Gut sich zu erwerben, mit diesem Gute sich immer mehr zu bereichern, war das Ringen und Streben des theueren Verblichenen, so lange er lebte. Nach seiner Tugend gebe ich ihm Zeugniß, nicht nach irgend etwas Anderem. Dieses Zeugniß aber, das ihm ohne alle andere Berücksichtigung in Ansehung seiner Tugend ausgestellt werden muß, ist das beste.

Ferne hielt sich der Verlebte vom Wege der Gottlosen, denn er wußte, daß die Laster keine wahren Güter seien, keine dauernde Seligkeit hervorzubringen im Stande wären. Denn was bringen die Wohllüste dieser Welt, was bringen die übelangewandten Reichthümer anderes zu Stande als Schande von diesen Dingen, Unruhe des Gewissens, Plage des Geistes und ewige Verdammniß?

Wer sich der vergänglichen und sündhaften Dinge rühmen wollte, würde nur jener Krähe gleichen, welche sich mit fremden Federn geschmückt hatte und nun stolz und hoffärtig umherspazierte, bis ihr die übrigen Vögel die falsche Zierde herabrissen, worauf sie denn schmählich zugerichtet sich ärmer sah, denn zuvor. So zieren sich auch die Weltpuppen und Gecken eine Zeitlang mit ihren reichen Kleidern, prunken mit ihren Ahnen, sind stolz auf ihre Ehrenstellen, pochen auf ihre Reichthümer; da naht der Tod — und Alles hat ein Ende. O trauriges Ende, wenn wir dann unsere Hände leer sehen, da nichts dem Menschen verbleibt, als die Tugend! Erinnert euch des Job. Obschon aller zeitlichen Güter beraubt, war er dessenungeachtet reich und selig; obschon mit Schmerzen überhäuft, mit Wunden bedeckt, von Heimsuchungen erdrückt, verlassen und gehöhnt von Allen, scheinbar unglücklich, wie kein Anderer, ließ er sich dennoch nicht jenes Gut rauben, welches das einzig wahre ist: die Tugend. Er verharrte in der Tugend. Er verharrte in der Geduld. Geliebte! Es ist auch eine große

Kunst, mitten im Glück und Reichthum die Tugend zu bewahren, wie der Heiland selbst erklärt. Unser Verewigter verstand dieselbe. — —

Wir aber, erwägend den Spruch des Heiden Seneka, daß Tugend das einzige Gut sei, wollen darnach streben, wir mögen nun reich oder arm sein. Der Dürftige wie der Wohlhabende vermag sich die Tugend anzueignen. Haben wir uns aber diese Perle erworben, dann seien wir auch bestrebt, daß wir sie bewahren als unseren größten Reichthum, den wir tragen wollen über das Grab hinüber in das Reich der Ewigkeit. Dieß wenn wir zu Stande bringen, alsdann können wir getrost alles Andere verlassen und sagen: Ich trage Alles, was mein ist, bei mir. Das gebe der liebe Gott und tröste und erfreue mit seiner ewigen Anschauung den ehrenwerthen Herrn, den wir hier beigesetzt und zur Ruhe eingesegnet haben. Zum Schlusse wollet mit mir Herz und Hände zum Himmel erheben und das gewöhnliche Gebet sprechen, das da uns gegeben ward vom Herrn für die Lebenden und die Todten. Vater unser.... Ave Maria.... Amen.

Am Grabe eines Pfarrers.

Text: „Er war ein großer Priester und hat in seinen Tagen die Kirche unterstützt.“ Sir. 50, 1.

Eingang.

Andächtige, in christlicher Trauer Versammelte!

Die Worte meines Trauerspruches sind wenige, aber sie begreifen eine Menge von Tugenden in sich. Die hl. Schrift bezieht dieselben zwar auf einen Anderen, nämlich den Simon, Sohn des Onias, der für das Haus des Herrn Großes und Rühmenswerthes geleistet hat. Aber eben deßwegen passen sie auch auf den, welchen wir soeben, dem sterblichen Theile nach, der Erde übergeben haben, und dessen Seele, wie wir hoffen, nun in Gott ruht, dessen Diener er war dem Namen wie der That nach. Der Hochwürdige Herr brachte sein Alter auf — Jahre und war sohin geboren am — zu —. (Lebenslauf: Aeltern, Studien-Anstellungsorte, Wirken, Charakter, Besonderes, sonst Bemerkenswerthes, Krankheit, Tod.)

Dieß in flüchtigen Zügen die Lebensskizze eueres verewigten Seelenhirten, der, obwohl wir seine Asche hier beigesetzt haben, uns Allen unvergeßlich bleiben wird. Denn er war ein Mann nach dem Herzen Gottes.

1) Er war ein großer Priester,

2) und gefiel ob seiner Gerechtigkeit Gott.

I.

Es ist durch die hl. Schrift allgemein bekannt, welch' ein großer Mann der gotteseifrige jüdische Priester Mathathias gewesen sei und wie strenge er über den wahren Glauben und dessen Haltung wachte, weßhalb ihm sein Sohn Simon Machabäus, als jener zu seinen Vätern versammelt war, eine große Säule in Gestalt einer Pyramide errichtete mit der Inschrift: „Zum ewigen Andenken an die überaus heldenmüthigen Großthaten des Mathathias."

Wenn, Andächtige, alles Verdienst schon auf Erden seine Belohnung finden müßte, so müßte auch der verlebte hochwürdige Herr N. N., euer vieljähriger Pfarrherr, euer gotteseifriger Seelenhirte, ein solches Denkmal erhalten. Denn ihr Alle und des Vollendeten Amtsbrüder wissen es nur zu gut, wie eifrig er war im Dienste Gottes und der Kirche, wie streng er über den wahren Glauben und die Beobachtung seiner Gebote wachte. In allweg beförderte er aus allen Kräften die Ehre des wahren Gottes. „Er war ein großer Priester, denn er unterstützte in seinen Tagen das Haus des Herrn." (Näheres.) So verzehrte ihn gleichsam der Eifer für das Haus Gottes. Wie legte er nicht das Wort Gottes in Predigt und Christenlehre aus, so oft er konnte! Wie unermüdlich war er nicht im Besuche der Kranken! Wie liebreich und freigebig gegen die Armen! Wie wachsam, daß nichts Böses geschehe! Wie eifrig, wo solches zu bessern war! Wie thätig, damit das Gute gedeihe! (Spezielles: Sein Wirken in Vereinen, Abhaltung von Volksmissionen, im Beichtstuhle ꝛc. ꝛc.) Wie so voll Segen und Nachdruck war nicht all' sein Thun!

Wie andächtig und inbrünstig sodann war sein Gebet am Altare; ein himmlischer Friede, eine heilige Freude war beim hl. Meßopfer über sein Antlitz, über seine ganze Erscheinungsweise ausgegossen. Sein ganzes Leben, öffentlich und geheim, war dem Gebete gewidmet, und wo er auftrat, predigte, erbaute seine einfache Gegenwart. (Spezielles.)

Aber auch groß war er in Opferung seiner selbst, in der herzhaften Ertragung von allerlei Drangsalen, die ihm während der Zeit seines Lebens begegneten. Groß war er in der Demuth, im Vertrauen auf Jesu Verdienste; groß in seiner Weisheit, Leutseligkeiten und in den Rathschlägen, die er gab; groß in den Wissenschaften, vor allen in der, welche Christus und das Kreuz betrifft, so daß er mit Paulus sprechen konnte, daß er unter den ihm Anvertrauten nichts wußte als Christum den Gekreuzigten. Wer Christus nicht kennt, weiß nichts; wer Christus kennt, weiß genug, wenn er auch sonst nichts weiß, — dieß war sein Wahlspruch und Maßstab. Nicht hohe Würden, Geliebte, machen einen Priester groß, sondern große Tugenden; ein Priester ist groß, wenn er das Heilige selbst heilig behandelt, seinen ihm anvertrauten Seelen wohl vorstehet, seine Kirche und Gemeinde treulich pflegt und versorgt, das Evangelium mit Wort und Beispiel predigt und Allen durch Tugenden vorleuchtet. So war, Andächtige, euer Seelsorger. Groß bei den Armen ob seiner Freigebigkeit, groß bei den Reichen ob seiner Freundlichkeit, groß bei den Gelehrten wegen seiner Wissenschaft, groß bei den Großen wegen seiner Demuth.

II.

Deßwegen mußte er denn auch Gott ob der Gerechtigkeit seines Wandels besonders gefallen; denn Gott liebt nur die Menschen wegen ihrer Tugenden. Ja, Andächtige, euer Seelsorger war ernstlichst beflissen, Gottes Wohlgefallen sich zu erringen, und jederzeit war er darauf bedacht, daß er seinem Gott nichts Mißfälliges beginge und begehen ließe. Was er dagegen ihm zu Ehren und zu Liebe thun konnte, das that er von Herzen und glich hierin der Pyramide, die seinem Grabe gebühret. Das Wort Pyramide wird bekanntlich von dem griechischen Worte πῦρ abgeleitet, welches zu deutsch „Feuer" bedeutet. Wie nun das Feuer stäts nach Oben geht und gegen Himmel zeigt, so gingen auch des Dahingeschiedenen Gedanken, Begierden, Worte und Werke stäts auf Gott, und zeigten gegen Himmel, indem sie die Erde sofort verließen. Es richtete sich der Verewigte nach dem Ausspruche des hl. Augustinus, welcher sagt: „Herr, du hast uns erschaffen für dich, und unser Herz ist unruhig, bis es in dir ruht."

Es ist ein großer Ruhm, sagt der Dichter, Fürsten zu gefallen. Der größte Ruhm ist es indessen, Geliebte, sich Gottes Wohlgefallen erworben zu haben. Viele haben großen Herren gefallen wegen ihrer treu geleisteten Dienste bei Hofe oder auch im Kriege; Viele haben aber dabei

Gottes Gnade verscherzt und verspielt, indem sie ihr Heil versäumten. Das muß unsere vornehmste Sorge sein: Wie gefalle ich Gott?

Eitle Frauenzimmer schmücken sich gar gerne, um dem anderen Geschlechte zu gefallen. O wie viel nützlicher schmückete und zierete man sich doch mittelst der Tugend, um dem Herrn wohlzugefallen. Maria, die Mutter Gottes, wenigstens besitzt dieß Lob. „Du bist voll der Gnaden", konnte der Engel zu ihr sagen. Dagegen ist es ein für einen Christen erbärmliches Ziel, nach dem Wohlgefallen der Welt zu streben und Gott außer Augen zu setzen.

Unser Verewigter gefiel Gott und der Welt, aber der letzteren nur in so weit, als es sich mit dem ersteren vereinbaren ließ.

Gott gefiel er vor Allem, denn er liebte die Gerechtigkeit und gab Jedem das Seinige, Gott gab er, was Gottes ist, aber auch den Menschen, was sie von ihm verlangen konnten. Er segnete, strafte u. s. f. (Näheres.) So war er ein Muster für seine Gemeinde, wie auch ein Muster für die Geistlichkeit selbst. Auch in seinen Leidenstagen, auf dem Sterbebette ward der hochwürdige Herr von Gott als gerecht befunden, denn kein Murren der Ungeduld entfloh seinen Lippen, keine Sünde verunreinigte ihn, er war ergeben in die Schickungen Gottes und litt wie ein Christ leiden soll. (Spezielles.) So war denn auch sein Tod ein gottseliger, wie sein Leben. — —

Zu euch nun, andächtige, verwaiste Pfarrkinder! Einen theueren Freund, einen würdigen Seelsorger habt ihr verloren. Lernet von ihm reine Hände aufheben im Gebete zum allerreinsten Gotte, denn die Gottlosen höret er nicht und an den unreinen Händen hat er einen Ekel. Befleißet euch sodann der Gottgefälligkeit, wie euer Seelenhirte that, der bestrebt war, ohn' Unterlaß von Gott geliebt zu werden. Aus der Gerechtigkeit des Dahingegangenen schöpfet eine Begierde nach einer gleichen Vollkommenheit und Ausübung aller standesgemäßen Tugenden. Und nun verrichtet für den, der so oft und so wirksam für euch betete, das Gebet, wie es Brauch ist, für die Todten zu beten.

„O Gott, der du deinen Diener N. unter deine Priester hast zählen wollen, wir bitten dich, verleihe gnädigst, daß er auch im Himmel deren Gesellschaft werde einverleibt, durch unseren Herrn Jesum Christum." Vater unser.... Ave Maria.... Amen.

Am Grabe eines betagten Geistlichen.

Text: „In Ruhm steht das Andenken des Gerechten."
Sprüchw. 10, 7.

Eingang.

Hochansehnliche Trauerversammlung!

Eine traurige, aber längst befürchtete Pflicht hat uns hier versammelt. Wir haben einen Mann, einen Priester begraben, der uns Allen unendlich theuer war. Je länger wir ihn besaßen, desto länger wünschten wir ihn zu besitzen. Und wir hatten ihn lange unter uns. Der selig im Herrn Entschlummerte war geboren zu — im Jahre — am —ten —, erreichte sonach ein Alter von — Jahren. Er war der Sohn — (Lebensskizze: Abkunft. Erziehung und Unterricht. Weitere Studien. Priesterweihe. Erste Anstellung. Weitere Anstellungen. Beförderungen. Pfarrei desselben. Wirken. Näheres. Jubiläum. Krankheit. Ende. Spezielles und Individuelles.) Ein flüchtiger Blick auf dieses Leben lehrt, wie reichhaltig es sein mußte an Erfahrungen, aber auch an Tugenden und Thaten. Deßhalb kann man mit Fug und Recht von dem Verlebten sagen:

In Ruhm steht das Andenken des Gerechten.

Andächtige! Wir haben einen wunderbaren Gott. Was bisweilen die Demuth frommer Leute unter dem Schäffel verborgen, daß es niemals zu ihrem Ruhme möchte an den Tag kommen, das entdecket Gott gar zu häufig nach ihrem Tode, also wenn die Nacht angebrochen ist für den Träger so vieler Tugenden, wie wir denn ja auch erst bei nächtlicher Weile die vielen glänzenden Sterne betrachten, die das himmlische Gezelt Gottes zieren. Also vielmals erst nach dem Tode werden durch Gott die Tugenden demüthiger Gerechten offenbar und auf den Leuchter gestellt. Auch des Vollendeten Tugend wollte nicht zugeben, daß seine Tugend bekannt würde. Nun der Tod diesen Widerstand gebrochen, möge es an die Sonne kommen, welch' einen Mann wir verloren haben. Dürfen wir doch sagen, was wahr ist, wenn es dem Todten zum Ruhme und den Lebenden zur Erbauung und Freude gereicht. Und wahr ist es, Andächtige, daß der selig Vollendete schon von erster Jugend an große Liebe und Neigung zu allem Guten besaß. Beten, Kirchenbesuch, Gott dienen, die Heiligen verehren, das war das Herz des Kindes, des Jünglings, des Mannes und des Greisen. Wahr ist es, daß er von der Wiege bis zum Grabe sich eines gottseligen Wandels und des auferbaulichsten Lebens beflissen, daß er ein Muster der christlichen Tugenden und geistlichen Vollkommenheit war. (Locus amplif.) So verdiente er mit Recht den Namen eines Seelsorgers, eines Seelenhirten in der ganzen Bedeutung dieses Wortes. Die ihm anvertrauten Gemeinden haben ihn und werden ihn nicht vergessen können. Denn er suchte nicht nur das geistliche Wohl seiner Pfarrkinder zu befördern, auch in leiblichen Nöthen, in zeitlichen Dingen stand er ihnen als Vater seiner Kinder liebevoll und verständig helfend zur Seite. Die Kranken- und Armenpflege beschäftigte ihn unausgesetzt. So verdiente er sich die Hochachtung, Dankbarkeit und Liebe aller Gemeindemitglieder; er war ein Mann nach dem Herzen Gottes und der Menschen. Darum steht in Ruhm das Andenken des Gerechten. Denn dauernd sind die Früchte seines Wirkens, wo er auch lebte. Er war gleich einem hellen Lichte, das ringsum Alles erleuchtet und bewirkt, daß Niemand fehl geht. Er war gleich einer Säule, die, je mehr man sie belastet, desto fester steht und das stützt, was zu stützen und zu tragen sie berufen ist. Er war ein Priester von solcher Gewissenhaftigkeit, daß, wenn das christliche Sittengesetz verloren gegangen wäre, man es aus der Führung seines Lebens hätte neu ableiten können.

So wirkte er, als er für Andere zu wirken immer untauglicher wurde, indem das hohe Alter sich bei ihm einstellte, für sich und an seinem Seelengeschäfte unausgesetzt fort und übte alle Tugenden, die von einem Menschen verlangt werden können. (Locus amplif.) Wie er lebte, starb er: ruhig, sanft, selig, musterhaft. Seine letzten Worte waren .... —

Nun aber kann ich diese flüchtige Schilderung nicht schließen, ohne eine kleine Betrachtung für die Hinterbliebenen anzustellen. Ein hohes Alter, Geliebte, ist eine große Gnade. Aber es liegt auch eine große Gefahr darin.

Die meisten Menschen leben nicht so lange als der verewigte Jubilar N. N. Viele sinken vor der Zeit in die Gruft, und zwar als Opfer eines unordentlichen Wandels.

Wer rasch lebt, stirbt bald. Eine wild auflodernde Flamme verzehrt sich weit rascher als ein Licht, das gleichmäßig, still und ruhig leuchtet und ausdauert. O Geliebte! besonders ihr, o Jünglinge und Jungfrauen! Befleißiget euch doch der Enthaltsamkeit, haltet Maß und Ziel auch in eueren erlaubten Vergnügungen! Und ihr, o Aeltern, die ihr, wie es schon der Name sagt, älter seid, also auch reichere Erfahrungen besitzet, haltet euere Jugend in Zucht und Ordnung, daß sie es zu ebenso hohen Tagen bringe, wie der Verlebte.

Wir Alle aber wollen uns jederzeit des Verlebten gerne erinnern und seiner stillen Tugenden. Wir wollen uns gleich ihm Nachruhm erwerben, dadurch daß ein Jeder seinem Stande gemäß lebt. Seid tugendsam, lebet nach euerem Stand und Berufe: der Geistliche geistlich, der Verheirathete ehelich und treu, die Jungfrau jungfräulich, der Ledige ledig.

Gedenket stets des selig Vollendeten in euerem Herzen mit aller Liebe. Diese besteht aber vorzugsweise darin, daß man den, welchen man liebt, nachahmt. Er hat euch ein Beispiel, ein langes, großes Beispiel hinterlassen, wie man leben soll. Diesem müsset ihr nachfolgen.

Und nun sprenget einige Tropfen geweihten Wassers auf das Grab des Verewigten und versaget ihm euere Anerkennung seiner Tugenden nicht, sondern strebet ihnen vielmehr nach. Gott aber wolle ihm den Kranz der Himmelsherrlichkeit auf die Scheitel legen, wie er ihm die Ehrenkrone des Alters verliehen hat, das nur auf dem Wege der Gerechtigkeit gefunden wird (cfr. Sprüchw. 16, 31).

Möge dem Entschlafenen der, in dessen Namen er so vielen Sündern verziehen hat, auch Verzeihung seiner Schwächen angedeihen lassen, denn es ist uns unter der Sonne kein anderer Name gegeben, in dem wir könnten selig werden, als der Name Jesu Christi unseres Herrn. In diesem Namen und in dessen Auftrage lasset uns Gott bitten um die Seelenruhe des entschlafenen Priesters und Jubilars N. N.! Vater unser.... Ave Maria.... Amen.

Am Grabe eines Predigers.

Text: „Ich bin eine Stimme des Rufenden: Bahnet den Weg des Herrn." Joh. 1, 23.

Eingang.

In Trauer versammelte Andächtige!

Abermals an einem offenen Grabe! Und ach, am Grabe welch' eines Mannes! Ist es nicht jammerschade, daß so herrliche Männer, so vortreffliche Priester, so unermüdliche Arbeiter im Weinberge des Herrn vom unerbittlichen

Tode hinweggerafft werden? Ist es nicht schade, daß eine so laute, so helle Stimme, die das Wort Gottes so viele Jahre verkündet hat, ersterben und schweigen muß! Allerdings ist es schade, Geliebte! und wir haben einen großen Verlust erlitten. Aber es ist auch eine Nothwendigkeit, denn Niemand kann dem Tode widerstehen. Der goldene Mund eines Chrysostomus, der zu Antiochien die ganze Stadt mit seinem Geist und Wort beherrschte, mußte sterben. Paulus zu Rom, Ambrosius zu Mailand, o welch' wohlredende Stimmen hatte nicht die Kirche und — sie schweigen alle, alle sind sie in ihren Gräbern verstummt. So stark, so unbarmherzig ist der Tod.

Da wir uns demnach der Nothwendigkeit fügen müssen, indem Gott und der Tod keine Ausnahme der Person machen, so lasset uns, da dieses Leben nicht wiederkehrt, dasselbe nocheinmal im Geiste an uns vorübergehen. (Lebensskizze und Charakteristik des Verblichenen.) Eine herrliche Kraft ist also mit ihm für die Kirche verloren gegangen. Denn er war

gleich dem hl. Johannes eine Stimme, die den Weg des Herrn bahnte.

Doch was sage ich, er war eine Stimme? er ist es noch! Er ist noch eine Stimme, die uns Allen prediget. Ja niemals hat der Verewigte so lebhaft und nachdrücklich gepredigt, als jetzt, da er todt ist und stille schweigt. Das bezeugen die Zähren, die von eueren Wangen rinnen, wie sehr er euer Inneres bewegt; das bezeugen die Seufzer und Todtenklagen, von denen die ganze Gemeinde widerhallt. Niemals, wiederhol' ich, hat die Stimme dieses Predigers also gepredigt; zuvor stellte er den Tod nur mit Worten, die letzten Dinge nur mittelst der Sprache vor; heute predigt er sie in der That.

Höret zu, Geliebte, was diese Stimme sagt! Sie ruft uns zu: Heute mir, morgen dir! Auch ich war eine lebendige Stimme, wie ihr; auch ich war stark und gesund, wie ihr; auch ich war ein Jüngling, ein Mann wie ihr. Wo sind jetzt die Tage meines Lebens? Sie sind dahin. Wo die Stunden meiner Kindheit, da ich noch wie eine Frühlingsblume aufging? Sie sind dahin. Wo die Tage meiner Jugend, da ich noch zur Schule ging und die Wissenschaften und freien Künste erlernte? Sie sind dahin. Wo die Tage, da ich über der hl. Schrift saß, das Wort Gottes studirte, mich vorbereitete, ein tüchtiges Werkzeug in der Hand des Herrn zu werden, da ich mich dem Dienste des Ewigen weihte und mein erstes hl. Opfer darbrachte? Sie sind dahin. Wo die Mannesjahre, da ich wirkte und lehrte? Alles, Alles ist dahin! So geschwind, daß es kaum zu glauben!

Deßhalb erweiset, die ihr mir früher angehörtet, die ihr mir im Leben euer Ohr geliehen, erweiset mir auch jetzt noch die Liebe und gehorchet meiner Stimme, auf die ihr soeben horchet. Nehmet die Feder oder den eisernen Griffel und schreibet auf mein Grab: So vergeht die Herrlichkeit der Welt, wie eine Stimme, wie ein Schall. Schreibet es aber auch in euere Herzen, daß es bald auch von euch wird heißen: Sie sind gewesen.

Dieser Ruf, diese Stimme wird jeden zur Besinnung bringen, der noch einigermaßen ein Herz hat, denn der Tod und die Gedanken des Todes sind gewaltige Prediger und bereiten dem Herrn die Wege. Folget demnach der Stimme eueres Predigers, der, da er noch am Leben, in eueren Seelen den Weg bereitete, und der auch nun euch vorangegangen ist, um auch so noch, da er nun dem Todtenreiche angehört, den Weg euch zu zeigen.

Gedenke, o Mensch, an dein Ziel und Ende, ruft diese im Tode noch so mächtige Stimme euch zu; seid bereit, denn Niemand weiß, wann die Stunde da ist, da er kommt. Bereite darum dich und dein Haus. Christus den Weg bahnen und zubereiten, heißt: sich vorbereiten auf einen christlichen Tod. Wie das Leben, so auch der Tod. Ueberall wartet deiner der Tod; bist du verständig, so warte auch seiner überall. Deßhalb sagt der Dichter:

So gewiß der Tod dem Menschen ist,
So ungewiß ist seine Frist.

Und die Arzneikundigen gestehen: Gegen den Tod ist kein Kraut gewachsen. Die Rechtsgelehrten stellen gleichfalls Regeln und Satzungen über das Testamentmachen auf, bekennen sohin, daß man sich vorsehen müsse vor dem unausweichlichen Tode. Auch die Philosophie lehrt: Keine Schlußfolge ist nothwendiger und richtiger als: Du wirst sterben.

Deßhalb, predigt uns der Verewigte: bereitet bei so großer Gewißheit einer-, bei so großer Ungewißheit andrerseits, bereitet euch vor auf einen christlichen Tod, und ihr bereitet damit Christus die Bahn. Thut Buße und bringet würdige Früchte der Buße hervor!

„Bereitet den Weg des Herrn!" Diese Worte rief einst Johannes der Täufer denen zu, welche ihn fragten, wer er sei, indem er ihnen einfach antwortete, daß er weiter nichts wäre, als eine Stimme, und die rufe: „Bereitet den Weg des Herrn.“ Und warum wollte der große Prediger der Wüste weiter nichts sein als eine rufende Stimme, mit der einzigen Mahnung, dem Herrn den Weg zu bahnen? Ach, weil er es mit den Händen griff, wie liederlich und leichtsinnig die Menschen damals dahin lebten, ohne an den Tod zu denken, ohne sich auf ihn vorzubereiten, ohne dem kommenden Herrn den Weg zu bahnen, drei Dinge, die wir doch nie außer Augen lassen sollten.

Eine solche Stimme war auch der Entschlafene, der euch so oft das Wort Gottes verkündigte. Hat diese seine Stimme bei Einigen nicht durchgedrungen, so messet es nicht der Stimme zu, sondern der Taubheit Vieler. War ja doch der Verewigte, um seinen wohlverdienten Ruhm nicht vorbeizugehen, ein Prediger, der nicht nur mit allem Eifer sprach, sondern seinen Worten auch Nachdruck verlieh durch sein Beispiel. Festgegründet war seine Tugend in der Demuth, fern war er von Geld- oder Ehrgeiz, seinem Amte stand er mit aller Andacht und Gewissenhaftigkeit vor, und hieß die Ehre Gottes sein einziges Ziel. Er war mild und trostreich gegen die Guten und Bußfertigen, ernst und strenge gegen die Verhärteten, er war freigebig, gastlich, nüchtern, verständig, leutselig, reinen Herzens und Leibes. Kurz, er stellte an sich selbst das Muster eines Christen dar, wie er ihn haben wollte, versehen mit jenen Tugenden, die der Apostel Paulus von einem Bischofe oder Priester fordert. In diesem Vorbereitetsein traf ihn der Tod an. — (Näheres über die letzten Tage und das Ende). — —

Und nun zu uns, Andächtige! Wir haben die Stimme dieses Priesters gehört, da er noch lebte, wie auch da er dem Tode bereits verfallen war. Diese Stimme predigte uns, die Eilfertigkeit des Todes, die Ungewißheit der Stunde zu bedenken und Buße zu wirken, so lange es noch Tag ist. Noch ist es Zeit, noch laufen die Tage unseres Heiles; noch können wir vom Sündenschlafe erwachen. O verweilen wir nicht! Höret, Geliebte, die Stimme eueres todten Predigers, und erhöret ihn, wenn ihr ihn lieb hattet!

Seid sodann auch ihr christliche Stimmen daheim bei eueren Angehörigen, oder in Gesellschaft bei eueren Freunden, oder draußen in der Fremde bei den Leuten, die ihr nicht kennet und die euch nicht kennen; zeiget ihnen, daß ihr Christen, daß ihr gute, daß ihr katholische Christen seid. Prediget ihnen durch euere Worte und durch euere Werke. Lasset aber auch zum Lobe Gottes euere Stimme erschallen beim Gottesdienste und ihr werdet das Wort eueres Seelenbräutigams vernehmen: „Deine Stimme, o wie ist sie so süß!“ (Hoheslied 2, 14.) Endlich erhebet euere Stimme zum Gebete für den Todten und empfehlet seine Seele dem Herrn! „Barmherziger, ewiger Gott, wir empfehlen dir die Seele N. N. deines Priesters, welchem du aus diesem Leben abzureisen befohlen hast, nimm sie gnädig auf zu deiner ewigen Anschauung, damit er bei der gemeinsamen Auferstehung zu deinen Auserwählten gezählet werde.“ Vater unser.... Ave Maria.... Amen.

Am Grabe eines jungen Geistlichen.

Text: „Er hat seine Seele nicht zur Eitelkeit bekommen.“
Ps. 23, 4.

Eingang.

Geliebte, in tiefer und schmerzlicher Trauer Versammelte!

Einer der schönsten und geistreichsten Psalmen ist der, dem ich die Worte meines Vorspruches entlehnt habe. Es wird darin die große Frage aufgestellt, wer das hl. Gezelt Gottes betreten und mit Ihm zusammenwohnen dürfe. Und es erfolgt die Antwort, daß es derjenige sei, welcher reine Hände und ein reines Herz besitze, der seine Seele nicht zur Bosheit und Eitelkeit der Welt erhoben hat. Wenn dem nun also ist, o Geliebte, lassen wir dann das tiefe Trauern! Der junge Priester, dessen Hülle wir hier beigesetzt haben, wohnet dann jetzt schon mit seinem Gotte zusammen, denn er besaß, was Gott von seinen Freunden und Hausgenossen verlangt.

Vorerst jedoch lasset uns in flüchtigen Umrissen das so flüchtig entschwundene Leben des Verewigten darstellen. (Lebensskizze: Aeltern, Heimath, Geburt, Studien, Lehrer und Obere des Verstorbenen, Seminariumszeit, Weihe, Wirkungskreise, Wirken; des Verlebten Charakter im Allgemeinen. Seine Krankengeschichte, seine letzten Worte, sein Tod. Besonderes.) Der selig Vollendete erreichte sonach das kurze Alter von nur — Lenzen. Er ist nun daheim bei dem Herrn, nach kurzer Wanderung in der Heimath, im Vaterhause, bei Gott, wie wir hoffen dürfen; denn

1) seine Seele war nicht ergeben der Welteitelkeit,
2) seine Hände waren unschuldig,
3) sein Herz war rein.

I.

Die dem Menschen von Gott verliehene edle Seele wird von den Menschen zu Mancherlei gebraucht und mißbraucht. Gegeben ward sie uns zur Erkenntniß Gottes, zu seinem Dienst und Lobe. Mißbraucht aber wird sie nicht selten von den Weltkindern zur Weltüppigkeit, zum freien, zügellosen Leben, zur Bosheit. Da gibt es nichts, was derlei Leute ihrer Seele abschlagen; alle Lustbarkeiten werden mitgemacht, denn dazu, vermeinen sie, habe Gott die Seele geschaffen. Man überlese nur einmal das Leben Salomons; nichts hat er seiner zuvor so frommen, in den letzten Tagen seines Lebens aber von der üppigen Welt verführten Seele versagen können, so daß er sich selbst darüber anklagt und seine Nichtbefriedigtheit eingesteht, indem er Alles — Eitelkeit und Geistesplage nennt.

Einen weit besseren und edleren Gebrauch von seiner Seele machte der Vollendete. So lange der zur Erkenntniß und Liebe Gottes erschaffene Geist in ihm wohnte, war der Verblichene stäts und ängstlich auf der Hut, um nicht vom Unrathe weltlicher Lüste beschmutzt zu werden. Sein Antheil war Gott. Um dieses besser halten zu können, festigte er seine Vorsätze jährlich einmal durch Absonderung von allen Menschen, durch die Segnungen der Einsamkeit, durch geistliche Exercitien. Während dieser Zeit redete er nur mit Gott, wie einst Moses auf Sinai oder Johannes in der Wüste. Da sprach er: Nun rede, o Herr, in dieser Einsamkeit, dein Diener ist gesammelt und hört!

Hier ging es an ein Erforschen des Gewissens, an ein Aufspüren der Unvollkommenheiten und an die Betrachtung des Fortgangs in den Tugenden. Hier ward erwogen, welches das Ziel und Ende des Menschen sei, wozu wir die Seele und ihre Kräfte besitzen u. s. w. (Locus amplif.)

Seht da, das war eine geistliche Seele, welche so recht diesen schönen Namen verdient, denn sie gab sich nur mit geistigen und geistlichen Dingen ab, stäts darauf bedacht, würdig zu sein des priesterlichen Amtes und seiner hl. Verrichtungen. Fern von der Welt und weltlichen Dingen lebte der Verblichene nur dem Geiste und vom Geistigen. Deßhalb war er ein zweiter Paulus, wenn er die Kanzel bestieg. (Näheres.) Ein anderer Carl Borromäus war er, wenn er die Kranken besuchte, so liebreich und gutthätig erschien er. (Näheres.) Den Armen aber war er ein Vater nach Kräften. (Näheres.) Seine Andacht leuchtete ihm aus den Augen, man durfte ihn nur bei Darbringung des hl. Meßopfers betrachten. Locus amplif.)

II.

Zu diesen Tugenden, daß er dem Weltleben völlig abhold ein wahres Geistes- und geistliches Leben führte, kommt die Reinheit seiner Hände, mit welchen er das hochwürdigste Gut anzubeten aufhob, oder zu den Sterbenden trug. Unschuldig waren seine Hände, die er zum Gebete für sich und Andere faltete, oder zum Segnen ausstreckte. „Das Heilige soll man heilig behandeln," ist ein altes Wort. Dieß zu sinnbilden waschen die Priester vor der hl. Messe die Hände mit den Worten: „Gib, o Herr, meinen Händen die Kraft, alle Makel abzuwaschen, damit ich dir dienen mag ohne Befleckung des Leibes und der Seele." Deßgleichen wäscht der Priester nach der Aufopferung abermals die Hände mit den Worten: „Unter den Unschuldigen will ich meine Hände waschen und deinen Altar umgeben, damit ich die Stimme deines Lobes höre." Diese Ceremonien zielen dahin, uns Priester zu erinnern, das Heilige auch heilig zu behandeln, damit es nicht berührt werde mit unreinen Händen, an denen Schuld klebt.

Der in Gott ruhende hochwürdige N. N. verrichtete diese Läuterungen nicht nur äußerlich, sondern sein meistes Absehen ging auf die innere Lauterkeit und Unschuld, damit nicht an ihm sich bewahrheite, was Christus von den Pharisäern sagte: „Sie gehen daher in Schafskleidern; inwendig aber sind sie reißende Wölfe." (Matth. 7, 15.)

Unschuldige Hände, o wie zieren sie einen Priester! **Was ein Engel unter den Menschen, das ist ein unschuldiger Priester in der Gemeinde.** Ein unschuldiger Priester kann **strafen, trösten, lehren, drohen, tadeln**, wie er will und muß, er **wird Früchte sehen**. Unschuldige Priester werden geehrt und hochgeschätzt, auf den Händen getragen, ja gleichsam angebetet von den Laien. Alles, Alles gedeiht durch sie. Wir sehen dieses an dem Verlebten. (**Spezielles.**)

III.

Doch auch **reinen Herzens** war der in Gott ruhende jugendliche Priester, d. h. er hat sein Herz und seine Seele von aller Schuld so bewahrt, daß ihm Alle den Lobspruch ertheilen: Er kannte die Sünde und das **Böse nur dem Namen nach**. Nicht nur das **Irdische, Leibliche** floh er und suchte das **Geistige** und **Geistliche**, nicht nur mied er die **Schuld in Thaten und Werken**, auch in **Gedanken** ließ er nichts Böses aufkommen und war ein auch im **Herzen reiner** und besonders ein **keuscher** Priester. Die Reinigkeit ist eine Tugend, die von jedem Priester gefordert wird, da er den höchsten Geheimnissen gewidmet tagtäglich mit dem Allerreinsten Umgang pflegt. Deßhalb verließen auch die Apostel ihre Frauen und folgten Jesum nach. Wie ängstlich der hl. Benediktus und der hl. Bernardus die Tugend der Reinigkeit bewahrten, geht daraus hervor, daß der eine, um diese Tugend nicht zu verlieren, seinen Leib in Dörnern wälzte, während der andere, um sein Fleisch in Zucht zu erhalten, sich in kaltes Wasser stürzte. Der hl. Augustinus schreibt: „Die, welche das selige und glückliche Leben in fleischliche Lüste setzen, sind selbst fleischlich, und können Gott nicht gefallen.“

Der Verewigte schätzte diese Tugend engelreiner Keuschheit so hoch, daß er alle Mittel gebrauchte, um sie zu bewahren. Er konnte mit dem Apostel sagen: „Ich kasteie meinen Leib und bringe ihn zur Botmäßigkeit, damit ich, indeß ich Anderen predige, nicht selbst verworfen werde“ (1. Cor. 9, 27.). Das zeigen ferner seine strengen Predigten, die er in dieser Beziehung gehalten, sein engelgleiches Gespräch, seine Sitten, sein ganzer Wandel. Oft und gerne reinigte er sein Gewissen von den kleinsten Fehlern. (Locus amplif.) So war er ein Feind der Weltlust, ein Freund des Geistigen und Geistlichen, ein Liebhaber der Wissenschaft, ein Ausüber der Tugenden, die einen Priester zieren müssen, wie jener Tugenden, die Alle besitzen sollen, rein an Händen, rein an der Seele. Er war Allen Alles. — —

So voll von Tugenden starb er. Ach, und am Grabe weint ihm ein Vater (Mutter, Bruder ꝛc.) nach! Frühzeitig hat er vollendet. Zu frühe für die Seinigen, zu frühe für die Kirche; aber nicht zu frühe für ihn selbst und für Gott. Er war reif für die himmlische Krone.

Wir aber wollen uns predigen lassen von seinem Tode, wie einst von seinem Leben die, unter denen er wandelte. — Und nun lasset uns auf die Kniee werfen und das herkömmliche Gebet verrichten, das wir an keinem offenen Grabe unterlassen! Vater unser.... Ave Maria.... Amen.

Am Grabe eines Schullehrers.

Text: „Christus ist mein Leben, und das Sterben mir Gewinn.“ Phil. 1, 21.

Eingang.

Andächtige Christen!

Alle Bücher der Philosophen zusammengenommen enthalten nicht so viel Weisheit, wie der angezogene Spruch des Apostels Paulus in wenigen Zeilen. Die tiefsinnigeren Weltweisen glaubten den Zweck des Lebens und seine Lust in der Erkenntniß verborgener Wahrheiten zu finden. Die Epikuräer setzten ihr Leben in Essen und Trinken; die Pharisäer strebten nur nach Lob, Ehren, Ansehen; die Kaufleute stellen ihre Sachen meist nur auf Geld und Güter. Paulus dagegen sagt: Meine Lust und mein Leben ist mir Christus. Ihm dienen heißt Herrschen. Ihm sterben ist der beste Gewinn.

Andächtige! Wir wollen nicht viel Worte machen, sondern sofort zur Sache kommen. Der Verblichene, der würdige Lehrer dieser Gemeinde, war in diesen Stücken ein würdiger Schüler des großen Völkerlehrers, Heidenapostels und Seelenführers Paulus. Von ihm hatte er gelernt, Christus zu leben, und das Sterben in ihm für Gewinn anzusehen. Dieß beobachtete er denn auch in seinem Leben, dieß tröstete ihn bei seinem Tode. Vergegenwärtigen wir uns noch einmal sein Leben, und wir werden den Beleg hiefür finden. (Lebensskizze.)

Wir beklagen demzufolge einen Mann, der auf die Wohlfahrt dieser Gemeinde für jetzt und die Zukunft, für die Zeit wie für die Ewigkeit den wohlthätigsten Einfluß ausübte. Ein Lehrer, der ist, wie er sein soll, wenn stirbt, fügt seiner Gemeinde einen eben so herben Verlust zu, als wenn ihr Wohlthäter gestorben wäre. Silber und Gold hat ein Lehrer nicht, aber was er hat, gibt er: Kenntnisse, Einsicht, Erfahrungen, Bildung, gute Sitten, Erziehung, kurz: einen Christenmenschen. Was theilt, wollen wir uns hier fragen, ein Lehrer vorzüglich seiner Gemeinde mit?

Ich antworte: Er zeigt ihr:

1) die Kunst, christlich zu sterben, welche

2) darin besteht, daß man Christo lebe.

I.

Mancherlei Künste und Wissenschaften gibt es in der Welt: Freie Künste, knechtische Künste und Arbeiten; beschauliche, ausübende, göttliche und menschliche Wissenschaften. Je nach Beruf und Neigung verlegen sich die Menschen auf dieselben. Eine große Kunst, Geliebte, ist auch die, Kinder für Gott und die Welt zu erziehen. Das ist die Kunst des Lehrstandes. Lehren, Unterricht ertheilen, Dressiren, das wäre wenig, die Hauptsache der Kunst des Lehrers ist die Erziehung für dieses und jenes Leben. Die Kunst, für dieses und jenes Leben wohl und glücklich zu leben, besteht aber in nichts anderem, als daß wir lernen, für Christus und in Christus zu leben und zu sterben. Die Kunst, wohl zu sterben, ist und bleibt die höchste. Wenn wir alle Künste auch hätten und diese Kunst nicht, Alles, Geliebte, würde uns nichts helfen.

Wo sind jetzt die kunstreichen Maler Zeuxis und Apelles, wo die Erbauer des babylonischen Thurmes, des Tempels der Diana, der sieben Weltwunder kunstvolle Schöpfer? Alles dahin! O keine Kunst nützt uns, wenn uns die Kunst, gut zu sterben, abgeht. Ein von Gott verstoßener Künstler oder Meister der Wissenschaft ist beklagenswerth wie ein Ungelehrter. Von derlei Meistern der Kunst und Wissenschaft, die nicht verstanden haben, gut zu leben und wohl zu sterben, gilt das Wort des hl. Hieronymus, welcher den Ausspruch thut: „Sie werden gelobt dort, wo sie nicht sind, und gequält, wo sie sind." Zeuxis und Parrhasius haben, wie wir wissen, mit ihren täuschenden Malereien Menschen und Vögel betrogen, sie selbst aber wurden getäuscht und betrogen vom Tode, dem zu begegnen sie nicht verstanden.

Ohne die Kunst und Wissenschaft, gut zu sterben, hilft keinem Künstler und Wissenschafter sein Werk etwas. Wer jene Kunst nicht gelernt, ist, mag er noch so sehr gepriesen werden, unglücklich bei all seinem Können und Wissen, denn der Himmel steht nur auf einem guten Tod, der eine Folge eines guten Lebens ist.

Diese Kunst zu lehren, diese Kunst den Kindern einzuprägen, ist der Hauptzweck der Erziehung, denn der Lehrer des Volkes ist vor allen Dingen Diener der Kirche, gleich dem Priester, mit dem Unterschiede, daß ersterem die christliche Erziehung nur der Kinder anvertraut ist. Da die Erzeuger in vielen Fällen nicht auch die Erzieher ihrer Kinder sein können, so liegt es dem Lehrstande ob, der vorzugsweise Erzieher ist; die Hauptsache der Erziehung aber ist die christliche Erziehung, das Lehren der Kunst, gut zu leben und zu sterben.

II.

Die Kunst, wohl zu sterben, besteht indessen in einer anderen, wie wir bereits schon angedeutet haben, nämlich in der: christlich oder Christo zu leben. Deßhalb spricht Paulus: „Mein Leben ist Christus, und Sterben mir Gewinn." Das heißt: Mein Leben richte ich nach der Lehre und dem Beispiele Christi. Deßhalb ist mir, nicht wie bei Anderen, das Sterben — Verlust, sondern — Gewinn, nicht — Strafe, sondern — Lohn. Wie das Leben, so der Tod, lautet ein ebenso altes als wahres Sprüchwort. Christus ist unsere Auferstehung, unser Leben, wie sollte darum der Tod diejenigen schrecken oder betrüben, welche mit Christus zusammengegangen sind und zusammengelebt haben? O edle Kunst: Christo zu leben, Christo zu sterben! Herrliches Gebet unserer Vorfahren: Jesus, dir lebe ich, Jesus, dir sterbe ich, Jesus, dein bin ich todt und lebendig! Wer an Jesus glaubt, der wird leben, ob er gleich gestorben ist, sagt das Evangelium. O frohe Botschaft!

Alle Künste und Wissenschaften ohne die, Christo zu leben und sohin Christo zu sterben, sind eitel, thöricht, Kinder des Ehrgeizes, der Habsucht. Was hilft es die Erde zu kennen, wenn einst die Hölle uns aufnimmt? Was den Sternenhimmel zu durchforschen, wenn einst die Finsterniß des Abgrundes uns verschlingt. Nur Jesus ist das Licht, welches uns wahrhaft erleuchtet. Deßhalb muß die Erziehung auch eine christliche sein, vor allen Dingen die Kinder anleitend christlich zu leben.

Thales betrachtete einst die Sterne und fiel dabei, da er nicht auf den Weg sah, in eine Grube. Eine vorübergehende Magd bemerkte ganz gut hiezu, daß es dem Thales ganz recht ergangen, da er das Nothwendigste, auf den rechten Weg zu sehen, nicht zuerst besorgt habe. So müssen wir vor Allem auf das Nothwendigste, auf unseren Lebensweg sehen, damit wir nicht in die tiefe Grube der Hölle aus eigener Unvorsichtigkeit stürzen, zumal die Welt voll Gefahren ist mehr für die Seele als für den Leib, so zahlreich auch die ersterer Art sind. So gehet denn hin mit euerer Kunst und Wissenschaft, ihr Alle, die ihr die Welt mit euerem Namen erfüllt habt und die Hölle mit euerer Seele. Die erste Kunst ist, christlich zu sterben, christlich zu leben. — —

Diese Kunst besaß der Verewigte in hohem Grade; sein Leben, sein Tod bezeugen es. (Locus amplif. Näheres über sein Wirken. Charakteristik. Spezielles. Sein Ende.)

Diese Kunst lehrte er auch seinen Schülern. Vor Allem war der würdige Meister dieser Schule darauf bedacht, Christen aus seinen Zöglingen zu machen. Das Christenthum ging ihm vor der Vielwisserei, Tugend vor weltlicher Kunst und irdischem Wissen.

Nach diesen Grundsätzen handelnd war der Vollendete ein Segen für die Gemeinde, in der er wirkte, und dieser Segen trat auch überall hervor. Beurtheilen wir deßhalb das Verdienst des Entschlafenen nach dem rechten Maßstabe und erkennen wir in dem Hingegangenen, so wenig Gut und Geld er auch besaß, einen der ersten Wohlthäter euerer Gemeinde. Denn das ist in Wahrheit ein guter Lehrer, und ein guter Lehrer war der verlebte N. N. Seien wir deßhalb dankbar, vergesset, geliebte Kinder, nie eueres Lehrers, befolget seine Lehren und Weisungen, bis ihr mit ihm vereinigt werdet im Himmel und betet für ihn täglich wie für einen Gutthäter. Und nun lasset uns, falls dem Verblichenen zu seinem völligen Troste noch etwas sollte abgehen, im Gebete uns vor Gott verdemüthigen und für die hingegangene Seele des Unvergeßlichen beten, wie es Brauch ist: Vater unser .... Ave Maria .... Amen.

Am Grabe eines Schullehrers.

Text: „Du wirst mich aufrufen und ich werde dir antworten.“ Job 14, 15.

Eingang.

Andächtige, in Trauer Versenkte!

Wir haben heute eine traurige Wallfahrt angestellt, wir haben den so ehrenwerthen Herrn N. N., Lehrer dieser Gemeinde, zu Grabe getragen. Der Verlebte erreichte ein Alter von — Jahren und erblickte das Licht der Welt im Jahre — am —. Seine Aeltern waren —, und bestimmten ihn frühzeitig zum Lehrerstande. (Biographie: Wirkungskreis und Wirken des Verlebten. Familie, Kinder. Näheres über seine Erlebnisse wie über seinen Charakter. Spezielles. Krankengeschichte. Ende.)

Doch nicht über sein Wirken in der Volksschule will ich mich heute verbreiten, ihr kennt es Alle. Er war in derselben Meister. Sprechen will ich von ihm als einem Schüler, als einem trefflichen Schüler in der Schule des Lebens. In dieser Schule saß er, allen seinen Lebensschulgenossen ein Muster; und wir hoffen, daß, da sein Beispiel Allen hierin voranleuchtete, er diese Schule glücklich benützt und die Prüfung über dieselbe, die Gott mit ihm bereits angestellt, mit Erfolg bestanden hat, stand ihm ja doch stäts der Tag vor Augen, wo Gott ihn aufrufen würde, und er dem Ewigen bei der Prüfung des Gewissens zu antworten hätte. Um nun zu bewirken, daß diese Antworten befriedigend ausfallen möchten, bereitete er sich auf den großen Prüfungstag vor, uns ein Wink, ein Gleiches zu thun.

Denn fragen wir uns nur:

1) was würden wir antworten können, wenn wir zur Stunde würden aufgerufen werden? Sodann:

2) was sollten wir billigerweise dem prüfenden Gott antworten?

I.

Bildet euch einmal ein, Geliebte, Gott verlange zur Stunde von einem Jeden aus euch Rechenschaft; also er halte Prüfung über das, was ihr euch in der Schule des Lebens erworben und wie ihr diese Zeit benutzt habt. Stellet euch vor, ein Jeder von euch werde der Reihe nach aufgerufen und über seinen Lebenswandel examinirt. Was würde derselbe antworten können, wenn Gott ihn fragen würde: Wie hast du mir dienen gelernt? wie hast du dich in der Tugend geübt? welche Bosheiten und Uebertretungen werden dir zur Last gelegt, begangen am Tage, begangen bei Nacht? (Locus amplif. Durchgehung einzelner Stände.) —

O' es ist ein allsichtiger Richter, der uns aufruft und fragt; das Kleinste erforscht und prüft er, ihn zu täuschen, ist unmöglich. Alle unsere Eigenschaften und Werke, gute wie böse, sind in den Listen, die er führt, eingezeichnet, nichts wird vergessen, unser Gewissen selbst verräth uns.

Welche Schande, wenn alsdann die geheimsten Sünden und Vergehen werden aufgedeckt werden! Wie werden die Sünder dastehen mit niedergeschlagenen Augen, gebeugten Hauptes, von Scham übergossen! Wie werden sie wünschen, die Erde möchte sie verschlingen! O es wird für die Sünder eine entsetzliche Prüfung über das sein, was sie in der Schule des Lebens verbrochen und unterlassen haben! Und nun antworte sich ein Jeder in seinem Herzen selbst: Was müßte ich nach meinem

Gewissen entgegnen, wenn ich jetzt aufgerufen, und was könnte ich sagen, wenn ich nun geprüft würde? — O welch ein Glücksspiel, welche Vermessenheit, wenn sich Einer von uns gestehen muß: Ich weiß, daß ich im Stande der Sünde bin, daß Vergehen, Uebertretungen, Schulden, Laster aller Art auf mir lasten!

Kommen wir zur Einsicht und kehren wir augenblicklich um! Fort mit den Sünden, daß Gott, wenn er uns in der nächsten Stunde aufruft und prüft, finde, daß wir die Schule des Lebens zu unserem Nutzen durchlaufen haben, wie der, dem wir soeben die letzte Ehre erwiesen. (Näheres über seine Tugenden.)

II.

Unser Gewissen hat uns gesagt, was wir dem prüfenden Richter antworten müßten, wenn wir sofort vor ihn zu treten hätten. Hören wir nun auch, was wir ihm billigerweise antworten sollten, wenn er uns zur Rede stellt und fragt: Wie hast du meine Güter verwaltet, wozu sie verwendet? Da müßte billig ein Jeder antworten können: Für's Erste hab' ich dir dafür Dank gesagt; ich habe dir gedankt für die Gnade des wahren Glaubens, für deine Erleuchtungen, für die Gesundheit, welche du mir geschenkt, für die Güter des Leibes wie der Seele. Sodann habe ich dieselben angewendet, so viel mir nur immer möglich war, zu deiner Ehre und Verherrlichung. Meine Zunge hab' ich gebraucht zu deinem Lobe, meine Augen zum Weinen über meine Sünden, meine Hände zum Falten im Gebete, meine Füße zum Kirchgange, Wallfahrten und zu Hilfeleistungen im Beispringen in der Noth. Meinen Reichthum hab' ich benützt zum Almosenaustheilen, meinen Verstand zur Erkenntniß deiner, mein Gedächtniß, um an dich stäts zu denken, meinen Willen, um dich von ganzem Herzen und mit allen Kräften des Leibes und der Seele zu lieben.

Als Titus Manlius, ein vornehmer römischer Feldherr, zum Tode geführt wurde, zeigte er noch einmal mit der Hand nach dem Capitolium, das er mit Lebensgefahr einst den Galliern abgenommen hatte, die es bereits schon erobert zu haben glaubten. Er wollte damit zu verstehen geben: Ihr Römer seid undankbare Menschen, da ihr eine solche Wohlthat, wie ich sie euch durch Befreiung des Staates aus den Händen wilder Eroberer erwiesen habe, mit dem Tode bezahlen wollet.

Andächtige! Christus hat noch viel mehr Ursache, die undankbaren Menschen zu tadeln und mit dem Finger auf den Calvarienberg zu zeigen, wo er sein Leben gelassen hat, um uns aus der Sklaverei des Höllenfürsten zu befreien. Ein Gut, für welches wir niemals genugsam dankbar sein können. Können wir antworten, was wir billigerweise dem prüfenden Richter antworten sollten? nämlich: dieß große Gut der Erlösung habe ich nie verscherzt! Nie bin ich undankbar gewesen gegen Christus und seine hl. Kirche! Können wir das? Der Verlebte konnte es; denn er ist seinen göttlichen und menschlichen Pflichten auf's Genaueste nachgekommen.

Seine Pflicht erfüllend nach allen Seiten hin, stand der Verewigte — Jahre in der Volksschule als Meister derselben. Und — Jahre stand er in der Schule des Lebens als Schüler, abermals nach allen Seiten hin seine Pflicht erfüllend. Er konnte also antworten, was er sollte, da er von Gott aufgerufen und geprüft wurde. — —

Möchten auch wir, Andächtige, es können! Denn der Tag der großen Prüfung kommt für einen Jeden. Wie viele Hunderte von Leichen begleitete nicht der Verewigte hieher unter Gebet und Gesang, und nun begleiten wir ihn selbst hieher. Auch mir, der ich so Vielen zur Gruft gefolgt bin, wird einst von Anderen das Geleite gegeben werden. Und mag der Todtengräber Tausenden ihr Grab schaufeln, Eines wird das letzte sein, Eines wird ein Anderer ihm graben. Unvermeidlich ist eben das Loos, daß für einen Jeden der Tag der großen Prüfung kommt.

Lasset uns deßhalb, Geliebte, die Schule dieses Lebens recht benützen, uns in derselben lobenswerth verhalten, Alles uns aneignen, Alles in ihr lernen, was zu lernen ist, damit wir, wenn wir am Tage der Prüfung aufgerufen werden, antworten, was wir billigerweise antworten sollten!

Schließlich beten wir für den, der für so Viele hier das öffentliche Gebet verrichtet hat, dasselbe mit aller Inbrunst und Andacht! Vater unser.... Ave Maria.... Amen.

Am Grabe eines Gemeindevorstehers.

Text: „Alles ist Eitelkeit.“ Pred. 1, 2.

Eingang.

Wenn man, andächtige Christen, das Leben des Jakopone liest, wundert man sich, wie es möglich, daß ein Mensch so fleißig, so beständig und so streng Gott dienen und so ganz die Welt verachten könne, wie dieser fromme Mann gethan. Es floß aber diese Beständigkeit und Strenge aus dessen Erkenntniß, was die Welt und das, was sie bietet, sei. Er wußte: „Alles ist Eitelkeit!" Und wenn Einer der Angesehenste, Höchste und Reichste im Orte ist, nichts nützt es ihm, Alles vergeht, sterben muß er. „Alles ist Eitelkeit!" Wie bewahrheitet sich dieser Satz nicht auch heute wieder! Einen der Angesehensten, Wohlhabendsten dieses Ortes, den Vorstand dieser Gemeinde, den ehrenwerthen Herrn N. N. haben wir zu Grabe getragen. Alles nützte nichts, weder Ansehen, noch Vermögen, noch Amt, sterben mußte er. Oder wie? wäre vielleicht etwas versäumt worden? Gewiß nicht! Alles, was möglich war, wurde angewandt; doch mußte er uns verlassen! (Lebensabriß: Geburt, Aeltern, Heimath, Verheirathung, Kinder, Charakter, Wirken, Krankheit, Ende, Lebensdauer, Besonderes.)

Ganz recht hat demnach der fromme Jakopone, wenn er sagt:

1) „Warum müht sich die Welt
So sehr um Ruhm und Geld?
Das Glück zergeht geschwind
Gleichwie der Rauch im Wind.

2) Der Welt Gewalt und Macht
Ist schnell zum Fall gebracht,
Zerbricht wie das Geschirr
Des Töpfers mit Geklirr."

Dieses lasset uns ein wenig näher betrachten, und erwägen, wie wohl der Verlebte daran gethan, sich nicht auf sein irdisches Ansehen und Vermögen zu verlassen.

I.

Mich, Geliebte, wundert es gar nicht, wenn so viele Menschen der Welt Lebewohl sagen und in der Einsamkeit eines Klosters Gott dienen. Sie Alle haben die Eitelkeit der Welt erkannt, und wissen, worauf das vergängliche Wesen dieses irdischen Treibens hinausläuft. Warum dir dienen? fragen sie die Welt. Was vermagst du zu bieten? Warum sich deinetwegen abstreiten und abquälen? Ist das nicht purer Verlust der kostbaren Zeit? Eitelkeit aller Eitelkeiten ist es. Was Ehren und Würden, was Aemter und hohe Posten, was Ansehen und Macht, was ist dieß Alles, was nützt es? Nichts ist es und nützet zu Nichts. „Was ist Gold und Silber", fragt der hl. Bernardus, „was ist es anderes, als rothe und weiße Erde? Was sind die Perlen mehr, als Auswürfe der Muscheln? Was ist der Purpur anderes, als das Blut einer Schnecke? Was ist die Seidenpracht, wenn nicht Gespinnst und Gewebe aus Fäden, welche uns kleine Würmer darbieten?"

Ganz recht, das ist die Welt, das nützet sie! — Oder sind es vielleicht die Menschen, die uns so sehr zurückhalten, ihr Lebewohl zu sagen? O nein, nichts ist hinfälliger als Menschengunst; deßhalb sagt Jeremias: „Verflucht der Mann, der auf Menschen vertrauet... und sein Herz vom Herrn abwendet!" (17, 5.) — Oder ist es vielleicht der freundliche Verkehr, der gesellschaftliche Umgang, die Freundschaft! O wie sehr waltet in diesem Verkehre, in diesem gesellschaftlichen Leben der Eigennutz, die Hinterlist und Falschheit, die Heuchelei und Unbeständigkeit!

Nichts, Andächtige, gar Nichts in der Welt ist mit dem Troste zu vergleichen, welchen eine gottliebende und der Welt nicht mehr, als noth thut, anhangende Seele aus dem Borne der göttlichen Natur und Freundschaft schöpfet. Hier ist nichts vergänglich, hier ist nichts eitel oder falsch, hinterlistig oder erheuchelt. Frömmigkeit allein frommt, der Dienst Gottes allein ist — Herrschen. Hier allein winkt ewiger, wirklicher Nutzen.

Dieß wußte der selig Entschlummerte nur zu gut, deßhalb heftete er sein Herz durchaus nicht an Gut und Geld, Ruhm und Ehre, obgleich er dieses Alles besaß; sein größter Ruhm war, als ein frommer Diener Gottes von den Menschen gerühmt und reich an guten Werken zu werden. (Näheres, Spezielles.) Nehmen wir uns den Verewigten zum Muster und denken wir oft:

„Warum müht sich die Welt
So sehr um Ruhm und Geld?
Das Glück zergeht geschwind
Gleichwie der Rauch im Wind."

II.

„Glück und Glas, wie bald bricht das?" ist ein bekanntes und ebenso wahres Sprüchwort. Ein ganz unbedeutender Stoß an einem Steine, und das Glas liegt in Scherben. Eine kleine Krankheit, und mit dem Menschen kommt's zum Sterben. Da fällt denn der ganze bunte Kram irdischer Eitelkeit auseinander; die Güter werden getheilt, die Schönheit des Angesichts ist dahin, das Leben selbst ist entflohen, der Leib geht in Fäulniß über, die Freundschaft erkaltet, und nach und nach erlischt auch das Angedenken an den Todten. Alles hat uns nach ein paar Jahren vergessen, wenn wir todt sind, nur — Gott nicht. Warum also sich um irdische Dinge so hart quälen und abmühen! Eitle Herrlichkeit!

Was ist besser auf Erden, als die Welt verachten, Gott dienen, die himmlischen Dinge betrachten und selig werden! — das wenigstens thaten vorzeit die klügsten und verständigsten Seelen der Welt, und heutzutage geschieht es noch. Wo haben wir die größten und meisten Heiligen? In jenem Stande, der sich ganz und gar von der Welt losgesagt hat. Je mehr wir uns also von der Welt zurückziehen, je weniger wir auf ihre Glücksgüter bauen, desto sicherer sind wir, unser Heil zu wirken. Die der Welt angehören, bauen auf Sand; was sie auch hervorbringen, es zerfließt wie Schnee an der Sonne, wie Rauch im Winde, und sei es auch noch glänzender als Schnee, und steige es auch noch höher als Rauch.

Der Verblichene, obwohl vermöglich und angesehen unter euch, baute deßhalb vor allen Dingen auf Gott, und besaß, als besäße er nicht, sondern sei nur der Verwalter. (Locus amplif.) Das Ansehen, das er genoß, und das Amt, das er inne hatte, wendete er gewissenhaft und getreu an, um seine höheren Pflichten zu erfüllen; denn er wollte und bewirkte in der Gemeinde stäts das Beste. (Näheres hierüber.) Nicht also um der bloßen Ehre willen nahm er die Wahl eines Vorstandes dieser Gemeinde zu verschiedenen Malen an, sondern um so viel Gutes als möglich zu stiften. Dazu war er viel zu verständig und christlich, daß er die eitle Ehre der Welt für etwas hielt, das sie doch nichts ist. Denn es bleibt dabei:

„Der Welt Gewalt und Macht
Ist schnell zum Fall gebracht,
Zerbricht wie das Geschirr
Des Töpfers mit Geklirr."

Wie rasch es mit dem Verlebten zu Ende ging, wissen wir Alle. Vor Kurzem noch die Macht über euch in Händen habend, liegt der ehrenwerthe Vorsteher dieser Gemeinde nunmehr da, mehr wie ohnmächtig, — todt. Wie gut that er daran, auf irdische Gewalt nicht zu bauen, sondern Gott unterthänig und demüthig zu bleiben! — —

Ihr aber, Andächtige, gehet hin, und sehet wohl zu, wie viel der Welt zu trauen ist. Nehmet euch ein Beispiel an dem selig Entschlafenen hier. Er besaß so Mancherlei, was Viele für wünschenswerth erachten: Vermögen, Ansehen, Macht u. s. w. Aber er schlug es nicht höher, als billig ist, an. Nichts nützt das Alles, dachte er und handelte nach diesem Gedanken. Frömmigkeit allein frommt, sagte er und lebte nach diesen seinen Worten. Deßhalb wollen wir hoffen, daß ihm Gott die ewigen, unvergänglichen, wahrhaften Güter des ewigen Lebens verliehen hat. Sollte er jedoch gegen Erwarten von der Anschauung Gottes noch zurückgehalten werden, so lasset uns zum Troste seiner Seele für ihn das übliche Gebet verrichten: Vater unser. . . . Ave Maria. Amen.

Am Grabe eines Großen.

Text: „Was ist der Mensch, daß du ihn so groß machest?"
Job 7, 17.

Eingang.

Hochansehnliche Trauerversammlung!

Abermals eine Antwort auf die alte Frage: Was ist doch der Mensch? Was ist der größte Mensch auf Erden? Was sind Könige und Fürsten? Weiter nichts als Staub und Asche dem Leibe nach. Gehet hin an Salomons Grab, gehet hin an die Aschenkrüge und Fürstengrüfte, darin die Großen der Welt liegen; was findet ihr daselbst? Umsonst suchet ihr nach Krone, Zepter, Purpurmantel und dergleichen Insignien fürstlicher Würde. Alles verschwunden! Dieß Alles haben die Nachfolger hinweggenommen und tragen es nun, um es wiederum ihren Nachfolgern zu hinterlassen. Oder hat man doch dergleichen Insignien den verstorbenen Großen in die Gruft mitgegeben, so sind sie mit den Todten zugleich verfault. Was also ist der Mensch, selbst der, den Gott so groß macht, daß er weit über Andere hervorragt? Staub und Asche.

Zur Erde, aus der wir sind, zurückkehren müssen wir Alle. Dagegen hilft keine Größe noch irgend eine Gewalt. Einen Beleg dessen haben wir vor Augen. (Lebensabriß des Verstorbenen, sein Geschlecht, seine Ahnen, Aeltern, Geburt, Pathe, Titel und Würden, Thaten und Wirken, Charakteristik, Spezielles, Krankengeschichte, letzte Tage, Ende. Näheres Erwähnenswerthes und Individuelles.)

So viel Adel, so viele Größe, so viele Tugend mußte also gleichfalls zu Grabe gehen! O dieser betrübte Todesfall gibt Allen zu denken! Wir lernen daraus augenscheinlich:

1) **was auf dieses vergängliche Wesen zu halten ist;** sodann
2) **wie mächtig unser Gott sei, der Alle, auch die Mächtigsten und Größten zu Boden wirft.**

I.

Indem wir mit Thränen im Blicke hier an der Gruft des — — — stehen und wehmüthig hinabblicken, öffnen sich uns mit Gewalt unsere Augen, und wir sehen klar, was es um irdische Größe und Herrschaft sei. Nichts ist Alles, was man auf Erden so heiß liebt und so gierig sucht! Schönheit und Ehre, Ruhm und Pracht, Gold und Silber, Paläste, Gärten und Lusthäuser, Heere und Dienerschaften, herrliche Kleider und Kutschen, kostbare Mahlzeiten und Lustbarkeiten, Alles hat das Grab verschlungen, Alles begräbt es, so klein es auch ist. O finsteres Grab, wie verdunkelst du Alles! O winzige Gruft, wie hungrig, wie unersättlich verschlingest du Alles! O Anfang der Ewigkeit, wie endest du Alles! O reiches Leben, wie so arm du bist! O langes Leben, wie so kurz du blühest!

Salomon, der weise und große König Israels, wurde Zeit seines Lebens von Allen um Rath gefragt, glücklich gepriesen und sozusagen angebetet. Wo ist er nun und was ist er? Ich möchte so, mit dem Propheten Daniel, Allen sagen, welche die Großen der Erde für halbe Götter gehalten haben: „Da sind euere Götter!" Da liegen sie im Boden, das ward endlich aus ihnen. Staub und Asche sind sie dem Leibe nach!

O wohl dem verlebten — — — —, daß er auf irdische Größe nicht mehr gegeben, als sie werth ist! Wohl dem weisen —, der vor allen Dingen bestrebt war, groß zu sein der Seele nach, groß zu werden vor Gott! (Näheres. Locus amplif.) Um diese Seelengröße, diese Größe vor Gott zu erlangen, suchte der hohe Vollendete sich nicht vor den Menschen zu erhöhen, sondern vor Gott zu erniedrigen und zu verdemüthigen.

Aus dem Leben des Hochseligen können wir den richtigen Schluß ziehen, daß derselbe oft in das Grab geblickt haben muß, wie wir es thun, da die Erkenntniß von der Nichtigkeit und Eitelkeit menschlicher Größe in ihm eine so lebhafte war, daß er sich von ihr nicht blenden ließ, sondern sie besaß, als besäße er sie nicht. Klar stand vor seinen Augen, wie wenig auf diese vergänglichen Wesen der Welt und ihrer Hoheit zu halten sei.

Franz Borgia, Herzog von Gandia, war beauftragt, die Beerdigung der Kaiserin Isabella, die sonst so schön war, zu leiten. Bevor man den Sarg einsenkte, ließ er sich diesen noch einmal öffnen. Die sonst so herrliche Gestalt der hohen Kaiserin war von den Qualen der Krankheit aber dermaßen entstellt und verunstaltet, daß dieser einzige Blick in den Sarg seiner ehemaligen Gebieterin den Herzog bestimmte, der Welt Lebewohl zu sagen und in die Gesellschaft Jesu einzutreten, in der er denn auch als ein Heiliger lebte und starb. „Der Kaiserin Tod hat mir das Leben geschenkt", war sein Sprüchwort.

Möge auch uns die Vergänglichkeit des Großen die Augen darüber öffnen, was irdische Dinge werth seien!

II.

Wir haben gesehen, wie hinfällig alles irdische Wesen sei. Erkennet aber auch, wie mächtig der große Gott ist und wie Niemand ihm widerstehen kann. Alle, Alle, auch die Stärksten, auch die Größten wirft er zu Boden mit einem einzigen Wink oder Hauche. Sie werden in die Erde beigesetzt, als wären sie nie dagewesen. Salomons Lagerstätte umstanden sechzig der stärksten Helden, alle trugen Schwerter in ihren Händen und waren zum Kriege äußerst tüchtig. (cfr. Hoheslied 3.) Welche Anstrengung glaubt ihr wohl, kostete es, den Salomon zu vernichten? Nicht mehr, als vonnöthen ist, um eine Fliege zu tödten.

Die so überaus gewaltige Hand Gottes erkannte auch Lothar, König von Frankreich, auf seinem Sterbebette, wo er in die Worte ausbrach: O wie mächtig ist der König des Himmels, der die irdischen Könige vom Throne stürzt und zur Erde wirft sammt und sonders!

Wenn wir die Aufzüge, Livreen, Wagen und das Gefolge der Großen betrachten, so wundern wir uns allgewaltig, und halten Jene, die gleich uns Menschen sind, für Götter dieser Erde. Allein es dauert nicht lange, so sind wir schon enttäuscht, indem der allmächtige Gott den Einen oder Anderen, dessen Macht und Hoheit wir so sehr angestaunt haben, stürzt und in Staub und Asche vernichtet. Er macht sie, wie die so überaus kostbare und weithin berühmte Stadt Jerusalem mit ihrem so herrlichen Tempel, dem Boden gleich. So geht es mit Kronen und fürstlichen

Personen, wenn die allmächtige Hand Gottes über sie kommt; sie ist unwiderstehlich, unnahbar; Nichts vermag ihr zu begegnen.

Wie klein der Mensch, sei er auch noch so groß, vor Gott dastehe, hat einst Kaiser Philippus, ein sehr christlicher Fürst, wohl gekannt und gewürdigt. Als dieser bei einem Turniere vom Pferde in den Sand gefallen war, worin er eine Vertiefung bewirkte, rief er: Seht doch, wie wenig Erde wird uns umfassen, die wir thörichter Weise oft die ganze Welt zu erobern wünschen!

Ein Gleiches dachte auch Konstantin der Große, der einen Geizigen und Wucherer ob seiner Habsucht rügen und bessern wollte. Er nahm seine Lanze, furchte in den Sand einen kleinen Kreis, faßte den Wucherer bei der Hand und stellte ihn mitten in den Kreis mit den Worten: Und wenn du auch das Geld auf der ganzen Erde dir zusammenscharren würdest, einst mußt du dich doch mit einem Plätzlein begnügen, das nicht größer ist, als dieses hier, auf dem du stehest. — —

Andächtige! Beide Wahrheiten, nämlich: daß auf dieses vergängliche Weltwesen nichts zu halten sei, sodann: wie im Vergleiche zur Allmacht Gottes die Mächtigsten dieser Erde sich verkriechen müssen, beide Wahrheiten hatte der hohe Vollendete stäts im Auge und handelte demgemäß. (Ausführung des Satzes.)

Betrachten aber auch wir recht oft die Gräber, besonders die der Großen und Mächtigen, und sprechen dabei: O wie eitel, wie hinfällig und nichtig ist alles Weltwesen, wie groß dagegen und mächtig, wie allgewaltig bist du, o Gott! Nichts kann deiner Macht widerstehen, darum soll ihr auch nichts widerstehen, und Alles dir dienen. Ich wenigstens will dir gehorchen nun und alle Zeit. Dich allein will ich anbeten, loben und lieben!

Und jetzt lasset uns der tröstlichen Pflicht nachkommen, für die lieben Abgeschiedenen zu beten, damit Gott ihnen gnädig! Vater unser .... Ave Maria .... Amen.

Am Grabe eines Gutsherrn.

Text: „Stelle dein Brod und deinen Wein auf das Grab des Gerechten.“ Tob. 4, 18.

Eingang.

Hochansehnliche, in Trauer und Schmerz Versammelte!

Die in der Schrift Erfahrenen wissen gar wohl, was für eine Sorge der alte Tobias um die Todten getragen hat, denn der Engel, der seinen Sohn in die Fremde begleitet hat, versichert ihm: „Da du die Todten begrubest, ... habe ich dein Gebet zum Herrn emporgetragen“ (Tob. 12, 12.). Der gottselige Tobias wollte diesen Geist auch seinem Sohne einpflanzen, deßhalb gab er ihm unter anderen auch die Lehre: „Stelle dein Brod und deinen Wein auf das Grab des Gerechten.“ —

Ein großes Geheimniß, Andächtige, ist unter diesen Worten enthalten. Das Brod und der Wein, von dem der alte Tobias spricht, ist nämlich ein Vorbild von dem, was im neuen Bunde für die Abgestorbenen geschehen soll, daß einst die Zeit kommen würde, wo das lebendige Brod Jesus Christus, und unter den Weinesgestalten sein hl. Blut als ein Sühnopfer für die Abgestorbenen Gott würde dargebracht werden.

Sinnreiche Worte! Und in der That, nichts Besseres können wir Gott darbringen als Opfer der Genugthuung, als unter den Gestalten von Brod und Wein den hl. Leib Jesu Christi.

„Stelle dein Brod und deinen Wein auf das Grab des Gerechten!“ Wahrlich, der Rath ist unvergleichlich! Denn:

darauf bedacht sein, daß für die Verstorbenen fleißig gebetet und das hl. Meßopfer dargebracht werde, ist besser, als sie mit stolzem Prunke begraben und unmäßig beweinen.

Wir haben uns hier versammelt, Andächtige! um die irdische Hülle des hochwohlgeborenen Herrn — — — — zu ihrer letzten Ruhe einzusegnen. Eine tieftrauernde Gattin, vom Schmerz überwältigte Kinder, innigst betrübte Verwandte und Freunde verloren an ihm den Mittelpunkt ihres häuslichen Glückes, ihrer geselligen Freude. (Locus amplif. Biographie. Aeltern, Ahnen, Geburt, Jugend, Erziehung, Würden, Wirken, Titel, Charakteristik, Individuelles, Krankheit, Ende ꝛc.) Wie hoch nun auch der selig Vollendete dastand, wie groß auch seine Würden und Verdienste sind, und wie sehr wir Alle den erlittenen Verlust empfinden, denn der Verlebte war ein Edelmann im wahren Sinne des Wortes und ein Wohlthäter der Armen, wie wenige Menschen, so ist doch das Beste, was wir dem Verewigten widmen können, nicht etwa ein überaus kostbares Leichenbegängniß, oder eine niemals enden wollende übermäßige Thränenfluth, sondern das, was Tobias seinem Sohne anempfiehlt: „Stelle dein Brod und deinen Wein auf das Grab des Gerechten", d. h. bringe für seine Seele das hl. Meßopfer dar.

Prachtvolle Leichenbegängnisse, so wenig ich sie tadeln will, und so hoch sie die Verstorbenen vor den Menschen ehren, dem Seelenheile der Entschlummerten frommen sie nichts; deßgleichen nützen auch Thränen, die sich nicht wollen trocknen lassen, den Hingegangenen nichts. Wohl aber die Darbringung des sakramentalischen Opfers von Brod und Wein.

Ach, Geliebte, nur zu oft ist es nothwendig, in den meisten Fällen, das hl. Opfer für die Abgeschiedenen darzubringen. Es läßt sich nicht angeben, wie wenige oder wie viele Menschen, wie man zu sagen pflegt, vom Mund auf in den Himmel eingehen, ohne die Läuterungsgluthen des Reinigungsortes erfahren zu haben. Aber eben deßwegen ist es vorsichtig und gerathen, das Sichere zu wählen, und Allen die Wohlthat des hl. Meßopfers zu Theil werden zu lassen. Kein gewisseres Mittel, die Seelen theurer Verwandten und Freunde zu erfreuen, als dieses.

Warum? Weil wir in diesem heiligsten und kostbarsten aller Opfer Gott seinen eigenen Sohn aufopfern, der uns selbst befohlen hat, dieses zu seinem Gedächtnisse zu thun. Wohlan, was könnten wir mehr opfern unserem Gotte, als — einen Gott? Wie könnten wir kräftiger bitten, als durch den und im Namen dessen, dem der Vater nichts versagen und verweigern kann, der Gott selbst ist, und dem der Vater Alles versprochen hat, ob er gleich in Menschengestalt unter uns wandelte.

Im Jahre 1363 erhob sich auf dem mittelländischen Meere ein großer Sturm, so daß viele Schiffe auf diesem Meere in jener Zeit scheiterten. Unter anderen war auch ein Fahrzeug, auf dem sich eine Mutter mit einem Kinde befand, in großer Gefahr, Schiffbruch zu leiden. Schon drangen die Wellen immer ungestümer auf das Schiff ein und die Winde tobten immer ärger. Das Fahrzeug stand nahe daran, von den berghohen Wogen verschlungen zu werden. In dieser bitteren Noth nahm die Mutter ihr Kind, hob es gegen den erzürnten Himmel und rief: O barmherziger Gott, durch die Unschuld dieses kleinen Kindes bitte ich dich, hilf uns aus dieser Noth! — Und siehe da, die Wellen legten sich, das Meer ward besänftigt und ruhig und bald strahlte der Himmel wieder in heiterer Bläue, so daß das gesammte Schiffsvolk diesem Kinde sein Heil zuschrieb.

Was, Geliebte, ist ein solches Kind, wenn auch die Unschuld selbst, gegen Jesus, den der Priester in der hl. Messe gegen Himmel erhebt? O das Gebet, das durch den Herrn Jesus Christus geschieht und zum Himmel emporgesendet wird, muß es nicht die Wolken durchbrechen, muß es nicht Gott bis ins Herz dringen? Kann Gott dem Flehen widerstehen, das sich an seinen geliebten Sohn wendet, und gemeinschaftlich mit diesem sich dem Vater vorstellt? Kann Gott an seines Sohnes Tod und Verdienste erinnert werden, ohne daß er diese berücksichtigt? Kann er widerstehen dem Gebete: Siehe, o himmlischer Vater, diesen deinen Sohn opfere ich dir auf zur Genugthuung für die zeitlichen Strafen dieses oder jenes Verstorbenen? — Wahrlich ein auf diese eindringliche Art Betender muß erhört werden!

Wir können Gott nicht mehr geben, als seinen göttlichen Sohn, einen vor Gott sich beugenden, demüthigen, den Menschen zu Liebe leidenden und sich opfernden Gott. Und wenn die ganze Menschheit ihr Leben geben würde, das Opfer wäre nicht so groß, wie das, was wir in der hl. Messe Gott darbringen. Darum begrabet immerhin euere Todten nach Würden, beweinet sie immerhin eine Zeitlang und nicht übermäßig, aber das Beste, was wir ihnen geben können, ist: das hl. Meßopfer. — —

Wohlan denn, andächtige Christen! Ziehen wir hin zum Hause des Herrn, nehmen wir das wahre Himmelsbrod und den gesegneten, in das kostbare Blut Jesu Christi verwandelten Wein, oder vielmehr die Gestalten des Brodes und Weines! Stellen wir sie auf die Gräber der Unsrigen mit dem festen Vertrauen und Glauben, daß Gott seinen Sohn gewiß nicht werde zurückweisen. Alsdann sprechet: O Jesu, der du unser Mittler, Richter und Heiland bist, wir bitten dich durch deinen hl. Leib und dein heiliges, unendlich kostbares Blut, errette gnädig die Seele, für welche wir dieses Opfer auf den Altar legen; errette sie von aller Pein, die sie etwa noch deiner Gerechtigkeit schuldig ist. Gib ihr und allen Verstorbenen die ewige Ruhe, und lasse ihnen das ewige Licht leuchten, der du lebest und regierest, o Jesu, mit Gott Vater von Ewigkeit zu Ewigkeit in Einigkeit des hl. Geistes. Und nun den Zoll am Grabe: ein gläubiges und inniges Vater unser .... Ave Maria .... Amen.

Am Grabe einer adeligen Dame.

Text: „Ihre Werke mögen sie lobpreisen."
Sprüchw. 31, 31.

Eingang.

Hochansehnliche Trauerversammlung!

In der menschlichen Natur regt sich ein gewisser Ehrgeiz, welcher darin besteht, daß wir von Andern gerne gelobt sein möchten; jedoch hüten sich verständige Leute, daß sie nicht leichtfertiger Weise Andere unmäßig loben und rühmen, oder auf sie warten, bis der Tod erfolgt, denn es könnte sich ereignen, daß der unbeständige Mensch, der anfangs lobenswerth erschienen, nachgehends Verachtung und Tadel verdienen dürfte. Darum heißt es im Sprüchworte: Spende dein Lob erst nach dem Tode. —

Dieses Sprüchwortes, Hochansehnliche, bediene ich mich heute bei Beerdigung der — — — —, und lasse ihre Werke und ihren Wandel selbst reden, nachdem sie aus diesem Leben, das sie so lobenswerth zu führen verstanden, heimgegangen ist zu ihrem Seelenbräutigame durch die dunkeln Pforten des Todes. Die Verstorbene zu loben, ohne daß sie solches verdient hätte, wäre eine Erniedrigung, eine Entheiligung dieser geweihten, ernsten Stätte. Dieß aber, meine Theuersten, ist hier nicht zu befahren. Die Werke der selig Vollendeten loben sie selbst; so wie das Werk den Meister lobt, also loben sie ihre inneren und äußeren Tugenden und Vorzüge. (Lebenslauf.)

Ihr Werke loben sie, wie das Werk den Meister.

Unter den Werken und Beschäftigungsarten der Menschen finde ich einen großen Unterschied. Der größere Theil der Menschen sinnt und trachtet und arbeitet den ganzen Tag, um seinem Leibe alle Ruhe und alles Vergnügen zu verschaffen: einen guten Tisch, reichlich Essen und Trinken, stolze Kleider, prachtvolle Meubels, ein weiches Bett, kurz, Lüste aller Art. Dieses, Geliebte, heißet indessen Alles nichts; je mehr wir unseren Leib mästen und verweichlichen, desto frühere und desto größere Nahrung verschaffen wir den Würmern. Alle diese Mühen gehen sonach verloren. Nur diejenigen Werke, welche den Geist betreffen, welche der Seele wohlthun und die Seligkeit derselben befördern, dauern ewig, sind nicht verloren, sondern lobenswerth. Schon der heil. Augustinus sagt deshalb: „Diejenigen, welche in der Lust des Fleisches ihre Seligkeit suchen, gefallen Gott nicht im Geringsten.“

Unsere in Gott ruhende — — — — war eine abgesagte Feindin der verweichlichten Welt. Sie kleidete sich einfach, ehrbar und züchtig, standesgemäß und demüthig zugleich. Ihr Spiegel war das Kruzifix, sie betete, fastete gerne und reichlich floß das Almosen aus ihrer Hand. (Nähere Darlegung ihres Charakters und Wirkens. Individuelle Züge aus ihrem Leben) Müssiggehen war ihr unbekannt; so arbeitete sie denn, da sie es nicht für sich bedurfte, für Andere. (Locus amplif.) Ihr religiöser Sinn war der Abtödtung ergeben, und so erstickte sie die Werke des Bösen, indem sie jede Verzärtelung ihres Leibes von sich wies. Nicht nach den Weltmenschen, sondern nach dem Leben der Heiligen, wie die Legende uns diese vorführt, richtete sie auch ihr Leben. Daher ihre Sanftmuth, Geduld, Freigebigkeit, Andacht, Gottesliebe u. s. w.

Wie verachtungswürdig sind auf der anderen Seite die, welche sich hier auf die Welt verlassen, als wären sie nur dazu geboren, um dem Leibe zu dienen! Schon die Heiden sagten, wir seien nicht am Leben, um zu essen, sondern wir essen, um zu leben. Dem Leibe dienen ist die allergrößte Sklaverei; denn erstlich bekömmt er nie genug, kaum ist er satt, so hungert ihn wieder; ist er warm, bald ist er wieder kalt; ist er wohl gekleidet, so sind die Gewänder in kurzer Zeit zerrissen und müssen neue angeschafft werden. Kurz, er hat nie genug, so daß, wer ihm in Allem dienen will, beständig in seinem Dienste sich abmühen muß. Wehe denen, deren Gott ihr Bauch, ihr Fleisch, ihre Kleidung .... ist! Anders hat es uns Christus gelehrt; anders lebten auch die ersten Christen. Sie hielten die vierzigtägige Faste auf's Genaueste, kleideten sich einfach, waren gegen einander gutthätig und dienstfertig, und liebten sich so, daß ihre Liebe zum Sprichworte wurde: Es ist nur ein Herz und eine Seele in denen, die an Jesus glauben. Ihren Leib sahen sie als einen Kerker an und dienten ihm nicht; vielmehr wünschten sie, wie Paulus, befreit von ihm zu sein, und nur dem Geiste nach leben zu können. Mit diesem Wunsche hielt es auch die — — — —. Als ihre Tage sich zu Ende neigten, indem sie von jener bedenklichen Krankheit befallen ward, der sie auch erlag, o wie sehnte sie sich nach dem Himmel! „Wann werde ich kommen und erscheinen vor dem Angesichte meines Gottes?“ das waren ihre Seufzer. (Näheres über die Krankheit; ihre Vorbereitung zum Tode, ihre letzten Worte, ihre Familie, Gatte, Kinder; ihr Ende.)

So schloß ein Leben, zu frühe für die edlen Hinterbliebenen, zu frühe für uns Alle, besonders für die Armen, deren Mutter die Verewigte war. Kein Wunder denn, wenn die Thränen um die selig Vollendete so reichlich fließen; wer sollte nicht weinen, wenn ein so großer Verlust, ein so harter Schlag ihn trifft?

Aber fasset Muth, ihr Alle, die der Schmerz so tief darniederbeugt. Wie die Beigesetzte und ihr Lob, das ihr die Werke geben, welche sie vollbracht hatte, wie sie fortleben im Munde aller, welche die edle Frau kannten, so lebt auch ihre Seele fort, und ihre Werke sind ihr nachgefolgt vor den Thron Gottes. Dort hat sie nun den Lohn ihres thatenreichen Lebens bereits erhalten und sie hat durch den Tod nicht verloren, sondern nur gewonnen. Ihr Loos ist sonach nicht beweinenswerth, sondern nur beneidenswürdig. Sie ist nicht todt, sie lebt fort in Ewigkeit; ja auch der Leib wird sich einst wieder mit der Seele vereinigen, und unsere Aufgabe ist es nur, daß auch wir wieder mit ihr vereinigt werden im Himmel und uns nicht einen andern Ort wählen, wo wir dann allerdings von ihr ewig getrennt leben müßten. — —

Nichts also will die Trennung heißen, die zwischen der Vollendeten und uns der Tod zu Stande gebracht hat. Sie dauert nicht ewig und hat auf Seite der Verewigten nur ein Besseres gebracht. Aber Alles liegt daran, Hochansehnliche, daß wir von der Verlebten nicht durch die Todsünde geschieden werden, denn sie wäre es, die unsere Trennung zu einer ewigen und ewig beklagenswerthen machen würde.

Zum Schlusse noch erheben Sie mit mir Herz und Hände und lassen uns nach Vorschrift der katholischen Kirche das Gebet verrichten, welches sie an keinem Grabe zu verrichten unterläßt! Vater unser.... Ave Maria..... Amen.

Am Grabe eines wohlthätigen Herrn.

Text: „Selig die Barmherzigen, denn sie werden Barmherzigkeit erlangen.“ Matth. 5, 7.

Eingang.

Sehr verehrliche Trauerversammlung!

Einen großen Wohlthäter nothleidender Menschen, einen unvergeßlichen Freund der Armen haben wir hier in dieses frische Grab gelegt. Es ist der sehr ehrenwerthe — — (Name, Titel, Geburtsjahr,

Aeltern, Lebensskizze, Charakteristik, Wirken, Tugenden, Züge aus seinem Leben, Krankheit, Ende, Individuelles.) Dieser kurze Abriß seines Lebens beweist zur Genüge, ein wie großer Freund und Wohlthäter der Armen der edle Verblichene gewesen. Und warum sehe ich kein Auge hier trocken? Warum anders, als weil sie mir dasselbe bestätigen müssen. Die Armen, die Dürftigen, die Nothleidenden haben einen Vater verloren; deshalb fließen diese Thränen so reichlich. Das aber, Geliebte, ist es nicht, was der edle Verblichene will: nicht in Leid und Thränen wollte er euch setzen, er, der so Vieler Thränen getrocknet hat, er, der Keinen in Leid sehen konnte. Nicht betrüben wollte er euch, als er dem Rufe Gottes folgte, und Thränen für ihn war gewiß nicht sein Begehr.

Wenn er etwas von euch verlangt, wenn er etwas von euch bedarf, so ist es das Gebet. Ja, betet für ihn, betet überhaupt gerne und oft für die Entschlafenen!

Für die abgestorbenen Freunde und Wohlthäter zu beten, dieß erfordert:

1) die Dankbarkeit,

2) die christliche Nächstenliebe.

I.

Ich habe vor geraumer Zeit ein Bildniß zu Gesicht bekommen, welches einen Wolf in dem Augenblicke darstellte, als er eine Ziege zerriß, die, wie die unter dem Bilde befindliche Schrift besagte, den Wolf mit ihrer Milch aufgenährt hatte. Die Schrift unter dem Bilde lautete: Siehe, nachdem ich ihn mit meinen Brüsten aufgenähert habe, frißt er mich nun! — Welch' schändlicher Undank, diejenigen, die unsere Aeltern, unsere Ernährer, unsere Wohlthäter waren, zu vergessen, zu verlassen und damit abzulohnen, daß man sie ihrem Schicksale überläßt! Wie viele Kinder gibt es nicht, die, wenn sie groß geworden sind, lediglich für sich sorgen, an ihre Aeltern oder Pflegeältern dagegen sich nicht im Mindesten kehren! Wahrlich, das ist eine Sünde gegen die Natur. Selbst die Thiere sind in den meisten Fällen dankbar und erkenntlich.

Aeneas war ein Heide, aber er trug seinen alten Vater Anchises aus den Flammen der brennenden Stadt Troja, obwohl seine Reichthümer dadurch eine Beute des rasenden Elementes wurden. Heutzutage ist die Dankbarkeit gegen Aeltern, Freunde und Wohlthäter so klein, daß Viele zu träg sind, nur einige Vaterunser zu beten, oder sonst ein gutes Werk zu verrichten, um die armen Seelen theuerer Verstorbenen aus dem Feuer des Reinigungsortes zu erlösen. Undank ist der Welt Lohn! dieses Sprichwort bewahrheitet sich täglich mehr.

Um so ehrenvoller ist es für einen Christen, trotz dieses steigenden Undankes die wohlwollende Gesinnung gegen die Armen zu bewahren und ohne Rücksicht auf Dank oder Undank ein Gutthäter der Nothleidenden zu werden oder zu sein, wie es der verlebte N. N. war, an dessen frischem Grabe wir stehen.

So möchte ich denn heute besonders die Kinder, deren Aeltern im Grabe liegen, ermahnt haben, doch ja nicht undankbar zu sein und ihrer Aeltern täglich in ihren Gebeten zu gedenken; bedarf es wohl, um dieß zu bewirken, daß ich sie erinnere an die Mühen und Sorgen, an den Schweiß und den Kummer, die sie ihren Erzeugern verursacht haben? — Und sind wir nicht ihr Fleisch und Blut? Wer steht unseren heimgegangenen Freunden, Verwandten, Aeltern näher, als wir, von wem erwarten sie die Hülfe sicherer, als von uns? Und wir könnten sie vergessen? O das sei von uns ferne! Müßten uns nicht die wilden Thiere anklagen? Gewiß!

II.

Denn schon die Liebe zu dem Nächsten, zu Einem unseres Gleichen muß uns anspornen, dem Nebenmenschen beizuspringen, wenn er unserer bedarf. Oder wie? lehrt, verlangt etwa die christliche Nächstenliebe zu viel von uns? Wenn ein Vogel in ein Netz gerathen ist, und andere Vögel gewahren es, so fliegen sie herzu und picken mit ihren Schnäbeln so lange an den Fäden, bis das Garn zerreißt und ihr Genosse sich in Freiheit sieht. Das Nämliche bemerkt man auch an den Vogelbauern. Wie mancher Käfig, darin ein Vögelein gefangen sitzt, ist von anderen Vögelein ganz wie belagert! Wie umfliegen den Gefangenen nicht seine Sangesgenossen, wie erheben sie nicht ein Geschrei und tragen um den Eingesperrten sichtbarliches Leid! Um wie vielmehr soll nicht ein Mensch dem anderen, besonders solchen, denen er zu Dank verpflichtet ist, als z. B. seinen Aeltern, Lehrern, Wohlthätern u. s. w., beistehen und für sie beten, falls dieselben von der Anschauung Gottes noch sollten ausgeschlossen sein! Ist nicht der Reinigungsort ein viel schrecklicheres Netz, ein viel beengenderer Käfig? Unseren Aeltern, Verwandten, Freunden, Gutthätern hülfreiche Hand bieten, ist sonach Pflicht nicht bloß der Dankbarkeit, sondern auch der christlichen Nächstenliebe.

Als die Armee des Saul auf's Haupt geschlagen und Saul selbst gefallen war, fragte David einen gewissen Siba, ob nicht vielleicht noch ein Angehöriger des Hauses Saul am Leben sei. Da dieser ihm antwortete, des Jonathas Sohn befinde sich noch am Leben, aber er sei lahm an den Füßen, ließ ihn David sofort kommen und redete ihn überaus liebreich und mild an: er möge sich nicht fürchten, denn es werde ihm alle Barmherzigkeit erwiesen werden, auch werde er stäts an Davids Tische sein Brod essen.

Seht da, Verehrliche, welch' eine Dankbarkeit, welch' eine Nächstenliebe! Dankbar erwies sich David, denn der Vorgeführte war des Jonathas, seines Freundes und Wohlthäters Sohn. Aber auch liebevoll gegen den Nächsten war David, denn der Vorgeführte war sein Feind, denn er stammte aus Sauls Geschlechte, dessen Krone an das Haus David übergegangen. O welch' mildreiches Herz schlug doch in der Brust des David, der nicht bloß seinen Nächsten liebte, der ihn auch liebte, obgleich er sein Feind hieß! Wahrlich, David ist gegen seinen Feind barmherziger, als mancher Christ es gegen seinen Freund ist!

Und hat denn uns Christus die Nächstenliebe nicht als ein Gebot hinterlassen? Hat er nicht gesagt, daß wir das unserem Nebenmenschen gönnen sollen, was wir uns selbst wünschen: daß wir unseren Nächsten lieben sollen wie uns selbst? Wohlan! Wenn wir, falls wir uns im Reinigungsfeuer befänden, wünschen, aus demselben erlöst zu werden, wenn wir in diesem Falle begehren, daß Andere uns zu Hülfe eilen, wenn wir, falls man uns hülflos ließe, die Menschen der Uebertretung des Gebotes der Nächstenliebe anklagen würden, folgt daraus nicht, daß wir eine gleiche Hülfe auch Anderen schulden? — —

Was indessen den Wohledlen, an dessen Sarg wir stehen, betrifft, so wollen wir hoffen, daß ihm unsere Hülfe unnöthig sei und daß er ob seiner Tugenden wie ob seines Glaubens bereits eingegangen sei in die Freude seines Herrn, der ihm wird barmherzig gewesen sein, wie er selbst es war im Leben. (Exemplifikation. Stiftungen, die etwa gemacht wurden.) Desgleichen wollen wir hoffen, daß es nicht nothwendig war, die Gegenwärtigen so eindringlich an die Pflicht der Dankbarkeit und Nächstenliebe zu erinnern, denn ich sehe ja die Augen von so Vielen hier naß und thränengebadet, was mir vollkommen beweist, wie dankbar die Einen erkennen, was der Vollendete ihnen gewesen ist, sodann wie sehr der Verewigte geliebt wird von all' denen, die sich hier eingefunden haben.

Am Gebete für ihn, an Hülfe, falls derselbe doch noch einige Flecken abzubüßen hat, wird es sohin nicht fehlen. Möge es aber auch den anderen Abgestorbenen gegenüber von unserer Seite niemals fehlen, und vergessen wir sie nie, noch vergessen wir, für sie zu beten: O getreuester Heiland, erhöre unser Gebet, und lasse unser Rufen zu dir kommen, auf daß die gläubigen Seelen recht bald an den Ort des Friedens gelangen mögen! Zu diesem Ende lasset uns beten: Vater unser.... Ave Maria.... Amen.

Am Grabe einer frommen Dame.

Text: „Ihre Hand öffnet sie den Armen, und ihre Arme breitet sie aus nach dem Dürftigen."

Sprüchw. 31, 20.

Eingang.

Hochahnsehnliche Trauerversammlung!

Einst sprach König David die denkwürdigen Worte: „Immerdar sehe ich den Herrn vor meinen Augen, der zu meiner Rechten ist, damit ich nicht wanke". (Ps. 15, 8.) Diese Worte Davids geben zu erkennen, wo die Augen Davids hingegangen von der Zeit an, da er durch das unbehutsame Sehen zum Fall gekommen war. Auf den Herrn waren sie gerichtet, jederzeit hat der große König Gott vor Augen, um ja nichts Mißfälliges mehr zu vollbringen und in beständiger Ehrfurcht vor der unendlichen Majestät des Ewigen zu wandeln.

Andächtige! Die Entschlafene hier kann sich die so eben besprochenen Worte des königlichen Sängers David mit allem Rechte aneignen, denn ihr Wandel ist uns Bürge, wie sehr sie Gott vor Augen hatte, und sich auf ihn, gleich als ginge er ihr zur Rechten, stützte, um nicht zu wanken. Ein flüchtiger Blick auf ihr frommes Leben wird uns dieß bestätigen. (Lebensabriß, Charakteristik, Wirken, Tugenden, Krankheit, Ende, Spezielles über sie.)

Gestattet mir, noch einige Worte über den Grundsatz unserer verewigten N. N. zu sprechen, da er es war, der ihr die Auszeichnung verschaffte, von uns gerühmt und von Gott belohnt zu werden. Ich sage:

Gott vor Augen halten, ist den Gesunden wie den Kranken von größtem Seelennutzen, und dieses that die Entschlafene.

Andächtige! Wir können auf dieser Welt nichts Besseres thun, als Gott vor Augen haben. Warum? Wir befinden uns hier auf Erden, um Gott zu dienen. Nun aber wissen wir, wie es mit diesem Dienste ist; Alles, was uns da vor Augen kommt, verwirrt, zerstreut, bringt uns ab und verführt uns in diesem Dienste, daß wir mehr der Welt, den Creaturen, die wir sehen, als Gott, den wir nicht sehen, dienen. Wie kommt das? Wir mögen die Augen des Glaubens nicht gebrauchen, sonst würden sich Viele anders aufführen. Wie macht es der Höfling, wenn sein König ihn sieht? Seine Zucht, seine Ehrbarkeit, seine Behutsamkeit, seine Demuth, sein Fleiß, seine Leutseligkeit ...., kurz sein Wandel ist nicht genug zu rühmen. Wie macht es der Arbeiter, wenn er unter den Augen seines Herrn sich weiß? Er gräbt, er pflügt, er arbeitet, daß ihm der Schweiß von der Stirne rinnt. Woher dieses Benehmen? woher dieser Fleiß? Vom Auge des Herrn. Ein Gleiches sage ich von den Kindern Gottes: sie beten, sie arbeiten, sie sind reinen Herzens, züchtig, sanftmüthig, gerecht; warum? sie haben Gott stäts vor Augen; seine Gegenwart und das Bewußtsein der Allgegenwart Gottes bewirkt das.

Zeige mir dagegen einen Gottesleugner oder einen gottvergessenen Menschen überhaupt, so ist er gewiß ein Lästerer, oder Flucher, oder Zottenreißer, oder ein Wohllüstling, kurz, ein Mensch, der zu Allem fähig ist oder wird. Ein Mensch, der unter den Augen Gottes sich beständig weiß, wird ehrbar bleiben, wie Susanna, keusch, wie Joseph. Solche wollen lieber ungerechter Weise in die Hände der Menschen fallen, als vor dem Angesichte des Herrn sündigen.

Wer in den Augen Gottes wandelt, ist nicht unähnlich dem Soldaten, der unter den Augen seines Feldherrn oder Königs ficht; ein solcher thut, um gesehen, gerühmt und belohnt zu werden, Alles, was nur möglich ist, um den Sieg zu erhalten. Also und noch viel mehr die, welche im stäten Bewußtsein der Gegenwart ihres Gottes gegen Satan, die Welt und ihr eigenes Fleisch streiten. Ein Schiff im Sturme, das von den hochgehenden Wellen bedroht hin und her geschleudert wird, hat in dieser Gefahr kein anderes Mittel, als seine Anker, die es festhalten. Also findet auch die Seele auf dem ungestümen Meere dieses Lebens keinen besseren Halt, als die Gedanken an Gott fest zu ankern, sich an ihn zu klammern, ihn nie aus den Augen zu lassen.

Diesen Anker warf der hl. Ephräm aus, als ein lüsternes Weib zu Edessa ihn zur Sünde reizen wollte. Er hielt ihr Gottes Allgegenwart vor Augen und bekehrte sie. Auch der hl. Bernardus schreibt (serm. 74 in cant.): „Wenn ich Gottes Gegenwart in mir empfinde, so erweckt sie meine schläfrige Seele, so bewegt und erweicht sie mein steinhartes Herz, rottet aus das Böse und pflanzt an dessen Statt das Gute an.“ —

Lasset uns sehen, wie sich dieses Mittels, die Gnade Gottes sich zu bewahren, die Verlebte bediente. Gott sieht Alles, dieser Gedanke kam ihr nie aus dem Sinne, deswegen verrichtete sie täglich am Morgen, Mittag und Abend ihre Gebete zu Gott, deswegen wohnte sie so fleißig der heil. Messe und dem übrigen Gottesdienste bei, deshalb gab sie so gerne und so reichlich Almosen, fastete, wachte, tödtete ihren Leib ab und vollzog so viele Werke der Barmherzigkeit. Ihre Gottes- und Nächstenliebe war in der That eine Frucht des stäten Gedankens an Gottes Allgegenwart. Mit ihm war sie immer vereint. Dabei hielt sie sich, so fromm sie war, stäts für unwürdiger, als Andere; diese Demuth ist der schönste Beweis von der Wahrheit ihrer Frömmigkeit, der die Sündhaftigkeit des Menschen jederzeit vor Augen schwebt, die sich nicht begnügt mit Stillstand und dem bereits Errungenen, die sich niemals für vollkommen hält, sondern stäts nach größerer Vollkommenheit strebt. Diese Eigenschaften aber eignet sich nur der an, der dem Höchsten nachringt und nachstrebt, und Gott allezeit und allwärts vor Augen hat.

Dann aber läßt sich gut sterben. (Die letzten Tage der Verlebten. Spezielles.) — —

Geliebte! Es ist etwas überaus Köstliches um die hl. Religion; denn sie verläßt den Menschen nie und beseliget ihn im Leben wie im Tode. Ein frommgeführtes Leben ist der beste Trost, den wir mit in die Ewigkeit nehmen, und zugleich unseren Hinterbliebenen zurücklassen, denn ein solches Leben eröffnet uns die Aussicht in ein ewig herrliches, und bestätigt denen, die wir zu verlassen durch den Tod gezwungen sind, daß es uns im Jenseits wohl ergehe, beruhigt demnach den Sterbenden, sowie die Ueberlebenden.

Nur eine Klasse Menschen will sich hier am Sarge der — — — — nicht beruhigen lassen: es sind die Armen, ihre Armen. Allerdings habt ihr vollen Grund, zu weinen und zu klagen, denn euere Mutter ist nicht mehr unter den Lebenden auf Erden. Doch mißgönnet ihr den seligen Ort der Wonne nicht, wo sie nun weilet! Sie hat euch oft genug erfreut, gönnet nun auch ihr die ewige Freude, den Lohn ihrer Wohlthätigkeit und vertrauet auf den Herrn, der euch andere Gutthäter erwecken wird. — Zum Schlusse noch lasset uns das gewöhnliche Gebet für die Verstorbenen verrichten, das zu beten uns der Herr selbst gelehrt hat! Vater unser.... Ave Maria.... Amen.

Am Grabe eines Gelehrten.

Text: „Ich weiß wohl, daß du mich zum Tode führest, dorthin, wo das Haus bestellt ist Allem, was da lebt.“ Job. 30, 23.

Eingang.

Andächtige Trauerversammlung!

„Der Sünde Sold ist der Tod,“ spricht der Apostel. (Röm. 6, 23.) Nachdem unsere ersten Aeltern sich gegen Gottes Gesetz aufgelehnt hatten, da konnte es wohl nicht anders kommen; der unveränderlich getreue und wahrhafte Gott, welcher ihnen gedroht hatte: An welchem Tage immer ihr werdet gegessen haben von der Frucht des verbotenen Baumes, werdet ihr des Todes sterben; — er mußte sein Wort halten, und der allgemeine Ausspruch des Todes erging über Alle. Denn, sagt der Apostel (Röm. 5, 12.): „Durch Einen Menschen ist die Sünde in die Welt gekommen und durch die Sünde der Tod; und so ist der Tod auf Alle gekommen, indem Alle gesündiget haben.“ Wegen der Sünde also müssen wir Alle ohne Ausnahme sterben. Von solch' einem Baume kann auch nur solch' eine Frucht, von solch' einer Mutter auch nur solch' eine Geburt, von solcher Ursache nur eine solche Wirkung kommen.

Dieß im Geiste erwägend spricht darum Job: „Ich weiß es,“ o Gott, „daß du mich zum Tode führest, allwo das allgemeine Haus ist alles Dessen, was da lebet.“ Damit will er sagen: „Ich weiß es, du wirst meiner nicht schonen, wie auch keines Anderen; und böten auch die Reichen all' ihre Schätze dir an, du bist unerbittlich, großer Gott, in diesem Falle; das Urtheil muß vollzogen werden um der schweren Uebertretung willen, deren sich die Menschen einem so majestätischen Gott und Herrn gegenüber schuldig gemacht.

Wir haben heute einen kläglichen Beleg von der Wahrheit unseres Satzes. Einen edlen Mann haben wir soeben der Erde überantwortet. (Lebenslauf.) Mit großem Leidwesen sehen wir nun seine Gattin und die lieben Kinder des Hingeschiedenen das offene Grab umstehen, das so viele Gelehrtheit nunmehr bald bedeckt. Abermals drängt sich uns der Gedanke auf, abermals haben wir Gelegenheit zu unserer christlichen Erbauung zu erwägen:

1) **wie wahr es sei, daß wir sterben müssen,** dann aber auch:

2) **warum wir dem Tode verfallen;**

wir werden eine nützliche Lehre aus diesen Sätzen fließen sehen: wie man nämlich sich auf einen guten Tod zu bereiten habe.

I.

Das erste Wort, welches Job uns zur Betrachtung vorlegt, ist: „Ich weiß es;" womit der Dulder sagen will: Nicht allein der Glaube lehrt es mich, daß ich sterben muß, sterben wegen des Verbrechens meines Stammvaters; es fällt mir auch täglich in die Augen diese Wahrheit; die Erfahrung lehrt es mich, die vielen Gräber, die ich vor mir sehe, die Gebeine meiner Voraltern, die geschwächte und der Verwesung unterworfene Natur predigt es mir. „Ich weiß es;" denn ich greife es mit Händen, wenn ich einem Sterbenden die Augen schließe; ich höre es mit meinen Ohren, wenn ich an Palästen und Hütten vorüberziehe, aus denen Trauerklagen und Leichenklänge ertönen; ich betrete es mit meinen Füßen, so oft ich über die Gräber hinschreite; kurz: ich weiß es so sicher, daß mich kein Zweifel überkommen kann. Schön sagt hierüber Gregor v. Nyssa: „Post Genesin sequitur Exodus" d. h. „Nach dem Werden kommt der Auszug" aus dieser Welt. — Und Chrysostomus (in Ps. 120.) spricht: „Unser Leben besteht im Ein- und Ausgang."

O geliebte Zuhörer! Eine heilsame, eine ersprießliche Wissenschaft! Ich muß sterben! Diese Wissenschaft ist allein nützlicher als alle Philosophie, als alle Weisheit der Welt. Ich muß sterben: Dieses Wort hält Manchen ab von der Sünde und treibt Viele, Viele zur Tugend an. Ich muß sterben: Dieses Wort mäßiget die übermäßigen Freuden der Weltkinder und veranlasset immer neu und immer wieder die Thränen der Buße und die Besserung des Lebens. (Locus amplif.) O heilsames Wissen! Und wie weit ist dieses Wissen doch entfernt, wie wenig gegenwärtig ist es dem Geiste des verblendeten Sünders, der da sagt, er weiß es, und lebt, als wüßte er es nicht!

Heilsam ist dieses Wissen, denn es legt den ersten Grund zum Heile, zur Seligkeit. Wohlan, großer Gott! Es soll dieß Wissen künftig in meinem Herzen unter allen Wissenschaften den ersten Platz behaupten.

Ich muß sterben: Das ist die rechte Wissenschaft, Andächtige! Auch der, den wir soeben beigesetzt haben, hielt diese Wissenschaft, ob er gleich in vielen anderen noch zu Hause war, stäts für die erste. Aus dieser entstund bei ihm eine stäte Vorbereitung auf den Tod, ein Ekel an der Welt und ihrem Gepränge, insbesondere eine genaue Vereinigung mit seinem Gotte. (Locus amplif.) O lernet auch ihr, Hochansehnliche, diese Wissenschaft! —

Das andere Wort meines Trauerspruches lautete: „Dem Tode wirst du mich zuführen," dem Tode übergeben, dem Tode überliefern. So etwa wie der Richter einen Missethäter dem Nachrichter ausantwortet, so wird auch Gott mich dem Tode übergeben, daß er mich nach Gebühr strafe und nach jenem Hause bringe, das da bestellt ist für Alles, was da lebt. Dieses Haus des Todes aber ist — das Grab. Wahrlich, ein enges, ein finsteres Haus! ein mit Würmern und Unrath überfülltes Haus! Ein entsetzliches Strafgefängniß!

Ganz andere Häuser haben wir im Leben. Viele bewohnen sogar sehr geräumige Paläste, in denen sie essen, trinken, Gastereien veranstalten und hin- und herlustwandeln. Im Hause der Todten ist Alles verboten. Das Schmausen hat hier keinen Platz, das Lustwandeln hat hier ein Ende, wenn man nicht etwa die Würmer ausnehmen will, die den Todten verzehren, der sich in diesem seinem Hause nicht einmal aufzurichten im Stande ist, sondern allgemach zu Staub und Asche zerfällt, dem Spruche gemäß: Bedenk', o Mensch, daß du Staub bist und zum Staube zurückkehren wirst!

Andächtige! Nehmen wir aus diesem elenden Strafzustande ab, was für eine Bosheit in der Sünde verborgen sein muß, da sie der liebe Gott, der doch sonst die Güte selbst und dessen Milde und Langmuth ohn' Ende ist, also bitter straft, also strenge verfolgt. Bedenken wir sodann, daß wir diese Strafe zu gewärtigen haben um einer Schuld willen, die wir nicht selbst begangen, sondern von uns geerbt worden ist! Der Erbsünde wegen müssen wir so jämmerlich sterben mit ausbrechendem kalten Todesschweiße, unter schweren Kämpfen, die sich schon in den Zügen verrathen; sterben müssen wir unter Erstarrung aller Glieder, sterben unter den grausamen Händen des Todes um der Sünde willen. O schreckliche Bosheit der Sünde, deren Schuld wohl, aber deren Strafe nicht nachgelassen wird.

Die Sprache ist zu arm, um euch zu beschreiben, wie hoch Gott den Menschen geschätzt hat; man blicke nur hin auf Gottes Liebe und Sorge bei der Schöpfung des Menschen. Der Mensch allein ward als Gottes Ebenbild erschaffen unter den sichtbaren Dingen. Wie Gott sollte auch der Mensch unsterblich sein, nicht bloß der Seele nach, auch was den Leib betrifft, falls wir in der Gnade Gottes bestanden. Gott hat einen freien Willen, auch das Ebenbild sollte einen gleichen besitzen. Wie Gott einfach im Wesen ist, dreifach in den Personen, so ward auch des Menschen Seele erschaffen einfach in ihrer Natur, dreifach in den Seelenkräften: Verstand, Willen und Gedächtniß. Gott selig und heilig in sich, auch das Bild selig und heilig in Gott. Ja der Mensch war damals ein König und Herrscher der ganzen Welt. (1. Mos. 1, 28.) Noch höher war der Mensch in den Gaben der Gnade; er war geziert mit der ursprünglichen Gerechtigkeit, mit den eingegossenen Tugenden und mit der Unsterblichkeit auch des Leibes. Wie groß war der Mensch in den Augen Gottes!

II.

Allein es dauerte nur so lange, bis er sündigte. Da waren alle Vortheile und Vorzüge, alle Gaben und Gnaden mit Einem Male fort. Da wurde er, gleich dem Thiere, — sterblich. Warum gilt nun das Wort Job's? der da sagt (14, 1.): „Der Mensch, vom Weibe geboren, nur kurze Zeit lebt er, und ist vielen Jammers voll.“ Warum dieß? Wegen der Sünde. Sie hat das Silber verändert in Schaum, die Reichthümer in Armuth, die Zierde in Unzier, die Freude in Leid, das Paradies in Elend, den Ueberfluß in Mangel, die Gesundheit in Krankheit, das Leben in Tod. Wegen der Sünde ist das Alles so verkehrt worden in Bitterkeit, und hat Gottes Güte, Barmherzigkeit und Liebe gegen uns Menschen nicht ihre volle Wirkung gezeigt.

Das saget zu euch selber, wenn ihr einen Sterbenden mit dem Tode ringen sehet, wenn der beängstigte, entfliehende Geist mit dem Körper so grausam verfährt, wenn dieser in die Züge greift. Alsdann saget: Nun seh' ich die Wirkung der Sünde; und wenn ich von der Wirkung einen Schluß ziehe auf die Ursache, so wie ich aus dem Rauche auf Feuer schließe, da muß ich aufschreien: Mein Gott, welch' grausames Uebel ist die Sünde! Sie hat unseren Stammvater Adam aus dem Paradies in's Elend verbannt. Aber sie hat auch da noch nicht gerastet; sondern stürzet alltäglich die Menschen in den Tod, Einen nach dem Andern, Alle, Alle! Selbst nach Erlassung der Erbschuld noch züchtigest du uns, und nimmst diese einmal ausgesprochene Strafe nicht zurück." Ja, Gott schuf den Menschen zur Unvergänglichkeit, und als Abbild seines Gleichnisses bildete er ihn. Durch des Teufels Neid jedoch trat der Tod herein in die Welt." (Weish. 2, 22. 23.) Nun müssen wir Alle sterben; o vergessen wir das nie! Denket daran, wenn ihr einen Todten sehet heraus auf den Gottesacker tragen, und schöpfet aus einer jeder dieser Trauerbegebenheiten einen unüberwindlichen Ekel an der Sünde; beweinet sie, und bittet Gott, er möge seine vernünftigen Creaturen und Ebenbilder doch wenigstens nicht mit dem ewigen Tode bestrafen, vielmehr wolle er ihnen in Ansehung der überstandenen Strafe des leiblichen Todes das ewige Licht leuchten lassen.

Das wünschen wir heute auch den eben so edlen als gelehrten Manne, dessen Leichnam wir dem Staube übergeben haben. Möge ihm durch Gottes Barmherzigkeit und die Verdienste Jesu nachgelassen werden, was er durch menschliche Schwachheit gesündiget hat! — —

Wir aber, die wir noch leben, wollen, da auch wir dem Tode entgegen gehen, uns auf ihn vorbereiten, daß er, wenn er kommt, uns bereit findet und bußfertig antreffe. Dieß geschieht dadurch, daß wir fest glauben an eine Ewigkeit, an einen Himmel und eine Hölle, die zu unserer Belohnung oder Bestrafung da sind. Sodann, daß wir beten: „Herr, strafe mich nicht in deinem Zorne." ... Gebrauchen wir auch die Bußmittel und hl. Sakramente, welche die Strafe tilgen. Denn wer sich selbst straft im Leben, den wird Gott nicht in der Ewigkeit strafen. Greifet zu diesen Mitteln wie einst die Niniviten! Wachet und betet! so werdet ihr auch stäts bereit sein.

Für den Abgeschiedenen aber wollen wir beten, Gott möge ihn in seine Gemeinschaft aufnehmen. In dieser Hoffnung sprechen wir: Vater unser .... Ave Maria.... Amen.

Am Grabe eines Beamten oder Richters.

Text: „Auf dem Thron dann sitzt der Richter,
Blitzt in alle Dunkel Lichter,
Allen Freveln ein Vernichter."
Kirchenlied: dies irae.

Eingang.

Hochansehnliche, in tiefer und schmerzlicher Trauer Versammelte!

Wir übergeben heute der Erde, unserer allgemeinen Mutter, den wohledlen Herrn N. N. (Titel), dessen liebe Seele der allerhöchste Gott wolle in Gnaden aufgenommen haben. In wie allgemeiner Achtung und Liebe der Verlebte bei uns gestanden, bezeugt uns die Theilnahme der so zahlreich und in ungeheuchelter Rührung dastehenden Versammlung. Wie sehr er diese ihn ehrende und seine theueren Angehörigen tröstende Theilnahme verdient, möge ein Blick auf sein wirkungsreiches Leben uns beweisen. (Lebenslauf: Aeltern, Geburt, Studien, Anstellung, Wirkungskreise, Charakteristik, Wirken, Tugenden, Individuelles, Familie, Krankheit, Ende.) Dieß das Leben eines Mannes, das unseres Lobes nicht bedarf, indem es sich selbst lobt.

Aber eine Betrachtung, Geliebte, lasset uns an den so betrübenden Trauerfall knüpfen. Bei Erwägung des Amtes, welchem der Verewigte vorstand, bei Erwägung seines Berufes sind mir sofort die ernsten Worte meines Trauertextes in den Sinn gekommen, Worte, deren sich die Kirche bei jedem Seelenamte bedient. Nämlich:

„Auf dem Thron dann sitzt der Richter,
Blitzt in alle Dunkel Lichter,
Allen Freveln ein Vernichter."

Kaum hatte ich diesen Spruch etwas reiflicher erwogen, so gedachte ich, wie gut er zu verwerthen sei. Denn erstens hat er für den Verewigten nichts Schreckliches, indem es dem Wohledlen, an dessen Gruft wir stehen, nur von Nutzen sein kann, wenn Alles, was er gethan, an's Licht kommt, da er ein gerechter Richter war, der Keinem, wie man zu sagen pflegt, zu Lieb' oder zu Leid gesprochen .... (Locus amplif.) Sodann schien mir der Spruch auch für uns sehr gut zu sein, indem er uns erinnert, auf alle unsere Werke ein sorgsames Auge zu haben, damit nichts, sei es nun öffentlich oder heimlich, von uns geschehe, dessen, wenn der Richter im Himmel es einst an's Licht ziehen wird, wir uns zu schämen hätten.

Denn, Geliebte!

1) **Es ist nichts so heimlich, daß es nicht an den Tag kommt, sei es nun hier oder beim letzten Gerichte.**

2) **Es ist aber auch nichts so heimlich, daß es nicht entweder schon hier oder an jenem Tage gestraft wird.**

I.

Niemand kann daran Zweifel hegen: Gott weiß Alles, auch die geheimsten Gedanken. „Nichts ist verborgen, das nicht offenbar wird gemacht werden; auch nichts so heimlich, daß es nicht auskommt." (Matth. 10, 26.)

Oft werden die heimlichen Sünden und Laster schon in diesem Leben bekannt. Kain vermeinte, es wüßte Niemand von seinem Brudermorde. Gleichwohl ward es offenbar, die Stimme Abels schrie zum Himmel um Rache und jedes Kind kennt den Brudermörder Kain. Auch Putiphar glaubte ihr Vergehen recht heimlich gemacht und ihre Sache recht gut verborgen zu haben. Dennoch kam die Unschuld und Keuschheit Josephs nur zu bald an das Tageslicht. Die wahre Mutter jenes Kindes, um das sich zwei Mütter stritten, ward ebenso bekannt, als die beiden Alten erkannt und entlarvt wurden, welche die Susanna zu verderben getrachtet hatten. So bleibt Vieles schon hier nicht verschwiegen.

Was nun das andere Leben betrifft, so wird dort Alles ohne Ausnahme offenbar und aufgedeckt. Alsdann wird der Richter mit seinen Aposteln sitzen und richten die zwölf Geschlechter Israel, und es wird Alles hier noch klarer als auf Erden sich herausstellen. Kein heimlicher Gedanke, keine heimliche Sünde wird übrig bleiben, Alles hat Gott wie in einem Buche genau angemerkt. Deßhalb lesen wir bei Sophonias (1, 12.): „Zu jener Zeit," spricht der Herr, „werde ich Jerusalem durchsuchen mit Laternen;" d. h. das Verborgenste wird an das Licht gezogen. Nicht nur Babylon, auch Jerusalem wird durchsucht werden, d. h. nicht nur die Sünden der Gottlosen, auch die Fehler der Guten werden bekannt. Zwar sprechen die Bösen (Sir. 23, 26.): „Finsterniß umgibt uns, die Wände bergen mich und Niemand schauet nach mir; wen soll ich fürchten?" Aber schon hat ihn Gott, dessen Auge überall ist, gesehen. Denn (ebend. 28.): „Gottes Augen sind viel heller als die Sonne."

Diese Glaubenslehre hatte sich der Verewigte tief in's Herz geprägt und ihr gewissenhaft nachgelebt. Er war nicht einer von jenen Richtern oder Beamten, welche nur darauf bedacht sind, ihren Säckel zu füllen, die Parteien aufzuhalten, die Prozesse hinauszuschieben, nach Willkür und Leidenschaft zu urtheilen. Vielmehr suchte er wo es möglich war, zu vergleichen, zu versöhnen und beizulegen. Unbestechlichkeit war sein Charakter, Leutseligkeit seine Freude, Nutzen stiften sein Beruf. Den Christenpflichten kam er getreu nach, im Großen wie im Kleinen leuchtete er Allen mit seinem Beispiele vor, denn er wußte, daß Viele auf ihn sahen und sich nach ihm richteten. (Näheres.) Deßhalb hoffen wir, der ewige Richter werde ihn nicht nur erkannt, sondern auch mit seiner Anschauung belohnt haben. Denn sein Ende war ein gottseliges; er starb wohl vorbereitet und wohl versehen.

II.

Um zu meinem Gegenstande wiederum zurückzukehren, kann ich auch den zweiten Punkt nicht unerwähnt lassen: daß Gott die heimlichen Sünden nicht nur kennt und offenbar macht, sondern auch straft, sei es nun hier oder dort; Gott ist nicht nur ein allwissender, sondern auch ein gerechter Richter. Straft Gott das Böse schon hier, so ist dieses ein Zeichen seiner Güte, indem er dann gewillt ist, in jenem Leben nicht züchtigen zu müssen. Deßhalb sagt der große Geisteslehrer: „Hier brenne, hier schneide, nur schone mein in der Ewigkeit." Hiemit stimmt überein, was wir im II. Buche der Machabäer (6, 13.) lesen: „Alsbald Züchtigungen anzuwenden, ist Merkmal großen Wohlwollens." So strafte Gott auch den David schon hier und ließ ihm durch Nathan sagen: „Zwar hast du es gethan im Geheimen, ich aber werde diesen Ausspruch erfüllen vor den Augen von ganz Israel und angesichts der Sonne." (2. Kön. 12, 12.) Also strafte Gott auch die Israeliten in der Wüste, und Moses und Aaron, indem sie sterben mußten, ehe ihr Fuß das gelobte Land betrat, denn sie hatten an Gottes Worten einigermaßen Zweifel gehegt.

Bleibet diese zeitliche Strafe dagegen aus, o Geliebte! dann heißt es:

„Auf dem Thron dann sitzt der Richter,
Allen Freveln ein Vernichter."

Alsdann wird Alles auf's Strengste gerächt, denn dann waltet Gottes Gerechtigkeit vor. Deßhalb ruft der Dulder Job aus: „Ich fürchtete bei all' meinen Werken, wissend, daß du den Fehlenden nicht schonest." (9, 28.) O herbes Wort! Also Nichts bleibt ungestraft? Aber wie dann? Uebt denn nicht auch der Richter zuweilen Gnade, wenn der arme Sünder darum ansteht? Um wie viel mehr wird das nicht Gott thun, sagt man, Gott, dessen Eigenschaft es ist, sich zu erbarmen und zu verschonen? Ja, Andächtige, dieses ist wahr und bleibt wahr: Gott übt Gnade, und ist barmherziger als alle Menschen, aber nur so lange dieses Leben dauert. Nach dem Tode ist es aus mit Gottes Barmherzigkeit, alsdann waltet die Gerechtigkeit.

„Auf dem Thron dann sitzt der Richter,
Allen Freveln ein Vernichter." — —

Deßhalb lasset uns bei Zeiten uns selbst richten und strafen, damit wir nicht gerichtet und gestraft werden von Gott, sei es nun hier oder dort! So wollen wir denn in diesem Buß- und Genugthuungsgeiste Alles übernehmen und gerne ertragen, was uns Gottes zeitliche oder ewige Strafen erspart. Erforschen wir selbst unser Gewissen, um uns auszusöhnen mit Dem, vor welchem nichts verborgen ist, damit wenn der große Tag des Richters wird gekommen sein, alles Böse und Fehlerhafte ausgelöscht sei.

Und nun wollen wir noch im Gebete der Seele unseres abgeschiedenen Mitbruders gedenken, auf daß Gott, falls er noch nicht alle Fehler sollte abgebüßt haben, diese ihm gnädig nachsehe. Vater unser .... Ave Maria .... Amen.

Am Grabe eines Rechtsgelehrten.

Text: „Vor dem Richterstuhle Christi werden wir Alle offenbar werden, damit ein Jeder empfange nach dem, wie er in diesem Körperleben gehandelt hat, es sei nun gut oder böse." II. Cor. 5, 10.

Eingang.

Hochansehnliche!

Mit Trauer und Schmerz haben wir dem wohlgeborenen Herrn N. N. (Titel) die letzte Ehre erwiesen und seiner theueren irdischen Hülle das Geleite zu ihrer letzten Ruhestätte gegeben. Ach, wer sagt uns, wie viel wir verloren haben! Der Verlebte war eine starke Säule des Rechtes und der Gerechtigkeit (Spezielles über den Verlebten.) Dieses war er uns, war er seinem Vaterlande. Bei der allgemeinen Theilnahme für den Verewigten wird es gewiß interessiren, auch mit dessen übrigen Lebensverhältnissen bekannt zu werden. (Lebensabriß, Charakteristik, Wirken, Ende ꝛc.) Doch so bewandert er auch war in der Wissenschaft des menschlichen Rechtes, er war es nicht minder in jener des göttlichen Rechtes und unterschied genau, was den Menschen, was dem Kaiser und was Gott gebührte. Daß er selbst einst im Gerichte vor Gott erscheinen und offenbar gemacht würde, vergaß er nie. Darum war sein Leben derart geordnet, daß das besondere Gericht, welchem sich der Mensch sofort nach seinem Ableben unterziehen muß, ihn von nennenswerthen Fehlern würde frei finden.

So ist uns denn, Geliebte, der Verewigte noch im Tode ein Lehrer und zwar des göttlichen Rechtes, und wollen wir zu unserem ewigen Nutzen hier mit ihm in Kürze die Hauptmomente des besonderen Gerichtes erwägen, nämlich:

1) **Wer der zu Richtende,** sodann
2) **wer der Richter sei,** endlich
3) **was für ein Urtheil dort gefällt werde.**

I.

Wenn mit dem Tode Alles vorbei wäre, gewiß, dem Sterben wäre alsdann der größte Schrecken, dem Tode wäre sein empfindlichster Stachel genommen. Allein dem ist nicht also. Auf den Tod folgt das Gericht; da heißt es: zur Rechenschaft! vor Gericht! Dieß, Andächtige, macht den Tod erschrecklich, denn der Mensch steht in Gefahr, alsdann ein unangenehmes Urtheil zu hören.

Dieses näher zu betrachten, lasset uns erstlich erwägen: wer in diesem Gerichte vor die Schranken zu treten hat. Der Glaube lehrt uns nun, daß es unsere arme Seele ist, die allda unsere Person zu vertreten und sich zu verantworten hat. Darum sagt die hl. Schrift: „Es ist Gott etwas Leichtes, am Tage des Todes einem Jeden zu vergelten nach seinem Wandel.“ (Sir. 11, 28.) Und Paulus lehrt: „Es ist dem Menschen bestimmt, einmal zu sterben, darnach aber folgt das Gericht.“ (Hebr. 9, 27.) Es ist dieses ununterbrochene Erblehre der hl. Kirche.

O beherzigen wir dieses doch ja! Merke dir es, liebe Seele, sobald du vom Leibe wirst abgesondert sein, wirst du stehen vor Gottes Gericht, ohne daß Aeltern, Freunde, Verwandte, Sachwalter auch nur einen Schritt für dich thun können. Noch ist dein Leib nicht erkaltet, so ist deine Seele für die ganze Ewigkeit gerichtet. O entscheidende, o gefährliche Stunde! Wahrlich ein bedenklicher Augenblick, mit Gott abzurechnen. Wehe denen, welchen die gefallenen Engel vorwerfen: Wir sind nur einmal von Gott abgewichen, ihr habt tausendmal gesündigt. Wir sind nicht erlöst worden, ihr wurdet schon einmal begnadigt. Fort mit diesen, sie gehören in unser Reich!

O kommen wir doch jenem Gerichte zuvor! Prüfen wir uns selbst und schlagen an unsere Brust, sprechend: O mein gekreuzigter Erlöser, ich bin mir meiner vielen Sünden bewußt und bereue sie vollständigst; nie sollen sie sich wiederholen; bin ich auch seither meiner Freiheit und meinen Begierden nachgegangen, von nun an ist es vorbei. Erfülle meine Seele mit Zerknirschung, damit, wenn der Tag des Gerichtes mit meinem Tode kommt, ich rein sei vor dir! O wie schäme ich mich meiner Vergehungen, voller Schamröthe muß ich mit der Kirche beten:

„Strenger Richter meiner Treue,
Ach verzeihe meiner Reue
Vor dem Tage, den ich scheue!
Seufzend geb' ich mich für schuldig,
Mein Erröthen schaue huldig,
Sei mir gnädig, sei geduldig!"

II.

Den anderen Punkt anlangend, so ist der Richter — Jesus Christus, der sich für uns hat anklagen, verurtheilen und kreuzigen lassen; denn wir lesen: „Der Vater hat das ganze Gericht dem Sohne übergeben, daß Alle den Sohn ehren, wie sie den Vater ehren." (Joh. 5, 22. u. 23.) Diesem Richter aber wird einst an Strenge und Beständigkeit in dem gefaßten Urtheile nichts gleichkommen.

O meine Seele, was soll dieß werden! Ich hatte gehofft, an Jesus einen Mittler und Fürsprecher zu haben, denn so hat es der Apostel versprochen: „Wir haben beim Vater an Jesus einen Sachwalter." (1. Joh. 2, 1.) In dieser Meinung werden wir bekräftigt, indem man uns in der Todesstunde das Bild des Gekreuzigten in die Hände drückt und zum Kusse darreicht, auch den Namen Jesus anzurufen uns ermuntert; und nun — höre ich, daß Jesus uns auf's Schärfste richten wird, sobald sich die Seele vom Leibe getrennt hat und der Odem entflohen ist.

Dem, Andächtige! ist wirklich nicht anders. So lange wir leben ist der Menschensohn beim Vater unser Mittler; sind wir dagegen hinübergegangen in die große Ewigkeit, alsdann wird er unser Richter heißen, und gerade die Wunden, die er für uns empfangen, und das Blut, das er für uns vergossen hat, werden, falls wir die Vermittlung Jesu unbenutzt ließen, einen Haupttheil unserer Anklage bilden. Das Lamm Gottes, geschlachtet zur Hinwegnahme der Sünden der Welt, wird sich verwandeln in den Löwen aus dem Geschlechte Juda, der nur von Strenge und Gerechtigkeit redet.

Deßhalb lasset uns bei Zeiten die Vermittlung Jesu anflehen, werfen wir uns ihm zu Füßen, da wir noch leben, ergreifen wir das Kreuz Jesu jetzt und halten wir getreu zu ihm bis an's Ende! Umsonst wird man die Huld und Gnade Jesu anflehen, wenn es mit diesem Leben zu Ende ist.

III.

Und nun, Andächtige! übrigt uns nur noch das Urtheil. O es ist dieses kein verborgenes, kein unergründliches, kein nicht vorauszusehendes: Die Gerechten werden eingehen in die himmlischen Freuden, die Gottlosen in die ewige Pein. O welch' ein Schreckenswort: „In's ewige Feuer!" Wenn der Richter einen Missethäter zum Galgen, oder zum Rade, oder zu den Galeeren verurtheilt, da bebt auch des beherzten Mannes Herz und er fühlt sich ergriffen. Allein diese zeitlichen Strafen sind gegen die jenseitigen nur Schatten und gleichsam Kinderspiel. Jene Strafen der Ewigkeit werden über alle Beschreibung empfindlich sein.

Wie blind ist daher unsere Seele, wenn wir diesem Unfalle nicht vorbeugen, wenn wir uns leichtsinnig in diesen Abgrund von Elend stürzen. Welche Qual, wenn das höllische Feuer nur eine Minute, eine Stunde, einen Tag, eine Woche, einen Monat oder gar ein ganzes, ganzes Jahr dauern und uns peinigen würde! Aber das Alles ist nichts gegen die Qual von Tausend und von Millionen Jahren, gegen die ewige Feuerqual! Wer, Geliebte, kann dieses glauben und dennoch gottlos sein? Wer kann dieß überdenken und dennoch den so unerbittlich strengen Richter zu reizen fortfahren? Das können nur die Ungläubigen und jene Sünder, die in ihrer Gottlosigkeit verhärtet sind. — —

Lasset uns, Verehrte, das Auge von jener Rotte Ungläubiger und Verstockter hinwegwenden; kehren wir unser Herz dem Richter, unserem jetzigen Mittler zu und sprechen wir: O mein Erlöser! Du weißt, was für ein Unheil mich treffen würde, wenn ich jetzt sterben müßte und vor deinem Richterstuhle mich einzufinden hätte. O wie armselig und unglücklich wäre ich alsdann, kein Geschöpf unter der Sonne hieße elender, denn ich. Deßhalb falle ich vor deinem Throne nieder und bitte dich, du wollest mich nicht unversehens sterben lassen, sondern mir Zeit gönnen zur Buße, mit der ich sofort beginnen will. Sende mir jenen Geist, welcher dir rechtschaffen dienet, deine Gerichte fürchtet, sich zeitig vorbereitet auf dein Gericht, damit dein Urtheil einst ein gutes sei und mir die Seligkeit ankünde. —

Für den Verblichenen, der so meisterlich verstand, was für ein Recht Gott auf ihn habe, und er ihm von Rechtswegen schuldig sei, für ihn lasset uns die Hände zum Himmel erheben und, falls er denn doch noch im Rückstande mit einer zeitlichen Strafe sein sollte, das gewöhnliche Gebet verrichten: Vater unser .... Ave Maria .... Amen.

Am Grabe eines Notars.

Text: „Vorgezeigt wird mit dem Buche,
Was da Allen dient zum Spruche,
Hier zum Segen, dort zum Fluche."
Kirchenlied: dies irae.

Eingang.

Hochansehnliche Trauerversammlung!

Ein betrübender Fall hat uns hier versammelt, indem wir es für unsere schmerzliche Pflicht gehalten, dem verlebten wohledlen Herrn N. N. (Titel) die letzte Ehre zu erweisen. Der Verewigte war geboren zu — im Jahre —. (Lebensabriß.) So hat er denn viele Jahre unter uns gelebt und gewirkt, jeder Tag eine neue Gelegenheit, uns wesentliche Dienste zu leisten. Allen stand sein Geschäftszimmer offen, Allen diente seine Feder und Kenntniß des Rechtes, Allen stand er mit Rath und That bei. Seine Akten und Bücher bezeugen es, wie groß das Zutrauen war, das er ringsum besaß. Wie oft wurde nicht in diesen Akten und Schriften und Büchern die Formel gebraucht: Zum ewigen Andenken! Wie Vieles wurde nicht in den Aufzeichnungen des Verlebten für Welt und Nachwelt beurkundet!

Aber, Verehrliche! auch Gott hat ein solches Urkundenbuch zum ewigen Angedenken. Es ist das Buch seiner Allwissenheit, welches den Guten zum Ruhme, den Bösen zum ewigen Nachtheile wird hervorgezogen werden, ein Buch, worin Verdienst und Schuld eines Jeden genau eingetragen sind.

Ich glaube, es ist am Platze, wenn ich von diesem Buche, das dereinst wird hervorgezogen und aufgeschlagen werden, heute zum Lobe des so allgemein Betrauerten, sodann aber auch zu unserer Erbauung einiges Nähere vermelde. Welche Einträge — Gott in jenem Buche gemacht, das muß wohl dem Verewigten unbekannt geblieben sein; denn wem ist der Sinn des Herrn bekannt und wer ist sein Rathgeber gewesen? Dieses aber bleibt ausgemacht:

Wer, wie der Vollendete, ein gutes Gewissen hegt, der steht im Buche Gottes wohl angeschrieben.

Gut steht es im Buche Gottes um Denjenigen, der ein gutes Gewissen hat. Was auch sollte einem Solchen fehlen? Er kann mit dem Jünglinge im Evangelium getrost sprechen: „Dieß Alles," was du begehrst, o Gott! „habe ich von Jugend auf beobachtet." (Mark. 10, 20.) Gerne zwar gestehe ich einige Ungeeignetheiten, Fehler und Uebereilungen zu, aber gröblich und tödtlich habe ich dich nie beleidiget. — So kann der sprechen, der ein gutes Gewissen hegt und mit hinüberbringt und von Jugend auf die Gebote Gottes gehalten hat. Was sollte in der That auch dem fehlen, der den Erleuchtungen, Einsprechungen und innerlichen Antrieben des hl. Geistes nachzukommen stäts beflissen war? Ein solcher kann im Buche Gottes nicht übel angeschrieben sein! Was sollte ihm auch abgehen? was ihm Schrecken verursachen? Was könnte ihn beschämen, der die Schranken des Gesetzes nie durchbrochen, die Gerechtigkeit beobachtet, die Liebe gegen Gott und den Nächsten geübt, die letzten Dinge des Menschen öfters betrachtet und, was seiner Seele noth thut, sich anzueignen verstanden hat? Enthält ein Buch, in dem solches über uns verlautbar ist, nicht Alles, was uns trösten muß? Glücklich der, über dessen Handlungen, Worte oder Werke solch Günstiges verhandelt wird und eingezeichnet steht!

Nun aber können wir mit aller Wahrheit sagen, daß dieses Zeugniß das Gewissen des Verlebten dem Hingegangenen geben muß. Wer ihn von Jugend auf gekannt hat, der muß es eingestehen. Hören wir sein Leben! (Lebenslauf....) Noch reicher war sein inneres Leben; jederzeit wohnte eine reine unschuldige Seele in ihm. Mit seiner Gemahlin lebte er so friedlich und glücklich, daß sein Haus einem irdischen Himmel glich. Seine lieben Kinder sind musterhaft gezogen. Fern war er von auch nur einem Schatten von Parteilichkeit und Ungerechtigkeit. Jedermann rühmt seine Herablassung und Leutseligkeit, seinen Fleiß und gewissenhaften Eifer, sowie seine Freigebigkeit gegen die Nothleidenden. (Näheres, Spezielles.) Hiezu kommen noch die Tugendübungen, denen er sich als gläubiger Katholik unterzog und der fleißige Gebrauch der hl. Sakramente. (Locus amplif.) Seine Krankheit ertrug er mit christlicher Geduld, seinen Tod mit rührender Ergebung. (Krankengeschichte, Ende, Individuelles.) Sanft war sein Ende, leicht sei ihm die Erde!

Wer will, ihn kennend, wie wir ihn kennen, bezweifeln, daß der Selige wohl angeschrieben sei im Urkundenbuche Gottes?

Im Buche der Sprichwörter (15, 15.) lesen wir daher: „Ein ruhiges Gewissen ist wie ein beständiges Gastmahl.“ Deßhalb wird dem Entschlafenen das Buch Gottes, das ihm vorgelegt wird, ebenso großes Vergnügen gewähren, wie eine angenehme Speise, die man fröhlichen Gästen vorsetzt. Der hl. Bernhard (l. de conscient.) sagt: „Nichts ist freudiger, nichts sicherer, nichts reicher, als ein gutes Bewußtsein.“ Dagegen ist ein böses Gewissen eine Natter am Herzen, eine Pest im Hause; hier in einem solchen Menschenherzen herrscht ewig Unruhe, Gefahr und Elend. Mehr als die nagenden Würmer die Leiche verzehren, verzehrt und peinigt der nagende Wurm eines bösen Gewissens die Seele im Leben wie im Tode und nach dem Tode.

O wie glückselig sind die, welche ein reines Gewissen besitzen, wie sicher leben sie, wie sicher sterben sie, denn sie dürfen hoffen, das Buch Gottes werde nichts Nennenswerthes gegen sie verzeichnet enthalten! — —

Andächtige! Lernen Sie das heute aus unseren Worten, lernen Sie es aus dem Wandel des Entschlafenen: nämlich wohl Acht zu geben auf das Buch unseres Gewissens, welches die Copie, gleichsam das Duplikat jenes Buches ist, das Gott einst aufschlagen wird! Hüten wir dieses Buch unseres Gewissens, daß die Schwärze der Laster und Sünden es nicht bis zum Erschrecken beschmutze. Sollte es doch verunreinigt sein, machet euch durch die Buße ein neues Gewissen, ziehet den neuen Menschen an und tilget die Spuren des Bösen durch Bußthränen. Der hl. Chrysostomus sagt: „Deine Sünden sind in dem Buche aufgeschrieben: ein (nasser) Schwamm aber sind deine Thränen; weine, so werden sie ausgetilgt und das Buch rein sein!“ (Hom. 2 in ps. 50.) „Eine große Kraft,“ fährt er dann fort, „ist in den Zähren: die Martyrer vergießen ihr Blut, die Sünder ihre Thränen. Das Weib im Hause Simons (Magdalena) vergoß kein Blut, sondern Thränen, und doch löschte sie hiemit ihre Sünden.“

Wohlan, mein Jesu! Wir wollen sofort unser Gewissen befragen, wie wir in deinem göttlichen Richterbuche angeschrieben sind. Ja, lasset uns das thun, Geliebte! Vergleichen wir die Copie mit dem Originale, unser Gewissen mit dem Buche der Allwissenheit des Ewigen, halten wir beide gegeneinander! Sollten wir statt der reinen — schwarze Stellen finden, tilgen wir sie augenblicklich durch die Thränen der Reue! Ja, meine Freunde, wer die Gewissensbisse aus dem Herzen beseitigen will, der muß die Reue in dasselbe einführen. Nur so, meine Theueren, wird, wenn Christus kommt, zu richten, Alles richtig sein. Noch heute also lasset uns alle Zähren aufbieten, wenn eine Schuld uns drückt, denn Bußthränen allein erweichen, was uns drückt.

Lasset uns aber auch des Verstorbenen nicht vergessen, erweisen wir ihm die christliche Liebe, und sprechen, falls er noch mit einigen kleinen oder nicht genugsam abgebüßten Sünden im göttlichen Allwissenheitsbuche wäre angeschrieben, in Andacht: Vater unser .... Ave Maria .... Amen.

Am Grabe eines Sachwalters.

Text: „Wir haben ein Gesetz und nach diesem muß er sterben.“ Joh. 19, 7.

Eingang.

Hochansehnliche Trauerversammlung!

Daß Jesus Christus, unser Heiland, unschuldig gestorben sei, ist aller Welt bekannt. Losgegeben hätte er müssen werden, denn Pilatus fand keine Schuld an ihm; seine Ehre hätte müssen ersetzt werden; diejenigen, die ihm Backenstreiche versetzt, die ihm die Augen verbunden, in's Angesicht gespieen hatten, hätten abgestraft werden müssen, wenn Alles wäre gerecht zugegangen. Aber der Tod Jesu war den Pharisäern und Schriftgelehrten ein Mittel, um sich selbst oben zu erhalten. Sie wollten den Sohn Gottes nicht zum König ihrer Seelen haben, sie wollten von seinem geistigen Reiche nichts wissen. Deßhalb riefen sie, es sei besser, daß ein Mensch sterbe, als daß das ganze Geschlecht verderbe. Dieses war das Gesetz, das sie zu haben glaubten, das sie vorschützten, auf das sie sich beriefen, indem sie sagten: „Wir haben ein Gesetz, und nach diesem muß er sterben."

Andächtige! Mit größerem Rechte können wir dem theueren Verblichenen, dem wohledlen Herrn N. N. (Titel) und dessen verehrlichen Freunden obige Worte zurufen. Umsonst war, was wir gethan. Wir Menschen haben ein Gesetz, und nach diesem Gesetze müssen wir Alle ohne Ausnahme sterben.

„Ihr werdet sterben," sprach der Herr zu Adam. (1. Mos. 2, 17.) Und der Apostel Paulus bestätigt es: „Es ist dem Menschen gesetzt, daß er einmal sterbe." (Hebr. 9, 27.) Wir sehen dieses Gesetz täglich und stündlich in Ausübung.

Auch der in den Gesetzen so wohlbewanderte Herr N. N. hat diesem Gesetze unterstanden und Folge leisten müssen. Es macht also keine Ausnahme, ist ein so allgemeines Gesetz, daß es wohl werth sein dürfte, dasselbe des Näheren kennen zu lernen. Ich sage:

1) dieses Gesetz des Sterbens ist unveränderlich und

2) leidet keine Ausnahme oder duldet eine etwaige Berufung; günstig ist es nur den frommen Christen.

I.

Wie unerbittlich der Tod waltet, wie unveränderlich das Gesetz des Sterbens ist, zeigt uns wiederum der heutige Trauerfall. Wir haben einen großen Verlust durch seinen Hintritt erlitten; ein Blick auf sein Leben wird dieses bestätigen. (Lebensabriß, Charakteristik, Wirken, Familie, Individuelles, Krankengeschichte, Ende.) Können wir uns also auch nicht wundern, wenn der in den Gesetzen so erfahrene Herr dem Gesetze des Sterbens sich pünktlich unterwarf und Folge leistete, wie es den Gesetzen gebührt, so müssen wir es doch tief bedauern, da uns dadurch ein empfindlicher Verlust zuging. — Aber Gott ist unveränderlich. Gleichwohl, so auffallend es klingt, hat er vielmals seine Gesetze und gefaßten Beschlüsse geändert, wenigstens wie es uns scheint. Abraham wird angewiesen, seinen Sohn Isaak zu opfern; dennoch ward das Wort zurückgenommen. Wie streng war nicht das Gesetz der Beschneidung; dessenungeachtet ward es umgeändert in die hl. Taufe. Ninive sollte untergehen in kürzester Frist, dennoch ward es verschont. Die Schwierigkeit dieser Frage wird sich indessen lösen, wenn wir erfahren, wie Gott gewisse Gesetze bedingt, andere dagegen unbedingt erlassen hat.

Das Gesetz des Sterbens nun ist ein absolutes, ein unbedingtes, daher ein unveränderliches. Wer immer ein Kind Adams heißt, der muß sterben. Mochten die Erzväter ihr Alter auf noch so viele Jahre bringen, dennoch mußten sie sterben. Nicht der geringste Buchstabe wird an diesem Gesetze geändert werden.

Dieses bedachte der in Gott ruhende Herr Sachwalter wohl, darum hat er sein Leben lang die Kunst des Sterbens geübt, d. h. er lebte so, daß er den Tod nicht zu fürchten brauchte, er lebte des Todes stäts eingedenk. Dieses zeigen uns die Gemälde vom Tode, vom letzten Gerichte, die Bilder heiliger und ernster Gegenstände, welche seine Wohnzimmer schmücken. (Personelles.) Dieses bezeugt uns sein christlich abgefaßtes Testament. (Etwaige Stiftungen, Legate.) Es bezeugen es uns seine Lehre, die er seinen Kindern gab, sein Lebenswandel, sein Glaube, seine Demuth, Bescheidenheit, Nüchternheit, Freigebigkeit, seine Unparteilichkeit und Gerechtigkeit in den Prozessen, die er zu führen verstand, sein gewissenhafter Fleiß. (Locus amplif.) Endlich sein Ende. (Näheres.)

II.

So unveränderlich waltet dieses Gesetz; ja gewiß unveränderlich, denn es duldet keine Ausnahme, keine Exception und keine Appellation. Wäre dieses der Fall, sicherlich, Geehrteste, der Entschlafene, der in den Gesetzen so wohl erfahrene Herr, würde seinen Kindern, seiner theueren Familie zu Liebe, gesagt haben: excipio oder appello. Gewiß würde er Berufung ergriffen, Protest eingelegt oder zu sonst einem anderen Rechtsmittel seine Zuflucht genommen haben. Allein gegen den Richterspruch Gottes läßt sich nichts machen, läßt sich nichts finden in keinem Gesetzbuche der Erde. — Karl V. hatte einen Pagen, der ihm sehr lieb war. Als der Edelknabe krank geworden, sandte Kaiser Karl zu ihm und ließ ihn wissen, er möge sich eine Gnade ausbitten, worauf der Page ausrief: Ach, noch etliche Jahre zum Leben! darauf denn der Kaiser antwortete: Das kann ich nicht! — Ganz recht! das konnte der Kaiser nicht; es hat es auch noch keiner gekonnt, noch wird es jemals einer können! — Welche Thoren waren nicht die Heiden, die ihre großen Feldherrn, ihre Könige und Kaiser als Götter verehrten; wie schamroth und vernichtet mußten nicht diese Menschen, die sich in ihrer Verblendung für Götter hielten, dem Tode gegenüber stehen! O Nabuchodonosor, was ließest du dir eine Bildsäule aufrichten! O Alexander, was nanntest du dich einen Gott! Götter müssen unsterblich sein; ihr aber seid elend gestorben! Sohin waret ihr thörichte, nichtige, sündhafte Menschen, für welche das Gesetz des Todes ebenso galt wie für den letzten Bettler.

So ist denn dieses Gesetz ohne Ausnahme, der Spruch: „Ihr werdet sterben", unappellabel. — —

Der hl. Augustinus hörte einst eine Stimme, welche ihm zurief: „Nimm und lies," was eine völlige Veränderung in ihm hervorbrachte, indem er sich bald darnach zum Christenthume bekehrte. So rufe auch ich einem Jeden aus uns hier zu: Vor Augen liegt uns das Gesetz des Sterbens; nimm und lies dasselbe; eines anderen Gesetzes bedarf es dann nicht. Die Betrachtung des Todes reicht hin, einen jeden Menschen aus dem Schlummer der Sünden aufzuwecken und zu bekehren. Darum ist das Gesetz des Sterbens so unveränderlich, damit es die Menschen umändern und bessern möge. Denn wen erschüttert nicht der Gedanke, daß er sterben werde und zwar zu einer Stunde, in der er am Wenigsten daran denkt!

So streng und unverbrüchlich nun auch das Gesetz des Sterbens ist, favorabel, d. h. günstig bleibt es stäts für die Guten, für die Frommen, für die wahren Christen. Solche brauchen das Sterben nicht zu fürchten, sölchen ist der Tod — Gewinn, denn sie machen dabei einen vortrefflichen Tausch. Gegen die glückselige Ewigkeit kann man schon ein zeitliches Leben hingeben; seine Kinder kann man immerhin verlassen um den Preis, unter die Kinder Gottes gezählt zu werden.

Zum Schlusse erheben Sie, Andächtige, Herz und Hände zum Vater im Himmel und beten mit mir ein andächtiges Vater unser und Ave Maria! Amen.

Am Grabe eines Kriegsmannes.

Text: „Auch ich bin ein Mensch, der unter höheren Befehlen steht, und habe Soldaten unter mir."
Luk. 2, 8.

Eingang.

Hochverehrliche!

Drei Punkte sind's, die der Hauptmann im Evangelium dem Herrn gegenüber erwähnt: „Auch ich bin ein Mensch," damit will er sagen: Ich bin ein Mensch wie andere Menschen. — Das Zweite: Ich habe andere Menschen, die über mir stehen, die mir zu gebieten haben, denen ich gehorchen muß. — Das Dritte: Ich habe Soldaten unter mir, deren Oberer ich bin, so daß, wenn ich zu dem Einen sage: Gehe! derselbe geht; wenn ich zu dem Anderen: Komm'! spreche, er kommt.

Diese drei Stücke lassen sich auch auf den Vollendeten anwenden, an dessen Sarg wir stehen. Auch er war ein Mensch, wie andere, und mußte dem Tode unterliegen, obgleich er das Waffenhandwerk meisterlich verstand. — Auch er hatte Vorgesetzte über sich, denen er gehorchte. Er stand vor Allem unter dem Commando Gottes des Allmächtigen, sodann seines Königs, sodann einer hohen Generalität. — Doch hatte auch er hinwiederum Soldaten unter sich.

Beachten Sie, Hochansehnliche, diese drei Punkte: Der Verewigte war ein Mensch, ein Unterthan und ein Herrscher, als Mensch war er Gott unterworfen, als Unterthan seinem Könige und seinen Vorgesetzten, und als Offizier (Rang) gebot er Anderen. Alle drei Punkte hätten zwar verdient, hier gewürdigt und besprochen zu werden. Indessen will ich mich der Kürze halber nur an einen Punkt halten, als an den wichtigsten. — Ich werde Ihnen den in Gott Ruhenden darstellen, als den berühmten Offizier, der er war, als einen tapferen und christlichen Kriegshelden, der

1) **nicht allein seinen untergebenen Soldaten, sondern am Allermeisten sich selbst zu beherrschen und zu führen verstanden hat,** weßhalb
2) **er würdig war, im Triumphe in die himmlische Stadt Gottes einzuziehen.**

I.

Der Verewigte war ein Sohn des — — — und geboren am — — des Jahres — zu —; er erreichte sohin ein Alter von — Jahren. (Lebensabriß, Avancement, Thaten, Orden, Denkwürdiges u. s. w.) Wahrlich, man braucht viele Zeit und große Tugend, um heutiges Tages es zu einem solchen Range zu bringen, und man kann sagen, der nun in Gott Ruhende hat sich nur durch seine Tugenden und Verdienste zum — emporgeschwungen. (Näheres: Schlachten, Blessuren.) Dabei war er gegen seine Untergebenen so mild und freundlich, als er tapfer war dem Feinde gegenüber und geliebt wurde von seinen Freunden. Er besaß die Achtung und das Vertrauen seiner Vorgesetzten in einem seltenen Grade, wie Sie mir Alle gerne bezeugen werden, so zwar, daß im Falle eines noch längeren Lebens er noch viel höhere Chargen würde erhalten haben. Doch der große Gott hat ihm befohlen: „Komme!" und er ist gekommen. (Krankheit, Ende, Spezielles.)

Dieses das Ende eines braven Kriegers, eines tapferen Offiziers, eines klugen und würdigen Befehlshabers und — was die Hauptsache ist im Heerlager Christi — eines guten Christen. Ich habe mir erlaubt, Sie, Hochverehrliche, an seine Kriegsthaten, an die Führung der ihm Untergebenen zu erinnern. Gedenken wir nun auch der Werke und Verdienste, die den Verblichenen zur Seligkeit befördert: gedenken wir seiner Christenthaten.

Unsichtbare Feinde und Feinde im Innern sind ausgemachter Weise die gefährlichsten. Sie bekämpfen und besiegen ist schwerer, als ein Triumph über die lernäische Schlange oder, um bei der biblischen Geschichte zu bleiben, über Goliath. Diese gefährlichsten Feinde aber, diese Feinde im Innern, im eigenen Hause, im eigenen Heerlager, diese unsichtbaren Feinde sind Satan, die Welt und unser eigenes Fleisch, die Feinde eines jeden Christen, der eben als Christ und Streiter Christi über diese drei Feinde obsiegen muß. Nicht bloß der Hydra wuchsen neue Köpfe nach, auch der Schlange der Versuchungen ist dieses eigen: einer überwundenen Versuchung folgt die andere, einen abgeschlagenen bösen Geist löst ein anderer ab. Der Feind des Christen sucht diesen nicht nur durch Stärke, sondern auch durch List und, indem er nie abläßt, durch Ermüdung zu überwinden.

Hier nun, Verehrliche, sehen Sie einen braven Offizier, einen ächten Streiter Christi, der nie abließ, sich selbst am Meisten zu beherrschen, ein Muth und eine That, größer, als hätte er Städte und Festungen erobert und große Schlachten geschlagen. Mit gutem Beispiele leuchtete er sonach Allen voran. Ehrlichkeit, Ehrbarkeit, Nüchternheit wohnten in seinem Herzen nicht minder als Tapferkeit und Menschlichkeit. (Locus amplif.)

Auch der böse Geist der Hoffart und des Stolzes konnte dem Verewigten nichts anhaben; genau hielt er sich an das Wort: Je größer du bist, desto freundlicher und demüthiger sei. Auch der Geist des Geldgeizes, der Habsucht, war ihm fremd und gerne gab er aus seinen Mitteln den Armen, besonders sorgte er für seine kranken Soldaten, denen er zuweilen Speisen von seiner Tafel zuschickte. (Spezielles.) Mit einem Worte: er beherrschte sich selbst am Meisten innerlich und äußerlich.

II.

Wohlan, Verehrliche, was dünket Ihnen, welche Ehre soll man einem solchen heldenmüthigen Ritter Christi anthun? Die alten Römer bereiteten ihren großen Feldherrn einen Triumphzug, setzten den gefeierten Sieger auf einen vergoldeten Wagen, der mit wilden Thieren bespannt wurde, welche den Wagen zogen. Hinter ihm drein jauchzte das Volk und erwies dem Triumphator die erdenklichsten Ehren.

Der beste Vergelter der christlichen Ritterthaten bleibt jedoch Gott.

Er stellet seine getreuen Soldaten, seine Ritter und Helden auf den Triumph- und Ehrenwagen des gestirnten Himmels, er bereitet ihnen das Jubelfest einer glückseligen Ewigkeit, wo das größte Glück nicht darin besteht, geschaut und gepriesen zu werden, sondern darin, daß man schaut und preist — nämlich Gott, den Herrlichen. — Wir nun hoffen zuversichtlich, daß der Vollendete bereits eingezogen sei als christlicher Sieger und Triumphator in die erhabene Stadt des himmlischen Reiches, daß das überirdische Jerusalem ihn bereits aufgenommen habe und zwar mit größtem Jubel. Hat ja doch der edle Verblichene den Beweis geliefert, daß man auch im Soldatenstande ein christliches Leben führen könne, wie ein hl. Martinus, Sebastian, Gereon es schon vor Zeiten uns praktisch gezeigt haben.

Wir hoffen, daß der Entschlafene das schönste Denkzeichen, den kostbarsten Orden ritterlichen Kämpfens bereits erhalten hat, nämlich die Krone der Glorie, die seine Schläfe ziert; denn er hat ja auch mannhaft gestritten gegen die drei gefährlichsten Feinde des Christen, die gefährlichsten deßhalb, weil sie unsichtbar und zuweilen in unserem eigenen Hause sind.

Nun ist der Sieg errungen und wir wollen unserem ritterlichen Helden und Streiter seines irdischen wie seines himmlischen Königs die so wohl verdiente ewige Ruhe von ganzem Herzen wünschen und den Triumph ihm gönnen, den Gott zweifelsohne ihm bereitet haben wird. — —

Nun frisch auf wir anderen christlichen Streiter! Legen wir an die Waffen Gottes! Waren wir vielleicht bisher verzagt und haben wir die Festung unserer Seele gegen die Feinde des Christen nicht muthig und tapfer genug vertheidigt, auf, entreißen wir dem Feinde unserer Seele diese sofort, entsagen wir augenblicklich hier am Grabe dieses braven, dieses herrlichen Offiziers den Sünden, deren Sklave wir geworden sind! Nicht länger wollen wir in der Gefangenschaft eines Feindes schmachten, den wir von Herzen verachten müssen! Abwerfen wollen wir alle Ketten und entrinnen noch heute dem Kerker des bösen Feindes. Kämpfen wollen wir bis zum letzten Blutstropfen, bis zum letzten Odemzuge, bis zum letzten Pulsschlage, bis zum letzten Augenblicke! Wir kämpfen ja für die Ehre Gottes, unter der Führung Jesu Christi, unter dem Banner Michaels. Wir kämpfen auch nicht umsonst, sondern für das ewige Heil unserer Seele, für den über alle Herrlichkeit und Beschreibung erhabenen Besitz des Himmels. Unser Feldgeschrei sei fortan: Lieber sterben als Gott erzürnen. —

Und nun das gewöhnliche Gebet für den Vollendeten: Vater unser.... Ave Maria.... Amen.

Am Grabe eines Forstmannes.

Text: „Er ist wie ein Baum, gepflanzt an Wasserbäche .... und dessen Laub nie abfällt.“
Ps. 1, 3.

Eingang.

Verehrliche Trauergenossen!

Die heil. Schrift erklärt ausdrücklich, daß unsere Werke uns nachfolgen, dergestalt, daß einem Reinen seine Reinheit, einem Mildherzigen seine Freigebigkeit gegen die Armen, einem Sanftmüthigen seine

Geduld, einem Gläubigen sein Glaube, sein Vertrauen auf die Verdienste Jesu auf dem Fuße in's ewige Leben nachfolge; daher denn der Heiland sagt: „Freuet euch und frohlocket, denn seht! euere Belohnung im Himmel wird groß sein.“ (Luk. 6, 23.) Kurz, es bleibt ewig wahr, daß einem Jeden nach seinen Werken vergolten werde, und der Glaube ohne die Werke todt sei.

Es ist eine bekannte Sache, den Menschen mit einem Baume zu vergleichen; schon der Heiland bedient sich dieses Gleichnisses, der Mensch sei wie seine Werke, die Frucht sei wie der Baum, der Baum werde an seinen Früchten, der Mensch an seinen Werken erkannt, ein guter Baum bringe gute, ein schlechter Baum schlechte Früchte hervor u. s. w. Auch die Blätter, als die Erzeugnisse des Baumes, bestimmen dort und da den Werth eines solchen und wird ein gipfeldürrer Baum, ein Baum, dessen Blätter im Frühjahre ganz oder theilweise ausbleiben, einen ganz anderen Preis haben, als ein gesunder, im üppigen Blätterschmucke. Diese Schätzungswissenschaft über den Werth und die Kultur eines Baumes, ja eines ganzen Bestandes und Forstes hatte der Verewigte völlig inne; dabei wußte er aber recht wohl, daß auch der Mensch, wie ein Baum nach seinen Blättern, Blüthen und Früchten, so jener nach seinen Werken und Thaten bemessen, geschätzt und gewerthet wird. Er kannte also auch den Werth des vorzüglichsten aller Gewächse und Bäume: er wußte, was in den Augen Gottes dem Menschen Werth verleiht, seine Werke, seine Erzeugnisse, seine Blätter und Früchte.

Und das ist es, was wir an diesem Sarge des Näheren betrachten wollen:

1) **Die christlichen Werke haben einen ewig bleibenden Werth und folgen uns nach.**
2) **Wie die Werke, so wird auch der Lohn sein.**

I.

Wenn ein Baum durch seine Früchte seinem Besitzer einen nicht zu verachtenden Nutzen gewährt, so sind es die Blätter des Baumes, welche dem Herrn desselben manchfache Lust und Ergötzung bereiten; sie erfreuen das Auge eines Jeden, der einen in seinem Blätterschmucke dastehenden Baum betrachtet. Auf gleiche Weise nützt sozusagen auch der Mensch Gott, seinem Herrn, durch seine Früchte; denn sind es nicht die Werke, welche die Gemeinde Gottes erbauen, welche

Anderen als gute Beispiele voranleuchten, welche Gott loben und preisen, indem sie ihm dienen? Und erfreut er ihn nicht dadurch, daß er in der Gnade Gottes steht, also grünt und Blätter treibt und fern vom Verdorren ist?

Ein solcher Baum, dessen Laub nie abfällt, war der Verlebte. Vernehmen wir zuerst das Bemerkenswerthe aus seinem Leben. (Kurze Biographie. Religiöser Charakter: Detaillirung. Krankheit. Ende.) Diese Darlegung seiner Tugenden legt den vollständigsten Beweis ab, wie er in der Gnade Gottes zu leben, wie er zu grünen und im Blätter- und Blüthenschmucke dazustehen für die Hauptaufgabe seines Lebens erkannte. (Tugenden und Wirken im Speziellen.) Denn wie das grüne Blatt anzeigt, daß der Baum gesund sei, daß er tiefe Wurzeln habe, daß er auf gutem Grunde stehe, daß es ihm nicht an den Früchten mangeln werde, sohin als ein Sinnbild der Hoffnung gilt, also zeigte auch die ganze äußere Erscheinung und das, was der Verewigte that, zur Genüge, wie gesund er an der Seele sei. Dieses Laub der guten Werke aber fällt nie ab, diese Früchte sind ewig. Die Tugenden des Verlebten sind ihm nachgefolgt, sie sind nicht Gegenstand des Begrabens, nicht Sache des Vererbens, nein, Alles lassen wir zurück, Gattin, Kinder, Freunde, nur nicht unsere Werke. Deßhalb sagte schon Job: „Ich fürchte ob all' meines Thuns" (9, 28.), d. h. wenn auch Alles vergeht, so bleibt doch die Rechenschaft über unsere Werke, welche nimmer vergehen.

II.

Und wie die Werke, so wird auch der Lohn sein, weßhalb uns der Tod dringend ermahnt, würdige Früchte hervorzubringen. Ewig fest und wahr wird bleiben der Satz: Gute Werke — guter Lohn, schlimme Werke — schlimmer Lohn. Eine Frucht, die hart ist, wie ein Stein, und einen Geschmack hat, wie Holz, wird verworfen. Dieses erwägend war der nun in Gott ruhende Herr — — stets bestrebt, nur gute Werke hervorzubringen und alles Böse nach Kräften zu meiden.

So, Geliebte, müssen auch wir handeln; wir müssen grünen, blühen und wachsen in der christlichen Gerechtigkeit, so daß wir durch unsere äußeren Tugendzierden Anderen gefallen, durch unsere Früchte aber soviel wie möglich Nutzen verbreiten. Bedenken wir wohl; nicht ein Härlein wird sein, noch eine Hand oder ein Fuß oder ein Auge, das, wenn es zur Seligkeit hat mitgewirkt, unbelohnt ausgeht. Ein Glas Wasser, dem Durstigen dargereicht, genügt schon, uns Gottes Lohn verdient zu haben. Wahrlich, ein beseligender Gedanke!

Aber auch ein fürchterlicher für Jene, welche sich den Vorwurf machen müssen, wie sie mit so geringen Mitteln sich den Himmel hätten mit verdienen können und es unterlassen haben.

Ein fürchterlicher Gedanke aber auch darum, weil gar wenig genügt und wir gehen verloren. Ein einziges böse Werk, das Gott tödtlich beleidigt, es reicht aus, daß die Hölle unser Lohn wird.

Also auf unsere guten Werke müssen wir unsere Hoffnung für die Ewigkeit setzen, nicht etwa auf unsere Reichthümer, oder auf unsere Bildung und Wissenschaft. „Nur die Gerechten werden wie ein grünes Blatt sprossen" (Sprüchw. 11, 28.), „wie ein Baum, gepflanzt an Wasserbäche, ... dessen Laub nie abfällt." (Ps. 1, 3.) — +

Wenn es nun feststeht, daß hier die Aussaat, dort die Ernte ist, und wir nur das ernten, was wir ausgestreut haben, o Geliebte, lasset uns nur gutes Getreide aussäen und das Unkraut sorgfältigst beseitigen! Wir Alle befinden uns in diesem Leben wie auf der Jagd, den Himmel zu erbeuten. Der Meisterschuß aber, der dieses so seltene Wild erlegt, wird nur von dem gemacht, der stets nach dem Guten zielt. Denn aus Bösem entsteht auch für uns Böses, aus Thorheit gewinnen wir weiter nichts als Reue und Leid. Aus dem Guten aber folgt wieder Gutes. Dieses war die Saat, die wir den Vollendeten hier machen sahen. Nun wird er den Lohn seiner Tugenden geerntet haben. Leicht sei ihm die Erde bis zum Tage der Auferstehung! Möge einstweilen die Seele sich des Lohnes freuen, bis auch einst der Leib wieder zu ihr treten wird, um seinen Antheil an den himmlischen Wonnen zu erlangen. Bevor wir jedoch diese theueren Ueberreste verlassen, lassen Sie uns beten das Gebet des Herrn. Vater unser.... Ave Maria.... Amen.

Am Grabe eines Arztes.

Text: „Wenn du von ihm (dem Baume der Erkenntniß) essen wirst, so wirst du sterben." 1. Mos. 2, 17.

Eingang.

Hochverehrliche!

Abermals fließen unsere Thränen am Grabe eines theueren Verblichenen, des wohlgeborenen Herrn Dr. — — —, der, nachdem er so vielen Familien, ähnliche Thränen zu vergießen, durch seine Kunst erspart hatte, nun seine eigene Familie selbst in Thränen versetzt, der, nachdem er so Viele dem Tode entrissen hat, nunmehr selbst dem Unerbittlichen verfallen ist. O, Geliebte! da möchte man wahrlich fragen: Ist denn, o Gott, dessen Allmacht und Güte keine Ende kennt, kein Kraut in keinem Garten gegen den Tod gewachsen? Täglich siehst du so unzählbare Menschen dem Tode verfallen, täglich jammern so Viele wegen des Absterbens ihrer Freunde, Ernährer, Wohlthäter ꝛc. s. f. Ist denn nirgendwo eine Arzenei anzutreffen, auch für den Arzt nicht, der doch der Menschheit von so großem Nutzen ist? Nichts, das uns vom Tode befreit? — **Nein!**

1) Gegen den zeitlichen Tod ist kein Arzt noch eine Arzenei.

2) Gegen den ewigen Tod haben wir die allerbesten Mittel; nur — der Gebrauch fehlet.

I.

Zu allen Zeiten, Geliebte, hat man die Aerzte und Arzeneien hoch geschätzt und hatten diese überall hin Zutritt und standen allwärts bei Hoch und Niedrig in Gunst. Das war es denn auch vielleicht, was den Verewigten bewog, sich der Kunst zu widmen, welche die Arzeneikunde in Ausübung zu bringen hat: die hohe Achtung nämlich vor diesem edlen Berufe. (Lebenslauf, Geburt, Aeltern, Studien, Promotion, Wirken, Charakteristik, Tugenden. Familiennotizen. Krankheit, Ende. Spezielles.)

In wie hoher Achtung und Liebe der nun in Gott ruhende Herr bei uns und Anderen stand, das bezeugt sein Leben, bezeugt diese zahlreiche Trauerversammlung. Er war ein Meister seiner Kunst. (Näheres.) Und diese Kunst gebrauchte er zum Heile unzähliger Menschen im

Dienste Gottes, von dem sie stammt. Denn wir lesen (Sir. 38, 2.): „Von Gott kommt jede Heilung.“ Der Allerhöchste hat die Heilmittel und Heilpflanzen zu unserem Nutzen erschaffen, und die Jünger der Arzeneikunst sind auf's Höchste zu schätzen. Wie Vielen verlängern und fristen sie nicht das Leben, wie namenlosen Nutzen verbreiten, wie über alle Beschreibung große Freude stiften sie nicht allwärts! Und doch — wider den Tod ist kein Kraut gewachsen. Er wirft Arzt und Patienten über den Haufen. Dieses erfahren wir täglich und stündlich, und ach, zu unserem großen Leide sehen wir es jetzt abermals bestätigt. Ein großer Kenner der Arzeneikunde liegt vor uns da im Sarge, der Tod hat ihn unbarmherzig hinweggerafft.

Das aber bleibt den lieben Angehörigen des theuern Verlebten als Trost zurück, daß er wohl und christlich gelebt hat und wohl und christlich gestorben ist. — O welches Uebel muß die Sünde sein, daß eine einzige genügte, um das Menschengeschlecht dem Tode zu weihen! Adam, Eva, Kain, Abel, Noe, Moses, David, Johannes der Täufer, alle, alle liegen sie im Grabe; nicht nach hundert, nicht nach tausend Jahren hört der Tod zu wüthen auf. Keine Rettung für Keinen! Tausend wirkliche, persönlich von uns vollbrachte Sünden können wir bereuen, beweinen, verfluchen, vertilgen, unschädlich machen, nur nicht eine, nur nicht die einzige Erbschuld. Sie will unerbittlich ihre Wirkung sehen, ob wir sie gleich im Bade der Taufe abgewaschen haben.

Wer keinen Glauben hat, daß Gott die Sünde haßt und verfolgt, der soll es hier tagtäglich bis an das Ende der Welt mit Händen greifen können. —

Wer keinen Glauben hat, wie sehr Gott die Sünde haßt, der kann es nun einsehen lernen, da er sieht, welch' ein abschreckendes Mittel Gott dem Adam gegenüber gebrauchte, um ihn davor zu bewahren, die erste Sünde in die Welt einzuführen: Das Gesetz nämlich, daß Alle ohne Ausnahme dem Tode verfallen, wenn Adam sündigen würde, und daß kein Mittel würde dagegen gegeben werden. Hier frommt also nichts als ein frommes Leben.

II.

Das ist unser bester Trost nämlich, daß uns Jesus Christus vom — ewigen Tode befreit hat, indem wir Mittel an die Hand erhielten, um zu verhüten, daß wir nicht dem ewigen Tode verfallen. „Mit diesen Trostgründen beruhige denn Einer den Anderen!" (1. Thess. 4, 18.) Das unfehlbarste Heilmittel, dem ewigen Tode zu entrinnen, war die Geburt des Erlösers, sein Lehrwandel, sein Evangelium, sein Leiden und Sterben, sodann die Einsetzung der hl. Sakramente. Vom Kreuze herab ruft er uns gleichsam zu: Blicke her, o Sünder, und erkenne, wie wahrhaft ich dich liebe! Ich sterbe, damit du lebest; gibt es noch eine größere Liebe? Durch seinen schmerzlichen Tod also hat Jesus uns das ewige Leben erworben, dergestalt, daß, nach dem Beispiele des Herrn, unser Leib zwar auf einige Zeit im Grabe ruhen, die Seele dagegen zu Gott eingehen wird, befreit vom ewigen Tode der Verdammniß. So machte der Heiland aus seinem allerheiligsten Fleische ein Gegengift und aus seinem Blute eine Medizin gegen den Tod der Seele.

Dieser Heilmittel nun bediente sich der Vollendete sein Leben lang, besonders aber, als er erkannte, daß die Stunde gekommen sei, in der sein Leib dem Tode verfallen würde, als alle Medikamente und alle Kunst nichts mehr gegen den Tod ausrichteten. Wie andächtig sprach er da nicht die Litanei mit seinem geistlichen Beistande, betend: „Durch deine Ankunft: errette uns, o Jesu! Durch deine Geburt: errette uns, o Jesu! Durch deinen Tod und dein Begräbniß: errette uns, o Jesu." Die Lehren Jesu von der Liebe Gottes und des Nächsten, von der Sanftmuth und Verzeihung, vom Fasten, Beten, Almosenspenden hielt er auf's Genaueste, und vertraute fest auf die Heilmittel der Kirche und die Verdienste Jesu Christi. Du bist der Samaritan, seufzte er oft, welcher Wein und Oel in unsere Wunden gießt! Du bist der vortreffliche Seelenarzt, der uns vom ewigen Tode bewahrt! Du bist unser Heiland! Wer auf dich hoffet, wird in Ewigkeit nicht zu Schanden werden. — So starb er. — —

Hochansehnliche! Dieß waren die untrüglichsten Mittel, welche der Seligvollendete anwenden konnte, um sich, als der zeitliche Tod sich nimmer abweisen ließ, vor dem ewigen Tode zu schützen. Dieß sind sie auch für uns, für alle Welt. Doch Eines betrübt mich auf's Tiefste! Der Gebrauch dieser Heilmittel fehlet bei Vielen. Wir haben den Brunnen und schöpfen nicht, wir besitzen das Evangelium und leben nicht darnach. Wir kennen den wahren Arzt und rufen ihn nicht. Wir haben sein hl. Blut als unfehlbare Arzenei, und mißachten es. O welche unheilvolle Nachlässigkeit! O Blindheit ohne Ende! Uns soll man dieses nicht vorwerfen! Schöpfen wir aus dem unerschöpflichen Brunnen der Verdienste Jesu, er heilt uns von unseren Gebrechen auf's Gründlichste, und ist dieß die einzige Art und Weise, dem ewigen Tode zu entgehen!

Für den Verewigten aber lasset uns gleichfalls noch zum Schlusse die Verdienste Jesu anflehen und das übliche Gebet verrichten, indem wir beten ein andächtiges Vater unser und Ave Maria. Amen.

Am Grabe eines Apothekers.

Text: „O Tod, wie bitter ist dein Gedächtniß."
Sir. 41, 1.

Eingang.

Hochansehnliche!

Es unterliegt keinem Zweifel, Ihre Gemüther, verehrte Trauergenossen, sind mit Schmerz und Bitterkeit erfüllt, und wir sehen den wohledlen Herrn N. N. nur mit ganz betrübtem Herzen und mit Thränen befeuchtetem Auge zur Grabesruhe niederlegen.

Der im Herrn Entschlafene war geboren am — — des Jahres. — (Lebensskizze, Charakteristik, Individuelles, Familie; Krankheit, letzte Tage, Todestag ꝛc.)

Gewiß, Hochgeehrteste, ein trauriger Fall! Und wir dürfen überzeugt sein, hätte der Verblichene in seiner Offizin eine Arzenei wider den Tod gehabt, ein Mittel, welches ihm die Bitterkeit des Sterbens, uns die des Trauerns hätte erspart, gerne würde er es mitgetheilt, gerne würde er es angewendet haben. Das aber geht, wie wir Alle wissen, nicht an. Gleichwie in den Gärten kein Kräutlein gegen den Tod gewachsen ist, also ist auch in den Apotheken kein Tränklein gegen denselben anzutreffen. Der bittere Tod hört nicht auf, bitter zu sein. Hat er ja doch selbst Christus den Herrn angegriffen, erst im Oelgarten, wo der Heiland blutigen Schweiß vergoß, sodann am Kreuze selbst.

Gegen die Gewalt des Todes, wenn des Menschen Stunde geschlagen und der Allmächtige gerufen hat, vermag weder Arzt noch Arzenei etwas. Alsdann hilft kein Mittel mehr, und wir können, wie auch heute, nur aufseufzen: „O Tod, wie bitter ist das Gedenken an dich einem Menschen, der Friede hat in seinem Wohlstande!" Wie bitter ist das Gedächtniß und die Erinnerung an den Tod! Wie bitter für die hinterlassene Wittwe? Wie bitter für die Kinder, wie herb für die Verwandten, für die Freunde? Wie empfindlich für die ganze Gemeinde? Ist es nicht so, geliebte Trauergenossen?

Was soll ich da noch weiter sagen? Womit werde ich euch trösten können? Da ich es für meine Pflicht ansehe, die Betrübten aufzurichten, so habe ich denn beschlossen:

1) **die gewiß nicht zu verachtenden Mittel zu nennen, wodurch wir die Bitterkeit des Todes zu lindern im Stande sind;** sodann

2) **zum Gebrauche dieser schmerzlindernden Mittel aufzumuntern.**

I.

Die Heiden haben, wie bekannt, allerlei Dinge ausgedacht, um den Gemüthern die Bitterkeit zu benehmen, welche in Folge des Hintrittes unserer theueren Angehörigen einem jeden Menschen erwächst. Einige trösteten sich und Andere mit dem Elysium, einer fabelhaften Insel im fernsten Westen, wo die besonders begünstigten Todten in dem erhöhten Genusse der menschlichen Freuden fortleben würden. Andere suchten Trost in einem berühmten, unsterblichen Namen. Welchen Trost jedoch können derlei Märchen und Gedichte bieten im Vergleiche mit der christlichen Glaubenswahrheit, welche uns lehrt, der sterbliche Leib werde wiederum zur Unsterblichkeit auferstehen? O welcher Trost! Und wäre ein Arzeneiladen auch noch so reichhaltig, nichts, Geliebte, nichts ist in der ganzen Offizin so süß, als das Wort, welches Jesus zu Martha sprach: „Dein Bruder wird wieder auferstehen." (Joh. 11, 23.)

O welch' ein Trost für die Lebenden, zu wissen, ihre Verwandten werden wiederum auferstehen! Welch' ein Trost für die Sterbenden: Ich glaube an eine Auferstehung des Fleisches! Welch' eine Ermunterung aber auch, so zu leben, daß man einst glorreich auferstehe! Dieses ist es, was bei Vielen macht, daß die Hände gefaltet werden zum Gebete, die Augen angehalten werden zum Beweinen der Sünden, die Füße zum Kirchengange, die Ohren zum Anhören der Predigt, der Leib zu Bußwerken, der ganze Mensch zum göttlichen Dienste. O süßes Wort! O wohlschmeckende

Arznei! Wie wird durch diesen Gedanken das bittere Gedächtniß an den Tod und die Todten gelindert und versüßt!

Darum, Geliebte, nehmet, wenn euch derlei bittere Gedanken quälen, nehmet dieses Linderungsmittel an die Hand: Ich glaube an eine Auferstehung des Fleisches!

Das andere Mittel ist: die Ergebung in den anbetungswürdigen Willen Gottes. Sagen wir mit Job: „Der Herr hat gegeben, der Herr hat genommen; wie es dem Herrn gefiel, also ist es geschehen; gepriesen sei der Name des Herrn!" (1, 21.) Dieses Mittel hat unser Herr und Heiland aus seinem Trauergarten besonders empfohlen. Denn wir wissen, was er uns lehrte, und wie man sich zu verhalten habe, wenn der Tod bevorsteht: „Nicht mein, sondern dein Wille geschehe!" betete er. (Luk. 22, 42.) Dieß, Geliebteste, ist ein Universalmittel gegen alle Bitterkeit des Lebens und des Todes.

Der selige, in Gott ruhende Herr N. N. wußte dieses Mittel gar recht zu gebrauchen. Hatte er zu klagen über etwas, was im Leben des Menschen Keinem ausbleibt, sofort dachte oder sprach er: Der Wille des Herrn geschehe! In diesen Willen schickte er sich im Leben wie im Tode. In diesem Geiste ertrug er die Leiden seines Krankseins. (Locus amplif. Spezielles.) In diesem Geiste starb er am — —, ergeben und zufrieden mit Gottes Rathschlusse.

Dieses nun: Gottes Wille ist vollbracht worden, und: Er wird wiederum auferstehen, dieses, meine Theueren, muß Sie trösten, es ist das Einzige, was das bittere Gedächtniß des Todes uns versüßen kann.

II.

Wir wissen, wie bitter den Jüngern des Propheten Eliseus der Inhalt jenes Topfes vorkam, von dem sie sagten: „Mann Gottes, der Tod ist im Topfe!" (4. Kön. 4, 40.) Bekanntlich hatte einer der Genossen aus Unwissenheit auch einige giftige Kräuter eingesammelt und in dem Topfe mitgekocht. Das Gemüse erhielt aber dadurch sofort einen derartig bitteren Geschmack, daß die Schüler des Propheten augenblicklich beim Verkosten in die obigen Worte ausbrachen. Die Bitterkeit und schädliche Wirkung nun vertrieb Eliseus dadurch, daß er ein wenig Gerstenmehl unter das Geköchte that. Das Gleiche müssen auch wir thun, Geliebte, um die Bitterkeit des Todes und die Schädlichkeit desselben zu beseitigen! Ueberall ruft man: Der Tod, der

Tod, da ist der Tod! In größeren Städten kehrt er täglich, oft zu wiederholten Malen ein. Bald ist es ein geliebtes Kind, das wir begraben, bald ein Vater, bald ein Gatte, eine Mutter, eine Gattin, ein Freund, eine Braut, ein Bruder, eine Schwester, ein Lehrer u. s. w. Ueberall Anlaß zu Leid und Weh, zu Klage und Jammer. Was Raths da? Was Hilfe hier? Was thun? Wie soll man diesen Schmerz lindern, wie solche Bitterkeit versüßen? Wo Rettung, daß man sich nicht selbst zu Tode härmt? Gibt es doch nicht Wenige, die sich gar nicht wollen trösten lassen!

Der beste Rath ist wohl dieser, daß man gedenke, um wie Vieles es die Seele besser hat im Himmel, als auf Erden. Hier war sie voller Qual, ausgesetzt einem sterblichen, allerlei Krankheiten und Mühsalen unterworfenen Kerkerleben; denn das ist das Leben der Seele im Leibe. Sie hatte zu ringen mit Schmerzen und Widerwärtigkeiten aller Art, endlich mit dem Tode selbst. Nun ist sie frei, aus ist der Krieg, Friede und Ruhe umgibt sie nun, genießt sie nun. Nimmer begehrt die Seele eines selig Verstorbenen zurückzukehren in den Leib, den sie verlassen hat. Zudem wird einst auch der Leib, aber in glorreichem Zustande, sich mit der dahingeschiedenen Seele wieder vereinigen und auferstehen zur ewigen Herrlichkeit. (Locus amplif.) Gewiß, derlei Gedanken sind völlig dazu angethan, alle Bitterkeit des Todes für immer zu verscheuchen. — —

Die Auferstehung unseres Leibes und seine Vereinigung mit der Seele in glorreichem Zustande, die Ergebung in den hl. Willen Gottes, sowie der Gedanke, daß die Seele nunmehr durch ihre Trennung vom Leibe frei geworden ist von den tausendfachen Qualen ihres irdischen Kerkerlebens und der Herrlichkeit der Verklärten genießt, — dieses ist uns, was uns trösten muß, wenn wir den hl. Staub eines theueren Angehörigen mit Staub bedecken.

Fort denn mit der Bitterkeit des Todes! Den Gläubigen wird er süß, denn sie halten fest daran, der selig Vollendete ist am erwünschten Ziele und glücklich, wie ein Wandersmann im grünen Schatten, wie ein Pilger in der Herberge, angekommen am Orte seiner Reise, wie ein Schiffer, der im Hafen eingelaufen ist.

Nun aber lasset uns des Verstorbenen noch im Gebete gedenken und seiner hingeschiedenen Seele zum Troste aufblicken zum Vater Aller und sprechen: Vater unser.... Ave Maria.... Amen.

Am Grabe eines Buchhändlers.

Text: „Vorgezeigt wird mit dem Buche,
Was da Allen dient zum Spruche,
Hier zum Segen, dort zum Fluche."
Kirchenlied: dies irae.

Eingang.

Christliche Trauerversammlung!

Wir haben uns heute hier versammelt, um die irdischen Ueberreste eines sehr verdienten Mannes dem Schooße der Erde zu übergeben. Nicht nur einer betrübten Gattin, nicht nur — lieben Kindern, nicht nur schmerzlich getroffenen Verwandten, uns Allen zu frühe ward uns entrissen der wohledle Herr N. N., Chef des —schen Verlagsinstitutes dahier, der nicht nur dem Namen nach Katholik war, der es auch zeigte im Leben und namentlich dadurch, daß er für die katholische Sache in seinem Geschäfte thätig war durch Verlag und Verbreitung nur guter und katholischer Werke und Zeitungen. (Spezielles hierüber.) So finden wir seinen Namen einer Menge vortrefflicher Werke vorgedruckt, und er wird dauern, so lange diese Bücher von Menschenhänden werden benutzt werden.

Indessen hat es dem Allmächtigen gefallen, über dessen Leben allergnädigst zu gebieten.

Hochansehnliche! Belieben Sie, mit mir auf das nun entschwundene irdische Leben des Verewigten noch einen flüchtigen Rückblick zu werfen, ehe wir den theueren Staub verlassen. (Lebenslauf: Geburt, Aeltern, Heimath, Bildungsgang, Vorthätigkeit, Etablissement, Wirken, Persönliches, Charakteristik, Familie, Besonderes, Krankheit, Näheres, Ende, Alter u. s. w.)

So viel es nun aber auch Bücher in der Welt gibt, ein Buch, Verehrteste! gehet uns noch ab und ist im Buchhandel nicht zu haben. Das Buch, von dem die Kirche im Traueramte singt:

„Vorgezeigt wird mit dem Buche,
Was da allen dient zum Spruche,
Hier zum Segen, dort zum Fluche."

Dieses Buch nun, das erst zum Vorschein kommen wird, wenn der Weltenrichter der Welt daraus das Urtheil wird sprechen, dieses Buch, Geliebteste, lasset uns ein wenig näher besehen und vorzugsweise davon Einsicht nehmen:

1) **was darin zum Troste der im rechten Glauben Dahingeschiedenen verzeichnet ist;** sodann
2) **was dasselbe muthmaßlich über uns enthält.**

I.

Einige sind der Meinung, das Buch, welches einst hervorgezogen wird, sei die hl. Schrift, als ein Buch, worin die Gesetze und Gebote Gottes, kurz das, was den Menschen richtet, je nachdem er sich nach demselben richtet oder nicht richtet, geschrieben steht, und wovon es heißt (5. Mos. 31, 26.): „Nehmet dieses Buch und leget es neben die Bundeslade des Herrn, eures Gottes, auf daß es dort gegen dich sei zum Zeugnisse", falls du etwa dem großen Gott undankbar oder widerspenstig gewesen wärest, nachdem er dir so viele Gnaden und Wohlthaten erwiesen hat. Von eben diesem Buche sagt auch der Phrophet Baruch (4, 1.): „Dieß ist das Buch der Gebote Gottes, und das Gesetz, welches bleibt in Ewigkeit; Alle, die es fürchten, werden zum Leben kommen; die aber es verlassen, zum Tod."

Indem ich bei dieser Auffassung verweile, möchte ich nun Allen zurufen, was einst dem hl. Augustinus zugerufen ward: „Nimm und lies" dieses Buch! O daß wir oft in dasselbe einen Blick werfen möchten, alsdann wäre es nicht wohl möglich, daß wir zu Grunde gehen. Denn das Gesetz Gottes zeigt uns den Weg, wie wir Gott dienen sollen. Durch den fleißigen Gebrauch dieses Buches erkennen wir, worin wir geirrt und gefehlt, wie wir dagegen unser Leben einzurichten haben. Es ist die Richtschnur unserer Handlungen, und Jeder, der nach dieser Richtschnur wandelt, gelangt zu den Freuden des ewigen Lebens. —

Ich, Geliebte, bin indessen der Ansicht, das Buch, von dem die Kirche spricht, sei nicht sowohl das Buch der Gesetze und Gebote Gottes, als vielmehr das Buch der Allwissenheit des Ewigen, unser Schuldbuch, worin unser Thun und Lassen eingetragen ist, unsere Tugenden einerseits, unsere Fehler andererseits: unser Soll und Haben.

Dieses Schuldbuch aufzuschlagen ist uns allerdings nicht gegönnt. Von ihm können wir zur Zeit nicht Einsicht nehmen, jedoch haben wir das Buch unseres Gewissens und wir dürfen annehmen, daß beide in der Hauptsache übereinstimmen. Haben wir ein reines schuldfreies Gewissen, so wird auch das große Buch am Gerichtstage uns nicht verurtheilen. Lesen wir fleißig im Buche unseres Gewissens, so dürfen wir überzeugt sein, daß wir im Wesentlichen auch über den Inhalt des Buches der göttlichen Allwissenheit unterrichtet sind. Gereicht daher Einem sein Gewissen zum Troste, so wird er auch das Buch des Allwissenden aufschlagen sehen können, ohne großen Schrecken zu empfinden. (Hiehergehöriges über den Verlebten.)

II.

Wir haben vernommen, wie fleißig der verblichene Herr N. N. in diesem Buche der Gebote Gottes, sowie nicht minder in dem seines Gewissens gelesen und geforscht habe. Ein Gleiches wird, Verehrteste! auch von uns verlangt.

Oder wie? wollten wir in finsterer Nacht reisen ohne Licht oder Leuchte, ohne Mond oder Sterne? Gewiß, wir würden wiederholt stürzen in Gräben und Gruben, wir würden uns verfallen und zerschmettern oder verirren und verschmachten! Dieser Mond, diese Sterne, die uns leuchten, dieses Licht, diese Leuchte, die uns zurechtweist, sind die Gesetze und Gebote Gottes, ist unser Gewissen, das uns den Weg zeigt wie eine Richtschnur, an der wir uns zurechtfinden. „Das Gebot ist die Leuchte und das Gesetz ist ein Licht", sagt deßhalb die hl. Schrift. (Sprüchw. 6, 23.) Und anderwärts: „Kehre zurück ... erfasse sie (die Gebote); richte deinen Weg ihrem Glanze zu und folge ihrem Scheine!" (Baruch, 4, 2.)

Dieses thun, heißt dem strengen Richter zuvorkommen und sich ein sanftes Sterbebette bereiten. Dagegen ist nichts unglücklicher auf Erden, als ein Mann, der zwar in allerlei Büchern kramt und stöbert, der eine Menge Werke ausstudirt und durchläuft, dieses Buch der Gebote Gottes aber, sowie das seines Gewissens, sohin das Buch, aus dem er einst wird gerichtet werden, nicht kennt, nicht studirt, nicht schätzt, sich nicht zum Licht und zur Leuchte wählt.

Ach, wie viele Zeit verwendet man auf allerlei Künste und Wissenschaften, wie treibt man Alles, was unser Wissen bereichert, wie forscht man in allen Fächern und Feldern, während man das Buch unserer Thaten, das Buch, worin unser Soll und Haben verzeichnet steht, kaum dem Namen nach kennt! In diesem Buche, o Sünder, steht, was du am Ehesten wissen solltest: Deine heimlichen Sünden, vom kleinsten Versehen, von der geringsten Ungenauigkeit an bis hinauf zu den größten und wenn auch noch so verborgenen Verbrechen und Lastern!

Daher noch einmal: „Nimm und lies" dieses Buch! Es begreift in sich dein Thun und Lassen, deine Gedanken, Wünsche, Begierden, Empfindungen, Absichten, Meinungen, Worte und Handlungen, deine guten wie deine bösen Werke. Dieses Buch ist beschrieben innen wie außen, gleich jenem des Propheten Ezechiel; es ist bei Vielen voll des Jammers, Wehes und Klagens. — —

Wie nun dem Propheten Ezechiel der Befehl zukam, jenes Buch der Klagen zu genießen, worauf es in seinem Munde sehr süß wurde, so möchte auch ich einem Jeden aus uns zurufen, dieses Buch zu genießen, d. h. zu betrachten und zu verkosten. Auch dieses Buch unseres Gewissens wird uns süß vorkommen, sei es nun, daß wir darin nur Gutes finden, sei es, daß wir, indem wir gewahren, wie fehlerhaft wir sind, in uns gehen, uns ändern und der Süßigkeit der Buße und Gnade Gottes zu Theil werden, ehe der Tod uns überkommt. —

Dich aber, göttliche Weisheit, vor der nichts verborgen ist, wollen wir anflehen: Sei gnädig und barmherzig der Seele unseres verlebten Mitbruders, für welche wir unsere Hände erheben und beten: Vater unser .... Ave Maria .... Amen.

Am Grabe eines Kaufmannes.

Text: „Nackt ging ich aus meiner Mutter Schooß, und nackt kehre ich dorthin zurück." Job 1, 21.

Eingang.

Hochansehnliche!

Es ist zwar eine im hl. Evangelium begründete Wahrheit, daß es nämlich sehr schwer halte, bis ein mit Gütern und Reichthümern Gesegneter in den Himmel eingeht, denn der hl. Geist vergleicht einen solchen mit einem Kameele, oder einem Schiffstaue, welches durch ein Nadelöhr gehen soll; gleichwohl hat, was ein rechter Christ ist, nichts von diesem Spruche zu befürchten. Ein wahrer Christ, der seine Pflicht kennt und erfüllt, kann trotz seiner Schätze in die ewigen Freuden eingehen. Jener Spruch trifft nur die nachlässigen Christen, die gottvergessenen Weltkinder, die allerdings unter den Reichen zahlreicher vertreten sind, als unter den Armen, da es schwerer ist, im Glücke als im Unglücke Gott zu dienen und die Güte und Güter des Himmels nach ihrem Werthe zu schätzen. Deßhalb bleibt es wahr, daß es für einen mit vielen Gütern und Schätzen beladenen Reichen schwer, sehr schwer hält, durch die enge Pforte des Himmels hindurchzukommen.

Die dagegen besitzen, gleich als besäßen sie nicht, die ihr Herz nicht an die Reichthümer hängen, die ihr Gemüth von den zeitlichen Gütern abziehen, diese werden leichter in den Himmel kommen, als Andere, da sie im Stande sind, den Himmel gar leicht sich zu erkaufen durch Mildthätigkeit, Barmherzigkeit, Almosengeben, durch wohlthätige Stiftungen und Schenkungen an die Kirche oder die Gemeinde, durch mäßigen Gebrauch der Reichthümer u. s. w.

Andächtige! Ein solcher von Gott gesegneter Mann war der nunmehr selig verstorbene wohledle Herr N. N., Kaufmann dieser unserer guten Stadt.

1) Er heftete sein Herz nicht an die zeitlichen Güter;

2) Gott war vielmehr sein bester Schatz.

I.

Der Verewigte war geboren zu — im Jahre — am — —. (Lebensskizze: Aeltern, Lehrjahre, eigene Geschäftsführung, Familie; Charakteristik, Persönliches, Tugenden, Krankheit, Ende, Spezielles.) Dieses der Lebensgang des Verblichenen. Er verdiente es, seinen Wohlstand immer mehr wachsen zu sehen. Sein Fleiß, seine Kenntniß des Geschäftes, seine Ehrlichkeit, seine Geschäftsehre.... sind zu bekannt, als daß ich dafür Beispiele anzuführen brauche. So wuchs denn auch in der That sein Vermögen.

Aber, Verehrteste! er klebte sein Herz nicht an diese zeitlichen Güter. Liebliche Rosen scheinen die Reichthümer zu sein, in Wahrheit jedoch sind es Dornen, die das Menschenherz derart stechen, martern und quälen, daß es nimmer Ruhe findet.

Je mehr der Reiche hat,
Desto weniger wird er satt.

Welch ein Mühen und Sorgen erfordert die Erwerbung von Reichthümern! Welch ein Aengstigen und Fürchten ist sodann nicht mit der Erhaltung und Vermehrung derselben verbunden! Und o, welch' ein Schmerz ist nicht damit verknüpft, wenn man sie verliert! Selbst da, wo ihr Besitz uns schmeichelt und liebkost, wo wir uns in ihrem Glanze sonnen, ihres Genusses uns erfreuen, sind sie äußerst gefahrbringend, und verlocken uns leicht dazu, daß wir sie zur Sünde benutzen.

Diese Erwägungen standen denn auch stets vor der Seele des verlebten Herrn N. N. Deßhalb besaß er, als besäße er nicht; deßhalb ging er mit dem Gelde um nicht wie ein Habsüchtiger, Geiziger, Unbarmherziger, nicht wie ein Wucherer, nicht wie ein Prasser u. s. w., sondern so, wie wir ihn Alle gekannt haben. (Nähere Darlegung: Individuelles.)

Der Apostel Paulus lehrt: „Die reich werden wollen, fallen in Versuchung und in die Fallstricke des Teufels, in mancherlei thörichte und verderbliche Begierden, welche die Menschen in Elend und Verderben stürzen." (1. Timoth. 6, 9.) Bemerken wir wohl: der Apostel sagt nicht: „Die reich sind;" sondern: „Die reich werden wollen." D. h. nicht die, welche mit Gütern gesegnet sind, haben die meisten Versuchungen, stehen in der größten Gefahr, kommen am schwersten in den Himmel, sondern „die reich werden wollen," die darnach sich sehnen und jagen, die ihr Herz an das Geld heften, die das Geld über Alles anstreben, die vor Begierde brennen, Schätze aufzuhäufen.

Anders dachte der edle Verblichene von dem Gelde, er sprach sehr oft, wie es in der Schrift heißt: „Viel besser wäre es, wenn man es den Armen gäbe!" (Matth. 26, 9.) Hierin besteht die vornehmste Tugend eines reichen und vornehmen Mannes: wohl anzuwenden und nicht zu mißbrauchen, denn wir sind nur Verwalter der zeitlichen Güter, über welche einst Rechenschaft abzulegen ist. O daß wir derlei Reiche noch recht viele hätten; leider steht es heutzutage anders in der Welt! Man vergißt seine Sünden und zählt das Geld!

II.

Anders der, dessen irdische Hülle wir dem Staube zurückgegeben haben. Er wußte, daß einst ein Zeitpunkt kommen würde, wo man ihn hinaustrüge zum Acker Gottes, wohin er nichts mitnehmen könnte als seine Werke. Lebhaft stand vor seinen Augen das traurige Ereigniß des heutigen Tages, da er, Alles verlassend, nackt in den Schooß der Muttererde zurückkehren würde, wie er gekommen.

Aus diesem Grunde war nicht das Gold, sondern Gott sein bester Schatz. Von ihm wußte er, daß, wenn er ihn besäße, er reich genug wäre und Alles hätte, andererseits daß er der ärmste Mensch hieße ohne Gott. Darum nannte er ihn oft, besonders auf dem Sterbebette, seinen Gott und sein Alles. Der Herr ging dem nun in Gott Ruhenden über Alles, über Haus und Garten, Geld und Feld.

Und nun, Geliebte! frage ich, ob das nicht heiße: im Geiste arm sein, und ob auf solche, wenn auch begüterte Menschen nicht gleichfalls könne angewendet werden der Spruch im Evangelium: „Selig die Armen im Geiste, denn für sie ist das Himmelreich!“ (Matth. 5. 3.) Schätze besitzen und doch nicht das Herz daran heften, ist größere, ist vollkommenere Armuth, als jene, welche darin besteht, daß man arm ist an Gütern, aber im Herzen darnach verlangt. Schätze besitzen und sie nicht mißbrauchen zu Ueppigkeit und Weltlust, zu Hoffart und Geiz u. s. w., o das ist eine große Christenkunst; die Neu-Heiden der Jetztwelt kennen sie freilich nicht. Der wahre Christ aber lernt sie von seinem göttlichen Lehrmeister, der seiner Gottheit nach Alles besaß, sich aber dessen entäußerte und als Mensch nicht einmal besaß, wo er sein Haupt niederlegte. Andere schwelgten in seinen Gaben, er selbst aber lebte von dem Brode, das seine Anhänger ihm reichten; Anderen gab er weiche Kissen und Polster, er selbst lag in der Krippe oder auf harter Erde. Kurz, er war ganz arm, ganz abgesondert vom Reichthume und konnte mit David sprechen: „Dürftig bin ich und arm.“ (Ps. 39, 18.) — Diese Kunst verstand der Verewigte, dessen Hülle wir zur Ruhe eingesegnet haben, vortrefflich. Er besaß, als besäße er nicht. Er war der Kaufmann im Evangelium, der hinging und Alles verkaufte, um mit dem Erlöse die unendlich kostbare Eine Perle des Himmels sich zu erkaufen. D. h. er gab im Geiste Alles für Gott hin; Gott ging ihm über Alles. Mit dem Glücke des Reichthums verband der Verblichene die große Kunst, ihn zu gebrauchen zur Ehre Gottes, zum Troste der Armen, zur Erhaltung seiner Familie und zum leuchtenden Beispiele für Andere. — —

Eine schöne, eine seltene Kunst, Hochgeehrteste! Lernen wir sie von Jesus und von dem theueren Todten hier! Gebrauchen wir, meine Brüder, die Gaben Gottes mäßig, verständig, christlich! Mäßig wird es sein, wenn wir Fraß und Völlerei, Ueppigkeit, Pracht und Verschwendung fliehen. Verständig, wenn wir uns zuweilen selbst etwas versagen, um es den Armen zu geben, die uns von dem mittheilen, was sie besitzen und uns gebricht. Christlich, wenn wir unser Herz nicht an die zeitlichen Güter heften. Das wolle uns Jesus Christus verleihen!

Dem Vollendeten aber das Himmelreich! Vergessen wir nicht der vielleicht doch noch auf unser Gebet angewiesenen Seele, und bedenkend, ein wie heiliger und heilsamer Gedanke es ist, für die Todten zu beten, lasset uns dieser Pflicht nachkommen! Vater unser.... Ave Maria.... Amen.

Am Grabe eines Verwalters.

Text: „Gib Rechenschaft von deiner Verwaltung!"
Luc. 16, 2.

Eingang.

Trauernde, im Herrn Versammelte!

Es ist eine nicht zu umgehende Nothwendigkeit, daß wir unserem Herrn und Gott einmal Rechenschaft ablegen, obgleich er lange Zeit, wenn ich so sagen soll, durch die Finger sieht, indem er uns Zeitlebens nicht sonderlich anstrenget, dieses zu thun, da er ein über die Maßen gütiger und barmherziger Herr ist. Das Rechnung-Legen indessen bleibt nicht aus. Gleich nach dem Tode ist das Gericht, dieses wissen wir Alle.

Nun kann uns Alle, die wir hier gegenwärtig sind, um den irdischen Ueberresten des seligen Herrn Verwalters (Rentmeisters....) N. N. die letzte Ehre zu erweisen, ich sage, uns Alle kann dieß merklich trösten, daß der Vollendete in dieser Beziehung vorbereitet war auf das Rechnung-Ablegen, indem derselbe bei Lebzeiten nicht nur mit seinem irdischen Herren über das Zeitliche, sondern auch mit seinem Gott wegen des Ewigen öfters Rechnung gepflogen hat. Der nun in Gott ruhende Herr war geboren am — — des Jahres — zu —. (Lebensgang, Charakter, Besonderes über den Verewigten, dessen Familie, Wirkungskreis, Krankheit.) In dieser Zeit seiner Krankheit nun war es, wo er mit seinem Herrn und Gott bis in's Kleinste rechnete, worin er sein Schuldner etwa möchte sein. (Näheres über die Krankheit, letzten Tage, Ende; Alter.) So schied er von uns, losgesprochen von seiner Schuld, und trat vor den Richterstuhl Gottes, mit dem in's Reine sich zu setzen er stets für seine wichtigste Angelegenheit erkannt hatte. Wir hoffen und vertrauen fest, der Herr werde seine Rechnung als richtig befunden, ihn selbst aber absolvirt und in den himmlischen Haushalt aufgenommen haben. Er ruhe im Frieden! —

Da indessen auch wir einst sterben müssen und Rechenschaft abzulegen gehalten sind, so sei es mir vergönnt, noch einige Worte hierüber zu sprechen; nämlich:

1) Wie wir mit uns selbst rechnen sollen, ehe Gott rechnet.

2) Warum wir zuvor rechnen sollen.

I.

Es gibt nicht leicht gefährlichere Dienste und Berufsarten als jene, welche sich mit Rechnen und Zählen abzugeben haben, wobei man für die Verwaltung und Führung des Geschäftes haften und verantwortlich sein muß, und täglich und stündlich bereit zu stehen hat, Rechnung zu legen, Kassasturz zu halten, da der Herr zu jeder Stunde und plötzlich kommen und solches verlangen kann. Da erscheint es denn als geboten, äußerst achtsam, sorgfältig und gewissenhaft zu verfahren, täglich nachzurechnen, zu notiren, zu lateriren, zu summiren.

Dieses hatten schon die alten Aegyptier erkannt, weßhalb ihr König Amasis auf's Schärfste befahl und die Einrichtung traf, daß seine Unterthanen einmal im Jahre vor gewissen Beamten erschienen, um über ihre Art zu leben Rechenschaft abzulegen, nämlich wie sie ihre Kinder erzogen, welcher Religionsgenossenschaft sie angehörten, was für eine Kunst oder Handwerk sie ausübten, wie und wovon sie sich ernährten, wie viel Gesinde sie unterhielten und dergl. Wenn nun befunden ward, daß sie zu üppig, zu verschwenderisch lebten, kurz, daß ein Fehler vorgehe in ihrem Hauswesen und in dessen Führung, so wurden sie gerügt und zurechtgesetzt. Ueberstiegen die Ausgaben die Einnahmen, so wurden sie als Diebe oder leichtsinnige Schuldenmacher angesehen und behandelt. Diese Art gefiel auch dem Gesetzgeber der Athener, dem Solon sehr wohl und er führte dieses Rechenschaft-Ablegen auch zu Athen ein. Hiedurch mußten Staat, Gemeinde und Familie in Flor kommen.

Ein Gleiches müssen auch wir thun und einführen. Täglich wollen wir Rechnung legen, täglich unser Gewissen erforschen, auf die eine Seite stellen, was wir von Gott für Güter, Gaben und Gnaden empfangen, auf die andere Seite, wie wir sie angewendet, verwerthet, verausgabt haben. Auf diese Art wird schon an den Tag kommen, wie wir verwaltet und hausgehalten haben, und ob wir am Tage der Rechenschaft vor Gott werden bestehen können. O wie viele, wie schöne Güter haben wir Menschen vom höchsten Gott! Welch' vortreffliches Gut ist nicht die vernünftige Seele, mittelst der wir das Gute vom Bösen unterscheiden! Kein Wesen auf Erden hat ein gleich edles und werthvolles Gut zu verwalten, wie der Mensch. Welch' ein herrliches Geschenk ist sodann der freie Wille, durch den wir nach Belieben erwählen können, was uns gefällt. Ich sehe ab von der Gesundheit, den Leibeskräften, den Talenten, den Schätzen u. s. w. O welch' ausgezeichnete Güter! Doch einst, vergessen wir es nicht, wird es heißen: „Gib Rechenschaft!"

Wie diese lauten wird? — O frage nur dein Gewissen, ob du auch dem Glauben gefolgt bist, der deinem Verstande so hohe Wahrheiten lehrte. Frage deinen Willen, ob er das Gute und das als gut Erkannte auch immer gewollt und erkoren habe. Nimm die Gebote Gottes und jene der Kirche zur Hand, sie werden dir das christliche Soll und Haben vor Augen führen. (Loc. amplif.)

Sieh aber auch zu, daß das Deficit, das, was dir abgeht, daß du deine Fehler nicht leichtfertig entschuldigest, daß du nicht sorglos darüber hinweggehest, denn Gott weiß Alles, ihm entgeht nichts, ihm verheimlichest du keinen Abgang. Sieh' demnach zu, daß du dich auch hierin nicht verrechnest! Auch dein Schutzengel hat dich gesehen, und aufgezeichnet, wie du dich betragen. (Locus amplif.) In so wichtiger Sache also lasset uns nicht uns selbst schmeicheln, es geht nun einmal bei Gott nicht, ihn bei der Rechenschafts-Legung überlisten zu wollen.

Der in Gott Ruhende behandelte seine Rechnung, die er mit Gott zu machen hatte, so ernsthaft als der Gegenstand es erheischt. Er erforschte genau und oft sein Gewissen, er beichtete — (Näheres). Er überschlug auf diese Art alle Posten des göttlichen Gesetzes und frei und ledig aller Schuld starb er freudig und sanft, ein Entschlummern, wie es nur dem zu Theil wird, der mit Gott im Reinen ist.

II.

Die zweite Frage: warum wir zuvor, ehe der allsichtige und allwissende Gott mit uns rechnet, rechnen sollen, ist leicht beantwortet; denn wer nicht zuvor rechnet und — Alles zusammenkommen läßt, der hat gemeiniglich eine schwere und confuse Sache. Unaufhaltsam fliehen die Tage, Wochen und Jahre und während dieser Zeit fällt so viel vor, daß es gefahrbringend ist, solches aufzuschieben bis Gott rechnet. Ja auch nicht bis auf jene Zeit sollen wir, was in Ordnung zu bringen ist, aufschieben, wo wir von einer Krankheit niedergeworfen würden, damit wir uns nicht in der Lage sehen, in der sich jener Haushalter fand, von welchem das Evangelium berichtet, daß er geklagt und gejammert habe, als der Herr, Rechenschaft fordernd, vor der Thüre stand, ausbrechend in die bedenklichen Worte: „Was soll ich anfangen, da mein Herr mir die Verwaltung abnimmt? Graben kann ich nicht und des Bettelns schäme ich mich.“ (Luk. 16, 3.) Wahrlich, eine klemmende, eine verstörte Frage! Was soll ich anfangen? — Wohlan, Verehrte! In seinen gesunden Tagen muß man sich diese Frage vorlegen: Was soll ich thun, um nicht vom Richter überfallen zu werden? Was thun, damit meine Rechnung im Reinen, mein Gewissen in Ordnung sei; was thun, daß ich mir selbst ein fröhliches Zeugniß ausstellen kann? Nun, so gib dir und deinem Seelenführer zuvor Rechenschaft.

Nach diesem Leben, wissen wir, rechnet Gott mit uns auf's Genaueste, kein Nachlaß, kein Verzug, keine Stundung wird alsdann gewährt, wie solches in diesem Leben geschieht und sogar die Regel ist, daß Gott mit unseren Mängeln hier Nachsicht hat, daß er sie nachläßt, daß er verzieht, bis wir Alles, was wir ihm schuldig sind, eingezahlt, was wir ihm veruntreut, ersetzt haben. — In jener Welt dagegen besteht er unnachsichtlich auf den letzten Heller unserer Schuld. Das macht es uns so räthlich, so einleuchtend, so nothwendig, zuvor zu rechnen, ehe Gott uns ruft und Rechenschaft von uns verlangt. Solches that, als ein gewissenhafter Rechner, der Verewigte; solches zu thun wird auch von uns gefordert. Nur dann wird der Tag der Rechnungsablage, der Tag der Abhör günstig für uns ausfallen. Lasset uns daher täglich unser Gewissen erforschen und mit Zähren der

Reue ersetzen, was mit Geld und anderen Mitteln sich nicht wieder gut machen läßt!

Und nun, unsere Schuld an den Verstorbenen abzutragen, ein andächtiges Vater unser und Ave Maria! Amen.

Am Grabe eines Pensionisten.

Text: „Siehe, nun werde ich in dem Staube schlafen!“
Job 7, 21.

Eingang.

Geliebte Christen!

Der Tod und der Schlaf werden ob der zwischen ihnen bestehenden Aehnlichkeit von vielen Menschen Brüder genannt. Der Schlaf ist eine Ruhe von aller Arbeit, vom Laufen, Sorgen und Mühen, womit die Menschen der geschäftige Tag belastet. Nicht weniger ist es auch der Tod; er ist ein Ruhen von allem Verdruß, von Mühseligkeit, Schmerz und Wehe.

So lange wir leben, ergeht es uns, wie den ersten Menschen nachdem sie aus dem Paradiese gestoßen waren. Sie mußten ihr Brod im Schweiß ihres Angesichtes verdienen. Ein Gleiches trägt sich auch mit den übrigen Kindern Evas zu; das Gesetz der Arbeit beherrscht alle Welt. Jeder Stand hat seine Plage, ein Jeder hat seine Sorgen, seine Mühen bis der Tod kommt und dem abgematteten Leibe Schicht gebietet. Alsdann erst tritt der wahre Feierabend ein, wenn der Mensch mit Job sprechen kann: „Siehe, nun werde ich in dem Staube schlafen!“

Wenigen, Geliebteste! ist es vergönnt, schon vor dem Tode einer behaglichen Ruhe sich zu erfreuen, die Meisten müssen schaffen und wirken, bis ihnen der Tod die Augen schließt.

Der Verlebte war einer von den Wenigen, denen es gestattet war, schon vor dem Tode von den Mühen und Sorgen seines Standes auszuruhen. — Jahre lang genoß er die Gnade des Ruhestandes. Vernehmen wir indessen, wie wohlverdient derselbe war. Der Verewigte war geboren zu — im Jahre — am — —. (Lebensskizze.) Von da an trat er in den erbetenen wohlverdienten Ruhestand, den er — Jahre genoß, während welcher Zeit er besonders für sein Seelenheil thätig war. (Näheres. Charakteristik; Krankheit, Ende.) Er ruhe im Frieden!

Wir aber wollen bei Gelegenheit der traurigen Beisetzung des achtungswerthen Herrn (Titel) N. N. betrachten:

1) **den beseligenden Ruhestand der Auserwählten Gottes im Himmel,** und sehen

2) **wie der Verlebte sich um diesen Ruhestand in der Zeit seines irdischen Lebens beworben und verdient gemacht hat.**

I.

Wenn der Mensch sich den Tag über rechtschaffen abgearbeitet, abgemüht und abgesorgt hat, alsdann gibt es für ihn nichts Süßeres als den Schlaf. In einem süßen, vollkommenen, ruhigen Schlaf quälet ihn nichts mehr, sondern Alles, Leib und Seele, Sinne und Geist, Alles findet Ruhe und Erholung.

Ein solch' süßer und vollkommener Schlaf ist auch der Tod der auserwählten Diener Gottes. Fraget den König David. Wie hat er sich nicht abgekämpft und abgesorgt Zeit seiner Regierung! Welche Sorgen machten ihm nicht seine Kinder, seine Kriege, sein Land, sein Hof, der Tempel, den er Gott bauen wollte und für den er alles Material herbeischaffte. Was aber war für ihn das Süßeste? Daß er sprechen konnte: „Ich werde im Frieden schlafen und ruhen." (Psalm 4, 9.)

O süße Ruhe, o ruhige Süßigkeit, in Gott zu schlafen! Ein ruhig schlafender Mensch ist während dessen nicht anders als wäre er todt, ob er gleich innerlich lebet. Die Auserwählten und in Gott Ruhenden sind ebenfalls äußerlich todt, indem ihre Leiber in den Gräbern und Grüften liegen, indessen lebet ihre Seele fort und preiset ohne Aufhören Gott, so daß ein Jeder, der auf diese Art ruhet, sagen kann: „Schlaf ich auch, mein Herz ist wachend." (Hohesl. 5, 2.)

Indem ich dieses spreche, dünket mir, ich höre die in den himmlischen Ruhestand Versetzten sich droben freuen und jubeln, nicht anders, als wie die Schiffleute thun, welche, wenn die Gefahren des Meeres überstanden, angelangt im Hafen sich den Freuden des reichen Landes hingeben, dessen Boden sie betreten; oder wie die Schnitter, welche, wenn der Erntesegen glücklich eingebracht ist und der Feierabend angebrochen, die ihnen gegönnte Ruhezeit auf's Angenehmste verbringen und jauchzen und jubiliren.

Denn nun ist die Gefahr, die Mühe, die Last vorüber. Der Tag hat sein Ende erreicht und der frohe Abend lädt zur Ruhe ein. Alle Unbilden, Schmerzen und Arbeiten sind überstanden, der Tod selbst ist überwunden. Gott ist nun der Auserwählten süßer Lohn, deßhalb freuen sich und frohlocken die Seligen, denn groß ist ihre Belohnung im Himmel. Triumph! rufen sie aus, der Tag ist unser! Die Ruhe bricht an, die ewige Ruhe, die vollkommenste Ruhe, jener Schlaf, den keine schrecklichen Träume beunruhigen. Endlich ruht das Herz, das nicht eher zur Ruhe und zum Frieden kommt, als bis es in Gott ruht.

II.

So ist denn an dem, was ich den Todten zum Troste gesprochen, kein Zweifel. Beseligend und herrlich ist der Ruhestand, in welchen Gott seine Auserwählten versetzt.

Nur das Einzige ward uns nicht offenbart, ob dieser oder jener Verstorbene auch wirklich dieses Siegeslied anstimme, ob dieser oder jener Verlebte in der That auch des genannten himmlischen Ruhestandes sich zu erfreuen habe.

Nichts destoweniger gibt uns das Evangelium derlei Merkmale an, woraus wir unschwer schließen und entnehmen können, wer unter die Kinder Gottes, wer unter die Erben des Himmels einzureihen sei. Wer sich nämlich hier auf Erden um die ewige Seligkeit ernstlich beworben und bemüht hat, dem, dürfen wir hoffen, kann es jenseits nicht fehlen. Dem, der will, ist nichts zu beschwerlich, ist nichts unerreichbar. Es ist unsere Schuld, wenn wir verloren gehen.

Aus diesem unfehlbaren Grunde läßt sich auch von dem in Gott verstorbenen wohledlen Herrn (Titel) N. N. sagen, daß er aus dem wohlverdienten zeitlichen Ruhestande übergangen sei in den ebenso wohlverdienten ewigen Ruhestand der Auserwählten Gottes. Wir können es getrost hoffen, er trage nunmehr den Palmzweig des Sieges, des Friedens und der ewigen Ruhe in seinen Händen.

Denn, Andächtige! Sie haben es mit Augen gesehen, wie demüthig und treu er seinem Gotte gedient hat, wie freigebig und barmherzig er gegen die Armen war, wie sanftmüthig gegen den Nächsten, wie mäßig im Essen, wie nüchtern im Trinken, wie eifrig im Gebete, wie langsam im Zorne, wie fleißig bei der Arbeit, um ja nicht zu den Müssiggängern gezählt zu werden, denen das Reich Gottes abgesprochen wird. (Locus amplif. Individuelles aus seinem Leben.)

Warum also, verehrte Trauergenossen! soll ich nicht mit ebenso gutem Fug von dem Vollendeten sagen können, was einst Christus von Lazarus sagte? Nämlich: „Unser Freund schläft." (Joh. 11, 11.) Ja, unser Freund schläft. Vor — Tagen hat er noch gearbeitet, gerungen gegen die Nachstellungen und Anfechtungen des Bösen, gerungen mit der Todesangst, heute nun schläft er und ruhet aus von dem Kampfe, dem ein jeder gute Christ sich unterziehen muß. Sanft ist er entschlummert, daß sein Tod mehr ein Schlaf als ein Tod zu nennen ist. Er starb im Herrn, denn er starb völlig mit Gott vereint, ausgesöhnt, ergeben nach würdigem Empfange der hl. Sakramente, wie solche den Sterbenden von der Kirche zur Versicherung ihres Heiles verordnet sind. So konnte er getrost den himmlischen Ruhestand antreten und sprechen mit Job: „Siehe nun werde ich in dem Staube schlafen!" Friede seiner Asche! — —

Wie sehr dagegen fürchte ich, es möchte unter den Lebenden der Eine oder der Andere weniger ruhig und friedlich entschlafen! O wie Viele leben, die weder Friede mit Gott, noch mit den Nebenmenschen, noch mit sich selbst und ihrem Gewissen haben!

O Geliebte, wollen wir ruhig im Staube des Grabes schlummern, wollen wir im Frieden entschlafen, wollen wir den süßen Ruhestand des Himmels verdienen, machen wir, wo es nicht der Fall ist, unseren Frieden mit Gott und seinen hl. Geboten; machen wir unseren Frieden mit der Kirche und ihren heilsamen Vorschriften, machen wir unseren Frieden mit dem Nächsten und mit uns selbst! Ein reines, ein gereinigtes Gewissen ist Alles, was von denen verlangt wird, welche in Gott zu ruhen sich sehnen. Weit sei es von uns, mit Gott Krieg zu führen, mit ihm, der uns ja selbst den Frieden anbietet mit den Worten: „Meinen Frieden lasse ich euch, meinen Frieden gebe ich euch, nicht wie die Welt gibt, gebe ich euch." (Joh. 14, 27.)

Lasset uns in Gott unsere Ruhe suchen, hier zeitlich durch ein gutes Gewissen und darnach in der ewigen Anschauung! Dieses verleihe uns der, von dem alles Gute kommt

Ich schließe mit der christlichen Bitte um euer Gebet für den Abgestorbenen. Vater unser .... Ave Maria .... Amen.

Am Grabe eines angesehenen Geschäftsmannes.

Text: „Es ist nothwendig ... die Welt zu gebrauchen, als brauchte man sie nicht; denn die Gestalt dieser Welt vergeht" 1. Cor. 7, 31.

Eingang.

Hochgeehrteste!

Eine schmerzliche Pflicht ist uns geworden: wir sind hier versammelt, um dem wohlgeborenen Herrn — — N. N. die letzte Ruhestätte anzuweisen. Wahrlich ein herber Fall, erschütternd für die traurigen Hinterbliebenen, für die verehrte Familie, die nunmehr das Haupt ihres Hauses verloren hat, den Gründer und Träger, den Angelpunkt ihres zeitlichen Glückes. Verfolgen wir, um den großen Verlust zu bemessen, den Lebensgang des Verewigten! (Lebensabriß: Heimath, Geburt, Aeltern, Studien oder Lehrjahre, Beruf, Geschäfts-Etablissement, Wirken; Familienleben, Gattin, Kinder, Spezielles, Krankheit, Ende, Alter.) So lebte, so wirkte der Vollendete! Was aber uns Alle betrübt, das ist, daß mit ihm viele, viele Tugenden zu Grabe getragen werden. (Charakter, Tugenden.)

Hieraus entnehmen wir, ein wie guter Katholik, ein wie entschiedener Christ der Vollendete gewesen ist. Wohlhabend und angesehen stand er unter uns, die Welt lag ihm zum Genusse offen, aber er genoß sie, als genösse er sie nicht, ganz wie es der hl. Apostel Paulus uns anräth. Denn der Endzweck der Paulinischen Rede, die ich zu meinem Trauerspruche mir heute ausersehen habe, geht dahin, uns zu ermahnen, daß man sich von dieser Zeitlichkeit nicht allzusehr einnehmen lasse, wie z. B. Jene thaten, welche in ihren Welthändeln und irdischen Geschäften untergehend der Einladung des Herrn Folge zu leisten sich weigerten, der Eine, weil er seine Zugthiere probiren, der Andere, weil er sein Landhaus einsehen müsse, der Dritte, weil er sich ein Weib genommen habe. Dieß Alles dürfen wir thun, aber es soll nicht unser Hauptgeschäft sein. Also Behutsamkeit und Mäßigung im Gebrauche der Welt lehrt uns der Apostel, denn — die Gestalt dieser Welt vergeht. Alle unsere Vorfahren sind dahingegangen, Nichts hat Bestand gehalten. Auch der wohledle Herr — — N. N. ward gezwungen, vor — Tagen der Welt Lebewohl zu sagen. O betrübtes, hartes Wort: Vergehen! Verschwinden! Alles vergeht! Dahin geht unser Vater, unsere Mutter, unsere Kinder, unsere Brüder und Schwestern, Gatte, Gattin, Verwandte, Freunde, Alles vergeht! Es ist sich auf nichts zu verlassen, als auf Gott!

Dieses wollen wir denn auch, gleich dem Verewigten, des Nähern betrachten:

1) Wie nämlich Alles vergeht, und

2) daß man sich auf Nichts als auf Gott verlassen soll.

I.

Der hl. Hieronymus hat vollkommen Recht, wenn er (ep. ad Cypr.) schreibt: „Nichts betrügt den Menschen mehr als seine Unwissenheit bezüglich der Dauer seines Lebens." Immer verspricht man sich ein längeres Leben, und lebt kein Greis, der nicht mindestens noch ein Jahr zu leben hofft. Was folgt daraus? daß ein Jeder glaubt, es habe mit seiner Bekehrung noch Zeit, und diese beständig auf das Morgen verschiebt. O gefährliches Wort: Morgen! Wie Viele hat es abgehalten von der Buße, und Beichte und Reue hinausgeschoben! Wie manchen Bösewicht hat es in seinem Wandel bestärkt, daß er fortfuhr, als wenn das Sündenleben niemals ein Ende nehme. O welche Verblendung, da nichts wahrer ist, als: „Die Gestalt dieser Welt vergeht!" Alles vergeht! Alles ändert sich!

Saget an, Verehrteste! Wo sind jetzt die Freunde, die Lehrer unserer Jugend? Vorbei! Vorbei! Wo unsere Aeltern? Dahin! Dahin! Wo die Gärten, die Felder und Wälder, darin wir lustwandelten? Wo die Städte, die Länder, die wir besucht, gesehen, genossen haben? Wo die angenehmen Gespräche der Freundschaft, wo die Tänze, die Feste der Jugend, wo die blühenden Jahre? Ach, Alles ist an uns vorübergegangen! Wir haben es nimmer! Doch was frage ich die Lebenden, die aus der Welt noch etwas Wesen machen können, da sie ihnen noch zu Diensten steht! Wo, ihr Todten! sind jetzt euere Paläste, euere Gastmahle, euere Ehren, euere Reichthümer, euere Rathsherrnstellen, euere Orden? Dahin! Es ist entschwunden! Wo sind, ihr Prälaten, euere Mitren, ihr Könige euere Kronen? Dahin! Dahin! Wo, Absolom, ist dein goldenes Haar, auf das du so stolz warest? Wo ist,

Simson, deine so gerühmte Stärke, mittelst der du Löwen zerrissest? Wo ist, o Salomon, deine Weisheit? Wo ist, o Sardanapal, dein üppiges Leben? Alles dahin! — Alles vergeht!

II.

Nur Gott bleibt uns, nur auf Gott ist ein Verlaß! Fragen wir nur die, welche anstatt der Welt — Gott gedient, die anstatt des Geldes, der Ehren, der bösen Gelüste — das Himmelreich gesucht haben, sie werden uns antworten: Unser Gott ist uns treu geblieben und wird es in Ewigkeit. Alle unsere guten Werke sind uns nachgefolgt. Meine Kohlen, erklärt Laurentius, sind nun herrliche Rosen, meine Steine, sagt Stephanus, haben sich in prachtvolle Diamanten verwandelt u. s. w. Das also ist der Unterschied zwischen den Weltfreuden und der wahren Tugend, zwischen der Welt und Gott: das erstere vergeht, das letztere besteht in Ewigkeit. —

Um dieser Ursachen willen kann ich wohl, ohne zu schmeicheln, dem Verewigten nur Glück wünschen, daß er nicht auf die Welt, sondern auf Gott baute. Allerdings gehörte er als angesehener Geschäftsmann der Welt und dem Leben an, aber nicht in der Art und Weise, daß er in ihrem Treiben versank und unterging. Sein irdisches Sorgen und Mühen war nicht Zweck, sondern nur Mittel zum Zweck. Sein Ziel war ein höheres, sein Streben ging nach Oben, sein Sehnen war Gott. Dieses Ziel zu erreichen unterließ er nichts. Von diesem Ziele abzufallen, bewog ihn nichts, weder Ehren, noch Reichthum, noch Gelegenheit zu irdischen Weltfreuden und verbotenen Lüsten. Sein Glaube sagte ihm: „die Gestalt dieser Welt vergeht!" Alles geht dahin! Es ist sich auf nichts als auf Gott zu verlassen! Dieses Weltwesen dauert nur eine Zeit lang. Darum bestellte er seine zeitlichen Sachen bei guter Zeit, wie es einem wahren und vorsichtigen Christen geziemt. (Locus amplif. ex vita.)

Nun ist auch er dahin, wie ein reißender Bach, der in aller Eile dahinläuft, wie leichte Kähne, welche Aepfel führen, wie ein Schauspiel, das einige Zeit die Augen ergötzt, alsdann jedoch mit dem Fallen der Gardine endiget.

So ist es bisher Allen ergangen, Großen wie Kleinen. Das Grab des Salomon ist nicht einmal mehr zu finden, und der Tempel zu Jerusalem, den er erbaute, und welchen man für ewig hielt, ist ein Haufen

Staub. Alles vergeht, die größten Männer, die größten Städte, die größten Reiche.

Betrachten wir den Friedhof, er predigt uns eindringlichst, wie die Gestalt und das Gepränge dieser Welt, wie Alles vergeht. Alle, die in den Gräbern liegen, sagen uns, wir waren einst das Wohnhaus der Seele des Augustus, des Alexander .... jetzt sind wir nichts.

Nur der Himmel da oben über uns, und nur der im Himmel herrscht, nur Gott verläßt uns nicht, sondern bleibt verlässig und treu. — —

Lernen wir, Andächtige, wie groß, wie mächtig unser Gott sei, welcher alle, auch die Mächtigsten der Welt in einem Augenblicke stürzt! Lernen wir, wie unbeständig, wie vergänglich das Weltwesen ist, alle Pracht und aller Pomp der Erde. Männer, die vor hundert Jahren als Orakel angesehen wurden, dahin sind sie. Männer, die vor drei Tagen das größte Ansehen genossen, dahin sind sie. Nur allein die Tugend lebet fort.

Trauen wir deßhalb der Welt nicht mehr, als sie es verdient, mag sie uns auch noch so sehr schmeicheln und liebkosen und uns mit ihren auserlesensten Gütern überschütten! Alsdann, Geliebteste, ist sie am Gefährlichsten! — Brauchet die zeitlichen Güter, gleich dem Verlebten, als gebrauchtet ihr sie nicht, d. h. mißbrauchet dieselben nicht zu euerem Verderben, und wenn euch keine andere Ursache hiezu bewegen kann, so sei es diese: Alles vergeht! — Nur auf Gott ist Verlaß! Darum wenden wir uns zum Schlusse ihm zu, indem wir zu ihm für die ewige Ruhe des Verlebten demüthig beten: Vater unser .... Ave Maria .... Amen.

Am Grabe einer Honoratiorenfrau.

Text: „Jeder, der lebt und an mich glaubt, wird in Ewigkeit nicht sterben. Glaubest du das?"
Joh. 11, 26.

Eingang.

Hochansehnliche!

Was der unbarmherzige Tod im Hause der Martha angestiftet hat, das vollbringt er noch alle Tage, keine Stunde in der Nacht, kein Arzt, kein Alter, kein Geschlecht, kein Stand hindert ihn daran; ohne Ansehen der Person, ihrer Nothwendigkeit, ihrer Verdienste holt er die Menschen hinweg in seine Behausung. Weder Klein noch Groß, weder Arm noch Reich ist vor ihm sicher. Einen höchst betrübenden neuen Beleg haben wir an der wohledlen (Titel) Frau N. N., die am — l. M. in einem Alter von — Jahren allzufrühe ihrem liebenden Gatten und allzuschmerzlich ihren niedergebeugten — Kindern durch eine — Krankheit entrissen ward. (Lebensgang der Verblichenen. Spezielles. Dieselbe als Gattin und Mutter, als Christin, als Lebende und Sterbende; Ende. Charakteristik, Tugenden.)

Dieses war das tugendreiche Leben der wohlgeborenen Frau — —. (Locus amplif. Affekt.)

Ach, Verehrteste, insbesondere ihr, die ihr durch diesen Trauerfall so schwer heimgesucht seid! Hier muß nun Alles auf den Glauben ankommen. Ohne diesen — kein Trost! Ein Jeder muß mit Martha gläubig ausrufen können: „Ja, o Herr, ich glaube, daß du Christus, der Sohn des lebendigen Gottes bist, der in die Welt gekommen ist." (Joh. 11, 27.) Also müssen auch wir, welche der Tod der Seligen so schmerzlich berührt hat, ausrufen können: Du, o Christus, das glaube ich fest, bist die Auferstehung und das Leben! Wer an dich glaubt, wird leben, wenn er auch stirbt!

Wohlan, so kann es denn nicht fehlen: die Verstorbene muß durch dich, o Jesu, droben im Himmel bei dir leben, denn sie hat im Leben und im Tode fest an dich geglaubt. Und so frage ich denn Sie Alle mit den Worten Jesu: „Glaubest du das?"

1) **Nichts ist nothwendiger denn an Jesus als unser Leben zu glauben.**
2) **Dieses leuchtet schon ein, wenn wir erwägen, was dieser Glaube in den Sterbenden wirkt.**

I.

Das Wort Glaube wird in der göttlichen Urkunde, sowie von den Gottesgelehrten in mehrfacher Bedeutung gebraucht. Bisweilen versteht man darunter, was man anderwärts Religion nennt; so sagt man z. B.: Ich habe den katholischen Glauben. Bisweilen wird es auch für die göttliche Tugend genommen, welche man den Glauben nennt. Im Sinne unseres angeführten Trauerspruches heißt es soviel wie Zuversicht, Vertrauen auf Christus und seine Verdienste. Es erhellt dieß aus dem Gespräche, welches Christus mit Martha hielt, als Lazarus im Grabe lag. Es hatte der Herr der traurigen Martha bereits gesagt, daß er das Leben und die Auferstehung sei, und daß Alle, die an ihn glauben, in Ewigkeit nicht sollen sterben. Darauf folgte dann die schöne Frage: „Glaubest du das?“ Als wollte er sagen: Hast du auch Vertrauen, Zuversicht und Hoffnung auf diese Dinge? Worauf Martha entgegnete: Gewiß Herr, ist das mein fester Glaube!

Also müssen auch wir auf Christus, seine Macht und Verdienste glauben, bauen und vertrauen. Ja, mein Herr und Heiland, ich lebe der völligen Zuversicht, ich verlasse mich darauf, gleich als hielte ich es schon in meinen Händen, gleich als hätte ich es schon in meinem Schooße, daß du werdest mein Leben sein, daß du meinen Leib nach deinem Versprechen wieder werdest aufwecken, daß er nicht für alle Ewigkeit werde sterben. Denn du hast die Kraft und Gewalt hiezu und es mir versprochen. Wie kann ich also an deiner Treue zweifeln?

Dieses Vertrauen, Geliebte, besaß vor Martha schon der Dulder Job: „Ich weiß, daß mein Erlöser lebt“, sagt er, „und daß er mich am jüngsten Tage aus dem Staube werde erstehen lassen; und wiederum werde ich umgeben sein von meiner Haut, und sehen werde ich in diesem Fleische meinen Gott .... Dieß mein Hoffen ruhet in meinem Busen.“ (19,25—27.) Auch David sagt: „Auf dich, Herr, habe ich gehofft und nicht werde ich zu Schanden in Ewigkeit.“ (Ps. 30, 2.) Von gleichem Vertrauen in Jesu Allmacht beseelt rief auch der Hauptmann im Evangelium aus: „Sprich nur ein Wort, so wird mein Knecht gesund.“ (Matth. 8, 8.)

O daß wir solchen unerschütterlichen Glauben hätten, wir könnten Berge versetzen! (Rücksichtnahme auf die Verlebte.)

II.

Großes aber wirkt dieser Glaube besonders in den Sterbenden. Wir wissen Alle, daß es nicht ausreiche, sich mit dem bloßen Vertrauen auf Christi Werk zu begnügen, sondern daß man auch selbst Hand anlege an diejenigen Werke, ohne welche die Hoffnung auf Christus in uns zu Schanden geht. Deßhalb bleibt es die erste Sorge eines gläubigen Christen, sein Gewissen zu reinigen, da sich kein vernünftiger Mensch mit der vermessenen Hoffnung schmeicheln darf, er werde selig durch die Verdienste Jesu in und trotz seiner Sünden. Sagt ja schon der Glaube ihm, daß nichts Unreines in den Himmel eingehen könne. Deßhalb ist die pure Hoffnung der Sünder eitel und dieß insolange, als sie in ihren

Sünden verharren. Sich mit Gott auszusöhnen, dazu legt indessen der Glaube die Fundamente.

O welch' eine köstliche Sache ist es um ein reines Gewissen! Es verdient wirklich ein immerwährendes Gastmahl, ein sanftes Ruhekissen genannt zu werden. Als Ezechias merkte, daß es mit ihm zu Ende gehen wolle, kehrte er sich von seinen Leuten und der Welt hinweg und der Wand zu; er fing an zu beten, seine Sünden zu beweinen und siehe da, er fand einen unaussprechlichen Trost in dem Glauben und in der Gewissensreinigung. Hiezu aber treibt uns nichts mehr an, als der Glaube an Christus und an die Fortdauer des Menschen.

Als König Ferdinand von Castilien sein Ende herannahen fühlte, ließ er sich angethan mit seinem königlichen Schmucke nach der Kirche tragen, woselbst er die Insignien seiner hohen Würde ablegte, ein härenes Kleid anzog, sein Haupt mit Asche bestreute und zwei Tage lang vor dem Altare des Herrn Buße that, bis er unter den Händen der Bischöfe seinen Geist aufgab. Dieser König hatte gewiß eine zuversichtliche Hoffnung, das feste Vertrauen, daß Jesus sein Leben und seine Auferstehung sein würde; darum diese Buße und die Reinigungsmittel, welche Christus seiner Kirche zum Troste der Sterbenden hinterlassen hat.

Die Verlebte kehrte dieselben Mittel und Tröstungen vor, als sie ihr Ende kommen sah. (Näheres.) Dieß war ihr Trost, dieß ihre Hoffnung im Leben und Tode. — —

Und damit können und müssen auch wir uns trösten. Die Verlebte ist uns nicht verloren, über ein Kleines werden wir sie wieder sehen. In Christus lebt sie fort, er wird auch ihre Auferstehung sein.

Wir selbst aber wollen uns vornehmen, fest an dem Vertrauen auf Christus zu halten. Dieser Glaube ist unser einziger Anker im Leben wie im Tode. Immer mehr wollen wir ihn stärken und befestigen. Thätig aber werden wir ihn erhalten, wenn wir täglich an den Tod denken.

Zum Schlusse lassen Sie uns der Vollendeten unser Gebet nicht länger vorenthalten, und so oft wir derselben gedenken, geschehe es in Liebe und dem Gebete des Herrn: Vater unser. . . . Ave Maria. . . . Amen.

Am Grabe eines Künstlers.

Text: „Was ist doch der Mensch, daß du ihn so groß macheſt?" Job 7, 17.

Eingang.

Andächtige, im Herrn Versammelte!

Ganz recht legt sich Job die Frage vor, was der Mensch sei, daß der Herr ihn so hoch achte, so groß mache. Betrachtet man den Menschen dem Leibe nach, so ist er nichts weiter als ein Nest von Würmern und Fäulniß, das wir nothwendig sofort aus unseren Häusern entfernen, wenn der Tod in diese Behausung eingetreten ist, um uns dadurch vor Ansteckung zu sichern.

Der Seele nach ist er zwar etwas Edleres; da indessen diese als mit dem Leibe verbunden erscheint, der sie gar leichtlich verlockt und verführt, so ist das ganze menschliche Wesen — voller Gefahr und Schwachheit und nicht darnach angethan, daß man aus ihm viel Großes macht, da der Mensch auf so schwachen Füßen steht.

Viele zeichnen sich durch ihre Geistesgaben vor nicht wenigen Menschen aus und erringen sich einen unsterblichen Namen durch ihre Wissenschaft oder ihre Kunst. Zu den letzteren zählt auch der, dem die letzte Ehre zu erweisen wir uns versammelt haben. Er war, das bezeugt ihm die Mitwelt und wird ihm auch die Nachwelt bezeugen, ein großer Künstler. Ein Blick auf dessen Lebensgang mag uns sein Wirken vergegenwärtigen. (Lebenslauf.) So galt er also unter den Menschen als groß. Und er war es auch als Künstler, noch weit mehr aber als Christ. Beantworten wir uns die Frage: Was ist der Mensch?

1) **Der wahrhaft Christliche ist etwas Englisches und ewigen Ruhmes werth.**

2) **Der Unchristliche ist eitel Staub, den der Wind verweht.**

I.

Der weise Diogenes durchsuchte einst bei hellem Tage mit einer brennenden Laterne einen dicht mit Leuten besetzten Markt, und zwar durchsuchte er ihn, wie er sich selbst ausdrückte: nach Menschen. Er wollte damit begreiflich machen, daß es schwer sei, einen wahren Menschen, einen Menschen zu finden, der diesen Namen auch verdient.

Deßgleichen wird es auch schwer fallen, einen Christen, einen wahren Christen, einen Christen, der dieses Namens würdig ist, aufzufinden.

Einen solchen ächten Christen gefunden zu haben, ist aber nicht bloß darum ein Glück, weil es, einen solchen zu finden, sehr schwer ist, sondern auch deßhalb, weil ein ächter Christenmensch etwas Englisches ist. Die Engel sind bekanntlich wohlvernünftige Wesen, dienstbare Geister ohne Leiber, Beweger des Himmels und stete Anschauer und Anbeter Gottes. Diesen Engeln gleicht ein ächter und aufrichtiger Christ.

Der ächte Christ gebraucht seine Vernunft gleich den Engeln auf die beste Weise, wie es sich gebührt, während von dem Namen-Christen gilt: „Den unvernünftigen Thieren ist er gleich, ihnen ist er ähnlich geworden." (Ps. 48, 13.) Vernunft und Glaube sagen dem ächten Christen, daß ein Gott ist, und sofort ehrt und preist der aufrichtige Christ seinen Herrn und liebt ihn über Alles. Er brennt vor Liebe gleich den Seraphinen, wie wir solches von einem Franziskus und von der hl. Theresia lesen.

Gleich den Engeln ist der ächte Christ auch ein dienender Geist. Wer dienet Gott und den Menschen mehr, als ein eifriger Christ? Wer nennt sich öfters einen Knecht, eine Magd des Herrn, als der wahre Christ? Ein solcher ruft mit David aus: „In deinen Geboten übe ich mich." (Ps. 118, 15.) Gleich den Engeln hat auch der ächte Christ keinen Leib, d. h. er besitzt einen Leib, als besäße er ihn nicht. Er ist ihrer Seele vollkommen botmäßig, so daß sie in diesem Leibe so rein und unbefleckt wandeln wie die Engel. Ein solcher Engel war der hl. Thomas von Aquin, der hl. Bernhard, Aloysius, Agatha, Ursula, Agnes und tausend Andere.

Gleich den Engeln bewegt auch der betende Christ die Himmel, sein Flehen durchdringt die Wolken und bewegt Gott den Herrn. Auf zum Himmel steigt des frommen Christen Gebet, und herab vom Himmel steigt das Erbarmen Gottes. Wie kräftig vorzeiten Moses, Elias, Eliseus und Andere gebetet haben, ist bekannt. Rechte Christen geben hierin diesen nichts nach; die Erfahrung bestätiget es. (Locus amplif.)

Gleich den Engeln schaut auch der ächte Christ stets auf Gott und betet ihn an. Zwar geschieht diese Anschauung nicht von Angesicht zu Angesicht, da wir hier noch die Decke vor den Augen haben; nichts desto weniger dringen die Augen des Glaubens durch die Decke wie durch alle Vorhänge. Wie die Blume, welche man Sonnenwende nennt, stets auf die Sonne gerichtet ist, so schauen die wirklichen Christen stets auf Gott.

Das Muster eines solchen guten Christen haben wir an dem hier im Sarge Liegenden. (Näheres.) So war er also auch der Seele nach — groß. Die Tugendübung ist ja eine Kunst, über welche nichts geht.

II.

Umgekehrt sind die bloßen Namen-Christen werth, daß sie der Wind wie Staub verweht; wie David spricht: „Nicht so sind die Gottlosen, nicht so; vielmehr dem Staube gleich, den der Wind von der Erde Fläche verweht.“ (Ps. 1, 4.) Ach, was ist solch' ein Mensch? Ein Diener des Bauches, der Buhlerei, ein Sklave der Hölle! Einige Jahre lang scheint er etwas zu sein, — alsdann verschlingt ihn das Grab nicht allein, sondern auch die Hölle, und Vernichtung wäre ihm besser als diese Existenz. Hinweggenommen wird der Gottlose, daß er nicht sehe die Glorie des Herrn; doch besser wäre ihm, er würde in's Nichts zurückkehren können.

Wir lesen im Buche des Propheten Zacharias (2, 6.), daß der Herr die Bösen nach den vier Winden zerstreut. Und so ist es noch immer geschehen. Mag auch der Wind die Bösen wie Staub ein wenig in die Höhe treiben, sie werden um so schwerer fallen und zermalmt von der Erde hinweggefegt werden.

Unchristliche Leute vergehen wie der Staub ohne Ehre, ohne Ruhm, und man kann ihnen auf die Gräber schreiben, was Isaias von Sennacherib und seinem aus 185,000 Mann bestehenden Kriegsheere meldet: „Nun hat endlich der Staub ein Ende.“ (Is. 16, 4.)

Nicht so der Vollendete, der seinen höchsten Ruhm in die große Kunst setzte, christlich zu leben und zu sterben. (Spezielles.) — —

Ist dem nun wirklich also, Geliebte, nun so lasset uns den Verblichenen hierin nachahmen, daß wir die große Kunst einer christlichen Lebensführung erlernen und ausüben! Dienen wir der Welt- und dem Leibe allein, so sind wir nichts als Staub, den der

Wind verweht, gleich als wäre er nicht dagewesen. Dienen wir dagegen Gott und unserer Seele wahrhaft, o dann sind wir engelsgleiche Geschöpfe. Die nach dem Fleische leben, werden sterben; ewig leben werden die, welche durch den Geist dem Fleische widerstehen, sagt der hl. Geist.

Deßhalb wollen wir in Demuth unser Heil wirken, und nicht Großes setzen in Dinge, die uns nicht wahrhaft groß machen. Nicht das Geschlecht, nicht Reichthum, nicht Wissenschaft, Talent und Kunst machen den Menschen in Gottes Augen wahrhaft groß, sondern dieses, daß er ein ächter Christ ist.

Der beste Nachruhm besteht also darin, daß man einst von uns sagt: Er war ein ächter Christ!

Von einem solchen nehmen wir nun Abschied. Zum Abschiede wünschen wir dir, theurer Mitbruder! die ewige Ruhe, die du dir durch deine unausgesetzte Thätigkeit so sehr verdient hast. Hiezu lasset uns das gewöhnliche Gebet verrichten, das wir keiner Seele versagen! Vater unser. . . . Ave Maria. . . . Amen.

Am Grabe eines Malers.

Text: „Wessen ist dieses Bild?“ Matth. 22, 20.

Eingang.

Auf diese Frage antworten wir heute Alle: Es ist das Bild des wohledlen Herr N. N., in welchem die Kunst der Malerei einen ihr anhänglichsten Jünger verloren hat. Aber ach, welch' ein Bild! Eingefallen sind die Augen, halb geschlossen der Mund, die Wangen bleich wie der Schnee, die Lippen welk: o welch' ein Anblick, welch entsetzliches Todtenbild! Welch' ein Bild ist heute aus diesem Hause herausgetragen worden, aus dem sonst so viele herrliche Gemälde hervorgingen! Solche Bilder, Andächtige, sind wir alle: wir dauern nur kurze Zeit. Im Leben — schön, freundlich, angenehm, kunstfertig, im Tode — ungestalt, schreckenerregend und zu nichts nütze. Das ist die Wirkung der Sünde Adams.

Dieses vorausgesetzt bin ich gewillt, zu Ihrer Erbauung heute:

1) **einige hl. Maler vorzuführen,** sodann
2) **an die Charakterzeichnung des Verlebten einige Lehrstücke anzuschließen.**

I.

Unter den hl. Malern ist wohl vor allen der vornehmste der hl. Evangelist Lukas; von ihm haben wir die zwei Gemälde, welche mit besonderer Ehrfurcht zu Rom gezeigt werden: Das Bildniß Jesu und Mariens, seiner hl. Mutter.

Der hl. Lazarus sodann, ein Ordensgeistlicher, war gleichfalls ein Jünger der Kunst der Malerei und zugleich ein großer Beschirmer der so vielfach angefeindeten Heiligenbilder. Schon hatte man ihm die Hand verbrannt, damit er nicht mehr malen könne; allein Gott heilte ihn wiederum so, daß er den Pinsel ganz leicht handhaben und gebrauchen konnte. Vor den Bildern, die aus seiner Hand hervorgeganzen waren, sollen namhafte Wunder geschehen sein. Sein Tag fällt auf den 23. Februar.

Auch der hl. Ordensstifter Franz von Paula adelte die Kunst der Malerei dadurch, daß er sie selbst ausübte, und gleich ihm noch viele andere Welt- und Ordensgeistliche, die ein sehr frommes Leben führten und die religiöse Malerei pflegten.

So erkennen wir, Andächtige, wie die Kunst, welcher der Verblichene sich gewidmet hatte, sich mit der größten Heiligkeit vereinbaren läßt. Ja ein frommes und religiöses, ein glaubensinniges christliches Leben ist sogar von dem wohlthätigsten Einflusse auf die genannte Kunst und adelt und durchweiht das Gemälde, das eine Hand schafft, welche Beten, Almosengeben u. s. w. gelernt und nicht vergessen hat. Ein wahrhaft christlicher Maler verleiht seinen Werken einen ganz anderen Reiz, und die Auffassung wird eine ganz andere sein, wie jene eines ungläubigen Künstlers, doch gewiß nicht zum Nachtheile des Bildes, welches eine fromme Hand schafft.

Ein Beispiel haben wir an dem Verlebten. (Lebensskizze: Abkunft, Heimath, Eltern, Studien, Lehrjahre, Reisen, Gemälde, Familie, Häusliches, Auszeichnungen, Charakteristik, Tugenden, Krankheit, Ende, Individuelles.) So liegt er denn nun vor uns im Sarge; der Staub ist zum Staube gegangen, die Seele, wie wir hoffen, zu Gott, denn sie war nach seinem Ebenbilde geschaffen und der Verewigte war jederzeit bestrebt, dieses Ebenbild Gottes vor jeder Befleckung, Beschädigung oder gar Zerstörung zu bewahren, vielmehr dasselbe immer mehr zu vervollkommnen und Gott ähnlicher zu machen. Dieß hat er gezeigt in seiner Jugend, die er in aller Unschuld verlebte, er hat es gezeigt auf den Reisen in fremde Länder, wo so mancher seine Ehre, seine Tugend, seinen Glauben sitzen läßt. In seinem Ehestande lebte er friedlich und war der

Angelpunkt des häuslichen Glückes seiner Familie, die er nur einmal betrübte, nämlich durch seinen Tod. (Spezielles aus seinem Leben.) Die Gemälde, die er anfertigte, waren stets rein und meist religiös; sie sind eine Zierde vieler Kirchen. So lobt auch seine Arbeit den Meister und kann man sagen, auch seine Werke gehören zu den guten und verdienstvollen. In diesen Verrichtungen hat ihn endlich im — Jahre seines Lebens der Tod gestört. (Affekt.) Doch trösten wir uns, Geliebteste, mit seinem Glücke im Himmel! .. (Locus amplif.)

II.

Das musterhafte Leben, sowie auch der Stand des Verlebten selbst, erinnert mich indessen an ein herrliches Wort, welches zu unserer Belehrung und Erbauung dienen mag; nämlich an das herrliche Wort jenes weltberühmten Malers, welcher, da er gefragt wurde, warum er doch so sorgfältig, nachdenklich und langsam mit dem Malerpinsel umgehe, zur Antwort gab: Ich male für die Ewigkeit. Wahrlich, ein treffliches, ein goldenes Wort! Wehe denen, welche nicht weiter sehen als auf den nächsten Tag, die nächste Woche, den nächsten Monat! Wehe denselben in ihren zeitlichen Dingen, wehe denselben in ihren ewigen Angelegenheiten! Bald werden sie sich verlassen sehen und ihren Mangel an Voraussicht bereuen. Ein zur himmlischen Herrlichkeit Berufener muß weiter hinaussehen, muß sagen können bei Allem, was er vornimmt: Ich arbeite für die Ewigkeit. Dieß soll er indessen nicht in dem Geiste jenes Malers sagen, der unter der Ewigkeit nicht die himmlische Herrlichkeit des Paradieses verstand, sondern die Unsterblichkeit seines Namens und Ruhmes. O bedenken wir doch ja: was hilft es uns, den Leib zu pflegen und zu mästen, die Sinne zu ergötzen, in Ehren, in Glück, in zeitlichem Segen seine Tage hinzubringen, in großen Palästen gewohnt zu haben, in kostbaren Equipagen gefahren zu sein u. s. w.? Was hilft uns das Alles nach einem, nach zehn, nach fünfzig Jahren? Was frommt uns dieß Alles, wenn das Leben aus ist? Wenn Schimpf und Schande, wenn Elend und Noth, wenn ein Verderben, eine Hölle uns sodann zu Theil wird, welche jeder Beschreibung oder Schilderung spottet?

Nur dieses hilft: Ich arbeite für die Ewigkeit. Schätze gesammelt zu haben, welche nicht veralten, nicht vom Roste verzehrt, nicht von den Motten gefressen, nicht durch Brand zerstört, nicht durch Schiffbruch versenkt, nicht durch den Tod verloren werden können, d. h. Tugend, ein frommes Leben, das ist es, was uns allein frommt, das ist es, was uns hilft, das ist es, was durch den Tod erst recht auflebt. —

Dieses nun, Geliebte, lasset uns vollziehen, auf diese Art den Pinsel ansetzen und für die Ewigkeit arbeiten! Mag es immer langsam gehen, wir malen für die Ewigkeit an der Vervollkommnung des Ebenbildes Gottes! Jeden Tag einen Strich! Es ist für die Ewigkeit!

Dem Vollendeten aber wollen wir jenes herrliche Gebet des Herrn nachsenden, das Alles so treu wie nur möglich zeichnet und schildert, um was wir den Vater im Himmel anzuflehen bedürftig sind. Lasset uns zum Troste und für die Seelenruhe des Verblichenen beten ein andächtiges Vater unser und Ave Maria! Amen.

Am Grabe eines Schauspielers.

Text: „Ich habe meinen Lauf vollbracht.“ 2. Tim. 4, 7.

Eingang.

Sehr Verehrliche!

Als es mit dem Kaiser Augustus zum Sterben kam, redete er schließlich seine herumstehenden Freunde also an: Was dünket euch, habe ich meine Rolle gut gespielt? — Worauf ihm diese antworteten: Das ist auf's Allerbeste geschehen. — Nun denn, fuhr der Kaiser auf's Neue fort: klaschet mir Beifall! Seid fröhlich und wünschet mir Glück!

Die Worte des Kaisers Augustus haben in etwas Aehnlichkeit mit den Worten des hl. Paulus, der, als er seinen Lebensgang sich vollenden sah, dem Timotheus zuruft: Ich habe meinen Lauf vollendet. Wir sind der Welt zum Schauspiele geworden, aber nun hat es sein Ende erreicht, der Kampf ist gekämpft, der Lauf zurückgelegt, ich habe meine Person gut in der Welt vertreten. Wünschet mir Glück ihr Römer, ihr Corinthier, ihr Philipper! Ich habe meinen Posten ausgefüllt und das gethan, was ich sollte. Nun wartet meiner der Kranz des Siegers.

Etwas Aehnliches kann auch der Verlebte von sich sagen, was seine Kunst betrifft: Ich habe meine Rolle gut gespielt. Vielfach ist ihm der Beifall der Menschen in diesem Stücke zu Theil geworden.

Ein Rückblick auf die Rolle, die er als Mensch und als katholischer Christ spielte, mag uns zeigen, ob er auch in dieser Beziehung am Ende seines Lebensganges sagen konnte: Ich habe meine Rolle gut gespielt. (Lebensabriß. Sodann Charakteristik mit Hervorhebung des Lobenswerthen, Individuelles, Ende.) Hieraus geht hervor, daß sich, wie mit jedem anderen Stande, so auch mit diesem — ein christliches Leben vereinen lasse, und ich weiß es aus Erfahrung, daß das Beispiel des Verewigten durchaus nicht vereinzelt vorliegt.

Und nun lasset uns zu unserer Unterweisung des Näheren und Reiferen überlegen:

1) wie das menschliche Leben selbst ein Schauspiel ist; sodann

2) was die, welche darin eine Rolle zu spielen haben, dabei besonders beobachten müssen.

I.

Man hat das menschliche Leben vielmals und nicht ohne Grund mit einem Schauspiele verglichen. Gleich diesem hat auch das menschliche Leben mancherlei Erfindungen, Wechsel und Veränderungen, Glücks- und Unglücksfälle, eine besondere Geschichte und eine besondere Moral, eine Schürzung und eine Lösung des Knotens. Bald ist man glücklich, bald traurig; hier wie dort ist der Eine reich, der Andere arm, der Eine voll Elend, der Andere voll Glück, der Eine König, der Andere Bettler, der Eine Herr, der Andere Diener; die Mannigfaltigkeit der Charaktere findet sich hier wie dort. Ist indessen der Vorhang gefallen, alsdann sieht man nicht darauf, was Einer vorgestellt hat, sondern wie er dieß gethan, nicht was er für eine Rolle hatte, sondern wie er sie gespielt. Und darnach fällt der Beifall oder der Tadel aus. Ist der Vorhang gefallen, hat das Leben geschlossen, dann sind wir Alle gleich und nicht die Person gilt, die wir vertreten, sondern die Art und Weise, wie wir unsere Rolle durchgeführt haben. Das, Geliebte, ist wohl zu beherzigen! —

Dessenungeachtet waltet zwischen dem menschlichen Leben und der Kunst des Mimen ein bemerkenswerther Unterschied ob. Diese ist eben einfach ein Spiel und mag der Mime immerhin auf den Brettern, welche die Welt bedeuten, einen Frommen oder einen Schurken spielen, eben weil es nur ein Spiel ist, wird ihm das Gute, das er zu vollbringen schien, nachgehends so wenig angerechnet werden, als das Böse, welches er verübt zu haben schien. Anders verhält es sich, wenn der

Vorhang des wirklichen Lebens gefallen ist. Hier wird das Gute belohnt, das Böse bestraft, und wäre es ein verbrecherisches Unterfangen, Tugend und Laster nur als ein Spiel ansehen zu wollen. Eine erheuchelte Tugend ist keine in der wirklichen Welt, ist strafwürdig. Das Laster wie einen Scherz ansehen und behandeln wollen, würde strenge Rechenschaft nach sich ziehen.

Dem Verlebten, Verehrliche, war es mit seiner Rolle als gläubiger Christ — Ernst. (Locus amplif. ex vita.)

II.

Das also müssen die, welche in dieser Welt eine Rolle zu spielen haben, besonders beachten, daß es im wirklichen Leben ihnen mit der Tugend Ernst sein muß, und Verstellung und Heuchelei ebenso erniedrigend wäre, als es für den Mimen rühmlich ist, seiner Maske getreu zu bleiben. Sodann müssen die Darsteller einer Rolle im wirklichen Leben dem Irrthume, dem nicht wenige huldigen, völlig entsagen, als sei es um das Böse ein einfacher Scherz und habe das Laster in Gottes Augen nichts zu bedeuten. Endlich darf ein christlicher Schauspieler die Bretter nicht mit der Welt verwechseln und annehmen, auch in der Welt und vor Gott gelte es gleich, ob man eine edle oder aber eine unedle Rolle in der Welt gespielt habe.

Darum seien wir im Leben ernsthaft und nehmen wir dasselbe nicht von der leichten Seite. Mit Kurzweil, Spiel und Scherz, mit ewigen Possen und ewigem Leichtsinne kommt man nicht zur Himmelsherrlichkeit! Nehmen wir es mit der Tugend im Leben ernst, denn darin gleichet wiederum das Leben dem Schauspiele, daß beide sehr bald zu Ende gehen! Ein Traum, ein Rauch, eine Blume, ein Pfeil, ein Punkt ist das menschliche Leben. Ein Traum — denn ist einmal der Tod da, alsdann kommt es dem Sterbenden nicht anders vor, als habe er nur geträumt. Ein Rauch — denn es schwindet dahin und löst sich auf gleich ihm so schnell und leicht und spurlos. Eine Blume — auch das lieblichste Rosenantlitz welkt dahin wie die Rose selbst. Ein Pfeil — denn es fliegt rascher als er. Ein Punkt — wenn man es mit der Ewigkeit zusammenhält.

Wegen eingefallenen Regens konnte ein gewisser Philemon sein unter freiem Himmel angefangenes Gastspiel nicht vollenden, vertröstete daher seine Zuhörer auf den anderen Tag. An diesem versammelte sich wo möglich eine noch größere Menge, um ihn zu sehen; aber die Gardine wollte sich an diesem Tage gleich gar nicht erheben. Ungeduldig hob man diese nun selbst in die Höhe. Doch, welch' ein betrübendes Trauerspiel ereignete sich da! Philemon hatte geendet, er lag todt da. Der Vorhang war plötzlich über sein Leben gefallen. So kurz ist ein Schauspiel; so kurz ist das menschliche Leben. Es ist deßhalb um dasselbe etwas Ernstes und will ernstlich auch behandelt sein. — —

Ich wiederhole darum: Wie ein Spiel ist das menschliche Leben; nichts kommt darauf an, was wir in diesem Schauspiele waren, sondern wie gut wir es durchgeführt haben.

Lasset uns demgemäß im Leben ernst, ehrbar, tugendhaft, nach den Regeln der christlichen Kunst uns aufführen, damit wir nicht als Heuchler oder Lasterhafte einst verworfen werden! Nicht über Ausgelassenheiten, Spiel, Tanz, Völlerei und Buhlen u. s. w. soll uns der Tod überraschen, Geliebte, sondern er soll uns bereit finden ausgerüstet mit Tugenden und guten Werken.

Des Verblichenen aber gedenkend wollen wir die Stätte, wo wir ihn zur Ruhe eingesegnet haben, nicht verlassen, ohne unseres Mitbruders im Gebete gedacht zu haben, damit ihm Gott die Fehler, die er noch nicht abgebüßt haben sollte, gnädig nachsehe und erlasse. Da wir aber kein wirksameres Gebet besitzen, als jenes, das uns der Sohn Gottes selbst gelehrt hat, so wollen wir uns desselben fleißig bedienen in der Zukunft und jetzt. Vater unser .... Ave Maria .... Amen.

Am Grabe eines Landwirthes.

Text: „Das Himmelreich ist gleich einem Menschen, der guten Samen auf seinen Acker gesäet hat.“ Matth. 13, 24.

Eingang.

Andächtige im Herrn!

Vom Himmelreiche gibt uns der Herr verschiedenerlei Gleichnisse in seinem Evangelium. Bald vergleicht er es mit einem Senfkörnlein das, obschon anfangs klein, zu einem großen Baume heranwächst; bald wird der Himmel auch verglichen mit einem verborgenen Schatze, bald mit einem Hausvater, der des Morgens ausgeht, um Arbeiter zu suchen. In unserem Vorspruche wird er verglichen mit einem Säemann, der auf seinem Acker guten Samen hat ausgestreut. Denn gleichwie dieser Säemann nach gethaner Arbeit ruhet und die Früchte seines Fleißes erntet, also machen es auch die Heiligen im Himmel, nachdem sie auf dieser Erde viel hundert Thränen und Schweißestropfen ausgesäet haben. Alsdann ruhen sie in Gott und kränket sie nichts mehr.

Dieses wollen wir denn vor allen Dingen dem Verlebten von ganzem Herzen wünschen und sehen, wie er es verdient hat. (Lebenslauf: Geburt, Eltern, Heimath, Jünglings- und Mannesjahre, Verheirathung, Anwesen, Spezielles, Ende.) Er starb demnach in einem Alter von — Jahren und hinterläßt . . . .

Er aber ruht nun aus von seinen Mühen, denn er hat zeitlebens guten Samen ausgestreut. Vernehmen wir des Näheren denn:

1) **welches der gute Samen ist, den der Christ hier ausstreuen muß;** sodann
2) **welches der böse Samen sei, der zu meiden ist.**

I.

Es ist ein bekanntes Sprichwort:

„Was du wirst säen,
Das wirst du mähen.“

Welches ist nun aber der gute, Gott wohlgefällige Samen, aus dem die gewünschte Ernte des Himmelreiches zu hoffen? Wir sehen leider, wie so mancher säet, ohne daß eine rechte Frucht darauf erfolgt. Nein, Geliebte, es ist wahrhaftig nicht gleichgültig, welches Samengetreide wir zur Aussaat verwenden, sei es nun für das Erd- oder für das Himmelreich. Welches nun der rechte Samen sei, der Allen angerathen werden müsse, das sagt uns der hl. Evangelist Matthäus, nämlich der Samen des Geistes, und der hl. Paulus schreibt: „Wer für den Geist säet, wird auch vom Geiste ewiges Leben ernten.“ (Gal. 6, 8.) Was also sollen wir hier im Leben säen? Wir sollen ausstreuen gute Werke, als da sind die Werke der Barmherzigkeit, von denen der Apostel spricht: „Lasset uns nicht müde werden im Gutesthun, denn wir werden, wenn wir nicht ermatten, seiner Zeit auch ernten.“ (Gal. 6, 9.) Ja er redet noch deutlicher, indem er erklärt: „Des Geistes Frucht aber ist: Liebe, Freude, Friede, Geduld, Milde, Gütigkeit, Langmuth, Sanftmuth, Treue, Bescheidenheit, Enthaltsamkeit, Keuschheit.“ (Gal.

5, 22.) Der rechte Samen ist: Demuth ohne Ueberhebung, Gerechtigkeit ohne Ansehen der Person, Gehorsam ohne Entschuldigung, Geduld ohne Klagen, Wahrheit ohne Betrug, Freigebigkeit ohne Geiz, Beständigkeit ohne Unterbrechung. Denn selig wird nur, wer bis an's Ende verharret.

O des köstlichen Samens! Wie ist es möglich, Andächtige! daß auf einem also wohlbestellten Felde nichts wachse? Wie ist es denkbar, daß einer also reichlich mit Tugenden und guten Werken gezierten Seele die Früchte des zukünftigen Lebens ausbleiben? Haben derlei Gottselige ja schon hier den Vorgeschmack dieser Seligkeit zu verkosten, wie der hl. Bernhardus sagt:

„Jesu, dein süß Gedächtniß macht,
Daß mir das Herz vor Freuden lacht. . . .“

Und die hl. Mutter des Herrn ruft aus: „Es frohlockt mein Geist in Gott meinem Heiland.“ So entsprossen dem guten Samen schon hier die Früchte der Zufriedenheit, Freude und Fröhlichkeit.

Was, Geliebte, soll ich nun von dem Verlebten sagen? War er nicht, so lange wir ihn kennen, ein Säemann, der nur guten Samen ausgestreut hat, Samen für eine fröhliche Ernte in der Ewigkeit. (Charakteristik; seine Tugenden.) So säete er in Widerwärtigkeiten die Geduld, im Glücke heißen Dank, in die Hand der Armen sein Almosen, in Uebernahme von Ehrenämtern die Demuth, beim Aufstehen, beim Niederlegen, vor und nach Tische, in der Kirche die Andacht, zu Bußzeiten die Thränen der Reue aus. (Locus amplif.) Er war ein christlicher Säemann. Darum dürfen wir hoffen, daß er von Christus seinen Lohn bereits erhalten haben wird und das Himmelreich bewohnt. Denn wie der Same, so die Frucht, wie die Frucht, so die Ernte.

II.

Darum betrübt es mich so überaus, wenn ich gewahre, wie so Viele einen ganz schlechten und nichtsnutzigen Samen für die Ewigkeit ausstreuen. Was kann daraus anderes folgen als das Verderben? Welches der schlechte Samen sei, beschreibt uns aber derselbe Apostel Paulus, der uns heute schon einmal unterrichtet hat; er sagt: „Die Werke des Fleisches sind offenbar; dergleichen sind: Unzucht, Unreinigkeit, Ueppigkeit, Abgötterei, Giftmischerei, Feindseligkeit, Hader, Eifersucht, Rache, Uneinigkeit, Zwist, Sektengeist, Neid,

Mord, Völlerei, Schwelgerei und dergleichen ... Die solches thun, werden das Reich Gottes nicht erben." (Gal. 5, 19—21.)

O welch ein Elend! Besser wäre einem Solchen, er wäre nie geboren! Und doch, wie viele Menschen erben das Reich Gottes nicht und gehen verloren! Unbegreifliche Verblendung! Wie kommt dieß?

Ach, bei Vielen waltet der entsetzliche Irrthum ob, als seien die genannten Laster nur kleine Sünden; man nennt sie gar zu häufig in der Welt: Versehen, Fehler, Mängel, Schwächen, Ungenauigkeiten u. s. w. während sie beweinenswerthe grobe Todsünden und Laster sind.

Möge dieses ein Jeder bedenken, ob er nicht gleichfalls mit einer der genannten Sünden behaftet ist und dieselbe für nichts weiter als eine kleine Schwäche oder Unvollkommenheit hält. — —

O reißen wir doch ja dieses Unkraut aus. Täglich müssen wir ausroden, täglich ausjäten, täglich guten Samen ausstreuen, den schlechten dagegen in's Feuer werfen! Dann kann man einstmals von uns sagen, was der Psalmist sagt von den Israeliten: „Sie gingen und gingen und weinten beim Streuen ihres Samens; aber sie werden kommen, ja kommen mit Frohlocken und ihre Garben tragen." (Ps. 125, 6.) Denn nach vollbrachter Aussaat und Arbeit folgt die Ernte, folgen die Garben. „Der Herr ist ein Vergelter und er wird dir zurückgeben siebenmal soviel." (Sir. 35, 13.) Deßhalb erklärt auch der hl. Augustinus (in Ps. 25): „Am Tage der Auferstehung wird ein Jeder seine Garben, d. i. die Frucht seiner Aussaat bekommen, die Krone der Wonne und des Jubels," welche wir dem im Herrn Entschlafenen von ganzem Herzen wünschen wollen, wie wir es denn auch zuversichtlich hoffen, da sein Tod ein seliger war, wie sich ihn ein Jeder von uns nur wünschen mag. (Näheres aus seinen letzten Tagen.)

Sollten ihm jedoch noch menschliche Flecken ankleben, sollte der Verewigte nicht so vollkommen rein sein, wie Gott es von denen verlangt, welche er mit seiner glückseligen Anschauung begnadigen will, so lasset uns sofort seiner Seele beispringen mit unserer Hilfeleistung, indem wir zum Troste seiner Seele sprechen ein andächtiges Vater unser und Ave Maria! Amen.

Am Grabe eines Bauern.

Text: „Was der Mensch säet, das wird er auch ernten."
Gal. 6, 7.

Eingang.

Geliebte im Herrn!

Unser in Gott ruhender, guter Freund, dem wir die letzte Ehre heute erzeigen, hatte einen Stand, dem sich auch unsere ersten Eltern Adam und Eva gewidmet, nachdem sie das Gesetz, daß ein jeder Mensch arbeiten müsse, vernommen hatten. Der Selige war ein Bauersmann und hat gegraben, gepflügt, gesäet und gemähet, kurz, sein Brod im Schweiße seines Angesichts verdient. Gleichwie nun die Arbeit etwas Heiliges ist, indem sie vom Bösen abhält, so wollen wir nicht zweifeln, sie habe ihre Wirkung bereits auch gethan an dem Verblichenen und ihm zur Himmelsherrlichkeit verholfen. Sein Wandel unter uns wenigstens war von der Art, daß wir dieses hoffen dürfen. (Lebensgang: Abkunft, Geburt, Alter, Militärzeit, als Gatte, als Familienvater, als Nachbar, Charakter, besondere Schicksale, Krankheit, Ende.) Wir alle wissen, wie der selige N. N. gearbeitet und bei seiner Arbeit die gute Absicht und Meinung nie aus den Augen verloren, sondern jederzeit sich gefragt hat: Warum thue ich das?

So wollen wir denn in Nachgehendem besonders erwägen **jene drei Eigenschaften, welche ein christlicher Bauersmann besitzen muß; so werden wir leicht erkennen, wie der Verlebte denselben nachgekommen sei.** Vernehmet mich! —

Ein jeder Christ muß in diesem sterblichen Leben eine Art Bauers- oder Ackersmann sein: Er muß seiner Zeit das Gewissen umpflügen und die darin wuchernden Disteln und Dörner, das Unkraut, das sich darin vorfindet, ausroden, damit er des reichen Erntesegens, den Gott uns in jenem Leben versprochen hat, sicher werde; denn dieses bleibt eine ausgemachte Wahrheit, daß das Unkraut, daß Dörner und Disteln das Wachsen des Getreides, das geistliche Wachsthum und Zunehmen der Seele außerordentlich verhindert. Darum muß der Christ auswählen eine gute, fruchtbare Erde, d. h. ein demüthiges, einfaches und sanftes Herz. Bergichte, schroffe Felsen, d. h. Hoffart und Zorn machen das Herz zum Anbau von Tugenden unbrauchbar. —

Sodann muß ein solcher Christ seinen Samen auserwählen, nur guten ausstreuen und zwar unter Singen und Fröhlichkeit, gleich dem Bauersmanne, der hinter dem Pfluge hergeht und singt und guten Muthes ist. Denn, wie bekannt ist, liebt Gott nur einen fröhlichen Geber. Auch muß ein Solcher nicht sparsam sein, sondern freigebig bei der Aussaat. Denn „wer sparsam säet, wird auch sparsam ernten," sagt der Apostel Paulus (2. Cor. 9, 6.). Deßhalb ertheilt auch der alte Tobias seinem Sohne diese Lehre: „Hast du viel, so gib auch reichlich" (Tob. 4, 9), denn Gott ist ein verschwenderischer Vergelter: für jede Frucht gibt er sechzig, gibt er hundert Früchte. Das Getreidekorn steht nicht vereinzelt da, indem es Gott verhundertfacht, das Gleiche gilt auch von anderen Dingen, die wir ihm widmen: denn es ist bekannt, daß der Herr uns für einen Trunk Wassers den Himmel schenkt. Ei wie dann? Sollte man da sparsam oder unlustig den Samen ausstreuen? O gewiß nicht! Umgekehrt sollte man es sich täglich angelegen sein lassen, recht Vieles für Gott und das Himmelreich zu vollbringen, daß man leide und ausdauere, was er uns zuschickt. Warum sollte man es sich so schwer machen, Thränen der Buße zu vergießen, ein versöhnliches, ein bittendes oder ein Dankgebet zu Gott emporzusenden, seinem Feinde zu verzeihen oder Almosen zu geben denen, die es bedürfen? (Locus amplif.)

Endlich betet ein frommer, verständiger und vorsichtiger Bauersmann vor Allem zu Gott um fruchtbaren, warmen Regen für seine Felder und Sämereien, besonders zur Zeit der Trockenheit, damit die Saat wachse und gedeihe. Ein guter Christ, der weinet bisweilen; er weinet wegen seiner Sünden, und Thränen sind das Bad, mit welchem er sich reinigt. Er benetzt, wie David vorzeit, sein Bett mit Zähren. Er weinet sodann wegen der Widerwärtigkeiten dieses Lebens und leidet um der Gerechtigkeit willen; denn die in Thränen säen, werden in Freuden ernten. Sind denn nicht selig, die da trauern? Endlich weinet er aus Sehnsucht und Begierde nach dem himmlischen Vaterlande.

Unser in Gott ruhender Nachbar war hierin schon ein Spiegel für Viele, denn er war in der Kunst, recht zu pflügen und recht zu säen, wohl erfahren: sein Gewissen reinigte er alle — Wochen und heiligte, gleich dem hl. Isidor, all seine Arbeit durch eine gute Meinung. Die Dörner und Disteln, die das Erdreich seiner Seele tragen wollte, jätete er bei Zeiten aus und ließ kein Unkraut aufkommen und umherwuchern. Er that Niemanden wissentlich Unrecht, fastete, betete, gab gern

Almosen und that es nach Kräften, so daß man sagen kann, er hat guten Samen reichlich und freudig ausgestreut und sein Herz zu einem guten und fruchtbaren Boden zubereitet. Auch fehlte diesem Boden der gedeihliche Regen der Thränen nicht, mochten es nun Zähren der Buße sein, mochten sie vergossen werden um Christi oder um des Himmelreiches willen. (Locus amplif.) Also trauerte und weinte und erfreute sich der Verlebte, dem der barmherzige Gott das ewige Licht nun leuchten lasse! —

Andächtige! Zu uns noch ein Wort! Ihr Alle wisset es, daß ein ausgesetzter Preis Jedermann, der sich um denselben bewirbt, zu schnellem Laufe den Läufer, zu scharfem Kampfe den Soldaten, zu ernsthafter und unausgesetzter Arbeit den Arbeiter anspornt. Nun denn, den höchsten Preis, die köstlichste Belohnung hat Gott ausgesetzt. Es gibt nichts Wünschenswertheres. Auf denn, Geliebteste! Hand ans Werk und lasset uns fleißig arbeiten! Jetzt ist es Zeit, seine Aussaat zu machen, erst das künftige Leben ist eine Zeit der Ernte, Ruhe und Freude. Jetzt machet eure Herzen urbar und fruchtbar, jetzt rodet das Unkraut aus, jetzt beweinet eure Sünden! Es ist eine große Kraft in den Zähren; in demselben Augenblick, in welchem sie fließen, lenken sie Gott, waschen ab das Herz und löschen aus das Feuer der Hölle, sagt der hl. Isidor, der gleichfalls ein Bauersmann war.

Wir wollen dem Entschlafenen darin nachahmen und uns der strengen Arbeit für unsere Seele hingeben, damit, wenn die Sanduhr abgelaufen ist, und der allgemeine Schnitter, der Tod, seine Sichel ansetzt, um uns aus dem Lande der Lebendigen abzumähen, wir alsdann nicht Gefahr laufen, ein ungnädiges Urtheil vom Richter der Lebendigen und der Todten zu empfangen, sondern selig werden!

Dieses Glück widerfahre Allen und lasset es uns besonders diesem unserem entschlafenen Nachbar wünschen. Zu diesem Ende sprechen wir, falls er unseres Gebetes noch bedürftig wäre, ein andächtiges Vater unser.... Ave Maria.... Amen.

Am Grabe eines Winzers.

Text: „Ich habe dich gepflanzt als meinen auserlesenen Weinberg." Jer. 2, 21.

Eingang.

Andächtige im Herrn!

Der auserwählte Weinberg, von dem Jeremias hier redet, ist die menschliche Seele, für welche Christus gestorben ist. Dieser Weinberg wurde gepflanzt damals, als Gott dem Adam die Seele einhauchte. Nach dem Sündenfalle nun überwucherte das Unkraut die edle Pflanzung; Dörner und Disteln nahmen überhand, bis endlich Christus kam, der, da Alles verloren war, Hand anlegte und den Weinberg seines Vaters säuberte. Er bot sogar sein Leben dem himmlischen Vater an, um den Weinberg einzulösen, der durch die Schuld der sündigen Menschheit in die Gewalt des Bösen als dessen Eigenthum übergegangen war. Von jener Zeit ab fing der Weinberg des Herrn wiederum zu grünen und in den Aposteln und Jüngern des Herrn, in den Martyrern, Jungfrauen und Bekennern Früchte zu tragen an.

Geliebte im Herrn! Wir haben soeben einen Nachbar zu Grabe gelegt, der uns Allen theuer war. Der Verlebte .... (Lebenslauf; Besonderes; Ende.) Er erreichte sonach ein Alter von — Jahren und hinterläßt —.

Seines Standes ein Weingärtner schaffte und arbeitete er den ganzen Tag in seinem Weinberge, um die Ernte, so weit an ihm lag, recht günstig zu machen. Er hat sich in der That hiedurch auch ein hübsches Sümmchen verdient. — Doch der Weinberg seiner Seele war ihm noch theurer und ihn in gutem Stande zu erhalten, war seine vorzüglichste Sorge.

Lernen wir von ihm:

die drei Eigenschaften eines christlichen Weingärtners, oder was ein sterblicher Mensch für seine Seele arbeiten müsse.

Wie unter allen Gewächsen der Weinstock die meiste Mühe macht, so verhält es sich auch mit der Seele. Ein Weingärtner muß Vieles beobachten, bald muß er die Erde und den Boden umhacken, reinigen und bessern, bald muß er den Weinstock an die Pfähle binden, beschneiden und abblatten, damit er nicht unnöthiges Holz und Blattwerk trage, zuletzt muß er die Trauben lesen und sammeln und den Weinstock decken.

Das Gleiche finde ich auch bezüglich des Weinstockes unserer Seele. Gott hat in unser Inneres einen gar kostbaren Weinberg angepflanzt. Da ist denn nun das Erste, was ein christlicher Weingärtner thun muß, daß er gutes Erdreich beischaffe. Auf einen guten Grund und Boden kommt Alles an. Ohne ihn gibt es nur schlechte oder gar keine Trauben. Dieser gute Grund und Boden nun ist die Gnade Gottes, ohne welche die Seele für die Ewigkeit keine nützliche Frucht hervorbringen kann. Denn die Gnade Gottes ist uns Allen nothwendig; nur durch Gottes Gnade sind wir, was wir sind, können die Heiligen sagen. Wo diese Gnade waltet, da waltet auch der Eifer im Dienste Gottes, da wohnet die Andacht, da herrschet der Glaube, da wachsen die schönsten Trauben der guten Werke; da ist die Seele gereinigt von dem Unkraute der Sünde, da ist das Herz gebessert und gestärkt, da ist das Reich der Hölle zerstört, da widersteht man täglich den bösen Anfechtungen, da wirkt man täglich für die Seligkeit. Wo hingegen dieser Grund fehlet, da ist man kalt, schläfrig, saumselig in den Werken des Heiles, da läßt man sich vom Bösen meistern. Die Gnade Gottes ist uns demgemäß genug, mit ihr können wir selig werden, wenn wir nur mitwirken.

Diesen Grund hat der im Herrn ruhende N. N. zuerst in der hl. Taufe gelegt, wo dem Menschen die Gnade Gottes eingegossen wird. Hernach hat er diese Gnade zu vermehren und zu erhalten gesucht durch Uebung des Guten, Empfang der hl. Sakramente und Meidung des Bösen. (Tugenden.)

Täglich grub er seine Seele um, gleich David; d. h. er erforschte sein Gewissen und dachte an Grab und Tod; und dieses ist es, was auch wir thun müssen. Wir müssen das Erdreich unsers Herzens auflockern, damit das Unkraut darin nicht festen Fuß fasse, und Thau und Regen eindringen könne. Also Ausrodung des Bösen und Besserung und Stärkung durch Anhörung des Wortes Gottes, durch fleißige Gewissensforschung, durch häufiges Denken an den Tod; Aufbesserung und Stärkung unseres Herzens, insbesondere durch Bußwerke, als da sind Fasten, Beten Nachtwachen, Thränen, Abtödtung und Geißelung!

Aber auch zurückgeschnitten, angebunden und abgeblattet muß der Weinstock werden. Beschnitten durch Lossagung von der nächsten Gelegenheit zur Sünde, beschnitten durch Entfernung aller unordentlichen Neigungen, Begierden und Leidenschaften, beschnitten von allem Wohlleben, von aller Unordentlichkeit und Unmäßigkeit, sowie von der zu großen Sorge nach Zeitlichem. Also hinweg nicht blos mit dem Dürren, sondern auch mit dem allzu Ueppigen. Angebunden muß er werden an die Gebote Gottes und der Kirche wegen der bekannten Schwäche des Menschen. Zu große Freiheit hierin wäre nur schädlich. Angebunden sodann an Christus im allerheiligsten Altarssakramente, denn er ist die Stütze und der Stab, an dem wir uns aufrecht erhalten können. Ohne diesen Halt- und Stützpunkt müßte der Mensch stürzen und am Boden verfaulen. Abgeblattet muß er sodann werden von allem äußeren und innerlichen Ueberflusse, also von allzu großem Reichthume wie von den innerlichen Sorgen, Bekümmernissen und Angelegenheiten. Zu vieles Laub ist bekanntlich den Früchten mehr von Schaden als von Nutzen.

Wie gewissenhaft der verlebte Weinbauer N. N. den Weinberg seiner Seele bearbeitete, wie er ihn reinigte von allem Unkraute, wie er ihn umgrub durch Gewissenserforschung und Betrachtung des Grabes, wie er ihn düngte, besserte und stärkte durch häufige Buß- und Besserungsmittel, durch Anhörung des Wortes Gottes, wie er ihn zurückschnitt, indem er Alles beseitigte, was dürr oder zu üppig war, wie er die Pflanzung an Pfähle band, d. h. an die Gebote Gottes und seiner hl. Kirche, sowie an Christus im hl. Altarssakramente, wie er den Weinberg abblattete von allem äußerlichen wie innerlichen Ueberflusse, das, Geliebte im Herrn, haben wir alle Tage zu bemerken Gelegenheit gehabt. (Näheres hieher. Allenfallsige Züge aus seinem Leben. Seine Krankheit und letzten Tage.)

So kommt es denn auch, daß der Weinberg seiner Seele die herrlichste Ernte versprach, die der Verblichene denn auch, wie wir zu hoffen allen Grund haben, bereits im Himmel wird gemacht haben. — —

So muß also der Weinberg unserer Seele behandelt werden, wenn er Früchte tragen soll. Dieses ist die Mühe, welche wir Christen auf die Pflege dieses Weingartens zu verwenden haben.

Doch wie Viele gibt es, die anstatt ihre Seele nur ihren Leib pflegen! Die Seele lassen sie verwahrlost und ungepflegt, indessen sie dem vergänglichen Leibe, der nichts als Würmer und Verwesung hervorzubringen vermag, alle Sorgfalt angedeihen lassen. Und doch sagt der

Apostel Paulus: „Ziehet den Herrn Jesus Christus an, und **pfleget nicht den Leib.**" (Röm. 13, 14.) Noch ist es nicht zu spät! Jene Arbeiter, welche um die neunte, und jene, welche um die eilfte Stunde in den Weinberg kamen, erhielten gleichfalls und sogar den gleichen Lohn mit den Frühgekommenen. Also Muth, Geliebte, und die Seele gepflegt mit der Sorgfalt eines Weingärtners!

Sollte inzwischen der Verlebte wider Vermuthen noch nicht ganz rein dastehen, nicht so wie er sollte, so lasset uns Herz und Hände zum Himmel erheben und beten zum Troste seiner unsterblichen Seele das kostbare Gebet des Herrn: Vater unser .... Ave Maria .... Amen.

Am Grabe eines Handwerkers.

Text: „Im Schweiße deines Angesichts sollst du dein Brod essen, bis du wiederkehrest zur Erde, von der du genommen bist." 1. Mos. 3, 19.

Eingang.

Andächtige!

Wir begraben heute einen Mann, der ein rechter Adamssohn war, denn im Schweiße seines Angesichtes hat er sein Brod gegessen. Das Wörtchen: **Arbeite!** machte seinen ganzen Beruf aus. **Arbeite**, damit deine Familie du ernährest! **Arbeite**, damit der böse Feind dich nicht versuche und den Meister spiele, denn **Müssigang** ist ja der **Anfang aller Laster!** **Arbeite**, damit du den Himmel mit deinen arbeitsamen Händen gewinnst!

Der Verlebte war ein Handwerker und zwar seines Zeichens ein —. Er war geboren zu — am — des Jahres —. Sein Vater hieß —, seine Mutter —. Seine Eltern übten das Geschäft eines —. (**Weitere Lebensskizze: Lehrjahre, Wanderjahre, Ansässigwerden, Familie, Kinder, Geschäft, Bemerkenswerthes, Krankheit, Ende, Alter.**)

Wir wissen, der Verewigte hat in seinem Beruf und Stande gelebt und gearbeitet als ein tüchtiger, fleißiger, betriebsamer Handwerker, der sein Geschäft verstand, erweiterte .... (**Näheres.**)

Er ist gestorben bei seiner Arbeit; da diese ihm aber ein Mittel zur Frömmigkeit zeitlebens war, so kann man gleichfalls behaupten, er ist im

Dienste Gottes **gestorben**; denn durch Arbeiten dienen wir nicht bloß uns, sondern auch gewissermaßen Gott. Der heutige Fall gibt mir daher Anlaß, von der Arbeit zu reden; ich rufe demnach einem Jeden aus uns zu:

1) **Arbeite, denn die Arbeit bewahrt uns vor der Sünde**; und abermals:

2) **Arbeite, denn die Arbeit verdient uns den Himmel.**

I.

Der Kaiser Severus hatte ein Sprüchwort, welches er alle Tage gebrauchte. Dieses war: Laßt uns arbeiten! Mit diesem Lieblingswort redete er unzählige Male im Felde seine Soldaten an: Laßt uns arbeiten! Laßt uns schanzen, lasset uns graben, um gedeckt zu sein vor unseren Feinden! Lasset uns graben, um bald stürmen zu können und die Stadt zu erobern, damit der Sieg recht bald unser sei und das ersehnte Reich recht bald in unsere Hand komme.

Christliche Zuhörer! Kaiser Severus hatte sein Absehen auf das Zeitliche, nämlich auf Ehre, Sieg, Unterdrückung, Eroberung. Es ist jenes Wort: An die Arbeit! aber auch ein recht christliches, wenn wir hiebei das Ewige in's Auge fassen, nämlich die himmlische Glorie, die Unterjochung des Bösen, die Einnahme der himmlischen Stadt Jerusalem.

Ja, lasset uns an die Arbeit gehen, denn ohne sie geht es nicht an! Warum? Weil nichts Unreines in den Himmel eingehen wird, ein Müssiggänger aber unmöglich sich rein erhalten kann von Sünden, ja weil der Müssiggang schon an sich ein Laster ist, und zwar ein solches, aus dem alle übrigen hervorsprossen. Wer selig werden will muß arbeiten, denn die Arbeit ist ein sicheres Mittel gegen die Sünden.

Wer arbeitet, der hat seine Gedanken auf das Werk gerichtet, welches er zu vollenden vorhat. Dem zufolge bleibt er frei von fremden, unlauteren, unchristlichen Gedanken, Wünschen und Begierden. Wer arbeitet, der schweiget still, um fleißig arbeiten zu können und vom Flecke zu kommen; er plaudert nicht mit Anderen, folglich verletzt er keine Ehre, lügt, flucht, schwört nicht und bleibt vor einer Unzahl Zungensünden bewahrt. Wer fleißig arbeitet, wird müde bei der Arbeit, ist daher nicht aufgelegt zu bösen Werken, indem er seine Kräfte für die Arbeit sparen muß; ein solcher fleißiger Handwerker sitzt nicht des Abends in den Wirthshäusern herum, wo der Trunk herrscht, der Vater aller Sünden. Ein fleißiger Arbeiter hat demnach zum Sündigen weder Lust, noch Zeit, noch Gelegenheit.

Saget an, wann haben vornehme Männer, welche zuvor ein heiliges Leben geführt, sich am Meisten befleckt? Wann ist Salomon, wann David, wann Samson in die Sünde gefallen? Als sie arbeiteten? O nein! Es geschah — als sie müssig gingen, als sie unbeschäftigt waren. Hätte David anstatt seine Augen spazieren zu tragen, die Harfe geschlagen und Gott Psalmen gesungen, er wäre nicht gefallen, sondern ein Mann nach dem Herzen Gottes geblieben. Hätte Salomon noch an dem Tempel zu bauen gehabt, anstatt müssig zu gehen, er wäre nicht gefallen und weise und heilig geblieben. Hätte Samson Werke gethan, wie zuvor, anstatt müssige Besuche zu machen, er wäre nicht gefallen. So verhält es sich mit noch vielen Tausenden. Ihr selbst, Geliebte, wann habt ihr gesündigt? Als ihr müssig waret; das ist offenbar: Die Arbeit bewahrt vor der Sünde.

II.

Außer dem Vortheile, daß die Arbeit den Menschen vor Schaden bewahret, hat sie noch den, daß sie ihm einen Gewinn einbringt, der jedes Vergleiches und jeder Beschreibung spottet. Der Lohn der Arbeit ist der Himmel. Die Arbeit verdienet den Himmel, zudem wenn sie verrichtet wird von Einem, der in der Gnade Gottes stehet und zwar zu dem Ziele, welches Paulus vorschreibt: „Ihr möget essen oder trinken oder sonst etwas thun, thut Alles zur Ehre Gottes.“ (1. Cor. 10, 31.) Die Arbeit, welche Gott zu Ehren verrichtet wird, verdient den Himmel, sofern wir, indem wir sie verrichten, in Gottes Gnade stehen. Wenn schon so ein gutes Werk ein für den Himmel verdienstliches ist, wie z. B. das Reichen eines Trunkes Wasser an einen Durstigen, um wie viel mehr verdienstlich ist es nicht, seinen Berufspflichten obzuliegen, seinem Stande nachzukommen, sich damit zu beschäftigen, was Gott uns auferlegt hat! Da lasset immerhin hingehen diejenigen, welche sagen und singen: „Es ist mit unserm Thun verloren.“ Die Stellen der hl. Schrift sind zu klar und zu zahlreich, als daß man uns aufreden könnte, die guten Werke nützten uns nichts für das Himmelreich. —

Der verlebte N. N. hat dieß erkannt. Er stand seinem Handwerke getreulich und thätigst vor, um sich von Sünden frei zu erhalten und den Himmel sich zu verdienen. Das Gesetz der Arbeit ist ein allgemeines, und ist ein Gesetz, also nicht etwa ein guter Rath. Deßhalb hat der Verblichene seinen Leib nimmer geschonet, seine Hände deckten Schwielen, seine Glieder ermatteten tagtäglich in der Arbeit, nur Sonntags ruhte er im Herrn und ging alsdann an die innere, geistliche Arbeit. An diesem Tage enthielt er sich gewissenhaft der knechtischen Arbeit, und diente Gott, ihm danksagend für das Leben und die Gesundheit, ihm danksagend für den Verdienst, ihn bittend und flehend um neue Gnaden. Er wohnte dem Amte und der Vesper bei und las eifrig in erbaulichen Büchern, anstatt .... (Locus amplif.)

So ruhe denn, liebe Seele, im Frieden und im Lichte! Ruhe aus am Herzen Gottes von den Mühen und Anstrengungen dieses Lebens! ——

Und wir? Noch hat uns der Herr nicht gerufen, um den verdienten Lohn zu empfangen; vielleicht aber steht es mit Vielen aus uns auch so, daß es gut ist, daß Gott sie noch nicht gerufen hat, indem sie vielleicht für die Hölle, nicht aber für den Himmel bis jetzt gearbeitet haben. Ich will es nicht hoffen; sollte es aber auch nur Einen von uns betreffen, sofort eile er an die Arbeit und entrinne dem Müssiggange. In einem faulen und faulenden Wasser entstehen nur Schlangen und Kröten u. dergl. Was ein fauler Mensch hervorbringt, ist noch häßlicher als dieß, ist die Sünde selbst, die giftigste Schlange und Feindin des Menschen.

Wohlan denn, an die Arbeit! Ja, lasset uns arbeiten, nicht für die Welt, sondern für den Himmel, wie der Entschlafene gethan, für dessen Seelenruhe wir andächtig sprechen wollen ein Vater unser und Ave Maria. Amen.

Am Grabe eines Bergmannes.

Text: „Steige ich zum Himmel auf, so bist du da, und steige ich in die Tiefe hinab, so bist du auch da.“
Ps. 138, 8.

Eingang.

Andächtige Trauergenossen!

Wir stehen am Sarge des achtbaren Bergmannes N. N., der vor — Tagen von einer — Krankheit seiner betrübten Familie leider zu frühe entrissen wurde. Oft noch gedachte der Selige am frühen Morgen, wenn er in seinen Fahrkleidern und mit der Grubenlampe dastand, bereit in den dunkeln Schooß der Erde hinabzufahren und sein Tagewerk zu beginnen, oft noch, sagte ich, gedachte er, sich und seinen Kameraden ein freudiges: „Glück auf!“ zuzurufen, der Herr des Himmels und der Erde, der Höhe und der Tiefe hat es anders verfügt. Wir sind es heute, die wir ihm ein: „Glück auf!“ zurufen, das er aber zu erwiedern nicht im Stande ist, denn zu einer anderen Grube ist er heute niedergefahren, in einem anderen Schachte hat er sich uns heute verborgen: das Grab bedeckt ihn — für lange. Sein Geist jedoch ging in ein besseres Leben über, es begleiten ihn jene Schätze und Reichthümer, jenes Gold der Verdienste, das ihm Keiner nehmen darf, das ihm allein als Eigenthum zugehört. Dieß, Geliebte, ist unser größter Trost: vergänglichen Reichthum suchte er für Andere, bleibende Schätze erwarb er für sich selbst. Wie wahr dieses sei, lehrt ein flüchtiger Blick auf sein Leben. (Lebensskizze, Charakter, Tugenden, Krankheit, Ende, Alter.) Sein Geist ist bei Gott, darum können wir freudiger als jemals ihm zurufen: „Glück auf!“ —

Zu unserer Erbauung aber lasset uns betrachten, was der Vollendete so meisterlich geübt hat:

1) **Wohl dem, der für die Ewigkeit sich Schätze gesammelt hat!** Denn:
2) **wir mögen uns hier noch so absorgen und abarbeiten, der Tod macht doch Allem ein Ende.**

I.

Wohl dem, der durch die zeitliche Arbeit, zu welcher wir wegen der Sünde verurtheilt sind, Gott zu gefallen und den Himmel zu verdienen suchet! Wohl ihm, denn auf dieses kurze Leben folgt die Nacht, der Tod, da Niemand mehr zu wirken vermag. So lange es Tag ist und die Sonne der Gerechtigkeit und das Licht des Glaubens noch leuchtet, sollen wir uns um den Himmel bewerben. Wenn einmal die Finsterniß angebrochen, dann läßt sich nichts mehr verdienen für das Reich Gottes. Deßhalb sagt der weise Prediger: „Was immer deine Hand zu vollbringen vermag, das thue mit Nachdruck, denn bei den Todten, wohin du auf dem Wege bist, wird weder Wirken noch Trachten, weder Weisheit noch Wissenschaft sein.“ (Pred. 9, 10.)

Dem Bischofe Wilhelm von Paris erschien der verlebte Kanzler von Paris, Namens Philipp, wie ein schwarzer Schatten, und sagte frei aus, daß er verloren und in der Hölle sei. Anbei fragte er auch den Bischof Wilhelm, ob die Welt noch stünde. Da der Bischof entgegnete, warum er eine so kuriose Frage stelle, erwiederte der verlebte Kanzler, daß die Menschen in die Hölle stürz'ten, wie die Schneeflocken so zahlreich, daß man annehmen müßte, das Ende der Welt habe stattgefunden.

Wir sehen, in der Hölle, in der ewigen Nacht und Finsterniß ist keine Wissenschaft. Auch ist sie kein Buß- oder Genugthuungsort, sonst hätte der zur Hölle verurtheilte Kanzler von Paris ohne Zweifel durch tausend Zähren an seiner Seligkeit gearbeitet und das Feuer der Hölle gelöscht. Einmal verloren, heißet es hier, allzeit verloren! Da heißt es: „Nun — in der Nacht — kannst du nimmer Haus halten." (Luk. 16, 2.)

Der in Gott ruhende N. N., an dessen frischem Grabe wir stehen, hat zeitlebens dieses bedacht. Der schauerliche Schacht, die tiefe Grube, die er täglich jahraus jahrein befuhr, hat ihn jahraus jahrein jeden Tag daran gemahnt, was die Hölle sei, und die Nacht der Hölle, und wie dort nichts mehr gewirkt werden kann für den Himmel. Dieser Gedanke zwingt sich Jedem auf, der in den Bergwerken arbeitet. Deßhalb finden wir auch in allen Bergleuten fromme und religiöse Gemüther, wie wir ein Gleiches antreffen bei den Astronomen, welche unausgesetzt den Himmel betrachten und durchmessen. Der Geist Gottes waltet hier in der Höhe und Tiefe ganz besonders bemerkbar.

Ein solch frommes, schlichtes, religiöses Gemüth besaß auch der Verewigte. (Näheres.) Gott zu Ehren arbeite ich, Gott zu Ehren ruhe ich, konnte er von sich sagen. Alles meinem Gott zu Ehren! Gott zu Ehren lebte er, Gott zu Ehren starb er auch. Darum war ihm zeitlebens alle Arbeit leicht und süß; er arbeitete von Jugend auf, Alles Gott zu Ehren und um sich Schätze zu sammeln für die Ewigkeit.

II.

Was wäre es auch gewesen, wenn der nunmehr Entschlafene für die Zeit, für dieses Leben, nur für den Leib gearbeitet und gesorgt hätte, wie so Viele thun, die da den ganzen Tag und das ganze Jahr über rennen und jagen und das Glück zu erhaschen suchen, während der Tod, wenn sie noch nicht einmal halbwegs sind, Allem ein Ende macht? O es ist nicht genugsam zu beschreiben, wie sehr einige Leute in dieser Welt sich das zeitliche Wesen lassen angelegen sein, wie all' ihre Gedanken, Anschläge, Sorgen und Arbeit, wie ihre ganze Sklaverei nur dahin geht, ihre Säckel zu füllen! Woher nehmen wir die Nahrung, die Kleidung, wie verheirathen wir unsere Kinder?.... so fragt man sich den ganzen Tag. In keiner Mühle, wo doch das Rad sich immer und immer wieder neu umwälzt, ist es so unruhig und geräuschvoll als in den Köpfen dieser Leute. Auf keinem Markte, in keinem Kriegslager sind so viele Sorgen als in den Gemüthern dieser Leute. Bald wollen sie die Sache ausmachen durch ihr Graben und Hacken, bald wollen sie es zwingen durch Hämmern, Pflügen, Dreschen, durch Fleiß wie durch Spekulation, bald wenden sie sich der Gewalt, bald der List, den Prozessen, bald dem Handel und Wucher zu; Alles jagt und rennt, müht und sorgt sich ab, und Tod und Grab macht Allem ein End'! Da heißt es denn, wie im Evangelium: „Du Narr, noch in dieser Nacht wird man deine Seele von dir fordern; für wen wird es alsdann sein, was du gesammelt hast? So geht es, wenn man bloß für sich Schätze sammelt, aber nicht reich bei Gott ist." (Luk. 12, 20. 21.)

Der Tod macht es mit uns, wie er es gemacht hat mit Adam, dem ersten Arbeiter. Nachdem er im Schweiße seines Angesichts sein Brod gewonnen hatte, mußte er fort. Zu nichts dient derlei, als dazu, daß man sich abmattet und abmartert — umsonst. — —

Wir, Andächtige, wollen den Verlebten nacharten! Er hob Schätze, zeitliche für seinen Bergherrn, ewige für sich. Nun der Herr seinen Arbeiter hat zu sich gerufen, wird er auch den übergroßen Lohn empfangen haben. Uns aber geziemt es, zu beten: Allmächtiger, ewiger Gott, der du ein reicher Belohner bist aller treuen Arbeiter, nimm auf die Seele deines Dieners N. N., tröste sie und wische ihr ab alle Thränen und allen Schweiß, welche sie vergossen hat, lasse sie einziehen in die Wohnungen deiner Seligen! Dieses hoffen wir von der Seele des Entschlafenen und rufen daher dem Leibe des Hingegangenen für den Tag der Auferstehung ein fröhliches: „Glück auf!" zu.

Jetzt aber lasset uns das gewöhnliche Gebet für die Verstorbenen verrichten: Vater unser.... Ave Maria.... Amen.

Am Grabe eines Schmiedes.

Text: „So der Schmied, der am Ambos sitzt und die Arbeit am Eisen betreibt; des Feuers Qualm senget sein Fleisch, und zu kämpfen hat er mit der Hitze der Esse.... Sein Herz aber wendet er zu — der Vollendung.“ Sir. 38, 29. u. 31.

Eingang.

Andächtige im Herrn!

Der weise Sirach beschreibt in dem Capitel, welchem die oben angeführten Verse entnommen sind, unterschiedliche Künstler und Handwerksmeister, wie sie auf ihr Werk Achtung haben und alle ihre Gedanken darauf hinausgehen, ihre Arbeit fertig zu machen und zur Vollendung zu bringen. Es ist wahr, was der weise Mund spricht. Leuten jedoch, die in Gott gesetzt sind und in Gott leben, ist auch dieses Ziel ihrer Arbeit noch nicht das Ziel ihres Lebens, ihnen ist auch dieses Ziel nurmehr Zweck — nämlich zur höheren Vollendung. Der wahre Meister sagt nicht: Ich lebe, um zu sägen, um zu mahlen, um zu hämmern, sondern: Ich thue dieß und treibe mein Handwerk, um Gott zu dienen und selig zu werden.

So der verlebte Schmiedmeister, der achtbare Herr N. N., euer lieber Nachbar. (Lebenslauf, Charakter, Tugenden, Ende, Alter rc.) Er hat gezeigt, daß selbst mit dem härtesten Berufe sich der Stand eines frommen Christen vereinbaren lasse.

Dieses bestätigt uns:

1) **das Beispiel einiger Heiligen;**

2) **der Verlebte selbst.**

I.

Lange Zeit war die Tugend und Heiligkeit des hl. Baldomer unter den schlichten Kleidern eines Schmiedes verborgen; nachmals jedoch, als seine heimlichen Tugenden immer mehr hervorleuchteten, machte ihn Bischof Gaudentius, gegen dessen Willen, zum Diakon, und es ist nicht genug zu beschreiben, wie wohl dieses Kirchenamt, das damals einen größeren Wirkungskreis als heute umfaßte, der Heilige versah. Sein leuchtendes Beispiel richtete oft mehr aus als mancher Prediger auf der Kanzel. Er starb im Jahre 650 am 27. Februar.

Auch eines Germanus und Gualbertus thut die Geschichte Erwähnung, zweier Schmiede, welche die barmherzigen Brüder vom hl. Eligius einführten, die sich verpflichteten, Alle, welche an der Pest, die damals stark grassirte, dahingestorben, zu begraben.

In der Stadt Jülich starb im Jahre 1480 ein Schmied, der, da er sollte begraben werden, vom Tode wieder erwachte zur größten Verwunderung Aller, die um ihn waren. Sein Leben darnach war so geistlich und fromm, daß, ob er gleich sein Handwerk zu treiben fortfuhr, Niemand ihn jemals singen oder lachen hörte. Allen leuchtete er durch ein musterhaftes Leben voran.

Hieraus erkennen wir, daß sich auch mit dem härtesten Stande, mit dem schwersten Handwerke ein heiliges, frommes Leben vereinigen lasse.

II.

Diese frommen und gottseligen Männer vorausgesetzt lasset uns, Geliebte, nun sehen, wie auch der nun in Gott ruhende Meister N. N. die Gemeinde erbaut hat durch seinen gottesfürchtigen Wandel und gutkatholischen Glauben. Schmieden, Andächtige, und die schweren Hämmer führen, das ist wahrlich eine harte Arbeit. Mancher ungezählte Schweißtropfen rinnet diesen Meistern über das glühendheiße Angesicht, dazu kommt, daß sie vom frühsten Morgen an bis spät am Abend am Ambos stehen müssen. Das Schmiedhandwerk, darf man wohl sagen, ist und bleibt eine der härtesten Professionen. Nichtsdestoweniger hat der verlebte Meister dieses Handwerk geübt in die — Jahre unverdrossen und freudig und so zufrieden, als führete er statt des wuchtigen Hammers eine Kielfeder. Nie sah man ihn mürrisch, sondern dienstfertig und bereitwillig stand er Jedermann zu Willen und diente Fremden und Nachbarn, wo er nur konnte. Seine Arbeit opferte er Gott auf und ehrte vielfach bei seiner Arbeit Gott durch Gebet, Gesang und gute Meinung. Deßhalb muß ich den Verlebten vergleichen mit jenem frommen Schmiede, zu welchem einst ein Einsiedler aus der Wüste gesandt wurde, um zu vernehmen, worin seine Tugend, die Gott so hoch hielt, bestünde; welcher aber weiter nichts zur Antwort geben konnte, als: Ich thue meinem Gott zu Ehren sonst weiter gar nicht viel mehr, als daß ich arbeite, um das liebe Brod zu gewinnen; dabei habe ich nur das im Brauche, ehe ich mich an die Arbeit begebe, sage ich zu mir selbst: So oft ich, o Gott! den Hammer aufhebe, sollst du von mir gelobt und gepriesen sein. —

O heiliges Wort! Wollte Gott, daß alle Arbeiter dieses Gebetlein ihren Werken vorangehen ließen, wir hätten dann Heilige ohne Zahl! So aber haben wir nur Flucher und Gotteslästerer ohne Zahl.

So erkennen wir denn, Geliebte, gleich jenem Eremiten, daß es auch in der rußigsten Werkstätte Heilige geben kann, gerade so wie in der Zelle oder in der Einöde. Leider ist das in Wahrheit heutzutage anders, als es sein könnte und sollte. (Locus amplif.) Der Verewigte indessen besaß viele heimliche Tugenden. (Näheres ex vita.) So ruhe er denn nun in Frieden! — —

Wir aber wollen für uns die Lehre mit nach Hause tragen, es ihm, und den hl. Schmieden, denen er nachartete, gleichzuthun.

So oft, soll der Schreiber sagen, so oft ich die Feder führe, soll Gott gepriesen sein. Und der Schreiner, der Kleidermacher soll sagen: Gott soll gelobt sein, so oft ich den Hobel ansetze, oder: so oft ich die Nadel führe. Jeder soll schon durch seine Arbeit und Handthierung Gott loben und preisen. Auf diese Weise hat den Himmel verdient der hl. Isidor, der ein Bauer war, der hl. Eligius, der ein Goldschmied, der hl. Wolfhard, der ein Sattler gewesen u. A.

Wohl dem Handwerksmanne, der, wenn es mit ihm zum Sterben kommt, sich sein Handwerkszeug an's Bett bringen lassen und sagen kann: Mit diesem Werkzeuge hoffe ich die Seligkeit mir verdient zu haben. Gewiß, es ist und bleibt wahr: Weil du die Arbeit deiner Hände genießest, bist du selig und wird dir wohl sein!

Für den Verewigten aber wollen wir zum Schlusse noch das gewöhnliche Gebet verrichten, damit ihm der Himmel gnädig sei, im Falle er noch den einen oder anderen Fehler nicht völlig sollte abgebüßt haben. Ich bitte in seinem Namen um ein andächtiges Vater unser und Ave Maria. Amen.

Am Grabe eines Müllers.

Text: „Nimm die Mühle und mahle Mehl."
Is. 47, 2.

Im Herrn Versammelte!

Mit den genannten Textworten redet der Prophet Isaias die Stadt Babylon an; sie schicken sich indessen auch gar wohl auf den in Gott entschlafenen, ehrsamen Herrn N. N., zeitlebens dieses Kirchspiels gewesenen treuen Müllermeister, dem wir heute das letzte Geleite gegeben haben aus der unruhigen Mühle dieser Welt und dieses Lebens hinaus in das Ruhebettlein des Grabes. Er stand der hiesigen Mühle — Jahre vor und zwar mit Ehre und zur Zufriedenheit Aller. Er war geboren.... (Lebenslauf, Charakter, Ende, Alter, Individuelles.)

Nun weiß ich wohl, daß einige in ihrem Urtheil Vorlaute und Ungerechte, welche die Schuld und Sünden Einzelner gar zu gerne dem ganzen Stande zur Last legen, von dem Müllergewerbe nicht gar wohl sprechen. Weil dieses Handwerk manchfache Gelegenheit zu Entfremdungen, Veruntreuungen und Betrügereien darbietet, so bezüchtigen derlei übeldenkende Leute den Stand der Müller der Ungerechtigkeit. Ich versichere euch indessen, Geliebte, daß in der Kirche Gottes eine Menge heiliger und gottseliger Müller gelebt haben, und daß es auch heutzutage noch diesem Stande an frommen Mitgliedern nicht fehlt. Ungerechte gibt es in diesem Stande nicht mehr als in einem jeden anderen.

Den in Rede stehenden Argwohn beseitigt demnach

1) **die Heiligkeit einiger beispielsweise angeführten heiligen Müller;**
2) **das Leben des Verblichenen selbst.**

I.

Der große Samson hatte im Vertrauen auf seine Stärke und stolz auf die errungenen Siege, Gottes vergessen: da ließ ihn der Herr gefangen nehmen. Während er nun gezwungen ward, das Gewerbe eines Müllers in der Gefangenschaft der Philisthäer zu betreiben, erlangte er seine vorige Heiligkeit wieder. O wie andächtig war da Samson wieder bei der Arbeit, indem er, wegen Abgang des Wassers, die Mühle selbst drehte! Wie bereute er innigst seine Sünden! Deßhalb schreibt der geistreiche Avila, daß ihm bei dieser Beschäftigung seine vorige Stärke wie auch die Gnade Gottes wieder verliehen worden sei, dergestalt, daß er tüchtig wurde, die beiden Säulen des Tempels, darin ihn die Feinde seines Gottes verlachten, zu zertrümmern und bei seinem Tode mehr zu tödten als in seinem Leben.

Das Fest eines anderen Müllers, des hl. Eugenius, begehen wir am 24. August. Dieser Mann, von Geburt ein Irländer, war als Sklave dazu bestimmt, das harte Müllergeschäft zu verrichten. Anstatt aber bei dieser Arbeit im Dienste Gottes zu erkalten, nahm er täglich mehr und mehr in der Heiligkeit zu und betete fast ohne Unterlaß.

Auch der hl. Abt Winocus mahlte das Mehl für sein Kloster eigenhändig. Außerdem wären noch viele Müller anzugeben, die ein solch gottseliges, redliches und ehrenwerthes Leben geführt, daß das Vorurtheil, das man dem Müllergewerbe vielfach hegt, verschwinden muß, wie der Nebel vor der Sonne.

II.

Das Gleiche bestätigt uns auch das Leben des Vollendeten. Unser in Gott ruhender Nachbar hat seine Mühle zwar nicht selbst in Bewegung gesetzt, wie Samson, sondern er überließ dieses dem Wasser (Winde); unterdessen hat er sein Heil bei der Mühlenarbeit nicht weniger gewirkt, als Samson. Ich glaube nicht, daß Jemand ihm den Vorwurf der Unredlichkeit machen kann. Eher gab er zu viel als zu wenig. Kein Armer ging von seiner Schwelle unbeschenkt; und wie er seinem Anwesen und Gewerbe treu, redlich und fleißig vorstand, so war er dieses auch im Dienste Gottes und betrieb das Geschäft seines Seelenheiles so angelegentlich sorgfältigst, wie sein irdisches Geschäft.

Oft sah man ihn in der Kirche, im Beichtstuhle, am Tische des Herrn.

Seine letzte, schwere Krankheit war eine Zeit der Buße und eine Art Reinigungszustand. (Krankheit.) Doch der Selige litt geduldig und getrost; und ergeben in Gottes Willen und ausgesöhnt mit dem Herrn schied er nach Empfang aller hl. Sakramente, welche die Kirche den Sterbenden verordnet. So war sein Tod gottselig und erbaulich, wie sein Leben.

Nachdem er nun — Jahre in der unruhigen Mühle dahier zugebracht, wollen wir ihm die ewige Ruhe von ganzem Herzen wünschen. —

Um indessen auf uns zu kommen, so wollen wir zu unserer Erbauung uns im Geiste eine Mühle vergegenwärtigen und daran einige gute Lehren für das Leben knüpfen. Betrachtet, Andächtige, vor allen Dingen das Rad. Wie das Rad ohne Stillstand herumläuft, so auch des Menschen Leben, bis es stille steht. Alsdann liegt man im Grabe. Auch das Rad der Welt läuft einmal ab. Deßgleichen ist das Glück und Unglück der Menschen dem umlaufenden Rade sehr ähnlich. Bald erhebt uns das Glücksrad auf den höchsten Gipfel der Ehren u. s. w. Bald zieht es uns mit sich hinab in den Abgrund; daher ist der der beste Christ, welcher immer sagt: Wie Gott will!

Gleich dem Wasser der Mühle verrauscht sodann auch das menschliche Dasein und wie der kleinste Bach endlich in's Meer fließet, so mündet auch unser und eines Jeden Leben in das große Meer der Ewigkeit.

Wie man sich endlich in der Mühle gar zu leicht bestäubt, so daß, wer sein Kleid will rein bewahren, von der Mühle sich fern halten muß, so muß auch der Christ, dem es Ernst ist um seine Reinheit und um ein unbeflecktes Gewissen, die Mühle und das Getriebe des Weltlebens meiden und fern vom Getöse der Weltlinge leben. Darum, Geliebte, bedenken wir stäts, wie wir weiter nichts sind als Staub und wiederum auch zum Staube zurückkehren werden.

Aus diesem Gedanken entsteht ein Ekel an aller Eitelkeit, ein Haß der Sünden und eine wahre Liebe zur Tugend, so daß wir keinen nützlicheren Gedanken mit uns herumtragen können. — —

Zum Schlusse betrachten wir noch im Geiste auf dem Nachhausewege das Wort des Psalmisten: „Die Gottlosen laufen im Kreise herum" (11, 9.) gleich dem Mühlrade, welches nie vorwärts, noch zur Ruhe kommt. Nicht so wollen wir es machen. Wir wollen uns keineswegs in dem eitlen Weltwesen wälzen, welches an uns vorüberbraust und so wenig eine Spur hinterläßt, als das an der Mühle vorübereilende und sich auf die Räder werfende Wasser! —

Dem Verblichenen aber wollen wir zum Troste seiner Seele, wie er es so Vielen gethan, und wie auch wir wünschen, daß es uns geschehe, das Gebet nachsenden, welches wir am Grabe der im Herrn Entschlafenen zu verrichten pflegen! Vater unser .... Ave Maria .... Amen.

Am Grabe eines Zimmermannes.

Text: „Ist dieser nicht des Zimmermanns Sohn?"
Matth. 13, 55.

Eingang.

Betrübte, im Herrn Versammelte!

Da liegt nun Axt, Beil, Winkelmaß, Zirkel, Bohrer und Säge, da liegen sie, die Werkzeuge des ehrsamen Zimmermeisters N. N. müssig, vereinsamt und traurig. Er ist nicht mehr, der sich ihrer so oft bedient hatte. Der Tod hat allem Messen, Bauen und Niederreißen — ein Ende gemacht. Nun endlich ruhen diese so arbeitsamen Hände, nun endlich schlafen die so sorgfältigen und umsichtigen Augen. Es ist

Feierabend geworden: die Glocke hat geläutet, sie deutete an, daß für den Entschlafenen der Abend des Lebens angebrochen sei. Also ergeht es Allen; es gilt dem Tode gleich, ob er den Zepter eines Königs oder die Hacke eines Landmannes verwais't. Der Tod hat keine Augen, darum stört er sich auch an keiner Person, sie sei nun Herr oder Knecht, Künstler oder Lehrling.

Einen tüchtigen und erfahrenen Meister hat das Grab uns heute genommen in der Person des achtbaren Zimmermeisters N. N. (Lebenslauf, Spezielles, Ende, Charakter und Tugenden.) Dieses über das Leben und Ende des würdigen Meisters. Seine Seele ruhe im Frieden!

Damit nun die heutige Trauerrede auch in uns einigen Nutzen stifte, so wollen wir zu unserer Belehrung uns einige Werkzeuge des Zimmerhandwerkes vergegenwärtigen und zwar:

1) die Säge und

2) den Bohrer des Zimmermannes betrachten.

I.

Die Säge hat gewöhnlich die Beischrift: „Niemals von der Linie!" d. h. Wo die Linie gezogen ist, da säge man hin, damit das Holz nicht verschnitten werde ohne Zweck und Nutzen. Dieses der buchstäbliche Sinn.

Der moralische und sittliche Sinn dieser Worte ist weit schöner und nützlicher. Niemals von der Linie! d. h. Weiche nie von dem Ziele ab, das Gott dir gesteckt hat, halte dich in seinen Grenzen und Schranken, überschreite nie die Gebote und Satzungen des Himmels, damit du anlangest bei deinem letzten Ziele, der ewigen Anschauung Gottes und deiner Seligkeit, denn dazu bist du gemacht und erschaffen.

Das Auge unseres verlebten Nachbars war in der That auf dieses Ziel gerichtet. Er war, wenn ich so sagen soll, ein Mann nach der Schnur, er gab sich alle Mühe, die Linie der Gebote Gottes und seiner Kirche nicht zu überschreiten und an dem ihm gesteckten Ziele einst anzulangen. Auf Gott und den Himmel, sein letztes Ziel und Ende, waren seine Gedanken überaus gerne gerichtet; er mochte sich nun vom Lager erheben, oder Trank oder Speise zu sich nehmen, oder an die Arbeit gehen, oder sich der Ruhe überliefern, seine Gedanken kehrten sich zu Gott hin im Gebete. Nie wich er von der Linie der Gebote seines Gottes. Niemals überschritt er das Maß; er war in allen Dingen gerecht, redlich.... (Näheres ex vita.)

Aber nicht nur der Mensch sägt und schneidet das Holz und fügt es zu dem Baue, den er daraus machen will, auch Gott schneidet und richtet an dem Menschen, bis er ihn sich zurecht gerichtet hat. Wie das Holz nun still liegen muß, damit die Linie eingehalten werde, so muß auch der Mensch dem einschneidenden Gotte still halten, mit dem Vertrauen, der Herr werde Alles zu seinem Besten fügen. Der härteste Martertod muß übernommen werden, wenn es Gottes Wille ist.

II.

Wir wollen aber noch ein anderes unter den Werkzeugen des Zimmermannes betrachten, nämlich jenes, welches man den Bohrer nennt, mittelst dessen man, ehe man den hölzernen Stift und Nagel einschlägt, eine Vertiefung in das Holz eingräbt, damit es nicht reiße. Der Spruch, welcher diesem Instrumente früher eingeprägt und beigegeben war, heißt: „Allmälig!"

„Eine Arbeit, Geliebte, welche übereilt wird, geht insgemein nicht wohl ab, sondern fällt schlecht aus. Wahrlich, ein schönes Wort: Allmälig! Allgemach kommt der Pilger an sein Ziel, nachdem er lange genug einen Fuß vor den anderen gesetzt hat; allgemach läuft das Schiff in den Hafen ein; allgemach tritt der Student aus seinen Studir-, der Lehrling aus seinen Lehr-, der Soldat aus seinen Kriegsjahren heraus. Allgemach durchschneidet die Säge den dicksten Eichbaum, allgemach durchgräbt der Bohrer den härtesten Block von einer Seite bis zur anderen. Mit einem Worte: Ohne Arbeit und Geduld bringt man es zu nichts, erhält man nichts. Allgemach biegt und richtet man auch das krümmste Bäumchen.

Schwer fällt es, und lange hält es, ehe ein treuer Diener Gottes den sauern Tag seiner Pilgerfahrt vollendet und den Taglohn erwirbt; es erfordert Zeit, Geduld und Arbeit, ehe der Schiffer die kostbaren Waaren aus Indien auf europäischem Markte ausbreitet und den Gewinn einstreicht. Mit der Zeit aber kommt es endlich doch und ist auf einmal da. Und o der Freude! Nun ist der Himmel offen. Nun sieht der treue Diener des Herrn seinen Gott, dem er so lange gedient hat, in aller Pracht und Macht; nun genießt er die herrliche Gesellschaft der Heiligen, nach welcher er so sehnlich verlangt hat.

Also, hoffen wir, ist es auch dem abgestorbenen Meister ergangen. Er hat lange gesägt, gebohrt, gezimmert, gehämmert, gemessen, gefügt und aufgerichtet, endlich hat er sich durchgearbeitet. Es ist Feierabend, er genießt die Ruhe der Seligen, der Diener Gottes.

So hat er also nicht umsonst die Axt gehandhabt; sie diente ihm dazu, alles Gott Mißfällige abzuhauen wie Späne; nicht umsonst führte er neben dem Beil auch das Winkelmaß und Richtscheit; sie dienten ihm dazu, die rechte Linie einzuhalten, um nicht von dem abzuweichen, was Gott vorgeschrieben hat. Mit dem Zirkel maß er die Ewigkeit und erfuhr, daß an ihr wie an einem Kreise kein Ende zu finden sei. Deßhalb sorgte er dafür, daß diese Ewigkeit für ihn eine glückliche würde. — —

Wir haben nun einen Zimmermeister gesehen, der, wie wir vertrauen dürfen, sich ein dauerhaftes, wohnliches Haus im Himmel aufgebaut hat. Er hat so lange gebohrt, bis er sich durchgearbeitet hat; er hat so lange an der Himmelspforte mit seiner Axt angeklopft, bis er sie einhieb; damit machte er wahr, daß nur die das Himmelreich an sich reißen, welche Gewalt brauchen.

Wohlan, so wollen auch wir es ihm nachthun! Hoch zwar ist das himmlische Sion, aber wir wollen so lange geduldig bergan steigen, bis wir oben angelangt sind. Allgemach und endlich werden wir im Himmel ankommen, mag er auch noch so weit entfernt von uns liegen. Koste es, was es wolle, arbeiten wir uns durch den engen Weg und die schmale Pforte hindurch! Den hl. Martyrern hat es ihr Leben, und Leiden gekostet, die gar nicht zu beschreiben sind, ehe sie in den Himmel eingingen.

Seien also auch wir in einem gewissen Sinne Zimmerleute, d. h. führen wir uns ein dauerndes, wohnliches Haus in der Ewigkeit auf durch Geduld und Leiden, durch Arbeit und Schweiß!

Für den Verlebten aber verrichtet mit mir das herrliche, uns von Christus gelehrte Gebet: Vater unser.... Ave Maria.... Amen.

Am Grabe eines Tischlers.

Text: „Baue dir einen Kasten."
1. Mos. 6, 14.

Eingang.

Geliebte Christen!

Es ist bekannt, was für einen Befehl der fromme Noe von Gott bekommen habe, als dieser die Menschheit wegen ihrer entsetzlichen Verderbtheit durch eine Sündfluth zu vernichten beschlossen hatte. „Baue dir einen Kasten von glattem Holz," sprach er zu Noe, „und verwahre ihn mit Pech von Innen und Außen!"

Dieser Befehl, dünket mich, schicket sich für alle Menschen, daß sie sich nämlich eine Arche bauen, darin sie sich vor dem allgemeinen Verderben retten. Insbesondere aber ist es Sache des Schreiners, derlei Kasten zu verfertigen; wie viele Todtensärge ein Meister dieses Gewerbes in seinem Leben verfertiget, mag wohl gar nicht leicht zu zählen sein. Dabei hat die Arbeit aber das Gute, daß sie ihren Verfertiger recht oft an den Tod erinnert, was für die Seele von nicht geringem Nutzen ist.

Welchen Einfluß dieser öftere Gedanke an den Tod auf das Leben des verewigten Tischlermeisters N. N., unseres werthesten Nachbars, ausgeübt habe, lehrt uns ein wenn auch noch so flüchtiger Blick auf eben dieses Leben. (Lebensabriß: Aeltern, Heimath, Lehrjahre, Wanderjahre, Militärjahre, Meisterjahre, Familienleben, Kinder, Individuelles, Charakter, Tugenden, Krankheit, Ende, Alter 2c.) Ist dieses nicht das Bild eines rechtschaffenen Mannes und guten Katholiken? Und hiezu trug der Gedanke an den Tod nicht das Allerletzte bei.

Auch wir, Andächtige, sollen uns das Bild jener Todtenlade, jenes Sarges, jenes kleinen hölzernen Hauses, welches unsere letzte Wohnung sein wird, wenigstens in Gedanken von Zeit zu Zeit vergegenwärtigen, denn:

1) **die Tage des Menschen sind kurz**, und

2) **der Gedanke an den Sarg hält ganz vorzüglich vom Sündigen ab.**

I.

Die Weltgeschichte nennt uns die Namen von gar nicht wenigen vornehmen Herren, welche ihren Todtensarg sich haben verfertigen und zustellen lassen, da sie noch am Leben waren; dieses geschah in keiner anderen Absicht, als der: sie wollten sich täglich das Haus vorstellen können, worin ihre Leiber nach ihrem Hinscheiden ruhen würden. Unter diesen machte sich Kaiser Carl V. besonders bemerklich; er führte seinen Sarg sogar auf Reisen, ja sogar in's Feldlager mit sich, um des Todes nie zu vergessen. Einen gleich erschütternden Prediger hatte auch Maximilian, Churfürst von Bayern, zur Seite. (Deßgleichen der jüngstverstorbene hochselige König von Bayern, Maximilian II., der Unvergeßliche. Lange vor seinem Tode hatte er sich seinen Sarg verfertigen und in seiner Residenz aufbewahren lassen. Wer weiß, wie oft er vor diesem ernsten Prediger stand!) Andere haben in ihrem Todtensarge auch ihre Nächte zugebracht, vor demselben ihr Gewissen erforscht, gebetet u. s. w.

Ohne Zweifel nun waren diese Werke sehr heilsam und löblich. Darum rufe ich bei gegenwärtiger trauriger Gelegenheit euch Allen zu: Bauet euch im Geiste einen Todtensarg! Vergegenwärtiget euch noch im Leben recht lebhaft euere Lade, euer Wohnhaus nach dem Tode! Gedenket oft und lange an das Sterben, denn ihr wisset nicht, wie lange das Leben dauern wird, da sich das Wort des Job: „Die Tage des Menschen sind kurz" (14, 5.) täglich so oftmals bestätiget.

Viele wähnen zwar, der Tod sei noch weit von ihnen entfernt und es sei noch nicht dringlich, an den Tod und den Todtensarg zu denken; diesen aber ergeht es wie den Leuten, welche einen rasch dahin eilenden Fluß hinabfahren. Sie sehen die Berge und glauben noch davon zu sein; inzwischen haben sie dieselben erreicht, ehe sie sich's versahen. Das Schifflein unseres Lebens landet am Gestade des Todes an, ehe man es glaubt; bevor man es wähnt, sind wir dort und spüren es oftmals erst bei dem Stoße, der mit dem Anlanden verbunden ist, und uns aus dem Halbschlafe erweckt. Deßhalb ist es richtig, wenn Job ausruft: „Meine Tage sind schneller gewesen als ein Läufer." (9, 25.)

Ihr wisset, Geliebte, wie die Laster der Menschen wachsen, so verkürzen sich ihre Lebensalter. Unsere ersten Väter wurden etliche hundert Jahre alt; nun ist ein einziges Hundert Jahre schon ein großes Wunder, eine dankenswerthe Gnade Gottes. Warum dieß? Weil die Menschen ihre Lebenszeit mißbraucht haben; deßhalb ist sie nun abgekürzt worden. So macht es ein Vater, wenn er bemerkt, seine Kinder verunehren das Brod: er schneidet ihnen kleinere Stücke vor. So hat es auch Gott gehalten mit unseren Jahren. Das Leben ist heutzutage ein besonders kurzes. Habe ich demnach Unrecht, wenn ich einen Jeden ermahne und auffordere, seines Sarges doch ja recht oft zu gedenken?

II.

Dieses sollen wir thun, Andächtige, weil, wie wir gehört haben, das Leben ein so kurzes ist, also, um vom Tode nicht überrascht zu werden; dann aber auch deßhalb, weil es keine bessere Arzenei gegen die Sünde gibt, als der Gedanke an den Tod und die vier letzten Dinge des Menschen.

Der weise Mann hat wahrlich nicht gelogen, da er sagt: „Gedenke, o Mensch, an die letzten Dinge, so wirst du in Ewigkeit nicht sündigen.“ (Sir. 28, 6.) Wie kann auch der Mensch sündigen, der stäts den Tod und seine letzte Stunde vor Augen hat? Gäbe es auch für den Christen keine Gesetze oder Gebote, schon die Vernunft müßte ihm sagen: Was zierest, schmückest und putzest du dich so und bist stolz, aufgeblasen und eitel? Siehe, vergeht denn dieses nicht Alles in kürzester Zeit mit dem Tode? Was bist du so versessen auf das Zeitliche, daß du nicht einmal den Nothleidenden ein Almosen gibst? Sage, mußt du etwa dieses nicht über kurz verlassen, wenn du stirbst? Warum thust du dir gegen die Versuchungen des Fleisches, der Welt oder des Teufels keine Gewalt an? Wirst du nicht einst, vielleicht morgen schon, sterben und dann strengste Rechenschaft ablegen müssen? (Locus amplif.)

Seht, Andächtige, wie vortrefflich es ist, stäts des Todes eingedenk zu sein! Der Gedanke an den Tod und den Todtensarg ist das beste Mittel, uns von der Sünde abzuschrecken. Er zeigt uns die Kürze des Lebens und die Größe der Sünde und ihrer Strafe. Wer sich einen Todtensarg in Gedanken bauet, d. h. vergegenwärtigt und vorstellet, der wird sich von Todsünden leicht frei erhalten, denn Sterben und Eitelkeit — und was ist das Böse anderes als Eitelkeit? — passen nicht zusammen. — —

Dieser Gedanke an den Tod verließ denn auch den im Herrn entschlafenen N. N., unseren Mitbruder, nicht; schon sein Handwerk brachte es mit sich, daß er häufig daran erinnert wurde. Wer zählt die Todtensärge, die zu verfertigen ihm aufgetragen wurden?

So lebte er denn in Vorbereitung auf den Tod, weßhalb er sein Gewissen alle — Wochen reinigte und die hl. Communion empfing. (Näheres aus dem Leben des Verewigten.) — Als der Tod selbst näher kam, erschrack er vor dem Sterben nicht, sondern ließ seinen Beichtvater rufen und verrichtete mit größter Auferbauung und Inbrunst seine letzte Andacht. (Besonderes über seine letzten Lebenstage.) Seine Tugenden haben ihm einen sanften Tod verdient. Möge er ruhen in Frieden! —

Ihr aber, die ihr das Gewerbe des Verlebten der Mehrzahl nach nicht ausübet, seid gleichfalls im Stande, jene hölzerne Lade im Geiste euch vorzustellen und gleichsam zu bauen, dadurch, daß ihr bisweilen in eueren Gedanken euch euer letztes Haus, welches aus nur sechs Brettern und zwei Brettchen besteht, vergegenwärtiget, euch vor dasselbe hinstellet, euer Gewissen zu erforschen, Reue und Leid zu erwecken, euer Gebet zu verrichten u. s. w. Wer diesen meinen Worten nachkommet, und sich diesen Todtensarg aufbaut im Geiste, der sei versichert, daß ihn Gott retten werde aus der allgemeinen Sündfluth wie einst den Noe und seine Söhne.

Zum Schlusse gedenket noch der Seele des Entschlafenen mit einem andächtigen Vater unser und Ave Maria! Amen.

Am Grabe eines Kleidermachers.

Text: „Nackt ging ich aus meiner Mutter Schooß, und nackt kehre ich dahin zurück." Job 1, 21.

Eingang.

Andächtige im Herrn!

Wir haben heute den in dieser Gemeinde wohlbekannten achtbaren Meister N. N. zu Grabe geleitet, einen Leichnam ohne Seele, einen Leib ohne Leben, einen Kleidermacher ohne Kleid. Ausgezogen hat ihm der Tod jene Kleider, die er besaß, genommen hat er ihm das Gewand unter seinen Händen. Ein schlichtes, kaltes Todtenkleid bedeckt ihn nun; mit ihm soll er ausdauern Sommer und Winter, bis er die Auferstehungsposaune ertönen hört und der Herr ihm ein neues Kleid der Auferstehung und Glorie anlegt. Denn das hat er wohl verdient! (Lebensskizze, Tugenden, Ende.)

Wahrlich, ein trauriges Schauspiel, sehen zu müssen, wie der Verlebte und gleich ihm alle Menschen die Welt so arm und entblößt verlassen müssen und so gar nichts mit sich nehmen dürfen! Wer erinnert sich dabei nicht der Worte Jobs? welche lauten: „Nackt ging ich aus meiner Mutter Schooß, und nackt kehre ich dahin zurück."

Also ergeht es Allen.

1) Wir nehmen nichts mit aus der Welt.

2) Darum sind diejenigen rechte Thoren, welche auf das Zeitliche gar zu sehr ausgehen.

I.

Das würde wohl Keiner glauben, der die Arbeiter, Handwerker, Kaufherren, Edelleute auf dieser Welt ansieht, wenn er ihr Gewimmel genauer betrachtet, daß diese Menschen alle arm und nackt aus dieser Welt hinausgehen; Keiner, wenn er es nicht wüßte, würde es glauben! Täglich werden neue Kleider verfertiget, täglich neue Hausgeräthe gekauft, neue Meubels angeschafft, neue Moden aufgebracht, und ist bei diesen Neuerungen und Einkäufen der Menschen allerletzter Gedanke der: Wie lange werde ich dieses Kleid tragen? Werde ich es zerreißen oder werde ich es verlassen müssen und werden es alsdann die Motten verzehren? Wie lange werde ich aus diesem Becher trinken, in diesem Sessel sitzen, in diesem Zimmer und Hause wohnen? Alles geht nur darauf aus, zu besitzen und spricht: das, jenes — muß ich haben; das, jenes — brauche ich. Ich brauche ein neues Staatskleid, um mich sehen zu lassen; ich brauche einen neuen Becher u. s. f.

Wie lange? frage ich. Aber — daran haben die Allerwenigsten gedacht! Wohlan, so soll uns dieses der Verlebte sagen. Und was ruft er uns aus dem Grabe zu? Du wirst dein Kleid u. s. w. nur so lange benützen, als Gott will. Wenn dieser dem Tod befiehlt, dich auszukleiden gleich mir, dann wirst du sagen können gleich mir: Nichts habe ich auf die Welt mitgebracht, nichts nehme ich auch aus der Welt mit fort.

Daß dieses die Wahrheit ist, das haben wir bezeugt von einer Unzahl von Menschen: die prächtigsten, in Sammt, Seide, Gold und Purpur gekleideten Kaiser, die rosigsten, aufs Stolzeste und nach der allerneuesten Mode gekleideten Damen, die vornehmsten Edelleute, die reichsten Kaufherren, die fleißigsten Bürger und Bauern: Alle mußten sie verlassen, was sie besaßen, und können sagen: „Ich finde nichts in meinen Händen." (Ps. 75, 6.)

Das ist die Lehre, die der Verlebte den Männern der Mode, den Kindern des Reichthums, den Weltpuppen gibt. Lernet, ruft er uns zu, daß ihr Alle diesen Todtenschlaf werdet schlafen müssen und nichts in eueren Händen finden werdet. Nackt, mit einem Todtenhemde allein nur angethan, so werdet ihr in dem engen Sarge liegen.

II.

Ist es dann nicht eine rechte Thorheit, wenn mancher Mensch auf schöne Kleider, reiche Meubels, prächtige Wohnungen also unmäßig aus ist, da wir von all dem Plunder doch gar nichts mitnehmen können? Und wem läßt man es zuweilen zurück? Lachenden Erben, müssigen und raffsüchtigen Verwandten, reichen Leuten, undankbaren Kindern, welche für den Erblasser oft auch nicht ein Vaterunser beten.

Es kommt mir das Ganze vor, wie jener Scherz, den sich der Herzog von Brabant mit einem bezechten Bauern erlaubt hatte, den er fürstlich kleiden und bedienen ließ, dergestalt, daß der Einfältige endlich wahrhaft glaubte, er wäre der Herzog. Aber die Täuschung währte nur kurz, da nach Verfluß von drei Tagen der Bauer während des Schlafes wieder in seine alten Kleider gesteckt und vor die Thüre gesetzt wurde, wo er zuvor berauscht gelegen. Da mußte er denn bei seinem Erwachen nothwendig zu sich selbst sagen: Ach, ich habe dieß Alles nur geträumt, und von all den schönen Dingen, die ich besessen, habe ich gar nichts mehr.

So träumen auch die, welche sich so viel aus diesen Weltgütern machen, aus hoffärtigen Kleidern, Ehren, Reichthümern, Essen, Trinken, Ruhen u. s. w.; sie träumen, und wenn sie erwachen, so haben sie nichts, gleich den Kindern, welche vermeinen, im Traume viel Geldes gefunden zu haben. Am Morgen sind ihre Hände leer. So ergeht es den Menschen am Abende ihres Lebens, am Morgen der Ewigkeit. Daher hat der Dichter Recht, wenn er sagt:

Alles, was war, wird, ist,
Hält nur die kürzeste Frist. — —

Unser von Gott, wie wir hoffen, mit dem Gewande der Glorie bekleidete Meister hat diese Lehre und diesen Ruf uns hinterlassen, daß er von Gott keinen Ueberfluß begehrte, damit war seiner Seele am Besten. In seiner Arbeit treu, im Leben aufrichtig und ehrlich, erzog er seine Kinder in aller Zucht und Gottesfurcht und stand seiner Familie in würdiger Weise vor. Sein Wandel war ein christlicher u. s. w. (Näheres, was des Hervorhebens werth ist. Sein Tod. Alter.) Seine Ruhestatt sei im Frieden und seine Wohnung in Sion!

Wir aber wollen Herz und Hände erheben und also beten: Barmherziger Gott! Wir erkennen, daß wir, wie wir mit leeren Händen unser Leben beginnen, so auch aus demselben hinausgehen: gib uns deßhalb die Gnade, daß wir diese zeitlichen Glücksgüter also gebrauchen, daß wir die ewigen Güter nicht darüber verlieren; das begehren wir durch deinen lieben Sohn Jesum Christum unsern Herrn.

Vater unser.... Ave Maria.... Amen.

Am Grabe eines Schuhmachers.

Text: „Löse die Schuhe von deinen Füßen!"
2. Mos. 3, 5.

Eingang.

Christliche Zuhörer!

Die Worte meines Trauertextes sprach Gott einst zu Moses. Aber noch alle Tage ruft er auch uns dieselben zu. Es vergeht keine Minute, ohne daß ein Mensch stirbt, und da wiederholt sich denn immer wieder der alte Befehl: Herab mit den Schuhen! In's Grab geht es mit bloßen Füßen! —

Dieser Befehl kam in den letzten Tagen auch unserem Meister N. N. zu. Nachdem er in seinem Leben so viele hundert Paare Schuhe verfertigt hatte, werden ihm nun nicht einmal die eigenen gelassen und vernahm auch er das Wort des Herrn, das schon so Viele gehört haben: „Löse die Schuhe von deinen Füßen!" (Lebensabriß, Charakter, Krankheit, Ende, Alter, Spezielles.)

Dieß das christliche Leben des ehrsamen Meisters. Er hat gezeigt, wie man auch in seinem Stande fromm und rechtschaffen leben kann.

Dieses noch näher zu begründen, vernehmen wir

1) **noch Einiges von Heiligen aus dem Stande des Verlebten,** sodann
2) **worin der Verewigte ihnen nachgefolgt sei.**

I.

Unter den Heiligen, welche das Schuhmachergewerbe betrieben, werden jederzeit die beiden hl. Martyrer Crispinus und Crispinianus zuerst genannt. Die Beiden waren adelige Römer und lebten im 3. Jahrhunderte nach Christus. Aus Rom wanderten sie nach Frankreich, um dort den Heiden das Evangelium zu predigen. Bei Tage verkündeten sie die frohe Botschaft, und bei Nacht suchten sie ihren Lebensunterhalt durch das Schuhmacherhandwerk zu erwerben. Den armen Leuten machten sie Schuhe umsonst oder um ganz geringen Lohn. Nachdem sie durch ihre Unterweisungen und das Beispiel ihres heiligen Lebenswandels viele Heiden zum Christenthume bekehrt hatten, wurden sie in der Christenverfolgung des Kaisers Maximianus Herkules nach schweren Martern i. J. 287 enthauptet. So stiegen ihre reinen Seelen zum Himmel empor, den Handwerksgenossen den Weg zeigend, auf welchem sie zum Lohne ihrer niedrig scheinenden Arbeit gelangen können. Die beiden Heiligen sind in der ganzen Christenheit als die Patrone des Schuhmachergewerbes geehrt. Ihr Festtag wird am 25. Oktober begangen. Wir sehen, die Heiligen hatten als Adelige hinreichend genug zu leben, da sie aber als Christen dem Müssiggange nicht trauten, so wollten sie ihre Seele durch Arbeit und Almosen sicher stellen und selig machen.

Auch der hl. Berthold war ein Schuhmacher, der aus Ekel vor der Welt in einem Kloster seine Seele für den Himmel sicherte. Er wirkte schon bei Lebzeiten viele Wunder; unter anderen war besonders dieses merkwürdig: Eines Tages theilte er Brod unter die Armen aus. Unter diesen befand sich auch ein Blinder, der auf die Rede Bertholds hin: „Schau', wie weiß das Brod ist!" sein Gesicht wieder erhielt. Er starb im Jahre 1101 am 21. Oktober. Bei seinem Tode läuteten die Glocken von selbst und hörten nicht früher auf, bis er begraben war.

Einen weiteren Heiligen aus der genannten ehrsamen Zunft haben wir an dem hl. Deusdedit. Dieser gab alle Sonnabend den Armen um Gotteswillen den Lohn der ganzen Woche. Der Tag seines Ablebens wird am 10. August gefeiert.

Den Genannten verdienet noch beigezählt zu werden der gottesfürchtige Bruder Franziskus vom Orden des hl. Hieronymus. Er hatte von Gott ob seiner Tugenden die Gnade erhalten, daß er die Stunde seines Todes voraus wußte. Er starb am Todestage Jesu Christi.

Seht da, Geliebte, wie auch dieser Stand seine Heiligen hat.

II.

Und nun lasset uns in gewohnter Kürze sehen, worin es diesen nachgethan der ehrsame Meister N. N., den wir heute zu Grabe geleitet haben, damit ein Jeder zu einem gottseligen Leben sich ermuntere!

Unser im Herrn entschlafene Mitbruder war gegen die Armen gleich seinen Patronen gleichfalls sehr mildherzig und guten Sinnes und gab ihnen, was er konnte, denn er wußte, daß, wie das Wasser das Feuer, so das Almosen die Sünde auslöschet. Konnte er den Armen nichts darreichen, so tröstete er sie wenigstens und gab ihnen nicht, wie so Viele thun, rauhe Scheltworte. War ihm ja doch nicht unbekannt, daß, was man den Armen thut, Christus dem Herrn geschieht, wie auch, daß Christus der Herr vielmals in der Person eines Armen selbst erschienen sei, wie z. B. dem hl. Bischofe Martinus. (Näheres.) Auch den Müssiggang mied er gleich seinen hl. Schutzpatronen, und duldete das Feiern löblicher und nachahmungswürdiger Weise auch von seinen Gesellen nicht. (Näheres.) Gleich dem hl. Bertholdus liebte er die Einsamkeit, das Gebet und den Gottesdienst, Fasten, Nüchternheit und geistliche Tugenden. (Näheres.)

Seiner Familie stand er vor wie er sollte, er liebte sie, wie er auch wiederum entgegen geliebt wurde. (Noch allenfalls Bemerkenswerthes aus seinem Leben.) Mit einem Worte, er war ein frommer Meister, ein musterhafter Bürger, ein ehrenwerther Zunftgenosse, ein guter Christ. (Bruderschaften, in denen er war.) Wie ließ er es sich nicht angelegen sein das Morgen- und das Abendgebet? wie sang er nicht in der Werkstatt mit seinen Gesellen fromme Lieder? wie emsig arbeitete, wie gewissenhaft rechnete er nicht?

Wie er lebte, so starb er. Seine letzte Krankheit war .... Hier nun in diesem Zustande erprobte sich seine Tugend vorzüglich, namentlich seine Andacht, sein Glaube, seine Geduld und Ergebung. Zerknirschten Herzens bereute er seine Sünden und empfing mit aller Innigkeit und Andacht die den Sterbenden verordneten hl. Sakramente. Seine Worte waren: ....

So mit Christus vereint starb er. Seine Seele ruhe im Frieden! — —

Was uns, Andächtige, betrifft, so wollen wir in Erwägung dessen, wie arm wir Alle in die Ewigkeit hinreisen müssen, indem wir nichts, nicht einmal unsere Schuhe mitnehmen, auf unsere Glücksgüter und Besitzthümer nicht mehr Vertrauen setzen, als sie es verdienen. Dagegen wollen wir zufrieden sein mit dem, was wir besitzen, mit dem Stande, dem wir angehören, und wenn er auch noch so niedrig scheinet.

Da wir nichts mit in die Ewigkeit hinüber nehmen, und es im Tode sogar heißt: „Löse die Schuhe von deinen Füßen!" so seien wir vor allen Dingen ganz besonders darauf bedacht, wenigstens mit reinen Füßen zu Gott zu gehen und vor den Richterstuhl Jesu hinzutreten, denn heilig ist der Boden, wo er wohnet. Deßhalb lasset uns bei Zeiten den Staub der Welt und den Koth der Sünden von unseren Füßen wegbaden. Wer sich von Christus dem Herrn im hl. Bußsakramente nicht die Füße waschen läßt, wie die Apostel vor dem letzten Abendmahle, der wird sicherlich die Worte des Heilandes hören: „Du hast keinen Theil an mir". (Joh. 13, 8.)

Für den Entschlafenen aber lasset uns das herkömmliche Gebet verrichten, damit Gott, sollte doch noch einer oder der andere Flecken an seinen Füßen haften, ihn rein finde und eintreten lasse, dort wo der Boden heilig ist! Vater unser .... Ave Maria .... Amen.

Kürzere Anreden.

1) Am Grabe eines Goldschmiedes.

Christliche Trauergenossen!

Wir erweisen heute die letzte Ehre dem achtbaren Herrn Goldschmiedmeister (Juwelier) N. N., welcher versehen mit den hl. Sterbsakramenten am — dieses Monats im — Jahre seines Lebens seine Seele in die Hände des Schöpfers zurückgegeben hat. (Näheres.)

Eines der nothwendigsten Werkzeuge der Goldschmiede ist bekanntlich der Probierstein. Aber auch der allmächtige Gott besitzt einen solchen, mittelst den er die Menschen prüft, ob sie ächtes Gold sind. Er prüft uns in gesunden und kranken Tagen, in Freude und Leid, im Leben wie im Sterben, wie er denn im A. B. seine treuen Diener prüfte, den Tobias wie den Job, den David wie Joseph von Aegypten. Deßgleichen hat er auch in diesen Tagen probiert den achtbaren Meister, an dessen Grabe wir stehen; er hat ihn geprüft, aber keine Falschheit, Betrug oder Ungeduld im Leiden gefunden, wohl aber das reine, geläuterte Gold eines frommen Christen. (Locus amplif.)

Die Widerwärtigkeiten, welche Gott den Gerechten sendet, sind also von uns gern anzunehmen, da sich Gott ihrer als eines Probiersteines bedient oder als des läuternden Feuers.

Sollte aber wider unsere Hoffnung des Verlebten liebe Seele noch nicht so geläutert und rein dastehen, wie der gestrenge Richter es von den Seelen verlangt, welche in den Himmel eingehen wollen, so werden die Anwesenden in christlicher Liebe ersucht, dem Verewigten mit ihrem Gebete beizuspringen, damit der unsterbliche Theil unseres theueren Verlebten ohne Verzug an den Ort der ewigen Anschauung Gottes gelangen möge. Solches denn zu erhalten, wollen wir sprechen mit gläubigem Herzen: Vater unser.... Ave Maria .... Amen.

2) Am Grabe eines Schlossers.

Christliche Trauergenossen!

Auch die stärksten Männer wirft der Tod zu Boden. Dieses bestätigt uns das traurige Beispiel des Mannes, dem wir das Grabgeleite gegeben haben. Zu Boden gerissen hat der Tod in ihm einen Mann in den besten Jahren. Der ehrsame Meister N. N. war geboren .... (Lebensskizze, Krankheit, Ende, Alter.)

Noch Eines möchte ich zum Schlusse den Anwesenden zu Gemüth führen. Eines der wichtigsten Instrumente des Schlossergewerbes ist die Feile, ein sehr sinnreiches Werkzeug, mittelst dessen man die Zähne der Säge schärfet und den Rost, der sich etwa angesetzt hat, vernichtet; sie macht also Alles gleichsam neu, scharf, frisch, blank und glatt.

Also gebraucht auch Gott dem Menschen gegenüber eine Feile. Durch Kreuz und Widerwärtigkeiten, die der Herr dem Verlebten von Zeit zu Zeit sandte, schärfte er ihn immer und immer wieder zu einem frommen und christlichen Leben. So wurde seine Tugend immer wieder erneuert. Außerdem diente die Feile, die Gott anwendete, dazu, allen Sündenrost an der Seele des Verewigten zu entfernen. Diejenigen, welche ohne Kreuz auf Erden dahinleben, halten ihre Seele unmöglich von diesem Roste frei. So machte der Herr den Vollendeten rein, glatt, blank und neu, so daß wir an dem ewig glückseligen Wohlstande dieser so gereinigten Seele nicht zweifeln können. Dem Leibe aber wünschen wir, daß er in Frieden ruhe.

Ich bitte zum Schlusse um das gewöhnliche Gebet für den Verstorbenen. Vater unser .... Ave Maria .... Amen.

---

3) Am Grabe eines Bierbrauers.

Christliche Trauergenossen!

Wir haben den Leichnam des ehrsamen Brauers N. N., Bürgers hiesiger Gemeinde, zu Grabe gelegt, in einem Alter von — Jahren. Auch er hat es erfahren, daß wir nur Wanderer sind auf Erden, Pilgrime, welche der Heimath zueilen. (Lebensskizze, Spezielles.) So gewiß nun aber auch Allen der Tod ist, immer kommt er uns zu frühe, wenn er eine uns befreundete Person trifft. Und nun gar wenn es ein Vater, ein Gatte ist, dem wir im Leben so nahe gestanden, den wir so sehr geliebt haben und nimmer vergessen können.

Das aber sei zu unserem Troste gesagt, daß wir, nach der Art zu schließen, wie der Verblichene sein Leben führte, hoffen dürfen, daß die ewige Seligkeit den Vollendeten bereits aufgenommen habe. Denn man kann unmöglich an die letzten Dinge des Menschen öfters denken und verloren gehen. Wer täglich Tod, Gericht und das höllische Feuer vor Augen hat, der wird auch Gott vor Augen haben. Wir sehen dieses wenigstens an unserem Entschlafenen. (Seine Tugenden.)

Woher dieses? Mußte nicht das Feuer, das er so oftmals unter dem Kessel anlegte, den Verstorbenen unabläßig an jenes Feuer erinnern, welches Gott selbst angezündet hat, und das niemals erlöscht? Mußte der Verewigte sich nicht wiederholt sagen: „Wer wird wohnen können im ewigen Feuer?" Mußte nicht der Anblick und der Umgang mit dem Feuer, das er entfachte im Dienste seines irdischen Gewerbes, ihn erinnern an das Feuer der Hölle, und dieser Gedanke daran ihm auch in seinem Heilsgeschäfte dienstbar sein? Gewiß, der stäte Gedanke an das ewige Feuer besiegt alles irdische Feuer der Leidenschaft in uns, das des Zornes, des Neides, der Unlauterkeit u. s. w.

Und nun lasset uns noch das übliche Werk der Liebe verrichten und beten: Vater unser .... Ave Maria .... Amen.

---

4) Am Grabe eines Schmiedes.

Andächtige!

Dem Herrn über Leben und Tod hat es gefallen, vor — Tagen den ehrsamen Herrn Schmiedemeister N. N. aus dieser Zeitlichkeit ab- und zu sich zu rufen. (Lebensskizze, Persönliches, Ende, Alter.)

Wie nun der Hammer und Ambos als zwei der nothwendigsten Werkzeuge der Profession des verlebten Meisters gelten, so enthalten sie auch für uns sehr wichtige Lehren. Man hat vor alter Zeit auf die Werkzeuge der Handwerker gewisse sinnreiche Sprüche geschrieben. Einer dieser Sprüche, welcher dem Ambos gewöhnlich eingegraben ist, lautet: „Ich dauere aus." Das heißt im sittlichen Verstande: Auch der Mensch muß ausdauern und alle Schläge, welche Gott sendet, ertragen. So ist denn der Ambos ein Sinnbild des Starkmuths. Unser in Gott ruhender N. N. war von dieser Art. (Näheres.)

Ein anderer Spruch lautet: „Ich weise die Schläge ab." Hierüber sagt der hl. Gregor von Nazianz: „Wie der mächtige Ambos der dröhnenden Schläge nicht achtet, so weist eine kluge Seele alle Unbilden von sich ab." Auch dieses hat sich an dem Verstorbenen bewahrheitet. (Näheres.)

Der dritte Spruch lautet: „Ich bleibe bei den Schlägen unbeweglich." In diesem Sinne sagt schon ein alter heidnischer Schriftsteller (Cicero l. 1. de off.): „Ein Beherzter muß Alles, was da bitter scheint, also ertragen, daß er von der Ruhe seines Gewissens gar nicht abweicht." Alle diese Lehren hat der Verewigte in Ausübung gebracht, und so ruhe er denn nach so vielen Mühen in Frieden und dem großen Tage entgegen, wo aus der großen Esse des Weltbrandes ein neuer Himmel und eine neue Erde hervorgehen werden und der Verlebte mit seinem Leibe wieder vereinigt wird.

Zum Schlusse ein andächtiges Vater unser und Ave Maria. Amen.

---

5) Am Grabe eines Schmiedes.

Andächtige!

So ergeht es uns Menschen: heute lebendig, morgen todt! Abermals hat der Menschenmörder Tod ein Opfer mit sich fortgerissen, diesesmal den ehrsamen Meister N. N., unsern lieben Nachbarn, welcher versehen mit den hl. Sakramenten vor — Tagen aus diesem Leben schied, darin er seiner hinterlassenen Ehefrau sowie seinen — Kindern noch längere Zeit nöthig war. (Lebensskizze, Charakter, Persönliches, Ende, Alter.) Ein harter Schlag für die Familie. Doch wolle sie das von dem Verlebten durch den langen Umgang mit ihm gelernt haben: in allen Widerwärtigkeiten redlich auszuhalten. Ich las einmal an einem Ambos, dem Werkzeuge der Schmiede, den Sinnspruch: Tundor non frangor, d. h. Ich werde zwar getroffen, aber nicht zerbrochen. Wo in aller Welt ist der Mensch, der nicht getroffen wird von dem lieben Gott. Gott trifft uns, um uns zu strafen, Gott trifft uns, um uns zu erproben, wie etwa die Hausfrau durch Anklopfen mit dem Finger tönerne Geschirre prüft. Ueberall in aller Welt Schickungen und Heimsuchungen Gottes. Da heißt es nun: Halte still und erkenne den liebenden oder züchtigenden Vater! Gott trifft uns zwar, aber wir dürfen uns nicht schwach zeigen und brechen lassen. Also Geduld und Ausdauer bei allen Schlägen. Wie der Ambos, jemehr er geschlagen wird, desto härter wird, also müssen auch wir nur um so stärker und aufrechter dastehen, je schwerer uns Gott trifft. O das sind dann Verdienste, wie sie die Martyrer auch kaum größer aufweisen können.

Schon Seneka (l. de provid.) sagt: „Was ist es so wunderbar, daß Gott tapfere Seelen prüft? Die Probe der Tugend ist niemals etwas Leichtes."

Der Verewigte war von der Art, daß er ohne Fluchen, Murren und Ausschlagen — mannhaft fest die Schläge des Lebens ertrug. (Näheres.) Nun aber ruhe er in Frieden. Deßhalb lasset uns noch beten ein andächtiges Vater unser und Ave Maria. Amen.

---

6) Am Grabe eines Gürtlers.

Andächtige!

Ein alter heidnischer Dichter rühmt an dem Hammer vorzüglich dieses, daß er das Metall, welches er bearbeitet, besser macht, sei es nun, daß er es durch wiederholte Schläge härtet, oder daß er es im Preise erhöht, indem es durch die Abänderung der Form, die der Hammer ihm gibt, werthvoller wird.

Den Hammer deute ich heute auf Gott, und das Metall, das unter den Hammerschlägen besser und werthvoller wird, auf den ehrsamen Meister, unsern lieben Nachbarn, den Herrn N. N., dessen Grab wir umstehen. (Lebensabriß, Spezielles, Ende, Alter, Charakteristik.)

Viel Hammerstreiche sind in dem Hause des in Gott Ruhenden geführt worden, aber keiner hat dessen hinterlassene Familie härter berührt, als der letzte, den der Tod führte: er traf den Meister selbst. Der Nährer dieser Familie ist mit ihm dahingegangen. Dieser Schlag erpreßt kein Oel, wohl aber Thränen.

Indessen trifft, wenn Gott schlägt, kein Schlag so hart, daß er nicht könne geheilt werden; denn unser Gott schlägt nicht wie ein Feind oder Fremder, sondern wie ein Vater. Darum heilet er auch alsbald wieder, ja er macht, gleich dem Hammer, die Menschen, das geschlagene Metall besser, herrlicher, edler, werthvoller; daher sagt Procopius sehr geistreich: „Gott ist ein so erfahrener Künstler unseres Heiles, daß er auch durch Schläge heilt."

Dieß mag den theueren Hinterbliebenen zum Troste dienen; dem Entschlafenen aber die ewige Ruhe wünschend wollen wir zum Schlusse das übliche Gebet verrichten, das wir nie unterlassen! Vater unser .... Ave Maria .... Amen.

---

7) Am Grabe eines Fruchtmessers.

Andächtige!

Nach dem Ausspruche der göttlichen Urkunde haben die treuen Ausmesser ein gutes, aufgehäuftes, volles und gerütteltes Maß in jenem Leben zu gewärtigen, und ist dieses der göttlichen Gerechtigkeit auch gemäß, denn mit welchem Maß man ausmisset, mit demselben wird auch wieder eingemessen werden. Nun wissen wir, wie treu der Verlebte, dieser Stadt geschworener Fruchtmesser, sein Leben lang seinem Gewerbe vorgestanden, wie er Keinem parteiischen Sinnes und ungerechter Weise etwas zu Lieb oder zu Leid gethan, denn die christliche Gerechtigkeit ging ihm über Alles. Und eben das ist es, was uns bei Gott beliebt macht und den Himmel erwirbt. Mag nun immerhin des Verlebten Scheffelmaß leer stehen, das Maß seiner Verdienste ist voll und aufgehäuft. (Lebensskizze, Charakter, Spezielles, Krankheit, Ende, Alter.) Ein Faß mit Flüssigkeit ist, wie wir wissen, dann voll, wenn es nicht sonderlich laut klinget und tönet, wenn man mit dem Finger daran pochet. Auch der Entschlafene machte nicht viel Wesens aus sich, diente seinem Gotte treu und still, obgleich das Maß seiner Verdienste kein leeres war. Er starb wohlversehen mit guten Werken, und wir haben ihn alle gekannt als einen guten und eifrigen Christen. (Näheres.) Er gab Jedem das Seine in seinem Geschäfte sowohl, wie auch im Leben und im Tode. Dem Kaiser gab er, was des Kaisers, und Gott, was Gottes ist.

So leben wir der sichern Hoffnung, der Herr werde ihm die Frucht seines Lebens hundertfältig vergolten haben. Doch wollen wir nicht von dem Grabe des Entschlummerten Abschied nehmen, ohne der Pflicht des Gebetes für die Todten genügt zu haben. Vater unser .... Ave Maria .... Amen.

---

8) Am Grabe eines Fuhrmanns.

Andächtige!

Es ist ein bewährtes Sprichwort unter den Fuhrleuten, daß gut ölen müsse, wer gut fahren wolle. Ohne dieses Einölen geht es nicht. Ich deute dieses nun aber auch auf die Ewigkeit. Wer glücklich in's Jenseits fahren will, der muß die Füße, die ihn tragen und fortbewegen, wohl einölen und salben; d. h. er darf es an nichts ermangeln lassen, was ihm zu einer glücklichen Himmelfahrt könne behilflich sein.

In diesem Sinne salbt ja auch die kath. Kirche die Sterbenden mit dem hl. Oele, sprechend: „Durch diese hl. Oelung und durch seine unendliche Barmherzigkeit verzeihe dir Gott, was du gesündigt hast....“ Also gesalbt und wohlversehen hat der Entschlafene vor — Tagen uns verlassen in einem Alter von — Jahren. (Lebensskizze, Persönliches, Ende.) Er ist aus dieser Zeitlichkeit abgefahren dahin, von woher es keine Wiederkehr mehr gibt, und hat uns die weise Lehre hinterlassen: Salbet euere Füße und ölet euere Hände, d. h. bereitet euere Sinne und Glieder, innerlich und äußerlich machet euch fertig zu der großen und weiten, so bedenklichen Reise in das unbekannte Land der Ewigkeit, damit ihr nicht stecken bleibet im Kothe euerer Sünden und entgehet durch die Flucht den Straßen- und Seelenräubern, die euch allwärts nachstellen.

Wenn an den Wägen der Fuhrleute sich Koth angesetzt hat, so schlagen sie denselben entweder ab oder sie fahren durch das Wasser und säubern also ihre Räder. Der gefährlichste Unrath für die Seele ist das Laster, Geliebte! O lasset diesen Koth in euerer Seele nicht eintrocknen. Schlaget an euere Brust, daß er sich innerlich löse, oder reiniget euer Herz durch das Wasser der Thränen! Nur so geht es vollen Laufs zum Himmel.

Dem Verblichenen wollen wir die ewige Ruhe wünschen und das herkömmliche Gebet nachsenden! Vater unser.... Ave Maria.... Amen.

---

9) Am Grabe eines Wagners.

Andächtige!

Es ist ein sinnreicher Spruch, den man dem Rade beigelegt hat: „Inclinata procedit“, d. h. „Gekrümmt schreitet es fort“. Noch besser werden diese Worte auf den Menschen angewendet, welcher nach dem Himmelreiche auf dem Weg ist. Wie das Holz, wenn es starr bleibt, nicht weit sich fortbewegt, dagegen sehr leicht dahinrollt, wenn es gebogen, gekrümmt, zum Rade geformt ist, also wird auch nur der Mensch in der Tugend und zum Himmel fortschreiten, der sich krümmt, der sich beugt, der die wahre christliche Demuth annimmt.

Also that der ehrsame Meister N. N., seines Gewerbes ein Wagner. (Lebensabriß, seine Person, seine Familie, Krankheit, Ende, Alter, sein Charakter.) Ob der Demuth und Einfachheit seines Wesens schritt er denn auch in der Vollkommenheit vor und dürfen wir erwarten, daß er auch durch die enge und niedrige Pforte des Himmels werde eingegangen sein, denn die Menge der Verdienste, die man hier mitträgt, nehmen keinen Raum ein und bilden kein Hinderniß des Durchkommens.

Mit der angegebenen Eigenschaft des Rades verband er auch die Befolgung der Vorschrift: „Semper in semita“, d. h. „Allzeit im Geleise!“ Im rechten Geleise aber bleiben diejenigen, welche im einzig wahren, alleinseligmachenden Glauben leben und sterben, die Laster meiden und die Werke des Glaubens vollbringen. Mit diesen guten Katholiken hielt es der Vollendete, der sich durch keine Versuchung vom rechten Wege des Glaubens und der Tugend abbringen ließ. Eher wich die Sonne von ihrem Lauf, als der Verlebte von seinem hl. Glauben. (Näheres.)

So ruhe er denn nun im Frieden und möge auf den Glauben die Anschauung gefolgt sein.

Zu diesem Behufe lasset uns noch das Gebet verrichten, das Christus uns anbefohlen: Vater unser .... Ave Maria .... Amen.

10) Am Grabe eines Müllers.

Geliebte im Herrn!

So zermahlt und zermalmt der Tod allgemach, so wird von ihm nach und nach Alles aufgerieben und dem Staube gleich. Leider finden wir eine neue Bestätigung dieser traurigen Wahrheit an dem ehrsamen Müllermeister, Herrn N. N. Ein rechter Mühlstein ist der Tod; die Fluthen des Lebens erhalten ihn in immer thätiger Bewegung und nicht eher ruhet er, bis Alles, was in seinen Bereich gehört, zu Staub und Mehl zerrieben ist. „Rotando conterit“, d. h. „Durch das Umlaufen zermahlet er.“ Auf diese Art werden wir Alle dereinst zu Staub zerrieben werden; deßhalb seufzet schon ein Dichter des römischen Heidenthums (Ovidius):

> „O du gefräßige Zeit, und du mißgünstiges Alter,
> Alles zerstöret ihr.“

So ist euch nun auch der im Sarge hier erlegen. (Lebensabriß, Ende, Alter, Persönliches, Tugenden.)

Alles zerreibt, zermahlt, zermalmt, vernichtet der Tod, — nur nicht die Tugend, die da nie der Vernichtung anheimzufallen vermag und von ihrem Besitzer mit in die Ewigkeit hinübergenommen wird. Sie ist der Adel der Seele, der Brautschmuck derselben, den die Braut Jesu Christi ihrem Bräutigame und zu ihrer Hochzeit mitbringt. Und dieses stärket uns, und hält uns in der gegenwärtigen Betrübniß aufrecht, der Gedanke: durch Tugend geadelt und geziert, mit Gütern bereichert, welche sich der Zerstörung des Todes entziehen, so zog der Entschlafene hinüber. Das, was zerrieben wird, hat seine Seele abgestreift, nämlich den Leib; das was allein bleibend ist, hat sie mitgenommen, nämlich die Tugend. (Näheres.) Gleich dem Mittelpunkt des Mühlsteines in seinem Centrum unbeweglich stand auch der verlebte Müllermeister unbeweglich da in seinem Mittelpunkte: in Gott und in der Tugend. „Immota movetur“ lautet der Spruch auf dem zermahlenden Stein der Mühle, d. h. „Unverrückt bewegt er sich.“ So stand auch der Verblichene in Gott unbeweglich, ob er sich gleich fortbewegt und uns verlassen hat. Sein Staub ruhe im Frieden hier stille, sein Geist hat sich zum Himmel erschwungen.

Vater unser .... Ave Maria .... Amen.

---

11) Am Grabe eines Töpfers.

Geliebte im Herrn!

Des Töpferhandwerkes, das der Verstorbene betrieb, wird in der hl. Schrift mehrmals erwähnt. So fragt z. B. der hl. Geist, ob nicht der Töpfer aus demselben Thone ein Gefäß der Ehre, oder auch ein Gefäß der Schande machen könne, womit auf das große Werk der Gnadenwahl angespielt und gesagt wird, daß es Gott unserem Herrn doch gewiß frei stehe, uns durch kräftige Mittel zur Seligkeit zu ziehen, oder auch, wenn wir die angetragenen Gnadenmittel vernachlässigen, uns unserer Bosheit zu überlassen: ein Geheimniß, in welches bei gegenwärtiger Gelegenheit einzugehen wir uns versagen müssen. Nur dieß wollen wir an dem Thone lernen, woraus der Töpfer nach Belieben edlere oder unedlere Geschirre formt: daß, wie es ungewiß ist, was aus dem Töpferthone einst die Drehscheibe fertiget, es nicht minder ungewiß ist, ob wir des Hasses oder der Liebe würdig sind, gemäß dem Worte: „Der Mensch kennt sein Ende nicht.“

In diesem Sinne hat Camillus Vizanus dem Töpferthone den Sinnspruch beigegeben: „Incertum“, d. h. „Es ist ungewiß.“

Nichtsdestoweniger haben wir solche Anhaltspunkte und Zeichen, daß wir, menschlicher Weise zu reden, wohl darüber nicht ganz im Ungewissen sind, und sagen können, ob die Seligkeit eines Menschen wahrscheinlich ist oder **nicht**. An den Früchten schon erkennt man den edlen wie den wilden Baum.

Wer im rechten Glauben stirbt, wer vertraut auf die unendlichen Verdienste Christi, seine Sünden beweint und für dieselben büßet, der gibt schon solche Zeichen, daß man seine Seligkeit annehmen kann.

Wie der Verlebte unter uns gelebt, wie er gestorben ist, wißt ihr zum Theile, zum Theil soll es noch einmal kurz erzählt werden. (**Lebensabriß, Persönliches, Ende.**) Hieraus läßt sich wohl annehmen, der Vollendete werde selig vollendet haben und allbereits im Himmel wohnen, harrend des Tages, wo der Ewige aus seinem Staube einen glorreichen und verklärten Leib ihm verbinden werde.

Sollte aber dennoch seine Seele noch zurückgehalten werden von Gottes Anschauung, so lasset uns beten: Vater unser.... Ave Maria.... Amen.

---

12) Am Grabe eines Glasers.

Andächtige!

Hier also müssen wir dem wohledlen Herrn N. N., Bürger dieser Gemeinde, seine Ruhestätte anweisen! Hieher also werden die tiefgebeugten Hinterbliebenen pilgern müssen, wenn sie den Gatten, den Vater .... finden wollen! Unerbittlicher Tod! Alles muß in deine kalten Arme sinken! Diesen letzten Tribut hat der Verlebte am — l. M. der Natur bezahlt; eine — Krankheit machte seinem Leben ein Ende. (**Lebensabriß, Persönliches, Familie, Ende, Alter, Charakter.**)

Nehmen wir von diesem frischen Grabe noch eine nützliche Lehre für uns mit nach Hause, eine Lehre, welche das Glas, mit dem der Entschlafene sonst täglich umging, demselben auch wohl täglich predigen mochte. **Des Menschen Leben ist zerbrechlich wie das Glas.** Ein leiser Stoß, eine etwas erhöhte oder schnell wechselnde Temperatur, ein kleiner Fall von ganz mäßiger Höhe genügt, dasselbe zu zerbrechen. Leicht wie das Glas ist auch das Leben zerstört. Heute sieht sich ein Vater, eine Mutter im Schooße des Glückes von herrlichen Kindern umringt, morgen deckt sie schon das Leichentuch. Heute Braut eines geliebten Mannes, morgen Braut des Todes. Es muß kein Dolch sein, eine Nadel reicht aus, das Leben entfliehen zu machen. Und wie ein Glas oft im Moment der Freude, beim Anstoßen auf Glück, Heil, Segen und Gesundheit zerspringt, so entweicht auch das Leben oft im Augenblicke der höchsten Lust, des höchsten Glückes. Ob kostbar oder gewöhnlich das Glas sei, ob der Mensch einen hohen Namen trage oder von niederer Abkunft ist, das Leben wie das Glas, sie sind höchst zerbrechlich und unbeständig.

Darum lasset uns nicht auf ein langes Leben bauen, die Bekehrung und Buße nicht hinausschieben, sondern heute noch verschließet euere Ohren nicht und wahret und schützet euch, wie man das Glas wahret. Auch euerem Leben steht auf die Stirne geschrieben: „Zerbrechlich!"

Für den Entschlafenen aber euer Gebet! Vater unser .... Ave Maria .... Amen.

---

13) Am Grabe eines Bäckers.

Andächtige!

Wir haben den Leichnam eines vermöglichen Mannes hier beigesetzt; dieser Sarg birgt die irdische Hülle des ehrsamen Bäckermeisters N. N., der vor — Tagen den Leiden einer — Krankheit trotz aller angewandten Sorgfalt und Kosten von Seite seiner lieben Verwandten in einem Alter von — Jahren erlag. (Lebensabriß, Persönliches, Charakter, letzte Tage.)

Das Brod, mit dessen einfacher und kunstvollerer Bereitung der Entschlafene sich seinen Unterhalt verschaffte, ist, allgemein anerkannt, die dem Menschen unentbehrlichste Nahrung für seinen Leib. Wir können Alles leichter vermissen als das Brod, welches unsere tägliche Speise bildet.

Und doch gibt es noch ein viel nothwendigeres und kostbareres Brod: es ist dieses das Wort, das aus dem Munde Gottes kommt, und dann jenes eingefleischte, menschgewordene Wort Gottes, welches der Sohn Gottes selbst ist, Jesus Christus, unser Herr und Heiland, er, der da von sich sagt: „Ich bin das lebendige Brod, das vom Himmel gekommen; wer mein Fleisch ißt und mein Blut trinkt, hat das ewige Leben und ich werde ihn nicht im Staube liegen lassen, sondern am letzten Tage erwecken."

Um wie viel höher demnach das ewige Leben über dem irdischen steht, um so viel erhabener und unentbehrlicher, edler und kostbarer ist das himmlische Brod, welches die angebetete Speise und letzte Wegzehrung des Verlebten war, verglichen mit dem Brode, welches er uns reichte. Dieses Himmelsbrod war es, mit dem der Vollendete noch lieber Umgang hatte, als mit dem täglichen Brode, das er bereitete, denn sein Glaube war: das Himmelsbrod gibt mir das ewige Leben. Darum betete er seinen Gott unter der Brodsgestalt an, so oft er konnte; keine Corporis-Christi-Andacht verstrich ohne seine Gegenwart.... (Näheres.)

Daher dürfen wir getrost annehmen, der Herr werde ihn von Mund auf in's ewige Leben aufgenommen haben. — Vater unser.... Ave Maria.... Amen.

---

14) Am Grabe eines Gärtners.

Andächtige!

Wiederum ein irdisches Leben beschlossen! Wir haben die Ueberreste eines Mannes zur Grabesruhe eingesegnet, der sein Leben unter Blumen verbrachte, deren Pfleger er war. Es ist der wohlachtbare N. N., ein Jünger der edlen Gartenkunst. (Lebensgang, Persönliches, Charakter, Ende, Alter.)

In einer Reihe von — Jahren handhabte sonach der Entschlafene Rechen und Spaten, sein Brod verdienend im Schweiße seines Angesichtes. Unermüdet wirkte er in seinem Garten und widmete seinem Berufe sein ganzes Leben, immer bestrebt, sich weiter darin auszubilden. Aber auch den Garten seines Herzens vergaß er nicht und pflegte darin so mancher Tugendblume. (Spezielles.)

Der Sinnspruch, welcher vorzeit dem Spaten beigelegt worden, lautet: „Latitantia pandit", d. h. „Er offenbart das Verborgene," nämlich: er entdeckt die Wurzeln des Unkrauts und hält den Garten rein. So muß auch das Gewissen rein gehalten werden, indem man mit dem Grabscheite der Gewissenserforschung den Boden umkehrt und die Wurzeln des Bösen, das im Grunde unseres Herzens wuchert, bloßlegt. Werden die Wurzeln der Sünde in uns nicht offenbar und kommen an den Tag, damit sie verdorren, so wird das Böse unser Lebtag niemals ausgerodet.

Auf den Rechen dagegen hat man folgenden Sinnspruch gemacht: „Areas et arva repurgat", d. h. „Er reinigt Beet und Flur." In diesem Sinne, nur im sittlichen Verstande, rief einst Johannes, der Täufer und Vorläufer Jesu, den Juden zu: „Bereitet die Wege des Herrn, ebnet seine Pfade!" Das ist: Bahnet euch den Weg zum Himmel, brechet die dicken Schollen, machet das Feld und die Flur eben und rein! (Locus amplif.)

Wie der Verlebte seine Seele gleich einem Garten behandelte, der ihm dazu gegeben war, um in demselben die Blumen der Tugenden und die Früchte guter Werke zu erziehen, das ist Keinem aus uns verborgen. (Näheres.) Darum sei ihm die Erde leicht und das Paradies seiner Seele Wohnung!

Lasset uns beten: Vater unser.... Ave Maria.... Amen.

---

15) Am Grabe eines Schiffmannes.

Andächtige!

Wir beerdigen heute die Ueberreste eines Mannes, der die meiste Zeit seines Lebens an und auf dem Wasser, auf Schiffen (Flößen) zugebracht; der blasse Tod hat ihn, den Starken, den Rüstigen auf die Bahre hingestreckt und bewirkt, daß er nunmehr sich mit einem anderen Elemente, als dem Wasser, daß er sich nun mit der Erde vertraut mache.

Den Patriarchen Noe sieht man als den ersten Schiffsbaumeister an, wie er denn auch als der Erste sich und die Seinigen der Arche anvertraute, die Gott ihn bauen hieß. Deßhalb nennen ihn auch die Schiffleute, neben dem hl. Johannes von Nepomuk, ihren Patron. In dem Schiffe Noes nun herrschte ein solcher Friede, so daß man nichts Besseres hätte darauf prägen können als: „Pax intus et extra", zu deutsch: „Innen und Außen ist Friede." Es wohnte allda der Wolf mit dem Lamme, der Geier mit der Taube, der Hund mit der Katze zusammen, und dennoch war das Schiff ohne Krieg und Hader.

Man lobte Gott zwischen den Wasserwellen, man aß, trank und arbeitete in der größten Ruhe.

Unser heute zur Erde Bestatteter, der achtbare Schiffer N. N., war Zeit seines Lebens bestrebt, dem Noe, seinem Patrone nachzuarten. Es ist sonst nicht das Gewöhnliche auf den Schiffen, daß man Gott sonderlich dienet; doch gibt es Ausnahmen und existirt ja ein Sprüchwort, welches lehrt: Wer nicht beten kann, der gehe auf's Wasser. Der Vollendete kannte und liebte das Gebet, und, mögen auch immerhin die Sitten der Wasserleute etwas rauh sein, auch sie hat das Christenthum gesittigt, auch sie gehorchen den Geboten des Christenthums und manchen süßen und guten Kern birgt die rauhe, harte Schale. Der hl. Augustinus war sehr gerne Bischof von Hippo, und — seine Diöcesanen bestanden fast nur aus Seeleuten und Menschen, die ihr Leben an und auf dem Wasser verbrachten gleich dem Verblichenen. (Lebensskizze, Persönliches, Ende, Alter, Familie, Lobenswerthes u. s. f.)

Seine Seele ruhe im Frieden, und möge sie am Gestade der ewigen Seligkeit angelangt sein. Zu diesem Ende lasset uns noch beten ein recht andächtiges Vater unser und Ave Maria! Amen.

---

16) Am Grabe eines Matrosen.

Andächtige!

Wenn es vor der Sündfluth Schiffe gab, so richtete die Fluth dieselben sammt und sonders zu Grunde, mit Ausnahme der einzigen Arche des Noe, welche sie in die Höhe erhob, und, die in der Arche waren, rettete; weßhalb man von den Wassern ganz mit Recht sagen kann: „Extollunt," d. i. „Sie heben empor".

Das Gleiche kann man auch von den Wassern sagen, welche den verlebten N. N. trugen: sie hoben ihn empor. Seine Tugend ging auch auf den Wasserwogen nicht unter, immer hielt er seine Seele empor, je größer die Gefahr, desto mehr rief er seinen Gott an, und ob auch zuweilen weit von der irdischen Heimath entfernt, flog sein Geist dennoch gerne zum himmlischen Vater und Vaterlande. Wie herzhaft er sich in den Gefahren zur See erwies, so mannhaft stand er auch da und kämpfte mit den Versuchungen, welche eine See genannt zu werden verdienten. Starkmüthig ertrug er die Wasser der Trübsale und Weichliches war nichts an ihm. In seinem Glauben stand er fest und hielt treu zum Schifflein Petri, wohl wissend, daß, wie außerhalb der Arche, so auch außerhalb der Kirche kein Heil zu hoffen sei. Er verehrte die allerseligste Jungfrau als seine vornehmste Himmelspatronin in allen seinen Nöthen, besonders rief er sie an als eine Arche des neuen Bundes in seinem Todeskampfe, damit sie ihn bewahre vor dem Schiffbruche der Verdammniß. Gestattet mir, bevor wir dem Seemanne die drei Schaufeln voll Erde geben, noch einen flüchtigen Rückblick auf sein Leben zu thun. (Kurze Biographie, Spezielles, Krankheit, Ende, Alter.)

So mit den hl. Sakramenten versehen starb er am — l. M. Möge seine Seele auf dem Berge Sion beim Allerhöchsten wohnen und schwimmen in einem Ozean von Seligkeit! Seinem Staube aber sei die Erde leicht!

Sollten ihm aber noch einige unabgebüßte Fehler ankleben, so lasset uns ihm zu Hilfe eilen mit einem inbrünstigen Vater unser und Ave Maria! Amen.

17) Am Grabe eines Steinmetzen.

Andächtige!

Der unbarmherzige Tod macht sich an Alle, Handwerker oder Künstler, Edle oder Leute von niederem Stande. Mag Einer seine Sache noch so wohl verstehen, der Tod versteht sein Amt noch besser, er störet sich an nichts, sei es nun Kunst oder Kunstfertigkeit, Reichthum oder Mangel, Tugend oder Laster. O welche Künstler, welche Meister, welche Helden, welche Namen hat er schon von der Erde hinweggerafft! Und was ist von ihnen geblieben? Nichts als der Name, und ach! selbst dieser ist verklungen von Vielen. Unser Meister N. N., seines Gewerkes ein Steinmetz (Maurer), dem wir heute die letzte Ehre erweisen, wäre seinen — Kindern wie seiner Gattin noch lange sehr nothwendig gewesen; allein auch er mußte fort, trotz .... (Näheres.) Hören wir die Schicksale seines Lebens! (Lebensabriß, Ende, Alter, Persönliches.)

Nun hab' ich unter Anderem auch dieses an ihm hervorzuheben, daß er das Winkelmaß und Loth, sei es nun im buchstäblichen oder sei es im sittlichen Verstande, gar sehr zu gebrauchen wußte.

Was den buchstäblichen Sinn anlangt, so bestätigen die von ihm aufgeführten Bauten dieses genugsam. (Näheres.)

Von der innerlichen Richtschnur aber wollen wir heute, wenn auch nur wenige Worte, sprechen. Diese Richtschnur, welche der Mensch anwenden muß, zeigt sich da, wo man den göttlichen Einsprechungen, Offenbarungen und Satzungen sein Ohr neigt und den Geboten Gottes und der Kirche nachlebt. Gleichwie die Mauer ohne das Loth oder die Richtschnur krumm oder schief wird, also auch die sittlichen Werke, wenn sie von Gott und seinem hl. Willen abweichen. Sie werden unförmlich, ungestalt und schlimm. Gottes Wille ist des Menschen Richtscheit. Wie achtsam war doch der Verlebte auf den Willen des Ewigen! Was Gott befahl ging ihm über alles. Wer Gottes Willen nicht befolgt, dem fehlen die geistigen Augen. Diese besaß der Vollendete hier, so werden sie denn jetzt auch Gott selbst anschauen. — Nun zum Schlusse ein andächtiges Vater unser und Ave Maria! Amen.

18) Am Grabe eines Zimmermanns.

Andächtige!

Es machen die Gelehrten und Dichter den großen Herren, wenn man sie zu Grabe getragen und beigesetzt hat, die schmeichelhaftesten Grabschriften auf die Leichensteine und Monumente, indeß der gewöhnliche Mann, der eine solche Grabschrift oft viel besser verdient hat, leer ausgeht, so daß so manches verdienten und lobwürdigen Ehrenmannes Grab nicht selten nicht einmal mehr den Namen dessen nennt, der darinnen liegt im Mutterschooße der Erde.

Dem verlebten Zimmermeister, unserem viel lieben Nachbar, möchte ich nun auf's Grab schreiben den Sinnspruch, welchen man auf die Säge gemacht hat, jenes Instrument, das der Verewigte so oft gehandhabt. Der Spruch lautet: „Aptavit, dum secuit", d. h. „Durch Schneiden zurechtgerichtet." Ein hartes, ein schmerzliches Wort: „Schneiden!" aber auch ein nothwendiges. In vielen Dingen geht es nun einmal, ohne daß geschnitten wird, nicht. Der Zimmermann wie der Tischler wissen es recht wohl, daß sie nicht in einander fügen, eben und glatt, geschickt und tauglich machen können, ohne zu sägen und zu schneiden. — Gerade so verhält es sich auch mit der himmlischen Glorie: Niemand wird für den Himmel brauchbar und tauglich, wenn Gott nicht an ihm schneidet. Das Leben des Entschlafenen liefert uns auf's Neue den Beleg. (Lebensabriß, Besonderes, Familie, Ende, Alter, Charakter.) So hat der Verewigte sich mittelst der Säge ein Haus bei Gott gebaut, das der Tod einzureißen nicht im Stande war. Möge er dort wohnen im Frieden und das ewige Licht ihm leuchten.

Auch wir wollen fortan geduldig halten und stille stehen, wenn Christus, der Pflegesohn des Zimmermannes Joseph, die Säge zur Hand nimmt und an uns schneidet und kürzt; wissen wir ja doch, daß fast Alles nur recht und gefüge wird durch Schneiden.

Für den Vollendeten euer Gebet! Vater unser .... Ave Maria .... Amen.

---

19) Am Grabe eines Schneiders.

Andächtige!

Auch mit Nadeln nimmt man den Himmel ein; dieß hat Zeit seines arbeitsamen Lebens der ehrsame Meister N. N., unser lieber Mitbürger, den wir heute zur Ruhe gebracht haben, dargethan. Was Andere draußen im Felde trotz Lanzen und Schwerter vielfach verlieren, das hat er mit einem kleinen, spitzigen Werkzeuge, womit man Kleider anzufertigen pflegt, in seinem Hause erobert. Die trotz Schwert und Lanze den Himmel verlieren, mögen wohl große Kriegs-, aber schlechte Christenhelden sein. Unser Meister war kein Kriegsmann, aber ein guter Christ, er gebrauchte seine Nadel nicht zu seinem Ruhme, sondern zur Ehre Gottes, deßhalb gelang ihm, wie wir wohl hoffen dürfen, eine Eroberung, die vielen Anderen entgeht, welche trotz aller Wehr und Stärke außer Stande sind, sich selbst zu besiegen. Gestattet mir einen Rückblick auf sein Leben. (Lebensabriß, Persönliches, Familie, Ende, Alter, Tugenden.)

Der hl. Chrysostomus sagt von der Nadel: „Configit et transit", d. h. „Sie sticht und geht durch." Dieses, Geliebte, sei zu euerem Troste gesagt. Betrübt sehe ich die Hinterlassenen hier am Grabe stehen. Doch erwäget, daß wie die Nadel in das Tuch zwar sticht, aber alsdann durch dasselbe hindurchgeht und nicht haften bleibt, also es auch mit den Widerwärtigkeiten sich verhält, die Gott uns sendet, ja mit dem Tode selbst. Sie geben uns zwar einen Stich in's Herz, thun eine geringe Zeit wehe, aber bald ist der Schmerz durch und vorbei. Wie auf Regen Sonnenschein folgt, also auf die Trübsal — Seligkeit. So erging es dem entschlafenen Meister, oft verfinsterten Wolken seinen Himmel und vor — Tagen mußte er gar den Tod kosten; aber nun ist es auch vorbei. So wird auch der Stich, den der Tod euch, seinen Freunden und Verwandten versetzt hat, vorübergehen. Leben wir nur so, daß auf dieses Jammerthal der Himmel folgt!

Vater unser . . . . Ave Maria . . . . Amen.

---

20) Am Grabe eines Schneiders.

Andächtige!

Aus allen Dingen, die in der Welt sind, kann der Mensch eine Lehre schöpfen, die zu seiner Seligkeit beiträgt. Also lernen wir von den Todten insgemein, uns auf einen guten Tod rechtzeitig vorbereiten. Von besonderen Handwerken aber kommen auch besondere Lehren. Das Gewerbe, welches der Verlebte ausübte, war das Schneiderhandwerk, und Nadel und Faden die Gegenstände, welche er die meiste Zeit in den Händen hatte. Weil nun der Faden der Nadel folgt, so hat ein Schriftsteller auf den Faden jene Worte des hohen Liedes angewendet: „Trahe me post te!“ d. h.: „Ziehe mich dir nach!“ Ein anderer schrieb darauf: „Te ducem sequor,“ d. h.: „Ich folge dir als meinem Führer.“ Wie nun der Faden der Nadel folgt durch Dick und Dünn, Weich oder Hart, so muß auch die Seele Gott und seinen Einsprechungen folgen. Will der liebe Gott, daß sie sich scheide von dem Leibe, so muß sie sagen: „Ziehe mich dir nach,“ so will ich laufen und fliegen. Diese Folgsamkeit hatte der selig Vollendete in hohem Grade inne. Gott folgte er als seinem Führer in gesunden wie in kranken Tagen; seine Einsprechungen waren das Maß, nach dem er arbeitete. Zur Zeit seines herannahenden Todes hat er sich denn auch nicht geweigert, dem Willen Gottes durch die bitterste Pforte nachzufolgen.

Es wird euch, wie ich hoffe, nicht unangenehm sein, heute nochmals einen Rückblick auf das Leben des Verstorbenen zu thun. (Lebensskizze, Individuelles, Familie, Ende, Alter; Hervorzuhebendes an Tugenden.)

Seine Seele wolle nun der Himmel trösten, sein Leib in Frieden ruhen!

Da es indessen unsere heilige Gewohnheit ist, für die Verstorbenen zu beten, so lasset uns dieser Pflicht nachkommen und betet mit mir ein Vater unser und Ave Maria! Amen.

---

21) Am Grabe eines Schusters.

Andächtige!

Das heutige Trauerbegängniß, das wir zur Ehre und zum Seelenheile des verlebten N. N., seines Gewerbes eines Schuhmachers, anstellen, vergegenwärtigt mir die Werkzeuge dieses löblichen Handwerkes. Und so soll denn auch an diese eine nützliche Lehre geknüpft werden.

Die Ahle bedeutet die Stiche und Stichreden, die wir zuweilen gegen die christliche Liebe von unseren Nebenmenschen unverdienter Weise müssen empfangen, wie dann aber auch andere Widerwärtigkeiten und Herzensstiche, die uns der Himmel in wohlweiser Absicht zusendet.

Der Draht, welcher nur mit großer Mühe durch das Leder gezogen wird, erinnert an den engen und beschwerlichen Weg zum Himmel, an die schmale Pforte zur Seligkeit, wovon der Heiland sagt: „Leichter geht ein Schiffsseil durch ein Nadelöhr als ein Reicher in's Himmelreich.“

Der Hammer bedeutet die Schläge, welche den Menschen treffen, damit er sich füge und forme.

Der Verlebte nun hat, dieß kann man ihm jetzt nach seinem Tode schon nachrühmen, alle drei Werkzeuge zu seinem höchsten Nutzen gebraucht. Trafen ihn Stichreden und Verachtung, so sagte er zu sich: Mein Heiland ist auch gestochen und verachtet worden. — Die enge Himmelsstraße eiferte ihn nur um so mehr an, dieselbe passiren zu können, deßhalb streifte er alles Irdische, alles Ueberflüssige von sich ab, was ihn hätte in's Stocken bringen können. — Die Schläge des Schicksals trug er geduldig, ergeben so wie ein Christ soll; er achtete mehr darauf, wer ihn schlug, als wie hart er ihn traf. Auf diese Art erwarb sich der verlebte Meister eine Menge Verdienste. Vernehmet noch Einiges über sein äußeres Leben! (Lebensskizze, Persönliches, Familie, Ende, Alter.)

Zum Schlusse lasset uns für seine liebe Seele beten ein andächtiges Vater unser und Ave Maria! Amen.

22) Am Grabe eines Schusters.

Andächtige!

Wir beerdigen heute einen gar demüthigen Mann, den verlebten ehrsamen Meister des Schuhmacherhandwerkes hiesiger Zunft, Herrn N. N., Bürger dieser Gemeinde, der am — l. M. in einem Alter von — Jahren — an einer — Krankheit starb. (Lebensabriß, Persönliches, Familie, Ende, Charakter.)

Seine einfache, schlichte Lebensweise erfüllte das Sprüchwort: „Ne sutor ultra crepidam,“ d. h. „der Schuhmacher solle bei seinem Leisten bleiben.“

Ach, meine lieben Zunftgenossen! es ist dieß durchaus kein Schimpfwort: vielmehr ist die Demuth die erste, nothwendigste und sicherste Sprosse auf der Leiter zum Himmel, eine Stufe, auf welcher die Heiligen Gottes alle sammt und sonders stehen müssen, so lange sie auf Erden weilen.

Diese Demuth besaß denn auch der Entschlafene. Er wollte, nicht wie viele Andere, gleich über Alle oben hinaus, er verdemüthigte sich vor Gott und vor den Menschen, daher war seine Demuth vergesellschaftet mit noch anderen edlen Tugenden, mit der Geduld in Leiden, der Sanftmuth gegen seine Hausgenossen, der Barmherzigkeit, Mäßigkeit u. s. w. (Locus amplif.)

Diese Demuth gab ihm aber auch den festen Glauben an Christi Werk und Person, die sichere Hoffnung auf den Himmel, verbunden mit einer heilsamen Furcht, zu fallen, und die inbrünstige Liebe zu Gott, der ihn erhöhen zu wollen versprochen hatte. So werden denn die Letzten die Ersten sein, und auch unser Meister wird das erfreuliche Wort Jesu Christi vernommen haben: „Freund, rücke höher hinauf!" Bedenken wir also, wenn uns die Demuth schwer fallen will, daß Gott die untersten Dinge erwählet, um die Starken und Großen zu beschämen. Je demüthiger der Mensch, desto lieber ist er Gott; nur niedere Leute wurden Apostel des Herrn; nur Demüthige wurden Heilige!

Vater unser .... Ave Maria .... Amen.

23) Am Grabe eines Bauern.

Geliebte im Herrn!

Die Arbeit eines Ackermannes besteht bekanntlich der Hauptsache nach darin, daß man pflüge, egge, säe, mähe, einscheuere, dresche u. s. w. Dieses hat denn nun auch der achtbare, nun in Gott ruhende N. N., unser lieber Nachbar, treulich gethan, bis ihn der Tod von dieser schweren Arbeit befreit hat am — —. (Lebensskizze, Persönliches, Ende, Alter.) Seine Seele ruhe im Frieden, bis sie einst am großen Tage der Auferstehung des Fleisches wiederum mit seinem verklärten Leibe glorreich vereint wird!

Eines aber lasset mich bei der heutigen Trauerzusammenkunft zum Lobe des Entschlafenen und zu unserer Erbauung hervorheben, nämlich jenes ländliche Werkzeug, welches man Egge nennt und dazu da ist, den umgepflügten Acker zu reinigen von allem Unkraute, und ihn für die Aussaat empfänglich zu machen und vorzubereiten. Die Egge kennet ihr Alle und ebenso den Gebrauch der eisernen Spitzen, mit denen das genannte Ackergeräthe versehen ist. Auf dieses Geräthe nun läßt sich ganz mit Recht und Fug der Sinnspruch anwenden: „Splendescimus usu," d. h. „Wir glänzen durch den Gebrauch." Diese Worte bedeuten im geistlichen Sinne: Gleichwie die eisernen Zähne der Egge in Folge des Gebrauches glänzend werden, also geschieht es auch mit den Menschen, welche der liebe Gott, der himmlische Ackersmann, fleißig gebrauchet und in der Tugend übet. Wer oft krank ist, der ist geduldiger, als wer nur einmal erkrankt, deßgleichen der, welcher von Widerwärtigkeiten häufiger heimgesucht wird. Durch die Uebung bewährt Gott unsere Tugend.

Dieses dienet dem Verlebten zum Ruhme, den Ueberlebenden zum Troste. Es ist nicht jederzeit unser Schaden, wenn Gott mit eisernen Zähnen in uns einschneidet. Denn wie das Unkraut durch die Egge ausgerodet wird, also das Böse durch die göttlichen Schickungen. Und wie die Egge gleichmacht, indem sie zerschlitzet, so zerreißt auch Gott zuweilen unser Herz, und macht es dennoch eben und schön. — Zum Schlusse für den Entschlafenen euer Gebet: Vater unser .... Ave Maria .... Amen.

---

24) Am Grabe eines Bedienten.

Andächtige!

Der Schriftsteller Plautus legt einem willfährigen und hurtigen Diener die Worte in den Mund: „Ich lasse mich gebrauchen ganz so wie ein Rad; ich drehe und wende mich, wohin es euch beliebt.“

Dasselbe kann man dem Verlebten nachsagen, dem nun in die Ewigkeit berufenen N. N., seit — Jahren im Dienste des Titl. Herrn N. N. (Lebensgang, Persönliches, Charakter, Ende, Alter.)

Wahrlich, ein großes Lob für einen Diener, welchem man Willfährigkeit, Behendigkeit, Pünktlichkeit und Treue in Erfüllung der Pflicht nachrühmen kann; ein solcher Diener füllt seinen Posten vollkommen aus und steht in den Augen Gottes so hoch da, wie ein Herr, und wäre dieser ein König oder Kaiser. Insbesondere ist es der Gehorsam und die Lenksamkeit, welche heutzutage immer seltener wird. (Locus amplif. Rüge nachlässiger Diener oder Dienstboten.) Anders der Verlebte, den man wirklich wie ein Rad gebrauchen konnte, das sich nie beklagt, es geschehe ihm zu viel oder zu wenig, das vielmehr immer fortgeht, wie es der Lenker haben will, und wohin es ihm beliebt. Ganz unbedingt aber gehorchte der Vollendete seinem Schöpfer: nie entschuldigte er sich mit der einfältigen Phrase: Herrendienst geht vor Gottesdienst! Er zeigte sich so entschieden als guter Christ, daß seine Herrschaft wohl einsah, was es heiße, einen Diener nach jenem Grundsatze zu haben, der da sagt: Gott, was Gottes, dem Kaiser, was des Kaisers ist! Den Geboten Gottes sich zu entfremden, dazu hätten den Verblichenen keine zehn Pferde gebracht. So richtete er sich nach jedem Winke, nur nicht nach den Winken der Verführer und der Gottlosen. Da stund das Rad still; im Uebrigen ging es durch Hitze und Kälte, durch Dick und Dünn, Gebet, Gottes- und Herrendienst. Darum erfuhr der Verstorbene gewiß das Wort des Herrn: „Ei, du guter und getreuer Knecht.“ ... Dieß hoffend laßt uns noch beten ein andächtiges Vater unser und Ave Maria! Amen.

Am Grabe eines Arbeiters.

Text: „Gehet auch ihr in meinen Weinberg.“ Matth. 20, 4.

Eingang.

Andächtige!

Der verlebte N. N. hat seine Glieder nicht weniger oft durch harte Arbeit ermüdet, als es Tage im Jahre sind. Nun aber genießt er der Ruhe der Seligen, die er so wohl verdient hat. Er war geboren zu — am — des Jahres —. (Lebensskizze.)

Die Genossen des Verewigten rühmen ihm nach, daß er in der Werkstatt (oder wo sonst) einer der fleißigsten Arbeiter gewesen sei. Da er sonach in dem Weinberge der Mühsal nicht müssig gestanden, so wird er, wie wir hoffen, nunmehr auch die goldenen Trauben einer glückseligen Himmelswonne lesen.

So predigt uns sein Leben wie sein Tod: Arbeitet auch ihr, damit ihr den gleichen Lohn empfanget!

Das, was uns der Verewigte zuruft, sagt uns auch Gott. Das Gesetz der Arbeit ist, seit Adam aus dem Paradiese verjagt wurde, ein allgemeines, streng bindendes.

Vernehmen wir nun hierüber etwas Näheres; nämlich:

1) **was,**
2) **wie** und
3) **warum wir arbeiten sollen.**

I.

Was die äußerliche Arbeit angeht, so braucht Keiner viel zu fragen, was er zu thun habe. Ein Jeder, der kein Müssiggänger ist, findet schon Arbeit je nach seinem Berufe: Der Skribent seine Feder,

der Maler seinen Pinsel, der Koch seinen Topf, der Schmied seinen Hammer, der Gärtner seinen Spaten u. s. w. Auch die Erde selbst lädt uns ein zu arbeiten; denn indem sie keine Frucht hervorbringt, ohne daß man pflügt, eggt, säet, gräbt, gießt u. s. w., zwingt sie uns, ihr die Ernte durch Arbeit abzuringen. Dieß besagen auch die Worte Gottes in der göttlichen Urkunde: „Im Schweiße deines Antlitzes sollst du dein Brod essen, bis du wiederkehrst in die Erde, von welcher du genommen bist." (1. Mos. 3, 19.) Wer den Boden unberührt und müssig liegen läßt, der hat von dem Brachfelde nur Unkraut, Dörner und Disteln zu gewärtigen. Bebaut dagegen bietet sie dir dar den allerbesten Wein, das schönste Getreide, das angenehmste Obst.

Aber, Geliebte, auch unsere Seele ist ein Weingarten, ist ein Ackerfeld, auch dieses Erdreich will kultivirt werden, und dieses ist die innerliche Arbeit eines jeden rechtschaffenen ganzen Arbeiters. Die Werktage in der Werkstatt, die Sonntage in der Kirche, und nicht im Wirthshause. Dieses Erdreich der Seele wird, wenn es müssig liegen bleibt und der Mensch nichts daran thut, ebenso wie jedes andere Unkraut und Dörner tragen, weßhalb ein Jeder von uns beflissen sein muß, das Unkraut der Sünden auszuroden und gute Pflanzen darein zu versetzen.

Das war die erste Arbeit unseres in Gott ruhenden N. N. Seine Seele befahl er täglich dem höchsten Gott, er verrichtete seine Morgen- und Abendgebete, besuchte Sonn- und Feiertags den Gottesdienst und arbeitete an seinem Seelenheile. Nicht wie so viele Andere lag er den ganzen Sonntag über im Wirthshause, noch vertrank oder verspielte er seinen Wochenlohn. (Näheres. Gesellenverein.) So diente er Gott in der Unschuld seiner Seele und bewahrte sich rein vor schweren Sünden. (Charakteristik.)

Wer nicht weiß, was er arbeiten soll im Weinberg seiner Seele, der lerne es von diesem Arbeiter (Gehilfen, Gesellen). Er wird ihm antworten: Diene Gott, reinige dein Gewissen, thue Gutes und hüte dich vor dem Bösen!

II.

Wie aber diese Arbeit solle eingerichtet sein, das können wir ebenfalls ersehen aus der Art und Weise, wie der Verstorbene seine Arbeit angefangen und vollendet hat. Erst soll man um Gottes Segen beten, an dem ja Alles gelegen ist; denn wo dieser abgeht, da hilft kein Schwitzen, noch Rennen oder Jagen; wo der Segen des Himmels fehlt, da sind alle Arbeiten Luftstreiche. Umsonst streut der Bauersmann alsdann den Samen aus, er wird nicht aufgehen, er wird verwintern, Hagel wird ihn vernichten.

Sodann soll man die Arbeit in Gottes Namen und Gott zu Liebe beginnen; wenige Worte sind es, aber eine reiche Brunnenquelle der Heiligkeit; was aus dieser Quelle herausfließt, das ist Gott schon geheiligt. Was ohne Gott geschieht, das ist, rücksichtlich seiner Verdienstlichkeit für den Himmel, ein Schlag in's Wasser, ein zeitliches, zur ewigen Seligkeit nichts beitragendes Menschenwerk. Und was nützt es dem Menschen, wenn er gleichwohl die ganze Welt gewinnt, an seiner Seele aber Schaden leidet? Wie Viele haben sich abgemüht, sind reich dabei geworden und wohnen nun schon lange in der Hölle? Hätten sie in der guten Meinung und Gott zu Ehren gearbeitet, ihre Mühen wären zeitlich und ewig belohnt worden und ihnen wäre jetzt besser. — Endlich die dritte Weise, wohl und verdienstlich zu arbeiten, ist: thue alle deine guten Werke mit einem reinen Gewissen. Gute Werke, nicht im Stande der Gnade Gottes vollbracht, sind für die Ewigkeit von keinem Verdienste. Die Arbeit ist das Opfer, welches der Arbeiter dem allerhöchsten Gotte täglich darbringt. Nun aber wissen wir, wie es mit dem unreinen Opfer des Kain zugegangen. Auf Abels Opfer hatte Gott Acht und seinen Gefallen daran; auf das Opfer des Kain aber merkte er nicht; denn er hatte kein reines Herz, er stand nicht in Gottes Gnade. Gottlose Arbeiter sind also weiter nichts als die Martyrer des bösen Feindes: sie plagen sich und mühen sich zu Tode und haben nichts davon, sondern verfallen der Hölle; ein guter Arbeiter dagegen verdient sich durch seine Arbeit das Himmelreich.

III.

Eines, Geliebte, ist nur noch zu erörtern, sodann sind wir zu Ende; nämlich die Frage: Warum soll man arbeiten?

Seitdem die Erde nur Früchte trägt, wenn sie bebaut wird, und nichts mehr aus dem Himmel in den müssigen Schooß der Menschen fällt, ist ein Jeder verpflichtet zu arbeiten: die Arbeit ist ein Gesetz, eine Pflicht. Wer nicht arbeitet, soll auch nicht essen; wer aber dennoch die Früchte der Erde verzehrt, ohne sie zu verdienen, der stiehlt sie Andern ab, der ist ein Dieb. Deßhalb ist der Müssiggang schon an und für sich eine Sünde. Abgesehen von den vielen, vielen Sünden und Schäden, deren Quelle derselbe ist, die aber die Arbeitsamkeit verstopft.

Ein Grund, warum die Menschen arbeiten, ist gewöhnlich auch der, weil sie sonst nichts zum Leben hätten, also um des zeitlichen Gewinnes willen. Es mag dieses angehen, schon um deßwillen, weil die Menschen in Rücksicht auf den Lohn, den sie erwerben, die Arbeit gerne verrichten, während sie, wenn ihrer kein Gewinn und Verdienst wartete, nur mit Widerwillen und verdrossen an die Arbeit gingen.

Christliche Arbeiter indessen sehen weiter, erheben ihre Augen von dem irdischen Gelde zum Himmel, denn dort wohnt der unendliche Lohn, um deßwillen wir vorzugsweise arbeiten sollen. Zwar wäre dieser unendliche Lohn im Vergleich zu dem, was wir thun, zu groß, da das Endliche zu dem Unendlichen in gar keinem Verhältnisse steht. Aber dennoch verhält sich dieses so; Gottes unendlicher Lohn wartet auf unsere Arbeit. Dieß daher, daß der Sohn Gottes unserem guten Wirken seine Verdienste beilegt. — —

Wer, o Andächtige, wollte da nicht arbeiten sein Leben lang? Wer wollte nicht hineingehen in den großen Weinberg des Herrn, der da die ganze Erde ist? Wer wollte müssig dastehen den ganzen Tag über und sich zum Tode langweilen? Also immer fröhlich an's Werk, frisch an die Arbeit, fromm bei Arbeit und Gebet!

Der treuen und christlichen Arbeiter Lohn ist Gott selbst. Diesen schauet hoffentlich bereits unser hingegangener Mitbruder im Herrn. Sollte er indessen noch einige Fehler abzubüßen haben, so lasset uns seiner lieben Seele zum Troste das Gebet des Herrn verrichten! Vater unser .... Ave Maria .... Amen.

Am Grabe einer Arbeiterin.

Text: „Gott sei Dank, denn erlangt habe ich eine gute Seele und einen unbefleckten Leib!" Weish. 8, 19.

Eingang.

Andächtige!

Man sollte Gott dem Allmächtigen für keine Sache mehr danken als für eine gute, zur Tugend geneigte Seele, und für einen Leib, der sich willig und leicht von der Seele nach den Gesetzen des Allerhöchsten regieren läßt; denn diese beiden Gaben und Wohlthaten sind wohl die größten Merkmale der Gnadenwahl und zukünftigen Seligkeit. Diesen Dank erstattet denn auch der weise Mann in der angeführten Rede, welche den Inhalt meines Vorspruches ausmacht.

Indem ich die Person der vor — Tagen in ihrem Gott verstorbenen Arbeiterin N. N. mir vergegenwärtige, wie sie in Mitte so vieler Gefahren und Versuchungen, denen heutigen Tages der Arbeiterstand ausgesetzt ist, sich rein erhielt vor Ansteckung und Befleckung der landläufigen Sünden und Laster, wie sie religiös, tugendhaft und unbescholten blieb, wo so viele Verlockungen sie umringten, indem ich alles dieses erwäge, möchte ich an ihrer Statt sagen: „Gott sei Dank; denn ich habe erhalten eine gute Seele und einen unbefleckten Leib."

Die Verlebte war geboren .... (Lebensabriß, Individuelles, Krankheit, Ende, Alter.) — Wahrlich, nicht Allen läßt sich ein Gleiches nachsagen. Darum empfange, o Gott, auch meinen Dank, daß du der Entschlafenen eine so christliche, gläubige, gottesfürchtige, anderen ihres Standes mit so leuchtendem Beispiele vorangehende, gute Seele gegeben hast, und einen Leib, der den Gesetzen Gottes und Befehlen der Seele so treu gehorcht hat. Denn ob sie gleich in ihren Gliedern ein anderes, dem Geiste widerstrebendes Gesetz verspürte, so erhielt dennoch die Seele dergestalt den Sieg über die Begierlichkeit des Körpers, daß die Verlebte den Leib nicht allein im ledigen, sondern auch im auferbaulichen Stande erhielt. (Näheres, was hervorgehoben zu werden sich etwa eignet.)

Zu unserem Fortgange im Guten nun, so wie zur Ehre der Verlebten lasset uns einige Minuten bei der Frage verweilen:

1) worin eine gute Seele und ein unbefleckter Leib bestehe, sodann

2) wie ein Jeder aus uns eine gute Seele haben könne.

I.

Seelen, welche man nach Gottes Herzen geschaffen nennt, haben wir im alten und neuen Testamente fast ohne Zahl. Fast jedes Blatt der göttlichen Urkunde erzählt uns von heiligen und gottseligen Personen, deren ganzes gerechtes Streben nur dahin gerichtet war, Gott zu gefallen. Welch' gute Seele hatte nicht Abraham, der erste Vater der Gläubigen, von dem geschrieben steht, daß er Gott geglaubt habe, welcher Glaube ihm zur Gerechtigkeit angerechnet worden sei? Welche unschuldige Seele besaß nicht Isak, wie bereit war nicht sein Gehorsam für jeden Wink Gottes? Eine nicht minder gute und andächtige Seele wohnte deßgleichen in Samuel; in Tobias sodann, dessen Barmherzigkeit noch heutzutage bekannt ist. Wie rein war sodann die eines Joseph von Aegypten, wie heilig die eines Elias und Eliseus. Im neuen Testamente könnte ich ganze Litaneien derer daher zählen, welche ihren Leib wie ihre Seele auf eine ganz englische Art bewahrt haben. Wer immer das Leben des hl. Antonius von Padua, des hl. Franziskus Xaverius, des hl. Philippus Neri, Aloysius . . ., aus dem weiblichen Geschlechte das der hl. Theresia u. s. w. liest, muß sich verwundern über die Reinheit, Unschuld, Güte und Heiligkeit dieser Seelen.

So wirkt ein Jeglicher nach dem Maße der empfangenen Gnaden; und obgleich der Zunder der Sünde seit Adams Ungehorsam in uns Allen wohnt, so daß die Menschennatur nunmehr sozusagen von Haus aus zum Bösen geneigt ist, so gibt es doch gewisse Seelen, die, mitwirkend der von Christus ihnen verdienten und vom hl. Geiste mitgetheilten Gnade, also christlich leben, daß man sagen kann von ihnen, es sind gute Seelen, Seelen nach dem Herzen Gottes, ferne von der Bosheit der Sünde.

Diese Seelen gibt es in allen Ständen, vorzüglich aber noch in den untern. (Charakteristik der Verblichenen.)

Wie viele Menschen dagegen sind durch Adams Fall und mittelst eigener Verschuldung also weit zurückgekommen, daß in ihnen die Bosheit der Sünde und des Lasters die Oberhand gewonnen hat! Man findet Menschen, gleichfalls auch in den untersten Ständen, welche mehr den Bestien als den Menschen gleichen, welche leichtfertiger sind als die Pferde, gefräßiger als die Bären, zorniger als die Schlangen, reißender als die Wölfe, arglistiger als die Füchse, unreiner als die Schweine. (Locus amplif.) Neben diesen aber existiren auch fromme Seelen und oftmals in Ständen, wo man sie nicht erwartet hätte. Hievon zeugt der schöne, gottselige Tod der Verlebten, der ihrem Leben die Krone aufsetzte. Sie gedachte nur an ihre Arbeit, was das Zeitliche betrifft; das Ewige anlangend gedachte sie, wie Paulus will, nur daran, Gott zu gefallen. So konnte nicht bloß die Verblichene, sondern auch der, in dessen Brode sie arbeitete, sagen: „Ich habe eine gute Seele erlangt" an ihr.

II.

Nun, Andächtige! Auch wir können diese besitzen, auch wir können leicht eine gute Seele haben und erwerben. Doch da fragt mich vielleicht so Mancher still in seinem Herzen: Wie wäre das zu ermöglichen? Wie fang' ich es wohl an, daß ich für diese geizige eine freigebige, statt der zornigen eine sanftmüthige, an die Stelle der unlauteren eine keusche Seele bekomme? — Die Antwort hierauf ist in der hl. Schrift gegründet und zwar in den zwei Wörtern: „Violenti rapiunt"; d. h. „die Gewalt anwenden, reißen es an sich" (Matth. 11, 12.), nämlich das Himmelreich und die Tugend. Also Gewalt muß der von der Erbschuld und bösen Gewohnheit her verderbten Seele angethan werden, es muß ihr vorgelegt werden das hl. Evangelium, die zehn Gebote Gottes, das Gesetz der Liebe, der Wille Gottes einerseits, und andererseits die Ruthe des erzürnten Richters, die Donner des rächenden Himmels, das Fegfeuer, der Ort der höllischen Verdammniß. So legt man ja schon einem Kinde die Ruthe und die Belohnungen so, daß es dieselben gewahren und wählen kann. Auch der Gedanke an den Tod ändert oft eine böse Seele in eine gute um, und läßt den Leib ohne Makel und Sünde. Wer die Wahrheit: Ich muß sterben, — ernsthaft in der Stille überdenkt, der wird bald frei sein von Leichtfertigkeit, Bosheit, Zorn und Rache, Habsucht und Sinnenlust u. s. w.

Sehet hin auf den hl. Hieronymus! Mein Gott, wie ist der Mann so streng gegen sich! Was thut er sich für eine Gewalt an in seiner Höhle! Wie ist sein Blick oft lange Zeit so ganz in den Anblick des Todtenschädels, der vor ihm steht, verloren! Wie heftig schlägt er seine Brust mit einem Steine! Wie feind ist er der Welt und kehrt dem Kaiser sammt seinem ganzen Hofstaate den Rücken! Wie rein ist er, wie schlägt er sich alle Gedanken aus, wie strenge fastet er und tödtet sich ab! O das ist eine gute Seele, denn sie braucht Gewalt, um das Himmelreich an sich zu reißen, sie lebt nicht, wie Millionen anderer Menschen, in den Tag hinein und genießt wornach ihr gelüstet! — —

So, Geliebte, kommt man zu einer guten Seele, einem makellosen Leibe. Wer beides noch nicht besitzt, o der nehme ja dieses Mittel zur Hand!

Ich will zwar nicht sagen: Verberget auch ihr euch in Einöden und Höhlen, nehmet Steine zur Hand, mit denen ihr euere Brust verwundet, betrachtet den ganzen Tag Todtenschädel. Aber dieß sage ich: Tödtet euch ab, lasset euerem Leibe nichts thun, was nicht recht und wider Gottes Willen ist, thut nicht Alles, wozu ihr versucht werdet und Gelegenheit habt, thut nicht Alles, was euch einfällt und wornach euch gelüstet! Wendet Gewalt an! Wir verdienen ohne Mühe und Gewalt keinen Laib Brod, wie sollten wir den Himmel so leichten Kaufes erwerben? So allein, wenn ihr Gewalt anwendet um den Himmel, wenn ihr eher — streng und scharf gegen euch seid, als zu weich, so allein wird eueren Seelen wohl sein hier und dort.

Beten wir schließlich für unsere vor Gottes Thron hingetretene Mitschwester ein andächtiges Vater unser und Ave Maria! Amen.

Am Grabe eines Dienstknechtes.

Text: „Wohlan, du guter und getreuer Knecht, ... gehe ein in die Freude deines Herrn."

Matth. 25, 21.

Eingang.

Geliebte im Herrn!

Es gibt ein altes Sprüchwort, welches lautet: „Fröhlich und wacker bauet den Acker". Dieses Wort hat sich auch in dem verlebten N. N. bewahrheitet, dem wir heute das traurige Geleite zu seiner letzten Liegerstatt geben. Er war allezeit fröhlich im Herrn, gemäß dem Worte des Apostels, nur im Herrn zu frohlocken. Und was sollte ihn traurig machen? Wenn ein gutes Gewissen nach dem Zeugnisse des weisen Mannes ein immerwährendes Gastmahl ist, so ging er alle Tage zu Gast; denn es wohnte in ihm eine unsträfliche Seele, die etwas gegen Gottes Ehre und Gebot zu thun sich nie unterstehen wollte. Es war aber der verlebte Dienstknecht auch wacker bei der Arbeit im Feld wie im Hause.

Früh' und spät schaffte er im Schweiße seines Angesichtes. Wenn er des Morgens mit Gott geredet hatte, dann gingen seine übrigen Gedanken auf die Arbeit. (Locus amplif.)

Vernehmet nun auch das Aeußere seines Lebens. (Lebenslauf, Persönliches, Ende, Alter.)

Weil nun aber die Meisten der hier Gegenwärtigen Männer derselben Arbeit sind und ihr Leben in gleichem Dienste oder doch ähnlichen Verhältnissen vollbringen, so wollen wir heute des Näheren die Arbeit betrachten und erkennen:

1) wie nothwendig sie sei für den, der selig werden will, und
2) wie heilig sie ist.

I.

Das Wörtlein: „Wohlan!" dessen sich der himmlische Hausvater in meinem Eingangs angeführten Trauertexte bedient, bedeutet eine Aufmunterung und ist soviel wie: Gutes Muths, frisch auf, du guter und getreuer Knecht! — womit denn der Herr des Knechtes Arbeit und Fleiß, als woran er seinen Gefallen habe, belobt und belohnt.

Geliebte! Um uns zum fleißigen Arbeiten aufzufrischen, brauchte es nichts mehr, als dieses göttlichen Versprechens und Lobes. Wie Mancher schwitzt den ganzen Tag um etliche Groschen; wie viel mehr müßte er sich abmühen um der ewigen Seligkeit willen! Wie schafft man nicht, um sich in diesem zeitlichen Leben gute Tage bereiten zu können; ach, und wie träge und faul ist man nicht, wo es gilt, sich das ewige Leben angenehm und süß zu machen! Wie kommt das?

Wohl daher, weil die Seligkeit ein Gut ist, das wir nicht sehen, die paar Groschen aber, die wir erwerben, mit den Händen fassen können. Daher unsere Hinlässigkeit! Wir haben nach dem, was wir nicht kennen, keine Begierde.

Und doch ist die Arbeit um der ewigen Seligkeit willen nothwendig. Rede du, o Heiland, an meiner Stelle, und wiederhole nochmals die Rügeworte, welche du zu den auf dem Markte müssig stehenden Arbeitern gesprochen hast! „Was steht ihr," riefst du ihnen zu, „was steht ihr hier den ganzen Tag müssig?" Er sagt damit: So darf es nicht bleiben, daß ihr arbeitslos dastehet! Hier auf Erden muß man allezeit beschäftiget sein, damit die Versuchungen Satans ferne bleiben. Mit Recht sagt deßhalb der hl. Geist: „Wer nicht arbeitet, soll auch nicht essen." Die Arbeit ist der Schleifstein, woran die besten Kriegshelden ihre Stärke geschärft haben.

Nicht wenige Helden, von denen die hl. Geschichte wie die Weltgeschichte erzählt, wurden vom Pfluge hinweggeholt, um den Feldherrnstab, oder die Herrscherkrone in Empfang zu nehmen. Ohne Arbeit und Handanlegen ist noch Keiner ein großer Künstler, reicher Kaufherr, wohlhabender Landwirth geworden: so nothwendig ist die Arbeit, und zwar kraft des göttlichen Gesetzes, der nach Adams Sündenfalle dem Menschen die Arbeit als eine Pflicht auferlegt hat, indeß er den Müssiggang straft, abgesehen davon, daß der Müssiggänger ein Dieb ist, der von anderer Leute Brod lebt. Es hat aber zum andern Gott auch die Seligkeit an die Arbeit dergestalt gebunden, daß kein Müssiggänger je in den Himmel eingehen wird. Warum geht der Knecht, von dem das Evangelium meines Trauertextes redet, in die ewige Freude ein? Weil er fleißig und treu war.

II.

Aber die Arbeit ist nicht blos nothwendig, nein, sie heiligt auch und ist heilig. Ja, sie macht fromme, gottselige, heilige Leute. Durch Arbeiten wurden heilig der hl. Crispinus, ein Schuster, Faustinus, ein Schneider, Dunstanus, ein Schmied, Isidorus, ein Landmann, Eulogius, ein Maurer, Wolfhardus, ein Sattler u. s. w. So haben auch die Altväter in der Wüste, nicht minder die Mönche in ihren Klöstern beständig und streng gearbeitet.

Und was sagt die hl. Schrift? „Weil du essen wirst die Arbeit deiner Hände, bist du selig und wird dir wohl sein.“ (Ps. 127, 2.) Sodann: „Jeder wird nach seiner Arbeit seinen Lohn erhalten.“ (1. Cor. 3, 8.)

Vernehmet nun auch noch, was einige hl. Väter sagen. Der hl. Ambrosius (l. 2 de Cain) schreibt: „Nicht denen, die schlafen und müssig gehen, sondern denen, die wachen und arbeiten, verspricht der Herr den Lohn.“ Und Leo (serm. de apparit.) lehrt: „Nicht die Schlafenden erlangen das Himmelreich, noch wird den Müssiggängern und Trägen die ewige Seligkeit versprochen.“

Der Grund leuchtet ein. Wenn Müssiggang der Anfang aller Laster ist, so wird die Arbeit deren Ende sein; mit Einem Worte: sie macht heilig und selig hier und dort. —

Andächtige! Ein Trost für unseren in Gott ruhenden N. N. Wir wissen ja, wie sauer er sich sein Brod hat werden lassen, wie er von Jugend auf immer gearbeitet hat, wie der Schweiß ihm nicht widrig, sondern etwas Gewöhntes war. Er kann sagen: „Von Kindesbeinen an habe ich gearbeitet.“ (Ps. 87, 16.) Kurz, er war ein guter und treuer Knecht, und so dürfen wir auch annehmen, daß er bereits eingegangen ist in die Freude seines Herrn. — —

Dieß aber will ich zum Schlusse noch Allen nach Hause geben: Wenn unsrer für das Bischen Arbeit eine so unendliche Belohnung harret, wenn die Arbeit zur Seligkeit so nothwendig ist, daß sie uns sogar heilig macht, o, so seid fleißig alle Tage euerer Welt, seid treue und gute Knechte und richtet euch nicht durch Trägheit zu Grunde. Ein stille stehender Teich geht in Fäulniß über und zerstört sich selbst: so ein nicht arbeitender Mensch. Das Eisen, das nie gebraucht wird, zerstört der Rost: das Kleid, das unbenutzt im Kasten liegt, verzehren die Motten. Also ergeht es auch den Trägen. Kann es etwas Anziehenderes, Verlockenderes, zur Arbeit Aufmunternderes geben, als die himmlische Glorie?

Darum lasset uns Hand anlegen, daß wir der Seligkeit dermaleinstens ja nicht entrathen müssen! O liebreicher Heiland, wir sagen dir Dank für das so erhebende Wort, das du gesprochen hast. Da wir indessen ohne deine Gnade nichts vermögen, so verweigere uns dieselbe zu keiner Zeit, damit wir täglich und stündlich frisch und munter bei der Arbeit seien, damit wir gerne für das tägliche Brod und für das ewige Leben arbeiten.

Schließlich lasset uns für den Abgeschiedenen noch sprechen ein andächtiges Vater unser und Ave Maria! Amen.

Am Grabe einer Dienstmagd.

Text: „Fürwahr, spricht Gottes Geist, ruhen sollen sie von ihren Mühen; ihre Werke folgen ihnen nach.“
Offenb. 14, 13.

Eingang.

Andächtige im Herrn!

Der Tod macht, wie ihr wisset, zwar allen Menschen, den Frommen wie den Gottlosen, ein Ende, doch mit dem Unterschiede, daß es mit dem Gottlosen ein grausames, trauriges Ende nimmt, indem der Böse alsdann dem Teufel, welchem er gedient hat, völlig anheimfällt, wo dann auch das Heulen und Zähneknirschen bereits hier schon beginnt, deßgleichen die Plage, welche derlei Leute im Leben Anderen bereitet; indeß der allgemeine Menschenfeind, der Tod, dem Guten gegenüber ganz anders handelt. Denen das Leben eine Prüfungsschule, ein Jammerthal, ein Ort der Vorbereitung auf den Himmel war, denen, welche ihr Brod im Schweiße ihres Angesichtes gegessen haben, ist der Tod ein Trost und eine Erquickung, ein Labsal. Ihnen kann man auf's Grab schreiben das Wort Seneka's: Ewiger Ruhehaven.

In diesen Haven der ewigen Ruhe ist denn auch vor — Tagen in einem Alter von — Jahren eingelaufen die ehr- und tugendsame Jungfrau N. N., ihres Standes eine Dienstmagd; sie starb versehen mit den den Sterbenden verordneten hl. Sakramenten. Möge sie nun in Frieden ruhen!

Ihr äußeres Leben ist bald erzählt. (Lebenslauf, Persönliches, Ende, Charakter.)

Uns aber, die wir hier am Grabe der Vollendeten uns versammelt haben, wollen wir die ernste Wahrheit vorlegen:

1) **Ein christlicher Tod macht aller Arbeit ein glückliches Ende.**
2) **Ein schlimmer, gottloser Tod macht allem Elend einen Anfang ohne Ende.**

I.

Ein alter, von der Last der Arbeit niedergebeugter Mann rief einst den Tod herbei: O Tod, komme doch und mache diesem armseligen Leben ein Ende; ich kann die Last nicht länger mehr tragen! Der Tod erhörte ihn, kam und wollte ihn von der Last für immer befreien. Da änderte plötzlich der Alte seinen Sinn und bat um Aufschub: Gern will ich ja noch länger die schwere Bürde tragen und arbeiten bis zum Schweiß und zur Entkräftung. —

Fabel oder nicht, — in tausend Krankenfällen wenigstens geht es gleichmäßig, auch selbst den betagten Leuten. Wer zuvor den Tod herbeigesehnt und herangerufen hat, der bereut, wenn er sich einstellt, seinen Wunsch und seine Einladung und will nicht sterben. Warum das? Ach, sagt man, das Leben ist so süß, so süß!

Ach, Geliebte, kann ein Christ so reden? Hat man denn keinen Glauben an die Unsterblichkeit der Seele, an die Auferstehung des Fleisches, an die Süßigkeit des ewigen Lebens?

O spreche, und ist er auch von Wonnen erdrückt, doch ja Niemand so; sei ein Jeder in sein Schicksal ergeben, und halte man den Tod nicht für das Entsetzlichste, was es gibt. Schon Sophokles sagt: „Der letzte Arzt der Krankheiten ist der Tod“: er heilet sie alle dergestalt von Grund aus, daß keine Spur von ihnen mehr übrig bleibt, wenn anders der Sterbende als Christ — seine Schuldigkeit gethan hat. Deßhalb sagt schon ein alter heidnischer Dichter: „Es ist kein Leben, das nicht voll wäre von Uebeln, Schäden, Krankheiten und Peinen. Diesen großen Uebeln hilft der Tod ab, wie ein Arzt, und bringt die Schlafenden zur Ruhe.“ — Von Aussprüchen dieser Art sind die Bücher voll. Diejenigen nun aber, welche christlich arbeiten, welche sich redlich abmühen, erreichen mit Sicherheit ihr Ziel, die ewige Glückseligkeit. So sagt schon Job: „Dort ruhen sie, die ihre Kraft erschöpft haben.“ (3, 17.) Und wie kann es anders sein? Die Arbeit ist heilig, sie hütet vor bösen Gedanken, Gesellschaften, Werken; sie tödtet den Leib ab, indeß nur der Verzärtelte, der Weichling, der Ueppiglebende, der Müssiggänger dem wilden unbändigen Pferde gleicht. So sind die arbeitsamen Leute in der Regel auf Erden auch die frömmsten, indem sie das verrichten, wozu sie Gott erschaffen hat, indem sie es aus guter Meinung Gott zu Ehren thun und weil es ihr Beruf ist, endlich indem sie im Uebrigen ein von schweren Sünden freies, gottseliges, einfach christliches Leben führen, Gott stäts vor Augen haben und ihm für Alles danken. — So that auch die verlebte N. N. und ging Vielen, die vornehmer und gelehrter waren, als sie, mit einem guten Beispiele voran, wie sie selbst wiederum den beiden hl. Jungfrauen Zita und Nothburga nacheiferte, welche gleich ihr im Leben Dienstboten waren. Aber nun ruhen sie von Arbeit erschöpft dort im ewigen Leben von ihren Mühen aus, ein christlicher Tod hat dem Allen ein glückseliges Ende gemacht. Ruhet denn, ihr arbeitsamen Hände, ruhe du vielmals gebogener Rücken, ruhe du fleißige und treue Magd! Bei der allgemeinen Auferstehung sehen wir uns wieder! Wohl dir!

II.

Nicht also ihr Müssiggänger, ihr Gassentreter, ihr Weichlinge der Welt! Denen, die Gott die Tage abstehlen, wird es anders ergehen, wenn ihr letzter Tag wird gekommen sein. Was werden diese Leute sagen können? Nun höre ich auf, mich mit den Lastern herumzuschlagen, ich höre auf, zu fluchen, zu lästern, Zoten zu reißen und mich im Kothe der Sünden herumzuwälzen; ich höre auf, Andere zu verachten, zu verleumden, zu hassen, zu beschädigen. Ich höre auf, weil ich muß, weil ich nicht mehr kann; aber was beginnt nun? Ach, das Elend der Seele fängt jetzt erst an! Nun werde ich den Lohn empfangen von meinen Werken, die mir alle, alle nachfolgen. Wehe mir! Wo werde ich wohnen mit meinen Bosheiten?

Andächtige! Ich will es kurz sagen, wo er wohnen und bleiben wird, der also gottlos endet. Die Hölle wird sein Haus, der Teufel sein Nachbar sein. Sein Bett wird sein das ewige Feuer, seine Speise, sein Trank — Pech und Schwefel und wenn noch etwas Schlimmeres erdacht werden kann, auch dieses noch; denn wir können uns von den Peinen der Verdammten keinen Begriff machen, noch dieselben beschreiben, jede Vorstellung bleibt hinter der entsetzlichen Wirklichkeit zurück. Wahrlich, ein schlimmer Tod ist alles Elends Anfang ohne Ende! — —

Wir aber, Geliebte, wollen Gott täglich bitten, er wolle uns ein seliges Ende und ein gutes Sterbstündlein verleihen, wie wir denn auch zu diesem Zwecke die allerseligste Mutter Gottes um ihre Fürsprache angehen, betend: Hl. Maria, Mutter Gottes, bitte für uns arme Sünder jetzt und in der Stunde unseres Absterbens! —

Sodann wollen wir uns zeitlebens vorbereiten, daß ein schneller und jäher Tod uns nicht unvorbereitet treffe. Diese Vorbereitung aber besteht der Hauptsache nach in Meidung aller Gottlosigkeit, in Ausübung der christlichen Tugenden, wozu die Arbeit das beste Mittel ist.

Wer so lebet, der wird glücklich sterben, der Tod wird der Anfang seines Glückes sein.

Damit wir indessen unserer lieben und gewohnten hl. Pflicht nicht ermangeln, so lasset uns der Seele der Verstorbenen im Gebete gedenken und sprechet mit mir ein andächtiges Vater unser und Ave Maria! Amen.

Am Grabe eines Taglöhners.

Text: „Wir Alle sterben, und verschwinden wie das Wasser am Boden.“ 2. Kön. 14, 14.

Eingang.

Andächtige!

Diese Trauerworte meines Vorspruches hat der kluge Joab der Thekuitin in den Mund gelegt, da sie zum Könige reden sollte. Sie konnte nichts Wahreres hervorbringen; denn wo kann Einer sagen: Ich sterbe nicht! Hat doch der Sohn Gottes selbst unserer Sünden halben sterben müssen. Ja, wie das Wasser zerrinnt und verschwindet, schnell, wie über die Erde, hinwegfließt und entweder sich ins Meer ergießt, oder im Boden versickert, also geht auch der Mensch über die Erde hin, und macht, indem seine Seele das Meer der Ewigkeit, seinen Leib aber die Erde aufnimmt, Andern Platz. Wie das Wasser seiner Natur nach, dem Feuer völlig ungleich, nach der Tiefe eilt, so zieht es den Menschen in die Gruft.

Auch der verlebte N. N. mußte dieses erfahren. So nothwendig er den Seinigen war, nichts half es, er mußte sterben. (Lebenslauf, Persönliches, Ende, Alter.)

Ein Doppeltes nun wollen wir bei dieser Gelegenheit näher betrachten, nämlich:

1) die Nothwendigkeit des Sterbens, und
2) die Liederlichkeit des übel Sterbens.

I.

Sterben und wie das Wasser über die Erde rinnen ist eine Nothwendigkeit. Den natürlichen Ursachen nach kann es wohl auch gar nicht anders sein, und gar oft rühret der Tod von Dingen her, von denen wir glauben, daß sie uns das Leben fristen. Die Elemente nennt deßhalb Ambrosius sehr bezeichnend die vier Todtenträger, von denen wir zu Grabe gebracht werden. Die Luft ist dazu da, daß wir sie schöpfen und athmen; allein wie oft, wie oft ziehen wir mit der Luft den Tod ein! Ist die Luft zu dick, so erstickt sie uns, ist sie zu fein, so macht sie uns schwinden, ist sie unrein und verfälscht, so wirkt sie gleichfalls tödtlich. Deßgleichen die Winde. Der Ost bringt oft Gicht und Catarrh, der West verursacht Seitenschmerz und Entzündungen, der Nord Schwindsucht, der Süd Schlaganfälle, Schwindel, abgesehen davon, daß diese Winde nicht selten Seuchen und Krankheiten in's Land hereinbringen oder Verderben erzeugende Stürme verursachen. Das Wasser streitet nicht weniger gegen den Menschen, und hat schon einmal das ganze Menschengeschlecht verschlungen bis auf Noe und seine Angehörigen. Was soll ich dann von der Erde sagen? Zwar trägt und ernährt sie uns, aber sie bringt auch Gifte aller Art hervor, die den Menschen tödten. Wie verheerend das Feuer auftritt, wie feindselig es gegen den Menschen gesinnt ist, wißt ihr Alle, so daß es einer breiteren Darlegung nicht bedarf. Täglich nehmen wir wahr, wie das Feuer, was es auch ergreift, verheert und verzehrt.

Zu diesen Feinden kommt noch Speise und Trank, uns zur Erhaltung gegeben; es genügt indessen oft ein Bissen, ein Trunk, und wir haben uns den Tod hineingegessen oder getrunken. Durch einen Bissen (Apfel) ist ja auch der Tod in die Welt gekommen. Eine Weinbeere reichte hin, den Dichter Anakreon zu tödten. Ein Stück Käß den Antonius. Pompejus starb an einer Feige. Herzog Melchior von Braunschweig am Genusse von etlichen Erdbeeren u. s. w. Wie Viele sodann gehen durch Unmaß in Speise und Trank zu Grunde? Ertrinken nicht mehr im Wein als im Wasser? Sterben ist sonach eine Nothwendigkeit! Es geschehe frühe oder spät, einmal muß es doch sein.

II.

Aber das ist eine Liederlichkeit, besonders an Christen, denen es an einem Erlöser, an Gnadenmitteln, Lehre und Antrieb nicht fehlt, — in der Ungnade Gottes, d. h. übel sterben! Das ist eine Liederlichkeit, sein Leben versaufen, sein Leben verbuhlen, seine Seele vernachlässigen bis an's Ende und ohne Buße zu sterben und ewig zu verderben.

Warum, Andächtige? Welche derlei Verblendete eine Sache versäumen, welche die allerwichtigste im Leben ist; sie verderben Leib und Seele und verscherzen die ewige Seligkeit, an der ihnen doch mit Recht sollte Alles gelegen sein, wegen einer augenblicklichen, zweifelhaften und höchst verdächtigen Freude. Ihren Leib verstoßen sie in die Hölle, ihre Seele überantworten sie der Gesellschaft der Teufel, ihre Seligkeit verspielen und verhärten und verstocken ihr Herz gegen Gott gleich Antiochus, Saul oder Judas. Möge sich ein Jeder hüten, daß er nicht in die Rotte derjenigen gerathe, die so übel, so liederlich sterben.

Ihr habt einen Spiegel christlicher Aufführung an dem verlebten N. N., an dem man ernste Gottseligkeit und ungefälschte Frömmigkeit verspürte, der darauf bedacht war, Gott in seinem Thun und Lassen zu gefallen. (Näheres, das hervorzuheben wäre.)

Ein solches Leben krönte ein sanfter Tod, und ist seinen Hinterbliebenen durch den Tod des Theuern auch wehe geschehen, ihm selbst ist wohl, und dieses sei unser Trost: er erfreut sich der ewigen Anschauung Gottes und ruhet aus von seinen Mühen; da er im Herrn entschlafen, ruhet er auch im Herrn. — —

Nachdem wir, Geliebte, abermals betrachtet haben, daß es auf dieser Erde keinen festen Bestand für uns gebe, daß Luft, Wasser, Feuer und Erde, Wind und Wetter, Speise und Trank, daß alle Elemente uns vielfach feindlich sind und unsern Tod endlich naturnothwendig herbeiführen, daß wir mit der Erbsünde und diesem sterblichen Leibe unsere Auflösung schon in uns selbst herumtragen, so sei von uns ferne jener Leichtsinn, jene Liederlichkeit, die sich nicht daran kehrt, wie man sterbe; übergeben wir nicht um einer Bagatellsache willen unsere Seele dem bösen Feinde; suchen wir gut zu sterben! Nichts hat jenen König mehr geschmerzt, als daß er um einen Trunk Wasser, da er durstig war, sein ganzes Königreich hingegeben hatte: O, rief er aus, welcher Thorheit habe ich mich schuldig gemacht, daß ich um einen Trunk Wasser ein so schönes Königreich herzugeben mich herbeigelassen habe!

Eine gleiche Sprache werden führen alle leichtsinnigen und liederlichen Christen beim Eingange in die Ewigkeit. O unsterblicher Gott! werden sie jammern, welche unverzeihliche Liederlichkeit haben wir begangen, daß wir um eine augenblickliche, sündige Lust unsere Seele und Seligkeit verloren haben und zwar unwiederbringlich!

Noch ist es Zeit! Noch rinnet das nach dem Ozean der Ewigkeit laufende Wasser, noch wohnet die Seele in unserem Leibe; so lasset uns denn jetzt unsere Sünden beweinen und die Folgezeit besser und gewissenhafter anwenden — d. h. zu unserem Heile!

Den in Gott verstorbenen N. N. aber wollen wir schließlich Gott anempfehlen mit einem gläubigen Vater unser und Ave Maria. Amen.

Am Grabe einer Taglöhnerin.

Text: „Der Arbeiter ist seines Lohnes werth."
1. Timoth. 5, 18.

Eingang.

Andächtige!

Wie lieb unserem Heilande die Arbeit sei, das hat er in seinem Leben vielmals gezeigt und in seinem hl. Evangelium wiederholt ausgesprochen, besonders da, wo er sich oder seinen Vater mit jenem Manne vergleicht, der da zu unterschiedlichen Stunden auf den Markt gegangen ist, um Arbeiter oder Taglöhner für seinen Weinberg zu bestellen. Was er immer müssig und ohne Geschäft antraf, mußte fort in seinen Weingarten und an die Arbeit. „Geht auch ihr in meinen Weinberg; ich will euch geben, was recht ist", ruft er mehrmals des Tages den Leuten zu.

Unsere in Gott ruhende N. N. verdiente ihr Brod im Taglohne. Von Jugend auf war sie der Arbeit gewohnt und kein Stündlein blieb sie müssig, wo sie es etwa nicht sein sollte. Ein hartes Brod, als Tagwerker sich durch's Leben zu schlagen, aber ein unschuldiges Leben und die rechte Weise den Himmel zu gewinnen. Die Vollendete genoß dieses harte Brod: sie arbeitete von der Morgenröthe an bis der Abendstern blinkte. Möge sie nun auch den Himmel genießen.

Ueber ihr Leben läßt sich nur weniges sagen. (Lebenslauf, Besonderes, Ende, Alter, Lobenswerthes an der Verstorbenen.)

Zu unserem Troste aber wie zu unserer Erbauung wollen wir heute das bekannte Sprüchwort betrachten:

1) Arbeitsame Leute — fromme Leute.

2) Müssiggänger — Satanskinder.

I.

Ich halte es für unnöthig, zu schildern, was für ein thätiges, arbeitsvolles, allwärts wirkendes Leben Christus der Herr geführt habe, der Welt zum Beispiel, wie heilig, wie nothwendig die Arbeit einem Jeden sei. Denn — arbeitsame Leute — fromme Leute.

Von jener Stunde an, als Adam, unser erster Vater, die Hacke zur Hand nehmen und mit Disteln und Dörnern zu kämpfen hatte, und Eva angewiesen war, ihm bei der Arbeit zu helfen, von jener Zeit an lesen wir nichts mehr Tadelnswerthes von ihnen, ja sie sind gerade von jener Stunde an heilig geworden. Sie hatten keine Ursache mehr zur Hoffart, denn sie sahen, wie sie ihr Brod im Schweiße ihres Angesichtes sich gewinnen mußten. In der Arbeit lobten und dankten sie Gott, denn sie lernten die Gaben Gottes schätzen, insbesondere die der Gesundheit. Sie beteten, denn sie bedurften des himmlischen Segens für Kinder, Gesinde, Vieh und Feld. — Also machte es auch Noe, der so viele Jahre an der Arche beschäftigt war; deßgleichen Job, der ein so großes Hauswesen unter sich hatte, deßhalb sagt er auch: „Der Mensch wird zur Arbeit geboren, wie der Vogel zum Fluge." (5, 7.) Seit Gott die Erde verflucht hat, müssen wir arbeiten.

Wie nämlich durch die Sünde die Arbeit in die Welt gekommen ist, so ist auch die Arbeit wider die Sünde, d. h. als Mittel gegen die Sünde, in die Welt gekommen. Arbeit hält wie nicht leicht ein zweites Ding von der Sünde ab. Wie gottselig waren nicht die Israeliten zu der Zeit, da sie in Aegypten sich mit Ziegelbrennen abgeben mußten! Noch frömmer wurden sie, als ihre Arbeit verdoppelt wurde. O wie beteten sie da, wie sorgsam enthielten sie sich von aller Sünde, wie demüthig waren sie, wie mäßig im Essen! Da dieß später anders wurde, wurden auch sie anders. Als das Manna sie nur auflesen durften, als sie die Wachteln mit den Händen fingen, als Gott sie reichlich ernährte, wie ein Vater sein Kind, ohne daß es arbeitet, da sangen sie ein anderes Lied, vergaßen Gottes und machten sich Götzen. Arbeitsame Leute — fromme Leute!

So lange Eulogius im Steinbruche arbeitete, führte er ein heiligmäßiges Leben, betete gerne, fastete streng, kleidete sich demüthig, beherbergte die Einsiedler und armen Wandersleute u. s. w. Kaum aber hatte er ein besseres d. h. weichlicheres Loos erhalten und war an den kaiserlichen Hof und in die vornehmsten Aemter gekommen, als er auch schon ein Sklave der Sünde wurde. Da traf ihn Gottes Verhängniß zur Strafe seiner Unbeständigkeit; er war gezwungen, wiederum in den Steinbrüchen zu arbeiten. Da nun fing er wiederum an, ein rechter Christ zu sein und führte ein heiliges, bußfertiges Leben wie vor seiner Erhöhung. Arbeitsame Leute — fromme Leute! zumal, wenn sie ihre Arbeit Gott aufopfern, wie unsere Verlebte that. (Locus amplif.) Daher der Vers:

„Hebet die Trägheit auf, ihr vernichtet den Bogen der Sünde."

II.

Wie indessen die Arbeitsamen zum Bösen keine Zeit noch Lust, sondern Gott vor Augen haben, so thun die Arbeitsscheuen, die Müssiggänger das gerade Gegentheil. Sie sind ehrgeizig und hoffärtig, stolz und eitel, ergeben dem Fraß, der Völlerei, dem Zorn wie dem Neide, sie sind sinnlich und verbuhlt und voller bösen Gedanken und Wünsche. Sie wetzen ihre ehrenrührige Zunge an dem guten Namen anderer Leute, so daß der weise Mann Recht hat, wenn er sagt: „Der Müssiggang hat schon gar sehr viel Bosheit gestiftet." (Sir. 33, 29.) Der Müssiggang hat gestiftet den Fall des Adam, den Todtschlag des Kain, die Unzucht zu Zeiten der Sündfluth, wie zur Zeit des Loth in Sodoma, den Ehebruch des David, die Thorheit und Abgötterei des Salomon, die Entkräftung Simsons u. s. w. — Auch heutzutage verhält sich dieses so. Wir gewahren dieses an fast allen Ständen. Betrachtet den Bürger, den Bauern, den Soldaten, den Gesellen, den Studenden, die Mägde. O wie fromm ist man da nicht die Woche über, so lange man arbeiten muß; kaum ist indessen der Ruhetag angebrochen, der hehre Sonntag, was geschieht? Der Böse ist alsdann wie seiner Ketten los. Betrachtet das Leben der Leute an den Sonntagen, ihr werdet mir Beifall geben. (Locus amplif.) Man sieht so recht, der Teufel ist los. Müssige Leute — Satanskinder!

Dieß habe ich bei Gelegenheit dieser Grabrede darlegen wollen: wie heilig und heilsam die Arbeit sei, und welch' reichen Schatz von Verdiensten sich die verlebte N. N. durch ihre Arbeitsamkeit angeeignet hat, zu der denn nun auch Gott wohl bereits gesagt haben wird: Ruhe aus von deinen Mühen!

Welche Freude wird nicht da die Brust der Dahingeschiedenen durchzogen haben, als der ewige Richter als Belohner und Vergelter ihr entgegengegangen ist! Wie wird sie ausgerufen haben mit David: „Lasset uns freudig hineingehen in das Haus des Herrn!" (Ps. 121, 1.) Ich habe verlassen eine schlechte, arme Hütte, und siehe da, nun hab' ich den stolzesten Palast, desgleichen keine Menschenhand zu erbauen vermag! Ich habe verlassen die Erde, und siehe da, nun hab' ich den Himmel! Das ist der Lohn der Arbeit, welche fromm macht. — —

Andächtige Zuhörer! Also macht es Gott mit seinen Arbeitern und Dienern. Seid darum unverdrossen bei der Arbeit, Gott, der aus einem Körnlein deren hundert erweckt, wird die Arbeit uns tausendfältig belohnen. —

Und nun lasset uns schließen und für die Seele der Verewigten beten ein andächtiges Vater unser und Ave Maria! Amen.

Am Grabe eines Soldaten.

Text: „Seid stark im Streite und kämpfet mit der alten Schlange."

Eingang.

Andächtige!

Es war noch im Heidenthume, da lebte ein Fürst, der während der Darbringung des Opfers die Trauerkunde von dem Tode seines Sohnes vernahm. Sofort legte er die Krone ab und wollte anfangen zu trauern. Als er aber weiter im Verlaufe des Berichtes vernahm, sein Sohn sei wie ein Held fechtend im Kampfe gefallen, da setzte er freudig und stolz seine Krone wieder auf, als wollte er sagen: Nun bin ich fröhlich und getröstet, da ich höre, wie mein Sohn durch solch' heldenmüthiges Streiten sich einen ewigen Namen und Ruhm erworben hat. Fort mit der Traurigkeit, dieß Einzige genügt, mich zu trösten und freudig zu stimmen.

Andächtige! Ein recht heidnischer Trost dieß! Ganz gut konnte dieser im Kriege gefallene Held in die Hölle gestürzt worden sein, und dennoch frohlockt und tröstet sich der Vater mit dem unsterblichen Namen seines Sohnes.

Mit viel besserem Rechte kann ich heute zu den betrübten Aeltern, Verwandten und Freunden dieses in Gott verstorbenen Soldaten N. N. sagen: Lasset ab von der Traurigkeit! Getrost, sein Name ist eingeschrieben im Buche des Lebens, seine Seele triumphirt jetzt bei Gott; denn er ist nicht nur mit einer wahrhaften Bußgesinnung aus dieser Welt geschieden, er ist auch vom Schlachtfelde dieser Erde abgetreten mit christlicher Standhaftigkeit und wie ein Held, muthig kämpfend wider alle Seelenfeinde.

Ich sage deßhalb:

1) **Ein tapferer Streiter Christi muß niemals betrauert werden.**
2) **Nur ein zaghafter und dem Feinde weichender Christ ist beweinenswerth.**

I.

Jederzeit hat mir der Heldenmuth Abrahams gefallen und ich konnte ihm nie meine Bewunderung versagen, wenn ich las, wie er trockenen Auges mit gläubigem Herzen, wie es ihm als Vater der Gläubigen geziemte, hinausging, seinen Sohn Isaak, wie Gott befohlen hatte, auf dem Berge zu opfern. Wie, Abraham? das ist gegen die Natur, nicht weinen in einem Augenblicke, wo man seinen einzigen Sohn verlieren soll! Lämmer schlachten und sie Gott opfern, das läßt sich wohl thun ohne Herzensbewegung. Aber Kinder opfern, das schneidet in die Seele. Nein, Andächtige! Abraham gibt kein Zeichen der Traurigkeit, er schreitet heldenmüthig bergan, zückt das Schwert, dem Geheiße Gottes gehorsam. Eine Heldenthat des Glaubens, der Hoffnung und der Liebe, woraus ihm nachher aller Segen zugewachsen ist.

Nun, Andächtige! Zu jener Zeit war der Himmel noch verschlossen und die Gerechtesten mußten bis zur Ankunft Christi in der Vorhölle wohnen, wo sie der göttlichen Anschauung entbehren mußten. Gleichwohl trauerten diese Altväter nicht über das Sterben, wie wir dieses auch aus der Geschichte und aus dem Benehmen des geduldigen Job entnehmen, der den Tod seiner zehn Kinder mit einer Gelassenheit und Ergebung in Gottes Willen ertrug, daß man sich über diese Ruhe entsetzen muß.

Nun zu uns, Geliebteste! Was trauern wir über den Tod eines braven Soldaten, eines muthigen und tapfern Kriegers, eines Streiters, der in dem Kriege gegen die Welt, das Fleisch und Satan sich so heldenmäßig gehalten hat?

(Lebensabriß, Ende, Alter, Charakter, Tugenden, Spezielles.)

Das heißt stark sein im Kriege, das heißt fechten gegen die alte Schlange. Der Verlebte hat sich selbst besiegt. Dieses aber ist die größte That; deßhalb sagt schon Horaz:

„Stärker, als der da bestürmt die so mächtigen Mauern der Städte,
Ist, wer selbst sich besiegt."

Und ein anderer Dichter erklärt:

„Tapfer ist der Löwensieger,
Tapfer ist der Weltbezwinger,
Tapfrer, wer sich selbst bezwang."

Was wollen wir dann traurig sein über den Hintritt eines Helden, der nun mit den Heiligen im Himmel ruft: Frisch auf, der Sieg ist unser! Fleisch, Welt, Satan, Hölle, Alles ist überwunden!

Die Israeliten hielten über einen Todten sieben Tage mit Trauer an. Den Moses und Aaron beweinte das Volk dreißig Tage, den Patriarchen Jakob siebenzig Tage lang. Wir lassen ihnen dieses Trauern und Leidtragen wegen des verschlossenen Himmels vor der Ankunft Christi, da auch den Besten die Vorhölle als Aufenthalt angewiesen ward. Heutzutage, Andächtige, steht der Himmel offen, so daß jeder Streiter und Soldat Christi, welcher tapfer gefochten hat für die Ehre Gottes und sein eigenes Heil, gerade hineingehen kann. Auf die streitende Kirche folgt für den wahren Christen die triumphirende. —

Trauern wir also nicht über einen Helden, der nicht nur seinen Namen, sondern auch seine Seele — glorreich verewigt hat!

II.

Nur über den Weichling, den Feigen, über die bangen und zaghaften Leute muß man trauern; die allein sind bemitleidens- und beweinenswerth, welche dem Teufel niemals die Stirne geboten, welche in den Zeiten der Versuchung und Anfechtung Wälle, Mauern, die ganze Vestung, ihr Herz selbst dem Feinde übergeben, Gott verrathen und sich zu Sklaven Satans ohne Schwertstreich gemacht haben.

Ja, wer liederlich seine Seele verspielt oder verkauft, der allein ist der Thränen werth; denn der Weichling wird das Himmelreich nicht besitzen.

Warum aber Jenen betrauern, der die Palme in der Hand und den Lorbeerkranz auf dem Haupte trägt?

O welch ein Mitleid dagegen habe ich mit jenen Unglücklichen, jenen Memmen, welche aus eigener Feigheit und Schwäche dem bereits geschlagenen und besiegten Höllenfeinde auf den ersten Anlauf hin so schnöd und erbärmlich das Feld räumen! O wie sind sie beweinenswürdig, nachdem ihnen Christus Mittel genug, Waffen genug an die Hand gegeben, brave Soldaten und Streiter Gottes zu sein! O wie so herrlich hat uns Christus ausgerüstet, um den Kampf aufnehmen und glorreich beenden zu können! (Locus amplif.)

Und was führt man gewöhnlich für eine Entschuldigung seiner Feigheit an! Man sagt, der Mensch ist ein schwaches Geschöpf, ein dünnes, zerbrechliches Gefäß; wer kann so vielen Gelegenheiten, Gefahren und Anfällen widerstehen? Und doch, Andächtige, können wir es! Nicht zwar aus eigenen Kräften, wohl aber durch Jesus, unseren Herrn. „Alles kann ich durch den, der mich stärkt", sagt der Völkerapostel Paulus. (Phil. 4. 13.)

Viele Menschen indessen wollen nicht kämpfen und ringen, sondern auf der Bärenhaut liegen, ruhen, ihr Fleisch pflegen, sich verzärteln und gute Tage haben. Auf diese Art jedoch werden sie niemals das himmlische Sion einnehmen, welches Gewalt erleidet und nur von Jenen erobert wird, die Gewalt brauchen.

Betrachtet euch einmal die Soldaten, die eine Stadt belagern. Wie fleißig schanzen sie, wie arbeiten sie in den Laufgräben, wie hart schlafen sie auf dem Boden, in Hitze und Kälte wohnen sie im Freien, ihren Hunger stillen sie mit trockenem Brode, ihren Durst mit faulem Wasser. Welche Strapazen für ihren Leib! Und doch thun sie es ohne Murren und gerne. Warum? Die Hoffnung des Sieges, die Belohnung des Königs u. dergl. macht ihnen Muth, verleiht ihnen Kraft und Ausdauer. Wie nun, ist der nicht ein erbärmlicher Feigling, der vor derlei Mühen und Kämpfen zurückbebt, wo Gott selbst sagt, Er wolle sein übergroßer Lohn sein? Welcher Triumph geht über diesen noch? — —

Andächtige! Machen wir uns des Namens eines christlichen Soldaten und eines Mitgliedes der streitenden Kirche werth! „Seid stark im Krieg und kämpfet mit der alten Schlange!"

Für den Dahingeschiedenen aber bitte ich um euer frommes Andenken und Gebet! Vater unser.... Ave Maria.... Amen.

Am Grabe eines im Kampf gefallenen Soldaten.

Text: „Kriegsdienst ist des Menschen Leben."
Job 7, 1.

Eingang.

Andächtige!

So vergeht die Welt, so entflieht das Leben! Wir stehen am Grabe eines Mannes, der in der Blüthe seiner Jahre vom Tode dahingerafft wurde. Noch kurz zuvor gesund wie wir, liegt er jetzt nach so wenigen Stunden auf der Bahre, gewaltsam geknickt, abgemäht wie eine Blume während der großen Ernte. (Lebenslauf, Ende, Alter, Charakter, Lobenswerthes, Spezielles.) Er ist für's Vaterland gestorben als ein Held im Kampfe gegen den Feind; der schönste Tod eines wackeren Soldaten; sagt ja schon ein alter heidnischer Schriftsteller: „Süß ist es, für das Vaterland zu sterben."

Aber auch als Streiter Christi hat er seine Schuldigkeit gethan, und Streiter ist ein jeder Mensch auf Erden, wie das Job bereits ausgesprochen hat in den Worten: „Kriegsdienst ist des Menschen Leben." Es will der hl. Dulder damit sagen: Wie es im Kriege allezeit neue Unruhe gibt, Märsche und Gegenmärsche, Glück und Unglück, Armseligkeit und Mangel, Sieg, Verlust und andere Zufälle, also auch im menschlichen Leben, das ein Krieg all' denen ist, welche Gott rechtschaffen dienen wollen, indem sie zeitlebens kämpfen müssen mit der gefährlichen Welt, dem listigen Satan und sogar wider sich selbst. Schon mit der Geburt beginnt der Krieg, Leib und Seele selbst, die uns gegeben worden für das Leben, bekriegen sich, indem der Leib sich auflehnt gegen die Seele und die Seele gegen den Leib. Sieget nun, spricht Gott, die Seele, so wirst du gekrönt, wird dagegen der Leib Meister, alsdann wirst du weggeführt in die ewige Sklaverei.

Doch lasset uns diese Wahrheit wegen ihrer Wichtigkeit noch etwas länger betrachten! Ich sage:

1) **Im Leben ist ein immerwährender geistlicher Krieg.**
2) **Haben wir aber mit dem Apostel Paulus gesiegt, alsdann werden wir aus der streitenden in die triumphirende Kirche befördert werden.**

I.

Der Krieg ist ein Getöse der Waffen, eine Schule der Tapferkeit, ein Turnier der Pferde, ein Glitzern der Degen, ein Feuern der Flinten, eine Schaubühne der Soldaten, eine Marterbank der Lebendigen, ein Blutbad der Erschlagenen. Fraget den Urias, was der Krieg sei, er wird euch sagen: Ich habe es erfahren, was er ist, als ich an die Spitze des Heeres gestellt mein Leben einbüßte. Fraget Andere, sie werden euch sagen, was der Krieger ist, nämlich ein Mann, der stäts sein Todtengewand auf dem Leibe trägt.

Eben dieser Ursachen wegen ist auch das menschliche Leben ein Krieg. Wie in der Kriegsschule die Soldaten bald links, bald rechts, bald vor, bald zurück marschieren müssen, so wandert auch der Mensch bald nach Nord, bald nach Süd, nach Ost und West, ohne je an einen Ort zu gelangen, wo man sagen kann: hier ist kein Verdruß, keine Unruhe und Armseligkeit, kein Streit und Kampf mehr; überall bekriegen und verfolgen uns unsere Freunde und sind die unsichtbaren Seelenfeinde die ärgsten und gefährlichsten.

Nur vom Himmel kann man sagen: hier ist Ruhe und Frieden ohne Verdruß und Krieg. Darum heißt auch die Kirche auf Erden die streitende, jene dagegen im Himmel die triumphirende. In der streitenden muß man mit den Waffen des Christen, also mit Gebet, Buße und Gebrauch der hl. Sakramente, sowie durch Haltung der Gebote den Himmel bestürmen und einnehmen, denn nur er bereitet uns feste Sitze. Dort nun wohnen die Heiligen, welche bereits obgesiegt haben und denen das Feld geblieben ist.

Andächtige! Ich gebe mich der Hoffnung hin, daß auch der Verewigte hier unter jenen Obsiegern sein wird, zumal wenn ich seinen Lebenslauf betrachte. Er war ein braver Soldat seines Fürsten, aber ein noch besserer Soldat Jesu Christi im geistlichen Kampfe. Das Leben eines Mönches konnte er natürlich in seinem Stande nicht führen, wohl aber das eines Christen, und den allgemeinen Pflichten eines Christen, die jeder erfüllen muß, kam er so treu nach wie den besonderen seines Standes. (Näheres.)

II.

Wenn nun aber das Leben ein beständiger geistlicher Krieg ist mit den Feinden unserer Seele und unseres Heiles, so fragt sich weiter, was denn jene, welche obsiegen werden in diesem Kampfe, für einen Lohn dafür empfangen. Entnehmen wir die Antwort hierauf den Worten des Apostels Paulus, die er an Timotheus richtet. Er sagt: „Ich habe den edlen Kampf gekämpft, vollendet die Laufbahn, den Glauben bewahrt. Und so harret denn nun auch mein die Krone der Gerechtigkeit." (2. Tim. 4, 7. 8.)

Unser Kampf, Geliebte, ist ein himmlischer. Wie nun der Sieger stäts das Feld behauptet, so wird auch unser Lohn sein, daß wir das Feld behaupten und erringen, dieß aber ist der Himmel, denn bei himmlischen Dingen handelt es sich um nichts Geringeres als um den Himmel.

Es ist eine bekannte Sache, daß unter den Kriegsleuten nicht bloß dem Range, sondern auch dem sittlichen Charakter nach ein gewaltiger Unterschied besteht. Gereon mit seinen Genossen, Achatius mit seinen Soldaten, Viktor mit seinen Kriegern, o das waren brave Krieger: sie schlugen die Schlachten des Herrn; sie fochten für den Glauben, für die Ehre Gottes und deßhalb hält sie auch die Kirche für heilig. Es gibt aber gottlose Kriegsleute, wie Julian, Maximin, Pharao: diese ließen nicht ab, Gott zu beleidigen, zu verfolgen, bis ihnen endlich wie dem Pharao und seinen Aegyptiern das Wasser über dem Kopfe zusammenschlug. Bei diesen heißet es allerdings in unserem Sinne nicht mehr: „Kriegsdienst ist des Menschen Leben"; sondern: Bosheit *) ist des Menschen Leben.

Doch halten wir uns von diesen Gottlosen ferne und bleiben wir bei den Guten! Welche Ehren werden nun nicht einem hl. Gereon, Achatius u. A. zu Theil! In den Litaneien ersucht man sie um ihre Fürsprache bei Gott, ihre Reliquien werden von den Gläubigen verehrt, man feiert ihre Feste, rühmt sie auf den Kanzeln der Kirche und stellt sie der Welt, besonders ihren Standesgenossen als leuchtende Beispiele auf. Kurz, man hält sie im Andenken alle Zeit, weil sie christliche Helden waren, denn nichts als die Tugend ist unsterblich.

Das ist der Lohn der Streiter Christi, im Himmel die ewige Krone, auf Erden ihr ruhmvolles Gedächtniß. — —

Wenn dem also ist, Andächtige, wenn das menschliche Leben ein Krieg ist um den Himmel, so lasset uns tapfer kämpfen, denn der Kampf ist edel, kurz und gewinnreich. Wir kämpfen aber dann wohl, wenn wir die Seele allezeit Meister sein lassen über den widerspenstigen Leib, und Gottes Ehre in all' unserem Thun und Lassen suchen. Wohl werden wir kämpfen, wenn wir die Versuchungen und andere Seelenfeinde muthig

*) Das Wortspiel militia und malitia läßt sich nicht wiedergeben.

zurückschlagen, was uns verleihe Jesus Christus, unser oberster Feldherr, der Obsieger über Tod und Hölle!

Schließlich nun wollen wir den Entschlafenen Gott anempfehlen und für ihn verrichten ein andächtiges Vater unser und Ave Maria! Amen.

Am Grabe eines öffentlichen Wächters.

Text: „Selig sind die Knechte, die der Herr bei seinem Kommen wachend antrifft.“ Luk. 12, 37.

Eingang.

Andächtige!

Ein Sprüchwort sagt: Vigilantibus jura, d. h. „Den Wachsamen widerfährt Recht“; damit ist gesagt: Die Gerechtigkeit wird am besten administrirt für die, welche auf ihre Sache sorgsam Acht haben; wer bei den Gerichtshändeln schläft, die Termine verstreichen läßt, der verliert den Prozeß. Etwas dergleichen sehen wir auch in den Geschäften und Angelegenheiten unserer Seele. Wir Alle haben mit dem lieben Gott eine große Rechnung auszumachen; ist nun der Mensch saumselig und verschläft eine Frist um die andere, wird er, wenn die Zeit abgelaufen ist, unfehlbar seine Sache verloren sehen müssen.

In diesem Sinne nun spricht der Heiland: „Selig die Knechte, die der Herr bei seinem Kommen wachsam findet!“

Selig sein wollen Alle, aber wie kommt man dazu? — Andächtige, ein kurzer, aber guter Rath: Wachet! Könnte sich der Todte hier im Sarge aufrichten, auch er würde uns zurufen: Seid wachsam! Wachet, ihr Lebenden, ehe ihr mit mir in's Grab steiget und schlafen gehet; wachet gleich mir nicht nur über den Frieden und die Ruhe dieses Ortes, sondern auch eueres Herzens! Sichert nicht nur den Frieden und die Ruhe euerer Mitbürger, wie ich that, sondern auch den Frieden und die Ruhe euerer Seele! Sehet euch vor und hütet euer Kostbarstes, damit kein Unglück euch treffe unangemeldet.

Der Verlebte war geboren am — — — (Lebenslauf, Persönliches, Tugenden, Ende, Alter.)

Vernehmen wir nun am Grabe dieses Wächters:

1) **wie** und

2) **warum wir in diesem Leben wachen sollen.**

I.

Das christliche Wachen kann man nicht besser lernen als von den Wächtern der Städte, Vestungen, Häuser u. s. w. Welche Achtsamkeit ist bei diesen Leuten, welche eine Sicherheits- oder Schildwacht übernommen haben! Derlei Wachthabende trauen Niemanden, besonders zur Nachtszeit; da hört man auf allen Straßen das: Wer da? Selbst die Schafhirten haben ihren Hund bei sich, der die Heerde bewacht vor einbrechenden Wölfen zu der Zeit, da der Hirte schläft. In den Feldlagern aber wird ganz besonderer Fleiß angewendet und herrscht bei allen Regimentern und an allen Punkten die größte Wachsamkeit, damit ja kein Feind oder Spion eindringe.

Das, Andächtige, thut die Welt zur Sicherheit eines Ortes, einer Stadt, einer Vestung, eines Hauses, einer Heerde, eines Heeres. Und was thun wir zur Bewahrung unserer Seele, dieses so unendlich kostbaren Schatzes? O wie Viele verschlafen die Zeit ihres Heiles und lassen sich das Theuerste stehlen!

Die Wächter einer Stadt oder Vestung wissen auf's Genaueste darüber Rechenschaft zu geben, was im Innern, sei es nun bei Tage oder bei Nacht, sich zugetragen, dergestalt daß keine Behörde sie der Unachtsamkeit beschuldigen kann. In der Seelenwacht ist es anders und man kann uns oft hundert Unachtsamkeiten vorwerfen. Wie oft lassen wir den bösen Feind in unser Herz durch die unbewachten Thore unserer Sinne seinen Einzug nehmen! Wie oft lassen wir uns überraschen und überrumpeln von der Sünde und den Werken der Nacht!

Auch darin gleichen Viele den Wächtern nicht, daß sie fast nie zum Himmel blicken. Die Wächter einer Stadt betrachten oftmals den gestirnten Himmel, Gott in seinen erhabenen Werken und loben, preisen und verherrlichen ihn. Wer dieses aber verabsäumt, thut er etwas anderes als schlafen? Wachsamkeit ist gewiß eines solchen Christen letzte Tugend.

O ihr untreuen, ihr schläfrigen Diener! Ist etwa ein Schäflein, eine Stadt, eine Vestung mehr werth und höher zu achten und zu bewachen, als euere Seele und die ewige Seligkeit! Hat euch etwa Gott euere fünf Sinne dazu gegeben, daß ihr sie verschließet und schlafen leget! Diebe und Mörder — wachen, um stehlen, rauben, morden zu können, Menschen dagegen, die sich Kinder Gottes nennen, sie schlafen, wo ihr eigenes Heil gefährdet ist. O wie muß ich da die Braut im hohen Liede loben, welche die ganze Nacht wacht und herumgeht, nach ihrem Geliebten fragend und suchend.

Fraget ihr mich nun, wie ihr in diesem Leben wachen sollet, um unter die treuen Knechte gezählt zu werden, so antworte ich: Wachet, wie der Hirt über die Schafe, wie der Bürger über seine Stadt, wie der Soldat über seine Vestung! Wachet, wie der Kaufmann über seine Schätze, wie die Braut, welche ihren Bräutigam erwartet! Also müssen unsere Seelen auf Gott warten und wachen, wenn es heißen soll: „Selig die Knechte, die der Herr bei seiner Ankunft wachend findet!"

Der vor — Tagen in die Ewigkeit abgerufene N. N. verstand dieses Wachen meisterlich. (Locus amplif.)

II.

Doch vielleicht möchte da Einer fragen: Aber warum denn diese Wachsamkeit? Die Antwort liegt am Tage. Weil es ein Gut betrifft, welches an Werth unschätzbar, erschaffen zum Dienste Gottes, erlöst durch das kostbare Blut Jesu Christi zur ewigen Herrlichkeit berufen ist. Weil es sich hiebei um ein Gut handelt, welches, einmal verloren, in alle Ewigkeit verloren bleibt. Weil das Gut, das wir zu bewachen haben, das größte ist unter allen Schätzen dieser Welt, und Gott uns die Wacht über dasselbe anvertraut hat, indem wir einst über dessen Bewahrung und Bewachung Rechenschaft ablegen müssen. Weil das Gut, das wir zu bewachen die Pflicht haben, Gottes Ebenbild, unsere Seele ist.

Ein braver Wächter war unter anderen der Prophet Ezechiel. Von Gott auf ein Feld geführt, um daselbst genau zu beobachten, was geschehe. Und nun sah er unzählbare Todtengebeine. Und was geschah weiter? Er redete die Gebeine furchtlos an. Da fingen die Gebeine an zu leben und eines fügte sich an's andere. Sie überzogen sich jedes mit einer Haut und es wurden wiederum Menschen daraus. Ohne Zweifel hat der Prophet aus dieser Wacht einen großen Seelennutzen geschöpft. Denn nicht leicht konnte er diese Wahrnehmung machen, ohne zu denken: Wenn es sich mit dem Menschen also zuträgt, daß er von den Todten wiederum aufsteht und Fleisch und Blut annimmt, so ist es wahrlich vonnöthen, daß ich meine Seele wohl in Acht nehme, bewahre und behüte, um nicht bei der allgemeinen Auferstehung der Todten ihrer Sünden wegen gestraft zu werden. Dergleichen Wächter waren sämmtliche Heilige des alten wie des neuen Bundes. Sie wachten über sich, um nicht in Versuchung und Sünde zu fallen.

Wer hier auf Erden wacht und die Augen aufthut, der sieht und erkennt alsbald die Eitelkeit dieser Welt, des Geizes, Neides, Stolzes u. s. w. (Locus amplif.) — —

Andächtige! Seien wir wachsam und auf unserer Hut, damit wir mit dem Psalmisten sagen können: „Mein Herz ist bereit, o Gott; mein Herz ist bereit!" (Ps. 107, 2.) Seien wir versichert, nur der wird als ein treuer Wächter mit dem Himmel belohnt werden, der da im Leben gewacht hat über sich.

Dem Dahingegangenen aber lasset uns hier zur Ruhe betten und die drei Schaufeln Erde nachsenden. Für seine Ruhe aber lasset uns beten, wie er einst für unsere Ruhe so sorgfältig gewacht hat! Vater unser... Ave Maria.... Amen.

Am Grabe eines Todtengräbers.

Text: „Täglich .... erwarte ich meine Umwandlung."
Job 14, 14.

Eingang.

Andächtige!

Der so Vielen ihr letztes Ruhelager bereitet hat, der so Vielen in's Grab nachgesehen, er liegt nun selbst hier. Der Tod ist unausbleiblich, auch seine Diener verschonet er nicht. Und so möchte ich denn bei diesem Sarge ausrufen, was die Peloponeser zum Sprüchworte hatten: Machet es wie die Schnecke! Wie die Schnecke beständig ihr Haus mit sich trägt, also sollen auch wir beständig unser Haus mit uns herumtragen. Dieses Haus aber ist unser Sarg oder das Grab. Da wir nun aber auch unseren Sarg nicht mit uns herumtragen können, so müsset ihr dieses in sittlichem Verstande nehmen, und das Sprüchwort der Peloponeser: Machet es wie die Schnecke! bildlich verstehen, das heißt: Traget eueren Sarg beständig in Gedanken bei euch! Gedenket wiederholt und oft an das Grab! Dieß wird euch schützen vor den Nachstellungen Satans mehr, als ein Haus uns schützt vor den Nachstellungen eines irdischen Feindes. Diese Todesgedanken trug auch Job bei sich, was er dadurch andeutet, daß er sagt: „Täglich warte ich auf meine Umwandlung", d. h. auf meinen Tod. Wie sehr der Verewigte den Tod vor Augen hatte, geht schon aus seinem Berufe hervor. Daher denn auch sein frommes Leben. (Lebenslauf, Ende, Alter, Persönliches, Lobwürdiges.)

Und nun sage ich: Wer wie die Schnecke sein Haus, d. h. seinen Sarg stäts mit sich herum führt, oder ohne Bild: Wer täglich an den Tod denkt, der ist beschützt und gewaffnet

1) **gegen die Welt,**

2) **gegen den Satan.**

I.

Was es für ein heilsames Werk für die Seele sei, seinen Sarg in Gedanken mit sich zu führen, lehrt uns schon die hl. Schrift, welche in uns dringt: „Gedenke, o Mensch, an die letzten Dinge, so wirst du in Ewigkeit nicht sündigen". O welch' ein Vortheil! Nicht mehr sündigen! Wie leicht ist es gemacht, gedenke nur deines Endes, denke an das Grab! Der hl. Augustinus sagt deßhalb: „Der Tod erwartet dich allwärts; bist nun auch du weise, so wirst auch du ihn überall erwarten." Thöricht aber zeigt sich, wer ihn nicht erwartet, sein nicht gedenkt, der letzten Dinge gänzlich vergißt. Saget doch selbst: Ist das vernünftig gehandelt, den Augenblick, von dem eine ganze Ewigkeit abhängt, vernachlässigen, vergessen, verspielen und verscherzen? O wie nachdrücklich lehrt uns das Wort des Dulders Job: „Täglich erwarte ich meine Umwandlung", ihm hierin es nachzuthun, und keinen Tag verstreichen zu lassen, ohne an Tod und Grab gedacht zu haben! Wer an die Verwesung denkt, der streitet und kämpft wider Satan, der hält sich in den Schranken der Ehrbarkeit, Mäßigkeit, Geduld, Demuth u. s. w.

Also, Geliebte, that der verlebte N. N. Seit — Jahren wartete er seines Amtes, seit ebensolange hatte er Tod, Grab, Ewigkeit stäts vor Augen. Er sah, wie Junge und Alte starben, wie plötzlich der Tod an den Menschen herankam; er sah den Tod in allen Gestalten und Formen, und erkannte daraus die Nichtigkeit, die Eitelkeit, die Leerheit, die Unvollkommenheit dieser Welt, welche dem menschlichen Herzen zu genügen nie vermag.

Da, Geliebte, von diesem Standpunkte des Grabes aus stellt sich die Welt mit ihrer Lust in einem ganz anderen Lichte dar. Wer dem Vorhange, der dieses Schauspiel des Lebens beschließt, so nahe steht, wie der Verewigte und Alle, die den Tod stäts vor Augen haben, dem stellt sich das Lappenwerk der auftretenden Personen, die gewöhnliche Tüncherarbeit des Hintergrundes in einem anderen Lichte dar als in dem, in welchem der Fernestehende das Leben betrachtet. Wer dem Vorhange, der über das Schauspiel dieses Lebens einst fällt, d. h. dem Tode, so nahesteht wie der Verlebte hier und Alle, welche des Todes eingedenk zu sein pflegen, der läßt sich nicht einnehmen und hinreißen von Dingen, die sich dem, der weit davon steht, so anmuthig und so prachtvoll darstellen. Die Welt und ihre Versuchungen lassen ihn ohne Eindruck; mit *einem* Worte: *Wer täglich an den Tod denkt, der ist und bleibt gewaffnet gegen die Welt.*

II.

Aber auch *gegen den Teufel* bildet der Gedanke an den Tod einen Schild, an dem die Geschosse desselben machtlos abprallen. Wer den Tod keinen einzigen Tag aus seinen Gedanken läßt, gegen den vermag auch der Böse nichts auszurichten; ein solch' Gewappneter wird sich tapfer mit Satan und seinen Einflüsterungen und Räthen herumschlagen und sagen: Was willst du, feindseliger Geist, du Verderber des Menschengeschlechtes? Dein Werk ist es, daß der Tod in der Welt ist; einmal von dir beschädigt, da auch ich ob deiner Verführungskünste sterben muß, sollst du ein zweites Mal mich nicht überlisten. Sieh' her, sieh' her, diese Gräber, diese Todtengebeine, das Alles und noch viel mehr ist dein Werk; nimmermehr meinest du es mit irgend einem Wesen gut; gerade deßhalb, weil *du* mir das oder jenes anräthst, werde ich es *nicht* thun!

So, Andächtige, wird *der* mit dem Bösen sprechen, der des Todes eingedenk ist. So that auch der Verlebte. (*Spezielles.*)

Vernunft und Erfahrung lehren es uns, daß der Gedanke an den Tod den Kranken wie den Gesunden bewaffnet und befestigt gegen den Geist des Bösen. Man gehe nur hin zu den Karthäusern oder anderen Mönchen, daselbst wirst du bald auf der Thüre des Zimmers angeschrieben finden: *Gedenke an den Tod!* bald wirst du in der Zelle selbst einen Todtenkopf antreffen mit dem Spruche: *Heute mir, morgen dir!* Und sieh' nur, mein Freund, in deine beiden Hände! Dort wirst du in den Linien, welche den Teller deiner Hand durchziehen, groß und leserlich in jeder Hand ein **M** eingegraben finden, was nichts anderes bedeutet, als „**M**emento **M**ori“, d. h. „*Gedenke des Todes!*“ So hat Gott es sogar in deine Hand geschrieben, daß du es ja nicht aus den Augen verlieren möchtest. Denn der Gedanke an das Grab ist das Grab aller Sünden, das Gedächtniß des Todes ist der Tod alles Bösen, die beste Wehr und Waffe wider die *Welt* wie gegen *Satan*. — —

Andächtige! Ihr habt heute dem Manne, der so Vielen in dieser Gemeinde und aus euerer Familie sein Bette zurechtgemacht hat, die letzte Ehre erwiesen; aber der Gang hieher auf den Acker Gottes soll auch euch von Nutzen sein, indem ihr dabei an den Tod gedacht und überdieß gelernt habt, gerne und oft, ja täglich an den Tod zu denken, da dieser Gedanke so mächtig von der Sünde abhält. Wahrlich, einen großen Vortheil habt ihr dadurch kennen gelernt, vergesset nun aber auch nicht, ihn zu gebrauchen!

Für die Ruhe des Dahingeschiedenen aber, der für die Ruhe so Vieler unserer Angehörigen und Freunde Sorge getragen hat, lasset uns nun das übliche Gebet für die Todten zum Himmel emporsenden, damit der Herr gnädig sei der Seele des Verlebten, falls sie noch einige Fehler nicht hinreichend sollte abgebüßt haben. Vater unser .... Ave Maria .... Amen.

Am Grabe eines Blinden.

Text: „Haltet es, meine Brüder, für die größte Freude, wenn mancherlei Leiden euch treffen" Jak. 1, 2.

Eingang.

Geliebte im Herrn!

Das Leben unseres (unserer) so eben beerdigten Mitbruders (Mitschwester) N. N. war eine fortlaufende Kette von Leiden. Der (die) Verlebte war blind. Wahrlich ein großes Unglück für einen Menschen, Gottes herrliche Schöpfung nicht sehen zu dürfen, keinem Menschen in's Auge zu blicken, in der Welt zu sein, ohne sie zu sehen. Solch bitteres Loos ergeben und christlich zu ertragen und gleich dem Dulder Job in all' dem nicht zu sündigen, dazu gehört eine himmlische Geduld. Dem (der) Verlebten war diese Tugend zu eigen; er (sie) ertrug die Schickungen Gottes mit englischer Geduld, mit aller Ergebenheit und Freude. (Lebensgang, Spezielles, Ende, Alter, Charakter, Tugenden.) Dieß ist es, was sich sagen läßt über den (die) Verewigten (Verewigte).

Wir aber wollen von dem (der) Verlebten lernen, alle Gaben als von Gott verliehen betrachten; Gesundheit und Krankheit, Reichthum und Armuth, Krieg und Frieden, Leben und Sterben, Alles kommt von Gott, ohne dessen Wissen und Willen kein Blatt vom Baume fällt.

Wie das, was wir Glück heißen, so kommt auch das, was wir Unglück nennen, von Gott. Job erkennt in allen Heimsuchungen die Hand des Herrn und spricht dabei: „Die Hand des Herrn hat mich berührt.“ (19, 21.) Da nun aber ein Jeder aus uns sein Kreuz zu tragen hat und Niemand ohne widrige Schickung bleibt, so lasset uns heute am Sarge dieses (dieser) so geduldigen Blinden ein Doppeltes beherzigen:

1) **daß man die Schickungen und Heimsuchungen Gottes geduldig ertragen müsse, und**
2) **daß man Gott für die Todten bitten solle, damit er sie durch die Qualen des Fegfeuers nicht noch ferner heimsuche und strafe.**

I.

Gott ist der Herr alles dessen, was wir, sei es nun innen oder außen, sind, haben und besitzen; deßhalb fragt schon der Apostel Paulus: „Was hast du, das du nicht empfangen hättest?“ (1. Cor. 4, 7.) Darum steht denn auch dem Herrn eine vollkommene Gewalt über unsern Leib wie unsere Seele zu, derart, daß er dieselben vereint halten, aber auch trennen kann, Gott ist der Herr über Leben und Tod. Und wie er das Größere kann, so steht ihm auch das Kleinere zu, so kann er uns des Augenlichtes, des Gehörs, der Sprache, des Gehens u. s. w. berauben, wie es ihm gefällt. Gesundheit und Krankheit, Armuth und Reichthum, Leben und Tod gehorchen ihm; und wir müssen uns diesem seinem Willen unterwerfen, ob wir nun wollen oder nicht. Der Herr theilet die Güter aus nach seinem Wohlgefallen und gibt einem Jeden nach seinem Rathschlusse. Wir aber haben für Alles, was uns Gott hat zugetheilt, strenge Rechenschaft abzulegen. Wie nun mag man sich beklagen darüber oder ungeduldig werden, wenn Gott uns die Rechenschaft über das eine oder das andere dieser Güter erspart, indem er uns z. B. gar nicht mit den Augen oder mit den Ohren oder mit dem Munde zu sündigen gestattet! Darum soll man Gott denn auch loben und seine weisen Rathschläge anbeten, wenn er uns den Gebrauch eines dieser Glieder enthoben, wenn er uns des Gutes der Gesundheit beraubt hat oder uns völlig aus der Welt abberuft! O es ist leichter des Glückes entbehren, als über den Gebrauch der Glücksgüter Rechnung zu legen. Gott handelt also in diesem Falle nicht nur höchst gerecht, da er der Herr des Lebens und des Todes ist, sondern auch höchst weise, indem er uns einen schweren Theil der Rechenschaft erspart. Lassen wir ihn also immerhin als unseren Herrn und Vater schalten und walten, und murren oder klagen wir über seiner Anordnungen keine! Er bleibt, auch wo er uns heimsucht, auch wenn er uns schlägt, unser gütiger Herr. Und hat er Jemanden aus unserer Mitte genommen, so geschah es abermals zum Besten, da er ihn der Gelegenheit, zu sündigen, und der Gefahr, ewig zu Grunde zu gehen, dadurch gnädig entrückt hat. Also nimmt ja auch eine Mutter ihrem viellieben Kinde das Messer zum Besten des Kindes.

Zudem ist uns das Leben nur geliehen auf eine Zeit lang, mit dem Bedingen, daß, wann es dem Herrn gefallen würde, er es zurückfordern könne. Wer will klagen, wenn ich etwas Geliehenes wieder zurückverlange auch nach kurzer Zeit. War ja doch das Darlehen immer und zu allen Zeiten eine Wohlthat!

Ein guter Christ ist deßhalb ergeben in Gottes Fügungen und Schickungen und hält nichts für böse, außer das, was Gott nicht gefällig und gegen den Willen des Himmels ist.

II.

Demzufolge erübriget uns nichts weiter, Geliebte, als daß wir, wenn Gottes Wille vollbracht ist, für die Todten den Herrn bitten, damit derselbe sie nach den Prüfungen und Strafen, welche ihnen in diesem Leben auferlegt waren, nicht noch weiter auch im Jenseits, d. h. im Reinigungsorte heimsuche und strafe, vielmehr ihnen den Frieden und die ewige Ruhe schenke. Diese Bitte zu Gott wollen wir aber in keinem anderen als dem Namen Jesu Christi gegen Himmel senden, und die Verdienste, das Leben, Leiden und Sterben unseres Erlösers soll uns dabei behülflich sein, daß wir Erhörung unserer Bitte erlangen. Hat ja doch der Heiland uns die Versicherung hinterlassen, daß uns der Vater das in seinem Namen Erbetene auch verleihen werde. O wie viele arme Seelen gibt es dort im großen Jenseits, die unseres Gebetes bedürfen! Denn ob wir gleich hoffen und wünschen, daß dieser oder jener im rechten Glauben Verschiedene so viel für seine Sünden gelitten, gebüßt und genuggethan habe, daß er, wie man zu sagen sich angewöhnt hat, von Mund auf zum Himmel gefahren sei, so sind wir uns andrerseits doch auch unserer vielen Fehler und großen Schwachheiten bewußt, welche keinen Tag hingehen lassen, ohne uns überfallen zu haben. Auch die hl. Schrift erklärt: „Wenn dir auch gleich die Sünden nachgelassen wurden, sei doch nicht außer Furcht!" (Sir. 5, 5.)

Aus diesem Grunde sind in der Kirche die Seelenmessen verordnet, welche mit den rührenden Worten beginnen: „Herr, gib ihnen die ewige Ruhe und das ewige Licht leuchte ihnen." Hierauf folgt das: „Herr, erbarme dich unser....", worauf der Priester das herrliche Kirchengebet anhebt: „O Gott, dessen Eigenschaft es ist, sich allzeit zu erbarmen und zu verschonen, wir bitten dich demüthig für die Seele deines Dieners (deiner Dienerin) N. N., welcher du (heute) befohlen hast, von dieser Welt abzuscheiden, du wollest sie nicht übergeben in die Hände des Feindes, noch ihrer vergessen, sondern dieselbe durch deine heil. Engel zum Vaterlande des Paradieses führen, damit, weil sie auf dich gehofft und an dich geglaubt hat, sie nicht die Strafen der Unterwelt ausstehen müsse, sondern Besitz ergreife von den Freuden des Paradieses. Das bitten wir durch unsern Herrn Jesus Christus, deinen Sohn...."

In dieser Trauermesse ruft man auch die Fürbitte der Heiligen, als: der allerseligsten Jungfrau Maria, des hl. Erzengels Michael, der Apostel und Anderer an, damit sie zugleich mit uns helfen beten durch Christum, welcher ihr und unser einziger Mittler ist. — —

Dieses, Andächtige, ist das Beste, was wir den lieben Seelen thun können. Beten besänftigt den Zorn Gottes, mindert die Strafen, tröstet die Lebenden und die Todten.

Ei, so lasset uns denn zu Hülfe kommen durch's Gebet Denen, welche sich selbst nicht helfen können. Bedenket, daß auch der Storch seinen Aeltern beispringt und sie unterstützt bei ihrem Fluge; um wie viel mehr soll dieß ein Kind seinen Aeltern, ein Freund dem andern thun!

Heimgesucht hat der Herr im Leben den (die) Verlebten (Verlebte); beten wir, daß er ihn (sie) nicht auch dort im Jenseits noch weiter heimsuche und strafe, sondern, falls er (sie) noch unabgebüßte Fehler sollte auf sich haben, ihm (ihr) dieselben gnädig und barmherzig erlasse. In diesem Vertrauen wiederholen wir die Worte Eingangs der hl. Messe für die Todten: „Herr, gib ihnen die ewige Ruhe!" und verrichten das allgemeine Gebet: Vater unser.... Ave Maria.... Amen.

Am Grabe eines Taubstummen.

Text: „Dein Wille geschehe!"
Matth. 6, 10.

Eingang.

Geliebte im Herrn!

Dieß ist das gewöhnliche Gebet und Seufzen, das Trostwort des wahren Christen, wenn ihm etwas Leides widerfahren ist. Die Welt ist so voll Kreuz und Leid und Gebrechlichkeit, daß über einen Jeden der Tag kommt, wo er ausrufen muß: „Dein Wille geschehe!" Auch der (die) Verlebte war keiner (keine) der Letzten aus der Zahl der Schwerheimgesuchten: unser (unsere) N. N. war zweier Sinne beraubt, des Gehörs und der Sprache. Wahrlich, eine harte Prüfung! (Affekt, Näheres.)

Bei all diesem aber war N. N. in Gottes Willen ergeben und betete die undurchforschlichen Rathschlüsse Gottes an. „Dein Wille geschehe!" sprach er (sie) im Leben zu viel tausend Malen still bei sich im Geiste, und sprach es in Gedanken und durch Zeichen auch im Sterben aus. (Lebensabriß, Spezielles, Ende, Alter, Tugenden und Charakter.)

„Dein Wille geschehe wie im Himmel so auch auf Erden!" — Dieses Gebet lehren die Mütter ihren Kindern von der Wiege an, es ist ein Gebet, welches man alle Tage zu beten vonnöthen hat, und dessenungeachtet überlegen es gar Viele nicht, wenn sie es aussprechen, und dessenungeachtet will man sich durch dasselbe nicht trösten lassen, wenn es daran geht, Gottes Willen über den unsrigen zu stellen, obwohl es nicht anders sein kann und Gottes Wille allem vorgeht, und kein König und kein Kaiser demselben Widerstand entgegenzusetzen vermag.

Unser (unsere) Taubstummer (Taubstumme) dachte in diesem Stücke wie ein ächter Christ: er (sie) war mit seinem (ihrem) Gebrechen zufrieden und trug es geduldig und im christlichen Geiste. Eine gleiche Ergebenheit zeigte er (sie) auch am Schlusse seines (ihres) Lebens.

1) Er (sie) war zufrieden mit dem Tode; dieses soll ein jeder Christ.

2) Warum auch sollten wir es nicht sein?

I.

Die Blumenkenner und Gartenfreunde machen viel Rühmens und Preisens mit jener Blume, welche sie Heliotrop oder Sonnenwende nennen; diese Blume hat von Natur aus eine solche Liebe zur Sonne, daß sie sich derselben bei ihrem Aufgange sofort zuneigt; steht die Sonne im Mittage, so hat auch die Sonnenwendblume das Haupt erhoben und schaut nach ihr. Ist die Sonne im Untergehen begriffen, so neigt auch die Heliotrope ihr Haupt jener Himmelsrichtung zu, woselbst das glänzende Gestirn des Tages versinkt. So sehr richtet sich die Sonnenwende nach der Sonne; mit Recht nennt Plinius diese Blume ein Wunder der Natur.

Ein schönes Sinnbild das, aus welchem wir lernen mögen, unseren Willen allzeit nach dem göttlichen zu lenken. Will die göttliche Sonne, von der wir Alles haben: Geburt, Leben, Gesundheit, Gedeihen, will sie, daß wir uns im Tode neigen, so müssen wir gehorchen; denn dessentwillen hat Gott uns ja erschaffen, daß wir ihm dienen und durch Gehorsam und Gleichförmigkeit mit seinem Willen — selig werden. In diesem Geiste sang David: „Herr, nach dir steht all mein Verlangen! (Ps. 37, 10.)

Die Sonnenwendeblume folgt ferner der Sonne auch dann, wenn man sie nicht schauet und der ganze Himmel bewölkt und zugetrübt ist. Umsonst verhüllen sie Nebel, Wolken, Regen und Ungewitter. Es liegt in der Natur der Sonnenwende, der Sonne zu folgen. Auch der Tod, Andächtige, ist nichts anderes, als ein dichter Nebelvorhang, eine dicke Wolkenwand. Nichtsdestoweniger muß, wer ein rechter Christ sein will, auch hier noch sich in Gottes Willen fügen, nach ihm sich richten und sprechen: „Dein Wille geschehe", o Gott, denn du weißt am Besten, was und wie es uns dient!

Der (die) verlebte N. N. hatte die rechte Natur der Sonnenwende. Die Hausgenossen wissen, mit wie vielen Widerwärtigkeiten derselbe (dieselbe) zu kämpfen hatte Zeit seines (ihres) Lebens. (Näheres.) Dennoch sah man ihn (sie) stäts ergeben in Gottes Willen. „Wir leben oder wir sterben, so gehören wir dem Herrn." (Röm. 14, 8.) In dieser Ergebenheit hauchte unser (unsere) N. N. seine (ihre) Seele aus. Deßhalb zweifle ich nicht, die Sonne der Gerechtigkeit werde ihm (ihr) nun im herrlichsten Glanze strahlen.

II.

Und nun zu uns, Geliebte! Warum getrauen denn wir uns nicht, diese Sonnenwende nachzuahmen? Wir sind doch zu demselben Zwecke erschaffen, wie diese Blume, und nicht minder wie der (die) Hingeschiedene: nämlich zum Dienste und zur Verherrlichung Gottes!

Ach, wie weit sind wir von der Tugend der Ergebenheit in Gottes Willen! Bei warmem Sonnenscheine, ja da folgen wir Gott noch, da sind wir zufrieden mit Gottes Schickungen. Wenn sich dagegen zwischen uns und die Sonne die Nebel, die Wolken, die Stürme legen, wenn Unglück, Krankheit, Noth und Tod über uns hereinbrechen, o da murren, lästern, fluchen nicht wenige und sind mit Gottes Anordnungen unzufrieden. Wie gewöhnlich dieses Betragen von Seite der Menschen Gott gegenüber ist, wußte schon Satan, der da zu Gott sprach, er möge ihm nur den Job, auf den er (Gott) so große Stücke halte, in die Hand geben, damit er ihn mit Plagen heimsuchen könne, in kurzer Zeit werde der Dulder mit Gott unzufrieden sein, murren, fluchen und sündigen. In Job zwar hat sich Satan damals betrogen, aber derlei Sonnenwendeblumen wie Job sind bald gezählt. Von der Art wie Job war auch König Ezechias. Der Prophet Isaias sagte ihm voraus, was Alles der König von Babylon ihm zufügen würde, worauf indessen der König keine andere Antwort hatte, als: „Gut ist das Wort des Herrn, das er verordnet hat." (Isaias 39, 8.) Deßhalb also sollen wir zufrieden sein mit Gottes Anordnungen, weil sie uns gut sind, so bitter sie auch sein mögen. — —

In dieser Tugend der Ergebenheit in den Willen des Himmels übertreffen inzwischen nicht wenige Heiden uns Christen. Dem Anaxagoras wurde der Tod seines einzigen Sohnes gemeldet. Was that indessen der Heide? Mit unerschrockenem Gemüthe und unveränderter Miene entgegnete er dem Ueberbringer dieser Trauerbotschaft: „Sowohl gegen meinen Sohn wie gegen mich haben die Götter das Urtheil des Todes gerecht ausgesprochen;" d. h. was die Götter verhängt haben über mich und mein Haus, dem will ich nicht widersprechen. Diesem ließen sich noch eine Masse anderer Beispiele anfügen. Wenn nun ein Heide, der den wahren Gott doch nicht erkennt, schon also spricht, wie viel mehr nicht erst ein Christ!

Rufen wir demnach bei allen Widerwärtigkeiten und Schlägen, die uns treffen, ergeben aus: „Dein Wille geschehe wie im Himmel so auch auf Erden!" Ganz, o Gott, ergebe ich mich in deine Hand, da ich weiß, wie du es mit mir am Besten meinest!

Für den (die) Verlebten (Verlebte) lasset uns zum Schlusse das gewöhnliche Gebet für die Abgeschiedenen verrichten zum Troste ihrer Seele und um unserer Christenpflicht nachzukommen! Vater unser.... Ave Maria.... Amen.

Am Grabe eines Wahnsinnigen.

Text: „Die Hand des Herrn hat mich berührt."
Job 19, 21.

Eingang.

Geliebte im Herrn!

Zahlreich und manchfaltig sind die Leiden und Drangsale, welche den Menschen auf Erden erfassen. Schwere Prüfungen und Heimsuchungen hat der Mensch zuweilen hier zu ertragen; oft berührt die Hand des Herrn den Menschen hart und schmerzlich schon in seiner Kindheit, in seinem Knaben- und Jünglingsalter, oft legt sie sich auf ihn erst in seinem Mannes- und Greisenalter; kein Stand, kein Geschlecht, kein Alter ist davon ausgenommen. Doch ist kein Leiden und Gebrechen größer als das der Geistesstörung, wenn auch nicht für den Betroffenen, so doch für seine Angehörigen. Je elender und trauriger nun ein solch kranker Zustand ist, desto tröstlicher muß die Erlösung von demselben sein. Ein solcher Erlöser war auch für den Vollendeten der Tod. (Lebenslauf, Persönliches, Charakter, Tugenden, Ende, Alter.) Sein Geist ruhe nun im Frieden und in der Klarheit Gottes!

Zu unserer Erbauung aber wollen wir eine andere Thorheit des Geistes betrachten, jene, welche den Menschen zur Schande gereicht und sündhaft ist. Der weise Salomon sagt nicht ohne Grund: „Die Zahl der Thoren ist unendlich." (Pred. 1, 15.) O wie wahr spricht er doch! Wo man hingeht, trifft man derlei sündige Thoren an, die das Laster der Tugend, die Hölle dem Himmel vorziehen. Oder handelt etwa der nicht thöricht und wahnsinnig, der da lebt, als wäre er unsterblich, der sich Jahre verspricht, deren er nicht versichert ist, der dem Teufel mehr gehorcht als Gott, der selbst da noch nicht glaubt, wo Gott spricht, der dem offenen Rachen der höchsten Gefahr zuläuft! Thorheit über Thorheit herrscht in der Welt, Verblendung und Geisterverkehrtheit hat sie erfaßt. Mein Gott, wo ist denn an den Sünden, mit denen du so oftmals beleidigt wirst, auch nur ein Körnchen Vernunft!

Untersuchen wir die große Thorheit der Sünder und die große Zahl dieser Thoren.

Gar viele Menschen wollen vernünftig sein und haben doch nimmer die rechte Vernunft, denn ihr Geist ist verkehrt und beschwert, ist nicht frei, sondern ein Sklave und ihre bösen Gemüthsregungen und Neigungen, ihre Begierden und Leidenschaften spielen den Meister, der nicht zuläßt, daß ernste, verständige, christliche Gedanken den Menschen beschäftigen. Nicht nur der Zorn, sondern jede Sünde ist ein kurzer Wahnsinn. Diese verkehrte Richtung des Geistes im sündigen Menschen nun gestattet nicht, daß sich derselbe mit dem Gedanken an Gott, Unsterblichkeit, Tod, Himmel, Hölle u. s. w. beschäftige, darum geht es in der Welt so thöricht her. Die gesunde Vernunft sollte das Ruder führen, damit es richtig einliefe in den Glückshaven der ewigen Seligkeit, gelenkt vom Lootsen des Glaubens; statt dessen aber liegt dieser Steuermann, trunken vom Weine der Sünde, im Kothe der Laster und weiß, umnebelt vom Gewölke der Leidenschaften, sich nicht zu rathen und nicht zu helfen; Wind und Wetter läßt er über die fünf Sinne und die Kräfte der Seele, die ihm sollten unterthan sein, herrschen, wie sie immer wollen. Daher diese Thränen! daher diese große Thorheit und Unzahl von Thoren!

Wie wenige vernünftige, christliche Leute gibt es dagegen! Wie klein ist nicht die Zahl derer, welche ihr Seelenschifflein durch das Meer dieser Welt zu lenken verstehen. Es war nur ein Odysseus und nur ein Orpheus, der sich von dem tückischen Sirenengesange nicht ließ bethören und vorbeifuhr mit verstopften Ohren an den tödtlichen Seeklippen. Liebster Gott, nur zwei? die sind ja gar leicht zu zählen! Nun wohl, auch die Zahl der Auserwählten, der Weisen wird bald gezählt sein. Leider ist es nur zu wahr, es läuft mehr Wasser auf den Boden als in die Gefäße, und mehr Blüthen fallen zur Erde als am Baume zur Frucht reifen.

Leichter wird man dagegen zählen die Wellen, die das Meer auswirft, leichter die Blätter, die der Herbstwind von den Bäumen weht, leichter den Kies, der am Meeresufer trocknet, als die Armee der Thoren, welche die Sünde bethört hat. Doch es scheint, daß die verderbte Natur zu diesem schädlichen Wesen behülflich ist; auch das Unkraut wächst leichter und zahlreicher als das gute Getraide; überall gibt es Kieselsteine, Dörner, aber das Gold und die Rose lassen sich nicht überall finden.

Gehen wir, um diese Wahrheit zu sehen, im Geiste in die Arche Noes. Nur der einzige Noe mit den wenigen Seinen hat sich darin vor der hereinbrechenden Sündfluth kluger und vorsichtiger Weise geborgen. Das übrige Menschengeschlecht läßt sich in seiner Thorheit unter Essen, Trinken und Kurzweilen vom Tode überfallen.

Hören wir zum Schlusse auch noch König David. Dieser führet den allerhöchsten Gott redend ein und spricht: „Gott schaut vom Himmel herab auf die Menschenkinder, um zu sehen, ob Jemand da sei, der weise ist oder Gott sucht. Es fielen (aber) Alle ab, und unnütz sind sie geworden zumal; Keiner ist, der Gutes thut.“ (Ps. 13, 2 u. 3.)

Ganz mit Recht spricht daher Salomon die traurige Wahrheit aus: „Die Zahl der Thoren ist unendlich.“ — —

Nehmen wir, Geliebte, uns davon aus! Es ist keine Schande, wie man zu sagen pflegt, geisteskrank zu sein; es ist dieser Zustand auch keine Sünde. Aber es ist eine Schande und Schmach, zu den Thoren zu gehören, die, wie Salomon sagt, zahllos auf Erden herumwandeln. Nur der Sünder handelt thöricht und weiß es, und das, Andächtige, ist und bleibt die größte Thorheit. Schämen wir uns also fürhin einzig und allein der Sünde, als eines des Menschen völlig unwürdigen Zustandes.

Für den Vollendeten aber lasset uns jetzt Herz und Hände zum Himmel erheben und den Allmächtigen in Demuth bitten, er wolle ihm die Fehler und Schwachheiten, die er sich etwa zu Schulden kommen ließ zu der Zeit, da sein Geist sich noch nicht umnachtet hatte, mildiglich verzeihen und seine Seele aufnehmen in seine ewigen Wonnen. Vater unser.... Ave Maria.... Amen.

Am Grabe eines Fremden.

Text: „Im Frieden sei seine Stätte, und seine Wohnung in Sion.“ Ps. 75, 3.

Eingang.

Andächtige!

Der Tod überrascht den Menschen überall. Auch in der Fremde, wo keine theuere Hand uns die Augen zudrückt, können wir sterben, auch auf der Reise können wir die letzte Reise antreten müssen. Ein Beispiel haben wir an dem Verlebten hier, der in Geschäften (zum Vergnügen) hier seit — Tagen sich aufhaltend plötzlich erkrankte, und, ohne die geliebte Heimath (Familie 2c.) wieder gesehen zu haben, hinwegstarb. Was ich von dem Verlebten für Notizen sammeln oder aus seinem eigenen Munde vernehmen konnte, ist Folgendes. (Näheres über ihn, was sich sagen läßt.) Möge seine Asche auch in der Fremde hier in Frieden ruhen; sind wir ja doch Alle in der Fremde hier, und nur der Himmel ist unser

Vaterland. Dort hoffen wir den Verblichenen wieder zu sehen und nicht bloß wir, sondern alle Jene, die ihm im Leben nahestanden und näher angehörten und denen es versagt war, ihn hier noch am Leben anzutreffen. Glücklich, daß wir Menschen unseren Gott überall so nahe haben! Auch der Verblichene ward des Empfanges seines Herrn noch gewürdigt; ich selbst reichte ihm vor — Tagen die hl. Communion. Der Heiland, der ihm hier so nahe stand, wird es ihm auch dort sein. Denn was sollte man anders urtheilen von einem im Herrn verschiedenen Gläubigen, als was der königliche Prophet David ausspricht: „Seine Ruhestätte sei im Frieden und in Sion seine Wohnung!"

Ja:

1) Gott ist ein treuer Belohner der Gerechten;

2) aber auch ein strenger Vergelter der Gottlosen.

I.

Gott ist ein treuer Belohner der Gerechten. Wer sich diese Wahrheit zum Grundsteine seines Christenthums legt, wie solches der hl. Apostel Paulus will, indem er sagt: „Wer zu Gott kommen will, muß glauben, daß er ist und daß er denen, die ihn suchen, ein Vergelter sein wird" (Hebr. 11, 6.), der hat in seinem Glauben ausreichend genug Trost- und Aufmunterungsmittel; er wird fortschreiten in den christlichen Tugendwerken und immer mehr in der Vollkommenheit wachsen. Mag ich immerhin hier von meinen Neidern und Widersachern verfolgt werden, ich leide es gerne: Gott ist mein Lohn. Mag über mich kommen Krankheit und Folter, Schneiden und Brennen, es kann mir doch nicht fehlen: Gott ist mein Lohn. Der große Himmelswächter, der sorgsame Menschenhüter gibt auf mich Acht, er zählt nicht blos die Haare meines Hauptes, er zählt auch meine Schritte, um selbe reichlich zu vergelten, wie schon Job sagt: „Auch meine Schritte hast du gezählt" (Job 14, 16.) und ich werde sie wiederfinden in der Ewigkeit.

O liebliches Trostwort! O unfehlbares Glaubenswort! Wenn David erklärt: „Der Herr kennt den Weg der Gerechten" (Ps. 1, 6.), so will das nach Cassiodorus so viel sagen, wie: er kennt der Gerechten ganzen Lebenslauf, ihre Thaten, ihr Wirken, ihre Bemühungen, ihr Wollen, ihr Denken. Dieses Alles beachtet und befördert er, und freut sich, seine unsagbar herrlichen, himmlischen Reichthümer den Gerechten einst dafür mittheilen zu können.

Im Buche der Sprüchwörter lesen wir: „Der Herr kennt die Wege, die zur Rechten sind.“ (4, 27.) Welches diese Wege sind? „Von der rechten Hand beginnt die Bewegung,“ sagt Aristoteles. Diejenigen Dinge wurden vorzeiten für glücklich angesehen, welche von der Rechten anfingen. Die Wege zur Rechten nun sind unsere guten Werke, unser Gebet, Almosen, Fasten, Wachen, Arbeiten zur Ehre Gottes, unsere Geduld, Sanftmuth, Barmherzigkeit u. s. w. (Locus amplif.) Kurz, unser ganzer Wandel, der, wenn er ein guter, ein christlicher war, endlich an der Himmelspforte anlangt, wie wir solches auch von dem Verlebten hier im Sarge hoffen und wünschen, da er wachte und betete, so lange ich ihn während seiner letzten Krankheit, die ihn hier so plötzlich überfallen hat, kenne. O wie sehnlich verlangte er nach den hl. Sakramenten, wie ergeben nahm er den Tod auch hier in der Fremde an! Ein sanfter Tod hat ihn in die Arme des himmlischen Belohners gelegt.

II.

Ich komme nun auch zu den Gottlosen, welche die Wege zur Linken wandeln. Saget an, was haben denn diese Leute dermaleinst, vielleicht morgen schon, zu hoffen? Unser Gott wäre kein gerechter Gott, wenn er diese Menschen nach so vielen Fehltritten, nach so zahlreichen Beleidigungen seiner göttlichen Majestät, nach so groben Lastern und Missethaten sollte ungestraft lassen. Aber die Schrift belehrt uns eines Anderen: „Der Herr ist gerecht“ (Ps. 144, 17.), sagt sie. Nun denn, gerechter und allmächtiger Gott! wie wirst du deine Feinde, deine Verächter, Spötter und Lästerer strafen und zerschmettern? Wahrlich, mit scharfer, mit eherner Hand!

Welches diese Strafen sind, lehrt uns deutlichst unser Glaube. Ein unruhiges, ewig nagendes, ewig folterndes Gewissen, das schon in diesem Leben den Bösen oft schwerer peinigt als irgend ein Henkersknecht. Dieser Gewissenswurm aber stirbt, wie die Schrift ausdrücklich sagt, nie, und ewig dauern diese Schlangenbisse fort. Ist es deßhalb nicht unsinnig, sein Heil so leichtsinnig zu verscherzen, so liederlich zu verspielen?

Hiezu kommt noch die andere Strafe: das ewige Feuer, die Gesellschaft der abscheulichsten Geister, der verruchtesten Teufel und endlich — ich halte es mit Recht für das Härteste — die Beraubung der Anschauung Gottes.

Wenn es auch keine größere Strafe gäbe, als die, deren David erwähnt mit den Worten: „Die Gottlosen werden beim Gerichte nicht auferweckt" (Ps. 1, 5.) zum besseren Leben, es reicht schon dieses hin, uns erbeben zu machen, daß das Leben, zu dem wir beim letzten Gerichte erwachen, ein ewig unglückseliges ist. Wahrlich, Gott ist ein schrecklicher Vergelter des Bösen! Aber Alle, die in die Hand des rächenden Gottes fallen, müssen sich sagen: Wir haben es nicht anders verdient! — —

Bevor wir von diesem Grabe uns hinweg verfügen, lasset uns noch bedenken, daß wir Alle hier auf Erden Fremdlinge sind, Pilger, Wanderer nach der himmlischen Heimath. Wie aber dieser Todte hier, obgleich fremd im Orte, seinen Gott und Heiland auch hier fand und sich mit ihm vereinigte, so haben auch wir unseren Gott und Herrn hier auf Erden, obgleich sie eine Fremde ist, uns so nahe, daß wir nur wollen dürfen und er vereinigt sich mit uns, wenn nur unser Wille sich zuvor mit ihm vereinigt hat und unser Herz ohne Sünde ist. O bleiben wir doch stäts in dieser geistlichen Vereinigung und einen wir uns ihm auch gerne leiblicher Weise durch die hl. Communion, damit wir dort in unserem wahren Vaterlande mit ihm ewig vereint werden und nicht an jenen Ort und in jenen Zustand gerathen, wo Heulen und Zähneknirschen und der entsetzliche Schrei der Verzweiflung ertönen wird. Vielmehr sei unsere und des Verewigten Stätte im Frieden und unsere und seine Wohnung in Sion.

Schließen wir unsere Betrachtung mit dem Gebete für die Seele des Verstorbenen hier! Vater unser.... Ave Maria.... Amen.

Am Grabe eines Convertiten.

Text: „Selig der Mann, der nicht geht in der Bösen Rath, noch auf dem Wege der Gottlosen steht...., dessen Willen vielmehr ist nach dem Gesetze des Herrn."
Ps. 1, 1. u. 2.

Eingang.

Geliebte im Herrn!

Es ist bei den gläubigen Christen eine ganz gewöhnliche, allgemein angenommene Redensart, daß sie von den Todten nicht anders sprechen als von seligen, d. h. Gottes Anschauung bereits genießenden Leuten. So sagt man z. B.: Mein Vater selig.... Meine Mutter selig.... Mein seliger Mann.... Meine selige Frau.... u. s. w., gleich als ob bei gläubigen Christen sterben und selig werden — ein Ding sei. Ich will diesen alten und löblichen Gebrauch durchaus nicht tadeln, sondern rühmen und bekräftigen, denn er hat seinen Grund im göttlichen Worte, wo das evangelische Weiblein schon in diesem Leben selig gesprochen wird wegen seines starken Vertrauens und lebhaften Glaubens an Jesum. Dort heißt es: „Dein Glaube hat dich selig gemacht.“ (Mark. 5, 34.) Und weiter steht geschrieben: „Wer glaubt und sich taufen läßt, wird selig werden.“ (Mark. 16, 16.) Und: „Selig die Todten, die im Herrn sterben.“ (Offenb. 14, 13.) Es ist demnach richtig, wenn wir von jenen Todten sprechen, die da im wahren katholischen Christenglauben gestorben sind, ihre Sünden wahrhaft bereut und gebeichtet haben und mit guten Werken geziert vor Gottes Throne ankommen, da sie mit Recht selig genannt werden können.

Auch dem Verlebten, unserem Mitbürger hier, wünschen und hoffen wir dieses Beiwort geben zu dürfen, denn er wurzelte so sehr im Glauben, und war es ihm um denselben so ernstlichst zu thun, daß, obgleich er in einer anderen, der — Confession geboren und erzogen war, er nicht früher ruhte, bis er den wahren, irrthumsfreien, ungeschmälerten Christenglauben besaß. Viele aus euch werden sich noch des Tages erinnern, da der verlebte N. N. hier zur katholischen Kirche zurückkehrte. Vernehmet noch das Weitere über sein Leben. (Lebenslauf, Heimath, Aeltern, Handwerk, Uebertritt, Persönliches, Krankheit, Ende, Alter, Charakteristik.)

Der alleinseligmachende katholische Glaube macht indessen nicht in der Art selig, daß der Glaube allein selig macht, sondern ein diesem Glauben gleichförmiges Leben gehört nothwendig dazu. Ich erkläre demnach nur den für selig, der, wie der Verlebte hierin mit so schönem Beispiele voranleuchtete,

1) nicht nach dem Rathe der Gottlosen geht,

2) vielweniger noch auf ihren Wegen steht,

3) dessen Wege vielmehr Gottes Gesetze sind.

I.

Der erste Psalm, dem ich auch die Worte meines Trauerspruches entnommen habe, ist eine vortreffliche Predigt, die David denen hält, welche den Psalm lesen, darin sie ermahnt werden, ihre Seligkeit zu erwirken. Er sagt: Ihr Alle, die ihr selig werden wollet, meidet, o meidet den Umgang böser Gesellen und gehet nur mit Frommen um, denn: „Mit dem

Guten bist du gut, mit dem Verkehrten verkehrst du dich.“ (Ps. 17, 27.) Die Erfahrung bestätigt dieses alle Tage, wie unselig diejenigen werden, welche dem Rathe der Gottlosen lauschen und folgen. Diese Wahrheit bezieht sich auf Alle. Auch Könige und Kaiser werden gottlos, wenn sie gottlose Räthe um sich haben. Ein böser Rathgeber und Freund ist wie ein schmutziger Brunnen; was man aus ihm schöpft, ist trüb, faul, kothig, ungesund und schädlich. Die Laster der Genossen sind eine ansteckende Seuche, die immer weiter um sich greift.

Gar vorsichtig war demnach das Gebet des Job: „Ferne von mir seien die Rathschläge der Frevler!“ (21, 16.) D. h.: „Ich traue ihnen gar nicht, sie sind mir zu listig und zu verführerisch; sie sind giftspeiende Schlangen; sie sind eine giftathmende Pest.

Nun, Andächtige, hat diesen Rath, den Umgang der Bösen zu meiden, hat diese weise Lehre, die Gesellschaft der Gottlosen zu fliehen, der in die Ewigkeit uns vorausgeeilte N. N. nicht strengstens beobachtet? Wie züchtig war er in seinem Benehmen, wie behutsam im Gespräche, wie nüchtern im Essen und Trinken, wie eifrig im Gebet, wie gern in der Kirche, wie fest im katholischen Glauben! (Locus amplif.) Und wo hatte er dieß erlernt? Derlei Dinge nimmt man doch nicht im Rathe der Bösen an! Nimmermehr! Daher kam es: er hielt sich von ihnen fern, um selig zu werden.

II.

Auch die Wege, die er gewandert, wollen wir ansehen. Da liegt denn nun am hellen Tage, daß er seine Christenpflicht treulichst beobachtet habe, den Geboten strengstens nachgekommen, dem Verbotenen gewissenhaft ausgewichen sei. Er stund nicht still in den Wegen der Gottlosen, sondern setzte über dieselben schleunigst und eilenden Fußes hinweg. Er wanderte zwar in der gefährlichen Welt, welche eine breite Straße der Laster ist; gleichwohl wußte er den Gefahren dermaßen zu entfliehen und auszubeugen, daß sich Jedermann an seinem Lebenslaufe erbauen konnte. Wie es ihm um den wahren Glauben, so war es ihm auch um die guten Sitten zu thun. Oft sah man ihn im Bußgerichte und am Tische des Herrn, zu Füßen der Altäre, an der Schwelle der Kanzel, und dort, Geliebte, sind die Wege der Gottlosen nicht!

Möchten ihn doch Alle hierin nachahmen! Leider ist es wahr, wir Alle sind in Sünden empfangen, und obgleich dieser geerbte Wust durch das Bad der Taufe von uns genommen ist, fallen wir doch wieder aus einem Schmutze in den andern. Allein, Geliebte, Fallen ist menschlich, aber Bleiben, Verharren im Bösen, o das ist teuflisch. Auferstehen, das ist christlich. Um Gottes willen, stehet doch nicht, Andächtige, stehet doch nicht stille in diesen Wegen, verharret doch nicht im Bösen, sondern setzet über die breite Straße des Verderbens so schnell wie möglich hinweg! Stehen heißt aber hier so viel wie: in den Tugenden nicht fortschreiten, seine Fehler nicht bessern, seine Sünden nicht meiden, seine Laster nicht ablegen wollen, sondern verstockt bis an's Ende des Lebens verharren und sich im Bösen verhärten. Das ist mir ein schlechter Wandersmann, der seinem Ziele nicht näher rückt, sondern stehen bleibt!

III.

Der dritte Anhaltspunkt, einen Todten selig zu nennen, ist, wenn derselbe in Gottes Gesetzen seinen Weg hatte. Dieses vermögen wir besonders dadurch, daß wir den Herrn fürchten, aus welcher Gottesfurcht später die Liebe keimt. Mit Recht sagt demgemäß David: „Selig der Mann, der den Herrn fürchtet!" (Ps. 111, 1.) Und warum selig? Weil er in den Wegen der Gebote Gottes wandelt. „Er hat sein Gefallen an dessen (Gottes) Geboten." Ja, die Gottesfurcht ist es, welche den Menschen antreibt, daß er in dem ist, was seines Vaters ist.

Die Gottesfurcht der Anfang aller Weisheit, wie die Schrift sagt. Wo auch könnte eine größere Weisheit gefunden werden, als die, welche den Menschen bewegt, alle Zeit denjenigen zu fürchten, der Leib und Seele ewig verderben kann? Doch was spreche ich von der knechtischen Furcht! Unser hier eingesargter Mitbürger fürchtete seinen Gott wie ein Kind seinen Vater, d. h. in einer Weise, daß er ihn noch ungleich mehr liebte; er fürchtete, ihn — zu betrüben, nicht aber — von ihm betrübt zu werden. Aus Liebe ertrug er alle Leiden, welche dieses Leben im Gefolge hat; aus Liebe ging er den harten, schmalen, steilen, dornigen Pfad der Tugend; aus Liebe duldete er in seiner letzten Krankheit so ergeben und christlich. (Näheres.)

Diese Liebe ist es, die gegen die Laster protestirt, das Kreuz umarmt, küßt und annimmt, die sich der Sünden enthält, die begangenen lebenslänglich beweint und den Weg der Tugend wandelt; diese Liebe ist es endlich, welche den Menschen selig macht. — —

Andächtige! Es ist nicht genug, daß wir die Todtenglocken läuten, die an uns Vorübergegangenen begraben und alsdann der ganzen Feier vergessen. Nein, wir müssen an jedem Grabe uns selbst predigen. Heute wollen wir uns überreden, die Gesellschaft der Gottlosen zu fliehen, auf den Wegen der Bösen nicht stille zu stehen, und den Weg der Gebote Gottes zu schreiten.

Diesem aber unserem, wie ich hoffe, seligen Mitbruder in Christus und seiner Kirche wünschet die ewige Ruhe bei dem Allerhöchsten und sprechet in euerem Geiste mit mir: O Jesu, du Weg der Erdenpilger, du Wahrheit der Gläubigen, du Leben der Todten, gib diesem unserem Mitbruder, welcher mit dem Zeichen des rechten Glaubens aus dieser Welt geschieden ist, das Gestade der ewigen Seligkeit, lasse ihm leuchten das große, helle Licht, welches du selber bist, daß er nicht wandere in den Schatten des Todes. Sollte er aber wider Vermuthen noch Einiges abzubüßen haben, so lasset uns jetzt den Mittler zwischen Gott und uns auf den Altar der Versöhnung legen! Doch vorerst das herkömmliche Gebet. Vater unser.... Ave Maria.... Amen.

Am Grabe eines Andersgläubigen.

Text: „Lasse sie ruhen im Frieden."
Kirchenvers.

Eingang.

Andächtige!

Im Schooße der Erde, darein wir sie gesenkt haben, ruht nun die morsche Hülle des wohlgebornen Herrn N. N., der eine schöne Reihe von Jahren im Bezirke der hiesigen katholischen Pfarrei verlebte und sich in derselben durch sein braves Verhalten die allgemeine Achtung erwarb, die ihn soeben zu Grabe geleitete.

Es ist mir der ebenso ehrenvolle als schmerzliche Auftrag geworden, an dieser hl. Stätte auch dem Schmerze Ausdrucke zu verleihen, der die Mitglieder dieser katholischen Pfarrgemeinde, aus welcher er nicht ausgepfarrt war, erfaßt hat, als sie diesen ihren werthen Mitbürger verloren.

War auch der Verblichene unserem Bekenntnisse nicht in aller Hinsicht zugethan, so versammelte er sich doch zuweilen mit uns hier auf dem Friedhofe, wie auch in unserem Gotteshause. Im Uebrigen haben wir auch in seinem Leben vielfach Gelegenheit gehabt, seine guten Sitten kennen und achten zu lernen. (Lebenslauf, Persönliches, Ende, Alter, Charakter.) Möge er ruhen im Frieden! Es ist dieses ein Wunsch und Gebet der Kirche, das diese an keinem Grabe zu sprechen unterläßt, und in der That: es gibt auch keinen besseren, keinen frömmeren Wunsch. Diese Ruhe im Frieden ist aber eine doppelte; die eine geht den Leib an, die andere bezieht sich auf die Seele, welcher wir dadurch den Ort und Zustand wünschen, in dem sich alle Heiligen Gottes nunmehr so über alle Maßen erfreuen.

Weil nun dieser Wunsch ein so heiliges und kräftiges Bittgebet der Kirche ist, das ein jeder Mund ihr nachsprechen kann und darf, so will ich euch in gewohnter Kürze zeigen:

1) **warum**, und

2) **wie heilsam dieser unser Wunsch den Todten gegenüber sei.**

I.

Der Wunsch der alten Heiden, den sie ihren Todten mitgaben, war in den vier Buchstaben enthalten: S. T. T. L. d. i. Sit tibi terra levis, zu deutsch: Leicht sei dir die Erde! — gleich als ob die Seele wegen der Schwere der Erdscholle sich nicht zum Himmel erheben könnte. Tertullian (de festo anim.) und Seneka (ep. 58.) gedenken dieses heidnischen Tandes, der, wenn das Wort buchstäblich verstanden wird, einen Aberglauben in sich enthält. Unsere Wünsche haben einen ganz anderen Sinn, denn sie zielen auf jene Seelenruhe, zu welcher wir Alle erschaffen sind, nämlich daß wir selig werden.

Und dieses den Hingeschiedenen zu wünschen, haben wir alle Ursache, da wir erstlich wissen, daß nicht alle Seelen in den Haven des Friedens einlaufen, vielmehr derjenigen sehr wenige sind, welche ihre großen und kleinen Sünden bei ihrem Tode dergestalt abgebüßt haben, daß ihnen von der wohlverdienten Strafe nichts mehr zu bezahlen übrig bleibt. Fraget die Allerfrömmsten, ob sie bei ihrem Gewissen sagen können, sie seien Gott nichts mehr schuldig. Spricht ja die hl. Schrift selbst: „Sei nicht außer Sorge (auch) wegen der verziehenen Sünde.“ (Sir. 5, 5.) Eine zeitliche Strafe bleibt zuweilen noch übrig, die der Mensch oft bis zu seinem Tode Gott nicht abbezahlt. Ein Beispiel, wie mit der Schuld nicht auch alle zeitliche Strafe nachgelassen wird, haben wir an David, dem Gott seinen Ehebruch und Mord wohl verzieh, aber ihn nicht ohne alle Strafe entließ. Die übrigbleibende, in diesem Leben nicht abgezahlte zeitliche Strafe tritt nun nach dem Tode im Jenseits ein und ist die Strafe des Feuers.

Das Fegefeuer ist, wie wir wissen, der Ort, wo derlei Strafen erstanden werden. Deßhalb nun wünschen wir den Abgestorbenen zu wiederholten Malen den Frieden sowohl hier am Grabe wie im Amte der hl. Messe.

Sodann wünschen wir ihnen den Frieden und die Seligkeit, um ihnen unsere Liebe zu zeigen, um darzuthun, daß unsere Liebe zu den Verstorbenen mit deren Tode nicht gleichfalls gestorben sei, wir vielmehr erbötig sind, ihnen zu helfen und wohlzuwollen, auch nachdem ihr Leib im Grabe ruht. Die sind ja die besten Freunde, welche, auch wenn der Freund weit von ihnen weg ist, diesen noch fort und fort im Gedächtnisse hegen und im Andenken behalten.

Diejenigen dagegen, bei denen es heißt: Aus den Augen — aus dem Sinn, — diese sind weiter nichts als Heuchler, Schmeichler, Topf- und Küchenfreunde. So lange man glücklich ist, zählt man viele Freunde; in Zeit der Noth aber weicht die Treue zurück.

Seien wir keine solche falschen Freunde, und wünschen wir den Todten den Frieden, so lange wir denken! Senden wir unser Gebet und unsere guten Wünsche ihnen in die Ewigkeit nach!

II.

Nicht leicht etwas Heilsameres als solch ein Herzenswunsch und Herzensseufzer: Er ruhe in Frieden! — oder: Durch Gottes Barmherzigkeit mögen die Seelen der Gläubigen im Frieden ruhen!

O, dieses Gebet für die Abgeschiedenen ist ihnen das, was dem Wandersmann in der Gluthhitze des Tages ein linder Windhauch, den dürstenden Blumen ein warmer Regen, den hungrigen Kindern eine erquickende Speise ist. Wohl wurden jene drei standhaften Jünglinge in den glühenden Feuerofen geworfen; aber ein Engel trat zu ihnen und fächelte ihnen eine solch' erfrischende Kühlung zu, daß die heftigsten Flammen ihnen auch nicht ein Haar versehrten. Dieser Engel ist das Gebet, der Wunsch: Sie mögen ruhen im Frieden! Er erquickt die in den Flammen des Fegefeuers Wohnenden. — Er ist jener Tropfen Wassers, den jener reiche Prasser von Lazarus begehrte, um seine Zunge zu laben. Das Gebet ist das Lösegeld, welches ein frommer Christ für einen armen Gefangenen bezahlt.

Ein Prälat aus dem Cistercienserorden hatte den lobenswerthen Brauch, so oft er an einem Kirchhofe vorüberging, etwas zum Troste der armen Seelen zu beten. Einmal geschah es, daß er darauf vergaß. Da sieht er die Todten aus ihren Gräbern hervorgehen, und hört, wie sie ihm jene

Worte des 128. Psalms (v. 8.) entgegenriefen: „Nicht sprechen die Vorübergehenden: Der Segen des Herrn sei über euch!" Auf dieses hin vollendete der Prälat den angefangenen Vers und betete: „Der Segen des Herrn sei über euch!" Und siehe da, das Gesicht war verschwunden.

Seien, Geliebte, auch wir der Todten stäts eingedenk, besonders wenn wir an ihren stillen Wohnungen hier vorübergehen. Die Bildsäule Alexanders des Großen vermochte über Julius Cäsar so viel, daß er sie niemals ohne Zähren im Auge ansehen konnte. Was sollten dann nicht billigerweise in uns vermögen die rührenden Gräber und Grabsteine, die den Ort uns zeigen, wo unsere theueren Freunde und Nachbarn ruhen! — Hören wir noch den hl. Chrysostomus (hom. 70 ad pop.): „Nicht ohne Ursache", spricht er, „ist es von den Aposteln angeordnet, daß man in den hochwürdigsten Geheimnissen (hl. Messe) der Abgestorbenen gedenke: denn sie wußten gar wohl, ein wie großer Gewinn und Nutzen denselben hieraus entstehe. Indem nämlich das ganze Volk mit ausgespannten Armen und die Priester insgesammt zugegen sind und das hl. Opfer verrichtet wird: wie kann es da anders sein, daß man Gott nicht erbitte?" — —

Andächtige Zuhörer! Diese Worte und unser Glaube selbst sind von solchem Gewichte, daß kein Zweifel daran bestehen kann, wie sehr unser Wünschen, Bitten und Begehren zu Gunsten der armen Seelen Gott gefalle und den armen Seelen selbst gedeihe und ersprießlich sei.

Deßhalb wollen wir heute und alle Tage unseres Lebens nicht unterlassen, für unsere lieben Todten zu beten, daß Gott ihnen den Frieden geben möge, der in seiner ewigen Anschauung bestehend das menschliche Herz allein zur Ruhe bringt.

Indem wir die Ruhestätte des verlebten N. N. verlassen, wollen wir demselben das schöne Wort noch nachrufen: Er ruhe im Frieden! Amen.

Am Grabe eines Frommen.

Text: „Herr, wärest du hier gewesen, mein Bruder wäre nicht gestorben!" Joh. 11, 32.

Eingang.

Andächtige Leidtragende!

Es muß ohne Zweifel sehr betrübt ausgesehen haben im Hause der Martha und Maria, als ihr viellieber Bruder im Grabe lag und diese beiden Schwestern allein das Sterbhaus innehatten, zudem die Erfahrung lehrt, daß das zarte und empfindsame Frauengeschlecht so leicht viele tausend Zähren vergießt und der Wehmuth und dem Schmerze so leicht zugänglich ist. Aus diesem Grunde sehen wir auch viele Juden als nächste Verwandte im Trauerhause daselbst zusammen kommen, um die betrübten Schwestern zu trösten und aufzurichten. Allein was hilft dieß Alles? Es kann Keiner ewig dableiben, der Tod scheidet Alles, er bricht jedes Band entzwei, sei es auch das der Ehe selbst; er stört sich an Niemand, sei es Bruder oder Schwester, Vater oder Mutter.

Nach dem Hinscheiden des Lazarus kam auch Jesus, die verlassenen Schwestern desselben zu besuchen und zu ermuthigen. Hier nun geschah es, daß die sorgfältige Martha ihm zurief: „Ach, Herr, wärest du hier gewesen, mein Bruder wäre nicht gestorben!" Sie wollte sagen: Ich würde nicht unterlassen haben, dich so lange zu bitten, bis du mich erhört und meinen Bruder beim Leben erhalten hättest.

Doch anders hatte es Jesus beschlossen, Lazarus sollte sterben, damit der beiden Schwestern Glaube, ihre Hoffnung, Beständigkeit und Ergebung geprüft würde. Denn auch abwesend hätte der Heiland den Tod des Lazarus verhindern können.

Der hier im Sarge Liegende, der wohlgeborene Herr N. N., hat gleichfalls durch seinen Tod die Seinigen in unbeschreibliche Betrübniß versetzt, um so mehr, als er selbst sehr fromm war und die Seinen niemals betrübt, oder gegen sich erkältet und sich entfremdet hat.

Doch, Geliebte, gedenken wir dessen, was im Hause Marthas und Marias sich zutrug. Ich sage:

In den Sterbhäusern soll man niemals den Muth sinken lassen; denn oft, wenn die Betrübniß auf's Höchste gestiegen, ist Gott mit seiner Hilfe da.

Wenn der liebe Gott es mit uns machen würde, wie wir Menschen es unter einander machen, so würden wir manches Mal sehr schlechten Trost finden. Wir Menschen besuchen, trösten, erfreuen und reden unsere Bekannten und Freunde an, so lange es ihnen wohl geht und wir ihrer Freundschaft genießen können; hat der Glücksstand ein Ende, kommt die Armuth oder eine schwere Krankheit und Seuche über sie, zieht ein Uebel in das Haus, da fliehen die Menschen von diesen ihren seitherigen Freunden ab und es stellt sich heraus, wie weit in der Regel die menschliche Freundschaft reicht. — Nicht also macht es der barmherzige Gott; es gewinnt zwar bisweilen das Ansehen, als habe er unser vergessen, so z. B. wenn er den Tod in unserem Hause, in unserer Familie gewähren läßt, wenn er eine geliebte Person uns entreißt; indessen schlägt er uns nie, ohne uns wiederum zu heilen, und wenn wir Menschen bisweilen vermeinen, nun sei Alles verloren, kein Glück, kein Trost, keine Hoffnung, keine Linderung der Schmerzen sei für uns mehr zu erwarten, alsdann ist Gott da mit seiner Allmacht, tröstet, lindert, heilt und erfreut.

An Martha und Maria haben wir den Augenschein. Welche Verlassenheit war nicht in den Gemüthern der beiden Schwestern, da ihr lieber Bruder im Grabe lag! Und ach, auch Jesus, der liebevolle Tröster und Freund, war nicht zugegen. Da konnte man wohl sagen: Die Wasser der Trübseligkeit waren bis auf's Höchste gestiegen. Siehe, da kam Jesus, und gab den beiden Schwestern durch ein Wunder seiner Allmacht den Bruder zurück.

Werden, Geliebte, auch nicht täglich auf unsere Bitten, Thränen und Klagen hin die Todten zum Leben erweckt, so ist dennoch die Hand Gottes nicht abgekürzt.

Nein, Andächtige! Indem Gott den Verblichenen hier uns entriß, hat er gezeigt, daß er auch euer gedachte und dieses Haus prüfen wollte in der Geduld und Ergebung in den Willen Gottes.

Es ist demnach unsere Schuldigkeit, daß wir stille halten und, wenn wir anders rechte Christen sein wollen, unsere Geduld und Ergebung durch das Gebet schärfen und vermehren, erwägend, daß die göttliche Hilfe zugegen ist, wo die menschliche abgeht.

Man lese nur die hl. Geschichte nach. Der erste Vater der Gläubigen, Abraham, wie war er nicht in die Enge getrieben, als er seinen Sohn schlachten sollte? Da kam die göttliche Hilfe in der höchsten Noth. — So war auch der unschuldige Joseph von Allen vergessen, da weckte der Herr sein Gedächtniß beim Könige, auf daß er ihm seinen Traum auslege. — Als die Noth und der Druck der Israeliten von Seite der ägyptischen Könige sich auf's Höchste gesteigert hatte, befreite sie Gott aus der Sklaverei, führte sie wohlbehalten durchs rothe Meer, indeß die Aegyptier darin ertranken. — Also wurden die Israeliten nachmals unter den Richtern auch gedrückt bald von den Madianitern, bald von den Moabitern, jetzt von den Ammonitern, dann von den Philisthäern, Alles zum Heile des auserwählten Volkes. In der höchsten Noth aber stand ihnen Gott am nächsten und sandte ihnen seine rettende Hilfe. Wem begegneten mehr Widerwärtigkeiten als dem Mardochäus durch Aman, oder den frommen Machabäern durch Antiochus? Und doch hat sie Gott nicht verlassen. — —

Auf diesen verwundenden und heilenden Herrn müßt auch ihr, geliebte Trauerfreunde, euch verlassen. Sein göttlicher Wille ist an dem hier im Sarge Ruhenden vollbracht worden, aber seid versichert, es geschah dieser Schlag, der euch traf, zum Besten des Verewigten, denn er war wohl vorbereitet, um in den Himmel einzugehen. Sein frommes Leben legt hiefür Zeugniß ab. (Lebensabriß, Persönliches, Krankheit, Ende, Alter, Charakteristik, Tugenden.)

Seien wir aber auch versichert: so gewiß der Verblichene hier todt im Sarge liegt, so gewiß wird ihn der Herr wiederum zum Leben auferwecken am Tage, da er kommen wird.

Wir aber wollen von dem Seligvollendeten hier lernen: Beten und Wachen. Wachet im Gebete, denn dieses ist der Himmelsschlüssel! Zeiget mir einen Menschen, der gerne und wahrhaft betet, so will ich euch zeigen ein Kind der Seligkeit. Zeiget mir dagegen Einen, der dem Gebete abhold ist, und ich will euch zeigen einen Menschen, der in höchster Seelengefahr steht. Was das Oel ist in der Lampe, das ist das Gebet in der Seele. Wie emsig der Vollendete betete, wißt ihr Alle. Deßhalb hoffen wir, Gott werde ihn in sein Reich aufgenommen haben. Sprechen wir zum Schlusse das übliche Gebet: Vater unser.... Ave Maria.... Amen.

Am Grabe eines Unfrommen.

Text: „Gedenke, o Herr, deiner Diener und Dienerinnen welche uns vorausgegangen sind." Kirchengebet.

Eingang.

Wir haben die irdische Hülle des verlebten N. N. zu Grabe gelegt, der nach einem schmerzhaften Krankenlager von — Tagen aus unserer Mitte geschieden und vor den Richterstuhl Gottes getreten ist. Was Lob, was Tadel an der Gruft eines von Gott bereits Gerichteten? Unser Lob kann den Todten weder nützen, noch unser Tadel ihnen schaden; des Menschen Urtheile sind trüglich und fehlbar. Eines allein kann den in Gottes Gnade Dahingegangenen nützen, falls der Reinigungsort sie von Gottes beseligender Anschauung noch zurück hält: nämlich unser Gebet. Und dieses, Geliebte, wollen wir denn auch unseren vorausgegangenen Mitbrüdern und Mitschwestern nicht vorenthalten, besonders da die Kirche so sehr in uns dringt und so oft uns ermahnt, für die Verstorbenen zu beten. Und wer kann von sich oder Anderen sagen, er bedürfe des Gebetes nicht? Mag unser Leben noch so heilig gewesen sein, nimmer dürfen wir es wagen, das Gebet für uns nach unserem Tode für überflüssig zu erklären; deßhalb segnet die katholische Kirche Niemanden zur Grabesruhe ein, ohne das in der Kirche Gottes übliche Gebet und Amt für die Todten zu halten.

Bevor wir jedoch zu diesem Gegenstande näher übergehen, lasset uns erst einen Blick auf das Leben des Verewigten werfen! (Lebenslauf, Wirken, Ende, Alter, Persönliches.)

Nun deckt ihn also das Grab und ist der Augenblick gekommen, wo wir unserer Christenpflicht nachkommend dem Traueramte für den Verblichenen beiwohnen werden, der Zeitpunkt, wo Niemand das Gebet des Anderen zurückweisen wird. Und so fordere ich denn auch euch, Geliebte, auf, des Verstorbenen bei dem nun beginnenden Traueramte im Gebete zu gedenken.

Was uns hiezu antreiben soll, das sei der Gegenstand unserer heutigen Betrachtung.

Das erste, was uns billigerweise veranlassen sollte, der Todten im Gebete zu gedenken, ist ein dankbares Gemüth. Wahrlich, es begreift eine große Undankbarkeit in sich, der Todten so bald zu vergessen, zumal bei denen, welche an den Reinigungsort zu glauben von ihrer Kirche belehrt worden sind. Wie, sollte es nicht undankbar sein, seine nächsten Freunde und Anverwandten im finsteren Kerker ohne Erquickung und Trost schmachten zu lassen? Seine Aeltern, Brüder, Schwestern, Kinder, ohne auf sie zu hören, um Hilfe rufen zu lassen? Seine Ohren zu verstopfen dem Schreie: „Erbarmet euch mein, zum Wenigsten ihr, meine Freunde!" (Job 19, 21.) Wer das vermag, dessen Herz muß von Stein gebildet sein.

O wenn wir in das schauerliche Gefängniß des Fegfeuers mit unseren leiblichen Augen blicken könnten, wenn wir mit denselben unsere Theueren in solch' brennender Noth gewahren würden, es wäre anders in unseren Herzen; das tiefste Mitleid würde uns eingeflößt und wir würden nicht aufhören, für die armen Seelen im Fegfeuer Fürbitte einzulegen! Leider fehlen aber Vielen die Augen des Glaubens, und gedenket so Mancher der Worte nicht: „Er wird selig werden, doch gleichsam durch das Feuer." (1. Cor. 3, 15.) Oder jener Worte der hl. Schrift: „Es ist ein heiliger und heilsamer Gedanke, für die Todten zu beten." (2. Mach. 12, 46.) Aus der Vergessenheit dieses Zustandes, in den wir so leicht gerathen, aus diesem Nichtgedenken des Fegfeuers, welches so viele der Verstorbenen ergreift, läßt sich erklären, warum nicht Wenige ihre Todten vergessen können, wenigstens im Gebete. O schändliche Vergessenheit! schändliche Undankbarkeit!

Ein dankbares Gemüth sucht jede Gelegenheit auf, wo es seinem Wohlthäter Gutes erwidern kann; ein undankbares Gemüth dagegen hat genug daran, daß es des Gutthäters genossen hat. Ein undankbarer Sohn oder Erbe besitzt die Güter seiner Aeltern, ohne daß er ihnen dankt mit einem Gebete oder einer hl. Messe oder einem Almosen. O der Schande über solches Benehmen! Gleicht ein solcher Mensch nicht dem Schweine, welches die Eicheln, die am Boden liegen, verzehrt, ohne aufzuschauen und den Baum nur anzusehen?

Wie dankbar waren doch vielen Christen gegenüber die alten Heiden, die, wie Plutarch (l. de fun.) schreibt, auf die Grabdenkmäler ihrer Freunde ein Herz malen oder einprägen ließen, damit sie zu verstehen gaben, wie eingedenk sie ihrer wären.

Der fromme Aeneas kann hierin Vielen zum Muster dienen. Als die Stadt Troja von den Griechen erobert und angezündet abbrannte, da war er nur darauf bedacht, wie er seinen alten Vater Anchises aus den Feuerflammen errette. Er nahm deßhalb seinen Vater auf die Schultern, ließ brennen, was wollte, und trug den Anchises mit Zurücklassung all seiner reichen Habe aus der brennenden Stadt. Bei diesem frommen

Aeneas sollten noch Viele in die Schule gehen und lernen, was sie ihren Aeltern, Verwandten und Freunden schuldig wären. Es befremdet uns, wenn wir lesen, wie die wilden Thracier, im Gegensatze zu uns, ihre neugeborenen Kinder mit Thränen reichlichst beweinen, dagegen beim Tode ihrer Angehörigen Gastmähler anstellen und sich freuen. Indessen hier ist doch noch ein Gedächtniß bei diesem Volke, sie haben ihre Todten doch im Andenken, während es bei vielen Christen heißt: Aus den Augen — aus dem Sinn!

Unsere Todten verlangen von uns keine Thränen, auch keine Freudenmähler, auch kein Herz auf ihrem Grabsteine, aber darum bitten sie: „Erbarmet euch unser, zum Mindesten ihr, meine Freunde!" Seid eingedenk unser im Gebete!

Nehmen wir uns die Israeliten hierin zum Muster, die, ich weiß nicht wie oft, ihrer Todten Meldung thun in den Synagogen, und täglich Abrahams, Isaaks, Jakobs, Josephs, Davids und Anderer gedenken! — Nehmet euch die Heiden zum Muster, welche ihrer Todten gedenken, so lange sie selber leben! — —

Wohlan denn, Geliebte! Der Priester ist bereit, für den verlebten N. N. das heilige Opfer auf den Altar zu legen, und Gott für den Verstorbenen, wie für die übrigen uns Vorausgegangenen, die des Gebetes noch bedürfen sollten, zu bitten. Vereiniget euere Gebete mit dem der hl. Kirche und dieses nicht nur heute, sondern so oft ihr einer hl. Messe beiwohnet oder am Friedhofe auch nur vorübergehet. Der Herr lasse die Seele des Verewigten hier im Frieden ruhen und wolle mit den Augen seiner unendlichen Barmherzigkeit auf ihn sehen: Dieses sei der Gegenstand unseres heutigen heißen Flehens! Vater unser.... Ave Maria.... Amen.

Am Grabe eines bei einer Rauferei Getödteten.

Text: „Suchest du mich morgen, so bin ich nicht mehr."
Job 7, 21.

Eingang.

Andächtige!

Rasch wie ein Licht, das der Wind ausbläst, erlischt zuweilen das menschliche Leben, weßhalb schon Job ausruft: „Gedenke, daß mein Leben wie ein Hauch ist." (7, 7.) Wie eine Lampe plötzlich ihr Leuchten beschließt, wenn ein Windzug sie berührt, obgleich das Oel ihr noch nicht ausgegangen ist, also endet auch oftmals der Mensch rasch und unvermuthet, obschon er noch reichlich versehen ist mit Oel, d. h. mit Speise, Trank, Kleidung und Vermögen.

Ein trauriger und zugleich höchst seltener Todesfall hat uns hier an diesem Grabe zusammengeführt, und wir können uns des Gedankens nicht erwehren, wie schnell, wie bald es um das menschliche Leben geschehen ist. Da liegt vor uns Einer, der vor Kurzem noch unter den Lebenden, heute schon im Sarge ruht und nicht vermuthet hätte, wie das Wort Job so ganz auf ihn gemünzt sei: „Suchest du mich morgen, so bin ich nicht mehr." Schnell, schneller als Alle es geglaubt, ist er in die furchtbare Ewigkeit abgerufen worden. Wahrlich, das Leben zerfließt wie ein Hauch! So das des verlebten N. N. (Lebensskizze, Charakter, Ende, Alter.) In der That ein höchst schmerzlicher Tod!

Eines will ich bei dieser Gelegenheit euch vor Augen halten, und zwar, was uns, die Ueberlebenden angeht. Lassen wir von Anderen uns warnen und vorsichtig machen! **Zu diesem Zwecke wollen wir in Erwägung ziehen:**

1) die Unbeständigkeit dieses Erdenlebens, sodann

2) was bei diesem Stand der Dinge einem Christen zu rathen sei.

I.

Ich weiß wohl, daß es mir Keiner leugnen werde, wenn ich sage: Unser Leben ist ein Rauch, ein Hauch, ein Glas, eine Seifenblase, ein ganz unbeständiges Wesen; dessenungeachtet muß ich dieser allgemeinen Erkenntniß das Meinige, wenn auch nicht zur Bekräftigung, so doch zu deren Beherzigung, hinzufügen.

O was für ein unbeständiger Windhauch ist doch dieses Leben! Archesilaus starb an einem Trunke; Jovian, der Kaiser, an einem Bissen, den er aß; Anakreon an einer Weinbeere; Chilo vor Freude, Philistion am Lachen, tausend Andere vor Trauer, so selbst große Könige, wie Antiochus, der, als er von zwei Unglücksfällen gehört hatte, welche sein Heer betrafen, in eine tödtliche Gemüthskrankheit verfiel, der er denn auch alsbald erlag. Und wenn nun gar die Freude tödtet, wie sollte man da nicht wirklich das Leben ein gebrechliches nennen! — Ihr Alle kennet die Ursache, welche dem hier im Grabe ruhenden N. N. den Tod bereitet hat. Unglückseliger Hader, indem, wer dabei obsiegt, fast noch schlimmer dabei fährt, als der, welcher unterliegt! Seht da, das Leben ist ein Hauch, ein flüchtiger Windstrom!

Sehr schön drückt sich der weise Seneka darüber aus, wenn er (l. de Conf. ad Pol. c. 22.) sagt: „Bei der Zustandebringung einer Sache wirkt die Natur sachte und allgemach; um dieselbe zu zerstören, kommt sie schnell uud unversehens. Städte zu erbauen braucht es vieler Jahre, sie zu verzehren, reicht eine Stunde aus. Im Augenblicke ist ein mächtiger Wald ein Haufen Asche.“ Wie lange geht es nicht her, ein Kind großzuziehen' wie rasch dagegen hat es der Tod hinweggerafft?

Auch der Einwand hält nicht Stich, diese plötzliche Zerstörung treffe etwa nur die Armen, und nicht auch die Wohlhabenden. Umgekehrt, gerade die Ueppigen kommen oft am Schlimmsten dabei weg. Große Kaiser, Könige, Fürsten und Feldherren sind schon in einem Augenblicke zu Nichts geworden: Quintus Aemilius, da er aus seinem Schlafzimmer heraustrat, fiel todt zur Erde; Cajus Affidius, da er an der Schwelle des Rathzimmers stand; Julius Cäsar auf dem höchsten Gipfel seiner Macht und tausend Andere.

O wie wahr ist der Satz: „Der Mensch, von einem Weibe geboren, nur kurze Zeit lebt er.“ (Job 14, 1.) Die Wahrheit dieses Satzes liegt am Tage. Eine Feldblume ist der Mensch, anfangs schön und blühend, in kurzer Zeit welk und Heu; darum sagt Isaias treffend: „Alles Fleisch ist Gras und all' dessen Herrlichkeit wie des Feldes Blume. Es dorret das Gras und es welket die Blume, da des Herrn Hauch daran geweht.“ (40, 6 u. 7.) Da gibt es also keine Ausnahme, keinen Unterschied zwischen Arm oder Reich, Jung oder Alt, Stark oder Schwach, Schön oder Unschön. Wären wir aus Glas, wir hätten weniger zu fürchten, denn ein wohlverwahrtes Glas dauert etliche hundert Jahre; der Mensch — nicht.

II.

Genug von diesem unbeständigen, jeden Augenblick umschlagenden Leben. Wenden wir uns zu uns selbst. „Weise Leute tragen ihre Augen im Kopfe,“ sagt der weise Prediger. (2, 14.) Warum? Damit sie von Weitem sehen; trügen sie ihre Augen in den Füßen, in wie weite Ferne könnten sie denn hinaus- und sich vorsehen? Gegen die Unbeständigkeit des Menschenlebens läßt sich kein zuverlässigeres, nützlicheres und heilsameres Mittel anrathen noch finden, als: Trage die Augen im Kopfe! d. h. Sieh' dich von Weitem vor bezüglich des Todes und der furchtbaren Ewigkeit! Ein schlechter Seher ist der, welcher nur sieht, was ihm vor Augen liegt, der nur, im sittlichen Sinne genommen, das Gegenwärtige betrachtet, sich nur mit dem Vorliegenden beschäftigt und durch dasselbe bethören und verblenden läßt. Der Weise dagegen, der Mann mit gesundem, scharfblickendem Auge wird weit voraus sehen und Vorsorge treffen, daß ihn der Tod, falls er ihn plötzlich überrascht, nicht unvorbereitet finde. Wer aufschaut und vorsichtig ist, fällt nicht so leicht in die Grube wie der Kurz- und Unvorsichtige.

O wie übertreffen hierin die Schiffleute viele Christen! Wenn sie über den Ozean fahren wollen, schaffen sie Alles an Bord, was sie bedürfen: Brod, Wein, süßes Wasser, gesalzenes Fleisch, Mastbäume, Segel u. s. w. Viele dagegen, welche aus diesem Lebenshaven in die Ewigkeit hinübersegeln, haben für Nichts Sorge getragen. „O daß sie doch Einsicht hätten und Erkenntniß und ihres Endes gedenken würden!" (5. Mos. 32, 29.) O daß wir bedächten, wie wir von all' dem, was wir sammeln und erwerben, nichts mitnehmen als — Gottes Gnade, unser Gewissen und unsere Werke! Und wie träge sind wir nicht hierin!

Als Joseph den Aegyptiern die sieben Hungerjahre vorausgesagt hatten, waren sie so klug und gescheid und speicherten in den sieben vorausgehenden fetten Jahren allen Ueberfluß auf. Wollten doch in gleicher Weise alle Christen handeln! Meines Erachtens quält die Verlorenen in der Hölle kein Gedanke mehr, als der: Verstreichen haben wir lassen die Tage, die Jahre unseres Heiles, und durch unsere Nachlässigkeit uns selbst in diesen entsetzlichen Abgrund gestürzt, der uns von Gott auf ewig trennt, wo keine Erlösung mehr ist, und alle Hoffnung todt! Also Vorsicht oder ewige Pein! — —

Mag dann immerhin ein plötzlicher, ein rascher Tod uns treffen, wir sterben, wenn auch schnell, doch nicht unvorbereitet, Letzteres wäre das Gefährlichere. Aus diesem Grunde lasset uns auch über Niemand richten, da man wohl schnell, aber doch vorbereitet sterben kann. Lasset uns inzwischen auch darum beten, Gott möge uns vor einem jähen und unvorhergesehenen Tode bewahren!

Für den Verblichenen hier im Sarge muß ich gleichfalls euch um euer Gebet anflehen, damit, sollte seine Seele sich nicht vollkommener Sündenreinheit erfreuen, diese durch Gottes Barmherzigkeit um des Blutes Jesu Christi willen aufgenommen werde in die ewigglückselige Gemeinschaft Gottes, die wir dem Verewigten von ganzem Herzen wünschen und durch unser Gebet erbitten wollen. Vater unser .... Ave Maria .... Amen.

Einkleidungsrede auf eine der Welt absterbende Jungfrau.

Text: „Auch Salomon in all' seiner Herrlichkeit ist nicht so gekleidet, wie diese Lilien." Luk. 12, 27.

Eingang.

Hochansehnliche!

Die Welt nennt das Kloster ein Grab und umgekehrt nennt das Kloster die Welt ein Grab. Beide haben in einem gewissen Sinne Recht. Die Welt ist ein großes Grab, weil dort der Tod der Seele seinen Thron aufgeschlagen hat, und ganze Massen von Menschen für Gott todt sind. Aber auch das Kloster ist ein Grab, denn wer in dasselbe einziehen will, muß die Welt auf immer verlassen, muß Vater und Mutter, Bruder und Schwester, Verwandten und Freunden, muß den Freuden der Welt auf ewig Lebewohl sagen, mit einem Worte, er muß der Welt gänzlich absterben. Deßhalb ist es auch in manchem Orden heutzutage noch Brauch, daß die der Welt absterbende Tochter bei den Ceremonien ihrer Einkleidung oder jenen ihrer Profeß-ablegung auf eine Art Bahre gelegt und für die Welt gleichsam begraben wird. Eine Ansprache bei dieser Gelegenheit ist daher gleichsam eine Grabrede, nur mit dem Unterschiede, daß sie derjenige, welcher da begraben wird, selbst noch vernimmt, und weit entfernt, empfindungslos zu sein, einer Freude genießt, die ihm diese Feierlichkeit mehr zu einer Verlobungs- als zu einer Begräbnißfeier macht.

Und so sage denn auch ich: Glück zu, verehrtestes Fräulein, viel Glück, Heil und Segen zu dieser Ihrer bevorstehenden Verlobung mit Jesus Christus, Ihrem Bräutigame! „Jesus, du Gespons der Jungfrauen," betet die Kirche sehr oft; wohl Ihnen, Sie haben erfaßt, was nicht Jeder zu erfassen vermag!

Betrachten wir nun des Näheren noch,

1) **wie diese Verlobniß einer Seele mit Christus geschehe,** sodann

2) **was sowohl die Braut wie auch die Gegenwärtigen aus dieser Verlobung lernen können.**

I.

Bei in Aussicht stehenden Verlobungen und Vermählungen geht es manches Mal ganz besonders zu, es braucht große Mühe, ehe eine ehrbare Tochter sich zu diesem oder jenem Bewerber resolvirt; man überlegt dabei hin und her, man untersucht sein Herkommen, seine Familie, seine Sitten, sein Vermögen, sein Wissen und Können, seine Launen und Neigungen, kurz Alles, damit ja die Braut nicht betrogen werde und darnach ein elendes Leben führen müsse. Ihr thut wohl daran, ihr weltlichen Töchter, daß ihr Acht gebet, denn ihr habt tausend traurige Beispiele derer, welche gar zu leichtsinnig zur Vermählung geschritten und darnach unglücklich geworden sind.

Etwas dergleichen finde ich auch bei der Verlobung und Vermählung, die geistliche Personen feiern, indem sie sich mit Christus verbinden. O welche Mühe braucht es da bei vielen Töchtern, welche der Welt absterben wollen! Welch' Ueberlegen, Fragen, Beten und Gott-Empfehlen! Herr, zeige mir den Stand, in welchem du mich selig machen willst! — Was den Bräutigam angeht, so kann allerdings keine Braut Christi an ihm etwas aussetzen: er ist der schönste unter allen Menschenkindern, er ist süß und angenehm, wie Bernardus singt:

Jesu, dein süß Gedächtniß macht,
Daß mir das Herz vor Freude lacht!

Gegen sein ganzes Wesen ist nichts einzuwenden, er ist der edelste Bräutigam aus allen, der reichste, der beste, ewig jung und schön. Er ist Gott und Mensch zugleich in einer Person.

Aber, Geliebte, Eines ist schwer: dieser Gespons führet die Braut nicht auf der bequemen Heerstraße, sondern in die Dörner, er beladet sie mit einem schweren Kreuze, er läßt sie schlafen auf harten Brettern, kleiden in härene Gewande, speisen mit rauher Kost; er will, daß seine Braut arm sei, der zeitlichen Güter und Ehren entbehre, alles Gemächliche, Sinnliche, Irdische fliehe; er verdammt alle unreine Lust und will, daß sie nicht einmal genannt werde. Statt des Schmuckes liebt er die Abtödtung, anstatt des Spiegels stellt er vor die Braut hin ein Crucifix und einen Todtenkopf. Alles athmet in seiner Zelle Armuth, Demuth, Weltverachtung, Abtödtung. „Wer nicht auf Alles verzichtet, was er besitzt, kann mein Jünger nicht sein," ruft er uns zu. „Wer Vater oder Mutter mehr liebt, denn mich, ist meiner nicht werth." Dieser Bräutigam reicht sodann seiner Braut Geißeln, um den Leib zu züchtigen, er bricht an der Speise, am Schlafe ab und verlangt Wachen, Beten,

Nüchternheit und vor Allem Gehorsam. O das, Geliebte, ist nicht so leicht, wäre es dieß, so hätten die Klöster und Genossenschaftshäuser keinen Raum, denn was den Bräutigam betrifft, so muß man sagen: Wer ihn kennt, liebt ihn auch. (Hier kann nun der besondere Zweck angeführt werden, den gerade der Orden oder die Genossenschaft verfolgt, in welche die Tochter sich einführen läßt.)

Was Wunder also, wenn da in den Gemüthern ein großer Streit sich erhebt? Alle Freiheit verlassen, seinen Willen Anderen übergeben, auf Dörnern gehen, das ist hart. Gleichwohl haben sich Millionen gefunden, die alle diesen Bräutigam sich erwählt. O glückselige Seelen! Unter diese zählen nun auch Sie, verehrtestes Fräulein, die Sie die Bande der Welt zerrissen, und hieher geflohen sind in die Arme des göttlichen Heilandes. O große Gnade, großes Verdienst, großer Entschluß!

II.

Vernehmen Sie nun weiter, wie diese Verlobniß muß beschaffen sein. „Die Vermählung mit Jesus," sagt der hl. Augustinus, „geschieht durch den Glauben, durch die feste Hoffnung, durch die aufrichtige Liebe." Glauben müssen Sie, daß durch den Eintritt in's Kloster Christus der angenehmste Dienst geleistet werde; dieser Glaube muß Sie ermuntern, alle Beschwerden, die da kommen werden, ohne kleinmüthig zu werden, geduldig zu ertragen. Hoffen müssen Sie, daß Jesus Christus, Ihr Bräutigam, Sie einstens zur himmlischen Hochzeit führen und dem Liliienchore der Jungfrauen einverleiben werde. Lieben müssen Sie Ihren Bräutigam aus ganzem Herzen und über Alles, vollkommen müssen Sie ihm anhangen und sich in seiner Liebe verlieren.

O wie musterhaft und herrlich leuchtet die seraphische Jungfrau Theresia Allen vor; sie hatte sich vorgenommen, immer das Allervollkommenste zu thun, was ein Mensch mit Gottes Gnade vollbringen kann. Die allerhöchsten Tugenden lieben heißt aber, den Gehorsam im höchsten Grade, die Keuschheit in vollendetster Strenge, die Armuth mit aller Gewissenhaftigkeit zu halten.

So müssen auch die, welche sich dem geistlichen Stande widmen, sich vornehmen, das, was sie Gott angeloben, auf's Genaueste zu vollbringen. Nicht aus Zwang, sondern freiwillig müssen Sie, Verehrteste, fortan Ihrem Bräutigame dienen; die Liebe muß in Allem Ihr Beweggrund sein. O englische, o heilige Verlobung!

Das Vornehmste indessen, was eine Braut zu halten hat, ist die Treue, daß sich dieselbe ihrem Bräutigame unveränderlich bewahre. O wie zart und streng ist hierin der weltliche Ehestand! Noch eifersüchtiger aber ist der allerreinste Gott; sollte eine Braut Christi ihre Gelübde nicht einhalten, o dann ist es aus mit der Freundschaft und Liebe Gottes! Nichts Zarteres als dieses Verhältniß einer Braut Jesu! Nicht im Geringsten soll man diese Treue, die man im Kloster Gott zuschwört, verletzen, alle Gelübde auf's Pünktlichste, auf's Aengstlichste, bis in's Kleinste halten. — —

Bedenken diejenigen, welche sich dem Ordensstande gewidmet haben, doch ja die Zartheit ihres Verhältnisses zu Gott, und sagen sich dieselben wiederholt am Tage, und besonders wenn der Versucher naht: Ich bin Gott geheiligt, Gott geweiht, Gott gehöre ich; ihm darf ich nie und nimmer die gelobte Treue brechen; in dem, was sein ist, muß ich daher immer sein, sein würdiger Tempel will ich heißen, auch nicht in die allergeringste Sünde will ich einwilligen; deßhalb bin ich ja in diesen Ordensstand eingetreten.

Also denket und redet die treue Braut Christi. Aber auch die Weltleute müssen Gott die Treue bewahren, ihn lieben und ihm dienen. Und so rufe ich denn Allen zu: dienet Gott doch Alle in den Ständen eueres Berufes! dienet ihm in eueren Zellen, ihr Geistlichen! dienet ihm in eueren Häusern, ihr Weltlichen! dienet ihm in eueren Cabineten, ihr Herren! dienet ihm in eueren Saletten, ihr Frauen! dienet ihm, ihr Alle, wo ihr auch seid, denn alles Andere ist Eitelkeit! Amen.

Einkleidungsrede auf eine der Welt absterbende Jungfrau.

Text: „Wahrlich, nichts anderes ist hier als das Haus Gottes und die Pforte des Himmels." 1. Mos. 28, 17.

Eingang.

Hochansehnliche!

Als der Patriarch Jakob einst auf freiem Felde übernachtend mit dem Leibe auf dem harten Erdboden liegen mußte, einen Stein zum Ruhekissen, den Himmel über sich als Decke, da ersah er im Traume jene bekannte Himmelsleiter, an der die Engel auf- und niederstiegen. So einsam und allein nun auch Jakob in stiller Nacht dalag, dennoch ward sein Herz mit himmlischer Freude überschüttet; und war auch der Stein und der Erdboden, der ihm zur Liegerstatt diente, hart, rauh und unbequem, gleichwohl war dort, nach Jakobs eigener Aussage, das Haus Gottes und die Pforte des Himmels. Wie aber sollen sich diese Dinge zusammenreimen? — Sehr leicht, Geliebte! Diejenigen, die sich Gott zu Liebe und ihm zu dienen, vereinsamen und von der Welt absondern, erfüllt er auch in einsamer Wüste, in einsamer Zelle, auf einsamem Lager mit größerer Himmelslust, als jene, welche von der Welt und ihrem Umgang ihre Lust erwarten, und die Wonnen des Himmels verachten oder unterschätzen. Was den zweiten Punkt betrifft, so sagt ja die hl. Schrift selbst, daß der Weg zum Himmel eng, rauh, steil und dornenvoll ist.

Da, wo man von der Welt sich losschält, Gott dient und seinen Leib um des Himmelreiches willen abtödtet, da ist das Haus Gottes und die Pforte des Himmels. Ein solcher Ort ist ganz besonders und in vorzüglichem Grade das Kloster, wo ein keusches, gehorsames, armes, mit einem Worte, ein Leben der Nachfolge Jesu und des Kreuzes den Menschen frei macht — von der Welt, stark — gegen die Welt und glücklich — in der Welt schon hier. Das Kloster ist es, auf das man die Worte Jakobs vollständig anwenden kann, denn es ist:

1) **ein Haus Gottes, da man daselbst Gott lobet und preiset, wie die Engel im Himmel; dann ist es aber auch**

2) **eine Pforte des Himmels, denn einem Ordensgenossen, der ist, was und wie er sein soll, kann die Himmelsherrlichkeit nicht fehlen.**

I.

Daß der unbegreifliche Gott überall sei vermöge seiner Allgegenwart, ist eine Glaubenswahrheit, die ein Jeder kennt; Himmel und Erde erfüllt der Herr. Daß er sodann oben im Himmel als in seinem vornehmsten Hause wie in seiner Residenz vorzugsweise wohne, unterliegt wiederum keinem Zweifel; denn Himmel und Erde sind voll seiner Herrlichkeit. Im Himmel nun ersättigt er seine Diener und Dienerinnen durch seine Anschauung. Hier sind wir in der Dunkelheit, droben schauen wir Gott von Angesicht zu Angesicht. Wir werden ihn sehen, wie er ist. Dieses bedarf keines weiteren Beleges.

Ob wir nun gleich den Heiligen müssen den Vorzug geben, daß sie in dem Hause Gottes wohnen, wo kein Schleier mehr vor ihren Augen ist, so sage ich gleichwohl: nicht droben im Himmel allein hat Gott sein Haus, wo man ihn lobt und preist, ehrt und seinen Namen verherrlichet, er hat auch solche Häuser auf Erden. Was für ein prächtiges Haus war nicht der Tempel zu Jerusalem, den Salomon aufgeführt hatte! Welch' ein Zulauf von Seite des Volkes! Welche Menge von Opfern! Welche Zahl von Sängern. Dieses Haus war ein zweiter Himmel, sagte die Welt. — Inzwischen, o Salomon, haben wir noch bessere, noch herrlichere Häuser, welche diesen Namen verdienen, Haus Gottes, ein anderer Himmel zu heißen. In diesen Häusern wohnet Gott nicht allein vermöge seiner Allgegenwart, er wohnt dort persönlich in seinem menschgewordenen Sohne. Wir haben Häuser wo Engel, ja mehr als Engel wohnen, weil es Engel sind im Fleische, Engel, welche rein sind, obwohl mit einem Leibe beschwert, Engel, welche Gott loben und preisen, obgleich sie ihn nicht von Angesicht sehen, sondern nur mit den Augen des Glaubens.

Ein solches Haus Gottes ist auch dieses Kloster, worin heute das wohlgeborene Fräulein N. N. um Aufnahme bittet. (Näheres Hiehergehöriges.)

O glücklich, wer der Welt abgestorben diesen Ort gefunden hat! Kann ich doch von diesem Klösterlein sagen mit dem hl. Bernardus: „Gott hat einen neuen Himmel erschaffen auf Erden, nämlich die Klöster, damit der, welcher schon Engel hatte im Himmel, auch solche auf Erden besitze."

II.

Es ist dieses Haus aber auch eine Pforte des Himmels. Ein Haus, worin man schläft auf hartem Lager, auf Stroh, einem Brett, einem Steine, wie Jakobus, ein Haus worin man seinen Leib kasteit und in die Dienstbarkeit des Geistes bringt, wie Paulus, ein Haus, worin man abgesondert lebt, wie Johannes in der Wüste, ein Haus, worin man immer das Lob Gottes bereitet, singt und betet, wie David, ein Haus, wo man zum Vater — Gott, zur besonderen Mutter und Beschützerin — die Mutter Gottes hat, ein Haus, wo man immer abstirbt der Welt und dem Fleische und nur lebt für den Himmel, ein Haus, wo man sich täglich der Vollkommenheit befleißigt und allzeit daran ist, die Himmelsleiter zu besteigen, kurz es zu sagen, ein Haus, wo man keusch, arm und gehorsam ist, das muß nothwendig eine Pforte des Himmels sein; denn wenn man in einem solchen Hause den Himmel verfehlt, wo man den so engen, so beschwerlichen Kreuzweg zum Himmel emporschreitet, wo man sein Fleisch und seine Begierlichkeit kreuziget, alsdann gibt es nirgends eine Pforte des Himmels und ist das Wort falsch, welches sagt, daß diejenigen, welche eines reinen Herzens seien, selig sind und Gott anschauen werden.

Ein solches Haus nun ist das Kloster, und unter den vielen auch dieses hier. (Locus amplif.) Wenn die Welt in weichen Betten schlummert, alsdann wacht und ruht man hier auf hartem Lager; wenn die Welt an wohlbesetzten Tafeln schwelgt, alsdann begnügt man sich hier mit niederer Kost; wenn die Welt ihr hoffärtiges Fleisch pflegt und ziert, alsdann züchtiget und geißelt man es hier auf's Strengste; wenn die Welt leichtfertige Gespräche führt, alsdann werden hier gottselige Gespräche gepflegt, wird gesungen und gebetet; wenn die Welt sich draußen herumtreibt und sündiget, alsdann dienet die der Welt abgestorbene Tochter Gott hier im verschlossenen Ordenshause. Mit einem Worte: während die Welt so zahlreich der Hölle zueilt, ist hier die Pforte des Himmels. — —

Wohl Ihnen, daß Sie es erfaßt haben, durch diese sichere Pforte des Himmels in die ewige Glorie einzugehen! O beharren Sie fest auf der einmal eingeschlagenen Richtung; kein sich'rerer Weg zum Himmel als dieser. Mag immerhin die Welt Sie wie eine Gestorbene und Begrabene beweinen, mag immerhin mein Wort hier wie eine Grabrede klingen, mögen Sie immerhin für die Welt wie verloren sein, lassen Sie in Ihrem Auge die Thräne der Freude glänzen, achten Sie auf meine Worte wie die Braut auf die Vermählungsworte des Trauenden, erwägen Sie, daß Sie dafür den Himmel zu finden auf dem allerbesten Wege sind. Denn keine andere Antwort ertheilt der Herr auf die Frage seiner Jünger: „Siehe, wir haben Alles verlassen und sind dir nachgefolgt; was wird uns dafür werden?“ (Matth. 19, 27.) Keine andere Antwort ertheilt der Herr seinen Aposteln auf diese Frage als: „das ewige Leben.“ (Matth. 19, 29.)

Also Muth, Ausdauer bis an's Ende, Freude im Herrn, und damit der Herr auch Sie und uns Alle nicht verleugne, Selbstverleugnung — ein Jeder nach seinem Stande. O **Herzenstrost,**

eine reine Braut Gottes zu heißen und mit seinen Engeln an seinem Tabernakel zu wachen sein Leben lang, bis uns einst das Gezelt Gottes im Himmel selbst aufnimmt. Empfangen Sie hiezu meinen Glückwunsch und Segen! Amen.

Bei Ablegung der ewigen Gelübde.

Text: „Dieses ist ein großes Geheimniß.... in Christus und in der Kirche.“
Ephes. 5, 32.

Eingang.

Hochansehnliche!

Vor einem Jahre, theuerste Braut Christi, haben Sie Ihre Verlobungsfeier mit dem göttlichen Heilande gehalten. Heute nun, wo es sich um die ewigen Gelübde handelt, feiern Sie Ihre Vermählung, welche im Gegensatze zu den weltlichen Vermählungen zum Zweck hat, Ihre Jungfräulichkeit zu erhalten. O wie edel, wie englisch ist nicht diese Vermählung! Mag die Ehe immerhin ein großes Geheimniß heißen, von dieser Vermählung zur Bewahrung der Jungfräulichkeit sagt der Apostel, daß der Ehelose glücklicher sei. (Cfr. 1. Kor. 7.) O hl. Vermählung, bei der diese glückseligmachende Jungfräulichkeit nicht verloren geht, sondern unterhalten und bewahrt wird! Nichts wird in der Kirche Gottes und nichts im Himmel höher geschätzt, als eine solche Vermählung, wie sie auch Maria, die allerseligste Jungfrau im Tempel zu Jerusalem einging, wo sie, entgegen den Sitten und Anschauungen ihres Volkes, Gott ihre ewige Jungfräulichkeit angelobte. Wahrlich, ein großes Geheimniß ist dieses in Christus und in der Kirche, und nicht ein Jeder kann es fassen! Nicht Jeder vermag es auszusprechen: Mein Herz erkennet keinen Mann. Was dort im Tempel zu Jerusalem Maria that, ohne vorher eine andere Jungfrau zum Muster gehabt zu haben, das haben seit jenem Vorgange Millionen jungfräulicher Seelen ihr nachgethan, die alle sprechen konnten: Ich erkenne keinen Mann; ich kenne kein Geld; ich habe keinen Willen.

Diesem zahlreichen Jungfrauenchor werden heute auch Sie auf ewig durch die heutige Profeßablegung verbunden, nachdem Sie das Probejahr rühmlich zurückgelegt haben.

Keuschester Jesu! Siehe da eine Jungfrau, die sich dem geistlichen Leben widmen will! Sie sagt dir Dank für die Gnade des Berufes zu diesem Stande, und bittet dich, du wollest dich würdigen, dieses ihr gegenwärtiges Opfer allergnädigst anzunehmen und deine Gnade ihr mittheilen, um es würdig vollbringen zu können.

Bevor Sie jedoch den entscheidenden Schritt machen, **vernehmen Sie noch drei wichtige Punkte, die heute der Erwägung ganz besonders bedürfen.**

I.

Der erste Punkt, dem wir unser Augenmerk zuwenden wollen, ist der Contrakt oder Vertrag, den die Braut des Herrn heute mit Christus abschließt, die beiderseitige Verbindung, das Uebergeben einer- und das Annehmen andrerseits. Heute spricht die geistliche Braut zu Christus: Ich übergebe mich dir, damit du dich mir übergebest.

O herrlicher Vertrag! Denn der, den die geistliche Braut hier zum Bräutigam erhält, ist der Allerschönste, Alleredelste, Allerreichste. Unermeßliche Reichthümer besitzt er, sagt Paulus, und das Hohelied preist ihn als den Schönsten vor Allen. Himmel und Erde können ihn nicht umfassen. Welch' ein Seelenbräutigam, welch' ein Glück, einen solchen zu erhalten! Mit Recht singt die Braut im Hohenliede: „Meine Seele war geschmolzen, als er zu mir sprach." (5, 6.)

Welch' ein Vertrag, der das Wort erlaubt, sagen zu dürfen: Dir gebe ich mich, daß du dich mir gebest! Dir gebe ich mich hier zeitlich als deine reine und treue Braut, daß du mir dort ewig dich und den Himmel gebest; dir mein Herz, meine Sinne, mein Willen, mir dein Herz, dein Himmel. Dir meinen Leib, meine Seele, mein Erbtheil, mir dein Himmel, deine Ewigkeit. Dir meine Armuth, mir dein Reichthum. — Dieß ist der Contrakt, den Sie heute aufrichten. Er verlangt für alle Zeiten unverbrüchliche Treue.

II.

Lasset uns nun aber auch sehen, was sich Braut und Bräutigam heute für Gaben verleihen.

Der Herr überreichet der Braut vor Allem seinen Brautring, den Ring der Treue, mit der er sie lieben will in alle Ewigkeit. Mit dem geistlichen Gewande ertheilt er ihr alle jene Gaben und Gnaden, welche dem Ordensstande, dem Stande der Vollkommenheit **nothwendig** sind, und die ihn zu einem **angenehmen** machen: vor Allem empfängt eine geistliche Braut die Gabe der **Andacht**, des **Starkmuthes**, des **Verstandes** und der **Weisheit**, die Braut Christi wird zu einer **Königin**, denn Christus ist der König der ewigen Glorie.

Als **Gegengabe** schenkt die Braut Christi diesem ihre **Freiheit**, **nicht mehr** wird sie **aus- und eingehen**, sondern ewig **bei ihrem Bräutigame wohnen**. Nichts wird sie **aus eigenem Willen** thun, aber **Alles**, was **der** Bräutigam **will**. **Verwandte**, **Eltern**, **Geschwister**, **Freunde werden verlassen**, **die Sinne verleugnet**, das Kleid der **Armuth** angethan, die Braut **verleugnet sich selbst**, sie **haßt** gleichsam sich selbst, um ihren Bräutigam **lieben** zu können; sie liebt ihn **über Alles** im vollsten Sinne des **Wortes**: sie schenkt ihm **ihr Herz**, **sich ganz**, und liebt ihn **je länger**, **je mehr**.

III.

Noch erübriget uns des Hochzeitmahles zu erwähnen, welches ebensowohl bei den geistlichen wie bei den weltlichen Verlobungen gebräuchlich ist. Das kirchliche Hochzeitmahl hat indessen vor dem weltlichen entschieden den Vorzug, und ist das vornehmste. Frisch auf denn, geliebte Zuhörer, kommet zur Hochzeit! Hier wird das Wasser in Wein verwandelt, das Wasser der irdischen Trübseligkeit in den Wein göttlicher Tröstung und himmlischer Freude, einen Wein, den der Heiland seiner Braut täglich credenzet. Hier genießt man sodann die allerköstlichste Speise, nämlich das Fleisch und Blut Jesu Christi selbst. Hier wird man, wie der hl. Bernardus sagt, trunken von dem Ueberflusse des Hauses Gottes.

Wo, Geliebte, hat man mehr Ursache, zufrieden zu sein, als hier, wo man trunken wird von der namenlosen Liebe Gottes. Wie der Himmel, so ist auch das Kloster ein ewiges Hochzeitmahl. O reiner, keuscher Ehestand, o Himmel auf Erden! Wie ruhet hier die Seele so friedlich in Gott! Wie gibt es für die Gottesliebe hier so herrliche Freistätten. Wahrlich, die Ablegung der klösterlichen Gelübde ist **ein großes Geheimniß**! **Unglücklich** hält die Welt Jene, die es thun, während sie **glücklich** sind wie wenige Menschen auf Erden, da **keine Leidenschaft** sie quält, indem die Liebe Gottes ihr ganzes Herz füllt, da **keine Sorge** an ihrem Herzen nagt, indem sie die Sorge für das Zeitliche durch das Gelübde der freiwilligen Armuth beseitigt haben, da **ihr Herz ruht** im

Frieden, indem sie nichts begehren, als was sie schon haben, ihren Gott, dessen Wille der ihrige ist. — —

Dieses meine Gedanken über die heutige Feier. Und nun die Anwendung. Was heilig ist, muß auch heilig behandelt werden; deßhalb Treue dem eingegangenen Vertrage mit Christus, Treue, Ihrem Bräutigame Jesus! Treue auf ewig! Heiligkeit dem heiligen Bündnisse!

Nachdem Sie sodann durch Ablegung der Gelübde Ihrem Bräutigame ein= für alle Mal Alles, was Ihnen ist, übertragen und geopfert haben, so darf auch in der Zukunft nichts davon zurückgezogen oder zurückgefordert, noch Reue über das Geschehene empfunden werden.

Je länger wir endlich unseren Seelenbräutigam lieben, je mehr müssen wir ihn auch lieben, desto lieber müssen wir ihn haben, und ihm alle unsere Gedanken, Wünsche und Begierden schenken. Wer in der Liebe Gottes, in der Tugend und Vollkommenheit nicht zunimmt, der nimmt ab. Ohne Holz erlischt das Feuer; so auch die Liebe ohne Bußwerke und Tugendübung. Und nun treten Sie an den Altar des Herrn und folgen der Stimme Ihres Inneren! Amen.

Bei Ablegung der ewigen Gelübde.

Text: „Kommet zur Hochzeit!" Matth 22, 4.

Eingang.

Hochansehnliche!

Mit was für gütigen und gnädigen Worten der himmlische Hausvater seine Gäste zur Hochzeit eingeladen, das wissen wir aus dem Evangelium. Er schickte seine Diener aus, den Geladenen zu sagen: „Kommet, denn es ist schon Alles bereit!" (Luk. 14, 17.) Da aber Einige sich entschuldigten, so war er von der Güte, daß er die Gebrechlichen und Dürftigen von der Straße nahm und an seine Tafel setzte. Wahrlich ein gütiger und gastlicher Herr! Aus dem Evangelium entnehmen wir nun, daß nicht Alle sondern nur Etliche am Hochzeitmahle Gottes Platz nehmen werden. Dieß sind nun vorzugsweise die jungfräulichen, bräutlichen Seelen, die, welche sich mit Gott auf's Innigste verbinden.

Diese können mit der Braut im Hohenliede jubeln (2, 16.): „Mein Geliebter ist mein und ich bin sein." Mit diesen Seelen hält er gerne Hochzeit, weil sie keinem Anderen als ihm ihr Herz und ihre Liebe schenken.

Unter diese glückseligen Bräute Christi will sich heute für immer einreihen lassen die wohledle Jungfrau N. N. (Näheres über Herkunft, Lebensgang u. s. w.), indem sie gewillt ist, durch feierliche Ablegung der klösterlichen Gelübde, der Armuth, der Keuschheit und des Gehorsams sich ihrem Seelenbräutigame, dem sie sich vor einem Jahre bei der Einkleidung in diesen Orden verlobt hat, auf ewig zu vermählen und mit unversehrter Jungfräulichkeit als eine geistliche Braut zeitlebens nur mit Christus zu leben. (Sollte die Profeßablegende eine Schul- oder barmherzige Schwester sein, so wäre hier der Platz, Näheres noch über diesen Punkt zu sprechen.)

Vor allen Dingen, edle Tochter, wünsche nicht nur ich, wünschen wir Alle hier Ihnen viel Glück und Gottes reichsten Segen zu diesem Vorhaben. Seien Sie versichert, einen größeren Gefallen könnten Sie Gott nicht erweisen, und ich möchte behaupten, daß es sich schwer entscheiden läßt, wer den Vorrang im Herzen Gottes behauptet: der Chor der Martyrer oder der Jungfrauen.

Und nun lade ich Sie ein, Ihr Augenmerk mit mir zu richten:

> **auf drei der hervorragendsten Ceremonien, welche den heutigen feierlichen Akt begleiten, und welchen wir wir etliche Lehrpunkte zu entnehmen gedenken.**

I.

Wie hoch die Kirche die geistliche Vermählung schätzt, zeigt das Gepränge, zeigen die hiebei stattfindenden Ceremonien.

Vor Allem der Schleier! Er lehrt, wie eine klösterliche Jungfrau leiblich und geistig nur Christus allein noch zu gefallen streben solle; wie sie den Weltstaub, den Verkehr mit den Menschen vermeiden müsse. Diese Bedeckung des Angesichtes mittelst eines Schleiers ist uralt. Tertullian schreibt (lib. de velandis Virginibus): „Die reine Jungfräulichkeit meidet jederzeit mit Behutsamkeit die Augen (Anderer), sie nimmt für das Haupt einen Schleier gleichsam als Helm gegen die Schläge der Versuchungen, gegen die Pfeile des Aergernisses, gegen den Argwohn und die Verdächtigungen."

Dieses Verschleiern war schon im alten Bunde Brauch der Bräute, und so blieb es denn auch im neuen Bunde Sitte, die Bräute Christi mit einem Schleier zu verhüllen, oder besser gesagt, zu zieren.

Nun denn, wohledle Tochter, möge auch Sie der hl. Schleier der Zucht und Schamhaftigkeit bedecken und schützen gegen alle eitle Ehre, gegen das Ausschweifen der Augen und gegen den frechen, herausfordernden Anblick der Weltkinder, damit kein Stäublein Ihr Auge verdunkle, kein irdischer Tand Ihre Stirne verunreinige, kein eitler Hauch der Welt Ihr Antlitz berühre!

II.

Eine weitere Ceremonie findet dadurch statt, daß man den Christo sich widmenden Jungfrauen die Fülle der Haare kurzweg abschneidet.

Dieses will bedeuten, wie Christus von seinen Bräuten die Ablegung aller früheren irdischen Sitten und Eitelkeit begehrt. Eine Braut Christi legt mit den langgepflegten Haaren zugleich auch das alte Kleid ab, sie zieht den alten Menschen aus und legt einen neuen an.

Die Ablegung der reichlich herabwallenden Haare, also die Veränderung der vorigen Tracht und Mode sinnbildet die Ablegung der früheren Lebensweise und Sitten, der irdischen Gedanken und Empfindungen, sowie aller weltlichen Eitelkeit und Prahlerei.

O welch' vollkommener Stand ist doch der der Professen! Gänzlich müssen sie der Welt absterben, alles verlassen, was sie in der Welt besessen haben. Nichts bleibt ihnen, nicht einmal der natürliche Schmuck der Haare. Vater und Mutter bleiben in der Welt zurück, Bruder und Schwester vernehmen der Scheidenden Lebewohl. Was könnte schwerer sein als dieses, seiner Eltern, seiner guten Freunde vergessen, das elterliche Haus, die geliebte Heimath nicht mehr betreten? Sagt denn nicht der Dichter ebenso schön als wahr: „Den Rauch des väterlichen Hauses aufsteigen sehen, ist wonnig." Alles dieses fällt nun hinweg, wie die Locken unter der Scheere, Ueppigkeit, Weichlichkeit, Hoffart sollen auf ewig abgethan, die Welt für immer wie abgeschnitten sein, entsprechend den Worten: „Vergiß dein Volk und deines Vaters Haus!" (Ps. 44, 11.)

III.

Als dritter Punkt bietet sich uns die Ceremonie der Ueberreichung des geistlichen Treu-Ringes dar, bei welcher Uebergabe der Bischof spricht: „Ich vermähle dich Jesu Christo, dem Sohne des allerhöchsten Vaters, der dich unverletzt erhalte; nimm denn hin den Ring der Treue, das Siegel des hl. Geistes, auf daß du eine Braut Gottes genannt, und, wenn du ihm wohl wirst gedient haben, ewig gekrönt werdest." Worauf die Braut Christi antwortet: „Der Herr Jesus hat mich mit seinem Ringe beschenkt und geziert als seine Braut."

Hier machen wir die Bemerkung, daß, während bei den weltlichen Eheleuten der Treue-Ring am vierten Finger der linken Hand prangt, dieser den Bischöfen und den Gott geheiligten Jungfrauen an den vierten Finger der rechten Hand gesteckt wird, damit ein Unterschied zwischen beiden Vermählungen sei.

O wie süß wird es einst sein, wenn so eine geistliche Braut bei ihrem Tode sagen kann: „Ich habe die Treue bewahrt!" Und wie wonnig wird es ihr in's Ohr dann tönen: „Singe das Freudenlied, welches keine andere, als eine Jungfrau nur singen kann; komme, meine Braut, besitze das Reich, welches dir bereitet ist von meinem Vater!"

Als ein Zeichen der Treue, des Glaubens und der Liebe nehmen Sie denn dieses Sinnbild an und halten, was Sie versprechen, auf's Heiligste. Denn „Gott läßt seiner nicht spotten." (Gal. 6, 7.)——

Nun denn, hochgeehrteste Braut, und ihr, die ihr hier versammelt seid, Alle, kommet zur Hochzeit! Es ladet euch Christus der himmlische Bräutigam ein, hieher zu kommen und zu betrachten erstens: wie die neue Braut Christi an sich nimmt den Schleier zur äußeren und inneren Bedeckung des Angesichts, insbesondere der Augen, bezüglich deren schon David sagt: „Wende meine Augen ab, daß sie nicht sehen die Eitelkeit." (Ps. 118, 37.) Augen sind Klippen, an denen so mancher Mensch zu Grunde gegangen ist. Augen sind Fenster, durch welche so mancher Dieb eingebrochen ist. — Beim Abschneiden der Haare wollen wir beten, der Herr möge dieser seiner Braut die Gnade verleihen, daß sie freudig und getrost von der Welteitelkeit sich abtrennen lasse. — Beim Ueberreichen des Treuringes aber wollen wir gedenken: Wer hier seine Seele nicht Gott vermählt, und, Jeder nach seinem Stande, seinem Bräutigame sich hingibt, wer hier ihm nicht treu dient, der wird auch dort von ihm nicht als der Seine erkannt und belohnt werden. So verleihe denn der Himmel uns Allen, daß wir einst, wie wir hier sind, geschmückt mit dem hochzeitlichen Gewande theilnehmen an den himmlischen unermeßlichen Gütern! Amen.

Am Grabe einer Klosterfrau.

Text: „Großes hat an mir gethan der Mächtige! Ja sein Name ist heilig!" Luk. 1, 49.

Eingang.

Hochverehrteste!

Als die Höchstbegnadetste unter den Frauen, als die allerseligste Jungfrau Maria die Wohlthaten und Gnadenerweise erwog, die der Herr ihr erzeigt hatte, da brach sie in die soeben gesprochenen Lob- und Dankesworte aus; und in der That, das Größte hat an ihr gethan Er, der Mächtige.

Geliebte! die im Sarge hier ruhende, ehrwürdige Klosterfrau kann mit Fug und Recht das Gleiche sagen: „Er, der mächtig ist, hat Großes an mir gethan" durch seine unendliche Barmherzigkeit, indem er mich aus Tausenden auserlas, ihm in diesem hl. Klosterstande als getreue jungfräuliche Braut zu dienen. O ich erkenne diese Wohlthaten, möge deßhalb auch meine Seele den Herrn im Himmel preisen, verherrlichen und anbeten, der da angesehen hat die Niedrigkeit seiner Magd.

Bevor wir jedoch zu dem erbauenden und belehrenden Theile unserer Aufgabe übergehen, vernehmen wir zuvor noch einige flüchtige Andeutungen über den Lebensgang der Vollendeten. (Lebensskizze, Herkunft, Persönliches, Charakter, Klosterleben, Wirken, Tugenden, Ende, Alter ꝛc.)

Ein solches Leben ist in der That ein Gefäß voller Gnadenerweise und Begünstigungen von Seite Gottes zu nennen. Es war ein — glückliches Leben und sein Ende der Anfang eines glückseligen Lebens ohne Ende. Wir werden dieses erkennen, wenn wir erwägen:

1) **daß eine der größten Gnaden es sei, wenn Gott eine Tochter der Welt schon bei ihren Lebzeiten absterben läßt, zum geistlichen Stande beruft und durch die klösterlichen Gelübde auf ewig an sich bindet.** Sodann betrachten wir:

2) wie man am Besten diesem glücklichen Berufe nachkomme, was den Ueberlebenden zur Unterweisung gesagt sein soll.

I.

Gottes Güte und Barmherzigkeit kann auf vielerlei Art betrachtet werden: nach der Breite, nach der Höhe und nach der Länge. Breit ist sie, unendlich breit wird sie erfunden, wenn wir erwägen, wie in ihrem Schooße alle Gnaden verborgen liegen, die jemals allen Creaturen der weiten Schöpfungen gespendet wurden. Zählet die Augenblicke eueres Lebens, alle Odemzüge, alle Schritte und Tritte, alle Speise, kurz alle Gaben, die Gott allen Wesen zuwendet und die seiner Güte zugeschrieben werden müssen, und ihr werdet sagen, unendlich weit ist das Herz Gottes, unendlich breit seine Liebe. Ei, so lobet denn auch den Schöpfer alle Tage euerer Welt und danket ihm so oft ihr könnet! — Zu dem kommt die unermeßliche Höhe dieser Güte. Ein Jeder erhebe seine Augen gen Himmel; wie groß ist doch die Liebe und Güte des Ewigen! Wie klein ist dagegen der Mensch, wenn er sich alsdann selbst betrachtet! Und diese unendliche Majestät neigt sich zu uns herab und erniedrigt sich zu uns durch seine Güte, was sie nur um so größer macht. — Was die Länge derselben betrifft, so wird sie gegen die treuen Diener Gottes zu ewigen Zeiten dauern, d. h. sie hat kein Ende. Dieses vorausgesetzt, welche Huld, Gnade und Barmherzigkeit ist es nicht, wenn Gott eine Tochter zu seiner immerwährenden Dienerin, zu seiner ausschließlichen Dienerin ausersieht und annimmt, wenn er sie von der Welt absondert, in die geistliche Einöde des Klosters beruft und durch die hl. Gelübde derart an sich fesselt, daß sie nunmehr kraft ihres öffentlich und feierlich abgelegten Versprechens keiner anderen Liebe in ihrem Herzen Raum geben darf, als allein der ihres Seelenbräutigams. O welch' überschwängliche Gnade ist nicht dieses! Besonders wenn man betrachtet die Gefahren, die in der Welt lauern. Wer hat eine Magdalena, eine Thais, eine Pelagia verführt? Die Welt! Die Welt, dieser Irrgarten, dieses Klippenmeer, diese Mörderhöhle.

Dagegen ist das Kloster — ein Paradies, worin das Gemüth ungezählte und ungeahnte Wonnen und geistliche Freuden in seinem Gott und Herrn findet. Ein Zufluchtsort (Asyl), eine starke Festung ist das Kloster, worin die höllischen Feinde nimmer Fuß fassen dürfen. Ein Arsenal und Rüsthaus ist es, darin wir alle die Waffen vorfinden, die wir zur Bekämpfung der Sünde vonnöthen haben. Dieses sah die Kaiserin Kunigundis wohl ein, weßhalb sie nach ihres Gatten Tod den Schleier nahm. Außer ihr vertauschten noch viele Andere die Krone gegen den Schleier.

II.

Da diese Berufung eine so große Gnade ist, so lasset ihr, die ihr die Ueberlebenden seid, es von euerer Seite nicht ermangeln, diese Berufung mit Dank und Erkenntlichkeit anzuerkennen, welche Erkenntlichkeit darin besteht, daß man die empfangenen Gnaden nicht mißbraucht, vielmehr mit ihnen wuchert und wirket, wie die Verewigte gethan. (Näheres.) Sie sei Allen ein Beispiel und Muster darin, wie fleißig man die Ordensregeln in Obacht nimmt, wie genau, pünktlich, streng, gewissenhaft man sie befolgt, damit keine andere Person ihre Krone erhalte. Eine geistliche Person ist kraft ihres Berufes schuldig, Gott emsiger zu dienen als eine weltliche; sie muß mehr und öfter beten und darf der armen Sünder sowie der allgemeinen Angelegenheiten der christlichen Kirche nie vergessen. Sie muß oft und gerne das allerheiligste Sakrament besuchen, sich mit ihrem Bräutigame, der unter den Brodsgestalten gegenwärtig ist, zu vereinigen. Da nun muß sie ihr Herz ausschütten und sprechen: „Ich bete dich an, o demüthigst verborgene Gottheit, die du unter diesen Gestalten wahrhaft verborgen bist, dir unterwirft sich mein ganzes Herz!" Sei mir tausendmal gegrüßt; nun kann ich ungestört mit dir reden, dir klagen meine Noth, dir danken meine Freuden u. s. w.

Also muß eine geistliche Person sprechen, und ihre Tugenden müssen in Folge ihres steten Umgangs und Verkehrs mit dem Heiligen und Heiligsten stärker leuchten als jene der Weltleute.

Dann heißt es: Aus dem Kloster in den Himmel! Ferner heißt es: „Selig sind die, welche täglich Wacht halten an meiner Thüre!" (Sprüchw. 8, 34.) Und: „Selig, die in deinem Hause wohnen, o Gott, sie werden dich loben in alle Ewigkeit!" (Ps. 83, 5.) Groß war die Gnade, welche Assuerus der Esther erwies, da er sie auf seinen königlichen Thron berief; aber ohne Vergleich herrlicher ist jene, wenn der König des Himmels und der Erde eine christliche Jungfrau zu seiner Braut erwählt und diese dann, wenn sie ihm treu ergeben war, einführt in sein himmlisches Reich. — —

Deßhalb sollten Alle, die Gott auf diese Weise für sich auserlesen hat, dem Himmel auf den Knieen danken für diese unschätzbarste Gnade des Klosterberufes, und Niemand sollte weinen, wenn der Tod eine solche Braut mit ihrem Bräutigame noch enger verbindet, noch fester verknüpft, wenn er sie auf ewig mit dem Ewigen verkettet. Schmerzlich mag es euch allerdings fallen, eine so geliebte Mitschwester, wie es die ehrwürdige Verblichene, wie es die gute N. N. war, in die Gruft hinabsenken zu sehen; aber bedenket die Worte, welche der Apostel Paulus den Thessalonichern (1. Thess. 4, 13.) zu erwägen gibt: „Hinsichtlich der Entschlafenen aber kann ich euch nicht ohne Belehrung lassen; damit ihr euch nicht betrübet, wie jene Anderen, welche keine Hoffnung haben." Wir aber haben ja die allerbeste Hoffnung; denn wer soll selig werden, wenn nicht reine Klosterfrauen? wo soll man leichter sein Heil wirken, wenn nicht in der abgeschiedenen Zelle.

Damit wir aber unserer Liebe zu der Verewigten Ausdruck geben, so lasset uns derselben gedenken im heißen Gebete für deren hinübergegangene Seele! Vater unser.... Ave Maria... Amen.

Am Grabe einer Klosterfrau.

Text: „Die nun bereit waren, gingen mit ihm zur Hochzeit, worauf die Thüre verschlossen wurde."
Matth. 25, 10.

Eingang.

Hochverehrliche!

Der angeführte Spruch hat einen doppelten Sinn: einen buchstäbchen und einen sittlichen. Dem Buchstaben nach will der Text sagen: Niemand wird zur Hochzeit eingelassen, er habe denn ein hochzeitliches Kleid, und sei gehörig geschmückt und geziert; denn in diesem äußerlichen Wesen besteht die Vorbereitung zur Hochzeit, wie wir denn dem Evangelium gleichfalls entnehmen, wie ein ungezierter, mit hochzeitlichem Gewande nicht bekleideter Gast ausgewiesen wurde. Im sittlichen Verstande wollen die in Rede stehenden Worte uns ermahnen, daß wir, ehe wir aus diesem Leben in jenes hinübergehen, unsere Seele schmücken und zieren und mit dem Gewande der Tugend und Buße bekleiden müssen.

Dieses hat zweifelsohne die ehrwürdige Klosterfrau, Schwester N. N. ganz vorzüglich in's Auge gefaßt, da sie gar so besonders ihr ganzes Leben lang darauf ausging, ihrem Seelenbräutigam sich zu schmücken, und ihm als dem Verlobten ihres Herzens zu gefallen. (Näheres aus ihrem Leben.) So ward sie denn nun auch bereit gefunden und hoffen wir zuversichtlich, daß sie nun Theil nimmt am himmlischen Hochzeitmahle.

Die Beisetzung der irdischen Hülle der Verewigten aber bietet mir den Anlaß dar, euch des Näheren auseinanderzusetzen:

1) **worin die Vorbereitung einer Braut Christi zur himmlischen Hochzeit bestehe;** und

2) **wie wenig sich die Weltkinder aus dieser Vorbereitung machen.**

I.

Daß Jesus ein Bräutigam der Jungfrauen sei, bezeugt neben der hl. Schrift die ganze allgemeine Kirche, indem sie singt: „Jesu, du Bräutigam der Jungfrauen!" Ferner wissen wir auch, daß er sich eine Jungfrau zur Mutter, den jungfräulichen Joseph zum Pflegevater, und wiederum einen jungfräulichen Sohn zum Lieblingsjünger auserlesen hat. Jungfräuliche Seelen sind ihm daher am Liebsten und gewähren ihm beim himmlischen Hochzeitmahle die größte Freude und lieblichste Augenweide. Darum vergleicht er das Himmelreich mit einem Hochzeitssaale, vor dem zehn Jungfrauen des Bräutigams harren. Die aber, welche mit brennenden Lampen den Bräutigam zu empfangen und zu begleiten bereit waren, wurden zugelassen.

Worin nun diese Vorbereitung bestehe? Erstlich in einem hochzeitlichen Gewande, d. h. daß eine Jungfrau immer mit den standesmäßigen Tugenden geziert sei, als da sind: Keuschheit, Gottesfurcht, Andacht, Zucht, Glaube, Hoffnung, Liebe, Dienst Gottes u. s. w. Die Keuschheit macht uns Gott lieb, die Gottesfurcht hält uns von Sünden ab, die Andacht und der Dienst Gottes entzünden die Liebe und die himmlischen Begierden und ziehen den Bräutigam immer mehr an. Zucht und Ehrbarkeit, Glaube und Hoffnung aber sind in der Seele, was die Perlen und Edelsteine auf einem Kleide.

Wie die verlebte Klosterfrau, Schwester N. N. alle diese Tugenden geübt, dessen sind ihre Mitschwestern Zeuge. (Näheres.) Was die Reinheit anlangt, war sie eine Rose, geschützt von den Dornen, mit denen sie ihre Unversehrtheit vertheidigte. In der Andacht war sie gleichsam geboren, so gern betete sie zu Gott, den sie fürchtete, mehr aber noch liebte. Voll des Glaubens und der Hoffnung, die sie durch's Leben begleiteten, starb sie auch. (Näheres, Alter.) So also fehlte ihr das hochzeitliche Kleid gewiß nicht.

Auch die andere Vorbereitung kannte sie, das Wachen, welches darin besteht, daß man die Zeit seines Heiles nicht verschläft, daß man wirket, so lange es Tag ist, daß man unausgesetzt an seiner Seligkeit arbeitet. Auch hierin ließ es unsere ehrwürdige Schwester nicht fehlen: Mit Martha war sie beschäftigt im Hause als.... (Wirkungskreis.) Mit Maria saß sie zu den Füßen Jesu und suchte dort den besseren Theil zu erwerben. (Spezielles.)

Die dritte Vorbereitung, welche in der angezündeten und von der Liebe Gottes brennenden Lampe des Herzens besteht, ist ihr auch nicht abgegangen. Wenn ihre Zelle reden könnte, sie würde uns sagen, wie viele Seufzer der Liebe zu Gott die Selige verhauchte. (Hervorhebungswürdiges.)

II.

O welcher Unterschied waltet zwischen dieser reinen Braut Christi und den Weltkindern! Diese wachet, betet, ist besorgt für das hochzeitliche Kleid, hat Oel und Feuer in der Lampe ihres Herzens; — jene schlafen, faullenzen, sündigen und ruiniren mit Bosheit das hochzeitliche Gewand; sie fragen sich vor den Spiegeln, wie sie der Welt gefallen, sie kokettiren und treiben nichts als Eitelkeit.

Ueber die Tugend der Keuschheit wird gespöttelt, die Gottesfurcht macht der Menschenfurcht Platz, die Andacht fehlt ganz, das Herz ist kalt und leer für Gott, die Zucht wird immer mehr gelockert, der Glaube ist schwach und ohne Ansehen, die Hoffnung steigert sich bis zur Vermessenheit oder sinkt zur Verzweiflung herab und die Liebe Gottes ist ein unbekanntes Gefühl.

Man ist taub gegen alles Göttliche, blind gegen alles Uebernatürliche, gleichgiltig gegen das Wichtigste, seine Seele, und gegen die Ewigkeit. Es herrscht vor der Hölle keine Furcht, für den Himmel keine Begeisterung, für das ewige Wohlergehen der Seele keine Opferwilligkeit mehr. Alle Wachsamkeit ist dahin, alle Sorge für des Menschen Höchstes. Die Vorbereitung auf die Ewigkeit und die Ankunft des Bräutigams heißt so viel wie Nichts. Das ist heutzutage bei den Weltkindern Brauch! — —

O glücklich diejenigen, welche sich der Welt frühzeitig entschlagen haben! Das allgemeine Verderben reißt sie nicht mit fort und sie stehen da vorbereitet, wenn der Bräutigam nahet, vorbereitet, gleich der nun in Gott ruhenden Schwester N. N., angethan mit dem hochzeitlichen Gewande, wachend und die brennende Lampe flammender Gottesliebe im Herzen.

Wir, Andächtige, die wir uns in dem einen oder anderen Punkte verfehlt haben, wollen von jetzt an sorgfältig wachen und uns vorbereiten, damit die Thüre des Himmels nicht vor unseren Augen geschlossen werde.

Der Eingesargten aber wollen wir in die Gruft, d. h. in die Ewigkeit nachsenden das übliche Gebet für die lieben Todten! Vater unser.... Ave Maria.... Amen.

Am Grabe einer barmherzigen Schwester.

Text: „Mag auch der Gerechte frühzeitig durch den Tod hinweggenommen werden, er wird am Orte der Erquickung alsdann sein." Weish 4, 7.

Eingang.

Hochverehrteste!

Der Welt entsagen und doch von der Welt gesucht und geliebt werden, einsam stehen und doch umringt von großen Massen zu Grabe geleitet werden, das, Geliebteste! ist eines der staunenswerthen Dinge, welche allein die christliche Liebe hervorruft. Noch ist es nicht lange, als wir am Grabe einer ihrem schweren Berufe als Opfer gefallenen barmherzigen Schwester gestanden; heute nun stehen wir abermals an der Gruft eines Engels der Liebe und Barmherzigkeit. Ach, warum war die Verewigte nicht auch in allen übrigen Stücken ein Engel, ein unsterblicher Engel! Wir würden sie nun nicht zu beklagen haben. Und doch, sie ist uns nicht nur hinweggenommen worden, sie ist uns sogar frühzeitig entrissen worden. Die allgemeine Theilnahme von Personen aus allen Ständen und Altern &c. bekundet, wie groß die thätige Liebe war, welche die Verlebte zu ihren Nebenmenschen hatte, da sie eben dadurch eine so große Gegenliebe sich erworben. Ich glaube Vielen, sehr Vielen — mag immerhin auch der Orden der barmherzigen Schwestern seine Feinde haben — ich glaube Ihnen Allen und noch vielen Hunderttausenden aus der Seele zu sprechen, wenn ich sage: solche Engel der christlichen Nächstenliebe sollten gar nicht aus der Welt scheiden müssen. Statt dessen aber sterben aus keinem anderen Stande mehr heraus, als aus diesem Orden der Barmherzigkeit: ihr Beruf ist ein zu opfervoller.

Darum dieses erschütternde Weh, diese Klage, diese Thränen auch heute wiederum an der Gruft dieser vor — Tagen an einer — Krankheit im Blüthenalter von — Jahren hingegangenen Schwester — —. (Lebensabriß. Persönliches u. s. w.) Unersetzlich, wenn je der Verlust eines Menschen es ist, ist der Verlust einer dieser guten Schwestern. Das aber sei unser Trost: „Mag auch frühzeitig durch den Tod der Gerechte hingenommen werden, er wird alsdann am Orte der Erquickung sein."

Dieser Wahrheit zu folgen lasset uns heute betrachten:

1) **wie viele Güter auf die treuen Diener Gottes warten;** sodann:
2) **wie auf ein frommes Leben ein glückseliges Ende folge.**

I.

Nicht ohne Ursache spricht der Psalmist: „Kostbar ist der Tod der Heiligen im Angesichte des Herrn." (Ps. 115, 15.) Denn obwohl Christus für Alle gelitten hat und gestorben ist, für Fromme wie für Unfromme, so wird doch den Guten das Verdienst des Todes Jesu auf besondere Art dergestalt zugeeignet, daß ihr Tod kostbar wird wegen des unschätzbaren Werthes, welcher dem vergossenen Blute Jesu entströmt, sodann wegen der den Dienern Gottes nach ihrem Tode in Aussicht gestellten himmlischen Belohnung, während den Gottlosen die Verdienste Jesu nicht zugewendet werden. Aus dieser Rücksicht floß auch die Liebe und Sehnsucht vieler Heiligen nach dem Tode. Paulus begehrte aufgelöst zu werden und mit Christus zu sein. Was ist auch der Tod einem frommen Christen? — Ein Ende der Mühen und Arbeit, ein Anfang der Ruhe, eine Vertreibung der Traurigkeit, eine Ankunft der Freuden, ein Stifter des Friedens, ein willkommener Freund.

Wahrlich, ein glückliches Ereigniß, das uns so vieler Widerwärtigkeiten und Schmerzen enthebt, dagegen so zahlreiche Güter mit sich führt! Wer soll sich nicht freuen, wenn es an die Heimreise in's Vaterland geht? wenn die Gefahren und Nachstellungen, die uns umrungen halten, mit einem Schlag entweichen? Glückselige Stunde, die von solch' vielen und dauerhaften Gütern begleitet ist! Glückseliger Augenblick, befrachtet mit so werthen Gaben! Wer wollte den Schlaf nicht lieben, aus welchem man zum ewigen Wonneleben erwacht? Wer wollte die Pilgerschaft nicht über sich nehmen, die an den Ort führt, wo wir uns der steten Nähe Gottes freuen? Wer wollte die Brücke hassen, welche den Uebergang vermittelt von der Erde zum Himmel, aus dem Abgrunde des Elends in den Palast des majestätischen Gottes, von der Sterblichkeit zur Unsterblichkeit, aus der Sklaverei zur Freiheit? Wer wollte den Kelch von sich weisen, darin die Arznei sich befindet, welche allen Leiden ein Ende macht? Wer wollte des Tages sich nicht freuen, an dem er einen großen Sieg erringt? Wer die Stunde nicht preisen, da er gekrönt wird?

Dieses Alles, Geliebte, wissen wir, bringt der Tod — des Gerechten mit sich; dieß sind die Schätze, welche der Schlüssel des Todes den Guten eröffnet. — Deßhalb auch starb die Vollendete hier so leicht und so freudig. (Näheres.)

II.

Ein solch' sanfter und friedlicher Tod, ein solch' letzter Tag des Lebens wird ohne Zweifel auch der erste Tag des Paradieses für die Vollendete gewesen sein. Denn wir lesen im Buche der Weisheit: „Der Gerechten Seelen sind in Gottes Hand und nicht berührt sie des Todes Pein. Sie scheinen in den Augen der Einsichtslosen zu sterben, und es gilt ihr Hingang als ein Unglück.... sie aber sind im Frieden." (Weish. 3, 1—3.) Ein solcher Ausgang kann auch in der That dem Gerechten nicht fehlen. Wie das Leben, so der Tod, ist ein bewährtes Sprüchwort. Der Tod ist der Widerhall des Lebens. Welch' ein Leben die Verewigte führte, wissen wir alle; denn einige von uns waren Zeugen ihres öffentlichen Lebens und Wirkens in der Welt und am Krankenbette, andere hier waren Zeuge ihres Lebens im Ordenshause. (Näheres allenfalls Hervorzuhebendes, wie z. B. Pflege von Verwundeten im Kriege u. s. w.)

Was einen guten Ausgang und Verlauf genommen, das kann auch nur zu einem guten Ziele kommen.

Gut, sagt der hl. Bernardus, ist der Tod des Gerechten, wegen der Ruhe; besser wegen des neuen Lebens; am Allerbesten wegen der (darauffolgenden) „Sicherheit." Darum sagt derselbe Heilige: „Stirb ab der Welt, so lange du im Fleische lebest, damit du nach dem Tode des Fleisches Gott zu leben anfangest." — —

Uns selbst absterben, das ist es, Andächtige, was wir heute am Grabe dieser der Welt so sehr abgestorbenen guten Schwester lernen wollen.

Nichts nützt es uns, einst dem Leibe nach bei unserem Hingange abzusterben, wenn wir nicht zuvor im Leben dem Geiste nach der Welt, Jeder nach seinem Stande, abgestorben waren. Erfüllen wir dagegen so vollkommen, wie die hier in die Gruft Eingesenkte, unsere Pflicht, alsdann wird auch unser Hintritt dem ihrigen gleichen und ein glückseliger genannt zu werden verdienen.

Schließlich lade ich Sie ein, das übliche Gebet für die Verblichene hier an ihrem Sarge mit mir in christlicher Liebe verrichten zu wollen. Vater unser.... Ave Maria.... Amen.

Am Grabe einer Schulschwester.

Text: „Ein dreifacher Strick wird nicht so leicht zerrissen." Pred. 4, 12.

Eingang.

Hochansehnliche!

Betrübten Geistes und weinenden Auges sehen wir in ein neues Grab, darein wir die ehrwürdige Schwester N. N. versenkt haben. Wem war sie nicht theuer? Den Kleinen, die sie unterrichtete, wie nicht minder den Eltern, deren Kinder sie zu Menschen, zu Christen heranbildete. Wer kann es auch aussagen, welch' ein Wohlthäter der Menschheit derjenige ist, der sich mit dem Unterrichte und der Erziehung der Jugend beschäftigt. Eine solche Wohlthäterin war die hier Beigesetzte.

Die Verlebte war geboren zu — im Jahre — am — —. (Lebensskizze, Charakteristik, Tugenden, Wirken, Persönliches, Ende, Alter.) Möge sie sanft ruhen, ausruhen von den großen Beschwerden ihres so vollkommen erfüllten Berufes! (Hier kann Einiges über den Schulschwester-Orden eingeflochten werden.)

Wolle der Himmel nun dieser hinübergegangenen Seele Alles vergelten, was sie dieser Gemeinde Gutes gethan! Der Segen, den sie uns hieher gebracht, war, wie wir Alle anerkennen, ein bedeutender. Solches Wirken verleiht der Himmel wohl nur denen, die mit Christus so innig verbunden sind. Und wer ist dieses mehr, als wer durch ein dreifaches Gelübde sich dem Herrn verbündet? Dieß that die Verewigte. Sie konnte mit der Braut im Hohenliede singen (3, 4.): „Ich habe gefunden, den meine Seele lieb hat, ich hab' ihn gehalten und werde ihn nimmer lassen.“ Gefunden, vorzugsweise gefunden hat sie den Herrn, als sie in's Kloster trat; gehalten hat sie ihn, als sie sich an ihn wie mit einem nicht so leicht reißenden dreifachen Stricke mittelst der drei Gelübde band und fesselte; nimmer lassen wird sie ihn, da wir hoffen, daß sie bereits in die Himmelsherrlichkeit eingegangen ist.

Das thut die Liebe, sie hat keine Ruhe, bis sie sich des Geliebten ganz und gar versichert hat. Sei denn das Band, das dreifache Seil, mittelst dessen sich die Braut Christi an ihren Bräutigam fesselt, der Gegenstand unserer ferneren Erwägung!

Betrachtet mit mir, welches feste Band

1) die Armuth,

2) die Keuschheit und

3) der Gehorsam sei.

I.

Schon die Heiden merkten, was für ein vollkommen ruhiges und friedliches Wesen es wäre, wenn man sich der zeitlichen Güter entäußerte. Um der Weisheit besser obzuliegen, warf schon Crates sein Geld in's Meer und zog das Kleid der Armuth an. Und o wie ruhig macht die Armuth, wie wenig stört sie den Verkehr mit Gott, das Gebet; wie freudig übt sie die Werke der Demuth! Fern bleiben da alle irdischen Sorgen und Gedanken, alle Habsucht, aller Geiz, aller Neid, alle Hoffart, alle Lauheit und Trägheit, denn da heißt es beten und arbeiten! Wie schwach sind in einem freiwillig und um Christus willen Armen die Leidenschaften!

Wie vieles Böse verliert durch die geistliche Armuth seinen Reiz, seinen Stachel! Wie wenig schreckt einen solch' freiwillig Armen der Tod! Wie heilig läßt sich in einem solchen Stande, mit solcher Verfassung des Gemüthes leben! Als Petrus und die übrigen Apostel das Ihrige verließen, da erst nahm sie Christus in seinen Kreis auf und erlas sie vor den übrigen Menschen für sich ganz besonders aus.

Mit diesem Seile hat denn auch die Verlebte Christus an sich gefesselt; denn eine arme Schulschwester ist in der That arm. Betrachtet ihre Zelle, verkostet ihre Nahrung, seht ihre Kleidung, merket auf ihr Leben: überall werdet ihr das Gelübde der Armuth ausgedrückt finden. Alles, was eine Ordensperson bedarf, muß sie sich erst von ihren Oberen erbitten. Alles, was sie besitzt, ist nur geliehen. Das arme Leben Jesu ist ihr Vorbild.

Als Alexander dem weisen Phocion einst 60,000 Gulden seiner Tugend halber übersenden ließ, schickte er sie ihm wieder zurück und sagte dem Ueberbringer: Wenn Alexander meine Tugend hochschätzt, so lasse er mich bei meiner Armuth. Nichts ist richtiger, als dieses!

II.

Verstärkt, weil verdoppelt, ward dieses Band, das die Verlebte an Jesus fesselte, dadurch, daß sie zu dem ersten Gelübde das zweite that: das Gelübde der ewigen Keuschheit. Nichts Angenehmeres, nichts Lieberes konnte sie ihrem Bräutigame erweisen. Der Apostel sagt: „Dieses ist der Wille Gottes, eure Heiligung, daß ihr euch der Unreinheit enthaltet und jeder darauf sehe, daß er seinen Leib unbefleckt und in Ehren halte; . . . . denn Gott hat uns nicht berufen zur Unreinheit, sondern zur Heiligkeit.“ (1. Thess. 4, 3. 4 und 7.)

Wahrlich, eine engelgleiche Tugend ist diese ewige Keuschheit, denn von den seligen Geistern im Himmel heißt es: „Sie nehmen weder zur Ehe, noch werden sie zur Ehe genommen.“ (Matth. 22, 30.) Und Paulus sagt zu den römischen Christen: „Nicht im Fleische, sondern im Geiste seid ihr.“ (Röm. 8, 9.) Warum war Johannes der Evangelist Jesum so lieb? Weil er ein unverehlichtes engelreines Leben führte; deßhalb durfte er an seiner Brust ruhen, deßhalb sollte er nach der Himmelfahrt Jesu Mariens Sohn sein. Warum nahm Christus Maria zur Mutter? Weil sie Gott ewige Keuschheit angelobt hatte, obwohl die Welt und die Sitten ihres Volkes gegen den jungfräulichen Stand war.

O heiliges Band, das uns an Jesus bindet.

III.

Und nun noch ein Wort vom Gehorsame. In der Welt gehorchen die Kinder ihren Eltern, die Schüler ihren Lehrern, die Lehrlinge ihren Meistern, die Bürger dem Magistrate, die Unterthanen dem Könige. Allein dieser Gehorsam wird nicht angelobet. Im geistlichen Stande dagegen erklärt man feierlich in der Kirche vor dem Allerheiligsten: „Ich gelobe Gehorsam.“ Das aber geht viel höher; jenes rührt aus der Natur her, dieses von der Gnade; jenes ist Pflicht, dieses Tugend. Das also ist der Grund, weßhalb die, welche solchen Gehorsam angelobt haben, pünktlicher und gewissenhafter gehorchen, als die Soldaten dem Befehle ihres Generals oder die Schüler dem Winke ihres Lehrers. Wahrlich! „Besser ist Gehorsam als irgend ein Schlachtopfer.“ (1. Kön.

15, 22.) So lange dieser Strick, der Gehorsam hält, so lange halten auch die übrigen, denn das Gelübde des Gehorsames begreift die beiden anderen in sich. Wer gehorsam ist, der hält auch die Armuth und die Keuschheit.

Diesem Gehorsam müssen aber auch die herrlichen Wirkungen zugeschrieben werden, welche von den Klöstern ausgegangen sind. Alles Große, was durch die religiösen Orden und Genossenschaften der Welt zum Segen zuging, ist mehr oder minder als Folge des Gehorsams anzusehen. — —

O herrlicher dreifacher Strick, der so den Menschen an Jesus fesselt. Der Gürtel einer Klosterperson, mag er immerhin knotig und rauh sein, er erinnere uns stets, Geliebte, an jenes dreifache Seil, welches diese Person mit ihrem Seelenbräutigam so fest verbindet: an das Gelübde der Armuth, der Keuschheit und des Gehorsams; denn „ein dreifaches Seil wird nicht leicht zerrissen."

Ihr, liebe Kinder, aber, die ihr eine so liebevolle, so herzensgute Lehrerin verloren habet, bewahret euer Leben lang das Andenken an dieselbe und auch die gleiche Liebe zu ihr, denn es gibt auf der Welt auch andere, boshafte Menschen, welche den Orden der armen, gehorsamen und reinen Schulschwestern verleumden und verfolgen. Widerlegt solche Menschen, wo ihr könnet, durch Wort und Werk, besonders indem ihr befolget, was sie euch lehren.

Und jetzt unser Gebet! Es sei der Dank, den wir dir, hinübergegangene Schwester, thränenden Blicks für all' das, was du gewirkt unter uns, nachsenden. Vater unser . . . Ave Maria . . . Amen.

Bei einer Doppelleiche.

Text: „Wo ist dein Stachel, o Tod?" 1. Cor. 15, 55.

Eingang.

Andächtige!

Wir schauen in das Grab Zweier, die an einem Tage, nämlich am — d. M., fast zu gleicher Zeit ihre irdische Laufbahn in hiesiger Pfarrgemeinde vollendet haben; und so haben wir denn auch beide nun zu derselben Stunde hier beigesetzt.

Die Verlebten waren der — — und die — —. (Lebensabriß beider.) An einem Tage von Gott von der Erde abgerufen, ruhen sie hier nun neben einander. Was predigen uns nicht diese beiden Leichenbegängnisse? Gedenke, o Mensch, daß der Tag des Gerichtes ein doppelter Erntetag ist: die eine Ernte ist für den Himmel, die andere für die Hölle. Mögen die beiden hier im Grabe Ruhenden, wie sie Angehörige einer und derselben Pfarrgemeinde waren, so auch jetzt vereint die glücklichen Bewohner eines und desselben Reiches, des Himmels, sein! Wir dürfen es hoffen! (Hervorhebung ihrer Tugenden.) Deßhalb wollen wir uns der getrosten Hoffnung hingeben, der Himmel werde ihre Wohnung sein.

Wir aber wollen, obwohl der Tod zwei unserer Freunde auf ein Mal gefällt, an einem Tage ins Grab gelegt hat, beherzigen, wie dessenohnerachtet der Tod so gar wenig, ich möchte sagen, so gar nichts wider uns vermag. Ich erinnere an die Sprache, die der heil. Paulus dem Tod gegenüber führt; wie verspottet, wie verlacht er ihn! Wie scherzt er über denselben, wie trutzt er ihm! Und was sagt er? „Wo ist dein Stachel, o Tod?“ (1. Cor. 15, 55.)

Vernehmet denn:

1) **die Ursache, warum der hl. Paulus dem Tode trutzt,** und
2) **welche Gewalt zu schaden der Tod noch habe.**

I.

Nachdem Jesus den Tod überwunden, hat er über die Menschen seine größte Gewalt verloren, seine Pfeile sind abgestumpft, sein Rasen und Wüthen gehemmt, sein Stachel vernichtet. Diejenigen, welche den Tod so sehr gefürchtet haben, waren ungläubige, unerlöste Heiden, die von keiner Auferstehung noch einer Seligkeit etwas wußten. Nun aber verhält sich die Sache ganz anders, seit Christus die Worte des Propheten Oseas auf sich anwandte: „Ich werde dein Tod sein, o Tod; ich werde dein Biß sein, o Hölle!“ (13, 14.)

Was sollte uns Christen der Tod anhaben können? Er hat Christus den Herrn angegriffen, allein nach drei Tagen stund er wiederum auf. Dieser Tod Jesu ist unser Leben. Auch uns wird er angreifen, aber auch wir werden wiederum auferstehen. Dank dir, o du unser Heiland Jesus Christus, daß du durch deinen Tod diesen unseren so mächtigen Feind getödtet hast!

Nunmehr gleicht der Tod einer Biene, die ihren Stachel verloren hat; sie kann nicht mehr verwunden, sondern führt nur Honig mit sich; so kann auch der Tod den gläubigen Christen nicht mehr schaden, gibt aber statt dessen uns den Honig des ewigen Heiles. — Nunmehr ist er zum Fußschemmel geworden, dessen sich die Gerechten bedienen, um in den Himmel zu steigen.

II.

Nur mehr noch bei den Gottlosen steht er in gefürchtetem Ansehen und gilt seine Herrschaft; denn über diese hat er noch Gewalt, diesen schadet er noch bitter, indem er sie des Liebsten beraubt, dessen, was ihnen über Alles geht, der Welt, der irdischen Glücksgüter, der zeitlichen Genüsse, des Lebens, und sie überdieß in die Hölle stürzt.

So sind auch die Heiden vor dem Tode erschrocken, da sie an keine Auferstehung glaubten. Wir Christen dagegen zeigen schon durch die Ehre, welche wir unsern Todten erweisen, indem wir sie so ehrenvoll wie möglich bestatten, Blumen, Monumente auf ihre Gräber setzen, daß wir uns der allgemeinen Auferstehung für versichert halten. Gehet im Geiste an die Scheiterhaufen der Martyrer, in die Zellen der Mönche, in die Höhlen der Einsiedler, da werdet ihr Beispiele in Menge finden, wie der Gerechte dem Tode trotzt. Auch den Verlebten hier in den beiden Gräbern war der Tod kein Schreckbild; ihre letzten Stunden bezeugen dieses. (Näheres.) Sie wußten, der Tod kann uns in der Hauptsache ja doch nicht das Mindeste schaden, vielmehr nützt er Jedem außerordentlich, der sich seiner zu bedienen weiß. — —

Also wollen auch wir, die wir heute die Ueberlebenden sind, uns nicht allzu sehr abkümmern über den uns zugegangenen scheinbaren Verlust. Vielmehr lasset uns lernen, dem Tode zu trotzen, gleich dem heiligen Paulus, da wir wohl wissen, daß es ein Wiedererwachen gibt, und der Tod nur ein Schlaf ist. Wer aber wollte sich so heftig vor dem Schlafe fürchten? Ist er nicht eine Wohlthat, und erwachen wir nicht wieder aus ihm, glücklicher, fröhlicher als zuvor? Also ergeht es auch den im Herrn Entschlafenen: ihr Geist weilt und lebt in Regionen, wunderbarer als der goldenste Traum; auch der Leib wird wieder auferstehen stärker, glücklicher und zufriedener, denn je; dazu gehört nur ein tugendhaftes, christliches Leben. Denn also spricht die göttliche Weisheit: „Die Seelen der Gerechten sind in Gottes Hand und nicht berührt sie des Todes Qual. In den Augen der Einsichtslosen scheinen sie zu sterben, und ihr Hintritt gilt als ein Unglück .... sie aber sind im Frieden.“ (Weish. 3, 1—3.) Und in der geheimen Offenbarung lesen wir: „Selig die Todten, die im Herrn sterben.“ (14, 13.)

Saget deßhalb vor Allem Jesum Dank, daß er dem Tode seine Schrecken genommen hat, richten wir sodann am Glauben an die Auferstehung des Fleisches unsere Hoffnung auf, trauern wir nicht übermäßig über die Entschlafenen und fürchten wir nicht den Tod des Leibes, wohl aber den der Seele, die Sünde! —

Für die Seelen der Abgestorbenen aber ersuche ich um euer christliches Gebet. Vater unser .... Ave Maria .... Amen.

Am Tage Allerseelen.

Text: „Gedenket der Gefangenen, als wäret ihr mit ihnen gefangen; gedenket der Leidenden, als bittet ihr selbst mit ihnen."

Hebr. 13, 3.

Eingang.

Andächtige im Herrn!

Wir stehen auf den Gräbern unserer Lieben, von denen Viele vor kurzer Zeit mit uns noch gelebt, Viele heute vor einem Jahre mit uns noch hier gestanden und gebetet haben, von denen aber auch Andere bereits vor längerer Zeit abgeschieden sind und vielleicht jetzt noch im Reinigungsorte leiden müssen. Alles dieses sind Gründe, das Mitleid in uns rege zu machen und den Wunsch, den armen Seelen im Fegfeuer zu helfen. Und gewiß ist nichts gerechter und billiger, als daß Kinder ihrer Eltern, Freunde ihrer Freunde nach dem Tode gedenken, zumal wenn sie erwägen, wie leicht solche gefangen, leidend und von dem allwaltenden Gott ausgeschlossen sein könnten, da nur Vollkommenes und Reines in den Himmel eingehen darf.

Also gedenket der Gefangenen und Leidenden auch heute! Hiezu muß uns ja der Gedanke bewegen:

1) **Die Qualen des Fegfeuers sind so überaus groß;**
2) **die Leidenden sind unsere Glaubensgenossen und Freunde, und**
3) **es ist ihnen mit ganz geringer Mühe geholfen.**

I.

Das Verfahren Alexanders, Königs von Macedonien, dem Callisthenes gegenüber hat billig alle edlen Gemüther zum Mitleid bewegt. Es ließ nämlich der genannte König den Callisthenes an allen Gliedern gräßlich verstümmelt mit einem Hunde zusammen in einen engen Käfig einsperren. Da nun Lysimachus dieses grausame Schauspiel sah, welches Callisthenes, sein bester Freund und vordem Alexanders vornehmster General, abgab, ward er gerührt und steckte dem Callisthenes heimlich Gift zu, damit er seiner Marter früher los werde. So mitleidig und mildreich waren vor Zeiten die Barbaren. Der Käfig des Callisthenes und seine Peinen sind aber nur ein Schatten gegen die Qualen der im Reinigungsorte Eingekerkerten. Der heilige Augustinus sagt: „Wer das Fegfeuer verlangt, weiß nicht, was er sich auflädt. Ich sage die Wahrheit: es ist das Feuer des Reinigungszustandes empfindlicher als der Schmerz, den ein hl. Laurentius auf glühendem Rost ausstand." (l. de cur. pro mort. c. 8.) Der heil. Cyrillus stimmt diesem bei, indem er sagt: „Lieber steht man alle Peinen aus, welche die Menschen von Adam an bis auf unsere Zeiten herab erlitten haben, als daß man einen einzigen Tag im Fegfeuer weilet." (l. 10. in Joan. c. 14.) Diese zwei Zeugen sind allein schon genug.

Gedenket daher doch ja wenigstens heute der Gefangenen, gleich als wäret ihr selbst gefangen, und der Leidenden, gleich als wäret ihr selbst leidend. Wir sind keine Engel, sondern Menschen; wer kann sich demzufolge rühmen, er sei vollkommen rein und habe Gott genug gethan? Also kommet den armen Seelen zu Hilfe! O das Gebet einer ganzen Gemeinde dringt durch die Wolken!

II.

Nicht nur weil die Qualen der armen Seelen so sehr groß sind, sollen wir ihnen helfen; sie sind auch unsere Brüder, unsere Freunde, Nachbarn, Glaubensgenossen; das muß uns doch gewiß völlig antreiben, sie zu befreien. Welches Mitleid haben wir nicht mit denen, welche auf lange Zeit oder lebenslänglich gefangen sitzen! Wie gerne wünschen wir ihnen die Freiheit! Vermeint ihr nun, daß es recht sei, seine nächsten Freunde, Gutthäter, Nachbarn also zu vergessen und zu verlassen? O denken wir uns an deren Stelle! Wir in dieser Finsterniß, wir in diesem Feuer, wir in diesen Schrecken und Aengsten, wir von diesen grausamen Schmerzen umrungen! Sicher, wir würden, wenn die Menschen gefühllos blieben, suchen, die Steine zum Mitleid zu bewegen. Wir nun, wir könnten dieser Verlassenen gegen das Naturgesetz sowohl wie gegen das Gesetz der Religion vergessen? Wer weiß, mein lieber Zuhörer, ob nicht dein Vater, deine Mutter, dein Sohn, deine Tochter, dein Bruder, deine Schwester, dein Gatte, dein Freund, dein Wohlthäter aus diesem Kerker dir zuruft? (Locus amplif.) Welch Jammern und Aechzen, welch' Flehen und Schreien tönt nicht von da herauf? Wir haben Mitleid mit einem Kinde, wenn ihm ein Leid widerfährt, wir helfen den Thieren, wenn sie gefangen oder in Noth sind, und gegen unsere Brüder und Verwandte sollten wir so kalt sein können, daß wir auch nicht einen Funken von Barmherzigkeit in uns tragen?

III.

Ist ja doch mit nur ganz Wenigem den leidenden Seelen geholfen. Kein schweres unerschwingliches Lösegeld ist vonnöthen: ein Liebeswerk, ein Gebet, ein Gedanke, ein Seufzer, ein Werk der Buße und Genugthuung reicht oftmals schon aus, eine einzige hl. Messe genügt zuweilen schon. Der Abt Leo ließ sich selbst zum Sklaven machen, um drei seiner Geistlichen zu erlösen. Andere gaben all ihr Gold her, um ihre Verwandte und Freunde aus der türkischen Sklaverei zu befreien. Hier braucht es all' dessen nicht: ein andächtiges Gebet, ein demüthiges Vaterunser reicht hin. Das hl. Meßopfer aber hat nach Aussage des heil. Hieronymus eine solche Kraft, daß täglich unterschiedliche Seelen aus dem Läuterungszustande befreit werden. Dieß wußte der fromme Johannes von Alvernia, ein Franziskaner, der bei Verrichtung des hl. Meßopfers einstmals aufseufzte: „O himmlischer Vater! durch die Liebe, mit welcher du deinen Sohn liebest, durch die Liebe, durch welche er am Kreuze gestorben ist, durch diese allerheiligsten Wunden und das rothe Blut meines Heilandes bitte und beschwöre ich dich, du wollest die Seelen aus dem Fegfeuer befreien und sie herausführen aus dem Kerker." Und alsbald sah er unzählbare Seelen in den Himmel eingehen. — —

Schließet denn, Andächtige, ihr selbst diese Rede, und, nachdem ihr gesehen, wie es billig sei den Verstorbenen beizuspringen, da die im Reinigungsorte vorfindlichen Seelen so Heftiges leiden, da sie vielfach unsere nächsten Verwandten sind, und ihnen mit so Wenigem zu helfen ist, so bittet heute am Tage Allerseelen mit dem Priester für dieselben. Vereiniget Alle eure Gebete zu einer Stimme und fangen wir jetzt schon an zu beten: Vater unser . . . . Ave Maria . . . . Amen.

Allgemeine Anreden.

I.

Text: „Zornig wird in Feuerflammen
Diese Welt ein Tag zermalmen: —
Singt Sibylla mit den Psalmen."

Kirchenvers.

Eingang.

Andächtige!

Wenige Worte, aber voll großer Bedeutung! Welch' ein entsetzlicher Zorntag wird das sein, von dem Sibylla ebenso wie David und die Psalmen sprechen! Von ihm hängt ab die ganze Ewigkeit. O Tag der Beängstigung, des Zitterns und Zagens, Tag des zerstörenden Feuers! Tag der Finsterniß und des Posaunentones! Tag des Erbebens und Erdröhnens, Tag des Weltbrandes und Weltschuttes! Wie entsetzlich prägst du dich unserem Herzen ein! O Tag, in Vergleich zu welchem alle vorhergehenden Tage — Tage der Gnade und Barmherzigkeit sind, dazu uns verliehen, dem Zorne jenes Tages zu entrinnen! Diese Tage unseres Lebens sind und sollen sein Tage der Buße; jener dagegen ist der Tag der Rache, der Vergeltung, der Entscheidung, den die Frommen allein keine Ursache zu fürchten haben.

Doch betrachtet mit mir jenen Tag noch etwas näher!

Nichts geschieht, weder im Himmel noch auf Erden, ohne Ursache. Zumal wenn Gott zürnt, alsdann hat er die gerechteste Ursache. Warum nun folgt auf diese gegenwärtigen Tage der Gnade ein Tag der Rache und des Zornes? Nun, ihr hl. Schriften, was antwortet ihr? Sie lehren uns, daß es auf die Guten an jenem Tage nicht abgesehen sei, indem diese liebe Kinder Gottes sind und nichts zu fürchten haben, da Gott sie gerade an jenem Tage anreden wird: „Kommt her, ihr Gesegneten meines Vaters, nehmet in Besitz das Reich, welches euch von Urbeginn der Welt bereitet ist!“ (Matth. 25, 34.) Wem also gilt jener Zorntag? Nur den Gottentfremdeten, den Verlorengehenden. Deßhalb beschreibt das Buch der Weisheit, wie er wird alle Creaturen bewaffnen gegen die thörichten Sünder. (c. 5.) O schrecklicher Tag! Krieg, Feuer, Ueberschwemmung, Pest, die man bald in diesem, bald in jenem Lande verspüret, sind ein Tropfen gegen jenes Meer von Qual, ein Schatten jenes großen Feuers, das alsdann die Erde verschlingen wird. Ja, Feuer wird Gott vorhergehen und ringsum alle seine Feinde vernichten. Wenn der Richter kommen wird, dann wird er seinen Zorn in der Nähe ausgießen. Gleichwie eine Fluth nach durchbrochenem Damm alles benachbarte Land verheert, so wird der Himmel sich an jenem Tage öffnen und ein Feuerregen sich über das Erdreich ausgießen. Wie die Blitzstrahlen nächtlicher Weile das Land erbeben machen, das sie so grausig beleuchten, also wird einst die Erde flammen und glühen und Alles mit Entsetzen füllen, Nichts wird von diesem Feuermeere verschont bleiben. Alles wird zergehen und verbrennen.

Den Gerechten dagegen wird dieses Zornes-Feuer nichts schaden, sie sind nicht mehr fähig zu leiden. Die Guten aber, die in jenen Tagen noch am Leben, werden bei jenem Untergange nur den Schmerz des Todes zu verkosten haben, alsdann aber sogleich wieder auferstehen verklärt und leidensunfähig.

So wird es sich zutragen wie uns Sibylla und David bezeugen; Sibylla den Heiden, David und die Propheten aber uns. O wie werden alsdann die Ungläubigen und Gottlosen sich enttäuscht sehen, die von all' dem nichts wissen wollen, da doch auch Isaias sagt: „Sehet, der Herr wird im Feuer kommen und wie Sturmwind sind seine Wagen, um seinen Zorn in Glut walten zu lassen, und sein Dreuen in Feuerflammen. Ja im Feuer wird Gericht halten der Herr.“ (66, 15 und 16.) — —

Diesen Tag des Zornes, wer ihn im Gedächtnisse hat, der wird sich leicht der Versuchung zur Sünde entschlagen. So that der Verlebte. (Lebenslauf, Näheres.)

Wehe aber denen, welche den Worten und Weissagungen der Sibyllen wie den Offenbarungen Gottes durch David, die Propheten und Evangelisten ihr Ohr verstopfen und jenen großen Tag des Zorns, des Gerichts und der Vergeltung leugnen! Mögen sie immerhin darüber spotten und an allen Orten und bei allen Gelegenheiten darüber als über ein Mär chen spotten, mögen sie bis zum Ekel wiederholen, es werde jener Tag nie kommen, sie sind weit davon entfernt, dessen sicher zu sein, vielmehr fürchten sie sich gar sehr davor, daher dieses oftmalige Leugnen und Spotten: sie möchten sich den Tag selbst ausreden. —

Wir, Geliebte, wollen nicht in jener Reihe stehen, sondern uns bei Zeiten Gott zuwenden, ihn lieben und ihm dienen, damit das grausame Feuer an uns nichts mehr zum Läutern finde! Darum lasset uns für uns wie für den Verlebten hier im Sarge beten: „Strafe mich nicht in deinem Zorne, o Herr!" und wenn du wirst kommen zu richten die Lebendigen und die Todten, so verstoße, so verdamme mich nicht!

Verschone nach deiner grundlosen Barmherzigkeit uns Alle, besonders aber den hier im Grabe Ruhenden, für welchen wir beten wollen ein recht inbrünstiges Vater unser und Ave Maria. Amen.

II.

Text: „Fassen wird uns, welch' ein Grauen,
Wenn wir dort den allgenauen,
Den gerechten Richter schauen!"

Kirchenvers.

Eingang.

Andächtige!

Es ist kein Zweifel daran, daß der Schrecken unermeßlich sein wird, wenn Christus einst als Richter naht in seiner Majestät und Größe, als strenger und gerechter Richter, als Richter, dem nicht das Mindeste verborgen ist, zumal da dieser Ankunft so furchtbare Zeichen vorangehen werden. Wahrlich! „alsdann wird eine große Beängstigung sein, dergleichen nicht gewesen ist von Anbeginn der Welt bis zu dieser Zeit," spricht der Herr bei Matthäus (24, 21), und Lukas fügt bei: „Es werden die Menschen verschmachten vor Furcht und Erwartung der Dinge, welche über den Erdkreis kommen werden." (21, 26.) Ob wir nun gleich uns dessen wohl versehen können, daß der Verlebte hier (Lebenslauf, Näheres) jenem Schrecken entgehen wird, da er ein christliches Leben geführt, so wollen wir dennoch den Gegenstand weiter erörtern, indem wir

1) **den Kirchenvers näher betrachten und begründen**, sodann
2) **nützliche Lehren daraus abnehmen.**

I.

Daß wir Menschen zittern und zagen, wenn uns der Himmel etwas Schreckliches vorstellt, ist kein Wunder, da wir uns allzeit einer Strafe fürchten. So gibt es Leute, welche selbst bei der Erscheinung eines Kometen in Unruhe und Angst gerathen und in seiner Gestalt die einer feurigen Ruthe erkennen wollen.

Wie viel größere und gegründetere Ursache haben wir aber zur Furcht, wenn der Sternenhimmel, wie Lukas berichtet, erschüttert wird und jener große Zorntag anbricht, an dem der Herr die Menschheit zu richten in so großer Kraft und Herrlichkeit kommt.

Als das Volk Israel Gott den Herrn auf den Berg Sinai herabsteigen und unter Donner und Blitz dem Moses die zehn Gebote geben sah, fürchtete es sich außerordentlich und glaubte es müsse sterben. Sie begehrten deßhalb einhellig von Moses, er möge nur allein mit Gott reden, damit, wenn der Herr mit ihnen spräche, nicht Alle vor Entsetzen stürben; und gleichwohl waren unter jenem Volke viele fromme Leute. Welch' ein Grauen nun wird am Ende der Welt die befallen, welche mit Gott reden und ihm Rechenschaft ablegen müssen für so viele Sünden und Laster! Schrecklich in der That ist es, in die Hände des lebendigen Gottes zu fallen! Der heil. Johannes in seiner Offenbarung spricht daher: „Wie ein Todter bin ich ihm zu Füssen gefallen, als ich ihn sah." (1, 17.) Welch ein Entsetzen, wenn an jenem Zorntage die Gottlosen die Marterwerkzeuge gewahren, mit denen Christus um ihretwillen, doch umsonst, ist gepeinigt und getödtet worden! Wie dann, wenn die Sünder sehen, wen sie durchbohrt haben, wen sie verspottet, verlacht, verleugnet, beleidiget haben? Welche Beschämung, welche Noth, welches Elend, welcher Schmerz!

Welch' ein Schrecken sodann, wenn Alles, was geschehen ist, durchsucht wird und das Buch der Rechenschaft zum Vorschein kommt, wenn die Spreu vom Waizen wird abgesondert werden? wenn die Laster, die ich gar nicht zu nennen wage, an's Licht gezogen werden? Wie zitterte nicht Adam gleich dem Laube, hinter dem er sich verbarg, als Gott ihn ob der ersten Sünde zur Rechenschaft zog? Auch am Gerichtstage wird es heißen: Wo bist du, du widerspenstiger Rebell, du Gottesleugner, du Verschwender, du Träger, du Unterdrücker der Wittwen und Waisen, du Meineidiger? Komm hervor, laß sehen, wie dir dein Laster steht! Wahrlich, dann wird der Sünder den Bergen zurufen, ihn zu bedecken!

II.

Wenn nun der Schrecken der Sünder alsdann so unbeschreiblich ist werden sich die Gerechten nicht im Geringsten zu fürchten haben. Was auch immer dem Gerechten begegnet, es wird ihn nichts verstören.

O welchen Trost, welches Vergnügen, welch' süße Freude läßt nicht Gott alsdann seinen lieben Kindern widerfahren! Denn was ist es denn eigentlich, wovor den Gottlosen so entsetzlich graut? Nur ihre Gottlosigkeit ist die Ursache dieser Wirkung. König Balthasar sah keine Lanze, keinen Degen, keinen Krieger, nur einen schreibenden Finger, und dennoch erbebte er und zitterte, daß ihm die Kniee an einander schlugen. Woher diese Angst? Nur vom bösen Gewissen. Der Gottlose also wird an diesem Tage gleich den Pfeilern des Firmaments zittern. Der Fromme, der Gerechte, der treue Diener Gottes mag die Furcht leicht überwinden, da der Herr ihn einen Gesegneten nennt und einlädt, die Krone der Gerechtigkeit in Empfang zu nehmen. Das also ist das beste Mittel, das Grausen und den Schrecken an jenem Tage zu beseitigen, daß wir uns eines gottseligen Lebens befleißigen, daß wir das Licht uns nicht auf den Nagel brennen lassen, daß wir bei Zeiten dazu thun und uns vorsehen, um einst auf der rechten Seite zu stehen zu kommen.

Wohlan, Geliebte! Ein Jeder ermuntere heute sein Herz, wo nicht zur Flucht der Welt, zum Wenigsten zur Flucht der Sünde! Du aber, o allsichtiger Gott, erbarme dich, wenn der Schreckenstag kommt, unser und auch der Seele des hier im Grabe Ruhenden! Durchschauere unsere Herzen jetzt in diesem Leben mit einer heilsamen Furcht vor dir und deinem Gerichte, denn, wie der hl. Bernardus sagt: „Wer sich fürchtet, der hütet sich." — Zum Schlusse ein andächtiges Vater unser und Ave Maria. Amen.

III.

Text: „Schallend, mit Posaunentone,
Durch die Gräber jeder Zone,
Ruft es Alle hin zum Throne."

Kirchenvers.

Eingang.

Andächtige!

Wie vor — Tagen der hier im Grabe Ruhende durch den stillen Tod vor Gottes Richterstuhl ist abgerufen worden, so wird am jüngsten

Tage der laute Schall der Posaune sämmtliche Entschlafenen aus ihren Gräbern erwecken und Alle werden diesem Klange zu folgen haben. Es ist aber diese Posaune nicht also zu fassen, als wäre sie wie die unsrigen aus Erz oder anderem Metalle, sondern wir müssen mit den heiligen Vätern die über die Erde hinschallende Stimme Gottes darunter verstehen, wie denn diese Erklärungsweise auch ihren Grund in der hl. Schrift hat, wo es heißt: „Es kommt die Zeit, wo Alle, die in den Gräbern sind, die Stimme des Sohnes Gottes hören werden; und es werden auferstehen, die Gutes gethan haben, zum Leben, die aber Böses gethan, zur Strafe.“ (Joh. 5, 28 u. 29.)

Diese Stimme Gottes wird aber wegen ihrer Stärke mit dem Tone einer Posaune verglichen, wegen der Kraft, welche verweste Leichname wieder zum Leben weckt.

Hören wir jetzt auch die Ursache und die Umstände, welche bei dem allgemeinen Gerichte und der Auferstehung der Todten mitwirken, damit ein Jeder seine Seele auf jenen erschrecklichen Posaunenschall vorbereite!

Auch bei den Menschen ist es so: mag immerhin ein armer Sünder von dem weltlichen Richter zum Tode verurtheilt worden sein, es genügt solches noch nicht und muß derselbe sein Urtheil noch einmal zu seiner größeren Beschämung vor dem versammelten Volke hören; hier öffentlich wird ihm der Stab gebrochen, dem Verurtheilten zur Beschämung, den Anwesenden zum abscheulichen Beispiele. Alsdann erst geh es an die Exekution. Etwas dergleichen thut auch Gott denen, die ihn beleidigt haben. Er hat sein Urtheil allerdings im besonderen Gerichte gleich nach des Menschen Hintritt schon gesprochen, allein dieses reicht ihm nicht aus: es müssen von den Vergehen und Missethaten des Verurtheilten auch die anderen Menschen Kenntniß bekommen, auch sie müssen ihn gleichsam mitverurtheilen, damit so recht an den Tag komme, wie gut die Heiligen daran gethan haben, Gottes Gebote zu halten, damit aber auch auf der anderen Seite die Bösen zur öffentlichen Sühne beschämt würden, nachdem sie so oftmals öffentliches Aergerniß gegeben und die Guten verhöhnt hatten. (Locus amplif.) Nun wird sich zeigen, wer die Thoren waren.

Aber auch deßhalb weckt die Gerichtsposaune die Todten aus ihren Gräbern auf, damit die Leiber ihre Belohnung oder Strafe erhielten, nachdem auch sie zum Guten wie zum Bösen mitgewirkt haben, und zwar in verschiedenen Fällen in ganz vorwiegendem Grade. Dieß erfordert also die Gerechtigkeit und Billigkeit.

Mag denn auch der Tod und jener Tag des Gerichtes und Offenbarwerdens lange ausbleiben, endlich kommt er doch, und ist nichts Gewisseres, als daß er kommt. Wie eine Glocke, die weit, weit gehört wird, wie eine Posaune, die auch in die Ferne dringt, wird Gottes Stimme alsdann ertönen, Alle, Alle zur Auferstehung zu wecken. Und Alle, Alle werden kommen und sich sammeln, wie wenn des Sonntags es zur Kirche läutet, oder wenn der Trompeter die zerstreuten Soldaten zum Marsche ruft.

Niemand wird sich diesem göttlichen Allarmrufe entziehen können. Lazarus lag bereits mehrere Tage im Grabe, die Tochter des Jairus, der Sohn der Wittwe zu Naim, sie waren todt, dennoch erhoben sie sich und standen auf, als der Herr ihnen gebot: Lazarus, komm' hervor! Jüngling, Tochter, stehe auf! — Alsbald nach diesen Worten, unverzüglich und ohne Widerrede gehorchten sie der Stimme ihres Schöpfers. Das Gleiche wird sich zutragen, wenn posaunengleich die Stimme Gottes am jüngsten Tage erdröhnen wird. —

Nur das wäre heute noch meine Bitte, Andächtige! Bei allen unseren Verrichtungen des Wortes zu gedenken: Es wird der Tag kommen, da dieses Sterbliche die Unsterblichkeit anlegen wird. Alsdann wird ob der Stimme der Posaune die Erde mit ihren Völkern zittern. Du aber wirst dich freuen, wenn du im Dienste Gottes dein Leben wirst zugebracht haben.

Beherzigen wir doch das Gesagte! Fragen wir uns, ob wir von der Art sind, daß uns einst der schreckliche Posaunenton der Stimme des ewigen Richters ohne Furcht, Angst und Zittern lassen wird. Stets, so lange wir leben soll uns diese Gerichtsposaune in den Ohren tönen. Bereiten wir uns auf dieselbe vor, gewöhnen wir uns an die Stimme Gottes, dann wird sie uns dermaleinst nicht schrecklich vorkommen. Letzteres that der Verlebte. (Lebensabriß.)

Und nun das geistliche Werk der Barmherzigkeit: unser Gebet für den Entschlafenen. Vater unser . . . Ave Maria . . . Amen.

IV.

Text: „Wundern wird sich Tod und Leben,
Wenn die Leichen sich erheben,
Und dem Richter Antwort geben."

Kirchenvers.

Eingang.

Andächtige!

Abermals hat der Tod einen Mitbruder aus unserem Kreise fortgetragen. (Lebensskizze des Verlebten.) Friede seiner Asche!

Uns aber ist bei einer solchen Trauerbegebenheit nichts nützlicher, als wenn wir uns dabei recht ins Herz prägen, was es endlich für eine Bewandtniß habe mit der unsterblichen Seele, und was für eine mit dem sterblichen Leibe. Das allgemeine öffentliche Gericht am jüngsten Tage, die Auferstehung der Leiber, das Alles mag den Menschen ein Sporn sein, bei Zeiten dazu zu thun, um nicht vor aller Welt beschämt zu werden.

Ein vorzügliches Mittel für die Lebendigen, sich auf den Tod einzurichten, welcher, wie ein großer Herr, wohl auf sich warten läßt, selbst aber auf Keinen wartet. Am letzten Gerichtstage aber wird die Herrschaft des Todes zu Ende sein. Vernehmen wir, was alsdann mit unserem Leibe wie mit unserer Seele vorgehen wird!

Gegenstand unserer Aufmerksamkeit ist:

Was für Unterricht entnehmen die Lebendigen, und was für Trost schöpfen die Todten aus dem obigen Kirchenverse?

Tod und Leben, d. h. die Todten wie die Lebendigen werden sich wundern, erstaunen und von Schrecken überfallen werden, wenn der letzte Tag der Erde anbricht, die Todten aus ihren Gräbern erwachen und der Richter naht, um Rechnung zu verlangen, wie das Leben von uns geführt und verwaltet worden ist.

Unnennbarer Schrecken wird alsdann über die kommen, welche nicht gottselig gelebt haben, einmal ob des majestätischen Richters und seines erzürnten Angesichtes, zum andern ob der öffentlichen Beschämung und Bloßstellung unserer sittlichen Person.

Der Richter wird Jesus Christus sein, dieser aber wird uns zeigen seine fünf hl. Wundmale und also die Gottlosen anreden: Ihr Ungerathenen!

Ist das der Dank für mein bitteres Leiden und Sterben? Ich habe euch von der Sklaverei des Bösen befreit, und nun habt ihr euch wiederum freiwillig seiner Botmäßigkeit unterstellt! Bleibet ihm, weil ihr ihn mir vorgezogen!

Die öffentliche Beschämung aber wird um so größer sein, je mehr die Bösen in diesem Leben ihre Laster verborgen, verhehlt und abgeleugnet haben, je frömmer sie geschienen, je geehrter und angesehener sie in diesem Leben gewesen. Hier gilt nicht mehr der Spruch: Hast du es gethan, leugne es ab.

Denn:

„Ein geschriebnes Buch wird sagen
Alles was sich zugetragen."

Ein Buch, in welches die göttliche Allwissenheit Alles verzeichnet, wird hervorgezogen werden, daraus man vor Augen legen wird die verborgensten Gedanken und Schandthaten, gleich als würde alles dieses wie aus einem gedruckten Buche vorgelesen.

Wenn die Feldfrüchte abgemähet sind, alsdann wird offenbar, was sich zwischen den hohen Halmen verborgen gehalten hat. Vögel, Wild, Betrunkene, Diebe, Räuber, Alles wird da entdeckt: also wird es auch ergehen an dem großen Tage.

Denn:

„Auf dem Thron dann sitzt der Richter,
Blitzt in alle Dunkel Lichter,
Allen Freveln ein Vernichter."

Unsere ersten Eltern verbargen sich, als sie gesündigt hatten, aus Schamröthe, obwohl sie Niemand sah, als Gott allein. Beim jüngsten Gerichte wird die ganze Menschheit uns gewahren und wir werden uns nicht verbergen können, obgleich unser Herr und Heiland die Gottlosen an jenem Tage vor Scham ausrufen läßt: „Fallet über uns (ihr Berge!) und bedecket uns (ihr Hügel!)" (Luk. 23, 30.)

Das Allerbetrübteste an jenem Tage aber wird sein, daß keine Gnadenfrist zu hoffen ist. Wie die Frucht des Feldes, wenn sie abgemäht worden, nicht abermals in Halmen emporschießt, so ist auch keine Hoffnung vorhanden, daß ein Gottloser zurückgelassen wird in jenes Leben, wo man noch verdienstliche Werke thun kann.

„Unwiderruflich dahin entfliehet die Zeit wie auf Flügeln,
Und das entschwindende Jahr fluthet dahin, wie ein Strom."

Lernen wir das an dem frisch aufgeworfenen Grabe hier! Achten wir auf die enteilende Zeit, denken wir oft unseres Sterbstündleins, des letzten, allgemeinen und öffentlichen Gerichtes, jenes Tages, an dem an die Stelle der Gnade die Gerechtigkeit tritt. Gedenken können wir der ernsten Zukunft, der ewigen Tage nie zu oft.

Dem Verlebten aber wollen wir beispringen durch unser inniges Gebet. Vater unser ... Ave Maria ... Amen.

V.

Text: „Ein geschriebnes Buch wird sagen
Alles, was sich zugetragen;
Zum Gericht liegt's aufgeschlagen."

Kirchenvers.

Eingang.

Andächtige!

Vielfach sucht der Mensch dasjenige, was ihm unangenehm ist, zu verwischen und zu vergessen, während das, was ihm angenehm ist und seiner Eigenliebe schmeichelt, mit unaustilgbaren Schriftzügen seinem Herzen eingegraben ist. Wie leicht vergißt nicht der Mensch das Schlimme, was er an sich hat, während seine Vorzüge, seine Tugenden ihm stets vor Augen stehen! Anders verhält es sich am großen Gerichtstage.

„Ein geschriebnes Buch wird sagen,
Alles, was sich zugetragen."

An jenem Tage wird nichts vergessen bleiben, nicht allein das Gute, auch das Schlimme, was der Mensch an sich hat, wird ihm alsdann ins Gedächtniß zurückgebracht werden, ja sogar das, was er gar nicht für Sünde hält, wird ihm zum Bewußtsein und zur Erkenntniß kommen. Vielen gehen indessen die Augen hierüber schon hier auf, nämlich in den letzten Stunden ihres irdischen Daseins. So kommt es denn naturgemäß:

1) des Gerechten Tod ist voller Freud' und Ehre, dagegen
2) der des Gottlosen voller Betrübniß und Schande.

I.

Wahre Christen haben keinen Zweifel daran, auch dann nicht, wann das irdische Leben zu Ende geht, daß der Heiland Jesus Christus das wahre, d. h. ewige Leben und die Auferstehung, d. h. der Grund unserer Auferstehung ist, indem er uns dieselbe verdient hat. (Vgl. Joh. 11, 25.) Deßhalb ist das Losungswort und Feldgeschrei, wenn der Todeskampf beginnt, die Parole frommer Christen der allerheiligste Name Jesu. O wie fröhlich und getrost gehen die wahren Christen mit dieser Parole in den Tod.

Und warum sollten die, welche in Christus sterben, nicht freudig ihr Leben beschließen? Sie wissen aus ihrem Glauben, also besser noch, wie aus der Erfahrung oder Vernunft, daß die, welche sich redlich um die ewige Seligkeit bemüht und beworben haben, getreulich ihren Lohn werden empfangen, daß auf Leid — Freude folgt, auf Schmerz — Trost, auf dieses Jammerthal — der Himmel. Was braucht es demnach der Trauer, wenn das Schiff in den Hafen einläuft? wenn der Pilger am Ziele seiner Reise ist? wenn der Arbeiter Feierabend läuten hört? wenn der Schüler seine Aufgabe vollendet hat?

Soll man da nicht vielmehr mit David ausrufen: „Wie hab' ich mich gefreut, als mir gesagt wurde, nun gehe es zum Hause des Herrn!" (Ps. 121, 1.) Wie freudig vernahm der heil. Franziskus, dieser Seraph im Fleische, die Zeitung des Arztes, er werde nun bald sterben müssen! „Wohlan," rief er, „lasset nur meinen Bruder, den Tod kommen; und ihr, meine geistlichen Brüder, singet Gott für diese Gnade ein Danklied!"

Diese Fröhlichkeit von Seite der Frommen rühret daher, weil der Tag, an dem sie entschlafen, ihr Ehrentag ist, an welchem sie eingereiht werden in einen der himmlischen Chöre.

II.

Dagegen mögen von Angst und Betrübniß erfüllet werden, weinen und wehklagen, sich winden und weigern die, welche die glorreiche Auferstehung und die Seligmachung verscherzt haben, die, für welche Jesus Christus umsonst gelitten hat und gestorben ist. Denn von diesen sagt der königliche Sänger David: „Zu Schanden werden Alle, die Böses üben." (Ps. 96, 7.) Es mag trauern und sich schämen jener reiche Mann, dessen Seele in jener Nacht so plötzlich abgerufen worden ist. Es mag trauern und sich schämen jener Prasser, der durch sein Schlemmen die ewige Seligkeit verspielt hat. Es mag trauern und sich schämen der Verräther Judas, der die Gnade, ein Apostel zu heißen, so thöricht verscherzt hat. (Locus amplif.) Sie Alle mögen trauern und sich schämen, indessen Lazarus nunmehr im Schooße Abrahams ruht, indessen jener demüthige Publikan, der sich nicht würdig schätzte, daß der Herr bei ihm Einkehr nehme, oder jener Zöllner, der so demüthig und reuevoll an seine Brust klopfte, indeß alle diese die ewigen Freuden verkosten.

Das ist endlich der Ausgang des weltlichen Puppenwerkes: die Bösen gehen dem Abgrunde der Hölle blindlings entgegen. Zeitlebens singen sie Jubellieder, sind fröhlich und guter Dinge eine kleine Weile lang, alsdann aber beginnt das Heulen und Zähneklappern und das brennende Elend der Verdammniß. — —

Lassen sich die Guten doch ja nicht bethören und wankend machen, wenn sie gewahren, wie es den Bösen eine kurze Zeit besser zu gehen scheint! Sie haben dafür einen schlimmen Tod zu erwarten, der nur der Anfang von noch viel Schlimmerem ohne Ende ist.

Wir umstehen das Grab eines Mannes, der wie ein Schwan — singend, d. h. freudig aus der Welt fortgezogen ist. Sein Tod war ein Tod voller Freude für ihn, der Tag unvergänglicher Ehren.

Unterlassen deßhalb auch wir das übermäßige Trauern um den Entschlafenen, nicht aber das vielleicht denn doch noch nöthige Gebet für die Seele des Vollendeten, um welches ich im Namen der Trauerfreunde euch geziemend ersuche! Vater unser . . . Ave Maria . . . Amen.

VI.

Text: „Auf dem Thron dann sitzt der Richter,
Blitzt in alle Dunkel Lichter,
Allen Freveln ein Vernichter."

Kirchenvers.

Eingang.

Andächtige!

Wiederum ist der Tod in unsere Gemeinde eingefallen und hat einen aus unserer Mitte, den ehrenwerthen Herrn N. N., mit sich fortgetragen. (Lebenslauf.)

Die Leichenbegängnisse in der Christenheit sind nun auf ein Zweifaches abgesehen: erstlich, daß man für den entschlafenen Mitbruder bete, sodann, daß man selbst des Sterbens sich erinnere und das letzte Gericht bei dieser Gelegenheit ernsthaft in Betracht ziehe. Ein heilsamer

Schauer soll uns an diesem Orte erfassen, und beherzigen sollen wir, was unser guter Engel uns einflüstert, wenn wir uns im Geiste den majestätischen, in alle Dunkel Licht blitzenden, an den Freveln Rache übenden Richter vergegenwärtigen. Dieses zu erleichtern, wollen wir heute

diesen Schreckenstag in etwas beschreiben, den Bösen zur heilsamen Furcht, den Frommen aber zur Hoffnung und Erbauung.

Es sind die Kirchenschriftsteller nicht einerlei Meinung über die Frage: Warum die Jünger sich damals so gefürchtet haben, als der Heiland auf dem Berge Tabor leuchtend wie die Sonne und verklärten Leibes erschien und die Stimme erscholl: „Dieser ist mein vielgeliebter Sohn, an dem ich mein Wohlgefallen habe.“ (Matth. 17, 5.) Warum dieses Entsetzen bei solchen Zeichen der Freundlichkeit? Die beiden hl. Kirchenlehrer Augustinus und Gregorius halten dafür, es sei der verklärte Heiland damals nicht mit dem Antlitze eines freundlichen Erlösers erschienen, sondern mit der majestätischen Miene eines strengen Richters, weßhalb die Jünger solcher Schrecken befallen habe.

Verhielt sich jenes Ereigniß so, so nimmt es mich nicht Wunder, wenn ich lese, die Apostel des Herrn seien bei jenem Anblicke wie ohnmächtig umgesunken. Wer die Geschichte gelesen hat, der weiß, wie sehr sich die Römer entsetzen konnten, wenn sich das Angesicht des sonst freund- und holdseligen Kaisers Vespasian verfinsterte und derselbe zornig ward. Alsdann riefen sie: „Wehe uns!“

Was nun für ein Entsetzen wird die Brust der Sünder erfüllen, wenn am Gerichtstage das Angesicht des ewigen Richters heiligen Zorn sprühen wird, wenn alsdann keine Fürbitte der Kirche und der Heiligen den Verdammten mehr etwas nützen wird? Wenn der Vater seine Kinder, wenn die Kinder ihren Vater sehen werden auf Seite der Verlorenen? Wenn jene schrecklichen Zeichen am Firmamente sich werden hervorthun? Wenn keine Hoffnung auf Barmherzigkeit und Erlösung mehr sein wird — keine in alle Ewigkeit?

Der Prophet Habakuk ruft bei Erwägung dieses Zustandes geängstet aus: „Ich habe es gehört .... und vor der vernommenen Stimme erbebten meine Lippen.“ (3, 16.) Etwas Aehnliches beschreibt auch der hl. Johannes, indem er erklärt: „Als ich ihn sah, fiel ich vor seinen Füßen nieder wie todt.“ (Offenb. 1, 17.) Gottes flammender Eifer wird alsdann die Waffen ergreifen und er wird zur Abstrafung und Rache an seinen Feinden alle Creaturen bewaffnen. Der Vater wird alsdann mit seinem

Sohne, die Mutter mit der Tochter kein Mitleid mehr haben, der Freund wird sich vom Freunde trennen, wenn der auf dem Throne sitzende Richter in alle Finsterniß der Herzen wird Licht gebracht und alle Missethaten und alle Bosheit und alle Laster der Verdammten wird an die Sonne gezogen haben. Alles, was im Himmel und auf Erden ist, wird sich wider den Gottlosen auflehnen, empört und entrüstet sich von ihm entfernen und sich an Gott anschließen. Feind werden ihm werden alle Elemente, nur noch vorhanden um ihn zu quälen und seine Frevel zu vernichten.

Wenn schon Ananias und Sapphyra todt darniederfielen, als sie der Apostel Petrus ob ihrer Sünde strafend anließ; wenn jene zwei Hofleute von Sinnen kamen, welche König Philipp II. von Spanien wegen ihres Schwätzens in der Kirche tadelte: um wie viel mehr müssen sich entsetzen die Bösen, wenn der majestätische königliche Richter der Welt ihre Frevel an's Licht zieht. Wahrlich ein Schreck über alle Schrecken!

Zu diesem Schrecken über den Richter kommt sodann der zweite über das Zu Richtende; welch' Gedanke: alle meine geheimen Sünden werden aufgedeckt! Alles wird offenbar! Ehre und guter Name, Stand und Würde, Heuchelei und Reichthum, Alles schützt hier nichts! O namenlose Beschämung! O Verdemüthigung, o Vernichtung! In den Boden möchten sie sinken und können nicht. Welch' Strafe, welche Pein ist nicht nur dieses Bekanntwerden schon allein!

„Bergen wird es sich mit Nichten,
Was an Sünden ist zu schlichten,
Wenn der Richter kommt, zu richten." —•—

Nur die Gerechten trifft jener Schrecken, der vergehen machen könnte, nicht; wohl aber alle Jene, welche da leben, als lebeten sie ewig, welche da niemals sich selbst richten.

Zum Schlusse bitte ich Sie, Andächtige! noch um Eines: Verrichten Sie mit mir recht inbrünstig das Werk der geistlichen Barmherzigkeit, versaget das Almosen eueres Gebetes auch dieser Seele nicht, ob wir gleich zu hoffen Grund haben, dieselbe werde bereits einen gnädigen Richter gefunden haben! Vater unser .... Ave Maria .... Amen.

VII.

Text: „Denn was will ich Armer sagen,
Welchen Anwalt will ich fragen,
Wenn selbst die Gerechten zagen?"
Kirchenvers.

Eingang.

Andächtige!

Immer und immer wieder fordert der Tod seine Opfer; kaum vergehen einige Wochen (Tage), ohne daß wir am Sarge eines im Herrn Entschlafenen stehen und weinen. Dießmal hat es betroffen den sehr ehrenwerthen Herrn N. N. (Lebenslauf.) Friede seiner Asche! — Bevor wir jedoch zum Traueramte schreiten, noch einige Worte! Fast alle Gebete und Gesänge des Traueramtes zielen auf die Erinnerung an den letzten Gerichtstag und die Auferstehung der Todten. So die Epistel (Näheres); so das Evangelium (Ausführlicheres); ganz besonders aber das unter dem Namen Dies irae bekannte Kirchenlied, in dem wiederum ganz vorzüglich uns an's Herz dringet die erschütternde Strophe:

„Dann was werd' ich Armer flehen,
Wen zum Anwalt mir ersehen,
Da Gerechte kaum bestehen?"

Hierüber mich etwas weitläufiger zu verbreiten, sei der Gegenstand euerer Aufmerksamkeit.

In großen Kümmernissen, in schweren Drangsalen sich Raths zu erholen wissen, oder auch solchen zu geben, zu nehmen, zu reden oder zu schweigen, ist wohl eine Kunst, ein Zeichen eines starken und geistesgegenwärtigen Gemüthes; denn man sieht auch die stärksten Männer in der Betrübniß oftmals wanken, rathlos und sprachlos. Deßhalb haben die vornehmsten der alten Schriftsteller ganze Bücher geschrieben über die Mittel und Wege, wie man es anfangen müsse, sich in der Traurigkeit zurecht zu finden, zu trösten und zu ermuntern, kurz, ein aufrechter Mann zu bleiben und nicht erdrückt zu werden.

Die Kirche zweifelt fast daran, ob in der allgemeinen Drangsal und bei der Verstörung der Gemüther am jüngsten Tage Einer das Herz haben werde, etwas zu reden oder einzuwenden, deßhalb läßt sie sich in der Person eines zu Gericht Stehenden also vernehmen: „Dann was werd' ich Armer sagen?" Dann, wann Alles wankt und zuckt, zittert und bebt und stürzt, dann, wann die Kräfte des Himmels erschüttert werden, dann, wann Alles im Feuer stehen wird, dann, wann der ewige Richter wird fragen, „dann was werd' ich Armer sagen?" O, ich werde nicht die Augen aufschlagen, geschweige reden können, es sei denn das flehende Wort Barmherzigkeit! Aber — dieses Wort gilt hier nicht mehr; Gottes Barmherzigkeit ist zu Ende, hier an diesem Tage wird nur belohnt oder bestraft! Was Raths alsdann?

Kann ich nicht reden mit Gott, so werde ich die allerseligste Jungfrau ansprechen, daß sie für mich anhalte bei ihrem Sohne; ich werde anrufen die hl. Apostel, welche mit dem Richter zu Gericht sitzen werden, daß sie für mich Fürbitte einlegen möchten; ich werde anflehen die übrigen Heiligen und Diener Gottes, meine Vorsprecher zu sein. Aber — hier gibt es keine Fürbitte, keine Vorsprache, keinen Anwalt mehr; Alles umsonst! An jenem Tage werden selbst die Gerechten zagen. Wie heißt es in jenem Kirchenliede:

„Welchen Anwalt will ich fragen,
Wenn selbst die Gerechten zagen?"

Die wörtliche Uebersetzung lautet:

„Wer wird meine Sach' verfechten,
Da kaum sicher die Gerechten?"

Dieser Ausdruck nun ist als eine dichterische Figur anzusehen, welche das Wort etwas stark greift; Kaum der Gerechte ist sicher, dieß will heißen: schier würden auch die Gerechten zittern und fürchten bei Ansehung des grausamen Prozesses, den man den Verdammten macht, obgleich ihnen ein gutes Gewissen innewohnt und sie ihrer Seligkeit versichert sind. Nehmen wir ein Gleichniß: Da stehen zehntausend Zuschauer, vor deren Augen ein Verbrecher auf's Rad gelegt wird; das Verfahren dabei ist so entsetzlich, daß auch die Zuschauer, die mit der Missethat nichts gemein haben, zittern und beben, fürchten und erbleichen, weinen und schaudern. Also an jenem fürchterlichen Gerichtstage, wenn der ewige Abgrund sich öffnen wird, die Unschuldigen: auch sie werden sich schier fürchten, und würden sich fürchten, wenn es möglich wäre. — —

Wenn es dem nun also ist, geliebte Trauergenossen, wenn jener Tag ob der Umstände, die ihn begleiten, einen so entsetzlichen Verlauf nehmen, wenn alsdann die Barmherzigkeit Gottes zurücktreten wird und die Gerechten und Freunde Gottes sich selbst kaum sicher fühlen werden, wenn alle Fürbitte und Gönnerschaft an jener Zeitenwende, oder vielmehr bei jenem Zeitenende aus sein wird, o so lasset uns schon jetzt durch ein heiliges Leben jener Stunde vorbeugen; jetzt lasset uns Freunde und Gönner machen im Himmel, denn alsdann werden nur unsere Werke für uns sprechen und uns retten!

Für den Dahingegangenen aber wollen wir auf die Kniee fallen, und, falls er unseres Gebetes noch bedürfen sollte, beten: Vater unser .... Ave Maria .... Amen.

VIII.

Text: „König, schrecklich und erhaben,
Brunnquell aller Gnadengaben,
Laß ein Tröpflein nur mich laben!"

Kirchenvers.

Eingang.

Andächtige!

So viele Worte meines Vorspruches, so viele besondere Glaubenswahrheiten und Bitten: „König, schrecklich und erhaben!" Es gibt keinen König, keinen Herrn, der größer und erhabener wäre, als der, welchen die Kirche in ihrem Liede anfleht; auch die größten Majestäten wirft er ins Grab. Er allein ist im eigentlichen Sinne der Herr über Leben und Tod. Oder ist noch sonst Einer, der dem Tode gebietet? — „Brunnquell aller Gnadengaben!" Es ist eine alte Christenlehre: Nur aus Gnade werden wir selig und diese Gnade fließt aus den Verdiensten Jesu Christi, jenen hl. 5 Wunden, die da als wahrhafter Brunnen des ewigen Lebens fließen und Alle laben, welche daraus schöpfen. Aus Gnade werden wir selig, d. h. die Gnade Gottes ist der erste Ursprung unserer verdienstlich guten Werke; wie aus dem Ursprung und Borne aber die Bächlein fließen, also fließt die Seligkeit aus der Gnade. Nicht aber macht sie allein schon selig, denn Viele widerstehen ihr auch, schlagen sie aus, wie Judas, Antiochus, Pharao; die Gnade ist der Ursprung, die guten Werke sind die Wirkung. — Diesen nun aus Gnade seligmachenden, majestätischen, schrecklich erhabenen Gott, diesen Brunnen aller Gnaden, bitten wir: Laß ein Tröpflein nur ihn laben, ihn, den wir soeben der Erde ausgeantwortet haben! (Lebenslauf.) Wohl ihm, er weilet nun bei Christus im Lande der Lebendigen, wie wir zu hoffen Grund haben!

Eja, bei Christus! im Lande der Lebendigen! O welche Seligkeit! Wer das auch erreichen könnte!

Hören wir, wie man zu Christus kommt:
1) in diesem, und
2) in jenem Leben.

I.

Nach der Geburt des Weltheilandes wurde die Zahl der zu ihm Kommenden so groß, daß dieselben kaum gezählt werden können. Den Reigen begannen die Hirten und die morgenländischen Könige; nachmals aber wurden seiner Jünger und Anhänger eine unendliche Menge.

Nunmehr hat der Heiland die Erde verlassen und wohnet in den beglückten Höhen des Himmels. Wie nun gelangen wir jetzt, da der Herr zur Rechten des Vaters sitzt, zu ihm, der uns doch Alle, die wir beladen und betrübt sind, einlädt?

Den besten Rath ertheilt die hl. Schrift und sagt, dieses könne am Kürzesten, Geeignetsten und Sichersten durch den Kreuzweg geschehen. Dieses lehrt uns Christus selbst, indem er sagt: „Wer sein Kreuz nicht auf sich nimmt und mir nachfolget, ist meiner nicht werth" (Luk. 14, 27.); worüber Thomas von Kempis (über den königlichen Weg des Kreuzes) also schreibt: „Es gibt für die Seele kein Heil noch eine Hoffnung auf das ewige Leben — ohne das Kreuz unseres Herrn Jesus Christus." Durch den Kreuzweg traten zu Jesu die vornehmsten Heiligen, deren Leben fast nicht mehr war, als eine stäte Abtödtung der Begierden, Verleugnung ihrer selbst, freiwillige Armuth, Casteiung und Selbstentäußerung. Ich erinnere nur an die ersten Christen und wie sich die ersten Bekenner nur im Kreuze ihres Herrn Jesus Christus rühmten, wie sie in Schimpf und Spott, in Ketten und Kerker, in Hunger und Kummer ihr Leben verbrachten. (Locus amplif.)

Die andere Antwort, wie man zu Jesu kommen soll, ist gleichfalls dem hl. Evangelium entnommen; sie nennt uns den Weg der Demuth und Unschuld. Wir lesen nämlich in der göttlichen Urkunde die dem Munde Christi selbst entstammenden Worte: „Wer sich erniedriget, der wird erhöhet werden." (Luk. 14, 11.) Und Jakobus erklärt: „Dem Hoffärtigen widerstehet Gott, den Demüthigen aber gibt er seine Gnade." (4, 6. u. Sprüchw. 3, 34.) Ganz besonders ist aber der Weg der Unschuld — der Weg zum Himmel; denn vergessen wir nie das Wort des Erlösers: „Lasset die Kleinen zu mir kommen, denn solcher ist das Himmelreich!" (Luk. 18, 16.)

Neben diesen beiden haben wir noch den beständigen Gebrauch der hl. Sakramente, vor Allem der Taufe, sodann der Buße und hl. Communion, damit Alle, die vom Wege, der zu Christus leitet, abgewichen sind, wiederum zurückfinden gleich dem verlorenen Sohne. Hier heißt es: „Wer zu mir kommt, den werde ich nicht verstoßen." (Joh. 6, 37.) Diesen Weg schlugen ein Petrus, Magdalena, der Schächer am Kreuze und zahllose Andere. (Näheres über den Verlebten.)

II.

Also gehet man zu Jesus in diesem Leben.

In jenem lehret uns der Glaube zwar, daß diejenigen, welche im Herrn sterben, selig seien und daß es keiner weiteren Mühe bedarf zu Gott zu kommen, als ein frommes christliches Leben. Aber wir wissen auch dieses: daß nicht Alle dergestalt im Herrn vollenden, daß sie für alle ihre Sünden in dieser Welt schon zeitlich genug gethan haben, daß also demzufolge viele noch nicht ganz reine und vollkommene Seelen für eine Zeit lang noch von der beseligenden Anschauung Gottes, des höchsten Gutes, zurückgehalten werden. Es gibt also Fehler und Ungenauigkeiten, zeitliche Strafen und mangelnde Genugthuungswerke, welche nicht wenige arme Seelen hindern, zu Christus zu kommen.

Was ist nun da zu thun? Zu thun ist da nichts, denn der Heiland sagt von jenem Zustande selbst: „Es kommt die Nacht (d. i. nach dem Tage des Lebens), da man außer Stande ist, etwas zu thun." (Joh. 9, 4.) Aber leiden kann man, leiden muß man, leiden hilft in diesem Falle und räumt die Hindernisse auf dem Wege zu Christus aus dem Wege. Für viele arme Seelen also geht der Weg zu Christus durch das Fegfeuer, durch den Reinigungsort. Dieses ist der Weg des Leidens. Ihn betreten und müssen betreten Alle, die nicht ganz vollkommen rein befunden worden, es sei denn, daß sich die lebenden Freunde, daß sich die Mitglieder der Kirche Gottes auf Erden als Fürbitter, Bürgen und Genugthuer darstellen und den Seelen im Reinigungszustande zu Hilfe eilen, wozu die Kirche uns Alle bei jeder Gelegenheit gar eindringlich ermuntert. — —

So rufen denn auch wir zu Gott für die Verstorbenen: „Herr gib ihnen die ewige Ruhe und das ewige Licht leuchte ihnen!" Beten wir alle Tage für die Seelen, welche unseres Gebetes so dringend bedürfen! Thun wir es, wann und wo wir nur immer können! Auch wir dürften solche Dienstleistung einst leicht vonnöthen haben.

Wenn nun, Andächtige, euch eure nächsten Verwandten und Freunde lieb sind, so helfet ihnen, stimmet ein in die rührenden Gebete und Gesänge der katholischen Kirche, welche sie am Grabe oder in der hl. Messe oder während der Todtenvesper verrichtet; vollbringet, was in eurer Macht steht, denn die Seelen im Fegfeuer sind eures Erbarmens und Mitleids so würdig, wie kein Mensch in all der weiten Welt.

Auch dem soeben Beigesetzten versaget euer Gebet hier am Grabe, wie in der Kirche nicht; ob wir gleich Ursache haben, annehmen zu dürfen, er werde bereits bei Christus sein, verlangt es doch die, wo es das Seelenheil gilt, nie aus den Augen zu verlierende Sicherheit, das Gebet für ihn nicht hintanzusetzen und zu verabsäumen.

Vater unser .... Ave Maria .... Amen.

IX.

Text: „Höre Jesu, mild wie keiner,
Weil ich der Erlösten Einer,
Schon' an jenem Tage meiner!"

Kirchenvers.

Eingang.

Andächtige!

Dieses reden und beten wir heute wiederum im Namen einer von dieser Welt abgeforderten Seele, damit der barmherzige Gott mit ihr verfahre nicht nach der vollen Strenge, sondern ihr huldreich sei in Ansehung der Verdienste seines Sohnes. Deßhalb beten wir:

„Denk', o Jesu, der Beschwerden,
Die um mich du trugst auf Erden,
Laß mich nicht verloren werden!"

Dieß will sagen: Ich war das verlorene Lämmlein, das du suchtest und am Stamme des Kreuzes wiederum fandest; nun denn, gedenke der Wunden, welche dir die Dornen gemacht, als du durch sie drangest, mich herauszuholen, gedenke all' der Liebe, mit welcher du mir auf Erden nachgegangen bist, und schone meiner, eigne mir deine Verdienste zu, sei nicht vergebens für mich gestorben! Also flehet die Kirche im Namen der Verstorbenen; also betet sie auch heute, da wir den verlebten Herrn N. N. der Erde zurückgegeben haben. (Lebenslauf.) Ruhig kann der Vollendete nun dem Gerichtstage entgegensehen; wir aber, die wir ein Gleiches wünschen, wollen uns klar machen, daß am Tage des Gerichtes sicher sind und Schonung finden nur die, welche

1) **zeitlebens ihr eigenes Nichts betrachtet haben,** sodann
2) **die, welche noch am Leben der Welt abgestorben sind.**

I.

Demuth und Selbstverleugnung bilden bekanntlich das Fundament aller Tugenden. In der Hoffart wohnt das Laster, mit der Hoffart hat das Verderben seinen Anfang genommen. Die Demuth ist demnach das Mittel, welches uns vor allen Dingen die (moralische) Sicherheit bietet, am Gerichtstage verschont zu bleiben. Wer in gebührender Demuth sein eigenes Nichts betrachtet, wer wiederholt an sich die Frage richtet: Wer bin ich doch? — der vernimmt auch die richtige Antwort und drückt sich fest ins Herz die Worte, welche ihm die heilige Schrift, die Vernunft, die hl. Väter, die Erfahrung, die Kirchhöfe und Gräber, die Trauerhäuser und Todtengebeine zurufen: „Gedenke, o Mensch, daß du Staub bist und zum Staube wiederum zurückkehren wirst." Ja, unsere Mutter ist die Erde, die Würmer sind unsere Brüder und Schwestern.

Wahrlich, wer wollte an dem ewigen Heile eines Menschen zweifeln, der täglich den Tod vor Augen hat? Der hl. Augustinus hielt über die Massen viel auf jene Menschen, welche auf das menschliche Nichts ihre Gedanken zu richten pflegten. Er erzählt (serm. 48): „Ich wurde zu Rom mit Anderen geführt, den todten Leichnam des Kaisers in seinem Grabe zu besichtigen; ich merkte da, daß er die Todtenfarbe trug, umgeben von Fäulniß, geborstenen Leibes, bedeckt von umherkriechenden Würmern; zwei derselben, sehr hungrige, sah ich in den Augenhöhlen nagen; die Haare waren nicht mehr auf dem Haupte, die Zähne ohne Zahnfleisch und Haut, die Nase war abgefressen. Da nun sah ich meine so christliche Mutter an und sprach: Wo ist nun der so schöne Leib des Kaisers? wo die Größe seiner Reichthümer? wo die Pracht seiner Aufzüge und Lustbarkeiten?.... Da antwortete mir meine christliche Mutter: Sohn, dieß ist alles verschwunden, die Seele ist ausgezogen und haben ihn diese Dinge in einem Grabe voller Gestank und Fäulniß allein gelassen. —

Ei denn, so lasset uns als Rechtgläubige erwägen, was wir sind; denn es wird Alles auf Staub, Fäulniß und Würmer, auf ein Nichts hinauslaufen."

Dieses Nichts lasset uns beherzigen: Nichts — sind wir, Nichts — haben wir, Nichts — behalten wir. Wer dieses erwägt, wird so leben, daß er ewig lebt.

II.

Das zweite Mittel, nach dem Tode des ewigen Lebens, der Ruhe in Gott sich thunlichst zu sichern, besteht darin, daß man schon bei Lebzeiten stirbt, sich abtödtet und der Welt, so weit möglich, entsagt. Lebendig sterben, d. h. immer an das Grab denken, dieses ist es, was uns an jenem Gerichtstage verschont macht. Lebendig stirbt der insbesondere, der sich schon jetzt vom irdischen Treiben absondert, der der Welt nicht dient, sondern über sie herrscht, der von seinem Besitzthume nicht besessen wird, sondern vielmehr dieses beherrscht, der seinen Leidenschaften den Laufpaß gibt, und der Eitelkeit „Lebewohl" sagt. Lebendig stirbt, wer mehr mit Gott als mit der Welt lebt, mehr mit den ewigen Dingen verkehrt, als mit der Zeitlichkeit sich abgibt; der vor allen Dingen das Reich Gottes sucht. (Näheres über den Verlebten.) Auch der ist bestrebt, lebendig zu sterben und sich Seele und Seligkeit zu sichern, der, um ja an den Tod zu denken, sich der Bruderschaft der Todesangst Jesu Christi einverleiben läßt.

Kaiser Karl V. führte, wie wir wissen, seinen Todtensarg 5 Jahre mit sich herum; gleich als bärge diese Lade seinen kostbarsten Schatz, trennte er sich nie von dem Schreine. — Etwas Aehnliches that auch sein Großvater Kaiser Max I. Dieses Alles geschah, um vor dem Tode den Todten ähnlich zu sein, und sich zu einer sichern Ewigkeit schon hier wohl einzurichten. —

Nun Andächtige! Es ist nicht nothwendig, daß wir Todtensärge mit uns führen; dieß fällt dem gemeinen Manne auch zu schwer, und wäre zu kostspielig. Auch sollen wir uns nicht in Grüfte und Höhlen verkriechen. Halten wir nur dieses: Gedenke, o Mensch, an die letzten Dinge! Wer dieses thut, erhält sich frei von Sünde und wird am letzten Tage von Jesus verschont, der gegen ihn mild und gut sein wird.

O du im Garten Gethsemani den Tod betrachtender Jesus! Erhalte uns dieses bei deinem Vater, daß der lebhafte Gedanke an das Sterben immer festen Sitz in uns habe, da hievon unser ewiges Glück und

Unglück vielfach abhängt. Befördere auch den Verewigten in dein himmlisches Reich und höre auf das Gebet, welches wir für den Vollendeten verrichten wollen. Vater unser . . . Ave Maria . . . Amen.

X.

Text: „Der so treu um mich geworben,
Selbst am Kreuz für mich gestorben,
Deine Müh' sei nicht verdorben."

Kirchenvers.

Eingang.

Andächtige!

Ein wehmüthiger und eindringlicher Vers ist dieser! Es wird in der Person des Verstorbenen Jesu, unserem Seligmacher, sein Erdenwallen, sein Gehen, sein Stehen, sein Sitzen, Reden, Leiden und Sterben, alle die Mühe vorgestellt, die er sich um uns gemacht hat, zu dem Ende, er wolle doch in Erwägung dieser Dinge nicht zugeben, daß der böse Feind Recht behalte, oder auch nur das Fegfeuer den Verstorbenen beanspruche.

Gedenke, o Jesu, will die Kirche sagen, wie du gesessen bist müd und matt am Brunnen, um jene Samariterin zu bekehren; wie du dich abgemühet hast überhaupt, um so viel wie möglich das Reich Satans zu zerstören und alle Welt zu retten.

Durch diese deine Liebe und Güte, durch diese deine Mühen und Verdienste erledige die Seelen der Gläubigen von der zeitlichen Strafe des Fegfeuers; *so große Arbeit lasse an ihnen nicht verloren sein!*

Christliche Zuhörer! Wie herrlich, daß wir diese Gebetsworte besitzen, die so voller Kraft sind! Wir wollen nicht hoffen, daß sie heute vonnöthen sind; das Leben des Verblichenen war ein zu christliches. Durchgehen wir es kurz. (*Lebensabriß.*) So viele Tugenden verdienen die Glorie, *besonders wenn dazu kommt die Arbeit und das Leiden Jesu Christi.*

Vernehmen wir nun zu unserem Unterrichte noch Einiges hierüber. Ich sage:

1) **Die Arbeit und das Leiden Jesu ist an denen verloren, welche nie den Tod betrachten.**
2) **Nicht verloren an denen, welche die letzten Dinge oft vor Augen haben und beherzigen.**

I.

Daß wir uns selbst das Verderben auf den Hals laden, wenn wir gottlos leben, ist eine ausgemachte Sache; denn das Verderben entsteht aus der Sünde, diese aber ist aus uns; von Gott rührt sie nicht her, folglich ist auch Gott nicht der Urheber unseres Verderbens, wenn wir zur Hölle fahren. Das Verderben fließt aus unserer Bosheit und Verstocktheit. —

Woher nun diese Sünde, diese Mutter der Verdammniß? Daher: Gar zu viele leben, als wären sie unsterblich, als käme niemals über sie ein Gerichtstag. Solche Leute scheuen und meiden jeden Gedanken an den Tod, Grab, Gericht und Hölle.

Wie das Leben, so der Tod. Daher geht die Arbeit Jesu an so Vielen verloren, weil sie des Todes so wenig gedenken. Sie befolgen nicht die Lehre, die ihnen der hl. Geist ertheilt: „Gedenke deines Schöpfers in den Tagen der Jugend, ehe die Zeit der Trübsal kommt und die Jahre, von welchen du sagen wirst: sie gefallen mir nicht!" (Pred. 12, 1.)

O wie oft predigt uns das Leben den Tod? Es vergeht kein Tag, an welchem sich nicht die letzten Dinge uns in Erinnerung bringen. Wie aber verhalten sich die Menschen zu dieser Predigt? Sie suchen soviel wie möglich ihr auszuweichen, zu entfliehen; sie verbannen so rasch, als es thunlich ist, alle derlei empfangenen Eindrücke aus ihrem Herzen; nicht ein Mal denken sie: Heute dir, morgen mir! Was kann aus einem solchen in den Tag hineingelebten Leben anders entstehen, als Sünde und Seelentod?

Unsere Vorfahren waren in diesem Stücke weitaus verständiger und weiser, denn wir. Sie entschlugen sich des Gedankens an den Tod nicht, vielmehr lebten sie der Ueberzeugung: nichts sei einem nach der Seligkeit strebenden Christen nothwendiger, als das öftere Gedächtniß des Todes. Deßhalb war es z. B. bei der Kaiserwahl zu Constantinopel Sitte, daß man dem gekrönten Kaiser alsbald vier verschiedene Steinsorten vorlegte mit der Frage: aus welcher Gattung er seinen Grabstein verfertigt wissen wollte. Andere Belege hiefür kann ich hier übergehen. — —

II.

Die dagegen die letzten Dinge oft ins Auge fassen und beherzigen, dürfen sich versichert halten, daß die Arbeit und das Leiden Jesu an ihnen nicht verloren gehen werde. „Besser ist es," sagt der weise

Mann, „man geht ins Trauerhaus als in das Haus der Freude." (Pred. 7, 3.) Besser ins Beinhaus, in die Leichenkapelle, auf den Friedhof als ins Wirthshaus, wie letzteres heutzutage so oft geschieht. Daher diese Unwissenheit in der Religion, diese Leichtfertigkeit, dieser Kaltsinn. (Locus amplif.) Wer dagegen der letzten Dinge beständig gedenk und gewärtig ist, der wird so leicht nicht sündigen. (Näheres über den Verlebten.)

Wenn euch demnach betrübte Todesgedanken einfallen, wenn ihr an das Sterben gemahnt werdet, o schlaget euch diese Gedanken doch ja nicht aus, sondern haltet sie für die größten Gnaden des hl. Geistes; denn zu keiner Zeit redet der hl. Geist kräftiger, eindringlicher, beweglicher zu euch, als in diesem Falle. Wenn Seuchen grassiren, die Pest ganze Städte entvölkert, der Tod in allen Winkeln uns auflauert, wenn schreckliche Gewitter über unseren Häuptern brüllen, o wie fromm und andächtig werden da die Menschen, wie bereut man seine Sünden, beichtet, kommunizirt und bereitet sich auf das Gericht Gottes vor! Wie gibt man da so gerne das unrecht erworbene Gut zurück! wie rasch versöhnt man sich! Alle diese Wirkungen, woher rühren sie? Von dem Gedanken an die letzten Dinge des Menschen. — —

Andächtige Zuhörer! Ich schließe mit der christlichen Ermahnung: Gedenket oft und gerne des Todes! Nur so werden die vielen Schritte und Tritte, welche von Seite Christi für uns geschehen sind, werden die Mühen und Arbeiten, werden die Leiden und Verdienste Jesu für uns nicht verloren sein.

Für den Verblichenen bitte ich um eure geistliche Hilfe, indem ihr mit mir von Herzen betet: Vater unser . . . Ave Maria . . . Amen.

XI.

Text: „Strenger Richter meiner Treue,
Sprich mich los ob meiner Reue
Vor dem Tage, den ich scheue!"

Kirchenvers.

Eingang.

Andächtige!

Ein sehr nachdrückliches Gebet für die Todten, dieses zu meinem Vorspruch genommene! Es wendet sich an den Richter der Lebendigen und Todten: an Christus. Dieser wird vor Allem ein strenger, d. h. gerechter und genauer Richter genannt, und das ist er auch. Gerecht, denn er kann Niemand Unrecht thun; genau, denn er straft Alles, auch das Kleinste: Nichts, was unrein ist, kann ja in den Himmel eingehen; alle Schuld muß zuvor abgetragen sein. Rein, wie ein Auge, muß die Seele sein, wenn sie Gott anschauen will. — Da nun dem so ist, so wird für die Verstorbenen von der Kirche gebetet: „Sprich mich los ob meiner Reue; denn ohne Reue keine Vergebung. Also Erlassung der wohlverdienten, gerechten, strengen Strafe in Ansehung der Reue des Sünders und zwar Erlassung vor dem Gerichtstage.

Wahrlich ein schönes Gebet, würdig, gesprochen zu werden auch für die, welche dessen vielleicht nicht bedürfen! Wo aber ist Einer, der da sagen kann, er sei ohne Sünde?

Ihr nun, geliebte Trauerfreunde, stehet hier am Grabe des edlen Herrn N. N. und weinet. Immerhin, der Verlebte ist euerer Thränen werth. (Lebenslauf.)

Vernehmet nun aber auch, was ich noch weiter sage. Ich erkläre hiemit:

1) **Besser ist es, den Todten helfen durch das Gebet, als sie beweinen.**

2) **Dieses erhellt aus der hl. Schrift, den hl. Vätern und der Vernunft selbst.**

I.

Es liegt in unserer menschlichen Natur, daß man beweine, was man lieb hat, wenn es zu Verluste gegangen ist; einen solchen Verlust können die Augen nicht trocken ansehen, sie vergießen Thränen, wenn das Herz von Traurigkeit erdrückt zu werden scheint.

Was indessen hilft das maßlose Weinen; mäßige Thränen vergossen, erleichtern; unmäßige Thränen dagegen, ein Schmerz, der sich gar nicht will bändigen lassen, erschweren uns die Tage der Trübsal, reiben uns auf, tödten uns. Was also nützt das Weinen? Nichts, weder den Todten noch den Lebenden, d. h. uns selbst; wohl aber schadet es der Gesundheit und ist im Stande das Leben zu verkürzen.

Ich will nun weder das Weinen verbieten, noch kann ich es untersagen, nur das unmäßige Weinen möchte ich verhüten. Was ich euch dagegen erkläre, ist: wollet ihr euren lieben Todten nützen, so ist es besser ihr betet für dieselben recht lange, als ihr beweint sie.

Denn es ist ihre Noth, falls sie noch im Reinigungszustande aufgehalten werden, eine gar große zu nennen, weil sie selbst sich nicht helfen können, indem sie nichts Verdienstliches mehr für den Himmel thun können, als geduldig ihre Sünden abbüßen. Sie gleichen den Bettlern, welche überdieß noch mit Lahmheit oder Blindheit geschlagen sind, deßhalb außer Stande, sich ihren Unterhalt durch Arbeit zu verschaffen und ihre Lage zu verbessern. Lahmen oder blinden Bettlern aber gibt man aus dem genannten Grunde am liebsten Almosen und hilft ihnen auf, ja man muß ihnen sogar am ersten geben. Ein Beispiel haben wir an Habakuk, der die müden Schnitter mit Speise zu laben ausgegangen war, aber angewiesen wurde, dem in noch größerer Noth weilenden Daniel in der Löwengrube dieselbe zu überbringen. Welch' eine tiefe Grube ist nicht das Fegfeuer, tiefer als die Löwengrube Daniels, da er von brüllenden Löwen umgeben war. Nun denn, wer weiß, wie viele unserer Freunde in dieser brennenden Noth, in dieser tiefen Grube, in dieser schweren Gefangenschaft liegen, ohne sich auch nur im Geringsten helfen zu können! Sehet da die lahmen, die blinden, die sich selbst zu helfen unfähigen Bettler, die eure Barmherzigkeit anflehen und um das Almosen eines Vater unser bitten, um die Gabe einer Seelenmesse oder eines andern guten Werkes, wie z. B. die Gewinnung eines Ablasses ist, den man ihnen zuwenden kann. O sei doch Keiner aus uns gegen solche Klagen taub! — —

II.

Wie sehr dringt nicht die hl. Schrift darauf und empfiehlt uns das Gebet für die armen Seelen! Höret ein Gleichniß! Es lagen zu Jerusalem Viele an dem Schwemmteiche, um dort Hilfe zu erwarten. Einer aber war ganz besonders übel daran, da er so elend war, daß er vor Gichtbrüchigkeit seine Glieder gar nicht gebrauchen konnte. Viele, viele Jahre lag er so da; deßhalb nahm sich denn auch der Heiland seiner an und heilte ihn.

Muß dieses allein schon uns nicht gleichfalls anspornen, den im Schwemmteiche des Reinigungsortes sich Befindlichen beizuspringen, die alle außer Stand sind, sich zu helfen? Ach so betet doch ja recht gerne um Erledigung dieser Gefangenen, denn ihre Noth kann nicht größer, das Lösegeld dagegen nicht geringer sein.

Wo ist ein größerer Schmerz? Beide Strafen: die des Gefühles und jene des Schadens, plagen sie. Welche Pein des Empfindens! Sie ist so groß, daß der hl. Augustinus und der hl. Gregorius erklären, es sei damit nicht zu vergleichen die Pein aller Martyrer. Das Feuer an diesem Orte ist ganz dasselbe wie jenes in der Hölle. Es ist das Feuer, das Gott selbst angezündet hat. Wie aber eine Peitsche um desto heftiger schmerzt, je stärker die Hand ist, welche die Geißel schwingt, so ist auch das Feuer, womit Gott die Seelen straft, ein unendlich schmerzhaftes. — Die Strafe des Verlustes und Schadens aber, welche darin besteht, daß die armen Seelen im Fegfeuer von der Anschauung Gottes, wenn auch nur zeitweise, ausgeschlossen sind, von jener Anschauung, zu der sie doch erschaffen sind, und jenes Gottes, nach dem sie sich über Alles sehnen, ist eine noch weit härtere. Ueberdieß müssen sie entbehren auch die Gesellschaft der übrigen Heiligen und der lieben Engel. Was Wunder, wenn sie stäts aufschreien: „O wann endlich werde ich erscheinen vor dem Angesichte meines Gottes!" (Ps. 41, 3.) Absalon hat es empfunden, als sein Vater ihn nicht mehr vor sein Angesicht ließ; er wünschte lieber zu sterben, als solches ertragen. Je klarer die Erkenntniß dessen, was wir verloren haben, desto empfindlicher, blutiger, grausamer der Schmerz. Die von der Hülle dieses Leibes befreiten Seelen, welche auf's Klarste dort erkennen, was sie verloren haben, empfinden deßhalb auch einen so unendlichen Schmerz, der aller Beschreibung trotzet. Dieses lehrt uns die Vernunft. — —

Deßhalb haben wir die allergrößte Ursache, den armen Seelen zu helfen, und ist es besser, für sie zu beten, als sie zu beweinen. So hebet denn nochmals die Hände empor, und indem ihr eurer Anverwandten gedenket, rufet im Namen derselben mit mir:

„Richter mit gerechter Wage,
Sprich mich los von Schuld und Klage
Ob der Reue, die ich trage,
Vor dem großen Zornestage!"

Vater unser . . . Ave Maria . . . Amen.

XII.

Text: „Seufzend geb' ich mich für schuldig,
Schau d'rum mein Erröthen huldig,
Sei mir gnädig, sei geduldig!"

Kirchenvers.

Eingang.

Andächtige!

Man schreibt von der Fabelgöttin Minerva, sie habe einstmals alle Künste und Wissenschaften zusammenberufen, um die Frage zu erörtern:

Was ist der Mensch? Da sagte die eine: Der Mensch ist eine fleischgewordene Rede mit Eingang, Mittel und Schluß. Die andere erklärte: Er ist ein veränderliches Geschöpf, wie der Mond, zu- und abnehmend. Wieder eine andere sprach: Er ist eine Zusammensetzung aus Leib und Seele. Abermals eine andere behauptete: Er ist ein vernünftiges Thier. Die letzte dagegen, welche auch Minerva's Beifall erntete, erklärte: Er ist ein Kreis, d. h. er läuft wieder in den Punkt zurück, von wo er ausgegangen ist; d. i. er war Staub, ist Staub und wird Staub.

Wer sollte es glauben, wir tragen heute einen in den allerbesten Jahren Verstorbenen zu Grabe. Da ruft alle Welt aus: Was ist doch der Mensch! Vernehmet vor allen Dingen einige Worte über den Dahingeschiedenen. (Lebenslauf.)

Und nun noch einmal: Was ist der Mensch! — O ein Nichts, Staub und Asche, ein Wesen, das stets seines Ursprunges, seines Wesens und seiner Zukunft sollte eingedenk sein. Dann blieben wir demüthig und gläubig, wie es sich für uns gebührte. Dann würde man öfter empfinden und hören die rettenden Worte der Reue und Buße im Leben und im Sterben:

„Seufzend fühl' ich mein Vergehen,
Kann nur schamroth vor dir stehen;
Höre gnädig auf mein Flehen!"

Vernehmet, Geliebte, bei der heutigen Gelegenheit, von welchen Gedanken und Gefühlen der Mensch rücksichtlich seiner selbst durchdrungen sein soll. Ich erkläre:

1) **Hoffart und Selbstüberhebung bei der Unbeständigkeit dieses Lebens ist die gefährlichste Thorheit.**
2) **Der demüthige Gedanke unserer Sterblichkeit, Reue und Buße erweckend, bleibt die beste Philosophie und Lebensweisheit.**

I.

Man muß sich billig darüber wundern, wie stolz und hoffärtig manche Menschen sich Gott gegenüber benehmen, welch ein großes Wesen sie aus sich selber machen und nie seufzend daran denken, daß ihr Leben nicht frei von Vergehen, Sünden oder gar von Lastern ist. Wer nur etwas in der Welt weiß, ist oder hat, der spricht sofort mit dem Pharisäer: Ich bin nicht wie die anderen, gewöhnlichen Menschen. (Locus amplif. Zeitgemäßes und Passendes, jedoch nichts rein Persönliches.) Ich bin ein großer König, Staatsmann, Feldherr, Professor, Baron, Industrieller . . . . Mein Gott ist ein anderer, als der der gewöhnlichen Leute. Sünden, ach, deren hab' ich keine, Lappalien! . . .

Dieß also sollen die Ursachen sein, daß Gott sich nach uns richten muß, daß man anders behandelt sein will, daß man über die anderen Leute sich erhaben dünkt, daß man glaubt, Alles, Himmel und Erde müsse unsertwegen eine Ausnahme machen? Das Gewöhnliche in Glaubens- und Sittenlehre sei für uns nicht da; das Allgemeine berühre uns nicht.

O, das ist noch lange kein zureichender Grund, zu glauben und sich zu vermessen, man könne und dürfe deßwegen sich empören, Gottes und seiner heiligen Kirche, des Sterbens und des finsteren Grabes vergessen. Alle, alle ohne Ausnahme trifft der Tod, verschlingt das Grab, fordert das Gericht Gottes ohne Ansehen der Person vor seine Schranken. Nichts kann demnach der Mensch aus sich machen; wo es geschieht, da herrscht eine bedenkliche, äußerst gefährliche Thorheit, die, wenn sie bis an's Ende berückt, in's Verderben stürzt. Darum fort mit dem Dünkel und Stolze, mit der Hoffart und Selbstvergötterung! Vor Gott und dem Tode ist und bleibt der Mensch Staub, wie hoch und groß, wie reich und geehrt, wie adelig und gelehrt er auch sei. Der Tod macht Alle gleich. O, daß doch diese Wahrheit, die so klar ist wie die Mittagssonne, Alle einsähen und sich darnach achteten!

Herodot schreibt: einst habe ein Weltweiser Alexander dem Großen einen kostbaren Stein vorgelegt, welcher dermaßen schwer gewesen, daß er auf der Wage alle anderen Gewichtssteine in die Höhe schnellen ließ; federleicht sei er dagegen geworden, wenn man ihn mit Asche überstreut habe. Da habe Alexander alle Weisen seines Reiches zusammenberufen und beauftragt, ihm diese seltsame Erscheinung zu erklären. Endlich sei Einer aus ihnen hervorgetreten und habe sich das Herz genommen, zu erklären: „Dieser Stein, o König Alexander, ist dein Herz, welches so gewichtig ist, daß es eine Welt nicht aufwiegt (ersättiget). Würde Ew. Majestät es mit Asche bestreuen und etwas an den Tod denken, alle Wichtigmacherei (aller Ehrgeiz) würde entfliehen." Eine sehr sinnreiche Deutung! Ich wünsche nur, Alle, die es trifft, wollten diese Thorheit ablegen, welche sie ins Elend führen muß.

II.

Die beste Philosophie und Lebensweisheit ist demgemäß: nicht zu pochen auf Macht, Ehre, Geld, Jugend, Schönheit, Stärke, Wissenschaft, Adel u. s. w. Da es sobald um uns geschehen ist, und Keiner etwas Nennenswerthes vor dem Andern voraus hat, so können wir nichts Besseres thun, als uns erwerben den Geist der Demuth und Bescheidenheit, der Gläubigkeit, der Selbsterkenntniß, der Reue und Buße.

Der betrachtete Gedanke: Ich muß sterben, ich bin ein überaus hinfälliges, schnell zerbrechliches Wesen, überdieß voller Fehler, — diese Erwägung ist die größte Weisheit, die es gibt; der Grund, weßhalb der weise Simonides dem Könige Pausanias beständig in den Ohren lag mit dem Zurufe: „Gedenke, daß du sterben wirst!" Agathokles, der Sohn eines Töpfers, ließ, als er nachmals zur Herrschaft gelangt war, um nicht übermüthig zu werden, und auf daß er seiner niedrigen Herkunft nie vergesse, täglich zwischen die goldenen und silbernen Geschirre und Pokale auch etliche irdene auf seine Tafel setzen. — Gewisse Ordensleute bewahren auch Todtenköpfe in ihren Zimmern oder haben sie vor sich stehen, wenn sie essen, blos zu dem Zwecke, die nützlichste und beste Lebensweisheit nie zu vergessen. — In der nämlichen Absicht hat man auch in der früheren Zeit die Todten in den Städten zwischen den Ringmauern beigesetzt, damit, wie Augustinus schreibt (ad fratres in eremo), „die Aus- und Eingehenden an den Tod erinnert würden und sich zu Gott bekehren möchten."

Doch was rede ich von christlichen Gebräuchen. Der türkische Kaiser selbst mußte vorzeit kurz nach seiner Thronbesteigung mit seinem ganzen Hoflager das Grab des Dulders Job zu Constantinopel besuchen, um sich zu erinnern, daß auch er nur Staub sei. — —

Andächtige! Wollet ihr etwas Nützliches lernen, so verleget euch auf die wahre Lebensweisheit: Wie sterbe ich selig? wie richte ich meine Sachen ein, damit ich in der Stunde, in welcher der Herr kommt, bereit bin, und mit einem unbescholtenen Rufe, einem frohen Gewissen vor Gott treten kann? Nun denn, dieß geschieht, wenn ihr Gott über Alles liebt, euren Nächsten aber wie euch selbst; darin liegt das ganze Gesetz.

Lasset uns zum Schlusse den Abgeschiedenen seinem Schöpfer empfehlen und sprechet: Vater unser .... Ave Maria .... Amen.

XIII.

Text: „Du, der einst vergab Marien,
Der dem Schächer selbst verziehen,
Hast auch Hoffnung mir verliehen."

Kirchenvers.

Eingang.

Andächtige!

Die im Namen der Todten zum Himmel gesandten Seufzer und Gebete der Kirche sammt und sonders, vor allen aber die Bitte meines heutigen Trauerspruches sind sehr nachdrücklich; denn sie stellen dem barmherzigen Gotte das Beispiel der Magdalena vor, welcher der Herr verziehen hat, sodann jenes des reuigen Schächers, dem der Heiland das Paradies sofort nach dem Tode versprochen. Sie wollen also sagen: Soll ich keine Hoffnung haben, o Gott? Hast du der öffentlichen Sünderin verziehen, hast du den Räuber zu Gnaden aufgenommen, wirst du auch mir nicht alle Hoffnung nehmen! Bist du ja demnach ein Gott der Erbarmung. —

In der That, herzbewegende, rührende Bitten, welche die Kirche im Amte für die Todten an Gott richtet! Wahrlich, die Verstorbenen selbst könnten nicht inniger und nachdrucksamer für sich beten! —

Wiederholt stehen wir an einem frischen Grabe; der darinnen ruht, ist der (die) . . . . (Lebenslauf.)

Und nun zu unserem Gegenstande! Bedarf der (die) Verlebte unseres Gebetes etwa nicht, bedarf desselben eine andere Seele. Immer aber rufe ich euch zu, weil ich es immer mit meinem geistigen Ohre aus dem Reinigungsorte heraufschallen höre:

O betet, flehet, weinet doch für die armen Seelen der Abgestorbenen! Sind sie ja doch

1) **eure nächsten Freunde,** und
2) **auf dem Wege zur Seligkeit, wo sie mit Gewalt aufgehalten werden und sich selbst nicht helfen können.**

I.

Es ist ein altbewährtes Sprüchwort: Seinen Freund lernt man in der Noth kennen. Zur Zeit des Glückes Freundschaft hegen, ist keine Kunst. Schon Ovid erklärt:

„Während dir lachet das Glück, magst Freunde du zählen in Menge;
Erst in den Zeiten der Noth lernst du die Treue des Freunds."

Wohlan, Geliebte! in den Gluthen des Fegfeuers herrscht die größte Noth; warum will man nicht beten und beispringen denen, welche mit uns gelebt haben? Kennt man sie vielleicht nicht mehr, sie, welche da auf unserem Kirchhofe dem Leibe nach eingescharrt liegen? Sind sie vielleicht uns fremd, oder sind sie uns schon fremd geworden? O nein! Es sind ja unsere nächsten Blutsfreunde und Verwandten, unsere Freunde, unsere Lieben und Theuren.

„Er ist ja unser Bruder, unser Fleisch," (1. Mos. 37, 27), sagte der treue Judas, da Joseph, sein Bruder, in der Cisterne schmachtete. Wie, meine Brüder, wollet ihr unseren Bruder in der Cisterne vergessen liegen und verschmachten lassen? Soll er so elend verderben? Das kann ich nicht über's Herz bringen; vermöget ihr es, seid ihr Unmenschen.

Das Gleiche muß ich heute so manchem leichtsinnigen Christen sagen, der seiner hingeschiedenen Lieben vergessen hat. Wie Viele von euch haben hier ihr eigenes Fleisch liegen, Vater, Mutter, Bruder, Schwester, Gatte, Gattin, Bräutigam, Braut, Freunde und Verwandte aller Art. Sie sind euch nicht fremd, lasset sie also auch euch nicht fremd werden, da sie euer Fleisch und Blut sind. O das Grab, oder gar das Fegfeuer ist eine viel schrecklichere Grube als die Cisterne, in welcher Joseph lag. Und hättet ihr auch keinen Freund noch hier zu beweinen, euere Glaubensbrüder liegen hier, Mitglieder eines und desselben Leibes und Lebens; in Christus sind wir ja Alle Mitglieder eines Körpers, nämlich der Kirche. Wie mitleidig ist nun nicht ein gesundes Glied, wenn das andere leidet! Wie eilfertig springt es da nicht bei, hilft ihm, pflegt es, lindert seine Noth! Machet es nun auch so denen gegenüber, mit welchen ihr Glieder eines Leibes unter dem Haupte Jesus Christus seid; nur dann erfüllt ihr das große Christengebot: Liebe deinen Nächsten wie dich selbst. — Wer gleich Joseph's Brüdern grausam sein kann, der wird selbst einst keine Barmherzigkeit finden und sagen müssen: „Wir leiden ganz mit Recht dieses; denn wir haben gesündigt an unserm Bruder, da wir die Bedrängniß seiner Seele sahen, als er uns bat, und wir hörten ihn nicht; deßhalb ist denn über uns nun diese Trübsal gekommen." (1. Mos. 42, 21.)

Wahrlich, es ist unverantwortlich, so zu handeln, wie Manche thun. Man beraubt seine todten Freunde alles dessen, was sie in der Welt besaßen, ihrer Häuser, ihrer Felder, ihres Geldes, ihrer Kostbarkeiten, ihrer Meubles, ihrer Kleider und freuen uns deß, ohne der Verstorbenen zu gedenken, ohne mit ihrem Eigenthume ihnen beizustehen, indem man z. B.

ihre Kleider den Armen gibt; aber da muß eben Alles zu Geld gemacht und verkauft werden! Wie leicht auch könnte man von dem geerbten Gelde den Nothleidenden ein Almosen reichen, oder eine hl. Messe lesen lassen, Alles zum Nutzen und Frommen der armen Seele. O wie dünn sind die Dankbaren gesäet! Oft wird nicht einmal der letzte Wille befolgt, wenn er nicht ausdrücklich im Testamente steht! Gott bessere es!

II.

Ein weiterer Antrieb zu dem genannten Werke der geistlichen Barmherzigkeit ist die Vorstellung, daß die armen Seelen im Reinigungsorte sich auf dem Wege zur Seligkeit befinden, unsere Arbeit also keine verlorene ist, auch keine unnöthige, da wir wissen, daß sie sich selbst nicht helfen können. O wie schmerzlich ist doch die Gewalt, welche sie am Einlaufen in den Haven endloser Seligkeit hindert! O wie elend ist der Ort, wo zu verweilen sie sich gezwungen sehen! Welche Drangsal und Kümmerniß, welche Sehnsucht, welcher Gram: so nahe am Ziele und es nicht erreichen dürfen! Welcher Schmerz sodann, sich selber nicht helfen können, nichts dagegen zu vermögen, abzuwarten, bis die lange, lange und peinigende Zeit zu Ende ist, oder ein Mensch sich endlich dieses Jammers erbarmt!

O wie edel ist nicht eine solche Seele sodann, die, ob sie gleich noch eine zeitliche Strafe abzubüßen hat, dennoch eine Freundin Gottes und Erbin des Himmelreiches genannt werden darf! Billig sollte man ihr helfen, sich dieselbe zur Freundin machen, sie gegen uns verbinden!

Als einst König Alphons II. von Neapel in's Wasser gefallen war, sprang sofort ein Matrose in die Wogen, mit eigener Lebensgefahr das so edle Leben des Königs zu retten; worauf der Ruderknecht eine ansehnliche Summe erhielt und eine jährliche Rente. Wo gibt es nun edlere Wesen, als die sind, welche in der Freundschaft Gottes stehen? Sie übertreffen Könige und Kaiser an Werth, hatten indessen das Unglück in das feurige Meer des Reinigungsortes gefallen zu sein. Wie nun, sollte man sich nicht beeilen, diesen Wesen einen so ansehnlichen Dienst zu leisten, was sie doch gewiß auf's Wärmste anerkennen, da, wie bereits gesagt worden, sie sich selber nicht helfen können! — —

Ich will nun nicht hoffen, der (die) Verlebte befinde sich in gleicher Lage. Denn (Näheres). Dennoch, um sicher zu gehen, wollen wir

Keinen von unserem Gebete, von unserer Liebe ausschließen. Darum ende ich mit den Worten des bekannten Kirchenliedes:

Höre mein unwürdig Flehen,
Milder, laß mich in den Wehen
Ew'ger Flammen nicht vergehen!
Laß mich zu den Schafen eilen,
Nimmer bei den Böcken weilen,
Wolle mich nur Dir zutheilen!
Wenn den Bösen es begegnet,
Daß es Flammen auf sie regnet,
Ruf' mir zu dann: „Sei gesegnet!"
Mit zerknirschtem Herzen sende
Ich mein Flehen Dir: „O wende,
Wende gnädig einst mein Ende."

Vater unser .... Ave Maria .... Amen.

XIV.

Text: „Kommt der Mensch am Thränentage
Neu aus seinem Sarkophage,
O dann schone seiner Sünden,
Komm, um Gnade zu verkünden!
Frommer Jesu, liebster Herre,
Deine Ruhstatt ihm nicht sperre!"

Kirchenvers.

Eingang.

Andächtige!

Der letzte Vers obigen Kirchenliedes heißt eigentlich wörtlich übersetzt: „Schenke ihm die ewige Ruhe!" Nichts wird überhaupt im Priesteramte für die Todten, bei der Einsegnung wie in den priesterlichen Tagzeiten für die Abgestorbenen, öfter wiederholt als der christliche Wunsch: „Gib ihnen, o Herr, die ewige Ruhe!" Mit Recht! Denn ach, wie viele noch nicht ganz reine und vollkommene Seelen mögen noch nicht in die ewige Ruhe eingegangen sein! So lange eine Seele nicht bei Gott im Himmel ist, lebt sie in Unruhe, gleich dem Vogel, der im Käfig gefangen nicht in die Lüfte ziehen kann, gleich dem Stein, der nicht zur Erde fallen kann, seinem Mittelpunkte. Darum thut die Kirche, thun wir Alle wohl daran, wenn wir den lieben Abgestorbenen immer und immer wieder die ewige Ruhe wünschen und in diesem Sinne für dieselben beten: „Herr, lasse sie ruhen im Frieden!" So wollen wir nun dieses denn auch heute für den dahingeschiedenen N. N. bitten mit all der Wärme und Innigkeit, mit der wir ihn liebten. (Lebenslauf.)

Nachdem wir das, was sich über den Verblichenen sagen ließ, haben kennen gelernt, lasset uns nun zu unserer Belehrung ein wenig näher eingehen:

auf die Ursachen, die wir haben, den armen Seelen im Reinigungszustande die ewige Ruhe zu wünschen.

Nichts geschieht von der Kirche Gottes ohne Ursache; nicht ohne Ursache besprengt sie die Gräber und Todtensärge mit dem Weihwasser, nicht ohne Ursache schwingt sie über denselben das Rauchgefäß, nicht ohne Ursache wirft der Priester dreimal Erde auf den Sarg: Alles dieses hat seine Bedeutung.

Deßgleichen auch der Wunsch: „Herr, gib ihnen die ewige Ruhe!" mit dem wir die Todten begleiten und beehren. Ich will der Ursachen nur zwei anführen.

1) Nicht wenige Abgestorbene bedürfen der ewigen Ruhe und des Friedens, weil sie noch nicht in deren Besitze sind. Noch wird eine zahllose Menge vom Himmel zurückgehalten, noch ist vielen armen Seelen die Ruhestätte Jesu abgesperrt, noch schmachten Unzählbare in unendlicher Qual, und das so lange bis sie den letzten Heller (was ist ein Heller!) bezahlt d. h. abgebüßt haben. Da ist denn nun dieses kleine Gebetlein der Beisteuer Anfang, der erste Anlauf zu ihrer Erlösung und zukünftigen Ruhe in Gott. Kein Bettler kann so demüthig bitten, kein Nothleidender unser Almosen so dringend vonnöthen haben, als die, welche noch im Jenseits abzubezahlen haben.

Zu König Alphons von Aragonien kam einst ein Bettler und sprach: Großer König! Ich habe einen Gläubiger, der mir schier den Tod anthut mit stätem Mahnen und Inmichdringen. Gebt mir doch eine Beisteuer, damit ich den Ungestümmen so bald wie möglich befriedigen kann! — Auf die Frage des Königs, wer denn dieser strenge Gläubiger sei, erhielt er zur Antwort: Mein Magen ist's, der alle Tage Brod haben will, indeß ich doch keines habe. — Der König von solch zierlicher Vorstellung nicht wenig erfreut, reichte ihm ein fürstliches Almosen.

Die armen Seelen haben mit Essen und Trinken wol nichts mehr zu schaffen; wo kein Leib, da ist auch kein Hunger und Durst. Allein es plaget und peiniget sie ein anderer Hunger und Durst. So sagt schon David: „Meine Seele schmachtet nach Gott dem lebendigen Brunnen; wann werde ich kommen und erscheinen vor dem Angesichte meines Gottes? Thränen waren meine Speise Tag und Nacht, da man mir täglich sagt: Wo ist dein Gott?"

(Ps. 41, 3. 4.) Dieß ist der Zustand der armen Seelen. Sie haben einen ungestümmen Gläubiger, die Sehnsucht nach dem Himmel quält sie Tag und Nacht. —

2) Die andere Ursache, warum wir den armen Seelen die ewige Ruhe wünschen, ist die: wir können zu ihrer Ruhe, zu ihrem Frieden, zu ihrer Erlösung außerordentlich viel beitragen. Wir bitten und beten also nicht umsonst, nicht vergeblich bemühen wir uns, ihnen zu helfen. Wir wissen nämlich, daß wir den abgelebten, den armen Seelen im Fegfeuer helfen können, daß wir unsere Fürbitten für sie nicht umsonst zum Himmel emporsenden, daß, während die im Reinigungszustande sich befindlichen Seelen sich selbst nicht helfen können, wir dieses vermögen, indem wir noch in jenem Zustande sind, wo es uns noch gestattet ist, gute und für den Himmel verdienstliche Werke zu verrichten, welche den armen Seelen im Läuterungszustande fürbittweise zugewendet werden können.

Dieses die beiden Ursachen: Die armen Seelen bedürfen unseres Gebetes, und dasselbe hilft ihnen in der That auch, ist sohin nicht verschwendet. — —

Wie nun, Geliebte! So mancher Glaubesgenosse, Landsmann, Freund, Blutsverwandte, so manche liebe und theure Seele schmachtet im Kerker, im Schuldthurme Gottes, uud kann nicht bezahlen, als durch Geduld und Leiden.

O Geliebte! duldet, leidet dieses nicht! Zahlet für ihn, wirket für ihn! Gebt ihm das Almosen, das er so dringend bedarf und womit ihm so leicht geholfen ist. Wünschet, erflehet, erwirket ihm die ewige Ruhe und den Frieden der Seele! Nun ist es an dem, daß wir Hand anlegen und helfen. Was nützt die Erkenntniß ohne die That? Nehmen wir, um sicher zu gehen, Keinen von unserer Liebe und unserem Beistande aus. Wir wollen hoffen und wünschen, dem Verlebten sei kein einziges Vater unser mehr nothwendig. Doch soll es in diesem Stücke wenigstens an uns nicht fehlen. Lasset uns vielmehr beten: Gib, o Jesu, allen abgeschiedenen, gläubigen Seelen, insbesondere der, welche wir dir im heutigen Amte anempfehlen, die ewige Ruhe! Vater unser . . . Ave Maria . . . . Amen.

XV.

Text: „Herr, gib ihnen die ewige Ruhe!"
Kirchenvers.

Eingang.

Andächtige!

Indem die Kirche diese Worte meines Trauerspruches bei ihren hl. Verrichtungen für die abgeschiedenen Seelen so oft wiederholt, gibt sie zu erkennen, welche große Sorge sie trage für die Ihrigen auch dann noch, wenn dieselben, der Erde bereits entrückt, ihr ewiges Leben begonnen haben. Gar vielmals kehrt alsdann in den Gebeten der Kirche der Wunsch wieder, Gott möge den Dahingegangenen endlich nach so viel Mühe, Sorge, Unruhe und Noth die ewige Ruhe gnädigst verleihen.

Auch dem (der) soeben hier Beigesetzten wünschen wir diese ewige Ruhe; denn der Mensch, scheine er auch noch so glücklich und zufrieden, kommt, wie der hl. Augustinus bemerkt, nicht eher zur Ruhe, als bis er in Gott ruht. (Lebenslauf.)

Untersuchen wir nun den Spruch der Kirche, der in ihren Gebeten so häufig wiederkehrt, etwas näher. Ich sage:

Es ist ein frommer und frommender Wunsch, wenn wir für die Todten beten: „Herr, gib ihnen die ewige Ruhe!" Denn dieß lehrt uns:

1) Die hl. Schrift,

2) die Ueberlieferung der hl. Väter, und

3) die Vernunft selbst.

I.

Kein Volk in der Welt ist so rauh und barbarisch, daß es nicht den Todten ein ewiges Wohlsein wünscht und dieselben mit Ehrenbezeugungen und Gepränge beerdigt. Die Heiden wuschen ihre Todten, salbten sie mit Oel, wachten bei ihnen und überlieferten sie unter großen Feierlichkeiten dem Staube. Wir selbst ehren unsere Todten durch eine Menge von Ceremonien, worunter aber die guten Werke, die wir dabei verrichten, die Hauptsache bilden, denn alles Fasten, Almosengeben, Wachen, Beten, Todtenopferbringen und Seelamthalten zwecket nichts anderes ab, als die ewige Ruhe und das Wohlsein der abgeschiedenen Seelen. — Lasset uns sehen, warum wir in unserer Kirche für die Ruhe der Todten beten. Schlaget nur die hl. Schrift auf. Was lesen wir dort? Im zweiten Buche der Machabäer lesen wir (12, 46.): „Heilig und heilsam ist der Gedanke, für die Verstorbenen zu beten, damit sie von ihren Sünden (d. h. ihren Sündenstrafen) befreit werden.“ Heilig, — was sollte auch Böses darin sein, daß Einer aus christlicher Liebe für den Anderen betet? Unsere Vorfahren haben zu diesem Zwecke Kirchen, Kapellen, Spitäler, Klöster, Seelmessen die unzählige Menge gestiftet, wo man Tag und Nacht für die Ruhe der abgeschiedenen Seelen Gebete zu Gott emporsendet.

Was ist Böses daran, wenn ich meinem Vater, meiner Mutter, meinen lieben Freunden und Verwandten die ewige Ruhe wünsche? Darf ich ihnen vielleicht nicht mehr Gutes wünschen? Soll ich sie etwa gar zur Hölle verfluchen?

Oder gibt es etwa kein Fegfeuer? Ei, wenn das wahr ist, was versteht man denn in der Bibel unter jenem Feuer, durch das im jenseitigen Leben doch Viele allein nur selig werden? (1. Cor. 3, 13.) Wo ist alsdann jener Kerker zu finden, in dem man verharren muß, bis man den letzten Heller abbezahlt hat? (Matth. 5, 26.) Spricht der Heiland etwa nicht von Sünden, welche in jenem Leben nicht, und von anderen, welche in jenem Leben nachgelassen werden? (Matth. 12, 32.) Oder wo in der hl. Schrift hat sich Christus dagegen erklärt und der Juden, seiner Zeitgenossen, Glauben an einen Läuterungszustand als einen Irrthum bezeichnet? Ist das Beten für die Seelen im Fegfeuer nun heilig, so ist es Gott wohlgefällig und verdienstlich, so hilft es bei Gott, so ist es heilsam; es ist nicht nur fromm, es frommet auch. Deßhalb also betet man mit Recht für die lieben Todten.

II.

Auch die Erblehre ist darüber einig; was die katholische Kirche über diesen Punkt lehrt, das hat sie zu allen Zeiten für wahr gehalten. Anerkannt haben das Fegfeuer und das Heilsame, für die Seelenruhe der Todten zu beten, alle hl. Väter, von denen ich hier nur nennen will einen Gregor den Großen (dial. IV. c. 39.), Hieronymus (ep. ad Demet.), Cyprian (ep. 52.), Basilius von Cäsarea (ad cap. 9. Jes.). Deßgleichen Tertullian (de anima c. 35.), Isidor (de off. Eccl. I. c. 18.) u. A. Hören wir von den vielen Stimmen und Zeugen für unseren Glauben den hl. Augustinus; er sagt: „Es ist nicht umsonst von den Aposteln angeordnet, daß bei der Feier des hl. Meßopfers Meldung geschieht derer, die von der Welt abgeschieden sind. Sie wissen, daß ihnen hiedurch großer Nutzen geschaffen werde. Indem alles Volk die Hände ausstreckt, auch die Priester ihr Meßopfer darbringen, wie kann es möglich sein, daß Gott nicht besänftiget werde durch unser Gebet?" Auch der hl. Chrysostomus erklärt: „Das sind keine Märchen! Wir gedenken der Hingeschiedenen in den göttlichen Geheimnissen nicht umsonst; nicht umsonst bitten wir für sie das Lamm, welches die Sünden der Welt hinweggenommen hat." (hom. 41. in I. ad Cor.)

III.

Daß nichts auch nur irgend Unreines oder Unvollkommenes in den Himmel eingehen kann, lehrt die hl. Schrift und die Vernunft. Deßgleichen sagt uns die Erfahrung, daß derlei Reine und Vollkommene nicht sehr häufig anzutreffen sind. O wie viele Menschen begehen noch auf ihrem Krankenbette kleine Fehler, wie viele Ungenauigkeiten und Schwächen übersehen wir bei der Beichte und bei der Genugthuung, wie manches Uebersehene, Unabgezahlte ist da noch zu berichtigen, zu bereinigen, abzuzahlen. Dieß nun geschieht im Mittelzustande.

Ueberhaupt gibt es in der Natur keinen Sprung, Alles schreitet stufenweise zur Vervollkommnung empor. So geht es auch dem Geiste, der Seele. Nur Wenige sind sofort nach dem Tode dermaßen schon für die himmlische Herrlichkeit geeigenschaftet, daß sie *sofort* in den Himmel eintreten können. Wenn wir in die Seelen der Menschen auch nur *einen* Blick geworfen haben, so müssen wir einbekennen, für Viele, Viele ist nach dem Tode ein Läuterungsort, ein Mittelzustand unbedingt nothwendig. Sündiget nicht der Gerechte selbst des Tages siebenmal, d. h. wiederholt? Nun denn, wenn so viele Seelen nach ihrem Hintritte noch nicht der Anschauung Gottes sofort theilhaftig werden, ist es nicht heilig und heilsam, Gott zu bitten, er möge ihnen endlich die ewige Ruhe schenken! Ist das nicht ganz vernünftig, in Gott zu dringen, diesem Zustande unserer lieben Freunde doch *ja* recht bald ein erfreuliches Ende geben zu wollen? — —

Darum auf, Geliebte, die Hände empor, die Herzen empor! Betet doch recht oft und gern *für die Seelenruhe eurer Todten*! Betet insbesondere auch für die Ruhe des (der) Verblichenen! *Wer sehnt sich nicht nach Ruhe*? Wir Alle wünschen sie uns; so lasset sie uns auch *Anderen* wünschen! Vater unser . . . Ave Maria . . . Amen.

XVI.

Text: „Das ewige Licht leuchte ihnen!"

Kirchenvers.

Eingang.

Andächtige!

Wir wünschen nach alter und löblicher Christengewohnheit nicht nur die ewige Ruhe unsern lieben Abgeschiedenen, sondern wir fügen dem ersten auch noch einen zweiten Wunsch bei, den nämlich: das ewige Licht möge ihnen fortan leuchten. Nachdem nunmehr das Welt- oder Sonnenlicht ihnen untergegangen ist, da ihre Augen geschlossen sind, so beten wir für die Todten um das ewige Licht, welches ihnen im Himmel ohne Ende leuchten möge. Das Licht aber, welches im Himmel leuchtet ist das Lamm Gottes, Jesus Christus selbst, von dem es heißt, er sei auf die Erde gekommen, „um zu erleuchten, die in Finsterniß und im Schatten des Todes sitzen, und ihre Füße zu leiten auf den Pfad des Friedens." (Luk. 1, 79.)

Ein herrlicher Wunsch, den wir da für unsere Abgestorbenen aussprechen. Abermals stehen wir an einem offenen Grabe. Wir haben zur Ruhe eingesegnet .... (Lebenslauf.)

Auch ihm wünschen wir das ewige Licht. Auch für ihn beten wir: O Jesu! Erscheine mild und gnädig dieser bereits in die Ewigkeit hingegangenen Seele, und wolle Du ihre Sonne sein, darin sie sich freue immer und ewiglich! —

Wie sorgfältig sind nicht Kirche und Volk gegen ihre Todten! Kaum ist Einer unter uns Todes verblichen, sofort beten, singen und opfern wir, und wünschen ihm, was zu seinem Wohle dient.

Ich sage:

Den Todten das ewige Licht wünschen, ist

1) vernünftig und

2) christlich und schriftgemäß.

I.

Die Heiden, welchen das Licht des wahren offenbarten Glaubens nicht strahlte, thaten gegen ihre Angehörigen, wenn sie mit Tod abgegangen, alles Liebe und Gute, was sie nur konnten. Sie folgten ihren Leichen bis zum Grabe, und hier nun hatten sie noch den allgemeinen Wunsch im Munde, der sich zum Sprichworte ausbildete: „Möge dir die Erde leicht sein!" Hierin nun haben die Heiden nichts Böses gethan. Wären sie indessen durch Jesus Christus, das Licht der Welt, erleuchtet gewesen, würden sie gewußt haben, daß nach diesem noch ein anderes Leben sei, daß die Leiber zwar eine Zeit lang in der Erde schlafen, bald aber wiederum den Gräbern entsteigen und auferstehen würden, um mit den Seelen vereint sich vor den Richter zu stellen, welcher nach seiner Gerechtigkeit dereinst Lohn und Strafe ausmessen wird; hätten sie von einem Läuterungszustande gewußt, sicherlich, andere Wünsche wären dort laut geworden, Wünsche, welche sich auf die Seele ihrer Angehörigen bezogen hätten, mit einem Wort, sie würden für die Seelenruhe der Verstorbenen gebetet haben, anstatt daß sie für den todten Leib um eine leichte Erde flehten. O wie würden sie da gerufen haben: O großer Gott, halte deine Diener doch ja nicht länger zurück am Orte der Läuterung, sondern lasse ihnen bald das göttliche, ewige Licht erscheinen, um in demselben fortan zu wandeln! — Dieß würde ihnen schon die Vernunft eingegeben haben.

So müssen denn auch wir es thun. Es ist unsere Christenpflicht, dem Nächsten in der Noth beizuspringen. Betet man für einen Menschen, der noch am Leben ist und für sich noch beten kann, um wie viel mehr für jene in der äußersten Noth und Finsterniß, die sich nicht helfen können! Welche Liebe verräth nicht der hl. Dominikus, der des Tages sich dreimal geißelte, erstlich für die eigenen Sünden, sodann für die fremden und endlich für die armen Seelen im Fegfeuer!

Solche Liebeswerke flossen nicht allein aus dem Glauben, sondern auch aus der durch den Glauben erleuchteten Vernunft. Ach, Erbe des himmlischen Lichtes sein, und lange, lange dieses so herrliche Erbe sich vorenthalten sehen, ist unendlich hart! Nichts ist die irdische Finsterniß und Kerkernacht gegen jene Hintanhaltung des ewigen Lichtes. (Locus amplif.)

II.

Doch da wird mir vielleicht Einer einwenden und sagen: Ist denn diese Rede auch christlich? Scheinet sie doch in der Bibel nicht gegründet zu sein! — Nun denn, wo befanden sich die Seelen der Altväter? Lazarus, den Jesus vom Tode erweckte, lag er nicht schon etliche Tage im Grabe? Deßgleichen führe ich euch an den Sarg des Jünglings zu Naim, an das Todtenbett der Tochter des Jairus, an die Gräber derer, welche beim Tode Jesu auferstanden und in Jerusalem dem Volke erschienen. Saget an: Wo waren die Seelen dieser Verstorbenen von ihrem Tode bis zu ihrer Wiedervereinigung mit ihrem Leibe oder bis zu ihrem Einzuge im Himmel? Doch nicht schon im Himmel selbst? Denn wäre ihnen da durch die Wiedervereinigung mit ihrem Leibe, wenn sie schon einmal die himmlischen Freuden genossen hätten, nicht viel zu wehe geschehen? — Oder waren sie vielleicht in der Hölle? aber daraus gibt es ja zugestandenermaßen keine Erlösung! — Wo nun? In der Hand Gottes? Wie hieß dieser Ort, wo die Hand Gottes jene Seelen aufhielt? Wenn dieß kein dritter Ort, kein Mittelzustand ist, in dem sich jene Seelen befanden, so weiß ich nicht, was ein dritter Ort ist.

Also auch die Bibel lehrt uns, und zwar dießmal nicht durch Worte, sondern durch Thatsachen, daß es einen Mittelzustand gibt, wo das ewige Licht noch mangelt, wo die armen Seelen der ewigen Anschauung, in der man wie im herrlichsten Sonnenglanze wandelt, entrathen müssen. Diesen Sonnenglanz des Himmels, diese Sonnenklarheit Gottes lasset uns ja den abgeschiedenen Seelen wünschen und verschaffen, soweit in unserem Vermögen steht! — —

Ist es wahr, erlösen wir gerne die Gefangenen aus ihren finstern Kerkern und geben sie dem entzückenden und erquickenden Sonnenlichte wieder? O dann müssen wir ja ganz besonders auch darauf ausgehen, die armen Seelen aus dem Läuterungszustande zu befreien und ihnen, so viel an uns ist, dazu verhelfen, daß sie im ewigen Lichte Gottes und in himmelsklarer Erkenntniß wandeln! — In dieser Meinung fallet denn auch jetzt Alle mit mir auf die Kniee und betet ein andächtiges Vater unser und Ave Maria! Amen.

XVII.

Text: „Lasse sie ruhen im Frieden!"
Kirchenvers

Eingang.

Andächtige!

Ganz recht hat der weise Mann, wenn er von denen, welche in der Wahrheit, Gerechtigkeit und Gnade von der Welt abgeschieden sind, sagt

„Sie sind im Frieden." (Weish. 3, 3.) Glück, Sicherheit und Ruhe umfängt sie; keine Trübsal, kein Schmerz, kein Elend fasset sie mehr an. Dieß stimmt völlig überein mit der Offenbaruug des hl. Johannes, wo wir (14, 13.) lesen: „Selig sind die Todten, die im Herrn sterben!"

Lasset uns, Geliebte, deßhalb den Verlebten weniger beklagen, als vielmehr beglückwünschen, denn was kann man einem Menschen Besseres wünschen, als: er möge im Frieden sein! Dieses gönnen und wünschen und erflehen wir denn auch dem Abgeschiedenen. Einige Notizen aus seinem Lebensgange werdet ihr indessen von mir erwarten; so will ich denn mittheilen, was ich über den Dahingeschietenen in Erfahrung bringen konnte. (Lebensskizze.)

Und nun eile ich zu meinem Vorsatze, euch einige Erklärungen zu geben über den üblichen Wunsch, den wir den Abgestorbenen nachsenden, und welcher damit schließt, daß wir wünschen und von Herzen beten: „Lasse sie ruhen im Frieden!"

Erörtern wir diesen Herzenswunsch und Kernspruch ohne Umschweife.

Selig die Todten! sie sind im Frieden; aber nur an den Gerechten wird dieser Spruch wahr.

Sie sind im Frieden, d. i. in vollkommenem Ruhestande, sie genießen die höchste Wonne und Ersättigung aller heiligen Begierden, dergestalt, daß kein Krieg, kein Hunger, kein Durst, kein Neid, kurz, keine Leidenschaft ihre Ruhe stört, wie da, wo noch das irdische Leben braust und wo selbst die Gerechten nicht frei vom Kriege und Kampf bleiben, wie der Apostel Paulus einbekennt, indem er sagt, Fleisch und Geist stritten in ihm wider einander; er verspüre in seinen Gliedern ein anderes Gesetz, welches Streit erhebe gegen das Gesetz seiner Seele. Kampf, Hader, Unfrieden, Weh, so lange wir leben; bald stört der Leib den Frieden und wird krank, bald der Geist und wird schwach und unbeständig. All' dieß unangenehme, friedlose, schmerzliche Wesen nimmt für die Gerechten mit dem Tod ein Ende.

Warum? — Sie sind in Gott; und wer in Gott ist, der ist in vollkommenem Frieden, ihn kann nichts mehr beschweren, betrüben, verstören und beunruhigen. Nicht das Verwesen des Leibes, denn die Seelen wissen ja, daß er über kurz weit herrlicher und glorreicher aus dem Grabe hervorgehen werde. Auch nicht der Zorn oder die Strenge des Richters, denn dieser ist seinen Dienern und Freunden überaus mild, gnädig, freundlich und gut. Was soll sie also beunruhigen? Was sie verlassen haben, das besitzen sie nun im Himmel millionenmal besser und vollkommener. In Gott haben sie Alles, denn sie haben selbst, was Gott besitzt, an dessen Macht, Weisheit ꝛc. sie theilnehmen dürfen. O sie haben allen erdenklichen Frieden!

Wie Petrus, da er im Kerker mit Ketten belastet dalag, ob er gleich anderen Tages sollte zum Tode geführt werden, dessenungeachtet gar friedlich und sanft schlief, da er wußte, daß er in der Hand Gottes sei; also ruhen auch die Seelen der Gerechten in Gott, die Leiber aber schlummern in großem Frieden, von der Hand Gottes beschützt, der sie wiederum herausführen wird, obgleich der Tod sie in Fesseln gelegt und gebunden hat.

Wir wissen, mit welcher Zuversicht und Beharrlichkeit der ägyptische Joseph die sieben magern Jahre erwartet hat, weil er gegen die Theuerung jener Jahre sich hinreichend vorgesehen hatte; also harren auch die Gerechten in großem Frieden und mit süßer Gemüthsruhe auf das allgemeine Gericht, an welchem man die Früchte der guten Werke wird fordern, mit denen sie sich indessen reichlich zeitlebens haben vorgesehen.

Die Gottlosen dagegen werden unruhig sein und keines wahren Friedens genießen. Denn wie wollte ein mit Gott zerfallener, ein von seinen Leidenschaften gepeitschter, ein von seinem sündigen Bewußtsein gefolterter, Schimpf, Schande und Strafe erwartender Mensch, ein Mensch, der im Gefängnisse sitzend alle Tage seinen Lohn auf dem Blutstuhle erwartet, wie wollte ein Solcher Frieden haben? Nein, die Gottlosen haben keinen Frieden! Schon David sagt, als er gesündigt hatte: „Es wohnt kein Friede in meinen Gebeinen angesichts dieser meiner Sünden." (Ps. 37, 4.)

Lazarus dagegen, der Gerechte, er ruhet nun im vollsten Frieden und in aller Beseligung. Er wird getröstet, während den reichen Prasser die Pein umfängt. —

Wir wollen hoffen, daß auch der Verblichene hier im Frieden sei, da . . . . (Näheres ex vita.)

Möge ihn der Himmel mit all seinen Wonnen beseligen, möge er nun die Früchte seiner guten Werke genießen! Nach der Beschwerniß kommt die Erleichterung, auf Krieg folgt Frieden. Krieg daher in diesem Leben allen unseren Neigungen und Leidenschaften, damit wir dort eines vollkommenen Friedensstandes uns erfreuen

Und nun für den Verewigten euer Gebet! Vater unser . . . Ave Maria . . . Amen.

XVIII.

Text: „Wer ist der Mensch, der am Leben bleibt und den Tod nicht schaut?" Ps. 88, 49.

Eingang.

Christliche Trauergenossen!

Niemand vermag auf die in meinem Vorspruche aufgestellte Frage zu antworten: Ich bin es; ich werde den Tod nicht schauen. Denn wir wissen es aus der täglichen Erfahrung, wie aus dem unfehlbaren Glauben, daß vom Sterben Niemand ausgenommen ist. Noch Keinen hat der Tod verschont, noch wird er es jemals. Die da vermeinen, sie seien vom Tode nicht überhaupt frei, sondern nur auf noch lange Zeit befreit, die da, weil sie von Gesundheit strotzen, leben, als wären sie unsterblich, sie gerade sind in höchster Gefahr, zeitlich und ewig zu sterben.

Wehe denen, die in Vergessenheit des Todes wandeln! Wehe denen, die ihm zu trotzen glauben, die darauf bauen, daß sie jung, stark und reich sind, schützende Kleider, gesunde Häuser, tüchtige Aerzte haben, daß sie den Seuchen und ansteckenden Krankheiten aus dem Wege gehen können! Sie befinden sich in einem ungeheuren Irrthume. Wo ist noch der Tod an einem Menschen vorübergegangen? Man hat ausgerechnet, daß in jeder Sekunde ein Mensch stirbt. So ist denn auch der Tod endlich an den verlebten N. N. herangekommen. (Lebenslauf.)

Dieß aber gereiche uns zu neuer Bestärkung und zur Beherzigung der gewichtigen Wahrheit:

1) **Der Tod verschonet Niemanden.**

2) **Je mehr man sich das Sterben ausredet, desto gefährlichere Wege geht man.**

I.

Welcher Monarch, welcher Kriegsheld, welcher Gelehrte, welcher Mächtige ist jemals vom Tode verschont worden und lebt noch in der Welt? Keiner, Geliebte! Wie die Wasserfluthen zerschellen am Ufer, womit sie Gott eingedämmt hat, also brechen die Kräfte selbst des allermächtigsten Staubgeborenen an der Linie, die Gott unserm Leben gezogen hat. So kann denn kein Mensch sagen: Ich werde immerdar in meinen Schätzen wühlen; ich werde ohn' Aufhören im Ueberflusse leben; ich werde stäts in seidenen Kleidern einhergehen; ich werde immer auf meinem stolzen

Rosse reiten; ich werde ewig von Gesundheit strotzen. Die Armuth verschonet den Reichen, der Schmerz den Gesunden, der Spott die Mächtigen, aber der Tod verschonet Niemanden. „Mors servat legem, tollit cum paupere Regem,“ singt der Dichter. Mag immerhin der Kaiser „Unüberwindlichster“ sich nennen lassen, der Tod setzt sich auch auf seinen Nacken.

Wir lesen, Noe habe einst beim Hereinbruche der Sündfluth auch die Gebeine Adams mit sich in die Arche genommen, dann aber, als die Wasser wiederum zurückgesunken waren, die irdischen Ueberreste unseres ersten Stammvaters an seine Söhne ausgetheilt, gleich als wollte er sagen: Bildet euch, ob ihr gleich dieser allgemeinen Fluth entronnen seid, nicht ein, das allgemeine Verderben, der Menschenwürger Tod, werde euch nicht auch ereilen. Nein, auch ihr werdet ihm einst verfallen; daran erinnere euch das Gebein dessen, durch den der Tod in die Welt gekommen ist. — Das Leben ist dem Menschen geliehen, nicht geschenkt. Das Geschenk gehöret uns stäts zu, das Geliehene nur eine Zeit lang; alsdann muß man es dem Eigenthümer zurückstellen. So muß auch der Mensch sein Leben unweigerlich zurückgeben, wenn es Gott von ihm verlangt. —

Gott nimmt also, wenn Jemand stirbt, nur das, was ihm gehört. Früher oder später erreichen wir Alle das Ziel und die Grenze. Der Tod verschonet Niemand, d. h. Gott verlangt unerbittlich das uns geliehene Leben zurück — und zwar mit Wucherzinsen.

II.

Je mehr man sich deßhalb das Sterben ausredet, desto gefährlichere Wege geht man, desto bedenklicher ist für uns der unausbleibliche Tod.

Ursache zu trauern hat man eigentlich nur über den Tod dessen, der da gelebt hat, als existirte gar kein Tod in dieser Welt. Das ist ein gefährlicher Weg in die Ewigkeit: sterben mit einem soeben erst des Todes gedenkenden Bewußtsein. Daß wir sterben müssen, wissen allerdings Alle; aber sehr Viele reden sich den Tod aus, vergessen des Todes, indem sie sich berauschen mit den betäubenden Weltfreuden. Trunken hievon vergessen sie, wessen sie doch täglich sich sollten erinnern. Der Gedanke des Todes geht bei derlei Leuten unter in Gesellschaften, Weltlüsten und Taumel bereitenden Genüssen. Kommt alsdann der Tod heran, so findet er die Unglücklichen überrascht und unvorbereitet. O das ist ein böser Tag alsdann und der Anfang noch ohne Vergleich schlimmerer Tage!

Die Vergessenheit irdischer Lüste ist gut und heilsam, die Vergessenheit des Todes aber, o die ist überaus verderblich für unser Seelenheil.

Des Sterbens vergaß der reiche Prasser gänzlich; darum zechte er täglich und lebte, als ginge dieß Schwelgerleben ewig so fort; er vergaß nicht nur des Todes, sondern auch der guten Werke, der Armen, des Betens, und wälzte sich nur in irdischem Kothe. Fraget ihn jetzt, was ihm diese Vergessenheit des Todes eingebracht hat. Ach, nun kleidet er sich auch in Scharlach; seine Kleider aber sind jetzt die purpurnen Flammen der Hölle. Wahrlich, wer sich das Sterben ausredet, geht einen bedenklichen Weg! — —

Ihr nun, die ihr noch am Leben seid, in der Blüthe der Jahre stehet, euch ungeschwächter Gesundheit freut, o vergesset doch niemals, berauscht von zeitlichen Lüsten, betäubt von irdischen Genüssen, trunken vom Weltwesen, vergesset niemals des Todes! Täglich bringt sich der Tod euch in Erinnerung, drängt sein Andenken euch auf; o beseitigt sein Gedächtniß doch nicht gewaltsam, erinnert euch selbst an das Sterben und thut es gerne! Wehe dem, der sich den Tod ausreden muß!

Unserem lieben Verstorbenen hier im frischen Grabe wollen wir nach unserer Gewohnheit die ewige Ruhe, das ewige Licht und einen ewigen Frieden wünschen und unser Gebet in diesem Sinne emporsenden. Vater unser . . . . Ave Maria . . . . Amen.

XIX.

Text: „Gedenk, o Mensch, du wirst zum Raub
Dem, was du selber bist, dem Staub!"

Kirchenvers.

Eingang.

Andächtige!

Die Worte meines Vorspruches sind die Uebersetzung des Verses, dessen sich die Kirche am Aschermittwoch bei der Einstreuung unseres Hauptes mit Asche bedient, und mittelst deren sie uns erinnert, an unseren **Ursprung** wie an unser **Ende** zu erinnern. **Vom Staube kommen wir, zum Staube gehen wir.** Was ist mit den Leuten, die nie an den Tod gedacht, die sich vielmehr denselben immer ausgeredet haben? Welch ein Leben führten sie? Beispiel: Sardanapal, Heliogabalus u. s. w.

Anders der verlebte Herr N. N., den wir zur ewigen Ruhe hier beigesetzt haben. (Lebenslauf.) Des Todes stäts eingedenk war sein Leben ein christenwürdiges und sein Tod ein erbaulicher und glücklicher. Er ist am Ziel, und Andächtige! wir Alle haben das gleiche Loos zu befahren. Darum erheben wir uns nicht über die Anderen; wir mögen sein, wer wir wollen, auch wir werden sterben und sind Staub wie alle Uebrigen.

1) Ja, Einer wie der Andere von uns ist Staub und Asche;
2) thöricht der Staub, der sich über den andern erhebt.

I.

Als Diogenes, der Weltweise, einstmals Alexander den Großen, König von Macedonien, in seiner Nähe wußte, und bemerkte, wie sehr derselbe ihn beobachte, trat ersterer in ein Beinhaus und schien zwischen den Knochen etwas zu suchen. Alexander trat, wie uns Laërtius weiter erzählt, nach einer kleinen Weile auf ihn zu mit der Frage, was er denn suche. Diogenes gab ihm zur Antwort: Ich suche, was ich nicht finde: — den Unterschied zwischen Arm und Reich, zwischen großen Herren und dem gemeinen Volke. Aber ein Staub ist wie der andere.

Auch ich finde keinen Unterschied als nur einen äußerlichen. Das ist wahr: Herren, Reiche sind besser gekleidet als Diener, Arme, haben schönere Häuser, Geräthe, Gräber; das ist aber auch Alles! Und was will das heißen? In wesentlichen Dingen sind Alle gleich. Die Seele des Hohen und des Niederen sind gleich kostbar. Der Leib des Bettlers ist so viel werth als der des Grafen. Beide sind und bleiben sterblich und am Staube merkt man nicht den mindesten Unterschied, ob die Hand den Szepter führte oder den Pflug regierte. Das Staubgefäß, in dem das Ebenbild Gottes sich befand, es wird, was es war; deßhalb spricht auch der Priester bei der Leichenfeier am Grabe, wenn er den Leichnam mit Erde bedeckt: Aus Erde hast du mich gebildet ....

Hieraus geht nun hervor, daß, da wir uns eingestehen müssen: nein, wir können nicht hienieden bleiben! daß, sage ich, der Hauptsache nach, das heißt, in Rücksicht auf Leib und Seele wir alle einander gleichgehalten werden und gleichstehen, indem unser Aller Lebensgang weiter nichts ist, als ein Gang zum Grabe. Wir sind Alle gleich sterblich dem Leibe nach; wir sind Alle gleich unsterblich der Seele nach: wir sind sohin Alle gleich der Hauptsache nach, in unserem Wesen und Werthe als Menschen.

II.

Keiner hat darum Ursache, sich über den Anderen zu überheben; der Staub, den der Sturm in die Höhe emporwirbelt, ist so viel werth als jener, der auf der Landstraße liegt. Ist es nicht lächerlich, thöricht, unsinnig, da einen Unterschied machen zu wollen, wo doch keiner ist? Ist nicht verachtenswerth der Staubgeborene, der da wähnt, einen Grund zur Verachtung des Anderen zu haben?

Wenn ich aber denn doch einen Unterschied machen soll zwischen Staub und Staub, so mache ich ihn nicht nach Kleidern, Reichthümern, Ansehen der Person, sondern nach der Heiligkeit des Menschen. Ist dem Wesen nach unter den Menschen als solchen kein Unterschied, so besteht allerdings ein solcher unter ihnen dem Christenthume, dem sittlichen Charakter nach. Und da möchte ich nun den Staub der Armen, Unangesehenen, der Arbeiter, der Knechte und Landleute jenem der Reichen vorziehen, da die ersteren im Allgemeinen Gott viel fleißiger gedient haben und bei ihm in höherem Werthe stehen als die Reichen, Geehrten, Großen, denen der Heiland das Himmelreich so schwer macht. Daher kommt es denn auch, daß die Kirche den Staub, die irdische Hülle der Heiligen und Freunde Gottes so hoch schätzt, in Gold und Seide kleidet, ausstellet und dem anderen Staube vorzieht, wohl wissend, daß dieser Staub dereinst verklärt Wohnung im Himmel in der Nähe Gottes nehmen wird. Daher die Hochachtung der Reliquien der — Heiligen. Nur in diesem Sinne kommt einem Staube gegen den anderen ein Vorzug zu, dieser aber auch erst nach dem Tode. Erst als der reiche Prasser und Lazarus mit Tod abgegangen waren, konnte man sagen, welchem Staube der Vorzug gebühre, da der eine einst im Himmel, der andere in der Hölle Platz nehmen wird. Hätte der Prasser bei sich gedacht: Auch ich bin nur Staub wie jener Lazarus, der da vor meiner Thüre liegt, er würde diesen nicht verachtet und wir würden den Prasser nicht zu bedauern haben. (Anwendung auf den Verlebten.) — —

Sollte sich zuweilen eine Regung des Stolzes in uns anmelden, so lasset sofort an unseren Ursprung wie an unser Ziel uns denken! Verzärteln, verweichlichen wir deßhalb ja nicht diesen Leib, der weiter nichts ist als Asche und Staub, vielmehr züchtigen wir denselben und bringen wir den sterblichen Theil unserer Natur unter den unsterblichen Theil derselben! Das ist christlich!

Für den Verblichenen aber lasset uns beten: Neige, o Herr, dein Ohr unseren Bitten zu, mit denen wir dein Erbarmen anflehen, nimm diese Seele deines aus dieser Zeitlichkeit abberufenen Dieners auf in die Räume des Friedens und des Lichtes, und zähle sie bei der Gesellschaft deiner Heiligen. Durch Jesum Christum, unsern Herrn . . . . Vater unser . . . . Ave Maria . . . . Amen.

XX.

Text: „Der Sohn des Menschen wird zu einer Stunde kommen, da ihr es nicht vermuthet." Luk. 12, 40.

Eingang.

Verehrte Trauergenossen!

Warum so stille, warum so traurig? Ach, eine ernste Stunde hat uns umfangen! Wir betrauern und beweinen heute einen uns Allen lieben Todten. O welchen Schmerz hat er uns bereitet, indem er von uns schied! Ist nicht Vielen, als sei ihnen ein Stück von ihrem Herzen mit ihm hinweggenommen worden? Ich glaube, auch nicht eine Seele war dem Verewigten feind. (Lebenslauf.)

Ach, viel zu früh ward er von uns hinweggerissen! Doch was fragt die blasse Gestalt des Todes hiernach? Mußte nicht schon Abel vor Adam sterben? O der Tod hält keine Ordnung ein! Keiner lebet hier auch nur einen Tag sicher. Mag die Thüre des Hauses verschlossen sein, „der Tod steigt durch die Fenster herein," sagt Jeremias (9, 21.) und raubt die Menschen ohne Unterschied des Werthes, Alters oder Vermögens. Er bahnt sich den Weg durch die Trabanten des Königs wie in die letzte Taglöhnerhütte.

So beherzigen wir denn neuerdings:

1) **die Ungewißheit der Todesstunde, und**

2) **die Ursachen, warum ein Jeder sich soll bereit halten.**

I.

Als Alexander der Große auf seinen Kriegsmärschen einem Orte sich näherte, wo mehrere Weltweisen versammelt waren, ließ derselbe, da er ein großer Freund der Weltweisheit war, dieselben vor sich kommen, und legte ihnen mancherlei Fragen vor. Nachdem dieses Gespräch zu des Königs Zufriedenheit geendet hatte, sprach er zu ihnen: Begehret von mir, was ihr wollet, ich werde es euch nicht versagen. Nun höret, Geliebte! was sie verlangten. Unsterblichkeit! gib uns Unsterblichkeit, großer König! — Dieß war es, was sie einhällig verlangten. Da lachte sie Alexander aus, und sprach: Ihr begehret von mir etwas, was ich selbst nicht habe. Darauf nun entgegneten ihm die Weisen: Warum dann, großer König, beunruhigest und bekriegest du die Welt, als wärest du unsterblich? —

O kluge Antwort! Wozu diese Herrsch-, diese Habsucht, da dieses Alles ein einziger Tag zu nichte machen kann?

Bedenken dieß auch wir: da wir morgen schon todt sein können, unsere Sterbstunde so ungewiß ist, wozu dieses Trachten und Jagen nach einem ewigen Namen, Ruhm, Ehre, Geld u. s. w.? O, Keiner ist unsterblich weder dem Leibe noch dem Andenken nach. Mit allen Mühen und Sorgen kannst du weder deinem Leibe eine Elle, noch deinem Leben eine Stunde zusetzen.

Der Tod ist ein so ungewisser Gast, daß Niemand die Stunde seines Besuches kennt, noch zuvor vermuthet. Was wußten von ihrem Tode die Philisthäer, die Samson tödtete, indem er die Säulen des Saales, darin sie versammelt waren, zertrümmerte? was Jezabel, da Jehu den Befehl gab, man solle die Freche vom Fenster herabstürzen? was Holofernes, als Judith sich bei ihm befand? was Sisara, was die Sodomiten, was zur Zeit des Noe die ganze Welt? (Locus amplif.)

Der Tod ist aber auch ein Betrüger. Er macht die Leute glauben, er sei noch in weiter Ferne, während er gleich draußen schon vor der Thüre steht. Er macht es gemeiniglich, wie die Straßenräuber und Wegelagerer; er verbirgt sich und lauert den Leuten hinterrücks auf; und wenn nun Alles sich für sicher hält, ist er da. (Locus amplif.)

Gottlob, unser verlebter Freund hat sich vom Tode nicht überraschen lassen. Zeitlebens war er des Sterbens eingedenk, und als ihn die letzte Krankheit überfiel, empfing er sofort die hl. Sterbsakramente. (Näheres.)

II.

Und nun eine Frage, welche das Evangelium stellt, nicht ich. „Seid auch ihr bereit?" (Luk. 12, 40.) Sage doch Niemand mit jenem Weltkinde, das der Habsucht Tag und Nacht fröhnte: „Nun, liebe Seele, hast du großen Vorrath auf viele Jahre: ruhe nun, iß und trink' und laß dir wohl sein!" (Luk. 12, 19.) Wer weiß denn, ob nicht auch zu ihm gesagt wird: „Du Thor! Diese Nacht noch wird man deine Seele von dir abfordern; für wen hast du dann gesammelt?" (ebenda 19, 20.)

Seid deßhalb bereit; d. h. habt ihr etwas Fremdes, Ungerechtes, sei es ererbt oder selbst erworben, etwas Gefundenes, gebt es heraus, dem es gehört! Beschweret euch etwas anderes im Gewissen, erleichtert euch dasselbe, säubert euer Bewußtsein von aller Schuld! Gott will als reiner Geist auch mit reinen Augen angeschaut, mit reiner Zunge gepriesen, mit reinem Herzen verehrt sein.

Der Ursachen, euch bereit zu halten, habt ihr hundert. Beherziget nur einige, und der ungewisse Tod verliert für euch seinen Stachel!

Seid bereit! Bedenket, wer hier im Stande der Todsünde vom Tode überfallen wird, der hat für alle Ewigkeit sein Glück verscherzt, sein Heil verspielt und sich so namenlos elend gemacht, daß es kein Menschenmund sagen kann. Er ist der Seligkeit unwiederbringlich und hoffnungslos verloren.

Seid bereit! Erwäget: der Tod ist ein so ungewisser Gast, daß man sich zu demselben immer versehen muß. Er ist ein Betrüger, ein Mörder, ein Dieb, wie ihn die hl. Schrift nennt; er überfällt die Leute hinterrücks, unverhofft, in der Nacht. Wüßte der Hausvater: jetzt kommt der Dieb, da steigt er ein, sein Haus würde nicht bestohlen; deßhalb muß er wachsam sein und sich vorsehen. Noch wachsamer, vorsichtiger und mehr bereit muß der Mensch dem lauernden Tode gegenüber sein, um nicht sein höchstes Kleinod: seine Seele zu verlieren. Je größer der Schatz ist, desto größer die Wachsamkeit, die Vorsorge und der Fleiß, das Kleinod zu bewahren. Das leuchtet doch ein! — —

Und so soll es denn auch fortan unsere erste und vorzüglichste Sorge sein, unsere Seele bereit zu halten; denn: Seele verloren, Alles verloren! Rette doch jeder seine Seele, denn sie ist das Kostbarste, was er hat, und er besitzt nur eine einzige! Einmal verdammt, allzeit verdammt! Das sind alte und sichere Wahrheiten.

Beschließet demnach hier: So lieb soll mir keine Haus-, keine Familien-, keine Geldsorge sein, wie die Sorge für meine Seele, und sollte ich gleich Alles verlieren, so will ich dennoch diesen einzigen Schatz mit allem Fleiße bewahren. Bereit will ich stehen Morgens und Mittags und Abends, allstündlich wie ein Wachtposten. Auch die Nacht über soll mein Herz wachen. Nie will ich mich schlafen legen, ohne mein Herz zu bereiten durch eine schmerzliche Reue über meine Sünden. Gib nur, o Herr, die Gnade mir, diese Vorsätze zu vollbringen.

Ich schließe mit dem Wunsch und Gebete der Kirche: O Herr, gib diesem Abgestorbenen die ewige Ruhe! und sollte er wider Verhoffen noch etwa in zeitlicher Qual aufbehalten werden, so lasset uns zum Troste seiner Seele für ihn beten: Vater unser . . . Ave Maria . . . Amen.

XXI.

Text: „Bestelle dein Haus, denn du wirst sterben."
Isai. 38, 1.

Eingang.

Andächtige!

Es läßt sich nicht genug beschreiben, welch' große Liebe der Mensch zum Leben trägt, wie sehr ihm dagegen vor dem Tode graut. Fast Niemand will sterben; Alle wünschen zu leben, dergestalt, daß keine Arznei so bitter, keine Folter so grausam, kein Schneiden oder Brennen so schmerzhaft ist, welches sie nicht gerne ausstehen für das liebe Leben.

Wie klein ist dagegen die Zahl derjenigen, welche mit Elias ausrufen: „Genug ist's, o Herr; nimm hin mein Leben!" Und doch liebte Elias sein Leben; denn warum anders, als um es zu retten, floh er vor Jezabel. Acht und dreißig Jahre wartete der bettlägerige Kranke am Schwemmteiche und hoffte auf Rettung. So süß ist das Leben!

Was für ein Donnerwort muß es nicht für den König Ezechias gewesen sein, als Isaias zu ihm trat und ihm so unvorgesehen den Tod ankündigte? Geschwind, geschwind! „Bestelle dein Haus, denn du wirst sterben!"

Der heutige Todesfall erinnert uns wieder lebhaft an den grausen Tod; der jedoch von seiner Entsetzlichkeit verliert, wenn wir unsere Sachen rechtzeitig bestellen, ordnen, und uns und das Unsrige zum Tode bereiten. So that der Verlebte. (Lebenslauf.)

Ich bleibe noch eine kleine Weile bei dem Worte meines Trauerspruches: Bestelle, ordne, mache Alles bereit zum Tode. Es gibt mir Anlaß, vorzüglich zwei Stücke zu erörtern; nämlich:

1) Was ein sterblicher Mensch bestellen soll, und
2) wie er es soll bestellen.

I.

Wie geschwind der Tod Manchen überfällt, davon haben wir eine schwere Menge trauriger Beispiele. Den Einen holt der Tod während des Essens, den Anderen während des Schlafes, den Dritten da er gerade Hochzeit hält, den Vierten mitten in der Sünde. Was heute blühet, kann morgen schon welk sein und im Feuer liegen; heute geehrt, morgen mit Füßen getreten!

Da hat man, liebe Christen, sicherlich Ursache, zu bestellen, zu ordnen, zu bereiten; kein kluger Christ kann dieß abläugnen, denn eine Sache, daran alle Glückseligket liegt, die muß wohl und vorsichtig bestellt sein; es liegt aber Alles an dem Augenblicke, da der Mensch von dem Leben Abschied nimmt.

Was also ist da zu bestellen? Achtet wohl darauf, damit es nicht heiße: Die Christen werden zu spät klug!

Bestellet euer Haus! nicht das äußerliche, darin ihr euch aufhaltet, sondern das Haus euerer Seele. Das Haus, in welchem du dich dermalen befindest, ist nach dem Tode nicht mehr dein, das wirst du nie mehr bewohnen, sondern deine Erben oder die Käufer.

Bestelle dein Haus heißt demnach so viel als: bereite dich selbst auf den Tod vor; sorge für deinen Leib, daß er nach christlichem Gebrauche beerdigt wird und erwarte im Grabe für ihn die Auferstehung der Todten, wo er alsdann seinen Lohn finden wird, je nachdem seine Werke waren. Vor allen Dingen aber bereite deine Seele vor und sorge für sie, daß sie zu Gott komme; auch dafür, daß für sie gebetet werde. Reinige dein Gewissen von aller Sünde, verzeihe deinen Feinden, stelle alles ungerechte Gut zurück, thue überhaupt für deine Sünden Buße und Genugthuung. Ziehe deine Seele von der Welt ab und versenke dich in das Freudenmeer der göttlichen Vollkommenheiten. Ziehe an einen neuen Menschen, welcher nach Gott erschaffen ist. So that der Verlebte. (Näheres.)

II.

Damit, daß gesagt wurde, was man bestellen solle, um auf den Tod vorbereitet zu sein, wurde auch bereits angedeutet, wie man seine Sache ordnen solle, wie man sich auf den Tod bereit halten muß. Ich sage daher nur im Allgemeinen: Mache dir nicht viel aus der Welt und verkehre im Geiste, im Gebete, wie in der Betrachtung, viel mit der überirdischen Welt, dem Geisterreiche, mit Gott, seinen hl. Engeln und den übrigen Heiligen. Besonders aber kehre, sobald eine schwere Krankheit dich befallen hat, sofort in dich ein, denke nur auf dein Seelenheil, setze die Seele in guten Stand und empfiehl dich dem Gebete der Priester und durch Almosen dem der Armen. Nimm das Kruzifix zur Hand, erfülle dein Herz mit reumüthigen Gesinnungen, opfere deine Schmerzen Gott auf, vereinige sie mit dem bittern Leiden und Sterben des Erlösers, empfange das hl. Sakrament der Buße, die hl. Wegzehrung, die letzte Oelung, und den Ablaß der Kirche für Sterbende; ordne aber auch zum Schlusse dein Zeitliches, mache rechtzeitig dein Testament und sorge darin durch Verfügungen und Stiftungen dafür, daß deiner Seele noch gedacht wird, wenn sie längst diesen Leib verlassen hat. Gib darin nach Vermögen den Hausarmen, Spitälern, Kirchen, oder bedenke andere gute Zwecke.

Der hl. Augustinus, wissen wir, ließ sich die sieben Bußpsalmen an die Wände seines Krankenzimmers schreiben, damit er der Buße ja nicht vergesse. —

Es versteht sich indessen von selbst, daß dieses Sichvorbereiten nicht in den letzten Stunden zu geschehen habe, wo der Geist schon schwach und unbrauchbar geworden ist, sondern bei Zeiten, da Viele, welche dieses ihr Haus-Bestellen auf die letzten Stunden hinausgeschoben haben, vom Tode oder von der Besinnungslosigkeit überrascht wurden. Man warte deßhalb nie, bis Einem die Sprache verfallen, die Sinne benommen sind. Die solches thaten, haben keineswegs ihr Haus bestellt, sondern es in die Luft gebaut. Bereit sein heißt der Gefahr vorbeugen. Thöricht handeln würde man dagegen, wollte man es machen wie der Habsüchtige im Evangelium, welcher die Worte des Herrn hören mußte: „Du Thor, heute Nacht noch wird man deine Seele von dir fordern!“ —

Möget ihr immerhin von Anderen übertroffen werden in anderen Dingen, darin, euch auf den Tod vorzubereiten und euere Angelegenheiten in diesem Betreffe zu bestellen und zu regeln, darin lasset euch nicht übertreffen! Das heißt die rechte Seelsorge im Leben und beim Sterben: ein Jeder sei sein eigener Seelsorger noch im Besonderen.

Ich schließe mit der gewöhnlichen Bitte, und ersuche Alle, die da glauben, daß nicht jederzeit alle Sündenstrafe schon in diesem Leben abbezahlet sei, wann man aus dieser Zeitlichkeit abreiset, für die Seele des Verewigten, falls es noch nöthig ist, um ein demüthiges Vater unser und Ave Maria. Amen.

XXII.

Text: „Selig die Knechte, welche der Herr, wann er kommt, wachend antrifft!" Luk. 12, 37.

Eingang.

Andächtige!

Die Zeit wird abgetheilt in Jahre, Monate, Wochen, Tage und Stunden. In einer dieser Stunden nun wird auch an uns wahr werden, was vor — Tagen wahr ist geworden an diesem unserm Mitbürger und Nachbarn hier, daß wir nämlich nicht mehr unter die Lebenden gezählet werden. Die Alten theilten die Nacht in vier Wachen ein, jede zu drei Stunden. Die erste ging von Abend an und währte drei Stunden, die zweite schloß mit Mitternacht, die dritte drei Stunden nach der Mitternachtsstunde, die vierte endigte mit dem Morgen oder Sonnenaufgange. Deßhalb sagt auch der Heiland: „Wenn der Herr kommen wird in der zweiten oder dritten Nachtwache und die Knechte so (wachend) findet, so sind solche Knechte selig." (Luk. 12, 38.) Die erste Wache nun ist die Kindheit, die zweite die Jugend, die dritte das Mannesalter, die vierte das Greisenalter. Von der ersten Wache (Kindheit) und von der vierten Wacht (Greisenalter) redet nun der Herr wohlweislich nicht, denn in der Kindheit ist noch keine Vernunft geweckt, und auf die vierte Wache kommen gar Wenige, oder es steht mit ihnen verzweifelt, wenn sie die Buße hinausgeschoben haben. Wohl aber dem, selig der Knecht, der da wachend gefunden wird, wenn der Herr kommt, sei es in der Jugend oder im Mannesalter des Menschen. (Lebenslauf des Verblichenen u. s. w.)

Vernehmet nun aber auch noch eine kurze Lehre. Ich sage:

Selig, wer, gleich den Knechten im Evangelium, wenn der Tod kommt, wachsam, munter und gerüstet von ihm angetroffen wird!

Es machen sich viele Menschen die Einbildung, es sei ein Zeichen der Verdammung, wenn ein Christ eines raschen Todes stirbt, zu einer Stunde, da er es nicht vermuthet hat, zu einer Zeit, da er sein Ableben noch ferne glaubte. Das Evangelium lehrt dergleichen nicht: es bindet die Seligkeit der Diener Gottes nicht an die Zeit oder die Stunde, sondern an die Wachsamkeit und Vorbereitung; der Gnadenstand ist hier entscheidend; treue Knechte sind dem Herrn lieb, wann auch immer sie kommen, ob sie zeitig oder spät sterben. Warum? weil sie ihre Zeit wohl ausgefüllt, gut benutzt haben. Sie arbeiteten so, als wäre jedes Stündlein ihr letztes. Fünf Talente hat ihnen Gott gegeben, sie haben dazu noch fünf weitere erworben; das ist genug, was soll sie also erschrecken? Sie können getrost sterben, wann es Gott gefällig ist; sie können mit David singen: „Führe heraus meine Seele aus dem Kerker, damit ich deinen Namen preise! Es harren meiner die Gerechten, daß du mir vergeltest.“ (Ps. 141, 8.) So erscheint der Tod den Gerechten als ein willkommener Gast und ist der Wille Gottes auch der ihrige.

Den Gottlosen aber erscheint er als ein blutiger Mörder, ein Schrecken über alle Schrecken, ein grausamer Wütherich, ein Donnerschlag aus blauer Luft. Er ist ein Mörder, denn er raubt ihnen mit Gewalt das Leben. Ein Schrecken über alle Schrecken, denn nichts kann ihnen entsetzlicher sein, als in eine Welt abreisen müssen, wo es ihnen ewig übel ergeht. Ein Wütherich, denn er wüthet gegen Alles, was ihnen lieb ist, indem er es ihnen zerschlägt. Ein Donnerschlag aus heiterem Himmel, weil er da ist, wann man sich am wenigsten dessen versieht. Für die Bösen gilt des Aristoteles Wort: „Das Schrecklichste alles Schrecklichen ist der Tod.“

Der große Dulder Job vergleicht den Tod mit einem Schatze und die Gerechten mit solchen, welche nach diesem Schatze graben und die ihn endlich finden, wenn sie unter Mühen und Arbeiten zu dem Todtensarge gerathen sind. Wahrlich, dieser Schrein enthält den besten Schatz, den es gibt, denn er bezahlt auf einmal reichlich alle Mühewaltung dieses unruhigen Lebens.

Es gleichen aber auch solche Leute den Gefangenen, die, nachdem sie in einem langwierigen Kerker gesessen, endlich die Luft der Freiheit athmen und alle Bande von Händen und Füßen fallen sehen. Dieß der Grund, warum der Tod den Gerechten angenehm ist, wann er auch kommt; es ist ihnen gleich, ob er in der zweiten oder dritten Wache naht; dagegen sich die Gottlosen bei seinem Nahen entfärben und entsetzen und wider ihn sträuben.

Eines, Geliebte, darf ich hier nicht vergessen! Wir wünschen Alle, wohl zu sterben, allein nicht Alle wollen — wohl leben; leben will man in Freiheit, sterben in Buße, leben in Lüsten, sterben in Zähren, leben in Sünden, sterben ohne Strafe. Freunde, das geht nicht! Wie man lebt, stirbt man.

Der Kaiser Augustus hörte nichts lieber, als wenn einer seiner Unterthanen ohne große Schmerzen gestorben war; denn einen solchen Tod wünschte auch er sich. Wirklich starb er auch in den Armen seiner Gemahlin Livia eines sanften Todes. Aber, o Augustus, reicht das aus? O wie blind warst du! Wo befindet sich deine Seele? Wie befand sich dieselbe damals. War sie rein vor Gott? Darauf kommt es nicht an, ob man sanft stirbt, oder unter Schmerzen, sondern darauf, ob man sündenrein oder sündenreich seine Seele hinüberbringt, ob vorbereitet und wachend oder unvorbereitet und schlafend der blasse Tod uns findet. Selig, wer in der göttlichen Liebe und Huld die Ewigkeit betritt! (Näheres über den Verlebten.)

Findet der Herr seine Knechte also, d. h. bereit und wachend, alsdann hat es nichts zu bedeuten, wann immer er auch kommt; und sollte er sie auch urplötzlich überfallen, sie sind doch selig. Den Wachenden gegenüber vermag ein Dieb nichts auszurichten, sie sind auf ihrer Hut! So schadet auch der Tod den Vorbereiteten nicht, sie haben sich wider ihn vorgesehen. Wann wurden die Philisthäer des Samson Herr? Nicht früher, als da er im Schooße Dalilas schlief. — —

Wohlan denn, seien wir keine derartigen Schläfer in dem großen Werke unseres Heiles! Seien wir vielmehr fleißige Wächter, stehen wir auf der Hut in der ersten Wacht, seien wir munter in der zweiten, wachsam in der dritten, schlaflos in der vierten Wacht dieser Lebensnacht, da wir nicht wissen, wann der Herr uns naht! Von einem jähen und unvorgesehenen Tode befreie uns, o Herr! Wir aber wollen das Unsrige dazu beitragen, d. i. wir wollen stäts auf der Wacht stehen und herzhaft aushalten, bis wir abgelöst werden durch den Tod und abberufen in dein ewiges Reich!

Unserer Gewohnheit eingedenk lasset uns für den Verblichenen beten: Vater unser . . . . Ave Maria . . . . Amen.

XXIII.

Text: „Erhöre mein Gebet, so wird alles Fleisch zu dir kommen.“ Ps. 64, 3.

Eingang.

Andächtige!

Ich sehe Wehmuth in jedem Angesichte, Thränen in Vieler Augen, lautes Schluchzen entringt sich der jammergepreßten Brust der Leidtragenden. Kein Wunder, wir haben zur Ruhe eingesegnet den ehrenwerthen ... (Lebenslauf.) Friede seiner Seele!

Bevor wir indessen von hinnen scheiden, lasset uns noch einige Worte der Belehrung vernehmen! Den Worten meines Vorspruches, worin wir Gott bitten, er möge unser Gebet erhören, so werde alles Fleisch d. h. so würden alle Menschen zu ihm kommen, da wir in der katholischen Kirche bekanntlich ja für alle Menschen, am Grabe sowohl, wie im Traueramte und auch nachher noch beten, diesen Worten meines Vorspruches, sage ich, gehen andere Worte vorher, welche schon etwas schwerer zu verstehen sind, und die also lauten: „Dir, o Gott, gebühret ein Lobgesang in Sion und zu Jerusalem soll man dir Gelübde bezahlen!" (Ps. 64, 2.) Hieraus nun folgere ich, daß es sich mehr gezieme, anstatt hier zu stehen und zu wehklagen, wenn wir

1) **statt der Abgestorbenen Gott loben,** insbesondere
2) **wenn wir dieß thun und Gott anflehen durch das hl. Meßopfer im Namen und zu Gunsten des Verlebten.**

I.

Es ist nichts billiger und gerechter, als daß die Geschöpfe ihren Schöpfer loben; dieses bleibt ihr erstes Amt, vorzüglich der vernünftigen Creaturen, sie seien nun im Himmel oder auf der Erde oder im Reinigungsorte. Darum singt der hl. Ambrosius:

„Großer Gott, wir loben dich,
Herr wir preisen deine Stärke,
Vor dir neigt die Erde sich,
Und bewundert deine Werke;
Wie du warst vor aller Zeit,
So bleibst du in Ewigkeit.
Alles, was dich preisen kann:
Cherubim und Seraphinen
Stimmen dir ein Loblied an;
Alle Engel, die dir dienen,
Rufen dir stäts ohne Ruh,
Heilig, heilig, heilig zu!"

Warum dieß Lob? Weil wir Alles ja allein von Gott haben, der Reiche wie der Arme, der Angesehene wie der Niedere, der Lebende wie der Todte. Nun ist es aber eine große Kunst, alsdann diesen Gott zu loben, wenn es uns übel ergeht, freudig zu sein, wenn man gezüchtigt wird. In einer solchen Lage aber befinden sich die armen Seelen im Reinigungsorte. Dazu kommt noch, daß ihnen ihr Bitten und Flehen, ihr Loben und Preisen nichts nützt; denn die Nacht, da sie nichts mehr für den Himmel thun, sondern nur leiden können, ist bereits angebrochen mit dem Augenblicke, wo sich ihre leiblichen Augen schlossen. Da müssen denn nun wir uns derselben annehmen und in ihrem Namen Gott verherrlichen, was besonders in Sion und zu Jerusalem, d. h. im Hause Gottes, im Todten-Amte geschieht.

Die vollkommenste Lobpreisung Gottes geschieht indessen erst im Himmel. Wir können daher nicht leicht etwas Besseres thun, als wenn wir das Lob Gottes, welches die armen Seelen nur unvollkommen verrichten können, indem es ihnen ob der Klagen und Seufzer, die sich ihrer Brust entringen, schwer fällt, wenn wir, sage ich, dieses Lob für sie von Zeit zu Zeit übernehmen, und auch bei Gott durch Flehen anstehen, auf daß sie einziehen in den Himmel. Dadurch nämlich verschaffen wir den armen Seelen die Möglichkeit, das Lob Gottes würdig und in vollkommener Weise zu singen.

II.

Wir gehen indessen weiter und legen auch für die Verlebten, heute zunächst für den verstorbenen N. N., ein Opfer auf den Altar, welches da ist das größte, das Gott dargebracht werden kann; wir opfern nämlich Gott seinen eigenen Sohn. Was sind die Opfer, die früher Gott dargebracht wurden, im Vergleiche zu dem neutestamentlichen? Erst wir, kann man sagen, sind nun durch Christus in den Stand gesetzt worden, Gott auf eine seiner würdige Weise zu ehren. In den früheren Tempeln und bei den früheren Opfern, da ehrten Gott einfache Menschen. Jetzt aber in unsern Tempeln und bei unseren Opfern wird Gott durch Gott (Christus) geehrt, es wird ihm von einem Gott gedankt, er wird von einem Gott gebeten. Um Gott zu ehren, wie es sich für ihn gebührt, muß man selbst Gott sein; so kann man denn sagen: erst in unseren Tempeln und in unseren Tempeln allein erlangt Gott durch die fortgesetzte Menschwerdung des Wortes, das mit dem Vater von gleicher Wesenheit ist, nicht blos alle Ehre, die ihm durch die Schöpfung und wegen derselben gebührt, sondern es wird ihm eine Ehre zu Theil, die er nicht hatte vor der Schöpfung, eine dem Himmel zuvor selbst unbekannte Ehre, da der Himmel wohl anbetende Geister und einen angebeteten Gott besaß, aber noch nicht einen zur Ehre Gottes sich opfernden und anbetenden Gott.

Darum diese Erhörungen, daher diese vielen Gnaden, deßhalb dieses Wort des Herrn: „Bittet, und es wird euch gegeben werden.“ (Matth. 7, 7.) Und: „Was ihr verlangen werdet in meinem Namen, das will ich gewähren, damit der Vater durch den Sohn verherrlicht werde.“ (Joh. 14, 14.) Wenn schon die von Judas Machabäus nach Jerusalem als Todtenopfer gesandten zehntausend Drachmen Gott angenehm und den armen Seelen der gefallenen Soldaten nützlich waren, um wie viel mehr muß dieß das Opfer sein, das die Kirche heutzutage als Bitt- und Lobopfer Gott darbringt, indem solches der Sohn Gottes selbst ist, das Lamm Gottes, welches allein im Stande, die Sünden der Welt hinwegzunehmen?—

Nachdem Pilatus dem Herodes den Heiland übersandt und vorgestellt hatte, wurde Herodes wiederum des Pilatus Freund. Und wir sollten Gott nicht versöhnen, da wir ihm seinen lieben Sohn darstellen, daß er in Ansehung dessen die armen Seelen in die Freiheit der Kinder Gottes aufnehme? — —

Wohlan denn, Geliebte! Wie Viele aus uns versprechen sich sofort den Himmel, sofort, ohne alle Strafe zu befürchten? Wie Viele glauben wohl aus euch, wie man zu sagen pflegt, vom Mund auf in den Himmel zu kommen? Wenn sich dieses keiner zu schmeicheln, keiner zu versprechen getraut, so wünscht er gewiß, daß ihm gleichfalls die Ueberlebenden zu Hülfe kommen möchten, falls er gleicherweise im Läuterungszustande sollte aufgehalten werden.

Treten wir deßhalb in die löblichen Fußtapfen unserer lieben Voraltern, fallen wir dem strafenden Gotte in die Zuchtruthe und sprechen mit Andacht: O Jesu, du treuester Liebhaber des menschlichen Geschlechtes! Du weißt am Besten, wie es beschaffen ist um die aus dieser irdischen Hülle entwichene Seele. Sollte sie noch nicht für vollkommen rein befunden worden sein, so erweise an ihr deine Barmherzigkeit, denn alle ihre Begierde und ihr Sehnen geht dahin, daß sie dir bald möge Lob singen immer und ewig im himmlischen Jerusalem! Wie der Hirsch nach der Wasserquelle, so dürstet sie nach dir und deiner Anschauung; gestatte ihr einen freien Zutritt in deinen Himmel! Sieh', wir segnen sie hier, wir beten hier am Grabe für sie, wir bringen dir für sie das hl. Meßopfer dar. Erhöre daher unser Gebet! Vater unser... Ave Maria... Amen.

XXIV.

Text: „In Hinsicht der Schlafenden kann ich euch nicht ohne Lehre lassen, Brüder, damit ihr euch nicht betrübet, wie jene Anderen, welche keine Hoffnung haben."

1. Thess. 4, 13.

Eingang.

Andächtige!

Wir haben da auf den Kirchhof einen lieben Todten herausgetragen, um ihn zur Ruhe einzusegnen, und seine sterbliche Hülle beizusetzen. Da sehe ich denn so Viele, welche der erlebte Trauerfall in große Betrübniß versetzt hat, und ich sage, nicht ohne Recht betrüben wir uns über den Hingang des (der) edlen N. N. Thun wir einen flüchtigen Blick auf sein (ihr) Leben. (Abriß desselben.)

Nun, Geliebte, möget ihr immerhin euch über den Tod des (der) Verlebten betrüben; aber Eines muß ich euch doch in Erinnerung bringen, das Wort des Apostels Paulus, da Niemand eine bessere Trost- und Leichenpredigt machen kann, als die ist, welche in der Epistel des christlichen Traueramtes vorgetragen wird, und die zum Theile also lautet: „Brüder! Ich kann euch nicht ohne Lehre lassen hinsichtlich der Entschlafenen, damit ihr euch nicht betrübet wie jene Anderen, welche keine Hoffnung haben." Vergesset also nicht, daß die Todten nicht allzeit schlafen, nicht allzeit ohne Leben sein werden!

Die Worte des Apostels sind so erhebend und tröstend, daß ich nicht umhin kann, **euch die Epistel des hl. Paulus an die Thessalonicher, soweit sie die Abgestorbenen betrifft, zu erklären.** Ich bitte euch, den hl. Worten Raum zu geben und aufzumerken.

Vor Allem nennt der Apostel die Verstorbenen — Entschlafene; in der That ist auch der Tod nur ein Schlaf, dieses Wortes hat sich der Heiland selbst bedient bei Lazarus, der doch schon vier Tage im Grabe lag, desgleichen bei der Todtenerweckung im Hause des Jairus. Der Schlaf ist ein kurzer Tod, der Tod ein etwas längerer Schlaf. Wie trostvoll ist doch dieses Wort für die Sterbenden sowohl, wie für die Hinterbliebenen! Der erste Beweggrund, warum der Welt-Apostel darauf dringet, zu bedenken, die Lehre, die er gegeben, daß die Todten eigentlich nur Schlafende seien, ist der: er beabsichtigt die Traurigkeit zu vertreiben. Nicht zwar so, als ob man gar nicht trauern solle;

denn wer will das verbieten können, daß ein Freund dem andern nachweine, daß ein Kind seinen Aeltern, eine Mutter ihrem Kinde Thränen nachsende? sondern es will der Apostel nur das übermäßige, ungeordnete Trauern beseitigt wissen, wie die Heiden thaten, wie die Ungläubigen thun, „welche keine Hoffnung haben“ des Wiedersehens, noch den Glauben an die Auferstehung der Todten. Das Wiedersehen, die Auferstehung ist es demnach, welche uns kräftigen Trost einflößen, welche uns bei aller Betrübniß aufrichten muß. Schön sagt der hl. Augustinus: „Betrübt sich einerseits unsere menschliche Natur (über den Tod der Freunde), so heilet uns andererseits die göttliche Verheißung“ bezüglich der Auferstehung.

Einen weiteren Grund, die allzugroße Betrübniß und über das Maß gehende Traurigkeit zu verbieten, findet der Weltprediger Paulus darin, daß er gleichsam sagt: Wer so übermäßig trauert, scheint an die Auferstehung Jesu nicht zu glauben. „Wenn wir nämlich glauben, daß Jesus gestorben und auferstanden ist, so wird Gott auch die in Jesu Entschlafenen mit ihm hervorführen.“ (1. Thess. 4, 14.) Entweder, sagt der Apostel, glaubt ihr das, liebe Brüder, oder ihr glaubt es nicht. Glaubt ihr es nicht, so seid ihr wie die Heiden; glaubet ihr es aber, so trauert nicht so übermäßig wie die Hoffnungslosen. Ein fester Glaube begegnet der allzugroßen Betrübniß und Verzweiflung starkmüthig. Darum seid getrost!

Denn, fährt der Apostel fort, dieß sind nicht Menschenworte, „dieß sagen wir euch nach dem Worte des Herrn“ (ebenda 15.); es sind dieß Worte des hl. Geistes.

Lasset hören, wie diese Auferstehung zugehen werde! „Wir, die wir noch leben, die (der Apostel redet von den Nachkömmlingen) bei der Ankunft des Herrn (zum letzten Gerichte) noch übrig sein werden, wir werden nichts voraus haben vor den (bereits) Entschlafenen“ (ebenda), sondern wir werden Alle zugleich erscheinen, die sowohl, welche schon vor tausend Jahren verfault sind, wie auch jene, die am jüngsten Tage noch am Leben verweilten. So leicht ist es Gott, Todte aufzuerwecken! Ist das, Andächtige, ist das, Leidtragende, nicht ein unaussprechlicher, Mark und Bein durchdringender Trost?

Der hl. Paulus fährt fort (ebenda 15) zu beschreiben, wie es mit den Entschlafenen weiter gehalten werde. „Der Herr selber wird, wenn der Befehl ergeht, der Erzengel ruft und die Posaune Gottes erschallt, vom Himmel herabkommen, die in Christus Entschlafenen werden zuerst auferstehen" und dem Herrn wie einem Bräutigam entgegengehen; denn das gebühret einem großen Herrn, daß ihm seine Lieblinge und vornehmsten Diener zuerst entgegen kommen. Welch' eine Glorie für die Heiligen, für die Armen im Geiste, für die Demüthigen, Herzensreinen, Friedfertigen! (Locus amplif.) Alsdann werden auch die Anderen ihr Urtheil empfangen.

Der Schluß, Andächtige, ist das Wonnigste, was sich sagen läßt: „Nach diesem werden wir allezeit bei dem Herrn sein." (Ebenda 17.) Was wollen wir also noch winseln und übermäßig klagen! Nicht keinmüthige, sondern große Gedanken schöpfet! Die Heiden, die keine Hoffnung hatten, sie fanden allerdings nichts Erhebliches, was sie trösten konnte; wir Christen dagegen haben nichts Erhebliches, was uns in allzu großes Leid versetzen könnte, denn wir haben die Versicherung von der Unsterblichkeit der Seele und der Auferstehung des Fleisches. Was geht uns da zu unserem Troste noch ab? — —

Eines geht uns ab, wenn wir es nämlich verscherzen: das bessere Leben. Es gibt nämlich in der Ewigkeit auch ein schlimmeres Leben, nämlich das in der Hölle. Diesem Leben zu entgehen, liegt aber in unserer Hand. Dieß hatte der (die) Verlebte hier gar wohl erfaßt, daher das unausgesetzte Bestreben, ein vollkommenes Leben zu führen. (Elogium.) So hoffen wir denn, der (die) Vollendete werde nunmehr bereits bei Christus sein. „Tröstet euch denn in diesen Worten!" (1. Thess. 4, 18.)

Zum Schlusse wollen wir bedenken, daß Sterben eine Nothwendigkeit, christlich Sterben aber eine Gnade ist. In das Erste wollen wir uns fügen, wie es einem Christen geziemt; um das Zweite wollen wir in Demuth und anhaltend bitten.

Vater unser . . . Ave Maria . . . Amen.

XXV.

Text: „Ueber ein Kleines!"
Joh. 16, 16.

Eingang.

Andächtige!

Mit blutendem Herzen umringen wir heute abermals einen Sarg, denn der Verlust eines guten Menschen geht uns immer sehr nahe.

(Lebenslauf.) Ach, was ist doch des Menschen Leben! Wie schnell zu Ende, wie kurz an und für sich, und wenn wir auch hundert Jahre alt würden! Sind wir damit am Rande, so dünkt es uns wie ein flüchtiger Tag. Darum sage ich mit Recht: „Ueber ein Kleines“ und wir werden gleichfalls hier im Sarge liegen, bleich und kalt, eine Speise der Würmer. Die Zeit im Grabe alsdann ist für gar nichts anzuschlagen, denn sie wird vergangen sein am jüngsten Tage, wie ein Traum. Wenn wir vom Schlafe erwachen, wissen wir nicht, haben wir ein paar oder haben wir viele Stunden geschlafen. Rasch wie ein Augenblick ist für den Schlafenden der Morgen da. So wird es auch den in den Gräbern Schlummernden ergehen. Die Zeit, die wir im Grabe liegen, und wären es hunderttausend Jahre, wird so rasch verflogen sein, als hätten wir uns erst zur Grabesruhe niedergelegt. „Ueber ein Kleines“ also der Tod! „Ueber ein Kleines“ das jüngste Gericht — der Tag des Zornes!

Bedenken wir das ja recht ernstlich! Beherziget, Geliebte, was ich zu euerem Heile euch kurz zu sagen gewillt bin!

Der jüngste Tag wird

1) den Frommen ein Tag des Trostes,

2) den Gottlosen ein Tag des Zornes sein.

I.

Es ist unter wohlerzogenen, gesitteten Leuten gebräuchlich, daß sie sich bei ihrer Begegnung gegenseitig einen guten Tag wünschen. Was wollen wir hiemit sagen, Geliebte? Wenn wir darunter verstehen einen müssigen, in bösen Lüsten zuzubringenden, schwelgerischen Tag, so ist unser Wunsch nichts nütze, schlimm und sündhaft. Ich glaube, unter einem guten Tag muß verstanden werden ein Tag, welcher zum Dienste und zur Ehre Gottes angewendet wird, denn alle anderen Tage sind unwürdig, nur unter die Tage, geschweige unter die guten gezählt zu werden. Es sind Tage des Unglücks, des Zorns. Ein im wahren Sinne des Wortes verstandener guter Tag ist jener, an dem wir für die ewigen Himmelsgüter gearbeitet haben; ein solcher darf nie verfließen, ohne daß wir eine Tugendübung angestellt, ohne ein verdienstliches Werk verrichtet haben. Jede Stunde eines solchen Tages ist heilig: die Morgenstunde ob des Morgengebetes, die darauffolgenden wegen der darin stattfindenden, in Gott unternommenen Arbeit, die Abendstunden, welche mit Erforschung des Gewissens, Reue und Leid über die begangenen Sünden und Empfehlung unserer Seele in die Hand Gottes ausgefüllt werden. (Locus amplif.) **Das heißt einen guten Tag leben.** Ein solcher reiset mit uns in die Ewigkeit. Einen solchen Lebenstag vollbracht zu haben, gereicht auf dem Sterbebette zu unaussprechlichem Troste und benimmt dem jüngsten Tage seine Schrecken. (Encomium ex vita.)

II.

Nicht so den Gottlosen, denen, welche, ihrem argen und liederlichen Leben nach zu schließen, dahinleben, als nähme dieser Tag gar kein Ende, als würden sie die Erde gar nicht verlassen müssen; da ist es denn kein Wunder, wenn Gott erzürnt und für die Schlechten neben dem besonderen Gerichte noch einen anderen Tag des Zornes und des allgemeinen Gerichtes anberaumt hat, wo die Bösen empfangen, was ihnen angedroht ist, und das sie empfangen wollen, indem Alle dem Zorne Gottes entfliehen können, welche es wünschen.

Die, welche dem Zorne jenes Tages verfallen, wollen sie es denn anders haben? Gewiß nicht, sonst würden sie sicherlich den Prüfungstag des Lebens besser anwenden! Statt dessen gebrauchen sie ihren freien Willen gegen den ausgesprochenen Willen Gottes.

Was thut Gott hiebei? Er schweiget lange, er sieht gleichsam durch die Finger, er ist geduldig und langmüthig, weil er ewig ist und kein Mensch seiner Rache entgeht, auf der andern Seite, daß der Mensch sich bekehren möge.

Geschieht nun nichts dergleichen, soll sich da Gott von verworfenen Seelen in alle Ewigkeit trutzen lassen? soll kein Tag erscheinen, an dem des nachsichtigen Himmels Gerechtigkeit in vollstem Glanze leuchtet? Dieß doch auch nicht! Und so kommt denn endlich der große Tag des Zornes Gottes heran, der so fürchterlich ist, daß, wenn es möglich wäre, die Guten selbst zittern würden. Weh' dann Jenen, welche es mit so fabelhafter Frechheit auf Gottes Zorn haben ankommen lassen! Da ist denn nun Alles aus, die Zeit der Buße und die Geduld Gottes. Von diesem Tage wird alsdann die Barmherzigkeit des Herrn weit weg sein, so weit, daß die hl. Schrift Gott sagen läßt: „Zu euerem Untergange werde ich lachen.“ (Sprüchw. 1, 26.) — —

Ach, Geliebte, ich zittere, wenn ich an diesen Tag denke! Einen Vater erzürnt haben, und nie mehr mit ihm sich aussöhnen können, das ist ein Leid über Alles, was Leid heißt! Die ewige Seligkeit verloren haben ohne Hoffnung, jemals ihrer theilhaftig zu werden, das ist ein Elend über alles Elend, das ist ein Zustand der Verzweiflung!

Nehmet euch darum wohl in Acht, daß ihr euch diesen Zorntag nicht auf den Hals ladet! Präget euch deßhalb in's Herz die Worte des Apostels Paulus: „Sehet wohl zu, daß ihr vorsichtig wandelt, nicht wie Thoren, sondern wie Weise; machet euch zu Nutze die Gelegenheit, denn die Tage sind böse!" (Eph. 5, 15. und 16.) Danket darum Gott für die laufenden Tage, die euch noch gehören, und betet für die, welche dem großen Gerichtstage entgegensehen, ohne für ihre Seligkeit etwas anderes thun zu können als leiden!

Vater unser .... Ave Maria .... Amen.

XXVI.

Text: „Ich weiß wohl, daß er auferstehen wird am jüngsten Tage!" Joh. 11, 24.

Eingang.

Andächtige!

Traurig heften wir unseren Blick heute zur Muttererde, da wir ihr einen so theuren Todten anvertraut haben. Der Dahingegangene ist der wohledle Herr N. N. (Lebenslauf.)

Richten wir vom Sarge des hier Beigesetzten unsern Blick auf, auf zu Gott, der ihn wiedererwecken wird, was uns zu unserem größten Troste gereichen muß. Wahrlich, keine seligere Hoffnung, und zugleich keine gewissere, als: „Ich weiß wohl, daß er wiederum auferstehen wird am jüngsten Tage." Es sind dieß die Worte der Martha am Grabe ihres Bruders Lazarus, und in der That, sie gereichen ihrem Glauben zur Ehre! „Ich weiß," sagt sie, d. h. ich hege keinen Zweifel, „mein Bruder wird wieder aufleben."

Wir wollen heute nun sehen, worin dieser so starke und lebendige Glaube an die Auferstehung der Todten wurzelt. Hören wir, worauf unsere Glaubenszuversicht, wornach wir uns Allen die Wiedererweckung aus dem Grabesschlafe versprechen, sich gründet. In zwei Punkten werde ich darlegen:

1) **daß zu einer glückseligen Auferstehung am jüngsten Tage ein frommes Leben gehört;**
2) **worin dieses fromme Leben bestehe.**

I.

Indem Martha ihrem Bruder so behend eine glückselige Auferstehung zusagt, scheint sie dabei des Lazarus Tugenden und frommes Leben im Auge gehabt zu haben.

Bei dieser Schlußfolgerung, Geliebte, bleibt es noch heutzutage; wer sich versichern will, daß sein Leib und seine Seele an jenem großen Tage nicht werden ausgemustert werden, der muß darauf bedacht sein, wie er seinem Gotte rechtschaffen diene, denn die treuen Diener Gottes werden allein ihrer Seligkeit versichert sein. „Der Gerechte," spricht Salomon (Sprüchw. 28, 1.), „wird ohne Furcht sein, wie ein Löwe, der auf seine Stärke traut."

Unter den ersten Christen finden wir derlei starke Löwen und Löwinnen gleich zu Tausenden; denken wir nur an die vielen Märtyrer, die in der katholischen Kirche nach Millionen zählen. Was machten sie sich aus dem Tode, was aus der Folter, was aus dem Henkersknechte! Die grausamsten Tormente konnten sie von der Tugend und dem Glauben nicht abtrünnig machen; festen Fußes, starken Geistes standen sie da ohne Wank. Sie wußten, auf all' diese Qualen folgen die ewigen Wonnen, und dieser gepeinigte und getödtete Leib wird doch wieder auferstehen und für alle Erlittenheiten belohnt werden. — Wie gerne starben überhaupt die Heiligen! Die Mutter des heiligen Augustinus, die heilige Monika sprach, da sie den Tod annahen sah, zu ihrem Sohne: „Was mich angeht, so lüstet mir nach keiner Sache in diesem Leben; was mache ich auch länger hier?" (Conf. l. 9. c. 10.) Und also verschied sie sanft im Herrn. — Der hl. Ambrosius erklärte den Bürgern, welche sein Sterbebett umstanden: „Ich habe nicht also unter euch gelebt, daß ich mich des Sterbens schämen darf, ich fürchte auch den Tod nicht, denn wir haben einen guten Herrn." So kann ein gutes Gewissen sprechen. — Petrus, der Apostelfürst, schlief sanft im Kerker, ob er gleich des andern Tages daraus zum Tode geführt werden sollte. Woher rühret dieser so süße Schlaf im Angesichte des Todes? Von einem frommen Leben; dieß ist die ganze Kunst.

Wollen wir am jüngsten Tage von den Engeln fröhlich auferweckt und inzwischen einen sanften und süßen Schlaf im Grabe halten, wollen wir eines heitern Todes sterben, so besteht das ganze Geheimniß darin, daß wir es an einem frommen, christlichen Leben nicht fehlen lassen. (Elogium.)

II.

Nun noch ein Wort über den anderen Punkt. Es liegt außerordentlich viel daran, daß wir darüber in's Klare kommen, was denn eigentlich ein frommes Leben heiße, worin dieses bestehe, damit wir uns gleichfalls einer glückseligen Auferstehung versichern können.

Unser lieber Heiland hat hierüber wohl die beste Erklärung gegeben, da er zu dem Jünglinge im Evangelium sprach: „Willst du zum Leben eingehen, so halte die Gebote." (Matth. 19, 17.) Diese Haltung der Gebote nächst dem Glauben ist die erste Bedingung zum ewigen Leben. Das Gesetz der Liebe gegen Gott und den Nächsten, das Gesetz der Liebe gegen sich selbst, sodann jener Liebe, welche Alles vermeidet, was uns in der Ewigkeit elend machen könnte, diese Gesetze sind es, die wir zu halten haben, wenn wir ein frommes Leben führen wollen. Den besten Antrieb hiezu liefert uns der lebhafte Gedanke an die letzten Dinge des Menschen, der uns nicht sündigen läßt.

Es gehöret aber auch die Uebung der Tugenden zu dieser Frömmigkeit; so nennt man eine geduldige, dem Gebet ergebene, die kranken Aeltern pflegende, den Armen gebende, von Andern nur löblich redende Person eine fromme Tochter. Ohne die guten Werke des Glaubens kann ein frommes, gottgefälliges Leben nimmer bestehen. Der ist noch lange nicht ein guter Knecht, der seinen Herrn nicht beleidigt, indem er seine Verbote nicht übertritt; er muß auch für ihn arbeiten.

Die beste Anleitung zu einem gottgefälligen Leben ist und bleibt indessen das Leben Jesu selbst, der uns zuruft: „Folge mir nach!" — —

Dieses, Geliebte, wollen wir denn auch thun! Sage ein Jeder zu seinem Leibe, wenn er zur Uebertretung der Gebote Gottes Versuchung erleidet, oder wenn ein Werk der Frömmigkeit auszuüben ihm etwas schwer fallen will: Ich weiß, daß du, mein Leib, am jüngsten Tage wiederum auferstehen wirst; deßhalb zähme ich dich, deßhalb bändige ich deine Begierden und Neigungen und leite dich nach den Gesetzen des Geistes, damit du nicht in der Hölle lebendig begraben werdest. — Gehet denn getrost nach Hause; beklaget den Verewigten nicht allzusehr, er wird auferstehen, und ihr werdet auferstehen; haltet die Gebote und ihr werdet fröhlich auferstehen!

Vater unser . . . Ave Maria . . . Amen.

XXVII.

Text: „Ich glaube an eine Auferstehung des Fleisches und ein ewiges Leben. Amen."

Apostol. Glaubensbekenntniß.

Eingang.

Andächtige!

Wir haben einen theuren Mitbruder, den N. N., durch den Tod verloren. Aber nur auf kurze Zeit, denn ist er gleich dem Leibe nach gestorben, so lebt er doch der Seele nach in der Ewigkeit; nur hienieden hat er aufgehört zu leben; um dort drüben im besseren Lande erst recht anzufangen zu leben. (Lebenslauf.) Ruhe denn hier in deinem Grabe bis zum Tage der Garben, zum Tage, an dem du dich wieder erheben wirst, wie wir dieses zuversichtlich hoffen!

O Christen, es ist eine erstaunliche Lehre — die Lehre der Kirche: „Ich glaube an eine Auferstehung des Fleisches." Fassen wir zu Gemüthe, was diese Worte besagen wollen und beherzigen wir sie, so oft wir sie aussprechen. Ein großartiger Anblick wird es sein, erschütternd für Alle, wenn die in den Gräbern Ruhenden auferstehen und Tod und Natur sich entsetzen werden.

Das aber wird ganz sicher geschehen und zwar an Allen ohne Ausnahme. — —

So lasset uns denn die Auferstehung der Todten des Näheren erwägen, insbesondere in ihren Ursachen und nach dem Zeugnisse der Bibel über diesen Punkt!

Die vornehmste Ursache unserer so wunderbaren einstigen Auferstehung ist der von den Todten glorreichst auferstandene Gottmensch Jesus Christus selbst, der uns diese Begünstigung durch sein bitteres Leiden und Sterben verdient hat und selbst der Erstgeborne der Erstandenen wurde. Er war der Tod des Todes; er hat dem Tode seinen Stachel, seinen Sieg genommen, und die Fesseln des Grabes zerbrochen. Deßhalb erklärt er ebenso tröstlich als wahr: „Ich bin die Auferstehung und das Leben; wer an mich glaubt, der wird leben, wenn er auch stirbt; und Jeder der an mich glaubt, wird in Ewigkeit nicht sterben." (Joh. 11, 25. u. 26.) In diesem Sinne hat das Sterbliche die Unsterblichkeit angelegt, wie Paulus sich ausdrückt.

Wie der Wallfisch den Jonas, den er verschlungen hatte, wiederum ausspie an das Ufer, also wird das Grab, in welches wir die Leichen gelegt haben, dieselben wieder hergeben müssen; darum sagt auch die geheime Offenbarung (20, 13.): „Das Meer gab die Todten heraus, die es bedeckt hatte." Unter diesen wird sich alsdann auch der befinden, an dessen Sarge wir stehen; glorreich, wie wir hoffen, werden wir ihn erscheinen sehen, denn er diente Gott mit allem Eifer. (Elogium.)

Gleich Christus werden wir bei der allgemeinen Auferstehung uns aus der Gruft erschwingen, um nimmermehr dahin zurückzukehren; deßhalb spricht der Heidenapostel Paulus: „Gibt es keine Auferstehung der Todten, so ist auch Christus nicht auferstanden." (1. Cor. 15, 13.)

Wie das Samenkorn, welches todt und verfault zu sein scheint, nicht allzeit todt bleibt, sondern nachdem es eine Zeitlang in der Erde gelegen und verwest ist, zur angenehmen Frühlingszeit wieder auflebt und Allen, die es gewahren, billig zum Erstaunen gereichen sollte, so ergeht es auch dem Menschen, den wir zwar in die Furche des Grabes säen, der aber darinnen nicht ewig liegen bleiben, sondern nach genossener Grabesruhe sich wieder daraus erheben, und Tod und Natur in Erstaunen setzen wird, wenn der Welt ein neuer, ein Himmelsfrühling zu erblühen beginnt. Wie in Adam Alle starben, so werden in Christus Alle wiederum aufleben. Darum ruft Isaias aus: „Leben werden deine Todten; meine Erschlagenen, sie erstehen! Erwachet und jubelt, die ihr im Staube wohnet!" (26, 19.)

Das Erstaunen und Entsetzen am jüngsten Gerichtstage über die allgemeine Auferstehung wird zwar Alle treffen, aber die Guten werden sofort sich erholen und ermannen, da sie ja nichts Schlimmes zu gewärtigen haben von dieser Erneuerung ihres Leibes. Ja, sie werden alsbald sogar fröhlich sein und jubeln, während Andere verschmachten und den Hügeln und Bergen zurufen, sie zu bedecken. Ihre Häupter werden sie erheben und heiter und zuversichtlich den Himmel sich aufthun sehen, wie sich kurz zuvor die Erde aufgethan hat.

Dieß wird das große Wunder der Auferstehung sein. — —

Ich finde es daher sehr unbegreiflich, daß die Lehre von einem anderen ewigen Leben, von einem zweiten Leben auch unseres Leibes nicht weit mehr auf uns wirkt. Sollte diese wichtige und große Wahrheit nicht unser ganzes Betragen verändern? Wer kann diese herrliche Lehre glauben und dann so trostlos und kleinmüthig sein in Kreuz und Leiden, so verzagt im energischen Angriffe der Hölle? Wer kann an ein besseres ewiges Leben glauben und doch so ganz sich an die irdischen Dinge hingeben? Wer kann an eine Auferstehung des Leibes glauben, und diesen doch so sehr verzärteln? O wie sollte die Lehre von der Erneuerung unseres Leibes uns trösten und beruhigen, uns froh und himmlisch gesinnt, uns tugendhaft und heilig machen! Nein, Geliebte, beten wir das große Wort: „Ich glaube an eine Auferstehung des Fleisches,“ nicht mehr so gedankenlos!

Seien wir beherzt und gefaßt auf den Tod, gleich Job, der da erklärt: „Alle Tage, die ich nun kämpfe, hoffe ich auf meine Umwandlung.“ (14, 14.) Wir werden aber diesen Muth nur dann schöpfen können, wenn wir an die Fortdauer unserer Seele und an die Auferstehung unserer Leiber glauben, was allein uns gut zu machen im Stande ist.

Beten wir zum Schlusse für den Verlebten ein andächtiges Vater unser und Ave Maria! Amen.

XXVIII.

Text: „Ich fand, den meine Seele lieb hat; ich habe ihn erfaßt und werde ihn nimmer lassen.“

Hohesl. 3, 4.

Eingang.

Andächtige!

Wer kann mehr verlangen, als den gefunden haben, den man liebt, den nimmer verlassen müssen, mit welchem man ewig vereint sein möchte? Gibt es daher noch ein größeres Glück, als das ist, welches uns mit dem liebenswürdigsten Wesen, das es gibt, mit Gott verbindet auf immerdar? Wer von diesem Gesichtspunkte aus den Tod betrachtet, der wird denselben zu fürchten vergessen; ist er ja doch, wenn anders wir die übrigen Bedingungen erfüllt haben, die Brücke, auf welcher unsere Seele hinüberschreitet zu Gott, ihrem Heile, um dort mit ihm verbunden zu werden mit Seele und Leib.

Allerdings fällt den Menschen der Tod deßwegen oft so schwer, weil man sich beim Sterben von einem so lieben und langen Freund und Begleiter, wie der Leib ist, trennen muß. Ach, diese Scheidung einer so vieljährigen Ehe zwischen Leib und Seele thut wehe! Indessen, Geliebte, werden ja nicht auf ewig Leib und Seele getrennt! Seid darum auch ihr, geliebte Trauerfreunde, getrosten Muthes; der Verlebte hat gefunden, den vor Allen seine Seele lieb hat. Er wird auch mit seinem Leibe wiederum vereinigt werden und zwar mit einem verherrlichten, denn sein Leben war ein gottesfürchtiges. (Lebensabriß.) Wozu also so übermäßiger Schmerz? Der Verlust wird bei der Auferstehung reichlich ersetzt. O welch' beseligende Wahrheit.

Der Glaube an die Wiederauferstehung ist wahrlich

1) der größte Trost für die Sterbenden;

2) er muß es aber auch sein für die Hinterbliebenen!

I.

Wenn der Leib des Menschen, gleich dem der Thiere, für ewig stürbe, und kein Lohn für ihn in Aussicht stünde, so könnte Mancher sagen: Was plage ich meinen Leib, tödte ihn ab, faste, wache, kniee, versage ihm, was er unordentlicher Weise begehrt? warum kasteie ich ihn und bringe ihn unter die Dienstbarkeit? er empfängt ja doch keinen Lohn in der Ewigkeit! — So könnte der Mensch reden, wenn er am Tage des Gerichtes mit dem Leibe nicht wiederum vom Tode erstünde. Aber es verhält sich die Sache ganz anders, und alle Leiber, welche Wohnungen vernünftiger Seelen gewesen, haben Lohn oder Strafe zu gewärtigen, je nachdem sie es verdient. Der Lohn ist die glorwürdige Auferstehung mit nachfolgender ewiger Seligkeit. Die Strafe ist die unglückselige Erweckung mit nachfolgendem Lebendigbegrabenwerden in der Hölle.

Diese Aussicht, diese Gewißheit bildet nun den stärksten Antrieb, den Leib im Sinne des Christenthums bändig zu machen und so zu beherrschen, daß alle Wonnen, die der Leib hier genießen könnte, nichts sind im Vergleich zu jener Seligkeit, die er sich dadurch verdient, daß er sich dem Geiste fügt, welcher ihm sagt, was ihm erlaubt ist, was nicht.

Ist dieses nun geschehen und hat der Leib seiner höheren Führung gehorcht, alsdann ist der Gedanke an die Auferstehung des Fleisches für den, der mit dem Tode ringt, der süßeste Trost, der Tod hat seinen Stachel verloren, ja er gleichet nunmehr der stachellosen, honigführenden Biene. Ich werde aus dem Grabe wieder auferstehen und mit meinem Leibe vereinigt werden, dieß ist das Trostwort aller im Herrn Sterbenden. Wie schön sagt in diesem Sinne nicht der hl. Apostel Jakobus: „Haltet geduldig aus, Brüder, bis auf die Zukunft des Herrn! Sehet, der Landmann muß (auch) warten auf die köstliche Frucht des

Feldes, und er harret geduldig!" (5, 7.) — So hoffen wir denn auf eine glorreiche Auferstehung des Verblichenen hier ob seiner Tugenden. (Elogium.)

II.

Gleichwie die Auferstehung der Todten nun der Trost der Sterbenden ist, so bildet sie auch die Trostquelle für die Hinterbliebenen, welche der Verlust eines theuren Hauptes in nicht geringe Trauer zu versetzen pflegt.

Schön sagt der Prophet Isaias (26, 20.): „Gehe, mein Volk, tritt ein in die Schlafkammern (der Gräber), schließe ab die Thüre hinter dir (durch den Grabstein oder durch Erde), verbirg dich auf einen kurzen Augenblick, bis der Grimm vorübergegangen."

Der Tod der Leiber ist nur ein Schlaf, und zwar der einer einzigen Nacht, wenn wir ihn zusammenhalten mit der langen Ewigkeit. Die Gräber sind die Schlafkammern, dahin sich die, welche uns auf kurze Zeit verlassen, zurückziehen, um ein wenig zu schlummern bis der billige Zorn Gottes vorübergeht, d. h. bis die Strafe, welche wir durch den Tod für die Schuld Adams, die erblich auf dem ganzen Menschengeschlechte ruht, abbezahlt ist. Alsdann wird es heißen: Frisch auf, aus den Gräbern heraus, heraus aus den Kammern, der Regen der Trübsal hat sich verlaufen, der ewige Frühling ist da!

Wenn ein Vater sich ein wenig zurückzieht in seine Gemächer, um eines ruhigen kurzen Schlummers zu genießen, wehklagt man da wohl und ist untröstlich? Gewiß nicht! Nun, was ist der Todesschlaf anders, als ein solch' kurzer Schlummer von ein paar Augenblicken, worin wir und unsere Lieben Gott und der Natur einen schuldigen Tribut bezahlen? Also getrost, Freunde! getrost über den Tod unserer Lieben, getrost auch bei dem Gedanken und dem Erscheinen unseres eigenen Todes! Sterben im Herrn heißt nicht viel mehr, als sich zur Ruhe niederlegen, um nach kurzer Zeit mit ausgerasteten Gliedern vom Lager sich wieder zu erheben zu einem ewig glückseligen Leben. Wo ist da Grund zu übermäßigem Leide? — —

Andächtige! Es können die Worte des Apostels Paulus nicht oft genug wiederholt werden: „Mit diesen Trostgründen (von der Auferstehung der Leiber) tröste denn Einer den Andern!" (1. Thess. 4, 18.) Schone deßhalb Niemand seinen Leib, wo es sich um ein Verdienst im Himmel handelt! (Locus amplif.)

Für den Verlebten lasset uns nun das schönste und werthvollste Denkmal, das Denkmal unserer Liebe errichten, indem wir für ihn beten: Vater unser . . . . Ave Maria . . . . Amen.

XXIX.

Text: „Selig die Todten, die im Herrn sterben!"
Offenb. 14, 13.

Eingang.

Andächtige!

Der hl. Bernhard sagt in seiner zweiten Predigt am Feste Allerheiligen gar schön und sinnreich: „Wie groß ist doch das Glück derselben (der Heiligen), wie überschwänglich ihre Freude! An einer dreifachen Wonne ergötzen sie sich: indem sie sich ihr in Gerechtigkeit zugebrachtes Leben vorstellen, indem sie erwägen, in welchen Ruhestand sie nun eingetreten, und endlich indem sie sich der ewigen Glorie freuen; alle Seelen aber, die dort bereits angelangt sind, sprechen: Nun ruhen wir im Frieden, nun werden wir schlafen in Dir unserem Gott. Kehre ein, meine Seele, in deine Ruhe, denn der Herr hat dir wohlgethan; hat er ja doch meine Seele befreit von dem Tode, meine Augen von den Thränen und meine Füße von dem Falle."

Gleiches, hoffen wir, kann auch der (die) vor zwei Tagen Verstorbene von sich sagen, da er im Herrn gestorben ist. (Lebenslauf.)

O selig, die im Herrn entschlafen sind! Der hl. Bernardus hat Recht: eine dreifache Wonne durcheilt unaufhörlich ihre Seele. Betrachten wir den Glücksstand der Seligen näher und lasset mich die Worte, die ich heute euch zurufen möchte, in folgende zwei Sätze fassen:

1) **Der Tod der Gerechten ist zwar gut wegen der Ruhe, welche darauf folgt; aber er ist noch besser ob des neuen Lebens, welches nun in der glückseligen Ewigkeit beginnt.**
2) **Am Allerbesten aber ist er wegen der auf den Tod des Gerechten erfolgenden Sicherheit im Himmel.**

I.

Gut ist der Tod dem Gerechten, denn er ist der Anfang seines Schlafes im Herrn, der Beginn einer ungestörten Ruhe.

Besser aber erscheint er uns noch, wenn wir das neue Leben in's Auge fassen, das er einleitet und das die im Herrn Sterbenden antreten. O welch' friedsames, welch glückliches Leben ist nicht dieses! Der königliche Prophet erklärt: „Kein Friede herrscht in meinen Gebeinen" (Ps. 37, 4.), er klagt uns sodann an anderen Stellen alles Wehe, das den Menschen hier in diesem armen Leben treffen kann. Da kam der Tod und drückte ihm die Augen zu, der ganzen Tyrannei ein Ende machend und die Seele in die himmlische Freude versetzend; aber nur die Seele der Gerechten; „die Thörichten wähnten zwar, es wären dieselben (die Frommen) dahingestorben, aber — sie sind im Frieden." (Weish. 3, 2.) Und nun, Geliebte, schauet, wie gut und schön es ist, wenn Brüder im Frieden zusammenwohnen!

Aber auch wie gut es sei, Gott, das höchste Gut, zu besitzen und in ihm sich zu erfreuen. So ist des Frommen Tod der Grenzstein zwischen dem Lande des Kampfes und des Friedens, der Verkünder unserer ewigen Wonne, der Vermittler der höchsten Himmels-Güter. —

So lange wir hier leben, ist nichts im Stande uns zu befriedigen. Leib und Geist bekriegen sich gegenseitig und das Gelüsten und das Entsagen findet nimmer ein Ende. Im Himmel dagegen, da ist kein Krieg noch Streit, keine Auflehnung des Leibes gegen den gottesebenbildlichen Geist, der Körper empfängt, was ihn vergnügt und durchaus befriedigt, Ruhe, Friede, Freiheit und Wonnen aller Art. Die Seele dagegen schwelgt in himmlischer Seligkeit. Dort heißt es, um mit Bernardus zu reden: „Nun seh' ich, was ich hab' gesucht, nun halt' ich es, was ich ersehnt, nach Jesu Liebe schmachtend brennt mein ganzes Herz." Von diesem neuen Leben sagt der Apostel, es übersteige alle Vorstellung.

Wir, nicht die Todten, wir, Geliebte, leben es, die da zu beklagen sind, wir, die wir in der Verbannung leben, die wir an den Flüssen Babylons sitzen und uns nach Sion sehnen, wo unsere Heimath ist.

II.

Aber nicht genug! Ich sage noch mehr. Am Allerbesten ist der Tod des Frommen deßhalb, weil bei Gott im Himmel allein Sicherheit ist.

Wer ist hier sicher? Manchen Menschen hat Gott mit zeitlichen Gütern und irdischem Glücke reichlich bedacht. Aber es fehlt ihm etwas zu seiner Ruhe, — dieß ist die Sicherheit. Keiner ist seiner Glücksgüter sicher.

Da steht Einer, der hat Geld und Gut, er weiß nicht wie viel. Ist er sicher? Nein, da kommen feindliche Soldaten und nehmen ihm Alles auf einmal und bis auf's Letzte; nichts rettet er als das nackte Leben. — Hier hat Jemand ein schönes Haus, da zündet der Blitz: in wenigen Stunden ist der Palast ein Schutthaufen. — Nichts unter allen Scheingütern ist beständig, weder Freundschaft noch Jugend, noch Gesundheit, noch Ruhm, noch Wissen, noch Lustbarkeit! Nichts ist sicher!

„Alles vergeht geschwind
Gleichwie der Rauch im Wind,"

singt Jakopone da Todi.

Nur Gott allein ist sicher und bleibt und hält auch ewiglich Wort und Treue seinen Dienern. Die zeitlichen Scheingüter sind Häuser auf Sand gebaut. Nur Gott, das vollkommenste Gut, ist beständig und seine Wonnen können dem Frommen in alle Ewigkeit nicht mehr genommen werden. Im Himmel allein herrscht Sicherheit und unvergängliche Freude. — —

Andächtige! Unter die treuen Diener Gottes rechne ich auch den (die) . . . . N. N. (Elogium.)

Darum getrost, ihr Hinterbliebenen! Der Tod war für den (die) Verlebten (Verlebte) ein nennenswerther Wohlthäter, da er dem (der) Entschlafenen gebracht hat Ruhe, neues Leben und Sicherheit im Glücksstande des Himmels.

Was uns anbelangt, so wollen wir, wo es nicht bereits geschehen ist, uns auf einen glückseligen Tod im Herrn sofort vorzubereiten anfangen. Lasse, liebster Jesu, diesen Vorsatz durch keine Weltlust, durch keine zeitliche Sorge wieder ersticken, wie solches schon in so vielen Fällen geschehen ist! Bekräftige aber auch dieses Vorhaben durch deine Gnade, deinen Segen! Stäts wollen wir uns zu Gemüthe führen, daß nur die Todten selig sind, die im Herrn sterben.

Für den Entschlafenen euer christliches Gebet: Vater unser . . . . Ave Maria . . . . Amen.

XXX.

Text: „Knechten, die auf ihren Herrn warten, seid ihr ähnlich!"
Luk. 12, 36.

Eingang.

Andächtige!

„Der Mensch weiß sein Ende nicht," spricht der weise Prediger, (Pred. 9, 12.), „sondern wie die Fische mit der Angel und die Vögel in der Schlinge gefangen werden, also werden die Menschen überwältigt von der bösen Zeit." Er will sagen: die Stunde des Todes ist so ungewiß, daß wir oftmals den Tod allda finden, wo wir nur das Leben, Freude und Lustbarkeit suchten. Damit wir dieß wohl verstehen möchten, gibt uns der hl. Geist diese Wahrheit im Gewande zweier Vergleichungen. Es wird uns ein Fisch gezeigt, welcher gerade da, wo er eine Beute zu machen glaubt, selbst erbeutet wird, welcher gerade dort den Tod findet, wo er seines Lebens Unterhalt und die Lust, eine Speise zu erhaschen, erwartete. Das andere Bild ist von den gefiederten Bewohnern der Luft genommen, welche angezogen von den Beeren des Waldes nicht das Netz oder die Schlinge gewahren, darin sie gefangen und getödtet werden. Ebenso ergeht es uns Menschen, die wir gerade da, wo wir das Leben, Lust und Glück erwarten, den bittern Tod finden. Ammon wurde von Absolom, als er von ihm zu Tische geladen war, ermordet; Aman ging von der königlichen Tafel hinweg zum Galgen; Isboseth ward in seinem Bette ermordet; doch wer kann die Millionen Beispiele hier aufzählen?

Auch der (die) Verlebte ward vom Tode dahingerafft zu einer Zeit, da man es kaum vermuthen sollte. (Lebenslauf.)

Da der Tod uns also wie ein vornehmer Herr oft überrascht, auf uns nicht wartet, aber wir auf ihn warten müssen, so wollen wir heute kurz betrachten:

1) **was es heiße auf den Herrn des Todes und auf den Tod warten,** sodann
2) **wie gottselige Leute auf den Tod gewartet haben.**

I.

„Warte, wart' immer wieder!" heißt es bei Isaias. (28, 10.) Auch euch rufe ich diese Worte zu: Warte immer wieder von Neuem auf den

Tod; stehe hier still, stehe dort still und besinne dich und erwäge: „Heute mir, morgen dir!“ so ruft jede Leiche. Warte und sei bereit auf den Tod! Wer bereit ist, kann dem Tode ruhig ins Auge sehen, kann mit Freuden sterben. Wer dagegen nicht bereit ist, der stirbt elend und in Verzweiflung; der Tod wartet nicht, der Mensch muß auf ihn warten, d. h. sich zum Tode vorbereiten, da er noch am Leben ist und der Tod ihm ferne steht. Der aber wartet nicht auf den Tod, der, wenn derselbe ihm naht, ausrufen muß: Ach, mein Gott, nur noch ein Jahr vergönne mir, nur noch einen Monat, eine Woche, einen Tag, eine einzige Stunde! Ach, daß ich dahin muß, ohne meinen letzten Willen erklärt, ohne meine Rechnung fertig gemacht, ohne das Geschäft meines Heiles vollendet, ohne hinreichend viele Bußthränen vergossen zu haben! Wie ist mein Herz noch so ganz wie ein Stein! Wie so gar wenig habe ich für meiner Seele Seligkeit aufgeboten! —

Aber der Tod ist taub, er hört weder auf Bitten noch auf Klagen. Er ist blind, er sieht nicht, was ihn zum Mitleid bewegen dürfte, er ist herrisch, unnachsichtlich und ohne Erbarmung.

Was ist besser, Geliebte! daß der Herr auf den Diener, oder der Diener auf den Herrn wartet? Offenbar das Letztere. Dieses Vorbeugen, Wachen und Warten, dieses Bereitstehen geziemt sich deßhalb auch für den Menschen, am füglichsten zur Zeit der Gesundheit. Was man nur Ein Mal erwählen und beschließen kann, das muß lange vorher erwogen werden. Besinne sich daher ein Jeder lange vorher, ob er Verdammniß oder Seligkeit wolle.

Wie der (die) Verlebte auf den Tod sich bereit hielt, lehrt sein (ihr) Leben. (Elogium.)

II.

Das rechte Warten lernen wir von Christus selbst, der auch beständig seinen Kreuzestod vor Augen hatte und uns ermahnt, zu wachen und zu beten, damit wir nicht in Versuchung fielen.

Auch die Heiligen Gottes dienen uns hierin zum Muster. O mit welcher Vorbereitung, Geduld, Beständigkeit und Ausdauer haben diese christlichen Helden auf ihr letztes Ende gewartet! Da wird Paulus mit schimpflichen Ruthen geschlagen. Aber er sagt sich: Warte, o Paulus, der Tod wird dir die Krone überreichen! Da wird ein Bartholomäus lebendig geschunden. Aber er spricht sich Muth zu: Warte, Bartholomäus, du wirst mit dem ewigen Leben alsbald bekleidet werden. Laurentius wird auf glühendem Roste gebraten, Stephanus gesteinigt, Millionen Martyrer auf's Grausamste gefoltert, aber sie warten unter Freudenliedern auf den Tod und sprechen sich selbst und gegenseitig untereinander Ausdauer, Geduld und Muth ein.

Gar schön sagt der hl. Chrysostomus: „Wachet und lasset uns nicht verzweifeln! Die Wachenden greift der Tod nicht an, wie ein Räuber, sondern wie ein königlicher Bote ruft er sie zu den himmlischen Gütern," d. h. den Wachenden verleiht der Tod die herrlichsten Güter, den nicht Wachenden nimmt er sie auf ewig. Mit dem Reichen gehen weder Speise noch Trank, weder Gold noch Purpur in's Grab; Alles muß er zurücklassen, ja selbst der zukünftigen Himmelsgüter wird er beraubt, wenn er nicht wacht. Den Frommen, Vorbereiteten dagegen überbringt er alle vollkommenen Güter der ewigen Seligkeit. „Kommt," ruft er, „kommet zur Hochzeit, es ist Alles bereit!" — —

O großes Glück, o erwünschter Tausch! Diesen Tausch will ich wünschen, daß auch der (die) Entschlafene hier gethan habe, da er (sie) mit dem rechten lebendigen Christenglauben in die Ewigkeit abgereist ist und unter den Wachenden d. h. Wohlvorbereiteten war....

Damit auch wir gerne und stäts wachen, so stellet euch, Geliebte! im Geiste die vielen Unglücklichen vor, welche unbußfertig und unbereit von den Schrecken des Todes überfallen wurden ... Ach, Herr Jesus, lasse uns nicht einschlafen in den weichen Betten der Sünde und entsetzt in der Ewigkeit aufwachen. Viel lieber erhalte uns hier durch Schläge und Leiden wachend und munter!

Für den (die) Todten (Todte) euer Gebet! Vater unser ... Ave Maria ... Amen.

XXXI.

Text: „Herr der Heerschaaren, selig ist der Mensch, der auf dich vertraut." Ps. 83, 13.

Eingang.

Andächtige!

Abermals hat der Tod uns eine liebe Seele entrissen un duns nichts hier zurückgelassen, als deren leere Wohnung hier, den Leib, den wir soeben mit Erde bedeckt haben. (Lebenslauf.)

Doch hoffnungsvoll und Vertrauen im Blicke richten wir uns auf von diesem Grabe, denn wir wissen, daß, wie der Priester in der hl. Messe betet, derjenige, welcher auf Gott gehofft, welcher ihm vertraut hat, nicht zu Schanden werde, sondern selig sei in jenem Leben, weil gläubig, hoffend und liebend in diesem.

Soviel gilt die gläubige Hoffnung und das Vertrauen, welches der Mensch auf die Verdienste Christi, auf Gottes Verheißung und Allmacht setzt! Darum jubelt David: „Ich habe auf dich, o Herr, gehofft, deßhalb werde ich nimmer zu Schanden gehen" (Ps. 30, 2.), und: „Meine Hülfe ist vom Herrn, der Himmel und Erde erschaffen hat" (Ps. 120, 2.). „Selig," sagt er dann in meinem heutigen Spruche, „selig ist, o Herr der Heerschaaren, der Mensch, der auf dich vertraut!" Demzufolge muß ich schon ohne weitere Offenbarung der abgeschiedenen Seele unseres (unserer) lieben N. N. die Seligkeit zusprechen, da dieselbe, so lange sie in diesem sterblichen Leibe wohnte, ohne Wank auf Christus baute und hoffte und unerschütterlich an ihm hing. (Loc. amplif.)

Hieraus folgt ganz naturgemäß, daß ich euch, Geliebte, hierüber etwas näher unterrichte. Ich sage:

1) Die Hoffnung auf Gott machet selig;

2) betrügerisch dagegen ist die Hoffnung auf die Welt.

I.

Es ist gar nicht so leicht, als man denkt, auf Gott allein zu bauen, nur auf ihn zu hoffen, ihm ganz, unbedingt und rückhaltlos zu vertrauen, Alles von ihm zu erwarten und auf seine Hülfe allein sich zu verlassen. Dieß aber ist und will die christliche Hoffnung. Die Sache redet von selbst, daß dieses beschwerlich ist. Welch' ein Muth, welch' Vertrauen gehört nicht dazu für den Reichen, sein Gemüth abzuziehen von seinem Gelde, für den Hofmann, von der Eitelkeit und Selbstgröße sich zu entfernen, für den Armen, an Gott und seiner Hülfe nicht zu verzweifeln, vielmehr die Schläge des Himmels geduldig, ergeben freudig wie ein Almosen hinzunehmen, für den Sünder, Verzeihung seiner Sünden und Wonne des Daseins nur von Gott zu empfangen, allem Anderen aber sich zu entschlagen und es für nichts als Betrug und Schein zu achten?

Welch' ein Muth dazu gehört, sich Gott allein vertrauend in die Arme zu legen, wie ein Kind in die Arme seiner Mutter, leuchtet Jedem ein; kein Kriegskampf mag so schwer sein, als dieser Kampf des Gemüthes im Streite mit der Welt, welche verlangt, daß man sich auf ihre Seite schlage, auf sie hoffe, von ihr allein das Gute erwarte, einzig ihr vertraue, zu welchem Zwecke sie all' ihre Reize und Scheingüter gar verführerisch vor uns ausbreitet.

Nichts desto weniger hat Gott an die Uebnng dieser Tugend des Hoffens und Bauens auf ihn nichts Geringeres als die Seligkeit geknüpft. Die hl. Schrift erklärt dieß deutlich: „Betrachtet, o Söhne, die Nationen der Menschen, und wisset, daß noch Keiner auf den Herrn vertraute und zu Schanden ward. Wer wohl blieb bei den Geboten desselben und ward verlassen?" (Sir. 2, 11. u. 12.) Keiner, heißt es in der angeführten Stelle; also auch die Sünder werden von ihm nicht verlassen werden, wenn sie auf ihn hoffen und bauen, und endlich sich ihm unbedingt hingeben. Auch die Bösen leiden nicht Schiffbruch, wenn sie diesen Anker werfen. Es hat es geprüft der Zöllner im Evangelium, Maria Magdalena, die sieben Söhne im Buche der Machabäer und die Millionen hl. Martyrer.

So wollen auch wir, Geliebte, nie von Gott lassen und uns der Sünde oder der Welt zuwenden, nichts wollen wir von der Welt hoffen, Alles von Gott. Mag das brennendste Elend uns überkommen, hoffen wir nur von Gott, fußen wir nur auf Christus und seiner Lehre!

II.

Bauen wir ja nicht auf der Menschen Zusage, ihren Arm, ihre Hülfe! Hoffen wir von der Welt keine andere Seligkeit als eine betrügerische! Die Hoffnung auf die Welt ist ein dünner Faden, sie hat betrogen, betrügt noch und wird fort und fort betrügen.

Sie hat betrogen; denn wo befinden sich jetzt diejenigen, welche ihre Hoffnung noch vor wenigen Jahren auf ihre Macht, auf ihre Reichthümer, ihre Größe und Gunst, auf Klugh it und Geschicklichkeit gesetzt haben? Wo sind die Männer, die nur der Welt gelebt haben? Was hilft einem Cicero seine Beredsamkeit, einem Machiavelli seine Arglist, einem Alexander seine Kriegstüchtigkeit, einem Crösus sein Reichthum? Ach, ich fürchte, sie brennen in der Hölle, wenn sie nicht auf Gott vertraut haben, nicht auf seine Macht, Güte und Barmherzigkeit, sondern allein nur auf ihre Stärke, Wissenschaft und Größe! Diese so vergötterten Menschen, was haben sie von der Welt, was kann sie ihnen frommen, wenn sie selbst nicht fromm waren? Alles, worauf sie sich stellten und stützten, ist unter ihren Füßen zusammengebrochen, Alles, wovon sie sich Seligkeit versprachen, ist kein Mittel zur Seligkeit. Recht hat David, da er spricht: „Glückselig der Mann, dessen Hoffnung der Name des Herrn ist, und der nicht schaut auf Eitelkeiten und trügerische Thorheiten!" (Ps. 39, 5.) Die weltlichen Hoffnungen also sind betrüglich. Man gehe nur an die Höfe der Großen, da wird sich bestätigen das Wort: „Man wird groß, damit man nur um so tiefer stürzt."

So betrüget noch heutzutage die Welt die armen Menschenkinder und wird auch nimmermehr von ihrer Art lassen. Ich behaupte kühn, es befindet, Kinder etwa ausgenommen, sich Keiner hier, den die Welt nicht bereits ein oder mehrere Male schändlich betrogen hat. O Geliebte, machen wir uns dieses vor dem Tage klar, an dem wir sterben müssen, damit wir alsdann nicht dastehen von der Welt betrogen und von Gott verlassen, da wir nie auf ihn gehofft und gebaut haben. Sage Niemand: Ich stehe auf mir selbst! Ich halte mich an die Welt und die Menschen! Das Alles betrügt, täuscht und verläßt dich. — —

Deßhalb rufe ich wiederholt in aller meiner lieben Zuhörer Ohren und Herzen: Hoffet einzig auf Gott, trauet nimmer der Welt! Gott allein hält in alle Ewigkeit Wort. Eher vergehen Himmel und Erde, als seine Verheißung. Hoffet auf Gott in der Gesundheit wie in der Krankheit, im Wohlstand wie im Elend, im Leben und im Sterben, denn er hilft euch allein wahrhaft und unfehlbar. Verlasset dagegen die betrügerischen Welthoffnungen, erwartet nichts von ihr; wo sie Jemand noch nicht hintergangen hat, den wird sie demnächst hintergehen. Fort mit falschen Hoffnungen! (Locus amplif.)

Für den Verstorbenen ein Vaterunser und Ave Maria. Amen.

XXXII.

Text: „Du wirst sterben und nicht leben."
4. Kön. 20, 1.

Eingang.

Andächtige!

Es kann dem Menschen nicht leicht etwas Herberes zugefügt werden als der Tod. Ach wie sehr liebt er nicht das Leben; kein Thierlein ist so klein, daß es sich nicht dem Tod widersetzet und so lang als nur möglich ringet, um das liebe Leben noch länger sich zu erhalten. Ja, es kommt den Menschen hart an zu sterben! Als dem Könige Ezechias der Prophet Isaias die traurige Kunde brachte, daß er sterben müsse, da wandte der König betrübt sein Angesicht gegen die Wand und — weinte laut. So gewahren wir die Liebe zum Leben nicht bei den Gottlosen allein, auch die Frommen haben ihr Dasein lieb; so süß ist das Leben, so bitter der Tod! Und doch gibt es gegen den Tod keine Arznei. „Es ist beschlossen, wir müssen sterben." (Hebr. 9, 27.) Dieß unser allgemeines Loos. Auch der verlebte N. N. hat vor — Tagen diesem Gesetze folgen müssen. (Lebenslauf.)

Bei dieser allgemeinen Nothwendigkeit des Sterbens ist deßhalb nichts so rathsam, als sich selbst von Zeit zu Zeit die Kunde ins Herz zu rufen: „Du wirst sterben und nicht leben," um so mehr als man diese Wahrheit sich am liebsten aus dem Sinn zu schlagen pflegt oder doch mindestens die Gewißheit des Todes dadurch abzuschwächen strebt, daß man obige Worte verändert und sagt: Du wirst noch nicht sterben und noch länger leben. Aber zu großem Schaden seiner Seele sucht man sich derlei Dinge einzureden; denn

Nichts ist so heilsam und nützlich, als sich öfters an den Tod zu erinnern und den großen Augenblick zu Gemüth zu führen, an welchem die Ewigkeit hanget.

Bekräftigen wir uns dieses!

Es ist klug, billig und wohlgethan, das, was der große Gott hoch achtet, selbst auch hoch zu achten, denn er weiß am Besten, welchen Werth die Dinge haben. Wie hoch aber hält denn nun Gott diesen Augenblick, da sich die Seele vom Leibe trennt? So hoch, daß die allerheiligste Dreifaltigkeit nichts unterlassen hat, damit dieser wichtige Augenblick wohl abliefe. Der Vater hat seinen Sohn auf die Erde gesandt; der Sohn ist Mensch geworden und hat uns unter unsäglichen Mühen und Leiden erlöst; der hl. Geist hat den hl. Evangelisten die göttliche Urkunde in die Feder gegeben, daraus wir lernen, wie wir leben und sterben müssen. Wir empfangen die heil. Sakramente, wir vernehmen so viele Predigten, wir lesen so gottselige Bücher, wir wissen von so vielen Gnadengaben: Alles das geschieht von Seite Gottes, daß wir nicht unser letztes Stündlein verspielen, da die Ewigkeit davon abhängt.

Warum gingen die Einsiedler in die Wüsten, lebten allda in Höhlen von Wurzeln und Kräutern ein armes Leben der Kasteiung? Warum ließen sich Millionen Martyrer so unsagbar peinigen und foltern? Warum dieses abgetödtete Dasein der unzähligen Klosterleute, welche der Welt Lebewohl sagen und sich lebendig zu begraben scheinen? Alles das geschieht und geschah und wird geschehen von Millionen Menschen deßwegen, weil sie wissen, wie wichtig die letzte Stunde ist, und wie dringend es geboten ist, sich auf dieselbe vorzubereiten, da die Ewigkeit von einem einzigen Augenblick abhängt.

Aber ihr habt Recht, ihr klugen Christen, die ihr solches thut, denn die letzten Tage sind gewöhnlich wie die früheren. Hängt die Ewigkeit ab von dem letzten Stündlein unseres Lebens, so ist hinwiederum dieser letzte Augenblick unseres Lebens meist von unserem früheren Leben abhängig. Wie man lebt, so stirbt man in der Regel. Das ist ein millionenmal bewährtes Sprüchwort. Darauf also zielet dieses gottselige, abgetödtete, wahrhaft christliche Leben so vieler Menschen. (Näheres über den Verewigten.)

Wenn wir uns nun auch die letzte Gnade nicht in der Art durch unsere guten Werke verdienen können, daß sie uns von Rechtswegen gebührt, so können wir dieselbe doch in der Weise durch unser vorhergegangenes Leben verdienen, daß wir sie von Gott billigerweise erwarten dürfen und auch empfangen.

Befleißige sich darum ein Jeder um ein gutes Sterbstündlein; sehet wohl zu, daß es euch nicht antreffe im Stande der Feindschaft Gottes! Vergegenwärtiget euch König Balthasar, da er urplötzlich im Zustande so vieler Bosheit, die er gegen Gott verübt hatte, überrascht wurde: mit welch' entsetzlichem Schrecken, welch' stierem Blicke, welch' verzweifelndem Gemüthe saß er da, als die unheimliche Schrift seiner Verdammniß ihm gegenüber an der Wand erschien.

O grausige Stunde für den, der so wie der Sünder vergeht! O furchtbarer Augenblick, in welchem dem Gottlosen klar wird, was er niemals erkannt hat oder erkennen wollte: — die Wichtigkeit der Sterbstunde, von der eine ganze Ewigkeit des äußersten Glückes, aber auch des vollkommensten Elendes abhängt. —

Andächtige! Wollet ihr etwas euerem Seelenheile Nützliches lernen, so sei es dieß: Des Morgens, wann ihr euch vom Lager erhebet, erhebet euer Herz zu Gott und damit ihr dieses recht kräftig könnet, so denket an den Tod. Des Abends, wenn ihr euch dem Schlafe übergebet, so denket an den Bruder des Schlafes, den Tod. Bedenket überhaupt die nachdrückliche Wahrheit: Es sind seit Adam schon so viele Menschen gestorben, und Alle, die in diesem Augenblicke leben, und Alle die noch leben werden, sie müssen ohne Ausnahme sterben und es schlägt ihnen eine letzte Stunde, von der die Ewigkeit abhängig ist. Das Gewesensein ist nichts, das Sein ist etwas, aber das Sein werden in alle Ewigkeit, das ist Alles, da es eben ewig ist. Entweder werden wir ewig sein in den unaussprechlichen Wonnen des Himmels oder in den unendlichen Qualen der Hölle; das hängt davon ab, wie wir sterben.

Dem abgestorbenen N. N. gebe der liebe Gott die Freuden und den Frieden des Himmels! Das ist es, wornach er zeitlebens gerungen hat; das ist es, um was wir für ihn jetzt bitten wollen. Vater unser . . . Ave Maria . . . Amen.

XXXIII.

Text: „Da ich noch im Beginne bin, schneidet er mich ab!"
Isai. 38, 12.

Eingang.

Andächtige!

Welch' in's Herz schneidender Seufzer des Königs Ezechias: „Er haut mich ab, da ich kaum begonnen!" Wen rührt nicht dieser Ruf, mit dem der König seinen so frühen Tod beklagt? Was will dieses Wort anders sagen, als: Mein Herr und Gott! da ich wähne, mein Leben beginne eben erst recht, indem ich in die Jahre des Mannes, in die Jahre des Wirkens und Handelns eintrete, indem ich nun das Regiment über mein Volk führen will, wie es sein soll, jetzt, da ich von meinem Volke, das ich beglücke, angebetet werde, jetzt soll ich schon von hinnen scheiden und sterben? Stehe ich nicht in der Blüthe meiner Jahre, im Frühlinge meines Lebens? O das ist doch gewiß schmerzlich! Daß ein Baum abgehauen werde, wann er anfängt zu wachsen und zu gedeihen, das lasse ich endlich noch angehen, er ist eine Creatur, welche keine Empfindung besitzt, auch sonst weiter keine Erkenntniß hat. Daß eine Blume gepflückt wird zu der Zeit, da sie blüht, mag seine Gründe haben. Aber ein Mensch, ein König im Flore seines Lebens und Wirkens, o das ist zu hart!

Also jammern Alle, und fast Keiner bildet sich ein, er stehe am Ende seiner Tage, Jeder vermeint, er sterbe zu früh, denn mögen auch fünfzig und sechzig Jahre verrauscht sein, das, was an uns vorübergegangen ist, deucht uns so kurz gewesen zu sein, wie ein Traum, und man glaubt immer noch am Anfange seines Lebens zu stehen. Woher sonst der Ruf: Bin ich schon so alt? Ach, wie rennt die Zeit!

Ja, es rennt die Zeit, sie fliegt wie der Vogel so schnell an uns vorüber. Dieß hat an sich erfahren auch der ehrenwerthe Herr N. N. (Lebenslauf.) Wir mögen alt oder jung sterben, es bleibt dabei:

1) Unser Leben ist äußerst kurz, und
2) das Ende scheint noch der Anfang zu sein.

I.

Die Ursachen, warum unser Leben so bald zu Ende neigt, sind leichtlich aufgezählt. Wie kann ein so schwaches Wesen, wie der Mensch, es auf viele Jahre bringen? Luft, Feuer, Wasser und Erde, Alles verbindet sich gegen ihn, und wirkt ihm feindlich zuwider. Aus der Luft schöpfet er einen giftigen Odem, da liegt er schon auf der Bahre. Er erkühlet sich etwas zu stark im Wasser, im Regen oder Bade, sein Leib erkaltet, man trägt ihn zum Grabe. Welch' ein Feind ihm das Feuer ist, gewahren wir alle Tage; desgleichen ermüdet die Erde nie, ihm ihre giftigen Pflanzen hervorzubringen. Wohin der Mensch tritt, begegnen ihm Widersacher seines Leibes und Lebens. Die Naturkundigen leiten die Kürze des menschlichen Lebens von den in ihm gegeneinander streitenden Elementen ab, aus denen der Leib des Menschen zusammengesetzt ist. Alles verbindet sich, denselben aufzureiben, sogar der Geist, der ihn belebt, reibt denselben oftmals auf. Die Mutter des Todes aber ist die Sünde, und ist es noch heutzutage. Nicht blos ob der Erbsünde stirbt der Mensch, er stirbt auch ob der persönlichen Sünden, die ihn verzehren; denn die Leidenschaften tödten mehr Menschen als die Bestien des Waldes oder der Wüste. Daher sterben denn heutzutage die Menschen auch viel früher. Mit den zunehmenden Lastern nimmt das Lebensalter der Menschen ab. Je länger die Welt steht, desto kürzer sind die Lebensjahre des Menschen.

II.

Da kann man denn ganz mit Recht sagen: kaum fangen wir an zu leben, so ist der Tod schon da. Wir sind am Ende, da wir uns noch am **Anfange** glauben. Gleichwie Einer, der acht Stunden geschlafen hat, wann er wieder erwacht, sich darüber verwundert, daß so viele Stunden schon bereits vorbei sind, daß eine so lange Zeit ihm so unbemerkt verstrichen ist; so ergeht es auch denen, welchen sich auf dem Sterbelager die Augen öffnen, welche, zurückblickend auf ihr in Müssiggang und Wohlleben verbrachtes Dasein, gar nicht glauben können, daß sie mit ihrer Lebenszeit schon am Rande sind, und immer noch wähnen, sie hätten erst begonnen und stünden noch am Anfange. Sie stehen an der Todespforte, und halten das ganze Leben für einen flüchtigen Traum. So lange man die Zeit von sechzig, siebenzig Jahren noch vor sich hat, scheinet sie außerordentlich lang zu sein; ist sie einmal vorbei, dann deucht sie uns wie ein Augenblick und wir halten sie unmöglich für vorüber. Wir halten das Ende für den Anfang und rufen mit Ezechias: „Da ich noch im Beginne bin, schneidet er mich ab.“ — —

Geliebte! So flüchtig ist das irdische Leben. Aber ich weiß ein ewiges, ein Leben, dessen Ende immer wieder der Anfang ist. Wer unter diejenigen gezählt wird, welche dieses ewigen glückseligen Lebens theilhaftig werden, der kann sich Glück wünschen und sagen: nun besitze ich ein Gut, das mir kein Dieb stiehlt, keine Motte zernagt; nun befinde ich mich an einem Ort, wo weder Luft noch Wasser, weder Erde noch Feuer mir schaden: mein Leben ist verewigt, glücklich verewigt!

In diesen Jubel, hoffen wir, wird auch der verewigte N. N. ausgebrochen sein, denn, er war ja allzeit eifrigst bestrebt und hatte es sich zu seiner innigsten Herzensangelegenheit gemacht, den Himmel an sich zu reißen. (Näheres ex vita.)

Betrachten auch wir die Wahrheit dieses Satzes, den uns Theophrastus der Lesbier hinterlassen hat, und welcher sagt: „Wir fangen bereits schon an zu sterben, da wir anfangen zu leben.“ — Wenn dem also ist, so weiß ich keinen besseren Rath, als: wir befolgen, was Ezechias that, als der Tod ihm naherückte; er erklärte: „Wieder durchdenken will ich alle meine Jahre in der Bitterkeit meiner Seele.“ (Isai. 38, 15.) Finde ich sie bös, so sollen sie meine Bußthränen rein waschen; finde ich sie gut, so will ich dir, o Gott, dafür Dank sagen, und fortfahren, die Kürze meiner Lebenstage wohl in Acht zu nehmen, damit ich nicht dermaleinstens klagen muß: „Meine Tage sind geschwinder gewesen, als ein Läufer; sie sind vorbei und haben nichts Gutes gesehen.“

Dem theuren Verblichenen aber lasset uns nachsenden unser Fürbittgebet! Vater unser .... Ave Maria .... Amen.

XXXIV.

Text: „Wir waren voll Hoffnung.“ Luk. 24, 21.

Eingang.

Andächtige!

Wie betrübt und verstört diejenigen gewesen, welche dem Tode Jesu beigewohnt, das beweisen uns hinreichend die im Evangelium aufgeführten Thatsachen: der Hauptmann und die Neubekehrten waren wie niedergedonnert, die guten Frauen wollten sich gar nicht trösten lassen; eine gewisse Kleinmuth hat die Jünger erfaßt, so daß sie anfingen den Worten ihres Lehrmeisters zu mißtrauen. Dieß geben auch die nach Emaus wandelnden Jünger zu erkennen, welche sagten: „Wir hoffen immer, gerade er sei Israels Retter, allein es ist bei alledem heute schon der dritte Tag, seitdem dieß geschehen ist.“ Daher unsere Betrübniß! Eine Betrübniß, welche so lang angehalten, bis sich der wiedererstandene Gottmensch ihnen zu erkennen gab.

Eine ähnliche Betrübniß und Kleinmuth sehen wir auch an Vielen aus uns. Bei dem Trauergepränge der Verstorbenen, wir gehen, stehen, handeln und wandeln, aber ganz betrübt und niedergeschlagen; der Todte schwebt uns vor Augen, als wäre er uns nun auf ewig entrückt. Wer indessen seinen Glauben und seine Christenhoffnung noch nicht verloren hat, der benimmt sich bei derlei Trauerfällen ganz anders, da er weiß, Christus, der aus eigener Macht das Grab durchbrochen hat, wird auch von den Todten den erwecken, den wir als uns zeitweilig genommen beklagen. Seien wir denn auch heute stark und voll der Hoffnung, da wir am Grabe des (der) ehrenwerthen Herrn (Frau) N. N. stehen. (Lebensabriß.)

Durch diese christliche Hoffnung unterscheiden wir uns ja von den unglücklichen Heiden. Trösten wir uns mit derselben und bekräftigen wir uns neuerdings den Satz:

1) Weltliche Hoffnung ist betrüglich;

2) die Hoffnung aber des Wiedersehens bei der Auferstehung trüget nicht.

I.

Die Hoffnung ist, nach Seneka, „der Name einer ungewissen Sache.“ Einem Heiden ist ein solches Reden verzeihlich, denn er weiß von keinem göttlichen Versprechen, das in Erfüllung gehen muß. Er redet von jener Hoffnung, die sich die Menschen machen und die sich auf Menschen und irdische Dinge stützt. Solche Hoffnungen fußen allerdings auf sandigem Grunde. Die Hoffnungen der Menschen, ja, sie sind betrüglich!

Wer diese Wahrheit erkennen will, der gehe nur in die Schule der Erfahrung, der durchblättere die Weltgeschichte, der durchforsche sein eigenes Leben; er wird finden, wie Reichthum und Größe, Ruhm und Macht, Wissenschaft und Stärke, Schönheit und Gunst, wie alles Irdische den, der darauf baut, betrügt und im Stiche läßt. Alle diese Hoffnungen zergehen wie der Schnee. Throne vermodern und Reiche zerfallen, Heere zerstieben und Kraft verblutet, alle irdische Größe ist nach mindestens hundert Jahren ein Nichts. Betrübt dürfen daher mit Recht sein alle diejenigen, welche keine andere Hoffnung haben, als nur eine zeitliche.

II.

Die Hoffnung der Kinder Gottes dagegen muß nothwendig Trost und Freude verursachen; denn warum soll ein Christ unmäßig trauern? Sagt ja doch der Apostel: „Wir rühmen uns in der Hoffnung der Kinder Gottes." (Röm. 5, 2.) Dieß also unsere Hoffnung und Wonne: wir werden als Kinder Gottes trotz Tod und Grab wieder auferweckt zu einem neuen, herrlichen, ewigen Leben und diese Hoffnung ist nicht leer, sondern festgegründet im Worte des untrüglichen Gottes selbst.

Gehet mit mir in Gedanken an die Gräber der Seligen. Was findet ihr da? Keiner aus diesen ist todt; alle leben sie, und freuen sich dort oben in Gott weit besser als sie sich erfreuten hier auf dieser Erdscholle. Gehen wir im Geiste an das Grab des ersten Todten. Ist Abel todt? O nein! Er lebt in Gott und freuet sich Gottes. Und von seinem Staube, der nun so viele tausend Jahre in der Erde liegt, wird kein Theilchen verkommen, sondern alle glorreich wieder hergestellt werden durch die Allmacht des Schöpfers. So leben sie Alle, die im Herrn gestorben sind, selig und glücklich in Gott ihrem Heile und warten auf die Umwandlung und Verherrlichuug ihres Leibes. Schienen sie auch in den Augen der Thoren gestorben zu sein, sie leben dennoch fort und sind im Frieden, denn die Hoffnung auf Gott und sein heiliges Wort trüget nie. — —

Dieselbe Hoffnung haben auch wir, Geliebte, hinsichtlich des (der) Entschlafenen hier. Wir leben der zuversichtlichen Hoffnung, der (die)

Verblichene werde wieder dem Grabe entsteigen mit verherrlichtem Leibe, mit dem Gott alle diejenigen bekleidet, die er ehren will. Was sollte uns auch in dieser schönen und tröstlichen Hoffnung stören? Wir wissen ja wie treu und eifrig der (die) Verlebte Gott gedient hat. (Encomium ex vita.)

Wir also leben der Hoffnung, daß Jesus, welcher die Auferstehung und das Leben ist, diesem (dieser) unserem (unserer) Mitbruder (Mitschwester) durch seine Verdienste bereits zur Seligkeit verholfen haben werde. Sollte derselbe (dieselbe) indessen noch in zeitlicher Strafe aufbehalten werden wider unser Verhoffen, so legen wir für die hingegangene liebe Seele eine recht kräftige und innige Fürsprache ein! Dieses zu erhalten, sprechen wir insgesammt mit lebhaftem Glauben, mit zuversichtlichster Hoffnung, mit theilnehmender Liebe das Gebet, welches uns der Herr selbst gelehrt hat: Vater unser . . . Ave Maria . . . Amen.

XXXV.

Text: „In der Stunde, da ihr es nicht vermeinet, wird er kommen." Luk. 12, 36.

Eingang.

Andächtige!

Wenn die alten Einsiedler vor Zeiten in ihren Einöden sich begegneten, begrüßten sie sich mit dem Mahnrufe: „Wir müssen sterben, wissen aber nicht wann." Denn Gott hat die Stunde und den Tag uns verborgen, damit wir jederzeit uns der Tugend befleißen möchten. Viele erwarten den Tod zu Fuß, und siehe da, er kommt rasch, wie ein Reiter, zu Pferd, und wirft eilends hier Einen und dort Einen in die Grube. Mancher erwartet den Tod zur Thüre hereinkommend, und siehe da, er steigt durch das Fenster. Darum hat Job Recht, wenn er sagt: „Ich weiß nicht, wie lange ich werde leben, und ob mein Schöpfer mich nicht über kurze Zeit hinnimmt." (Job 32, 22.)

Die Probe haben wir heute wiederum an dem (der) hier im Sarge liegenden Jünglinge (Jungfrau) N. N. Wer hätte so früh diese Rose entblättert geglaubt. Strotzte nicht der (die) Verblichene von Leben und Gesundheit? (Lebenslauf.)

So hält der Tod sich an gar keine Ordnung. Wohl dem (der) Verlebten, daß er (sie) vorbereitet war auf das Sterben zu jeder Zeit! (Encomium ex vita.) Er (sie) ruhe im Frieden!

Wir aber wollen heute diese Wahrheit etwas reiflicher überlegen und unserem Herzen einprägen:

Die meisten Menschen sterben dahin, ehe sie zu den männlichen Jahren kommen.

Ein Blick in die Sterblisten bestätiget uns diese Behauptung hinreichend. Wie viel tausend unmündige Kinder, wie unzählig viele heranreifende Jünglinge und Jungfrauen müssen dahinwelken, noch ehe sie das Leben haben kennen gelernt? Der erste Todte war Abel, ein noch blühender Jüngling, so recht augenscheinlich ein Beweis und ein Mahnruf für uns, keiner Lebensstufe zu trauen, indem man auf jeder fallen kann. Johannes, Herzog von Cleve, war ein blühender Jüngling; er hatte eine Blume zu seinem Sinnbilde sich erlesen, mit der Beischrift: „Dieß ist morgen schon ein Nichts.“ Unvergleichlich schön sagt auch der hl. Chrysostomus (orat. ad Eutropium): „Alle diese Dinge (Alter, Schönheit, Stärke, Reichthümer, Lüste, Ehren) waren nichts als ein nächtlicher Traum, der da bei anbrechendem Tage verschwindet; es waren Maiblumen, die nach dem Blüthenmonde verwelkt sind; Schatten war Alles, er ist vorübergezogen; Rauch war es, er ist verschwommen; Seifenblasen waren es, die zerplatzt sind; Spinnengewebe, das zerrissen ist.“

So eilfertig ist der Tod, so schonungs- und ordnungslos. Und wir greifen ihm hiebei noch unter die Arme, geben ihm selbst Ursache, sich zu beeilen; wir reizen ihn und lassen ihm keine Ruhe, bis er sich an uns macht. Der Seiltänzer sucht den Tod in der Luft auf dem Seile, der Bergknappe in den Erdschachten, der Kaufmann auf dem Meere, der Hofmann in den Wohllüsten, der Krieger im Felde, der Säufer im Weine. (Locus amplif.) Wollte auch der Tod schlafen, so sind wir es selbst, die ihn aufwecken und ermuntern, an sein Geschäft zu gehen; die Menschen reden ihm allwärts durch ihr unordentliches Leben zu, und bestätigen das Wort des Dichters: „O Tod, für dich werden wir erzogen.“

Seht, Andächtige, dieß sind die Ursachen, warum unser Leben so kurz ist. — —

Es erübrigt uns daher zu unserem Heile nur noch, daß wir unserem Herzen den wahrhaft goldenen Spruch jenes geistreichen Mannes eindrücken: „Indem du lebest, stirb allbereits ab, damit du, wenn du gestorben bist, allzeit lebest.“ Allzeit sterben, heißt aber

nichts anderes, als sich jederzeit auf den Tod bereit halten. Denken wir daher recht oft an den Tod und die letzten Dinge des Menschen! „Sowie die Räuber den Anblick des Richters scheuen, so fliehen die Laster das Andenken des Todes," sagt der heil. Bonaventura mit aller Wahrheit. Vereinigen und ordnen wir unsere zeitlichen wie ewigen Angelegenheiten frühzeitig, damit wir nicht gezwungen sind, in der Krankheit Dinge zu vollenden, daran uns doch die Krankheit so entsetzlich hindert!

So, Geliebte, wenn wir leben, dann werden wir leben, auch wann wir gestorben sind. Traue deßhalb Keiner, er sei jung oder alt, dem Tode, ebensowenig wie dem Winde, der in einem Tage mehrere Male umschlägt. Eine töotliche Krankheit ist da, ehe man es vermuthet. Spiegelt euch an dem (der) hier im Sarge liegenden Jünglinge (Jungfrau). Noch so jung, und doch mußte er (sie) sterben. Spiegelt euch aber noch mehr an seiner (ihrer) Lebensart, an den Tugenden, welche er (sie) unter uns geübt hat! Heiliget Gott alle eure Jahre, damit ihr dem Herrn gefallet, wann er auch kommt!

Nun aber, da die Gedanken Gottes nicht die unsrigen sind, und wir nicht wissen, ob die liebe Seele des (der) Verlebten von Gott so ganz rein befunden worden ist, wie solches der Himmel verlangt, lasset uns, Geliebte, das christliche Gebet für die Verstorbenen, insbesondere für die Seele des (der) soeben Beigesetzten nicht verabsäumen! Vater unser . . . Ave Maria . . . Amen.

XXXVI.

Text: „Viele sind berufen, aber Wenige auserwählt."
Matth. 22, 14.

Eingang.

Andächtige!

Billigerweise erschreckt der evangelische Spruch, den ich mir heute als Trauertext auserse hen habe, viele Menschen; denn ein Jeder ist ja begierig nach seinem Heile. Muß er alsdann nicht zaghaft und kleinmüthig werden, wenn er hört, es seien nur Wenige auserwählt? Gleichwohl sagt es die ewige Wahrheit; aber nicht, damit wir an unserer Seligkeit verzweifeln, sondern damit wir dafür recht besorgt werden möchten, wenn wir hören, die Zahl der Verdammten sei eine so große, die der Auserwählten eine auffallend kleine. Nicht zur Entmuthigung, sondern zur Ermuthigung seiner Gemeinde zu Antiochia rief einst der hl Chrysostomus diesen zu: „Aus so vielen Tausenden (in dieser Stadt) werden keine hundert selig werden; ja ich zweifle noch an diesen, denn welche Bosheit herrscht nicht in der Jugend? welche Nachlässigkeit bei den Alten?" (hom. 64. ad pop.) Wenn dieß zu Antiochia in den ersten christlichen Jahrhunderten geschah, was soll man heutzutage sagen? Und gesagt muß es doch werden. Ich sage: Heutzutage und aus uns werden, wegen der noch größeren Sittenverderbniß, noch weniger Menschen selig als zu Antiochia zur Zeit des hl. Chrysostomus.

Geliebte! Wir stehen hier am Grabe des (der) verlebten N. N. Sein (ihr) Leben liegt vor euch. Hören wir das Wesentlichste daraus! (Lebensskizze.) Möge er (sie) unter den Auserwählten sein! dieß ist unser Aller Wunsch und Gebet. Aber möchten auch wir einst es sein! Dieß zu betreiben, erwäget mit mir reiflicher:

wie man es anstellen müsse, um einst selig zu werden.

Daß nur Wenige in einer Stadt oder Ortsgemeinde, mag sie gleichwohl dem christlichen Glauben zugethan sein, selig werden, lehrt uns die heil. Schrift mit den klarsten Worten, indem sie sagt: „Die Pforte ist eng und der Weg ist schmal, welcher zum Leben führt, und Wenige finden ihn." (Matth. 7, 17.) „Gebet euch Mühe, daß ihr durch die enge Thüre hineingeht; denn Viele werden suchen hineinzugehen, und werden es nicht können." (Luk. 13, 23.) „Das Himmelreich leidet Gewalt, und nur die Gewalt brauchen, reißen es an sich." (Matth. 11, 12.)

Da höret ihr es, Geliebte! Nur Wenige werden selig; das sagt Gott, der es voraussieht und weiß. Zur Zeit der Sündfluth wurden von den vielen, vielen Menschen wie viele gerettet? — nur acht! Alle anderen gingen elend zu Grunde, weil sie gottlos waren.

Zählen wir, Geliebte, etwa zu den Auserwählten? Wer weiß es? wer kann das sagen? — Aber etliche Kennzeichen kann man denn doch angeben, daran sich unterscheiden läßt, ob man unter den Auserlesenen sein dürfte. Es kommt nämlich gar sehr viel auf uns selbst an, nämlich darauf, was wir selbst dabei in der Sache unserer Beseligung thun. Die Zeichen der Gnadenwahl aber sind diese: 1) Der wahre Glaube, d. i. der katholische; in der katholischen Kirche kommt ja das Christenthum zum reinsten und vollkommensten Ausdrucke. 2) Ein festes Vertrauen auf die Verdienste Jesu Christi, unseres Erlösers. 3) Eine beständige und über Alles gehende Liebe gegen Gott. 4) Ein eifriger Gottesdienst. 5) Eine Abziehung des Gemüthes vom Zeitlichen, 6) Buß und Reue über unsere Sünden. Dieß sind die vornehmsten Zeichen unserer Gnadenwahl. Jetzt, Geliebte, prüfet euch selbst, und schreitet von Tag zu Tag in der Selbsterkenntniß fort!

Wenn es je eine Zeit gab, wo das Häuflein der Auserwählten etwas größer war, so war diese Zeit für uns gewesen, so war sie es in den ersten christlichen Jahrhunderten. Heutzutage ist dieses Häuflein ein erschreckend winziges.

Im Jahre 1238 starb zu Paris der Kanzler Philipp. Dieser erschien bald darauf dem Bischofe Wilhelm von Paris und fragte ihn, ob denn die Welt noch stünde. Der Bischof, verwundert über diese Rede, fragte ihn, wie er denn zu dieser Frage käme; worauf ihm der Kanzler entgegnete: Es kommen in der Hölle so viele Menschen in der letzten kurzen Zeit meines Dortseins an, daß ich nie geglaubt, es gäbe so viele Leute auf der Welt. — Ein Gesicht oder eine Erscheinung ist zwar kein Glaubensartikel, aber das ist ein Glaubensartikel und bleibt wahr: „Viele sind berufen, Wenige jedoch auserwählt." Die Menschen fallen wie Schneeflocken so zahlreich in die Hölle. — —

Deßhalb rufe ich euch heute zu, was ich kann: „Gebet euch Mühe, daß ihr durch die enge Pforte hineingeht!" Sparet keinen Fleiß noch Schweiß an dem großen Werke eures Heiles! Thut euch selbst Gewalt an, wenn Welt, Begierlichkeit und Hölle euch lockt und versucht! alsdann habt ihr die beste Gelegenheit, für den Himmel zu streiten. Die Erde ward uns geschenkt, der Himmel muß verdient werden.

Lasse, o Gott, nicht zu, daß wir wie das Unkraut abgesondert werden von den Engeln; wir aber, da wir wissen, daß nur ein kleines Häuflein selig wird, wollen uns trennen von der großen Menge, die in dieser Welt zusammengeht!

Dem (der) Verstorbenen wollen wir indessen unsere Pflicht nicht versagen und für ihn (sie) das gewöhnliche Gebet aus vollem Herzen beten. Vater unser .... Ave Maria .... Amen.

XXXVII.

Text: „Den Weg, den der Jüngling wandelt, wird er auch im hohen Alter nicht verlassen.“

Sprüchw. 22, 6.

Eingang.

Andächtige!

Dieser Spruch ist aus der Feder des allerweisesten Königs geflossen, der von den verborgenen Dingen der Natur, von den Wissenschaften und Künsten so Vieles und Herrliches wußte, indem Gott selbst ihm solch' hohe Weisheit in's Herz gelegt hatte. Wie eindringlich mahnet daher dieser weise König Salomon die Jugend von den Pfaden der Sünde und des Lasters ab, da er sagt, daß man im hohen Alter dieselben Wege gehen werde, die man in der Jugend eingeschlagen hat.

Wir stehen hier am Sarge eines Betagten. Und er bestätigt uns das Wort des weisen Königs. (Lebenslauf.) Friede seiner Seele!

O beherzigen wir doch Alle diese große Wahrheit! Die Lebensweise, welche man in jungen Jahren annimmt, wird man bis in das Greisenalter fortführen, d. i. hat man in der Jugend Ehrbarkeit, Zucht und Tugend geliebt, so wird man sie auch noch lieben, wenn das Haar ergraut ist; war man im Frühlinge seines Lebens der Andacht, dem Gebete, der frommen Gesellschaft u. s. w. zugethan, so wird man auch im Winter seines Lebens an dem Angewöhnten Geschmack und Freude empfinden. Hat dagegen Einer in seiner Jugend den Lastern den Zaum überlassen, hat er böse Gewohnheiten angenommen und in liederlicher Gesellschaft sich gegen alle göttlichen Eindrücke verhärtet, so wird ihm das Schlimme zur anderen Natur derart geworden sein, daß es ihm auch in seinen alten Tagen anklebet. Die Erfahrung beweist uns leider diese traurige Erfahrung.

Hören wir nun auch das Nähere, warum dieses gemeiniglich so zu kommen pflegt.

Man muß sich manchmal verwundern und zugleich erbauen, wenn man alte Leute, auf ihre Stöcke gestützt, so eifrig nach dem Gottesdienste eilen sieht, wenn man gewahrt, wie emsig sie den Rosenkranz beten, wie ihr Auge in Thränen steht, wenn sie der heil. Messe beiwohnen. Zu

Hause ermahnen sie die Ihrigen zur Tugend und zu allem Guten, verhindern, strafen die Sünde, wo sie nur immer können und sind Allen, die sie bemerken und mit denen sie umgehen zum Muster, eine lebendige Predigt. —

Woher rühren diese so lobenswürdigen Werke? Von der guten Erziehung eines gewissenhaften, gottesfürchtigen Vaters; von der frommen Erziehung einer gottseligen Mutter; von der trefflichen Erziehung eines wackeren Lehrers; von der frühzeitigen Angewöhnung des Guten in des Kindes erster Jugend; dieß das ganze Geheimniß, meine Lieben!

Ein solch' Alter hat einen Vater gehabt, der, wie Tobias zu seinem Sohne, zu ihm sagte: „Hüte dich, in eine Sünde einzuwilligen." (Tob. 4, 6.) Er hat eine Mutter gehabt, wie König Ludwig IX., der Heilige, welchem diese gottselige Mutter von frühester Jugend an die Worte zurief: „Ich liebe dich gewiß, mein Sohn, mit aller Zärtlichkeit, deren eine Mutter fähig ist; aber dennoch wollte ich dich lieber tausendmal zu mienen Füßen todt liegen, als jemals mit einer Todsünde befleckt sehen." Bei solcher Erziehung, Geliebte, bleibt der Abscheu vor der Süude bis in's höchste Alter wach und lebendig.

So also wachsen die Kinder gut oder bös auf, je nach der guten oder bösen Art der Erziehung. Daher sollten die, welche eine gute Erziehung von ihren Aeltern in ihrer Jugend genossen haben, diesen auf den Knieen für eine solch' unschätzbare Wohlthat danken. Dagegen werden die, welche ihre Kinder in der Jugend haben schlimme Wege einschlagen lassen, den Fluch ihrer Kinder in alle Ewigkeit vernehmen. Glückskinder sind allein die, denen ihre Aeltern eine gute Erziehung angedeihen lassen, und wohnte auch die Armuth selbst in ihren Hütten. Unglückskinder, auf's Tiefste zu bedauern, sind dagegen jene, um welche sich die Aeltern nichts kümmern, und würden dieselben ihnen auch einen Thron hinterlassen. Eine gute Erziehung und frühzeitige Angewöhnung der Tugend ist die Hauptquelle eines frommen Lebens und gottseligen Alters. Vernachlässigte Erziehung, schlechter Umgang, dieß sind dagegen die Wurzeln der Verderb'niß. Wenn man alte Leute gewahrt, die mit einem Fuß bereits im Grabe stehen, und sieht, wie gottlos sie noch sind, wie, nachdem die Sünde sie verlassen, sie noch immer nicht die Sünde verlassen können, wenn man mit Schaudern wahrnimmt, wie schlecht sie reden, wie verrucht sie handeln, wie eckelhaft ihr so hohes Alter noch zur Sünde mißbraucht wird, da leuchtet ein, daß solche unglückliche Menschen leider nicht mehr anders können: sie sind das Opfer ihrer Jugend und verkehrten Jugenderziehung. **Jung gewohnt, alt gethan**, ist ein bewährtes Sprüchwort. — —

Christliche Aeltern! Der Spruch Salomons gibt euch heute eine schöne Lehre: **Wie** ihr eure Kinder in der Jugend erziehet, so führen sie sich im Alter auf. In euerer Hand liegt Segen oder Fluch. Es ist nicht genug, die Erde zu bevölkern, auch den Himmel müßt ihr bevölkern. O furchtbar ist die Fruchtbarkeit, wenn die Hölle ihre Scheune ist!

So lasset es denn nicht an einer guten Erziehung fehlen, bringet eine gute Form in eure Kinder, damit sie einst nicht euch und ihrer Geburt fluchen! Bieget, krümmet und richtet die Pflänzlein, wann sie noch jung sind. Schmiedet das Eisen, da es noch glüht. Ein Stein im Fallen stürzt dem Abgrund immer rascher zu; gebet dem Fall eurer Kinder nicht selbst den ersten Anstoß, sondern haltet sie mit aller Wachsamkeit zurück!

Denket, Heli kam mit seinen Söhnen um. Führet Jemand seine Kinder in die Hölle, so wird er selbst deren Flammen nicht entgehen. —

Ihr aber, die ihr noch jung sind, erwäget ein Doppeltes. Erstlich wisset ihr nicht, ob ihr eure Jahre hoch hinauf bringet; morgen könnt ihr schon todt sein. Sodann erwäget, daß, wie ihr jetzt lebet und euer Leben gewöhnet, gerade so euer Alter beschaffen sein werde. Es ist ein Irrwahn, zu sagen: Ich will meine Jugend genießen; wenn ich alt bin, hört alle Lust schon so auf. **Nein, man wird die Sünde niemals satt!** —

Sollte aber Einer, der schon in höheren Jahren steht, noch der Sünde fröhnen, nun, die Gnade Gottes ist stark und wunderbar; bete er um dieselbe Tag und Nacht, damit er sich durch sie rette, denn die Hölle schlägt schon ihre Flammen in seine Tage herein! —

Vater unser . . . Ave Maria . . . Amen.

XXXVIII.

Text: „Ich weiß nicht, wie lange ich noch leben werde, und ob mich nicht nach Kurzem mein Schöpfer hinnimmt."
Job 32, 22.

Eingang.

Andächtige!

Da haben wir wiederum einen geliebten Todten, den (die) ehrenwerthen (ehrenwerthe) Herrn (Frau) N. N. heraus auf den Friedhof getragen und der Erde übergeben. Wir begreifen den Schmerz der Hinterbliebenen, denn wir wissen, was der (die) Verlebte denselben gewesen. (Lebenslauf.)

Der (die) Beigesetzte ist nicht der erste Todte, noch wird er (sie) auch der letzte sein. Wir Alle müssen ihm (ihr) nach, Geliebte! Deßhalb sollten uns auch heute wiederum an diesem Sarge die Augen aufgehen, worin Einer (Eine) ruht, dem (der) sie im Tode zugegangen sind. Jeder Todte ist uns ein Licht, das uns in die finstere Zukunft leuchtet und uns sehen macht, was uns bevorsteht. Auch uns wird es so ergehen. Was ruft uns der stumme Mund dieser theuren Leiche Anderes zu, als: Heute mir, morgen dir! Dieß ist der Weg, den ihr Alle beschreiten müsset.

Wer aber weiß, wann unsere Glocke schlägt und ruft? Des Sterbens ist kein Ende, sehen wir, aber wir wissen durchaus nicht, wann uns die Reihe trifft. Christliche Gedanken, bei denen ich heute bleiben und die ich zu unserm ewigen Nutzen reiflicher bedenken will.

Was uns beschäftigen soll, ist die wichtige und ernste große Frage:

1) was ist der Tod? Sodann

2) wie sollen wir über den Tod denken?

I.

Ich frage euch nicht deßhalb, Geliebte, was der Tod sei, damit ihr von mir lernet, was er sei, da ihr den Tod ja alle Tage fast vor Augen sehet und seine Art kennet; deßwegen nur lege ich die Frage neuerdings vor, damit ihr wieder neuerdings an den Tod erinnert werdet und euch denselben recht lebhaft vorstellet, weil es zu eurem Frommen ist.

Was ist der Tod? „Der Tod ist ein Schwert, das die Seele vom Leibe, den Vater vom Sohne, den Bruder vom Bruder theilt," sagt der hl. Thomas von Aquin. „Er ist eine Sense, welche nach und nach Alles abmähet," erwidert der hl. Hieronymus. „Er ist eine Reise in die Ewigkeit," erklärt der hl. Chrysostomus. Wahrlich keine angenehmen Ausdrücke: ein Schwert, eine Sense, eine Reise in die Ewigkeit! Alles erinnert dabei an Trennung und Scheidung. Ja, das ist der Tod: eine ewige Scheidung von dieser Welt! Nicht wahr? vor einigen Tagen sahen wir noch unter uns herumwandeln den (die) hier im Sarge liegenden (liegende) N. N. Er (sie) aß, trank und freute sich mit uns. Heute schon liegt dieselbe geliebte Person im Grabe und wird nie mehr auf diese Welt kommen. Eine ewige Scheidung von dieser Erde! Schneidendes, herbes Wort! Eine Trennung von Aeltern, Geschwistern, Freunden und Bekannten, von Haus und Hof, so lange diese Welt steht, das ist allerdings hart! Bitter ist es einen Leib zu verlassen, in dem man so lange gewohnt hat.

Und ach, das Leben ist so kurz! Bald geschieht diese Absonderung vielleicht auch mit uns. In — Tagen werden wir der Durchschnittsrechnung nach wiederum einen Todten hier einzusegnen haben; wer aus uns wird es dann sein? Jeder kann es sein; o das bedenket!

Dazu kommt noch, daß das Sprüchwort im Allgemeinen Recht hat, wenn es sagt: Aus den Augen, aus dem Sinn. Seine liebsten Angehörigen vergißt der Mensch, wenn sie todt sind und eine Zeit lang im Grabe liegen, oder denkt ihrer doch bei Weitem nicht so, als wie wenn sie noch mit ihm wären.

Soll alles dieses ohne Lehre für uns sein? Nein, wir wollen dieß beherzigen: Wenn der Tod eine solche Absonderung ist von Allem, was uns lieb ist, wenn wir im Tode Alles verlassen, und Alles auch uns alsdann verläßt, so wollen wir uns schon frühzeitig von diesen Tagen absondern und unser Herz nicht daran heften, was uns ja den Tod nur erschwert. (Locus amplif.)

II.

Hören wir noch weiter, wie wir über den Tod denken, was wir an ihm beachten sollen. Der Tod lehrt uns, daß die Welt Eitelkeit sei. Eitelkeit sind: Schätze, Wissenschaft, Schönheit, Pracht, Ehre, Größe, Lustbarkeit, denn es vergeht wie eine Seifenblase. Darum ist nur das anzustreben, was Bestand hat: unser Seelenheil.

Der Tod ist ferner gewiß und ungewiß: die Trennung Allen gewiß, die Stunde derselben Allen ungewiß. So weiß ich denn wohl, o Gott, daß ich sterbe, nicht aber, wann ich sterbe, wie und wo ich sterbe! Keiner, der sagen kann, er werde nicht sterben! Keiner, der anzugeben im Stande, wo, wann und wie er sterben wird! Niemand weiß, wird er die Welt verlassen müssen heute oder morgen; wird der Tod ihn überraschen zu Hause oder auf dem Felde, wachend oder schlafend; wird er vor Gottes Richterstuhl treten müssen, beladen mit einer schweren Sünde oder als ein Freund Gottes. O dieß Alles sind sehr ernste Erwägungen!

Da wir zu keiner Stunde und an keinem Orte vor dem Sterben sicher sind, so haben wir kein zuverlässigeres Mittel, Geliebte, um unser Seelenheil sicher zu stellen, als: leben wir so, daß wir allzeit und allwärts sterben dürfen; der Tod ist nur dann etwas Schlimmes, wenn ein schlimmes Leben ihm vorausgegangen.

Endlich wollen wir erwägen, daß wir dem Tode nur einmal uns unterziehen können; zweimal zu sterben, ist uns nicht gestattet. Also nur einmal! Von Gott einmal verstoßen, heißt allzeit verstoßen! Einmal übel gestorben, für alle Zeit übel dahingefahren! — —

Was ist da zu thun? Bessere der Böse sein schlimmes Leben, so hat er keinen schlimmen Tod zu fürchten, denn in demselben Zustande werden wir bleiben, in welchem wir sterben. Wie der Baum fällt, so bleibt er liegen. Und wie fällt er? Wie seine Aeste, d. h. seine Triebe und Neigungen waren. An den Aesten kann man abnehmen, auf welche Seite hin der Baum sich neigen und fallen wird und wo derselbe seinen Schwerpunkt hat. Ein Baum, dessen meiste and stärkste Aeste nach Norden sehen, wird beim Umhauen auch nach Norden fallen. So wird auch ein Mensch, dessen Gesinnungen und Handlungen, dessen Triebe und Neigungen stäts auf das Böse gerichtet waren, nach der Seite des Uebels zu fallen, da er dort seinen Schwerpunkt hat. Und umgekehrt. „Was der Mensch gesäet hat, das wird er auch ernten.“ (Gal. 6, 7.) Deßhalb gedenket immer, meine Freunde, an den einestheils gewissen, anderntheils ungewissen Tod und wirket ernstlichst euer Heil unter Zittern und Fürchten. Dieß wünsche ich von euch gethan. Für die Seele des (der) Verlebten aber, falls sie es bedürfte, begehre ich euer Gebet. Vater unser . . . . Ave Maria . . . . Amen.

XXXIX.

Text: „Wie es dem Herrn gefallen hat, so ist es geschehen.“
Job 1, 21.

Eingang.

Andächtige!

Ein berühmter Gottesgelehrter traf eines Tages vor der Kirchenthüre einen sehr armen und überdieß noch presthaften Bettler an, dem er einen guten Tag wünschte. Der Bettler antwortete ihm sogleich, er habe gar nie einen bösen Tag gehabt. Der Gottesgelehrte ließ sich mit dem Armen in ein Gespräch ein, wobei denn letzterer die Bemerkung machte, er sei niemals unglücklich gewesen, und sei allen schlimmen Tagen entgangen. Ich bin, sagte unter Anderem der Bettler, jederzeit lustig und zufrieden, und überkommt mich Hunger oder Durst, Hitze oder Kälte, Krankheit oder Tod, dann bin ich auch zufrieden, und bilde mir ein, wie solches ja der liebreiche Wille Gottes ist, den als das allerbeste Gut ich allzeit gern und willig annehme. So ergeht nichts über mich, was nicht Gott und ich, wir beide zugleich wollen.

Eine große Vollkommenheit an einem so elenden Bettler, Andächtige! Ich wünschte, daß alle Christen bei diesem Manne in die Schule gehen möchten, denn es ist eine große Kunst, die er uns lehrt: mit dem Willen Gottes zufrieden zu sein. Es ist dieß eine Kunst, die tausend und Millionen Thränen erspart. Auch Job hatte diese Kunst inne, wie solches die Worte verrathen, welche ich zu meinem heutigen Trauervorspruche auserwählt habe, und die auch wir, namentlich aber die Hinterbliebenen des (der) hier im Sarge Liegenden sich aneignen dürften. Wir beklagen an diesem Grabe den (die) sehr ehrenwerthen Mann (ehrenwerthe Frau) N. N. (Lebenslauf.) Aber bringen wir getrost und hochherzig dem Herrn dieses Opfer und bedenken wir:

1) **die Ergebung in Gottes Willen ist eine große und Gott äußerst wohlgefällige Tugend;**
2) **ein Gott also aufgeopferter Todter ist ihm angenehmer, als die Schlachtopfer der Vorzeit.**

I.

Unter den sittlichen Tugenden ist der Gehorsam wohl die schwerste; denn nach eines Anderen Willen leben und seinen eigenen bei Seite stellen, heißt nicht leicht, sondern hart, zudem, wenn die Obrigkeit etwas befiehlt, was gegen die Natur geht, wogegen sich unser Wesen, unsere Gewohnheit sträubt. Man weiß, wie hart es den Abraham ankam, seinen Sohn Isaak hinauszuführen, um ihn, seinem Gott zu gefallen, zu tödten; wie hart dem David geschah, da er das liebe Söhnlein verlieren mußte, das ihm Bethsabee geboren hatte; wie bitter es dem Moses gewesen, da er ganz nahe bei dem gelobten Lande sein Leben lassen mußte. Allein je schwerer eine Tugend, desto größer, desto vollkommener und Gott wohlgefälliger! Daraus folgt, welch' Wohlgefallen Gott an dem Gehorsame hat und an der Ergebung in seinen hl. Willen.

Und warum, Andächtige, wollen wir diesem allmächtigen Gott nicht gehorsamen? warum beim Tode eines lieben Freundes (Kindes, Vaters ....) nicht sagen: „Dein Name, o Herr, sei gebenedeit; es ist geschehen, wie du gewollt hast!" warum wollten wir nicht also sprechen? Es gehorchen ja dem Willen des Herrn alle Creaturen, auch die unvernünftigen; warum sollten es nicht die vernünftigen auch? Gott befiehlt dem Meere, sich zu theilen, und — es geschieht. Gott erklärt seinen Willen dem Feuer im Ofen zu Babylon, daß es nicht schaden soll den drei Jünglingen, und das Feuer gehorcht. Gott heißt dem Wallfisch den Jonas unverletzt an's Land zu bringen, und es geschieht. So gehorsamt jede vernunftlose Creatur, welchen Namen sie auch immer hat, Gott, ihrem Herrn; sollte der mit Vernunft begabte Mensch allein sich unbotmäßig erweisen. Kann Gott ihn vielleicht nicht zum Gehorsam zwingen?

O, lassen wir es nicht darauf ankommen! Bedenken wir, Gott ist Herr über Leben und Tod, er kann mit uns Allen, als seinem Eigenthume, machen, was er will, er will aber nur immer das Beste, auch für uns das Beste; aus diesem doppelten Grunde also wollen wir in den Willen Gottes vollkommen ergeben sein, es mag über uns hereinbrechen, was da will und darf. Nichts trägt sich ohne Gottes Willen und Zulassen zu!

II.

So war es nun auch der Wille des Ewigen, der die liebe Seele des (der) hier im Grabe der Auferstehung entgegenharrenden N. N. zu sich gerufen hat. Bringet, ihr in Leid versetzten Hinterbliebenen, dem Herrn dieses Opfer willig und ergeben! Ein Christ, der seine lieben Angehörigen, wenn sie mit Tod abgehen, dem Willen Gottes ohne Murren, ergeben, willig und gehorsam aufopfert, verrichtet ein viel vollkommeneres Opfer als vorzeiten die Schlachtopfer gewesen; durch die Schlachtopfer wurde Gott dem Herrn fremdes Fleisch dargestellt, durch diese Aufgebung aber opfern wir Gott unser eigenes Fleisch und Blut in unseren Verwandten, opfern wir ihm ferner unser eigenes Herz, unseren Willen, der da die Stimme unseres Herzens bricht und ertödtet. Mochten immerhin jene Schlachtopfer kostspielig gewesen sein, kostbarer, werthvoller, theuerer sind uns die lieben Todten, die wir mit Ergebung, willig und gehorsam dem Herrn bei ihrem Hintritte aufopfern.

Wie heiß liebte nicht David das Söhnlein, das er mit Bethsabee gezeugt hatte! Als es krank lag, da warf er sich an die Erde nieder, fastete, betete, weinte, daß es zum Erbarmen war. Aber der Herr nahm den Knaben, ob der Sünde des Vaters, dennoch hin. Da erhob sich König David, gefaßt stund er auf von der Erde, wusch sein Angesicht, legte ein neues Kleid an, ging zum Gezelte Gottes und betete an. Sodann ließ er den Tisch zubereiten und zeigte sich ohne Murren, ergeben und gehorsam. — So müssen auch wir uns benehmen beim Hingange eines lieben Angehörigen.

Wir sind Menschen und keine Steine; wir dürfen also auch empfinden, und sollen es; aber nicht maßlos lasset uns trauern, sondern, wie es vernünftigen Wesen, wie es Christen zusteht, welche wissen, wer ihnen dieses Opfer auferlegt hat, und welche darüber belehrt sind, daß mit dem Tode ja nicht Alles aus ist, vielmehr das Leben, das wahre, eigentliche, — ewige Leben erst recht angeht. — —

Da habt ihr nun, meine Trauerfreunde, was euren Schmerz lindern kann. Erwäget bei dem vorliegenden Trauerfall, der euch ein so liebes Haupt aus euerer Familie hinweggenommen hat: es war der Wille Gottes, der dieß gethan, und ein Gott also willig, gehorsam und ergeben aufgeopferter lieber Todter ist ein dem Herrn angenehmeres Opfer, als jene Schlachtopfer der Vorzeit. —

Für die Seele des (der) Verlebten lasset uns beten: Vater unser... Ave Maria... Amen.

XL.

Text: „Erbarmet euch meiner, erbarmet euch meiner!"
Job 19, 21.

Eingang.

Andächtige!

Für die Todten, wenn ihre Seele noch im Reinigungsorte zurückgehalten wird, läßt sich von Seite ihrer sie überlebenden Angehörigen und Freunde mancherlei thun, damit sie Gott zu sich in seine ewigen Wonnen aufnehme. Aus diesen Mitteln will ich heute nur Eines nehmen, und uns zur Beherzigung darlegen. Eines der wirksamsten Mittel, Gott zu Gunsten der armen Seelen genugzuthun und zu versöhnen, ist: gib Almosen für sie. Sei im Andenken an die armen Seelen im Reinigungszustande **f r e i g e b i g** gegen die Armen und Nothleidenden. Bildet euch einmal ein, Geliebte, es läge vor euerer Thüre ein armer Lazarus voller Geschwür und Elend, er schrie und weinte um ein Almosen gar an's Herz dringend; seine Klage wäre ohne Aufhören: „Erbarmet euch meiner, erbarmt euch meiner!" Welcher Mensch, wer aus euch könnte so hartherzig und grausam sein, wer so unerbittlich, daß er diesen armen Lazarus ohne Gabe und Hülfe liegen ließe?

Ein solch' armer Lazarus ist jede Seele im Reinigungsorte, o wie jammert und wehklaget sie; o wie unerträglich, wie hart ist ihr elender Zustand; o wie ruft sie aus: „Wann werde ich kommen und erscheinen vor dem Angesichte meines Gottes!" (Ps. 41, 3.)

Heute bei der Trauerfeier, da wir den (die) verlebten (verlebte) N. N. zur Erde bestatten, lasset uns diese Hülfe, die wir den armen, armen Seelen bringen können, etwas näher kennen lernen, nicht etwa deßhalb, weil wir dafür hielten, als befände sich der (die) Verewigte in jenem Läuterungszustande, sondern deßhalb, weil am Grabe eines Mitchristen von fast nichts Wichtigerem gesprochen werden kann, als von der Hülfe der armen Seelen.

Ich sage:

1) **Erbarmet euch der armen Seelen im Fegfeuer durch Almosengeben.**

2) **Wo ihr, Almosen zu spenden, nicht im Stande seid, wisset, daß geistliche Almosen noch wirksamer sind.**

I.

In der englischen Kirchengeschichte finde ich folgende kleine, aber denkwürdige Aufzeichnung. Dem Malachias, einem Bischofe dieses Landes, erschien seine vor etlichen Jahren verstorbene Schwester und sprach zu ihm mit betrübten Worten also: Ach Bruder, Bruder, erbarme dich meiner! Darauf verschwand sie. Der Bischof stellte sofort andern Tages für die Armen ein Gastmahl von hundert Gedecken an und that dieses ein ganzes Jahr lang, um durch dieses fortgesetzte Almosen, sowie durch das Gebet der Armen es dahin zu bringen, daß endlich seine theure Schwester durch Gottes Anschauung im Himmel ersättigt würde. (Kepler S. J.)

Nun, Andächtige! Gebt Almosen, in der Meinung, euere Freunde damit durch ein gutes Werk von euerer Seite zu bereichern, **g e b e t**, und es wird auch **e u c h** gegeben werden.

Ach, es gibt ja nichts Billigeres und Gerechteres als dieß! Das Gesetz der Liebe des Nächsten schon befiehlt uns, den Nothleidenden zu helfen, den Armen Almosen darzureichen, denn was wir einem Armen gethan, das haben wir Christus dem Herrn selbst gethan, der auch den Trunk Wasser, den wir einem Durstigen dargereicht, nicht unbelohnt läßt. Wenn wir also schon ohnedieß die Verpflichtuug haben, Almosen zu geben, o reichen wir es nicht aus natürlichem Mitleid, wie es zuweilen geschieht, sondern haben wir, wie bei anderen guten Werken, so auch bei diesem immer eine rechte Meinung und christliche Absicht. Gedenken wir bei unseren Spenden an Arme, vorzüglich gerne auch der Allerärmsten: der armen Seelen!

Ist es ferner nicht billig und gerecht, seinen Freunden beizuspringen, da uns geboten worden, sogar den Fremden aus ihrer Noth zu helfen? Unserem Nächsten müssen wir beistehen, warum nicht unserem allernächsten Nächsten, heiße er nun ein Bruder oder Schwester, Vater oder Mutter, Gatte oder Gattin, Sohn oder Tochter, Vetter oder Freund oder wie immer? Haben wir die, welche uns um ein Almosen für die Armen auf Erden vom Reinigungsorte aus anflehen, denn nicht vielfach beerbt; haben sie nicht das verdient mit ihrem sauren Schweiße, um was sie uns bitten?

Oder wie, sollte es heutzutage wenig Seelen mehr geben, welche unsere Hülfe nöthig hätten? O ich fürchte, wir haben deren heutzutage mehr denn sonst; denn es wird heutiges Tags gesündigt mehr, denn je, und gebüßt dafür weniger, denn je. Wo sind die Menschen, welche heutiger Welt für ihre Sünden büßen und freiwillig sich zeitliche Strafen auferlegen, um Gottes Gerechtigkeit zuvorzukommen? Also Hülfe, eilende Hülfe!

II.

Da es aber auch solche Christen gibt, welche das Glück nicht in den Stand gesetzt hat, leibliche Almosen reichen zu können, so will ich diesen zu ihrem Troste sagen, daß die geistlichen Almosen oder auch die geistlichen Werke der Barmherzigkeit noch viel kräftiger und wirksamer sind. Ich will nur bei einem stehen bleiben, bei dem Gebete; o wie viele körperliche Almosen ersetzt es bei Gott! Ja, es übertrifft sie. Man sehe nur, wie bald die Ketten los sind, wie schnell die Kerker sich öffnen, wenn eine dem Landesherrn theure Person, ein Prinz oder eine Prinzessin oder sonst ein Freund und Günstling des Fürsten für einen

Gefangenen mit Bitten anhält, um denselben aus dem Gefängnisse zu befreien. Ein Gleiches bewirkt auch ein in der Gnade und Freundschaft Gottes stehender Beter, der im Namen Jesu und der Kirche inständig anhält, der Herr wolle sich die eine oder die andere Seele empfohlen sein lassen und derselben den Himmel endlich erschließen. Wie schnell fielen die Ketten des Petrus, als derselbe zu Jerusalem in Banden lag und die Christengemeinde für ihn betete?

Bete demnach, wer nicht in der Lage ist, auf andere Weise seinen Angehörigen oder denen, welche es am Meisten bedürfen, zu helfen, bete der Arme, dem irdische Mittel abgehen, und er ersetzt dieselben reichlich durch sein Flehen. — —

Ich rede, wie ihr wißt, hier nur im Allgemeinen und als Fürsprecher aller armen Seelen. Es ist also durchaus nicht meine Absicht, irgend Jemand in das Fegfeuer zu stoßen, wenn ich an seinem Grabe vom Läuterungszustande spreche und die versammelte Gemeinde bitte, der armen Seelen doch ja niemals zu vergessen. Vielmehr hoffe ich, der (die) Verlebte werde, nachdem er (sie) bereits hier das Läuterungsfeuer der Widerwärtigkeiten verkostet hat, der Wonnen des Himmels theilhaftig geworden sein, da auch sein Leben ein christliches war. Vernehmet zum Schlusse hierüber noch das Nöthige. (Lebenslauf.)

Sollten sich in dieses Leben denn aber doch Sünden eingeschlichen haben, welche noch nicht vollständig abgebüßt wurden, so verrichtet mit mir wie immer das herkömmliche Gebet!

Vater unser . . . . Ave Maria . . . . Amen.

Kürzere allgemeine Anreden.

I.

Der verlebte N. N. hat mich ersucht, an seinem Grabe nichts oder wenigstens nicht viele Worte zu sprechen. Seine Demuth und Bescheidenheit mochte befürchten, es möchte ja etwas zu seinem Lobe hier gesagt und er zur Nachahmung vorgestellt werden. So muß ich denn auch, den letzten Willen des Verewigten zu ehren, mich kurz fassen und auf das Allernothwendigste beschränken. (Lebenslauf.)

Dieser betrübte Sterbfall erinnert uns an jene Geschichte, die sich zugetragen zwischen dem römischen Kaiser Carl V. und dem Könige von Frankreich Franz I., da dieser von den Deutschen gefangen nach Madrid geführt wurde, wo er unter der an eine der Wände gesetzten Inschrift: „Noch weiter hinaus!“ eine andere hinzufügte, welche lautete: „Heute mir, morgen dir!“ worauf Carl V., als er dieß las, mit allem Recht entgegnete: „Ich bekenne, daß ich nur ein Mensch bin.

Wenn wir die Wahrheit gestehen wollen, so müssen wir Alle dem römischen Kaiser dieß nachsprechen. Wir sind Alle Menschen! — Heute mir, morgen dir, ruft uns der hier Beigesetzte zu. Heute hat man mich begraben, morgen bist vielleicht du für das Grab reif. Wer mit diesem Gedanken an seinen unausbleiblichen Tod sich oft und gerne trägt, der findet sein Leben stäts auf den Tod vorbereitet. Die Weisen aus dem Morgenlande ließen den Stern nie aus den Augen, allzeit schauten sie nach ihm, bis er über dem Orte leuchtete, wo ihr Ziel war. So muß auch uns, was uns unserem Ziele nahebringt stäts vor Augen stehen. (Näheres über den Verlebten.) Möge er durch Gottes Barmherzigkeit im Frieden ruhen!

Sollte indessen gegen Erwartung ihm noch etwas ankleben, das ihm an Gottes Anschauung noch hinderlich wäre, so greifen wir zum Gebete und sprechen in vollem Vertrauen auf Christi Verdienste ein andächtiges Vater unser und Ave Maria! Amen.

II.

Wiederum hat der Tod Einen aus unserer Mitte in seinen Armen aufgefangen. An diesem Grabe beklagen wir den Verlust des (der) sehr ehrenwerthen Herrn (Frau) N. N., welcher (welche) vor — Tagen das Zeitliche gesegnet hat und nach unserer wahren Heimaeh vorausgeeilt ist. (Lebensskizze.) So herrschet der Tod in den Hütten, wie in den Palästen und verschonet Keinen. Ihm gegenüber kann Niemand sagen: Ich bin ein Freiherr! Niemand kann ihn auch damit von sich entfernt halten, daß er ihn fragt: Was suchst du an mir; bin ich nicht selbst ein Bettler?

Wenn demnach kein Mensch dem Tode aus dem Wege gehen kann, so ist es unsere Pflicht, uns auf ihn vorzubereiten, damit wir ihn würdig empfangen und er uns freundlich begegne. Zum Freunde müssen wir uns den Tod machen durch ein wohlgeordnetes, den Tod täglich erwartendes Leben, wie solches der (die) Verewigte geführt hat. (Encomium ex vita.)

Von der Wiege bis zum Sarge, welch' eine kleine Spanne Zeit! Sollten wir diese nicht mit guten Werken ausfüllen, sollten wir uns während derselben nicht der bösen Werke enthalten können? Sollten wir es nicht umso lieber thun, als wir wissen, daß, was nach dem Tod mit uns erfolgt, ewig dauert? Nur eine Ausnahme gibt es hier; diese zeigt sich an den armen Seelen im Reinigungsorte; allerdings haben dieselben die Hoffnung auf Aenderung ihres Zustandes. Aber ihre gegenwärtige Lage ist auch eine so traurige, daß wir diese Aenderung recht bald wünschen; und da wir hiezu beizutragen im Stande sind, so wollen wir denn auch für die abgeschiedenen Seelen, die unsere Hülfe noch bedürfen, insbesondere, wenn es nöthig sein sollte, für den (die) verlebten (verlebte) N. N. unser Gebet verrichten. Vater unser .... Ave Maria .... Amen.

III.

Bald tödtet der Tod mit dem kurzen Schwerte aus der Nähe, bald aus der Ferne mit dem Pfeile. Heute ein Greis, morgen ein Jüngling. Keine Reihenfolge hält der grause Menschenwürger ein;

er kehrt sich an keine Größe, noch an die Liebe der Menschen, noch an die Trauer, in die er uns versetzt.

So sehen wir denn heute dem Grabe verfallen den sehr ehrenwerthen Herrn N. N. (Lebensskizze.) Innig und allgemein ist die Trauer und der Schmerz um den Hingegangenen. Sei denn auch innig und allgemein das Gebet, mittelst dessen wir seine liebe Seele dem grundgütigen Gott empfehlen werden; dieses ist ja das beste Zeichen, wie gerecht und wie wahr unser Schmerz um den Geschiedenen ist. Er hat diese Theilnahme aber auch auf's Beste verdient. (Encomium ex vita.) Kein Wunder, wenn wir schmerzlich ergriffen an diesem offenen Grabe unseres so mit Recht betrauerten Freundes stehen.

Doch getrost, meine Lieben! Wir stehen im Begriffe, auf diesem sich hier emporhebenden Grabeshügel das Kreuz aufzupflanzen, und dieß ist ja das herrlichste Zeichen des Trostes. Durch das Kreuz Jesu sind wir Alle erlöst, durch das Nachtragen des Kreuzes Jesu hat auch der Verewigte die Verdienste des Erlösers sich zu eigen gemacht. Das Kreuz ist so des Verlebten schönste Zierde auf seinem Grabe geworden und unser wirksamster Trost, da wir wissen, der an uns Vorübergegangene weilet nun als Nachfolger Christi in jenen glückseligen Höhen, von denen er sich nimmer hinwegzubegeben nur die leiseste Regung oder Neigung verspüret. Gönnen wir ihm diesen Platz, und seien wir bestrebt, daß auch wir uns in nichts anderem rühmen, als im Kreuze Christi! Darum rufe ich dir hinab ins Grab: Auf frohes Wiedersehen! — Lasset uns beten! Vater unser .... Ave Maria .... Amen.

IV.

Der heil. Johannes von Damaskus schreibt in der Geschichte von Josaphat und Barlaam, wie diese beiden heiligen Männer die Gewohnheit gehabt, einige Reliquien von heil. Martyrern immerfort bei sich zu tragen. Da sie nun einstmals gefragt wurden, warum sie solches thäten, antworteten sie: erstlich, damit wir die hl. Blutzeugen, deren Ueberbleibsel wir bei uns tragen, nie aus dem Gedächtnisse verlieren; sodann aber, damit wir allfort an den Tod erinnert werden, der auch an uns nicht vorbeigeht. Diese Erinnerung an den Tod ist nun nach dem weisen Manne die beste Arznei gegen die Sünde. „Gedenke, o Mensch, an deine letzten Dinge, so wirst du in Ewigkeit nicht sündigen.“ (Sir. 28, 6.) Und Plato sagt: „Das Andenken an den Tod ist die höchste Weltweisheit.“

Nun hat es dem lieben Gott gefallen, dieses so werthe Gedächtniß bei uns zu erneuern durch die heutige Begräbnißfeierlichkeit. Wir erweisen nämlich dem verlebten N. N. auf seinem letzten Wege die letzte irdische Ehre. Ein Allen so unerwarteter Tod hat uns den theuren Mitbruder entrissen. Gerne vergegenwärtigen wir uns noch einmal sein Leben. (Biographie u. s. w.) Bitter ist uns dieser Hingang des Edlen. Aber er wird uns versüßt durch die Hoffnung, daß der Verblichene bei Gott weilet. (Elogium.) —

Haben wir nun über den Verlebten solche Kennzeichen seiner Gnadenwahl, so wollen nun auch wir angestrengtest mitarbeiten, daß man auch uns einst unter die Auserwählten zähle.

Damit wir es indessen nicht im Geringsten versehen und an Erfüllung irgend einer Christenpflicht ermangeln lassen, so erheben wir Herz und Hände zum Himmel und verrichten zum ersten Male das gemeinschaftliche Gebet für die Seele dieses lieben Todten, falls sie dessen noch bedürfte! Vater unser . . . . Ave Maria . . . . Amen.

V.

An dieser Gruft beklagen wir den Verlust eines uns Allen theuren Todten. Wer den ehrenwerthen Herrn N. N. gekannt hat, wird mir beistimmen, wenn ich sage, er war uns Allen theuer und werth. Nicht bloß im Leben stand er unserer Person, er stand auch unserem Herzen nah. (Lebenslauf.) Der Verlebte konnte sagen: „Ich habe einen guten Kampf gekämpft, die Laufbahn vollendet, den Glauben bewahrt. Uebrigens harret mein die Krone der Gerechtigkeit.“ (2. Tim. 4, 7. 8.)

Die Waffen aber, Geliebte, die wir in diesem Kampfe brauchen müssen, sind vor allen Dingen: Glaube, Hoffnung und Liebe. Ein ächter Bekenner und Streiter Christi muß diese vor allem besitzen und zu gebrauchen verstehen.

Was den Glauben betrifft, so reicht es nicht aus, blos Namen-Christen zu sein; wir müssen entschiedene Christen heißen und aller

Lauheit ferne stehen. Nur ein lebendiger Glaube erweist sich im Kampfe um das Himmelreich wirksam. — Aber auch die Hoffnung darf uns nicht fehlen, sonst reißt die Verzweiflung ein. Darum keinen Kleinmuth, Geliebte! Und wenn ganze Kriegsheere höllischer Feinde gegen uns zu Felde zögen, haben wir Vertrauen auf die unendlichen Verdienste Jesu Christi! — Zudem muß unser Herz entflammet sein von der Liebe zu Gott, wenn anders es im Kampfe mit der lockenden Welt nicht unterliegen soll. Mit der wahren, glühenden Liebe zu Gott sind sodann schon die übrigen Tugenden vergesellschaftet. (Elogium.)

Wehe dagegen denen, welche einen bösen Krieg gekämpft, welche sich mit den Lastern und ihren Leidenschaften herumgeschlagen haben! Kämpfen müssen wir ja immer, es handelt sich nur, kämpfen wir auf Seite Michaels oder Lucifers. —

Für den Verewigten euer Gebet! Vater unser ... Ave Maria ... Amen.

VI.

Schmerzlich berührt und in Gram versenkt hat uns der betrübte Hintritt der sehr ehrenwerthen Frau N. N., die wir soeben zu ihren Vorfahren eingesegnet haben. Wem, Geliebte, war sie nicht lieb und werth? (Encomium.) Doch wer kann ihre Tugenden alle aufzählen. Es möge genügen, wenn ich noch Einiges aus ihrem Leben berühre. (Lebenslauf.) Viel haben wir verloren, doch denken wir mit dem hl. Basilius dem Großen: „Warum jammern wir bei dem Tode der Unsrigen, als ob man uns ein Eigenthum genommen habe, und warum klagen wir über die Verstorbenen, als hätten sie ein Unrecht erlitten? Betrachte doch vielmehr, daß der Abgeschiedene nicht eigentlich fort, sondern vielmehr wiedergeschenkt ist. Der Liebling ist nicht vernichtet, sondern nur verreist, er ist dir nur ein wenig vorausgegangen, desselben Weges, den auch wir werden einschlagen müssen. — Sei nicht untröstlich beim Tode der Deinigen, weil du ein kurzes Vergnügen verlorst, sondern stelle dir vor, es sei mit denen, die im Leben vereint waren, und nun durch den Tod geschieden wurden, ebenso, wie mit denen, die in Gesellschaft reisen; sie sind auch wegen des fortwährenden Wanderns unter sich sehr vertraut geworden; sobald aber der gemeinschaftliche Weg zurückgelegt ist, sobald Zeit und Nothwendigkeit Trennung gebietet, lassen sie sich, wenn sie untereinander auch noch so vertraut waren, nicht davon abhalten, sondern Jeder geht auf seine eigenen Gränzen zu, wie ja auch gleich anfangs schon ein Jeder ein ganz eigenes Ziel und Ende des Weges hatte. So war auch denen, die im Ehestande oder sonst in einem Lebensverhältnisse mit einander verbunden waren, gleich anfänglich ein eigenes Lebensziel gesetzt. . . . Wer, der (christliche) Fassung besitzt, könnte eine solche Trennung trostlos aufnehmen?" So wünschen wir denn den Weiterreisenden Glück und Heil auf den Weg, wie wir es nun der wünschen wollen, die sich vor drei Tagen von uns gewendet hat. Hiezu euer Gebet! Vater unser . . . Ave Maria . . . Amen.

VII.

Da ruhet sie nun im Schooße der Mutter wieder, die irdische Hülle des achtbaren Herrn N. N., der eine schöne Reihe von Jahren in unserer Mitte zugebracht. (Lebenslauf.) So nimmt Alles, Leiden wie Freuden, auf Erden ein Ende. Möge die Seele des Entschlafenen im Schooße Gottes ruhen und ihren Lohn empfangen, wie sie es verdient hat! (Näheres über den Verlebten.)

Wir aber wollen den Verblichenen nicht maßlos beweinen, sondern thun, was ihm, wenn er es nöthig hat, nützen kann, d. h. für ihn ungesäumt und wiederholt beten. Vernehmen wir sodann noch zu unserer Unterweisung und Erbauung, was wir eigentlich von dem Tode zu halten und wie wir uns selbst dem Tode gegenüber zu benehmen haben. Sehr schön sagt hierüber der hl. Chrysostomus: „Der Tod ist an und für sich etwas Gleichgültiges; er ist kein Uebel an sich, sondern nur dann übel, wenn der Verstorbene den Qualen überliefert wird. Auch nichts Gutes ist er an sich, sondern nur dann gut, wenn der von der Welt Abgeschiedene im Herrn lebt. Trauern wir demnach nicht vergebens über die Verstorbenen, noch haben wir eine thörichte Freude über die Lebenden! Was sollen wir beklagen? Die Sünder, sowohl die gestorben sind, als die leben. Ueber die Gerechten aber sollen wir uns freuen, nicht nur so lang sie noch bei uns, sondern auch, da sie gestorben sind." „Der Tod der Heiligen," sagt der heil. Bernardus, „ist köstlich — überaus köstlich — in jeder Hinsicht köstlich. Er ist ihnen.... der Eingang in die vollkommene Sicherheit."

Darum getrost, meine Lieben, und da wir doch unseren Gefühlen für den Verlebten freien Lauf wollen lassen, beten wir für ihn! Vater unser . . . Ave Maria . . . Amen.

VIII.

So schmal also ist die Grenze zwischen Leben und Tod! Noch vor Kurzem wandelte der (die) Verstorbene unter uns gesund, und heute umschließt seine (ihre) kalten Glieder der Sarg. Wer hätte dieß geglaubt? Aber das ist die Art des Todes: er bläst oft unvermuthet das Licht aus. Wohl dem, der gearbeitet hat für den Himmel, so lange es noch Tag war! (Lebenslauf.)

Wißt ihr, Geliebte, welchen Gedanken und Empfindungen ihr euch beim Anblicke dieses offenen Grabes hingeben sollet? Vor allen zweien:

Erinnert euch zuerst der Vergänglichkeit des Menschenlebens. Erkennet, daß der Mensch in jedem Alter unter der Macht des Todes steht; daß Alles in der Welt wechselt, sich ändert, von hinnen muß, und nur einen Augenblick dauert; daß endlich der Mensch nicht für diese Welt erschaffen ist, sondern für eine andere, ewige, es sohin thöricht ist, ob dieses kurzen Augenblicks die ewige Glückseligkeit zu verscherzen.

Sodann erwecket in eurer Seele den lebhaften Wunsch, einmal den Tod des Gerechten zu sterben. Wenn, geliebter Christ, wie es so leicht hätte geschehen können, dieses Mal die Reihe zu sterben an dich gekommen wäre, welches Loos wäre nun das deine? Blicke auf dein Leben zurück, prüfe den Zustand deines Gewissens, und durchforsche ob Alles in Ordnung ist. Lerne dich selbst kennen und einen neuen Menschen anziehen, wenn der alte vor Gottes Richterstuhl nicht bestehen kann. Die Erkenntniß deiner selbst ist bereits der erste Schritt zur Gnade Gottes. Wirke nun aber auch der Gnade Gottes noch ferner mit, damit es nicht bei dem Wunsche bleibe, den diese Leichenfeier in dir rege gemacht hat, sondern zur That komme, und du wirklich den Tod des Gerechten dermaleinstens sterbest.

Für den Entschlafenen ersuche ich um euer andächtiges Gebet. Vater unser . . . Ave Maria . . . Amen.

IX.

Einige kluge Weltweisen, darunter auch etliche Brahmanen, hatten die lobwürdige Gewohnheit, vor ihren Häusern ein Grab anfertigen zu lassen; damit die Aus- und Eingehenden, des Todes eingedenk, sich von Sünden enthielten; für so nützlich und heilsam hielt die heidnische Welt das Andenken an den Tod. Auch die Kirche erkennt diesen Vortheil gar gut, und so erinnert sie denn ihre Gläubigen, so oft sie nur immer kann und sich die Gelegenheit dazu bietet, an das Grab, und drückt denselben die ernsten Worte in die Seele: „Gedenke, o Mensch, daß du Staub bist und wiederum zum Staube zurückkehren wirst.“

Wir werden heute abermals an dieses unser Aller Loos erinnert. Jedes offene Grab ist ein Mund, der uns predigt. So auch dieses, darein wir den (die) wohlgeborenen Herrn (achtbare Frau) N. N. versenkt haben. (Lebensabriß.) Erinnern wir uns bei diesem Todesfalle auf's Neue, wie schnell auch unser Leben vorübergegangen sein wird wie ein Windhauch, wie ein Schatten, wie ein Rauch, wie eine Blume. Eine Blume duftet sogar noch fort, wenn sie abgebrochen ist. Was aber bleibt vom Menschen übrig, wenn sein Leben geknickt ist? Nur der Wohlgeruch der Tugenden verbleibt ihm; das bedenket, darnach richtet euch! Der (die) Verlebte war sich dessen bewußt. (Encomium ex vita.) Im Wohlgeruche trefflicher Eigenschaften und Sitten, im Rufe eines erbaulichen Christenwandels lebt der (die) Verewigte unter uns fort. Daß er (sie) alle zeitlichen Strafen werde abgebüßt haben, wollen wir annehmen und wünschen; um indessen sicher zu gehen, gedenken wir des (der) Verstorbenen dennoch auch fernerhin in unserem andächtigen Gebete! Vater unser . . . Ave Maria . . . Amen.

X.

Indem wir am Grabe eines Mitbruders stehen, der den Kampf der Welt ausgerungen hat, der nun, wie wir hoffen, eingegangen ist in den himmlischen Frieden und in die ewige Ruhe, fragen wir uns selbst, was nun? Das Leben des an uns Vorübergegangenen liegt vor unseren Augen. Es war ein eines entschiedenen Christen würdiges. (Lebensabriß. Elogium.)

Was nun? Der Leib ist gestorben; aber die Seele lebt fort. Was nun? O Geliebte! dem Menschen, der mit einem guten reinen oder gereinigten Gewissen hinübergeht, wird es in alle Ewigkeit gut ergehen. Diejenigen dagegen, welche das Bewußtsein der Schuld foltert, werden ihrer Marter nie los.

Was nun? Dieß sei, Geliebte, die Frage, die wir an uns jetzt, die der Sterbende aber ohne allen Aufschub an sich richten soll. Was nun? — Dasselbe, was vorher war! Was wir säen, ernten wir auch; wer Wind säet, wird Sturm ernten; wer Eitelkeit säet, wird Eitelkeit ernten.

Darum sei unser Leben eine würdige Vorbereitung und Vorschule für das andere, kommende, ewige! Dann erst: Heil uns!

Aus Bösem also entsteht Böses, aus Thorheit — Reue, aus Sünde — Leid. Wer es gut haben will ewig, der lebe in der Zeit — gut. Dieß wenn wir beherzigen, beobachten und nie vergessen, dann werden wir uns frei erhalten von so mancher Thorheit, Uebereilung und Sünde und sanft im Herrn entschlummern. Dann wird der Tod für uns nichts mehr und nichts weniger sein, als ein liebevoller Hirte, der das in der Irre herumgelaufene Schäflein heimträgt zur Hürde, zum Himmel.

Vater unser . . . Ave Maria . . . Amen.

XI.

Es ist nur zu wahr, was der weise Mann so nachdrücklich über das menschliche Leben niedergeschrieben hat: „Eitelkeit der Eitelkeiten; Alles ist eitel!" (Pred. 1, 2.) Eitelkeit ist es, dem Gelde, den irdischen Gütern, Feldern, Häusern, schönen Kleidern, Ehren, Aemtern und was dergleichen mehr ist, nachzujagen. Geistesplage ist das Alles, nicht werth, daß man es suche, da der Tod uns über Nacht zu Bettlern machen kann. Was ist selbst irdische Größe? Als Alexander der Große, der Welteroberer, gestorben war, da zitterte Niemand mehr vor ihm und man spottete seiner. „Gestern," sagte man, „hat er die Erde unterdrückt, heute unterdrückt die Erde — ihn selber." Ist es daher nicht Eitelkeit und Geistesplage für seinen Leib so gewaltig besorgt zu sein, da wir nicht einmal so lange dauern, wie ein Stückchen Eisen? Das heißt recht thöricht seine Zeit und Mühe verlieren!

Nein, Geliebte, es will sich nicht im Mindesten verlohnen, sein Herz an die Zeitlichkeit zu heften und seinen Schweiß auf Dinge zu verwenden, welche die Eitelkeit aller Eitelkeit sind. Wie vergänglich, wie wenig werth alles Irdische ist, das, Geliebte, seht ihr heute wieder, da wir die Ueberreste eines Mannes einsegnen, der mit uns so lange in einer Gemeinde lebte. (Lebenslauf. Encomium.) Friede seiner Seele!

Doch, Geliebte, wir wollen auch für unser Seelenheil nicht umsonst diese Leiche hieher begleitet haben. Wir gehen nun von hier hinweg. Erwägen wir auf dem Heimgange die Vergänglichkeit des menschlichen, also auch unseres Lebens; erwägen wir die Eile der Flucht unseres Daseins, erkennen wir den stäten Wechsel, dem wir unterworfen sind, und daß nichts hier auf Erden beständig ist, als die Unbeständigkeit. Der Mensch aber ist nicht für diese Welt erschaffen; deßhalb euer Gebet, welches dazu beitragen soll, daß der Verewigte, falls er noch sollte aufgehalten werden auf der Reise zu den Höhen der Seligen, sein ersehntes Ziel unverzüglich erreiche! Vater unser . . . Ave Maria . . . Amen.

XII.

Wir sind hier zusammengetreten, Geliebte, um den irdischen Resten des achtbaren Herrn N. N. die letzte Ehre zu erweisen. (Lebenslauf.) Dieß über sein äußeres Leben. — Der Mensch trägt indessen seinen eigenen Werth im Innern, und dahinein reicht das menschliche Auge schon weniger. Nur fromme und edle Thaten verrathen die Schönheit einer Seele und den innern Lebensgang eines Geistes und Charakters. Hierüber läßt sich aber gleichfalls Vieles von dem Verlebten sagen. Bekannt sind die Werke seiner Andacht, Barmherzigkeit. . . . . (Näheres. Elogium.)

So können wir dem Verblichenen nur Gutes nachrühmen und leben deßhalb der freudigen Hoffnung, der Selige werde allbereits die Wonnen unseres Gottes verkostet haben.

Sollte aber diese unsere Meinung mit den verborgenen Urtheilen Gottes nicht übereinstimmen, sollten wir uns wegen der dem Menschen so leicht anklebenden Schwachheiten hierin täuschen, sollte der Verewigte noch einige Sündenstrafen zu erstehen haben, so lasset uns, Geliebte, die Waffen des Gebetes ergreifen, um dieser hingeschiedenen Seele die Thore des Himmels mittelst andächtiger Gewalt zu öffnen, denn das Gebet der Demüthigen dringt durch die Wolken! Vater unser .... Ave Maria .... Amen.

XIII.

Andächtige!

Allzufrüh hat die Erde wiederum einen lieben Todten verschlungen. Ach, fragen wir, indem wir sein frühes Grab umstehen, warum mußte der Verlebte so bald von uns scheiden? So vieles Unkraut wuchert umher und scheinet fast niemals zu verwelken, während es für den guten Samen oft so ganz wenig bedarf und er verwintert und geht verloren So viele böse Menschen leben auf Erden und leben zum Leidwesen der Anderen lange, lange Jahre; der Guten sind so wenige und selbst diese Wenigen müssen frühzeitig von der Welt. An dem Verblichenen hier hat sich dieses Wort bewahrheitet. Er war einer von den wenigen Guten, deren Verlust wir immer als zu früh beklagen. (Lebensabriß.)

Murren wir indessen nicht über den frühen Tod des edlen Mannes! Gott hat in allen Dingen seine weisen Absichten. Vernehmen wir nur einige wenige Worte, welche uns einigermaßen vielleicht erklärlich machen, warum Gott fromme, edle, gute Menschen oftmals so bald hinwegnimmt.

Dieses thut er 1) aus dem Grunde, damit ein solcher Mensch desto sicherer in den Himmel gelange, da ein längeres Leben ihn leicht verderben und für die Hölle reif machen könnte. Gott weiß dieß aber nur allein voraus. 2) Auch haben derlei edle Menschen bereits schon jetzt in ihrer Jugendzeit des Himmels sich würdig gemacht, sind vollkommen in der Tugend und für die ewige Seligkeit reif. Sollte Gott diesen Guten den Himmel noch länger vorenthalten? Die Einen erreichen rasch das Ziel: den Himmel, die Andern spät; Alles kommt darauf an, wie schnell man vorwärts schreitet.

Leicht ließen sich noch viele andere Gründe auffinden, welche Gott haben mag, wenn er einen Frommen, wie man gar oft zu sagen pflegt, zu frühe von der Welt hinwegnimmt. Immer aber sind Gottes Rathschlüsse anbetungswürdig .... Vater unser .... Ave Maria .... Amen.

XIV.

Andächtige!

Ein plötzlicher Tod hat uns einen theueren Mitbruder, den edlen Herren N. N. hinweggerafft. (Näheres. Lebensskizze.) Sie, Geliebte, werden schon aus diesen flüchtigen Lebenszügen erkannt haben, daß der Verblichene seine Tage gut angewendet hat und auf den Tod bereit war zu jeder Stunde. Sie werden auch bereits den Schluß sich gebildet haben, daß es nicht sonderlich viel darauf ankomme, wie rasch, wie plötzlich man stirbt, sondern wie vorbereitet man ist, wenn der Tod naht. Es bleibt demnach ein verbannenswerther Irrthum, wenn ununterrichtete Leute der Meinung leben, ein plötzlicher Tod sei ein fürchterliches Zeichen der Verdammniß. Nein, ein unversehener Tod beweist gar nichts, deutet auf gar nichts! Alles dagegen kommt darauf an, ob man vorbereitet oder unvorbereitet stirbt.

Der Gute ist zu jeder Zeit vorbereitet, er sieht den Tod schon von ferne, beugt ihm vor und wird deßhalb von ihm eigentlich nie überrascht, weil er zu jeder Stunde und in jedem Augenblicke in der Lage ist, ihn empfangen zu können und auf sein Kommen gerüstet zu sein.

Ferner schädigt der Tod den Gerechten in keiner Weise, mag er plötzlich oder allmälig bei ihm eintreten. Er ist vielmehr dem Frommen ein hochwillkommener Gast, wann er auch kommt, denn er ist bereits längst erwartet, da er dem Guten Schätze zubringt, welche von dem allerhöchsten Werth sind: den Himmel und die ewige Seligkeit.

So stirbt denn der Gerechte willig, gern und in Gottes Willen ergeben, mag der Tod eintreten, ohne daß man ihn vorher gewahrt oder lange vorhergesehen. Fürchten und meiden wir nur Eines: die Unvorbereitetheit dem Tode gegenüber. Unser Verlebter hier war längst vorbereitet .... Vater unser .... Ave Maria .... Amen.

XV.

Andächtige!

Abermals ein plötzlicher Tod, binnen — Monaten der zweite Fall, daß ein Glied unserer Gemeinde die heiligen Sterbsakramente nicht mehr (kaum noch) empfangen konnte. Es herrscht bei nicht wenigen einfältigen Menschen der sündhafte Wahn, ein plötzlicher Tod sei stäts ein Wahrzeichen des göttlichen Zornes. Ich habe das letzte Mal euch gezeigt, daß dieß nicht der Fall ist. Auch das Leben des (der) Verblichenen beweist euch das Gesagte. Der (die) Verlebte war ein edler Mensch. (Lebenslauf.) Wir ersehen daraus, daß wir, falls wir fromm sind, keine so entsetzliche Furcht vor einem raschen Ableben zu haben brauchen. Nichts ist zu fürchten, als die Sünde! Aber, leider Gottes! sind wir in diesem Stücke wie die Kinder, welche sich vor Dingen fürchten, die nichts weniger als fürchterlich sind, so z. B. vor Masken u. s. w., während sie sich vor Dingen, die sie fürchten sollten mit allem Grunde, nicht im Mindesten scheuen, so z. B. vor dem Feuer, darein sie gar oft sich die Finger halten und dieselben verbrennen. So fürchten auch viele Menschen den Tod, oder einen plötzlichen oder einen langsam herankommenden Tod, Dinge, die alle nicht zu fürchten sind, indeß sie sich vor anderen Dingen, vor den Sünden und Lastern, die erst den Tod entsetzlich machen, nicht im Entferntesten fürchten.

Wer nun aber denn doch einen plötzlichen Tod fürchtet, der scheue vor allem die Sünde, welche ihn erst fürchterlich macht und welche ihn zuweilen, wohlgemerkt! nicht immer, sondern nur zuweilen herbeiführt, da Gott vielfach — große, langjährige, unbußfertige, des Sterbens uneingedenke Sünder mit einem plötzlichen Tode heimsucht. —

Dem (der) Verstorbenen wollen wir noch zum Schlusse das Denkmal unserer Liebe weihen: ein andächtiges Vater unser und Ave Maria. Amen.

XVI.

Andächtige!

Eine schwere Pflicht ist mir heute geworden, indem ich die irdische Hülle dieses uns so theueren Todten dem Staube übergebe. Viele

Jahre hat der Gute unter uns gewandelt, und ihr Alle seid Zeugen, wie viel Gutes der Vollendete in dieser Gemeinde gewirkt hat. (Lebenslauf; Näheres.) Endlich mußte es sein, endlich schlug die Scheidestunde, in welcher der Verewigte sich von uns zu trennen gezwungen ward, denn wir hätten ihn nicht so leichterdings uns entreißen lassen. Aber der Lohn des Gerechten harrte seiner schon lange. Viele Jahre hat der Hingeschiedene unter uns vollbracht, und doch kam uns sein Ableben zu früh und allzu unerwartet. Doch — welcher Mensch weiß wohl den Tag und die Stunde, da er von Gott abberufen wird? Und es ist diese Anordnung — heilsam. Wohlweislich hat uns Gott die letzte Stunde verborgen! Wie selbstsüchtig würden nicht die Menschen handeln, wenn ihnen die Zeit ihres Ablebens bekannt wäre! Sie würden alsdann vielfach nur für sich leben, ihr Vermögen bis auf den letzten Heller verschwenden, die Arbeit einstellen und für die Nachkommen weder pflügen noch säen.

Wie vieles Gute würde sodann unterlassen werden! So Mancher bekehrt sich auf dem Krankenbette, was er unterweg ließe, wenn er wüßte, diese Krankheit führte nicht zum Tode. Wie Mancher würde seine Buße und Besserung und die guten Werke auf die letzten Stunden hinausschieben, wenn ihm der letzte seiner Tage bekannt wäre! Wie vieles Böse wird sodann durch diese Unbekanntschaft mit der Zeit unseres Sterbens verhütet!

Was für ein trauriges martervolles Leben es indessen wäre, wenn wir unseren Todestag wüßten, dieses leuchtet von selbst ein.

Kam also des Verlebten Tod uns auch unerwartet, beten wir in allweg Gottes Rathschlüsse an, und beten wir insbesondere für den Vollendeten jetzt! Vater unser .... Ave Maria .... Amen.

XVII.

Andächtige!

Den Frommen ist Sterben ein Gewinn; dieß erklärt schon Paulus den Bewohnern von Philippi. (1, 21.) Ja wahrlich! wessen Leben — Christus ist, dem gilt das Sterben als Gewinn, denn es wird alsdann gegen ein kurzes und elendes ein ewiges und glückseliges Leben eingetauscht.

Auch der (die) verlebte N. N. kann sich der Erklärung des Apostels Paulus anschließen, denn Christus war sein (ihr) Leben. (Elogium ex vita.)

Weinet also, geliebte Trauergenossen, nicht zu sehr an diesem frischen Grabe. Der Verlust ist nur auf unserer Seite, auf Seite des (der) Verblichenen steht der Gewinn und zwar ein Gewinn über alle Gewinnste. O was gewinnt nicht Alles ein frommer Christ durch den Tod! Durch ihn tritt er seine himmlische Erbschaft an, den Inbegriff aller Güter und Genüsse. Ein gerechter Christ kehrt bei seinem Hinscheiden aus der Verbannung in die Heimath zurück, er tauscht gegen dieß erbärmliche Leben das vollkommenste ein und gibt diesen sterblichen Leib gegen einen glorreichen und unsterblichen hin. Alles Elend hört mit dem Tode des Gerechten auf und alle Wonnen heben mit diesem gesegneten Zeitpunkte an. Wahrlich, nur Gewinn, wohin ich blicke, für den Frommen. — Für den Gottlosen allerdings ist der Tod ein Verlust, denn so elend auch dieses Leben ist, das jenseitige Leben, welches den Sünder erwartet, ist ohne Vergleich noch elender und unglückseliger. Daher meiden wir ja den Tod des Sünders und streben wir, den Tod des Gerechten zu erlangen. Bitten wir besonders die Mutter Jesu um eine glückselige Stunde unseres Absterbens! —

Zum Schlusse lasset uns noch das Denkmal der Liebe dem (der) Hingeschiedenen weihen, unser Gebet! Vater unser .... Ave Maria .... Amen.

XVIII.

Andächtige!

Wir haben hier die irdischen Ueberreste des (der) verehrten Herrn (Frau) N. N. in das Grab hinabgesenkt, aus dem er (sie) einstens wiederum sich wird erheben. Es wird dieses Grab nun für lange Zeit das Haus des (der) Verlebten sein, doch nicht, wie uns der Glaube lehrt, für immer. Das Haus für immer, das der Mensch bewohnen wird, heißt, jenachdem er hier gelebt und gewirkt hat, Himmel oder Hölle. Wir wollen im Hinblicke auf das Leben des (der) Verewigten hoffen, daß seine (ihre) Seele bereits im Himmel wohnen wird, um dort auch dieser sterblichen Hülle Wohnung zu bereiten, wenn sie am großen Tage verklärt diesem Grabe entsteigen wird. Das Leben des (der) Hingeschiedenen war ein christliches. (Lebenslauf.) Wir sehen, wie der (die) Verklärte bei Lebzeiten besorgt war für jene drei Wohnungen, welche man neben- oder nacheinander das Haus des Menschen nennen kann.

Der Mensch hat für ein dreifaches Haus zu sorgen: für das Haus seines Gewissens, für das Haus, welches er bewohnt, und für den Himmel, wo er Platz nehmen soll in der Ewigkeit.

Für das Gewissen muß er im Leben und im Tode vor allen Dingen besorgt sein und es sich angelegen sein lassen, daß Alles darin geordnet und rein sei. Ein böser Mensch hat in seinem Gewissen keine Ruhe. Hier denn sei Alles nach Gottes Willen geregelt!

Für sein Wohnhaus muß ein Sterbender gleichfalls sorgen; er ordne seine zeitlichen Angelegenheiten, stelle Rechnung, zahle seine Schulden, mache sein Testament und setze Alles in Richtigkeit.

Ganz vorzüglich aber sei der Mensch im Leben wie im Sterben auf den Himmel bedacht und wende alle Mittel an, ihn zu erringen. Sofort, wie man sich kränker fühlt, empfange man die heiligen Sakramente. (Loc. amplif.)

Bezeigen wir zum Schlusse dem (der) Vollendeten unsere Liebe und senden wir für seine (ihre) Seelenruhe empor ein andächtiges Vater unser und Ave Maria! Amen.

XIX.

Andächtige!

Die Erde, das Grab ist unser Aller Haus. Dieß hat an sich gleichfalls erfahren der .... N. N., den wir soeben beigesetzt haben. Hier nun wird der Leib des Verewigten lange, lange Jahre wohnen müssen, bis die Posaune des großen Gerichtstages ihn hervorrufen wird, bis Alle Besitz ergriffen haben von dieser Wohnung des Grabes. Wohl dem, der mit ruhigem Gewissen jener Stunde entgegensehen kann! Hoffen wir dieses auch von dem Verblichenen hier! (Lebensabriß.)

Wir selbst aber wollen uns heute einprägen, wie nicht die Gebäude, welche uns zur Zeit beherbergen, unsere eigentlichen Wohnungen sind, indem unser wahres Haus das Grab ist.

Wenn man nach dem Ursprunge eines Menschen forscht, so fragt man gewöhnlich: aus welchem Hause stammt er? — Der Mensch nun woher anders stammt er als von der Erde, vom Staube? So ist auch die Erde, der Staub, das Grab sein Haus.

Unser Haus nennen wir ferner jene Stätte, wohin wir uns zurückziehen, um auszuruhen von des Tages Mühen und Noth. Wo nun gibt es für den Menschen eine eigentlichere Ruhestätte, als das Grab? Das Grab ist unser Haus.

Unser Haus steht endlich da, wo wir unser Eigenthum aufbewahren. Für unser Haus ernten wir, sammeln wir. Wir ernten und sammeln aber Alle für das Grab. Dieses Leben ist die Zeit der Aussaat, erst mit dem Tode beginnt die Zeit der Ernte. Unsere zeitlichen Wohnungen wird nach wenigen Jahren ein Anderer einnehmen; das Grab dagegen gehört uns allein. — Dieß mag uns ermahnen, recht oft an den Tod, an das Grab als an die eigentliche Heimath unseres Leibes zu denken. —

Dem Verlebten lasset uns, ehe wir von hinnen gehen, nachrufen ein herzliches Lebewohl, und für seine Seelenruhe beten ein andächtiges Vater unser und Ave Maria! Amen.

XX.

Andächtige!

Der Tag, den so Viele aus euch gefürchtet haben, ist da. Euer lieber Mitbruder (Vater, Bruder, Schwager ....) wird heute der Erde übergeben, denn eingetroffen ist das Loos, dem ihr so lange mit Bangen entgegengesehen habt. Unser Mitbürger N. N. ist todt und ihr, seine nächsten Freunde, sehet ihn in diesem Leben nicht wieder. (Lebenslauf.)

Da entringt denn wohl euerer Brust die Frage: Ach, wozu ist denn auch der Tod in der Welt?

Geliebte! Der Tod ist der Uebel größtes nicht! Ja, er stiftet sogar großen Nutzen und nimmt seinen Platz in dieser Welt ganz berechtigt ein.

Der Tod ist wie wir wissen ein Sohn, der Erstgeborene der Sünde. Aber ich möchte ihn gleichsam einen ungerathenen Sohn nennen, der seiner Mutter viel zu schaffen macht. Denn auf der anderen Seite ist es gerade dieser Sohn der Sünde, welcher der Sünde nicht selten widerstrebt: der Tod lehrt uns, die Sünde fliehen. Welcher

Abscheu mußte nicht Adam und Eva erfassen, als sie den ersten Todten, ihren geliebten Sohn Abel kalt und starr vor sich liegen sahen! Wie verfluchten sie nicht da die Sünde, wie mieden sie nicht dieselbe für alle Folgezeit! Diesen Eindruck ist der Tod auch noch heutzutage zu machen geeigenschaftet. So also wirkt er für das Reich Gottes und das Heil der Menschen — wohlthuend.

Ich könnte noch eine Menge Gründe anführen, warum der Tod in der Welt ist, denn tröstet er denn nicht die Betrübten, welche ein so kümmerliches Leben führen, daß der Tod ihnen, wann er kommt willkommen ist? und ist er denn nicht für die Frommen der Eingang zur Seligkeit? Doch es möge das Gesagte genügen! —

Ehe wir indessen von hinnen gehen, versagen wir dem Verstorbenen unser gewohntes Gebet nicht, er dürfte dessen vielleicht doch bedürfen! Vater unser .... Ave Maria .... Amen.

XXI.

Andächtige!

Ein Bettlein haben wir unserem jugendlichen Freunde hier zurechtgemacht, das von uns nicht so bald wieder wird vergessen werden. Wir Alle beklagen den Verlust des guten Jünglings auf's Lebhafteste, da er zu großen Hoffnungen berechtigte. (Lebensskizze.) Doch der Name des Herrn sei in Allem gepriesen! Niemand außer Gott weiß es, wozu der Tod des Jünglings gut ist. Aber uns Allen ist nicht unbekannt, wie dieser Ort hier, an welchen wir den Entschlafenen gebracht haben, eine Freistätte ist, dahin die Menschen sich vor ihren Feinden, Noth und Elend, Kummer und Sorge flüchten. Hier in diesem Friedhofe haben wir Alle ein Asyl, an dem des Lebens Jammer, Klage und Drangsal vorübergehen. Versuchung und Verführung, Verfolgung und Unterdrückung finden hier keinen Eingang. Wie viele Menschen wurden einzig dadurch gerettet, daß sie frühzeitig diesen Zufluchtsort, diesen Fried- und Freihof betraten? Wer weiß also, wozu es gut ist, was wir soeben mit unseren kurzsichtigen Augen beklagen! Von vielfachem Jammer und Weh' ist der Vollendete nun befreit, vor manch' erdrückendem Unglücke sicher und geschützt. Also beneidenswerth ist sein Loos und nicht — beklagenswürdig. Allen Stürmen des Lebens ist er hier entgangen, sein Kiel hat den Haven der Ruhe und Sicherheit wohlbehalten erreicht; was kann man da anderes thun, als ihm dazu von Herzen glückwünschen?

So schlafe denn sanft und friedlich, junger Freund, unter deiner Erdendecke! Keine Sorge bringt dich um deine Nacht, kein Unglück droht dir mehr, kein Schmerz peiniget dich fortan. Die Erde, das irdische Leben liegt hinter dir, und wir haben ob der Viel- und Vollkommenheit deiner Tugenden allen Grund, anzunehmen, daß du vom ewigen Leben nichts zu fürchten hattest. Dessenohnerachtet lasset uns das Gebet für die Seelenruhe des Todten nicht unterlassen! Vater unser . . . Ave Maria . . . Amen.

XXII.

Andächtige!

Schlafe hier deinen letzten Schlaf, christlicher Mitbruder! Du hast dir diese Ruhe treu und redlich verdient. Eine Kette von Arbeiten und Mühen war dein Leben, möge denn nun auch dein Schlummer süß, dein Lohn unvorbehalten sein! (Lebenslauf.)

Wir entnehmen dieser Darlegung abermals die Bestätigung der alten Wahrheit: Wie gelebt, so gestorben. Der Mensch gleicht hierin dem Baume, von dessen Aesten man abnehmen kann, wohin er beim Abhauen fallen wird. Ein Baum, der die meisten und stärksten Aeste nach Norden aufweist, wird beim Umhauen nach Norden fallen. Ebenso wird auch ein Mensch, dessen Gesinnung und Handlung stäts böse waren, in der Sünde sterben und zu Grunde gehen. Ein Baum dagegen, der seine Aeste gegen Süden ausbreitet, wird auch beim Umhauen gegen Süden fallen. Auf die nämliche Art werden Christen, deren Gesinnung und Handlung jederzeit gut gewesen, ein gutes Ende nehmen, sie werden sich auch im Sterben mit ihren Trieben auf Seite des Guten neigen und eines seligen Todes hinscheiden.

Die beste Vorbereitung auf den Tod bleibt demnach das Leben selbst. Dieß aber sollen wir so führen, daß wir, so lange wir noch leben, von Zeit zu Zeit des Todes gedenken. Der Gedanke an den Tod macht uns sehend, wie die Galle des Fisches, welche der junge Tobias auf den Rath des Erzengels Raphael hin für seinen Vater mit nach Hause nahm, diesem letzteren das Augenlicht gab. Niemals des Todes gedenk sein, stäts nur bedacht sein auf das Leben, dieser Gedanke macht nicht sehend, sondern blendet und verblendet.

Lernen wir heute von dem Leben und Tode dessen, auf dessen Hügel wir stehen, wie man lebt und stirbt, und beten wir für seine Seelenruhe, wie es sich von Seite der Ueberlebenden für die Verstorbenen gebührt, ein andächtiges Vater unser und Ave Maria! Amen.

XXIII.

Andächtige!

Der Hauch des Todes hat ein Zelt umgeworfen, das eine uns Allen theuere Seele — Jahre lang bewohnte. (Lebensgang.) Doch wir müssen, früher oder später, Alle den Tod kosten; dagegen hilft kein Ansehen der Person, kein Gut und Geld, kein Alter und keine Größe, kein Sträuben und keine Kraftanstrengung. Niemand kann dem Mitbruder helfen, den Gott vor seinen Richterstuhl ruft. Unerbittlich ist der Todesengel. Aber ebenso sicher werden die Todten wiederum dem Grabe entsteigen und müssen es, selbst wenn sie nicht wollten, was z. B. von Seite derer gewünscht werden dürfte, welche mit ihrem Leibe wieder vereinigt werden, nur um auch an eben diesem Leibe bestraft zu werden in alle Ewigkeit. So sicher und gewiß unser Leib also in's Grab dereinst gesenkt wird, so sicher und gewiß muß er demselben dereinst wieder entsteigen. Die alten Heiden pflanzten zur Seite der Gräber ihrer Lieben gerne Cypressen, weil man von diesem Baume die Meinung hegte, er komme, wenn einmal vom Boden ausgerissen, ein zweites Mal nimmer fort. Dieß war zugleich ein Sinnbild des heidnischen Irrwahnes, der Mensch kehre nimmer wieder, wenn er einmal gestorben sei. Eine große und beklagenswerthe Täuschung von Seite der blinden Heiden!

Aber, ich bitte, mir zu sagen, meine Lieben! pflanzt man nicht auch noch heutzutage Cypressen auf die Gräber seiner Todten? d. h. wirft nicht auch heutzutage noch vielfach seinen Schatten auf das Grab unserer Lieben der falsche Wahn, als sei mit dem Tode Alles aus? Lebt man nicht selbst oft so, als gäbe es keine Auferstehung des Fleisches, keine Rückkehr der Seele in den verklärten Körper?

O seliger Gedanke: auch der Leib wird wiederum erneuert! (Locus amplif.)

Dem Verstorbenen widmet zum Schlusse euer inbrünstiges Gebet. Vater unser .... Ave Maria .... Amen.

XXIV.

Andächtige!

Indem ihr mit mir dieses Grab umstehet, dürfte es vielleicht Vielen erwünscht sein, zu hören, welches die Verhältnisse gewesen sind, in denen sich das Leben des Entschlafenen bis zu seinem letzten Tage bewegt hat. (Biographie.)

Nachdem ihr nun das Persönliche über den Dahingeschiedenen vernommen, wird es gut sein, wenn ich hier an dieser erschütternden Stätte noch einige Worte spreche zu euerer eigenen Erbauung.

Bekanntlich wird auch **uns** ein gleiches Schicksal treffen wie hier den Verstorbenen. Da wird es denn gar wohl gethan sein, wenn wir einmal lernen, **wie man sich auf dem Sterbebette zu verhalten habe.**

Der fromme Christ auf dem Sterbebette ist in Gottes Willen und sein Schicksal völlig und ohne Rückhalt ergeben; er dankt dem Lenker aller Dinge für die Krankheit und sieht dem Tode ruhig und mit heiliger Sehnsucht nach dem Himmel entgegen. Wie ein Taglöhner sein Werk rasch vollbracht wünscht, um ja recht bald den Lohn seiner Arbeit zu empfangen, so wünscht der Gerechte bald aufgelöst zu sein, um mit Christus vereinigt zu werden. Deßhalb sagt der hl. Chrysostomus: „Allen Arbeitern ist das Ende der Mühsal und Anstrengung willkommen. Gerne und oft fragt der Wandersmann, wie weit er noch zur Herberge habe. Der Handelsmann sehnt sich nach dem Abschluß seiner Geschäftsrechnung, der Ackerbauer zählt sogar die Tage ab bis zur Ernte, und der Schüler jubelt dem Tage der Preisvertheilung entgegen. So freuet sich der wahre Diener Gottes auf den Tag, wo sich ihm die himmlische Heimath öffnet, wo er abschließt die irdische Geschäftsrechnung, wo die Engel seine Ernte heimtragen und er mit dem Preise der ewigen Glorie betheilt wird." Was wir aus dem Grunde unseres Herzens dem Dahingeschiedenen wünschen.

Ich ersuche im Namen des Verlebten um euer Gebet. Vater unser .... Ave Maria .... Amen.

XXV.

Andächtige!

Eine traurige Pflicht haben wir soeben vollzogen, indem wir die irdischen Ueberreste unseres verehrten Mitbürgers der Grabesruhe überliefert haben. (Lebensabriß.) Trösten wir uns indeß mit der Freude, welcher der Verblichene entgegengeeilt ist! Einem besseren Leben gehört er ja an, ein schöneres Haus bewohnt er, höhere Genüsse verkostet er, kostbarere Güter sind in seinem Besitze. Deßhalb hat der hl. Chrysostomus Recht, wenn er sagt, man solle sich dem heiligsten Willen Gottes, wenn es mit uns zum Sterben kommt, freudig und ergeben unterwerfen. Er spricht: „Wenn Jemand ein baufälliges und altes Haus erneuern will, so läßt er vor Allem die Bewohner ausziehen, bricht es sodann ab und führt ein schöneres Gebäude auf. Die, welche ausziehen mußten, trauern aber hierüber nicht, sondern sie freuen sich vielmehr; denn sie beachten nicht die Zerstörung des Hauses, welche sie vor sich sehen, sondern gedenken des neuen Aufbaues, den sie noch nicht sehen. Also freut sich auch der gläubige und fromme Christ beim Scheiden aus dieser Welt und fügt sich ruhig in Gottes heilige Rathschlüsse; denn er weiß, daß Gott unseren Leib auflöst und die darin wohnende Seele herausgehen heißt, wie aus einem Hause, — um dieses nur herrlicher wieder aufzubauen, und sie alsdann mit um so größerem Glanze in dasselbe wiederum zurückzuführen." Dieß die Worte des großen Heiligen Chrysostomus, denen in dieser Beziehung nichts mehr weiter beizufügen ist, als: richten wir uns nach ihnen! Beklagen wir den Tod des Verlebten nicht allzu übermäßig, nicht allzu heftig, nicht unchristlich, als hätten wir keine Hoffnung des Wiedersehens, und bitten wir den allbarmherzigen Gott in Demuth, er möge sich die Seele des Verblichenen empfohlen sein lassen! Vater unser .... Ave Maria .... Amen.

XXVI.

Andächtige!

Abermals hat sich die Zahl der Gräber auf diesem Gottesacker um ein neues vermehrt und der, den wir darein versenkt haben, ist der (die) wohledle Herr (Frau) N. N. (Lebenslauf.)

Ein trauriger Gang das, hieher! Aber: „Besser ist in das Trauerhaus gehen als in das Haus des Freudenmahles; denn in jenem wird man an das Ende aller Dinge erinnert und der Lebende denkt an das, was kommen wird,“ sagt der weise Mann. (Eccl. 7, 3.)

Was sagen nun dir diese leblosen, aber doch so beredten Gebeine, dieser stumme und durch sein Schweigen uns rührende Mund? Eine erschütternde Predigt hält uns hier der Tod. Laut ruft er dir zu, wie vergänglich und hinfällig dieses Leibes Leben, Schönheit und Kraft ist. Daß Nichts, weder Gesundheit, noch Reichthum, noch Größe, noch sonst etwas auf der Welt den vom Weibe Geborenen vor der Verwesung schützt. Mag immerhin die Ruhestätte des Reichen, des Mächtigen mit einem prachtvollen Monumente geziert sein, während das Grab des Armen ein einfaches Kreuzlein bezeichnet: im Innern, Geliebte, ist kein, kein Unterschied. Der Reiche wie der Arme fällt als eine Beute des Todes in die Arme der Verwesung und Staub ist Alles, was in den Gräbern wie in den Grüften ruht.

Lasset uns deßhalb unsere Vergänglichkeit auf Erden, dagegen unsere Fortdauer im Jenseits stäts vor Augen haben, damit wir erkennen, auf welches Leben das meiste Gewicht zu legen sei!

Lasset uns aber auch der bereits Hingetretenen gedenken, besonders im Gebete, auf daß Alle, welche noch nicht zur Anschauung Gottes gelangt sind, derselben doch ja recht bald theilhaftig werden! Insbesondere entsenden wir heute unsere Gebete für den hier beigesetzten lieben Todten! Fallet auf euere Kniee und betet mit mir: Vater unser . . . . Ave Maria . . . . Amen.

XXVII.

Andächtige!

Warum doch scheuen viele laue Christen diesen Ort, wo die Gebeine ihrer Angehörigen im süßen Schlummer ausruhen? Ach, eben weil sie lau sind und alle Todesgedanken aus ihrem Geiste verbannen. Und doch sagt der weise Mann (Eccl. 7, 3.): „Besser ist in das Trauerhaus gehen als in das Haus des Freudenmahles!“ Der weise Mann hat Recht, Unrecht aber der Mensch, der diesen Friedhof flieht, der sich nur hieher verfügt, wann er muß.

Wir haben soeben den (die) ehrenwerthen (ehrenwerthe) Herrn (Frau) N. N. dem Staube ausgeantwortet, dem er (sie) angehörte, d. h. dem Leibe nach. Die Seele wohnet im Jenseits und wir wollen hoffen: im glücklichen Jenseits. Das fromme Leben des (der) Verblichenen läßt uns das Letztere glauben. (Lebensabriß.) —

Da wir denn nun aber hier an dem Orte, den so Mancher zu betreten sich scheut, heute einmal so zahlreich versammelt sind, so vernehmen wir: was denn dieser Ort uns in die Seele predigt. Viele dieser Todten hier bitten uns nicht nur mit Job (19, 21): „Erbarmet euch meiner, wenigstens ihr, meine Freunde!" für sich, sie rufen uns auch zu: Erbarmet euch auch über euch selbst, indem ihr wirket so lange es Tag ist, ehe die Nacht kommt, da Niemand mehr wirken kann!

Als der reiche Prasser in der Hölle begraben in den Flammen so unsagbare Qualen litt, da bat er den Abraham, er möchte doch den Lazarus auf die Erde schicken, um seine noch lebenden Brüder zu ermahnen, ein besseres Leben zu führen, als er, damit sie nicht auch an den Ort der Qual kämen. Was indessen Lazarus nicht thun durfte, das thun hier diese Gräber, sie rufen uns zu: Erbarmet euch auch euerer!

Zum Schlusse bittet die Kirche euch um euer Gebet für den (die) Verlebten. (Verlebte.) Vater unser .... Ave Maria .... Amen.

XXVIII.

Andächtige!

Lasset uns hier an dem offenen Grabe, darein wir die theueren Ueberreste des vor — Tagen im Herrn entschlummerten N. N. versenkt haben, noch einige Worte vernehmen über den an uns Vorübergegangenen selbst, sodann einige Worte, die auch uns angehen. (Lebenslauf.) Friede seiner Seele! ...

Was nun uns anbelangt, so stehen wir an einem Orte, dessen Stimmen uns zurufen: Erbarmet euch, meine Freunde, nicht nur unser, der armen Seelen; erbarmet euch auch euer, benützet die Zeit, die euch zum Wirken für die Ewigkeit noch gegönnt ist, wohl; gedenket auch an euer Endurtheil; meidet die Sünde und thut Buße! Versöhnet euch mit Gott, da ihr noch auf dem Wege zu ihm seid, da ihr ihm noch nicht begegnet und in die Hände gefallen seid! Was ihr nicht im Leben büßet, müßt ihr büßen im Reinigungsorte, und da ist die Buße tausendmal härter! Also erbarmet euch auch euerer Seele! — So rufen uns die armen Seelen im Fegfeuer zu: Erbarmet euch unserer und euerer Person! So rufen uns die Seelen im Himmel zu: Erbarmet euch über euch! So rufen uns selbst die in der Hölle zu: Erbarmet euch euerer Seele, damit sie nicht leide, was wir leiden!

Was nun für Nachricht soll ich den Abgestorbenen hinabrufen? Soll ich eueren Freunden sagen: Euere Kinder, euere Brüder und Schwestern, euere Anverwandten wollen nichts mehr von euch wissen, sie haben euch längst vergessen, sie lachen, sie spotten euerer Warnung? Sie schlagen euere Ermahnung in den Wind und führen ein schlechtes Leben: — soll ich dieses hier ihnen zurufen? O nimmermehr! Sagen will ich den lieben Todten hier in euerem Namen: Vater, Mutter, Bruder! Ich habe euch im Leben nicht gehorsamt; aber jetzt, da ihr mich aus der Ewigkeit her ermahnet, will ich in mich gehen und Folge leisten! —

Dem Verlebten wollen wir schließlich unser Gebet nachsenden und seine Seele Gott anempfehlen. Vater unser .... Ave Maria .... Amen.

Kurze Zusprüche im Sterbhause oder am Grabe.

(Frei nach P. Matthias Faber, S. J.) *

Nicht leicht gibt es eine größere Traurigkeit, als die, in welche uns der Tod versetzt, da dieser den Menschen aller irdischen Güter beraubt und die den Verlebten überlebenden nächsten Anverwandten gleichsam mittödtet. Deßhalb sagt Aristoteles, der Tod sei das Schrecklichste aus allen Schrecken. Und Nichts ist auf der anderen Seite allgemeiner und unvermeidlicher als eben der Tod. „Wer ist der Mensch, der lebt und den Tod nicht sehen wird?“ Kein Zustand also erheischt mehr Trost, als der, in den uns der Tod zu versetzen pflegt. Diesen Trost der Menschheit zu spenden, haben sich von jeher die größten Geister angelegen sein lassen: Die heil. Chrysostomus, Hieronymus, Ambrosius, Basilius, Bernardus u. A. Doch immer wieder bringt der Mensch neue Klagen herbei und will, daß man ihn wegen seiner besonderen Lage auch mit besonderen Trostgründen und Zusprüchen besonders tröste.

Dieß wollen wir denn auch, Geliebte, an der Hand der Weisen und der hl. Väter thun!

I.

Wir stehen am Grabe des .... (Lebensskizze.) —

Doch es ist nun unsere Pflicht, einen weinenden Vater (Bruder, Gatten, Freund, oder eine wehklagende Mutter, Schwester, Gattin, Freundin) über diesen Verlust zu trösten.

„Wehe mir Unglücklichen!“ ruft es da. „Entbehren muß ich die Gegenwart einer so lieben Person!“ — Höret, was Seneka sagt: „Die Abwesenden, so lange sie leben, beweinen wir nicht, obgleich zwischen uns und ihnen aller Umgang und selbst der Anblick fehlt. Es ist also ein Wahn, der uns quält, und je höher wir das Uebel schätzen, desto größer ist es. In unserer Gewalt steht das Heilmittel: Denken wir die Todten einfach abwesend und wir werden uns beruhigen.“ Chrysostomus sagt: „Du sehnest dich nach dem Umgange mit dem Verlebten und klagest deßhalb. Aber das ist ja thöricht! Hast du deine Tochter verheirathet, und zieht sie weit hinweg von dir in eine Gegend, wo sie im Ueberflusse lebt, so fällt dir das nicht sonderlich

* Von dem Bearbeiter der P. M. Heimbach'schen „Schaubühne des Todes“ sind vor Kurzem **drei Jahrgänge Sonn- und Festtagspredigten**, aus dem Lateinischen des **P. M. Faber S. J.** übersetzt, edirt worden: 1. u. 2. Jahrg. bei H. F. Schöningh (Paderborn), der 3. Jahrgang bei H. Stahel in Würzburg. **Das Werk sei Allen empfohlen!**

schwer, du tröstest dich ob der langen Abwesenheit mit der Kunde ihrer glücklichen Lebensumstände. Nun diese Seele Gott der Herr, dem sie gehört, von dir verlangt, nun klagest und winselst du?" — Nichts besser kannst du hier thun, als für die hingegangene Seele beten ....

II.

Wir stehen am Grabe des .... (Lebensskizze.) —

Doch es ist unsere Pflicht, hier Jemanden zu trösten, der bei diesem Sarge vor uns in die Klage ausbricht: „Ach, so bin ich denn aller Hülfe entblößt, meine Stütze ist zerbrochen, mein Trost dahin!"

Chrysostomus sagt: „Du rufst mir zu: Nicht als ob ich an die Wiederauferstehung nicht glaubete, nicht deßhalb beklage ich den Gatten, den Sohn, nicht deßhalb weine ich, klage ich, sondern weil ich meinen Beschützer und Helfer, meinen Gefährten und Tröster verloren habe .... Das Gesinde, das bisher ihn fürchtete, hintergeht und übervortheilt mich nun. — Welchen Trost werden wir dem so Redenden einsprechen? ... Nicht der Verlust selbst ruft diese Klage hervor, sondern die Gemüths-Aufregung wehklaget also." Gewiß, so ist es! Nach einigen Monaten, nach einigen Jahren ist der jetzt so große und heftige Schmerz gelindert, — ohne daß der Verlust ersetzt und der Todte wieder zurückgekehrt ist. Kannst du alsdann ruhig sein, warum jetzt verzweifeln wollen? — Nichts Besseres, als für die hingegangene Seele beten ....

III.

Wir stehen am Grabe des .... (Lebensskizze.) —

„Ach", ruft vielleicht da der weinende Vater, die jammernde Mutter aus, „mit ihm, der da unten liegt, habe ich den Erben meiner Güter verloren; meine Sachen kommen nun in fremde Hände!"

Wie, du wolltest nicht, dein Kind erbte lieber die himmlischen als deine Güter? Soll es gegen die unvergänglichen Schätze die vergänglichen eintauschen? Gib, wenn dir der Erbe verloren gegangen ist, umsomehr Almosen den Nothleidenden und du gibst es dann nicht in fremde Hände, sondern in die Hände Jesu, der es wiederum dir oder deinem Erben, für welchen du die Gabe aufopferst, zu Gute wird kommen lassen ....

IV.

Wir stehen am Grabe des .... (Lebensskizze.) —

Klage nicht, mein Christ, bei diesem Todesfalle: „Ach, ich werde ihn nimmer wieder sehen!"

„So weibisch thaten nicht einmal die Heiden," sagt der hl. Chrysostomus. „Als einst ein gewisser Philosoph gehört hatte, sein Sohn sei in der Schlacht gefallen, da nahm er den Kranz, welchen er zu tragen pflegte, vom Haupte und fragte, in welcher Weise derselbe gefallen sei. Als er nun erfuhr, sein Sohn wäre in heldenmüthigem Kampfe gefallen, setzte er sofort den Kranz sich wieder auf's Haupt. Auch die spartanischen Mütter ermahnten ihre in den Kampf ziehenden Söhne mit den Worten, entweder mit oder auf dem Schilde wieder zurückzukehren. Muß man sich da nicht schämen, wenn die Heiden so weise und wir so thöricht sind, wenn die, welche von der Auferstehung nichts wissen, handeln, als wüßten sie davon, indeß jene, welche an die Auferstehung glauben, sich gebärden, als glaubten sie nicht daran?"

Beten wir also getrost in der Hoffnung des Wiedersehens für den Verlebten! ....

V.

Wir stehen am Grabe des .... (Lebensskizze.) —

Klage nicht, mein Christ, bei diesem Todesfalle: „Ach, der, den ich verlor, war so edel, so gut und tugendhaft!"

Wohl dir, daß du einen solchen Gatten (Vater, Bruder ....) gehabt hast! Stelle dir denselben nicht als gestorben, sondern als einfach abwesend vor, denn es ist so gut als kehr'te er wiederum zurück, indem ja du selbst zu ihm gehst und ihr mit jedem Tage einander näher rücket. Nicht was hier im Grabe liegt, ist dein Gatte (Vater, Bruder ....), sondern das, was sich zu den seligen Höhen erschwungen hat. Du irrest demnach, wenn du wähnest, sein Mund spreche, sein Auge sehe, sein Ohr höre nicht mehr. Er lebt fort, und spricht, hört, schaut besser denn jemals im Leben. Klage deßhalb nicht, daß du einen so wackeren Menschen verloren, sondern freue dich vielmehr, daß du einen so wackeren Menschen gehabt hast!

Inhaltsverzeichniß.

Nachwort

Von Johannes Székely

Glanz und Elend der Leichenrede

De mortuis nil nisi bene
nach Diogenes Laërtius

Traue den Reden des Todes nicht
Ludwig Strauss

Man nennt es die «letzte Ehre», und nicht selten ist es die einzige im Leben eines Menschen: jenes kollektive Ritual, das in früheren Zeiten mit einer Vielfalt überlieferter Trauerbräuche verknüpft war. Die meisten von ihnen gerieten in Vergessenheit, so Leichenparade, Leichenpferd und Leichenbitter (Einlader), so auch Leichenfrau, Leichenkrone und Leichen-Carmen (ein Klagegedicht, meist in Form der Ode). Der sinnenfrohe Leichenschmaus, schon bei Hebräern, Griechen und Römern Demonstration der Lebensbejahung, findet heute im Totenkaffee seinen gezügelten Nachfolger. Und der Geste des «Trauerns», dem Jahr der schwarzen Kleidung, fühlt man sich kaum noch in ländlichen Gegenden verpflichtet.

«Geistliche Trauerbinden» oder: von den Unarten

Mit der Beschneidung der vor allem im Barock üppig gewucherten Zeremonien versagte sich der ernüchterte Zeitgeist auch weitgehend eine altehrwürdige Gewohnheit: die Leichenrede. Im 17. und 18. Jahrhundert meist Parentation genannt, hatte sie seit der frühen Christenheit – und noch länger – zu den festen Bestandteilen des Begräbnisrituals gehört. Dabei war diese Konvention postmortaler Ehrenbezeugung keineswegs unumstritten, wurde vielerorts wegen Ausartungen verboten und von manchen katholischen Diözesen schlicht für «unangebracht» gehalten. Die einstige Berechtigung solcher Bedenken läßt sich an einer rhetorisch und inhaltlich bereits disziplinierten Grabredensammlung wie der vorliegenden Fassung der «Schaubühne des Todes» aus dem Jahre 1864 kaum mehr überzeugend nachweisen. Denn sie hat schon, der «Vorbericht» vermerkt es, den «lobredenden Teil auf das rechte Maß zurückgeführt». Eine freiwillige Selbstzensur, die wahrhaft schlimmen Auswüchsen gegolten haben muß, wenn Passagen wie diese unbeanstandet bleiben konnten:

> Jederzeit wohnte eine reine unschuldige Seele in ihm. Mit seiner Gemahlin lebte er so friedlich und glücklich, daß sein Haus einem irdischen Himmel glich. Seine lieben Kinder sind musterhaft erzogen. Fern war er von auch nur einem Schatten von Parteilichkeit und Ungerechtigkeit. Jedermann rühmt seine Herablassung und Leutseligkeit, seinen Fleiß und gewissenhaften Eifer, sowie seine Freigebigkeit gegen die Nothleidenden. (S. 136 f.)

Der erstarrte Ritus des Lobens, diktiert durch die gesellschaftliche Tabuierung der Fehler des Verstorbenen, wurde nicht erst heute zum Kritikpunkt. Dennoch war es ein Autor der Gegenwart, Kurt Marti, der als erster das Rüstzeug für eine literarische Demaskierung des schönfärberischen Charakters überkommener Grabrhetorik besaß. In seinen 1969 erschienenen «Leichenreden», poetisch-satirischen Gegenentwürfen, die sich einzig dem Dogma der Wahrhaftigkeit verpflichtet fühlen und gerade durch das «Nichtverschweigen» menschlicher Negativbilanzen human wirken, heißt es: «welche wohltat / einmal auch sagen zu dürfen: / nein er war nicht tüchtig / und wechselte oft die stelle / nein er war nicht fleißig / und arbeitete nur / sofern es nicht anders ging» (Marti, Leichenreden, S. 41).

So weit konnte Georg Michael Schuler in seiner Bearbeitung der «Schaubühne des Todes» freilich noch nicht gehen, obschon auch er sich um Ausmerzung jener in den Lob-, Leichen- und Ehrenreden des 17. und 18. Jahrhunderts nahezu exzessiv geübten «unmännlichen Lobhudelei» bemühte. Besonders bei Begräbnissen von «Standespersonen», Adligen, Fürsten, Bischöfen und Päpsten, glaubten sich die Redner ins rechte Licht setzen zu müssen – eine Erklärung für das unerträgliche Ausmaß solcher Leichenpredigten, die oft Stunden dauerten. Bei der Beerdigung des Fürsten Friedrich Moritz von Anhalt zum Beispiel, im Jahre 1610, soll der Pfarrer zu Zerbst, Caspar Ulrich, eine Predigt von 86 Druckseiten Umfang gehalten haben (Janssen/Pastor, Bd. 7, S. 597). Grabreden von zwei bis vier Stunden galten keineswegs als ungewöhnlich. Natürliche Folge der barocken Weitschweifigkeit war die Ermüdung der Zuhörer, eine zu dieser Zeit verbreitete und obendrein noch unverhohlen bekundete Erscheinung. In seiner Hilflosigkeit dürfte der Klerus ihr mit kaum mehr Phantasie begegnet sein als dem «Kirchenschlaf», jenem Resultat sonntäglicher «Endlos»-Predigten, dem man mit Hilfe eines stockbewaffneten «Erweckers» Paroli zu bieten glaubte (Janssen/Pastor, ebd. S. 593). Später, im 19. Jahrhundert, scheint die Problematik rhetorischer Ökonomie besser durchschaut worden zu sein. Nicht ohne Grund rühmt Schuler die von ihm bearbeiteten Leichenreden ausdrücklich wegen ihrer Kürze: sie beanspruchten die am Grabe Versammelten «kaum die Zeit von 10 bis 15 Minuten».

Fortschritte hatte das Predigtwesen auch in anderer Hinsicht gemacht. Zwar bietet die «Schaubühne des Todes» mit ihren Sprachblüten noch keineswegs ein Bild stilistischer Läuterung. Und sie frappiert durch Unbefangenheit, wenn sie etwa die Predigt zur Einkleidung einer Ordensschwester als Quasigrabrede «auf eine der Welt absterbende Jungfrau» in den Katalog echter Leichenpredigten einreiht. Aber die wirklichen Geschmacksverirrungen, wie sie im 17. und 18. Jahrhundert Bigotterie und ein grotesker Glaube an die Wirksamkeit des Rituellen produzierten, sucht man in ihnen vergeblich. Diese Auswüchse hatten dem Ansehen der Homiletik schwer geschadet und muten im nachhinein unglaublich an. So widmete der Rostocker Superintendent Lucas Bacmeister im Jahre 1613 einem nur drei Tage alt gewordenen Kind eine Predigt, die auch noch gedruckt wurde. Und schlimmer: 1618 hielt ein Pfarrer Jeremias Herfard gar eine Leichenrede auf einen totgeborenen Knaben und beschrieb darin dessen «Lebenslauf». Wie weit solche Perversion führen konnte, zeigt das Beispiel jenes Predigers Christian Ziegler, der im Jahre 1661 in Ungnade fiel und seine Pfarrstelle einbüßte, weil er sich geweigert hatte, dem Schoßhund einer adligen Dame in der Kirche die Leichenpredigt zu halten (Janssen/Pastor, ebd. S. 598).

Alle Merkmale der Degeneration verraten auch die sprachlich-stilistischen und rhetorischen Tendenzen dieser Zeit, in den katholischen Predigten nicht weniger als in den protestantischen. Die Parentatoren – Leichenprediger – buhlen um die Gunst des Zuhörers und suchen sein Interesse «künstlich», oft mit allzu profanen Mitteln wachzuhalten. «Manche», überliefert der zeitgenössische Predigt-Kenner Joseph Kehrein, «affectiren in hohen Worten und seltenen Allegorien, oder sie reden gar wie der Pöbel. Einige gewöhnen sich abgeschmackte Formeln und Connexionen an: andere spielen mit Worten, und suchen ohne Nachdruck sinnreich zu seyn. Einige wollen in der Weitläufigkeit, andere in der Kürze der periodorum, weiß nicht was Oratorisches und Galantes suchen. Am ärgsten vergehen sich die, welche gar mit lustigen Schwenken und Fratzen ihre Reden ausspicken, oder auf der Cantzel Comödien spielen» (Kehrein, Bd. 1, S. 70).

Die Vergröberung der Sitten als Folge des Dreißigjährigen Krieges und die spätere Etablierung französischer Kulturinhalte spiegeln sich in der Diktion der Predigten wider. Ein galantes Kauderwelsch wird bevorzugt. «Geputzt und gekräuselt», «auf neue Zierrathen» bedacht, läuft diese Mode dem Drastisch-Volkstümlichen allmählich den Rang ab. Weitaus den meisten Predigern des ausgehenden 17. und des 18. Jahrhunderts kommt es in erster Linie darauf an, zu unterhalten und zu erbauen. Daß sich bei dieser Einstellung auch in die Predigten der begabteren Redner ein süßlich-spielender Ton und peinliche Elemente einschleichen, darf nicht verwundern. Über Valerius Herberger, Prediger in Faulstadt, wird berichtet, er habe 1611 «Geistliche Trauerbinden» in sechs Teilen veröffentlicht, «gewirket von lauter auserlesenen, schönen, körnigen, saftigen, schmackhaftigen, tröstlichen Leichpredigten». Für die Drapierung ihres erbaulichen Inhalts bevorzugte er Metaphern aus der Botanik: «Ein geistlicher kräftiger Rosenzucker für schwindsüchtige Leute, zugerichtet aus etlichen Trostrosen des 39. Psalms», «Ein geistliches Heuschöberlein, von verwelktem Menschengras und Fleischblumen», «Marcipan und Himmelbrod für weinende Eltern, wann sie ihre abgestorbenen Kindlein beklagen» (Ph. H. Schuler, Gesch. der Veränderungen des Geschmacks im Predigen, Bd. 1, S. 292–296). «Rosen- und Blumengeheimnis», einen Titel fast nach dem Geschmack Jean Pauls, gab der Wittenberger Prediger Röber einer Leichenrede aus derselben Zeit (Tholuck, Geist der Theologen Wittenbergs, S. 87–89).

Die Ausnahmesituation des Protagonisten macht den Prediger – nicht anders als den Schauspieler – anfällig für Eitelkeiten. Rhetorische Effekte und Wortspiele, Fremdwörter, Antithesen und gelehrt wirkende Sprachfiguren bildeten deshalb in den Leichenpredigten des 17. und 18. Jahrhunderts das Instrumentarium, mit dem man sich selbst «in Szene» setzte. «Affectierte Auskramerei übel angebrachter Gelehrsamkeit» nennt das Joseph Kehrein in seiner «Geschichte der katholischen Kanzelberedsamkeit» (1843). Alles, so rügt er, werde «angefüllet mit Allegorien, Gleichnissen, Exempeln, Historien, Zeugnissen, emblematibus, Müntzen, hieroglyphischen Figuren, Wapen und dergleichen Raritäten» (Kehrein, Bd. 1, S. 97, 70). Dabei entsprach dieses Bedürfnis nach «Zierrathen», nach «erhabenen und figürlichen Redensarten» – zumindest im 18. Jahrhundert – durchaus dem Zeitgeschmack. Denn das Stilgefühl des Rokoko und, später, der Empfindsamkeit betrachtete preziöse und an das Gefühl appellierende Ausdrucksformen geradezu als rhetorisches Ideal. Die «Wohlredenheit», vermerkt eine Enzyklopädie 1797 unter dem Stichwort «Leichenpredigt», müsse den «Weg in die Herzen der Zuhörer» bahnen; deshalb habe die Rede stets natürlich, fließend, zierlich und angenehm für die Ohren zu sein. «Kunstgriffe der Überraschung und Überzeugung» sowie belehrende Inhalte hätten tunlichst mit stärker rührenden Komponenten abzuwechseln, «damit nicht [...] langwierige schläferige Geschwätze, nichts sagende Erklärungen, und überhaupt ein Schwall von Unbedeutenheit, dem Zuhörer das Blut wiederum mit Ekel gegen das Gehörte abkühlen» (Krünitz, Bd. 74, S. 71–75).

Mit ins Kalkül zieht offenbar auch Matthias Heimbach, der Autor der «Schaubühne des Todes», die Rührung des Zuhörers. So ist die erste Fassung seiner «Grabreden» aus dem Jahre 1716, obwohl noch im Spätbarock und vor der eigentlichen Empfindsamkeitsperiode erschienen, bereits deutlich durch jenes tränenselige Sentiment gekennzeichnet. Selbst fast 150 Jahre später, in der vorliegenden Ausgabe von 1864, ändert sich das nur wenig. Vielmehr plädiert die Vorrede mit Nachdruck für dieses Moment der Leichenrede, welches «die Menschenseele in ihrem Innersten bewegen» müsse. Das offene Grab, so die Erkenntnis, stelle die «zweckmäßigste» Rednerstätte dar, denn dort seien die Zuhörer «zur Theilnahme gestimmt, für ernste Gedanken zugänglicher, gerührter und vorbereiteter [...] als unter der sonntäglichen Kanzel» (S. IV).

Zweifellos täte man den Predigern dieser Epoche unrecht, wollte man sie pauschal der erwähnten Untugenden bezichtigen. Abraham a Sancta Clara (1644–1709) und Philipp Jakob Spener (1635–1705), die bekanntesten Vertreter eines damals hoch entwickelten Predigtstils, sind gewiß mehr als rühmliche Ausnahmen. Was 1805 der Literarhistoriker Franz Horn über den gefeierten Hof- und Volksprediger Abraham a Sancta Clara schreibt, klingt wie das genaue Gegenteil der zeitüblichen Predigerschelte: «[er hat] Kenntnis vom Umfange der Sprache, Leichtigkeit sie zu gebrauchen, Lebhaftigkeit und Frischheit des Tones und nicht selten farbige Mannigfaltigkeit. Er hat die Geschichte der Welt studiert. Mit wackerer Freimüthigkeit schildert er die Zeit, schont keines Standes, sondern lieset einem jeglichen das ihm zukommende Strafcapitel» (Horn, Gesch. der Poesie u. Beredsamkeit, Bd. 2, S. 172 f.). Auch die «Regeln zur Predigerkunst», wie sie Zedlers «Universal-Lexikon» von 1741 aufführt, zeugen von Bestrebungen nach einem «ordentlichen» Predigtwesen, obwohl sie zugleich ein Licht auf den morbiden Zustand damaliger Homiletik werfen. Wenn dort gemahnt wird, auf «hochtrabende und schwülstige», «niedträchtige und pöbelhafte Redens-Arten», auf «gezwungene Metaphern und Allegorien», unnatürliche Ausdrücke und «unangebrachte Exclamationen» zu verzichten, bezieht sich das ausdrücklich und insbesondere auf die Parentationen, weil sie – neben Romanen und weltlichen Reden – als anfällig galten für rhetorische Verfehlungen.

Leichenreden waren es denn auch, die den Prediger zu einer der verbreitetsten Unarten verführten: dem «Schimpfen». Genauso wie viele Kanzeln zum Fehdeplatz der verfeindeten Konfessionen und die Predigten zu Polemiken verkamen, geriet die Ansprache am Grabe manchem wohlmeinenden Redner zu einem einzigen Drohen und Verurteilen. Fast jeder Tod eines Fürsten wurde den Untertanen als Strafe Gottes für ihre Sündhaftigkeit vorgehalten. Aber auch bei gewöhnlichen Begräbnisfeiern nutzten besorgte Seelenhirten die Gelegenheit zu einer Strafpredigt wider den «sittlichen Verfall». Daß schon damals die Jugend eines der Hauptangriffsziele war, belegt Heimbachs Grabrede auf eine «brave Jungfrau» (S. 24–27).

Zur Geschichte der Parentation

Die «auserlesenen Grabreden», daran läßt G. M. Schulers «Vorbericht» keinen Zweifel, waren zum Vortrag auf dem Friedhof bestimmt. Vom Charakter her jedoch ebenso für die Kanzel geeignet, pendeln sie terminologisch im Grenzbereich zwischen Leichenpredigt und Leichenrede. Nach zeitgenössischem Sprachgebrauch verstand man unter Leichenrede, Parentation, Leichensermon, Trauer-, Grab- oder Standrede eine Ansprache am offenen Grab, die üblicherweise vom redegewandten Kleriker gehalten wurde, seltener von Laien. Parentationen fanden auch in der Kirche oder im Trauerhause statt, sowohl vor wie nach dem «Leichenbegängnis». Sie unterschieden sich in der Funktion (Belehrung, Tröstung, Ermahnung) von der Leichenabdankung oder Abdankungsrede, einer Art Nekrolog mit ausführlicher Darstellung der Vita, die dem Redner im Trauerhause Gelegenheit bot, sich bei den Gästen namens des Verstorbenen und seiner Angehörigen für den Ehrenerweis zu bedanken. In der von der Kanzel gehaltenen Leichenpredigt hingegen überwog das religiöse Moment: sie hatte die Form jeder anderen Predigt und basierte auf einem biblischen Spruch oder dem Vers eines bekannten Liedes. Zur Leichenpredigt im weiteren Sinne zählten schließlich sogenannte Gedächtnispredigten für die unter Ausschluß der Öffentlichkeit begrabenen Opfer von Epidemien.

Im Grundtypus existierte der Totenkult bereits in der Antike: «epitaphios logos» nannten die Athener unter Perikles eine Leichenrede auf die für das Vaterland gefallenen Bürger. Dieses Epitaph wurde – wie auch das Enkomion, Preislied oder Preisrede – zur literarisch-rhetorischen Gattung, deren Entwicklung sich über die «laudatio funebris», die Leichen- oder Lobrede der Römer, bis zu den «Oraisons funèbres» der französischen Kanzelredner des 17. Jahrhunderts verfolgen läßt.

Grundlegende, noch an der Systematik der Heimbachschen Entwürfe abzulesende Prägung erhielt die Tradition der Leichenrede im 4. Jahrhundert durch die Kirchenväter. Gregorius von Nazianz, Basileios der Große, Gregorius von Nyssa und Ambrosius von Mailand unterwarfen ihre Predigten den strengen Regeln der klassischen Rhetorik. Sie führten als feststehende Redeelemente das «Lob des Verstorbenen», die «Berechtigung der Trauer» und den «Trost» ein.

Während das Mittelalter offenbar weniger Wert auf sie legte – in den Ritualien finden sich keine Anweisungen –, erhielt diese Spezies der Kasualpredigt neue Impulse durch die Reformation, eine Entwicklung, von der auch die katholischen Prediger profitierten. Bedeutung erlangten im 16. Jahrhundert etwa der Mainzer Domprediger Johann Wild, der Jesuit Georg Scherer, der auch Regeln für Prediger aufstellte, und der Bamberger Weihbischof Jacob Feucht.

Ein Jahrhundert später, zur Zeit Ludwigs XIV., glänzten französische Prediger durch das ungewohnt hohe Niveau ihrer Beredsamkeit. Die Bischöfe Bossuet, Flechier und Massillon galten als geniale Kanzelprediger. Doch zum eigentlichen Ruhm verhalfen ihnen ihre Trauerreden, deren stilistische und gehaltliche Vollendung von der Wertschätzung der Parentation kündet. Besonders Jacques Bénigne Bossuet (1627–1704), Bischof von Meaux, trug mit seinen «Oraisons funèbres» dazu bei, daß diese Periode zu den wichtigsten in der Geschichte der Leichenpredigt zählt.

Trotz der geschilderten, allgemein verbreiteten Mißstände leistete die Grabrhetorik auch im Deutschland des 17. Jahrhunderts Erhebliches. Wohl nicht zuletzt unter dem Einfluß des Pietismus (Spener, Francke) waren es hier protestantische Theologen, die der Leichenrede durch Vertiefung der Inhalte später nicht wieder erreichte Wirksamkeit verliehen.

Die «Newe Schaw-Bühne des Todts» und ihr Autor

Als der Jesuit Matthias Heimbach 1716 im Kölner Verlag von Servatius Noethen seine «Newe Schaw-Bühne des Todts» herausbringt, präsentierte er keine Sammlung selbstgehaltener Leichenreden, sondern ein Hilfsmittel zur geistlichen Beredsamkeit. Solche Predigtentwürfe wurden seit Erfindung des Buchdrucks unter den merkwürdigsten Titeln verbreitet: Sternenhimmel, Prediger-Schätze, Biblische Schatzkammern, Lieder-Concordantzen, Epistolicas und Passionales, Blumenlesen, Priesterbibliothecken, Lieder-Manna, Priester-Mannuale etc. Es gab spezielle Vorlagen für alle Sonn- und Feiertage, für die Advents- und Fastenzeit, über Vaterunser, Zehn Gebote und die sieben Hauptsünden, für Trauungen, Taufen und – Begräbnisse.

Die «Neue Schaubühne des Todes» verrät ihr Programm nach barokker Manier bereits im weitläufigen Titel: «Leich- und Lehr-Predigten, auss den Kern-Sprüchen der H. Schrifft, und Kirchen-Vättern, zum Lob der Todten, und Trost der Trawrfreund, so dan zu Unterweisung der Lebendigen, nach den regulen der Redner auffgesetzt; ein gantz newes auff Rhetorische Arth eingerichtetes Werck, bey Beerdigung allerhand Standts-Persohnen, den Pfarr-Herren Seel-Sorgeren sehr nützlichen und nothwendig.»

Werbewirksam werden so die Vorzüge eines Handbuchs angepriesen, das sich mit Kirchenvätern und klassischer Rhetorik auf die beste Tradition der Leichenrede beruft. Sein Autor galt als geachteter Wissenschaftler, der an der Kölner Universität Philosophie und Altphilologie lehrte. Doch obwohl er sich durch scharfsinnige Dialektik und Logik auszeichnete und mit philosophischen Lehrwerken hervortrat, empfand der Jesuit Heimbach Pastoraltheologie und Homiletik als seine eigentlichen Disziplinen. «Der Christlichen Kinder-Lehrer» (1712), seine umfängliche didaktische Anleitung zur Katechismuslehre bei Kindern, gehörte zu den klassischen Werken der Religionspädagogik. Am bekanntesten wurde Heimbach durch seine Predigtkunst, die ihm das Amt eines Hofpredigers beim Polenkönig August dem Starken (1670–1733) eintrug. Mit welchen rhetorischen Mitteln dieser Kanzelredner des Spätbarock ans Ohr der Zuhörer drang, belegt seine Predigtsammlung «Das reine Wort-Gottes auf alle Sonn- und Feyrtägige Evangelia» von 1721. Ihr erweiterter Titel: «Das ist, Mit Straffen und Bitten, mit Dröh- und Trost-worten, mit Ermahnungen in Gedult und Lehre, zur Zeit und Unzeit: Dan es seyen jetzt die Zeiten, da sie die heilsame Lehren nicht leiden wollen, sonderen man machet sich Lehrer nach eigner Lust, wie einem jeden die Ohren jücken.» Zutage tritt hier Heimbachs Engagement in der konfessionellen Auseinandersetzung. Als streitbarer Polemiker verstand er es, seinen Predigt-Pamphleten durch eine originelle Metaphernsprache Nachdruck zu verleihen. Etwa in einer 1706 in

Mülheim am Rhein gehaltenen «Glaubens-Bataille über die wesentliche Gegenwart Christi in H. Abendmahl, mit verdoppelter Ladung und Feur der Bibel-Canonen gegen einen unbenanten, doch wohl bekannten Reformirten am Fuss blessirten Brust-Wehrer, und dessen Handlänger». «Kleine Sack-Pistoll losgebrennt auff den Buckel eines Calvinischen Wordts-Dieners» nennt er diese Rede in einer anderen Ausgabe.

Matthias Heimbach, geboren 1666, gestorben 1747, wäre kein Kind seiner Zeit gewesen, hätte er der für brotabhängige Prediger unvermeidlichen Lobrednerei widerstanden. Eine seiner «Leich- und Lob-Predigten», die 1724 gehaltene «Unverwelckliche Ehren-Cron, Auss den Christlichen Tugenten Weiland des Hochwürdigen und Durchleuchtigen Herrn, Herrn Philippi Henrici Hertzogen von Croy [...] zusammen geflochten», dokumentiert diese Kulturerscheinung als zwölfseitiges Druckwerk.

Dem Stand gemäß – über die Un-gleichheit nach dem Tode

Lobrednerei ziert – wie schon erwähnt – auch Heimbachs Sammlung «auserlesener Grabreden», wenngleich in verkleinertem Maßstab. Denn wo es um Personen geringeren Standes ging, konnte es nach feudalistischer Auffassung kaum viel zu würdigen geben. Die «Standts-Persohnen», denen der Autor seine Leichenreden zuordnet, repräsentieren Bürgertum und unterständische Gruppen: Richter, Kaufleute und Handwerker sind ebenso darunter wie Arbeiter, Bedienstete und Verarmte. Ein gesellschaftlicher Querschnitt, der Klassenunterschiede bewußt pointiert. Was Heimbach anbieten möchte, sind nicht nur Predigtvorlagen mit berufsspezifischem Akzent, sondern zugleich Hilfen für die jeweils *standesgemäße* Ansprechweise. Noch deutlicher wird das in einer zweiten, vom Verfasser selbst überarbeiteten und erweiterten Auflage aus dem Jahre 1744, am klarsten aber in der Neufassung von Georg Michael Schuler. Sie charakterisiert die Schattierungen ihrer berufsständischen Skala mittels rhetorischer Differenzierung.

Während die Trauernden am Grabe der Arbeiterin schlicht mit «Andächtige!» angesprochen werden, erscheint beim Richter das «Hochansehnliche, in tiefer und schmerzlicher Trauer Versammelte!» angemessen. Im Zwischenbereich steht ein Arsenal abgestufter Anredeformen bereit: für den Arzt ein «Hochverehrliche!», für den wenig geachteten, gleichwohl der Intelligenz zugerechneten Schauspieler das «Sehr Verehrliche», für die Honoratiorenfrau ein «Hochansehnliche», dagegen am Grab des Buchhändlers nur: «Christliche Trauerversammlung!» und an dem des subalternen Schullehrers gar: «Andächtige Christen!».

Solche Formulierungskünste, noch Anfang des 20. Jahrhunderts üblich, zeugen von der Bedeutung ständischen Denkens im Feudalzeitalter, das an der Bahre keineswegs haltmacht. Wie sehr das protokollarische Standesritual im 18. Jahrhundert die Leichenrede beeinflußte, zeigt eine Empfehlung des Zedlerschen Universallexikons, das sich nicht selten als Ratgeber versteht. «Zuförderst an die vornehmen und erbethenen Leichen-Begleiter» habe der Parentator das Wort zu richten, erst danach an die Leidtragenden, heißt es dort. Fürstliche oder gräfliche Standespersonen sowie Rectores Magnifici seien mit den gehörigen Titeln und Ehrenworten zu bedenken, Personen gewöhnlichen Standes nur kurz zu erwähnen. Die vorgeschlagenen Anredeformen könnten den Schulerschen Reden als Muster gedient haben, so übereinstimmend unterscheiden sie nach «Verschiedenheit der Würden»: «Hoch- und Wohlgebohrne», «Hochedelgebohrne», «Hoch- und Wohlgelahrte», «Hoch- und Wohledle», «Hoch- und Wohlweise» (bei Personen der Obrigkeit), «Höchst- und hochzuehrende Anwesende und Leichenbegleiter», «Allerseits schmerzlich betrübte Leidtragende».

Wie der gesellschaftliche Rang des Verstorbenen sich in dem der Trauergäste widerspiegelte, bestimmte der Parentator mit dem angeschlagenen Redeton das Maß seiner Reverenz an die Anwesenden. Die Regel besagte, daß Adelige, Angehörige des Klerus und prominente oder um das Gemeinwesen verdiente Männer mit ausführlichen Lobreden zu ehren seien. Bei «Frauenzimmern» (!) dagegen, wie auch jungen Menschen und Männern ohne besondere Verdienste, also dem Gros der Bevölkerung, genügte eine kürzere Ansprache, in der man – mangels biographischen Materials – bei einem «allgemeinen Hauptsatz» Zuflucht suchte. Diesen, zumeist eine Sentenz aus der Bibel, galt es nach allen Regeln der Redekunst mit Erklärungen und Beweisen auszuführen sowie – nach der Zedlerschen Anweisung – mit «allerley schönen Einfällen und Lehrsprüchen» zu schmücken. Erst danach, am Ende der Rede durfte auf die Lebens- und Sterbensumstände eingegangen und der Name des Toten genannt werden. Deutlicher konnten die Standesunterschiede kaum betont werden, wußte doch jeder, daß die Namen der «Wohlgeborenen» und Bedeutenden gleich zu Beginn der Leichenrede fielen.

Michael Georg Schuler, Pfarrer in Eltmann bei Bamberg und offenbar prädestiniert für das Abfassen pastoraltheologischer Leitfäden

(Krankentrost. Oder: Die Religion am Bette des Kranken und Sterbenden. – Würzburg o. J.), schuf mit seiner Bearbeitung von Heimbachs «Schaubühne des Todes» einen Gradmesser dieses gesellschaftlichen Zustandes. Denn durch die Komplettierung der Leichenreden auf fast alle Berufe und Standesgruppierungen bietet er einen sozialgeschichtlichen Überblick über das Ansehen der Bevölkerungsschichten im 19. Jahrhundert. Die hierarchische Staffelung beruflichen Prestiges läßt sich an Formalien und Gehalt der Reden ablesen. Allein auf der untersten Rangstufe wird noch unterschieden zwischen Arbeiter, Dienstknecht, Bedienten, Tagelöhner und Armen.

Skurril und kurios – ein Dokument deutscher Beredsamkeit

Was als Zeugnis der Kultur- und Sozialgeschichte Erwähnung verdient, liest sich an vielen Stellen zugleich wie ein Dokument des Skurrilen und Kuriosen. Etwa in jenen Reden, die für die Beisetzung eines Totengräbers, eines Wahnsinnigen, «Andersgläubigen», «großen Dulders», eines «bei einer Rauferei Getöteten» oder einer «Doppelleiche» bestimmt waren. Heikle Fälle, im Alltag eines Leichenpredigers keine Seltenheit, erforderten erhebliches Einfühlungsvermögen. Doch gerade das rhetorische Geschick, mit dem Schuler Problem-Predigten wie die auf den «Unfrommen» oder den «Nicht im besten Rufe Stehenden» löst, mutet inzwischen fast komisch an. Dabei folgte er wohl nur allgemein verbreiteten homiletischen Empfehlungen, die für solche Fälle «neutrale» Betrachtungen über die Sterblichkeit, über Zeit und Ewigkeit, Tugend und Ehre vorsahen, aber auch warnten vor übermäßiger Anteilnahme. Denn zuviel des Trostes, so der psychologische Scharfsinn, müsse auf die Angehörigen ungeliebter Verblichener wie eine «satyrische» Verspottung wirken (Zedler, Bd. 45, Sp. 153 f.).

Diplomatische Behutsamkeit und Flexibilität gehörten zu den unverzichtbaren Fähigkeiten des Parentators, wollte er es allen recht machen, den Hinterbliebenen wie den Trauergästen, dem kirchlichen Dienstherrn wie der Obrigkeit. Jene «nicht unbedeutende Gewandtheit», auf die sich Schuler selbst beruft, wies die Professionalität eines Redners aus. Viele Predigtautoren entwickelten deshalb geradezu Virtuosität in der sprachlich-stilistischen Umsetzung ihrer katechetischen Anliegen: für alles und jedes hielten sie das passende Bibelzitat parat, den Ausspruch aus der Heiligenlegende oder den Werken der Alten. Ihr Vorrat an Analogien, Gleichnissen und Bildern schien unerschöpflich.

«Artistischer» Umgang mit der Sprache, Aushängeschild eigener Gelehrsamkeit ebenso wie ehrliches Bemühen um mehr Gehalt, gewissermaßen «literarische» Substanz, bereichert auch Heimbach/Schulers «Schaubühne des Todes». Stellenweise bravouröse rhetorisch-didaktische Kabinettstückchen zählen mit zu dem Reizvollsten, was dieses Buch – als kulturhistorisches Dokument – noch lesbar macht. Da werden die beruflichen Charakteristika des Verstorbenen auf den theologischen Bereich bezogen, ob es nun geht oder nicht. Denn sie bilden den idealen, weil aktuellen Anknüpfungspunkt. Bei den Berufen des Arztes und Apothekers etwa bietet sich eine Betrachtung über die Bitterkeit des Todes an, dem kein Arzt und keine Arznei gewachsen sei, beim Schauspieler über das Leben als Schauspiel und die Rolle des Menschen darin, beim Notar über das Urkundenbuch Gottes, beim Schullehrer über die Schule des Lebens, beim Buchhändler über das «Buch der Bücher», beim Winzer über den Weinberg der Seele, beim Totengräber über dessen besondere Befähigung zum «memento mori» etc. Erst recht kurios erscheint diese Findigkeit, wenn der Beruf selbst nicht das passende Bild oder Gleichnis liefert und – wie im Fall des Zimmermanns – das Werkzeug die Bezüge herstellen muß. Da wird die exakte Handhabung der Säge – niemals darf sie von der Linie abweichen – ins Moralisch-Sittliche gewendet; da bieten die Eigenschaften des Bohrers unter dem Stichwort «allmählich!» den Einstieg zu einem Kolleg über christliche Geduld im Arbeitsleben.

Wie absurd auch immer – unter diesem Aspekt gewinnt die «Schaubühne des Todes» eine kulinarische Dimension. Denn es ist zweifellos unterhaltend (und aus der Distanz erlaubt), sie wie ein Lexikon der Berufe zu benutzen, in dem man nach geistreichen, kuriosen oder skurrilen homiletischen Nutzanwendungen forscht.

Allerdings sollte stets bewußt bleiben, daß diese Predigten für eine andere Epoche mit einem anderen Sprachempfinden geschrieben wurden. Gleichwohl, ihre Sprachgestaltung behauptet ein nicht geringes Niveau, der Stil ist in der Regel zuchtvoll, das Pathos dem Anlaß angemessen. Und auch die für heutigen Geschmack überstrapazierten Bilder und Analogien fanden zu ihrer Zeit gewiß den Beifall des Zuhörers, hoben sie doch seinen eigenen, meist trivialen Lebensbereich in eine höhere Sphäre.

Heimbach und Schuler wenden dieses Prinzip nicht allein auf den Beruf, sondern ebenso auf Fähigkeiten, Verdienste und besondere Lebensumstände des Verstorbenen an. Fast immer treffen sie die Erwartungen der Zuhörer mit Feinsinn. Das führt so weit, daß selbst der

Trost für die Angehörigen statusspezifische Spielarten aufweist: bei den Wohlhabenden liegt er außerhalb des Verlustes, im Metaphysischen, bei der Dienstmagd dagegen in ihm selbst: denn ihr Hinscheiden ist die Erlösung, die «aller Arbeit ein glückliches Ende» macht.

Wie wenig die «auserlesenen Grabreden» bedeutende Beispiele deutscher Predigtliteratur darstellen können, so sehr vermitteln sie einen authentischen Eindruck von der Sepulkralrhetorik vergangener Zeiten. Ihre standardisierte, auf Dutzendgebrauch abgestellte Struktur überdeckt keineswegs das intensive Bestreben nach Individualisierung, nach einer humanen, «liebevollen» Geste – Charakteristikum einer Gesellschaft, die noch keine Depravation ihrer Beerdigungsriten zu seelenlosen, durchrationalisierten Routineakten beklagen mußte.

Auch dies: die «Schaubühne des Todes» ist ein Dokument deutscher Beredsamkeit, wiederum kein herausragendes, jedoch eines von sprachlich-rhetorischer Originalität. Ob Heuchelei, ob Schönfärberei – hier wird gepredigt nach den Regeln «kunstgemäßiger Rede». Denn öffentliche Rhetorik – das hatte der Pfarrerssohn und Sprachschöpfer Friedrich Nietzsche erkannt – war weiland fast ausschließlich eine Domäne des Klerus: «Der Prediger allein wußte in Deutschland, was eine Silbe, was ein Wort wiegt, inwiefern ein Satz schlägt, springt, stürzt, läuft, ausläuft, er allein hatte Gewissen in seinen Ohren, oft genug ein böses Gewissen: denn es fehlte nicht an Gründen dafür, daß gerade von einem Deutschen Tüchtigkeit in der Rede selten, fast immer zu spät erreicht wird.»

Literaturauswahl und Quellen

Ariès, Ph., *Geschichte des Todes.* München 1980

Egilsrud, J. S., *Le dialogue des morts dans les litt. franç., allemande et angl. 1644–1789* (1934)

Grün, H., *Die Leichenrede im 16. Jahrhundert,* in: Th St K 96–97 (1925) S. 289–312

Horn, F., *Geschichte der Poesie und Beredsamkeit.* Bd. 2. Berlin 1805

Janssen, J., *Geschichte des deutschen Volkes.* Erg. u. hrsg. von Ludwig Pastor. Bd. 7. Freiburg 1893

Kehrein, J., *Geschichte der kath. Kanzelberedsamkeit der Deutschen von der ältesten bis zur neuesten Zeit.* Bd. 1–2. Regensburg 1843

Kerker, M., *Die Predigt in der letzten Zeit des Mittelalters mit bes. Beziehung auf das südwestl. Deutschland,* in: Tübinger Theol. Quartalschrift 43, S. 373–410

Marti, K., *Leichenreden.* Darmstadt, Neuwied 1976 (= Samml. Luchterhand 235)

Schmidt, Cl. H., *Geschichte der Predigt in der evangelischen Kirche Deutschlands von Luther bis Spener.* Gotha 1872

Schuler, Ph. H., *Geschichte der Veränderungen des Geschmacks im Predigen, insonderheit unter den Protestanten in Deutschland.* Bd. 1–3. Halle 1792–94

Tholuck, A., *Der Geist der lutherischen Theologen Wittenbergs im Verlaufe des 17. Jahrhunderts.* Hamburg, Gotha 1852

Wie die Alten den Tod gebildet. Wandlungen der Sepulkralkultur 1750–1850. Hrsg. von Hans K. Boehlke/Zentralinstitut für Sepulkralkultur Kassel. Mainz 1979 (= Kasseler Studien für Sepulkralkultur)

Geschichte und Gesellschaft

Kladderadatsch
1. Jahrgang – 1848
Die bibliophilen Taschenbücher Nr. 3
140 Seiten, 82 Abbildungen, 6,80 DM

Theodore de Bry
Das vierdte Buch von der neuwen Welt
Nach der Ausgabe von 1594
Die bibliophilen Taschenbücher Nr. 10
194 Seiten, 26 Abbildungen, 9,80 DM

Kaiser-Wilhelm-Album
Mit einer Chronologie von Heiner Höfener
Die bibliophilen Taschenbücher Nr. 34
180 Seiten, 82 Abbildungen, 12,80 DM

Machiavelli/Friedrich II.
Regierungskunst eines Fürsten/Anti-Machiavel
Nach der Ausgabe von 1745
Mit einem Nachwort von Heiner Höfener
Die bibliophilen Taschenbücher Nr. 50
556 Seiten, 16,80 DM

Die Schedelsche Weltchronik
Nach der Ausgabe von 1493
Mit einem Nachwort von Rudolf Pörtner
Die bibliophilen Taschenbücher Nr. 64
ca. 2000 Holzschnitte von M. Wolgemut und W. Pleydenwurff
614 Seiten, 16,80 DM

Hugo Gerard Ströhl
Wappen und Flaggen des Deutschen Reiches und seiner Bundesstaaten (1871–1918)
Nach den Tafeln von 1897
Zusammengestellt und erläutert von Jürgen Arndt
Die bibliophilen Taschenbücher Nr. 81
116 Seiten, 41 Farbtafeln, 14,80 DM

Die Goldene Bulle
Nach König Wenzels Prachthandschrift
Mit der deutschen Übersetzung von Konrad Müller und einem Nachwort von Ferdinand Seibt
Die bibliophilen Taschenbücher Nr. 84
158 Seiten, davon 92 farbig, 16,80 DM

Triumphzug Kaiser Maximilians I.
Bilderfries aus 137 Holzschnitten von Albrecht Altdorfer, Hans Burgkmair d. Ä., Albrecht Dürer u. a.
Herausgegeben von Horst Appuhn
Die bibliophilen Taschenbücher Nr. 100
205 Seiten, 137 Abbildungen, 9,80 DM

Ludwig A. C. Martin (Hrsg.)
Hundert Jahre Weltsensation in Pressefotos
Die bibliophilen Taschenbücher Nr. 120
351 Abbildungen, 362 Seiten, 14,80 DM

Philipp Franz von Gudenus
Reiter, Husaren und Grenadiere
Die Uniformen der Kais. Armee 1734
Bearbeitung und Texte von Hans Bleckwenn
Die bibliophilen Taschenbücher Nr. 125
93 Seiten, 40 Farbtafeln, 14,80 DM

Robert Lebeck/Manfred Schütte (Hrsg.)
Propagandapostkarten I
80 Postkarten aus den Jahren 1898–1928
Die bibliophilen Taschenbücher Nr. 154
185 Seiten, 16,80 DM

Robert Lebeck/Manfred Schütte (Hrsg.)
Propagandapostkarten II
80 Postkarten aus den Jahren 1933–1943
Die bibliophilen Taschenbücher Nr. 157
180 Seiten, 16,80 DM

C. P. Maurenbrecher (Hrsg.)
Europäische Kaufrufe I
Mitteleuropa, England, Rußland
Die bibliophilen Taschenbücher Nr. 163
93, großenteils farbige Abbildungen
200 Seiten, 19,80 DM

C. P. Maurenbrecher (Hrsg.)
Europäische Kaufrufe II
Frankreich, Italien,
Iberische Halbinsel, Konstantinopel
Die bibliophilen Taschenbücher Nr. 172
83, teilweise farbige Abbildungen
ca. 180 Seiten, 16,80 DM

Dreihundert berühmte deutsche Männer
Bildnisse und Lebensabrisse
Nach der vermehrten Ausgabe von 1890
Illustrationen von Hugo Bürkner
Herausgegeben von Hubert Göbels
Die bibliophilen Taschenbücher Nr. 174
345 Seiten, 9,80 DM

Ruth Malhotra
Horror-Galerie
Ein Bestiarium
der Dritten Französischen Republik
Die bibliophilen Taschenbücher Nr. 194
51 farbige Abbildungen
180 Seiten, 16,80 DM

Rudolph Zacharias Becker
Noth- und Hülfsbüchlein für Bauersleute
Nachdruck der Erstausgabe von 1788
Herausgegeben und mit einem Nachwort
von Reinhart Siegert
Die bibliophilen Taschenbücher Nr. 207
470 Seiten, zahlreiche Holzschnitt-
illustrationen, 14,80 DM

John Thomson
Street-life in London
Eine Fotoreportage aus dem Jahre 1876
Die bibliophilen Taschenbücher Nr. 217
36 Tafeln, ca. 100 Seiten, 14,80 DM

Vom Hosenbandorden zur Ehrenlegion
Die historischen Ritter- und Verdienstorden
gesammelt von A. M. Perrot
Nachdruck der
deutschen Ausgabe Leipzig 1821
Nachwort von Armin Wolf
Die bibliophilen Taschenbücher Nr. 220
39 Farbtafeln, ca. 250 Seiten, 16,80 DM

Hans Bleckwenn
Altpreußische Uniformen
Infanterie, Kavallerie, Technische Truppen
Die bibliophilen Taschenbücher Nr. 231
60 Farbseiten, insgesamt ca. 150 Seiten,
16,80 DM

Matthias Heimbach
Schaubühne des Todes
Leichenreden
Nachdruck der Ausgabe von 1865
Mit einem Nachwort von Johannes Székely
Die bibliophilen Taschenbücher Nr. 233
ca. 360 Seiten, 14,80 DM

Kulturgeschichte

Die Gutenberg-Bibel
Nach der Ausgabe von 1450–1455
Mit Nachworten von Wieland Schmidt
und Aloys Ruppel
Die bibliophilen Taschenbücher Nr. 1
320 Seiten, 19,80 DM

Kladderadatsch
1. Jahrgang – 1848
Die bibliophilen Taschenbücher Nr. 3
140 Seiten, 82 Abbildungen, 9,80 DM

Das Lob des Tugendsamen Weibes
Nach der Ausgabe von 1885
Die bibliophilen Taschenbücher Nr. 7
30 Illustrationen von L. von Kramer
60 Seiten, 6,80 DM

Pater Hilarion alias Joseph Richter
Bildergalerie weltlicher Misbräuche
Nach der Ausgabe von 1785
Die bibliophilen Taschenbücher Nr. 8
270 Seiten, 20 Tafeln, 9,80 DM

Anmuth und Schönheit
Nach der Ausgabe von 1797
Die bibliophilen Taschenbücher Nr. 21
317 Seiten, 5 Abbildungen, 9,80 DM

Alte Bilderrätsel
Aus dem 19. Jahrhundert
Mit einem Nachwort von Ulrike Bessler
Die bibliophilen Taschenbücher Nr. 22
151 Seiten, 69 Tafeln, 6,80 DM

Karl Friedrich Flögel
Geschichte des Grotesk-Komischen
Nach der Ausgabe von 1862
Die bibliophilen Taschenbücher Nr. 24
548 Seiten, zahlreiche Farb- und
Schwarzweiß-Abbildungen sowie alle
Klapp- und Verwandlungseffekte
16,80 DM

Herzensangelegenheiten.
Liebe aus der Gartenlaube
Aus dem 19. Jahrhundert
Nachwort von Marianne Bernhard
Die bibliophilen Taschenbücher Nr. 26
156 Seiten, 102 Abbildungen, 6,80 DM

Kaiser-Wilhelm-Album
Mit einer Chronologie von Heiner Höfener
Die bibliophilen Taschenbücher Nr. 34
180 Seiten, 82 Abbildungen, 12,80 DM

Hans Burgkmair d. J.
Turnier-Buch
Nach der Ausgabe von 1853
Mit einem Nachwort von R. Bentmann
Die bibliophilen Taschenbücher Nr. 43
27 Farbtafeln nach Hans Burgkmair
86 Seiten, 9,80 DM

Andreas & Angela Hopf
Alte Exlibris
Die bibliophilen Taschenbücher Nr. 48
220 Abbildungen, davon 32 in Farbe
240 Seiten, 16,80 DM

Oscar Ludwig Bernhard Wolff
Naturgeschichte des
Deutschen Studenten
Nach der Ausgabe von 1847
Die bibliophilen Taschenbücher Nr. 53
232 Seiten, 29 Abbildungen, 9,80 DM

U. Drumm/A. W. Henseler/E. J. May
Alte Wertpapiere
Die bibliophilen Taschenbücher Nr. 62
170 farbige Abbildungen
240 Seiten, 19,80 DM

Robert Lebeck (Hrsg.)
Reklame-Postkarten
Mit einem Nachwort von Jürgen Kesting
Die bibliophilen Taschenbücher Nr. 69
80 meist farbige Abbildungen
176 Seiten, 16,80 DM

Elke Dröscher
Puppenwelt
Die bibliophilen Taschenbücher Nr. 70
80 farbige Abbildungen
172 Seiten, 16,80 DM

Fliegende Blätter
1844–1854. Eine Auswahl
Herausgegeben von
Marianne Bernhard
Die bibliophilen Taschenbücher Nr. 74
zahlreiche Abbildungen
213 Seiten, 9,80 DM

Bilder-Gallerie
Nach der Ausgabe von 1825/27
Mit einem Nachwort von Heiner Höfener
Die bibliophilen Taschenbücher Nr. 83
226 Tafeln
540 Seiten, 14,80 DM

Pariser Mode vor hundert Jahren
Mit einem Nachwort von Ruth Bleckwenn
Die bibliophilen Taschenbücher Nr. 86
42 vierfarbige Abbildungen
127 Seiten, 12,80 DM

Ruth Malhotra
Manege frei
Artisten- und Zirkusplakate
von Adolph Friedländer
Die bibliophilen Taschenbücher Nr. 91
128 farbige Abbildungen
296 Seiten, 19,80 DM

Johann Willsberger
Alte Cameras
Die bibliophilen Taschenbücher Nr. 93
68 farbige Abbildungen
151 Seiten, 14,80 DM

Robert Lebeck (Hrsg.)
Herzlichen Glückwunsch
80 alte Postkarten
Nachwort von Gerhard Kaufmann
Die bibliophilen Taschenbücher Nr. 94
80 farbige Abbildungen
175 Seiten, 16,80 DM

Albert Robida
Luftschlösser der Belle Époque
100 utopische Zeichnungen
Herausgegeben von Winfried Petri
Die bibliophilen Taschenbücher Nr. 97
100 Abbildungen, teilweise farbig
213 Seiten, 12,80 DM

Kurt K. Doberer
Schöne Briefmarken
Die bibliophilen Taschenbücher Nr. 99
80 farbige Abbildungen
172 Seiten, 16,80 DM

Elke Dröscher
Puppenleben
Die bibliophilen Taschenbücher Nr. 103
80 farbige Abbildungen
123 Seiten, 16,80 DM

Robert Lebeck (Hrsg.)
Bitte recht freundlich
80 alte Postkarten
Mit einem Nachwort von Manfred Sack
Die bibliophilen Taschenbücher Nr. 105
80 farbige Abbildungen
180 Seiten, 16,80 DM

Wilhelm Wolf
Fahrrad und Radfahrer
Nach der Ausgabe von 1890
Nachwort von Hans-Erhard Lessing
Die bibliophilen Taschenbücher Nr. 106
270 Seiten, 342 Abbildungen, 9,80 DM

Rebusbilder
Aus der Wiener allgemeinen Theaterzeitung
Nachwort von Fritz Bernhard
Die bibliophilen Taschenbücher Nr. 108
92 Seiten, 46 Farbtafeln, 14,80 DM

Glücks-Rädlein oder
Wahrsagungs-Büchlein
Nach der Ausgabe von 1676
Die bibliophilen Taschenbücher Nr. 112
100 Seiten, 6,80 DM

Robert Lebeck (Hrsg.)
Angeberpostkarten
Nachwort von Josef Müller-Marein
Die bibliophilen Taschenbücher Nr. 115
80, meist farbige Abbildungen
173 Seiten, 14,80 DM

Journal des Luxus
und der Moden
80 kolorierte Kupfer
aus Deutschlands erster Modezeitschrift
Ausgewählt und erläutert
von Christina Kröll
Die bibliophilen Taschenbücher Nr. 117
80 farbige Abbildungen
182 Seiten, 16,80 DM

Andreas & Angela Hopf
Exlibris der Dame
Die bibliophilen Taschenbücher Nr. 119
90, meist farbige Abbildungen
196 Seiten, 16,80 DM

Philipp Franz von Gudenus
Reiter, Husaren und Grenadiere
Die Uniformen der Kais. Armee 1734
Herausgegeben von Hans Bleckwenn
Die bibliophilen Taschenbücher Nr. 125
93 Seiten, 40 Farbtafeln, 14,80 DM

Fritz Bernhard
Ballspenden
Die bibliophilen Taschenbücher Nr. 127
120 Farbfotos von Elke Dröscher
247 Seiten, 19,80 DM

Das Hausbuch der Cerruti
Nach der Handschrift in der
Österreichischen Nationalbibliothek
Übertragung und Nachwort
von F. Unterkircher
Die bibliophilen Taschenbücher Nr. 130
212 Farbseiten
insgesamt 227 Seiten, 24,80 DM

F. Bernhard/F. Glotzmann
Spitzenbilder
Die bibliophilen Taschenbücher Nr. 131
80 kolorierte Pergamentschnitte
188 Seiten, 16,80 DM

Reingard Witzmann
Freundschafts- und Glückwunschkarten aus dem Wiener Biedermeier
Herausgegeben vom Historischen Museum
der Stadt Wien
Die bibliophilen Taschenbücher Nr. 134
113 farbige Abbildungen
200 Seiten, 19,80 DM

Johann Wilhelm Petersen
Geschichte der deutschen National-Neigung zum Trunke
Nach der Ausgabe von 1782
Nachwort von Arno Kappler
Die bibliophilen Taschenbücher Nr. 138
180 Seiten, 6,80 DM

Ernst W. Mick
Altes Buntpapier
Die bibliophilen Taschenbücher Nr. 140
ca. 100 Farbseiten
insgesamt 175 Seiten, 24,80 DM

Rainer E. Lotz
Grammophonplatten aus der Ragtime-Ära
Die bibliophilen Taschenbücher Nr. 141
80 farbige Abbildungen
212 Seiten, 16,80 DM

Robert Lebeck (Hrsg.)
Riesen, Zwerge, Schauobjekte
80 alte Postkarten
Mit einem Nachwort von Ulrich Bischoff
Die bibliophilen Taschenbücher Nr. 143
177 Seiten, 16,80 DM

Albert Pick
Altes Papiergeld
Die bibliophilen Taschenbücher Nr. 145
ca. 120 farbige Abbildungen
248 Seiten, 19,80 DM

Eduard Polak
Bunte Eier aus aller Welt
Die bibliophilen Taschenbücher Nr. 146
80 farbige Abbildungen
181 Seiten, 14,80 DM

Johann Wolfgang von Goethe
Juristische Abhandlung über die Flöhe
Lateinisch und mit
deutscher Übersetzung.
Illustrationen von Johann Peter Lyser.
Nach der Ausgabe von 1866
Nachwort von E. W. Mick
Die bibliophilen Taschenbücher Nr. 147
140 Seiten, 6,80 DM

Robert Lebeck (Hrsg.)
Liebig's Sammelkarten
Eine Auswahl von 168 Bildern
Die bibliophilen Taschenbücher Nr. 148
174 Seiten, 19,80 DM

Alexander Baumann
Ehrenbusch'n für d'Österreicher Armee
Nach der Buchausgabe von 1853
Nachwort von Sepp Joseph
Die bibliophilen Taschenbücher Nr. 150
143 Seiten, zahlreiche Abbildungen
6,80 DM

Das Falkenbuch Kaiser Friedrichs II.
Nach der Prachthandschrift in der Vaticana.
Erläuterungen von C. A. Willemsen
Die bibliophilen Taschenbücher Nr. 152
222 Farbseiten, 305 Seiten, 28,– DM

Ruth Eder
Theaterzettel
Die bibliophilen Taschenbücher Nr. 153
120 Abbildungen, 251 Seiten, 12,80 DM

Julius Jakob
Wörterbuch des Wiener Dialektes
Die bibliophilen Taschenbücher Nr. 156
Nach der Erstausgabe von 1929
237 Seiten, 8,80 DM

J. M. F. v. Endter (Hrsg.)
Das Tagebuch des Meister Franz, Scharfrichter zu Nürnberg
Nach der Buchausgabe von 1801.
Mit Erläuterungen und einem Nachwort von J. C. Jacobs und H. Rölleke
Die bibliophilen Taschenbücher Nr. 160
240 Seiten, 12,80 DM

Die Kunst in der Liebe und Freundschaft eine glückliche Wahl zu treffen
Mit 32 kolorierten Porträts.
Nach der Ausgabe von 1816
Die bibliophilen Taschenbücher Nr. 161
116 Seiten, 12,80 DM

Völkergallerie Europas
60 Farbtafeln.
Nach der Buchausgabe von 1830
Nachwort von Gretel Wagner
Die bibliophilen Taschenbücher Nr. 162
141 Seiten, 16,80 DM

C. P. Maurenbrecher (Hrsg.)
Europäische Kaufrufe I
Straßenhändler in graphischen Darstellungen
Mitteleuropa, England, Rußland
Die bibliophilen Taschenbücher Nr. 163
93, großenteils farbige Abbildungen
200 Seiten, 19,80 DM

Robert Lebeck (Hrsg.)
Frisch, fromm, fröhlich, frei
80 alte Postkarten
Nachwort von Hermann Heckmann
Die bibliophilen Taschenbücher Nr. 166
169 Seiten, 16,80 DM

C. P. Maurenbrecher (Hrsg.)
Europäische Kaufrufe II
Straßenhändler in graphischen Darstellungen
Frankreich, Italien,
Iberische Halbinsel, Konstantinopel
Die bibliophilen Taschenbücher Nr. 172
83, teilweise farbige Abbildungen
180 Seiten, 16,80 DM

Hans J. Schickedanz (Hrsg.)
Der Dandy
Texte und Bilder aus dem 19. Jahrhundert
Die bibliophilen Taschenbücher Nr. 173
70, teils farbige Abbildungen
206 Seiten, 14,80 DM

Wilhelm Deutschmann
Theatralische Bilder-Gallerie
Wiener Volkstheater in Aquarellen von Johann Christian Schoeller
Herausgegeben vom Historischen Museum der Stadt Wien
Die bibliophilen Taschenbücher Nr. 175
81 farbige Abbildungen
192 Seiten, 19,80 DM

Rüdiger Lentz
Vom Kadetten zum General
Das Militär in der Karikatur
Die bibliophilen Taschenbücher Nr. 176
120, teilweise farbige Abbildungen
206 Seiten, 16,80 DM

William Smellie
Anatomische Tafeln zur Hebammenkunst
Aus dem Englischen von Georg Leonhart Huth
In Kupfer gestochen von Johann Michael Seeligmann
Nach der deutschen Ausgabe, Nürnberg 1758
Nachwort von Armin Geus
Die bibliophilen Taschenbücher Nr. 177
37 Abbildungen
142 Seiten, 14,80 DM

Robert Lebeck (Hrsg.)
Gaudeamus igitur
80 alte Postkarten
Nachwort von Arno Kappler
Die bibliophilen Taschenbücher Nr. 178
174 Seiten, 16,80 DM

Wolfgang Lauter
Tür und Tor
Zwischen drinnen und draußen
Nachwort von Lore Ditzen
Die bibliophilen Taschenbücher Nr. 180
80 Farbfotos, 175 Seiten, 16,80 DM

Friedrich Seidenstücker
Von Weimar bis zum Ende
Fotografien aus bewegter Zeit
Herausgegeben von Ann und Jürgen Wilde
Die bibliophilen Taschenbücher Nr. 181
463 Abbildungen
512 Seiten, 29,80 DM

Jean Henri Marlet
Pariser Volksleben
68 kolorierte Lithographien
Mit einem Nachwort von Gretel Wagner
Die bibliophilen Taschenbücher Nr. 182
156 Seiten, 16,80 DM

Götter und Dämonen
Handschrift mit Schattenspielfiguren
Mit einem Nachwort von
Clara B. Wilpert
Die bibliophilen Taschenbücher Nr. 185
60 Farbseiten, in vier Farben
zuzüglich Gold als Sonderfarbe gedruckt
insgesamt 90 Seiten, 24,80 DM

Marianne Bernhard (Hrsg.)
Künstler-Autographen
Dichter, Maler und Musiker
in ihrer Handschrift
Die bibliophilen Taschenbücher Nr. 186
266 Seiten, 14,80 DM

Didi Petrikat
Wiener Läden
Mit Sätzen von Peter Handke
Die bibliophilen Taschenbücher Nr. 188
zahlreiche farbige Abbildungen
96 Seiten, 14,80 DM

Elke Dröscher
Kinder-Photo-Album
Nachwort von Fritz Kempe
Die bibliophilen Taschenbücher Nr. 189
80 Abbildungen
196 Seiten, 19,80 DM

Michael Weisser
Medaillen und Plaketten
Europäische Medaillierkunst zwischen
Historismus, Jugendstil und Art Déco
Die bibliophilen Taschenbücher Nr. 191
120 Abbildungen
190 Seiten, 12,80 DM

Ernst Stern
Cafe Größenwahn
Karikaturenfolge
Mit Erläuterungen von Richard Lemp
und einem Nachwort
von Henriette Hoffmann
Die bibliophilen Taschenbücher Nr. 192
17 Farbabbildungen
52 Seiten, 9,80 DM

Ruth Malhotra
Horror-Galerie
Ein Bestiarium
der Dritten Französischen Republik
Die bibliophilen Taschenbücher Nr. 194
51 farbige Abbildungen
180 Seiten, 16,80 DM

Robert Lebeck
In Memoriam
Fotografien auf Gräbern
Einführung von Fritz Kempe
Die bibliophilen Taschenbücher Nr. 195
80 Farbabbildungen
175 Seiten, 19,80 DM

Vending Machine Cards
Pin-up-Girls von gestern
Nachwort von Michael Naumann
Die bibliophilen Taschenbücher Nr. 197
79 farbige Abbildungen
171 Seiten, 16,80 DM

Der Psalter
Bilderhandschrift um 1270
Herausgegeben von Horst Appuhn
Die bibliophilen Taschenbücher Nr. 198
42 Farbseiten
72 Seiten, 16,80 DM

Sisis Familienalbum
Private Photographien
der Kaiserin Elisabeth
Erläutert und mit Einführung
von Brigitte Hamann
Die bibliophilen Taschenbücher Nr. 199
119 Abbildungen, 153 Seiten, 19,80 DM

Aus besten Kreisen
Satirische Bilder aus dem Empire
Nach der Ausgabe
des „Bon Genre" von 1827
Mit einem Nachwort von Gretel Wagner
Die bibliophilen Taschenbücher Nr. 202
110 Farbabbildungen, 139 Seiten, 19,80 DM

Ernst Birsner
Königliche Tafelfreuden
Menükarten europäischer Höfe
Die bibliophilen Taschenbücher Nr. 203
80 Farbabbildungen, 168 Seiten, 16,80 DM

Jeannot Simmen
Ruinen-Faszination
Zeichnungen, Druckgraphik
und Konzepte vom 16. Jahrhundert
bis in die Gegenwart
Die bibliophilen Taschenbücher Nr. 204
ca. 110, teilweise farbige Abbildungen,
225 Seiten 14,80 DM

F. Bernhard/F. Glotzmann
Fromme Bilderkunst
Miniaturen auf kleinen Andachtsbildern
Die bibliophilen Taschenbücher Nr. 205
80 Farbabbildungen, 205 Seiten, 16,80 DM

Sisis Schönheitenalbum
Private Photographien
der Kaiserin Elisabeth
Erläutert von Brigitte Hamann
Die bibliophilen Taschenbücher Nr. 206
168 Abbildungen, 168 Seiten, 19,80 DM

Rudolph Zacharias Becker
Noth- und Hülfsbüchlein für Bauersleute
Nachdruck der Erstausgabe von 1788
Herausgegeben und mit einem Nachwort
von Reinhart Siegert
Die bibliophilen Taschenbücher Nr. 207
470 Seiten, zahlreiche Holzschnitt-
illustrationen, 14,80 DM

Ruth Bleckwenn (Hrsg.)
Gazette du Bon Ton
Aus dem ersten Jahrgang
der Modezeitschrift 1912–1913
Die bibliophilen Taschenbücher Nr. 210
ca. 70, teilweise farbige Bildseiten,
ca. 160 Seiten, 16,80 DM

F. L. Wilder
Sport für Gentlemen
Alte Druckgraphik aus England
Die bibliophilen Taschenbücher Nr. 211
96 Farbabbildungen, ca. 200 Seiten, 19,80 DM

Gisela Zick
Gedenke mein
Freundschafts- und
Memorialschmuck 1770–1870
Die bibliophilen Taschenbücher Nr. 212
60, großenteils farbige Tafeln,
ca. 130 Seiten, 16,80 DM

Christlicher Seelen-Schatz
Gebetbuch für Kurfürst Clemens August
Nachdruck der Ausgabe von 1729
Nachwort von Wilfried Hansmann
und Gisbert Knopp
Die bibliophilen Taschenbücher Nr. 214
ca. 150 Seiten, zahlreiche Abbildungen,
14,80 DM

Dieter Amman
Polnische Plakatkunst
Die bibliophilen Taschenbücher Nr. 215
ca. 70 farbige Abbildungen
ca. 150 Seiten, 16,80 DM

Rolf D. Schwarz
Neon
Leuchtreklame in den USA
Die bibliophilen Taschenbücher Nr. 216
ca. 50 Farbtafeln, ca. 120 Seiten, 19,80 DM

John Thomson
Street-life in London
Eine Fotoreportage aus dem Jahre 1876
Die bibliophilen Taschenbücher Nr. 217
36 Tafeln, ca. 100 Seiten, 14,80 DM

Wolfgang Lauter
Schöne Laden- und Wirtshausschilder
Die bibliophilen Taschenbücher Nr. 218
ca. 80 Farbtafeln, ca. 180 Seiten, 16,80 DM

Jost Amman
Die Frauenzimmer
Die Frauen Europas und ihre Trachten
Nachdruck der Erstausgabe von 1586
Mit einem Nachwort von Curt Grützmacher
Die bibliophilen Taschenbücher Nr. 219
124 Holzschnittillustrationen,
ca. 260 Seiten, 9,80 DM

Vom Hosenbandorden zur Ehrenlegion
Die historischen Ritter- und Verdienstorden
gesammelt von A. M. Perrot
Nachdruck der deutschen
Ausgabe Leipzig 1821
Nachwort von Armin Wolf
Die bibliophilen Taschenbücher Nr. 220
39 Farbtafeln, ca. 250 Seiten, 16,80 DM

Casanova-Galerie
48 Szenen aus den Memoiren
des Chevalier de Seignalt
in kolorierten Kupferstichen von Julius Nisle
Nachdruck der Buchausgabe um 1840
Die bibliophilen Taschenbücher Nr. 221
ca. 240 Seiten, 16,80 DM

Ernst H. Berninger (Hrsg.)
Das Buch vom Bergbau
Miniaturen aus dem „Schwazer Bergbuch"
Die bibliophilen Taschenbücher Nr. 222
ca. 80 Farbabbildungen, ca. 180 Seiten,
19,80 DM

Ansichten der Ferdinands-Nordbahn
Von Wien bis Brünn. Nachdruck
der kolorierten Panoramen von 1838
Nachwort von E. Woldan
Die bibliophilen Taschenbücher Nr. 223
36 Farbseiten, insgesamt ca. 60 Seiten,
19,80 DM

Johann Heinrich Ramberg
Tyll Eulenspiegel
55 Radierungen
Mit dem Text der Jahrmarktsausgabe
Nachdruck der Ausgabe von 1826
Nachwort von Georg Bollenbeck
Die bibliophilen Taschenbücher Nr. 224
ca. 180 Seiten, 12,80 DM

Immerwährender Kalender für die tüchtige Hausfrau
Die bibliophilen Taschenbücher Nr. 225
20 Farbseiten, insgesamt ca. 30 Seiten,
9,80 DM

Frieder Mellinghoff
Aufbruch in das mobile Jahrhundert
Verkehrsmittel auf Plakaten
Die bibliophilen Taschenbücher Nr. 226
ca. 90 farbige Abbildungen,
ca. 200 Seiten, 19,80 DM

Leopold Reutlinger
Die Schönen von Paris
150 Photographien aus der Belle Époque
Die bibliophilen Taschenbücher Nr. 227
320 Seiten, 24,80 DM

Die schönsten Kimonos
Ein Muster-Blockbuch
aus dem 19. Jahrhundert
Mit einem Nachwort von Peter Thiele
Die bibliophilen Taschenbücher Nr. 228
50 Farbseiten, insgesamt ca. 80 Seiten,
16,80 DM

Robert Lebeck (Hrsg.)
Alte Reklame – Made in USA
Die bibliophilen Taschenbücher Nr. 230
80 Farbabbildungen, ca. 180 Seiten,
16,80 DM

Hans Bleckwenn
Altpreußische Uniformen
Infanterie, Kavallerie, Technische Truppen
Die bibliophilen Taschenbücher Nr. 231
60 Farbseiten, insgesamt ca. 150 Seiten,
16,80 DM